“十二五”普通高等教育本科国家级规划教材

程守洙 江之永 主编

普通物理学

（第八版） 上册

高　景　胡其图
王祖源　钟宏杰　孙迺疆　修订

中国教育出版传媒集团
高等教育出版社·北京

内容提要

本书第七版为“十二五”普通高等教育本科国家级规划教材，并荣获全国优秀教材二等奖。书中内容涵盖了基本要求中所有的核心内容，并精选了相当数量的拓展内容，供不同专业选用。本书第八版保持了原书特色，体系未有大的变化，尽量做到选材精当，论述严谨，行文简明；对经典物理内容进行了精简和深化，对近代物理内容进行了精选和通俗化，以加强学习新知识的基础，并适当介绍了现代工程技术的新发展和新动态。

本书分为上、下两册，上册包括力学、热学和电磁学，下册包括振动、波动、光学和量子物理。本书可作为高等学校理工科非物理学类专业的教材，也可供相关专业选用和社会读者阅读。

图书在版编目（CIP）数据

普通物理学. 上册 / 程守洙，江之永主编. -- 8 版. -- 北京 ：高等教育出版社，2022.11（2024.5 重印）

ISBN 978-7-04-057890-4

Ⅰ. ①普… Ⅱ. ①程… ②江… Ⅲ. ①普通物理学-高等学校-教材 Ⅳ. ①O4

中国版本图书馆 CIP 数据核字（2022）第 019603 号

PUTONG WULIXUE

策划编辑 马天魁　责任编辑 程福平　封面设计 贺雅馨　版式设计 王艳红
插图绘制 黄云燕　责任校对 刘娟娟　责任印制 刘思涵

出版发行	高等教育出版社	网　址	http://www.hep.edu.cn
社　址	北京市西城区德外大街 4 号		http://www.hep.com.cn
邮政编码	100120	网上订购	http://www.hepmall.com.cn
印　刷	高教社（天津）印务有限公司		http://www.hepmall.com
开　本	787mm×1092mm 1/16		http://www.hepmall.cn
印　张	27.5	版　次	1961 年 8 月第 1 版
字　数	580 千字		2022 年 11 月第 8 版
购书热线	010－58581118	印　次	2024 年 5 月第 5 次印刷
咨询电话	400－810－0598	定　价	55.00 元

物 料 号　57890－00

第八版前言

程守洙、江之永主编的《普通物理学》(简称程江版《普通物理学》)[①]第一版自1961年问世至今,已有半个多世纪,历经七版,是我国工科物理最早的教材之一;亦是我国大学物理课程使用时间长、使用范围广、培养人才多的大学物理教材,在重要历史时期为我国高等学校大学物理课程教学作出了积极贡献。各版次先后荣获国家优秀教材奖、国家教委优秀教材一等奖以及全国教材建设奖二等奖。程江版《普通物理学》作为普通高等教育"十一五"国家级规划教材和"十二五"普通高等教育本科国家级规划教材,分别出版了第六版和第七版。这两版本着继承与发展、与时俱进、精益求精的精神,在论述严谨、联系实际、优化插图、追踪前沿、培养创新意识以及深化教材与信息技术相融合等方面都有所进步。

本书在全面贯彻《理工科类大学物理课程教学基本要求》(2010年版)方面具有如下特点:(1) 注重与人文精神的融合。除了在章首设有名言外,本书在多处引入了科学家对物理新概念的点评和以辩证唯物主义阐述物理概念的论述,在讲述物理知识的同时突出科学方法和科学精神。(2) 注重中华科学史的教育。书中大量引入了自古以来中华民族的科学实践及对世界文明的贡献,并以此作为爱国主义教育的一种举措。(3) 注重基础物理教学与物理前沿的联系。书中引述的历年诺贝尔物理学奖的相关成就达30余处,近年来的获奖内容均有所涉及;并适当介绍了物理学研究的当前热点与前沿进展。(4) 注重理论联系实际。作为一本基础理论课的教材,本书自诞生之日起就一直在探索理论联系实际的最佳效果,几度改进,不断完善;自第七版起,本书将联系实际的内容融入正文、例题、思考题和习题中,使之更为流畅自然。此外,本书还以二维码形式增加了视频、动画、拓展阅读等内容,对正文作了进一步的补充。

自2016年5月本书第七版出版以来,国家对高等教育提出了新的目标与要求,高等学校要以立德树人为根本任务,提高质量、推进公平,推动"一流本科、一流专业、一流人才"相关建设,培养具有引领未来发展能力的卓越人才。新工科建设是基于国家战略发展新需求、国际竞争新形势、立德树人新要求而提出的我国工程教育改革方向。为此我们通过各种全国范围的大学物理教学和教材研讨会议等途径,广泛收集了兄弟院校师生对本教材的意见和建议。

本书第八版在确保物理图像清晰、物理概念准确的前提下,力求以较为简洁的方式讲述物理概念、推导物理规律,聚焦物理知识背后的物理思想、物理方法和物理观念。本次修订在增加现代化内容、加强应用性、扩大知识面等方面作了改进,对部分内容的呈现顺序稍作调整,

---

① 中华人民共和国成立后我国采用苏联的课程体系,将非物理学类专业的基础物理课程称为"普通物理",在近些年的教学改革中,改称为"大学物理"。本书从1961年第一版起即采用《普通物理学》的书名,以后历次修订均沿用此书名,故本书仍以《普通物理学》作为书名。

以使内容的展开更为合理，对部分习题作了调整，增加了一些基础性的习题，调整了部分难度较高的习题。此外，本书还以二维码资源的形式增加了视频、动画、拓展阅读等内容，其中包括第七版中的部分非主干内容，对某些问题进一步讨论、推导和应用等，对正文作进一步的补充。

本书在上海交通大学胡盘新的指导下，由上海交通大学高景（热学、光学部分）和胡其图（振动与波、近代物理部分）、同济大学王祖源（电磁学部分）、东华大学钟宏杰（力学部分）修订而成，上海大学孙迺疆对全书习题做了梳理和增删；本书前几版的主要修订者、胡盘新教授审阅了全部修订内容，全书由高景定稿。在本书的修订过程中，我们得到了高等教育出版社高等教育理科出版事业部物理分社缪可可分社长的关心和支持，程福平编辑在修订过程中作了大量具体的事务性工作，为本书的修订提供了帮助，编者在此表示衷心的感谢。

我们还要感谢为本书以前各版次付出辛勤工作的同事们：

第一版 1961 年

编者 上海市高等工业学校物理学编写组：程守洙（组长）、朱诵春、胡盘新（上海交通大学），江之永（组长）、魏墨盦、孙熙民（同济大学），周昌寿、秦宝通、黄德昭（华东化工学院①），陈光清、汤毓骏（华东纺织工学院②），于维华（上海水产学院③）

第二版 1964 年

编者 程守洙、朱诵春、胡盘新（上海交通大学），江之永、魏墨盦（同济大学），黄德昭（华东化工学院），汤毓骏（华东纺织工学院）

审者 郑荫（华南工学院④）初审，高等工业学校普通物理课程教材编审委员会复审

第三版 1979 年

编者 胡盘新、朱诵春、吴锡龙、秦树艺（上海交通大学），周涵可、宋开欣（同济大学），陈光清、汤毓骏（上海纺织工学院⑤），华寿荪、高守双（上海化工学院⑥），骆加锋（上海机械学院⑦），钟季康（上海铁道学院⑧），马连生、张关荣（上海科技大学⑨），盛克敏（西南交通大学）

审者 佘守宪（北方交通大学⑩），周昌寿（上海化工学院），许国保（上海师范大学），李金锷（天津大学）等十五所院校的代表

第四版（1982 年修订本） 1982 年

编者 朱诵春（上海交通大学），王志符（昆明民族学院⑪）等

---

① 今华东理工大学。

② 今东华大学。

③ 今上海海洋大学。

④ 今华南理工大学。

⑤ 今东华大学。

⑥ 今华东理工大学。

⑦ 今上海理工大学。

⑧ 后并入同济大学。

⑨ 后并入上海大学。

⑩ 今北京交通大学。

⑪ 今云南民族大学。

审者 恽瑛（南京工学院[①]），胡迪炳（华中工学院[②]），郭永江（大连工学院[③]），顾梅玲（合肥工学院[④]），阎金铎（北京师范大学），李椿（北京大学），李金锷（天津大学），张达宋（昆明工学院[⑤]），夏学江（清华大学），王殖东（北京工业学院[⑥]）等

第五版 1997 年

编者 胡盘新（上海交通大学），汤毓骏（中国纺织大学[⑦]），宋开欣（同济大学）

审者 夏学江、陈惟蓉、牟绪程（清华大学），吴百诗（西安交通大学），刘佑昌（北京航空航天大学），贺准城（北京印刷学院）等

第六版 2006 年

编者 胡盘新（上海交通大学），汤毓骏（东华大学），钟季康（同济大学）

审者 胡其图、高景（上海交通大学），舒幼生、包科达、陈秉乾、陈熙谋（北京大学），郭永康（四川大学）等

第七版 2016 年

编者 胡盘新、胡其图（上海交通大学），汤毓骏、钟宏杰（东华大学），钟季康（同济大学）

审者 鞠国兴（南京大学）

由于编者学识有限，书中难免存在不当之处和错误、疏漏，恳请读者和同行给予批评指正。

编　者

2021 年 6 月

---

① 今东南大学。

② 今华中科技大学。

③ 今大连理工大学。

④ 今合肥工业大学。

⑤ 今昆明理工大学。

⑥ 今北京工业大学。

⑦ 今东华大学。

物 理 之 歌

汤毓骏　词

黄慰平　曲

1=E

（ 5̣1 13 56 53 | 1̇2̇ 1̇2̇61̇ 5 — | 5̣1̇ 53 31 25̣ | 53 212 1 — ）

5 5 65 1̇2̇1̇ 65 | 33 51 12̇5 3 | 5̣1̇ 23 3 23̇1̇ | 5 — — — |

物理物理 科学先驱 高新技术之源泉 探索宇宙 之 武　器

5 5 3 56 6 | 1̇2̇ 2̇1̇ 1̇65 6 | 3 35 32̇1̇ 6 | 5̣1̇ 25̣ 3 21̇6 |

运动　有多样 力热声光波与电 实物　无巨细 宇观 宏观亚 到

1 — — — | 1̇1̇ 35 5 6. | 656 5̣1̇ 3 — | 33 56 1̇2̇. |

微　　　无形之场 能放异彩 有形之相

1̇2̇1̇ 656 5 — | 55 1̇2̇ 2̇ 1̇. | 2̇ 1̇2̇65 6 — | 5̣1̇ 6̣1̇ 656 53. |

变化神奇 优化自然 显威力 创造　奇迹

5 32̇1̇ 1 — |（ 5̣1 13 56 53 | 1̇2̇ 1̇2̇61̇ 5 — | 5̣1̇ 53 31 25̣ |

仗 原理

53 212 1 — ）| 5 5 65 1̇2̇1̇ 65 | 33 51 12̇5 3 | 5̣1̇ 23 3 23̇1̇ |

提高素质倡导实验 建功 立业 有基础 科教兴国 作贡

5 — — — | 55 3 56 6 | 1̇2̇ 2̇1̇ 1̇65 6 | 33 5 32̇1̇ 6. |

献　　　学物理 用物理 物理武装 人生 路 学物理 用物理

5̣1̇ 25̣ 3 21̇6 | 1 — — — ‖: 1̇1̇ 35 6 653 | 5 — — — |

未来 掌握 在 手 里 物理武装 人 生　路

┌1.─────┐　┌2.─────┐

33 56 5 3. | 5̣ 32̇1̇ 1 — :‖ 33 56 1̇2̇. | 2̇ 21̇6 1̇ — :‖

未来掌 握　　在手里 未来掌握　　在手里

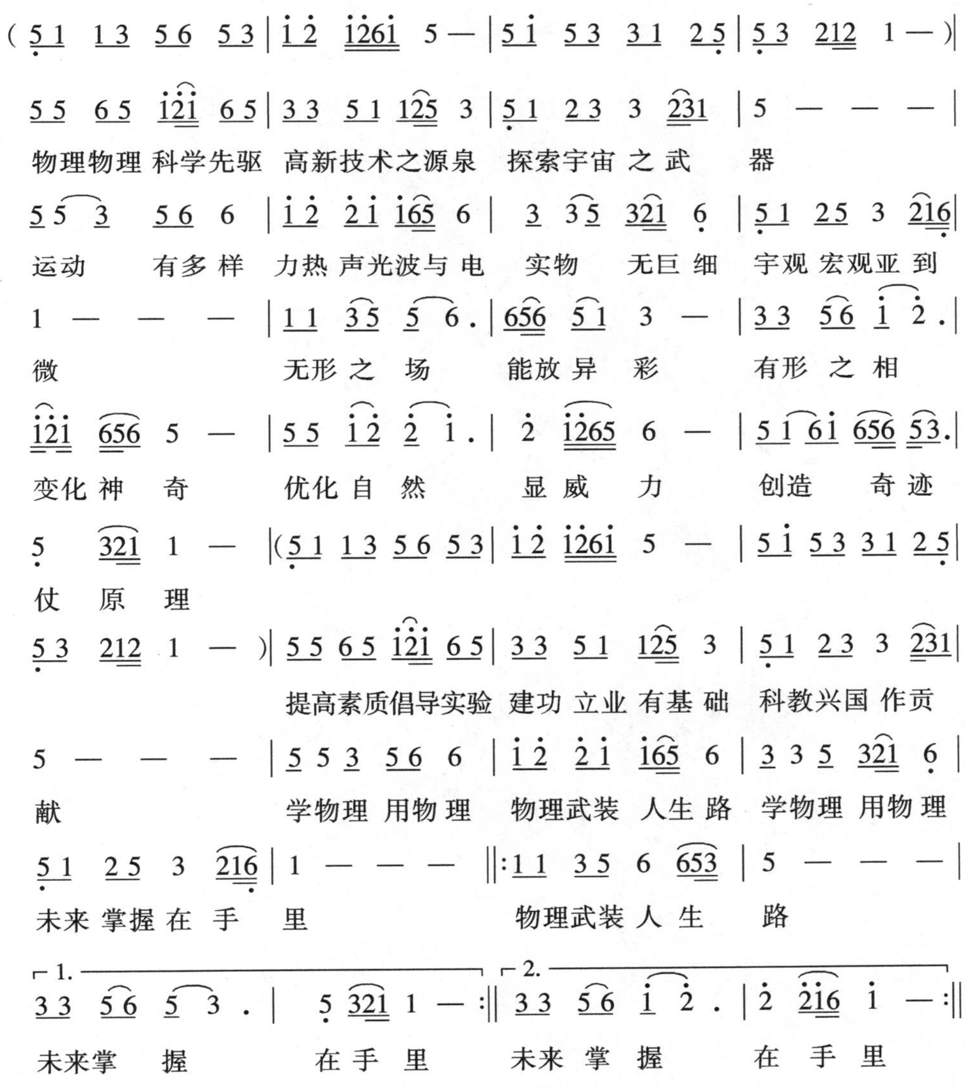

本书中物理量的名称、符号和单位

量的名称	符号	单位名称	单位符号	量纲	备注
长度	l,s	米	m	L	
面积	S	平方米	m^2	L^2	
体积	V	立方米	m^3	L^3	1 L(升)= 10^{-3} m^3
时间	t	秒	s	T	
位移	Δr	米	m	L	
速度	v,u	米每秒	m/s	LT^{-1}	
加速度	a	米每二次方秒	m/s^2	LT^{-2}	
角位移	θ	弧度	rad	1	
角速度	ω	弧度每秒	rad/s	T^{-1}	
角加速度	α	弧度每二次方秒	rad/s^2	T^{-2}	
质量	m	千克	kg	M	
力	F	牛顿	N	LMT^{-2}	1 N=1 kg · m/s^2
重力	G	牛顿	N	LMT^{-2}	
功	A	焦耳	J	L^2MT^{-2}	1 J=1 N · m
能量	E	焦耳	J	L^2MT^{-2}	
动能	E_k	焦耳	J	L^2MT^{-2}	
势能	E_p	焦耳	J	L^2MT^{-2}	
功率	P	瓦特	W	L^2MT^{-3}	1 W=1 J/s
摩擦因数	μ	—	—	1	
动量	p	千克米每秒	kg · m/s	LMT^{-1}	
冲量	I	牛顿秒	N · s	LMT^{-1}	
力矩	M	牛顿米	N · m	L^2MT^{-2}	
转动惯量	J	千克二次方米	kg · m^2	L^2M	
角动量(动量矩)	L	千克二次方米每秒	kg · m^2/s	L^2MT^{-1}	
压强	p	帕斯卡	Pa	$L^{-1}MT^{-2}$	1 Pa=1 N/m^2

续表

量的名称	符号	单位名称	单位符号	量纲	备注
热力学温度	T	开尔文	K	Θ	
摄氏温度	t	摄氏度	℃	Θ	$t/℃=T/\mathrm{K}-273.15$
摩尔质量	M	千克每摩尔	kg/mol	$\mathrm{MN^{-1}}$	
分子质量	m_0	千克	kg	M	
分子有效直径	d	米	m	L	
分子平均自由程	$\bar{\lambda}$	米	m	L	
分子平均碰撞频率	$\bar{Z}$	次每秒	1/s	$\mathrm{T^{-1}}$	
分子数密度	n	每立方米	$1/\mathrm{m^3}$	$\mathrm{L^{-3}}$	
热量	Q	焦耳	J	$\mathrm{L^2MT^{-2}}$	
比热容	c	焦耳每千克开尔文	J/(kg·K)	$\mathrm{L^2T^{-2}}\Theta^{-1}$	
热容	C	焦耳每开尔文	J/K	$\mathrm{L^2MT^{-2}}\Theta^{-1}$	
摩尔定容热容	$C_{V,\mathrm{m}}$	焦耳每摩尔开尔文	J/(mol·K)	$\mathrm{L^2MT^{-2}}\Theta^{-1}\mathrm{N^{-1}}$	
摩尔定压热容	$C_{p,\mathrm{m}}$	焦耳每摩尔开尔文	J/(mol·K)	$\mathrm{L^2MT^{-2}}\Theta^{-1}\mathrm{N^{-1}}$	
比热容比	γ	—	—	1	
黏度	η	帕秒	Pa·s	$\mathrm{L^{-1}MT^{-1}}$	
热导率	κ	瓦每米开尔文	W/(m·K)	$\mathrm{LMT^{-3}}\Theta^{-1}$	
扩散系数	D	二次方米每秒	$\mathrm{m^2/s}$	$\mathrm{L^2T^{-1}}$	
熵	S	焦耳每开尔文	J/K	$\mathrm{L^2MT^{-2}}\Theta^{-1}$	
电流	I	安培	A	I	
电荷量	Q,q	库仑	C	TI	
电荷线密度	λ	库仑每米	C/m	$\mathrm{L^{-1}TI}$	
电荷面密度	σ	库仑每平方米	$\mathrm{C/m^2}$	$\mathrm{L^{-2}TI}$	
电荷体密度	ρ	库仑每立方米	$\mathrm{C/m^3}$	$\mathrm{L^{-3}TI}$	
电场强度	E	伏特每米	V/m 或 N/C	$\mathrm{LMT^{-3}I^{-1}}$	1 V/m = 1 N/C
电场强度通量	Φ_e	库仑	C	TI	
电势	V	伏特	V	$\mathrm{L^2MT^{-3}I^{-1}}$	
电势差、电压	U	伏特	V	$\mathrm{L^2MT^{-3}I^{-1}}$	
静电能	W_e	焦耳	J	$\mathrm{L^2MT^{-2}}$	
电容率	ε	法拉每米	F/m	$\mathrm{L^{-3}M^{-1}T^4I^2}$	
真空电容率	ε_0	法拉每米	F/m	$\mathrm{L^{-3}M^{-1}T^4I^2}$	
相对电容率	ε_r	—	—	1	

续表

量的名称	符号	单位名称	单位符号	量纲	备注
电偶极矩	p, p_e	库仑米	C·m	LTI	
电极化强度	P	库仑每平方米	C/m^2	$L^{-2}TI$	
电极化率	χ_e	—	—	1	
电位移	D	库仑每平方米	C/m^2	$L^{-2}TI$	
电位移通量	Ψ	库仑	C	TI	
电容	C	法拉	F	$L^{-2}M^{-1}T^4I^2$	1 F = 1 C/V
电流密度	j	安培每平方米	A/m^2	$L^{-2}I$	
电动势	$\mathscr{E}$	伏特	V	$L^2MT^{-3}I^{-1}$	
电阻	R	欧姆	Ω	$L^2MT^{-3}I^{-2}$	1 Ω = 1 V/A
电导	G	西门子	S	$L^{-2}M^{-1}T^3I^2$	1 S = 1 A/V
电阻率	ρ	欧姆米	Ω·m	$L^3MT^{-3}I^{-2}$	
电导率	γ	西门子每米	S/m	$L^{-3}M^{-1}T^3I^2$	
磁感应强度	B	特斯拉	T	$MT^{-2}I^{-1}$	$1\ T = 1\ Wb/m^2$
磁导率	μ	亨利每米	H/m	$LMT^{-2}I^{-2}$	
真空磁导率	μ_0	亨利每米	H/m	$LMT^{-2}I^{-2}$	
相对磁导率	μ_r	—	—	1	
磁通量	Φ	韦伯	Wb	$L^2MT^{-2}I^{-1}$	1 Wb = 1 V·s
磁化强度	M	安培每米	A/m	$L^{-1}I$	
磁化率	χ_m	—	—	1	
磁场强度	H	安培每米	A/m	$L^{-1}I$	
线圈的磁矩	m	安培平方米	$A\cdot m^2$	L^2I	
自感	L	亨利	H	$L^2MT^{-2}I^{-2}$	1 H = 1 Wb/A
互感	M	亨利	H	$L^2MT^{-2}I^{-2}$	
电场能量	W_e	焦耳	J	ML^2T^{-2}	
磁场能量	W_m	焦耳	J	ML^2T^{-2}	
电磁能密度	w	焦耳每立方米	J/m^3	$ML^{-1}T^{-2}$	

目　录

Physics

绪 论

学习知识要善于思考、思考、再思考，我就是靠这个学习方法成为科学家的.

——A. 爱因斯坦

一、物理学与物质世界

1999 年第23 届国际纯粹与应用物理学联合会(International Union of Pure and Applied Physics,IUPAP)代表大会通过的决议指出:物理学——研究物质、能量和它们相互作用的学科——是一项国际事业,它对人类未来的进步起着关键的作用.

自然界,浩瀚广阔,丰富多彩,形形色色的物质在其中不断地运动着、变化着.什么是物质?大至日、月、星辰,小到分子、原子、电子,都是物质.不光固体、液体、气体和等离子体,这些实物是物质;电场、磁场、重力场和引力场,这些场也是物质.总之,物质是独立于人们意识之外的客观实在.

物理学是研究物质、能量和它们相互作用的学科,而物质、能量的研究涉及物质运动的普遍形式.这些普遍的运动形式包括机械运动、热运动、电磁运动、原子和原子核内的运动等,它们普遍地存在于其他高级的、复杂的物质运动形式之中,因此,物理学所研究的规律具有极大的普遍性.

物理学的研究对象是形形色色的物质.这些物质的空间尺度,从宇观的 10^{26} m 到微观的 10^{-15} m;时间尺度从宇宙年龄 10^{18} s 到普朗克时间 10^{-43} s;速率范围从 0 到 3×10^{8} m/s,其覆盖范围十分宽广.生命现象是宇宙中最为复杂的运动形式,而人则是复杂的生命现象之一.物质世界,由人体大小的实物起,向非常大和非常小两个尺度方向去观察,其结构都逐渐变得简单,还未发现类似生物体中所见到的复杂组织存在.小尺度和大尺度的世界所用的一些理论竟是相通的.目前,天体物理与粒子物理两大尖端领域正紧密衔接,如图 0-1 所示.

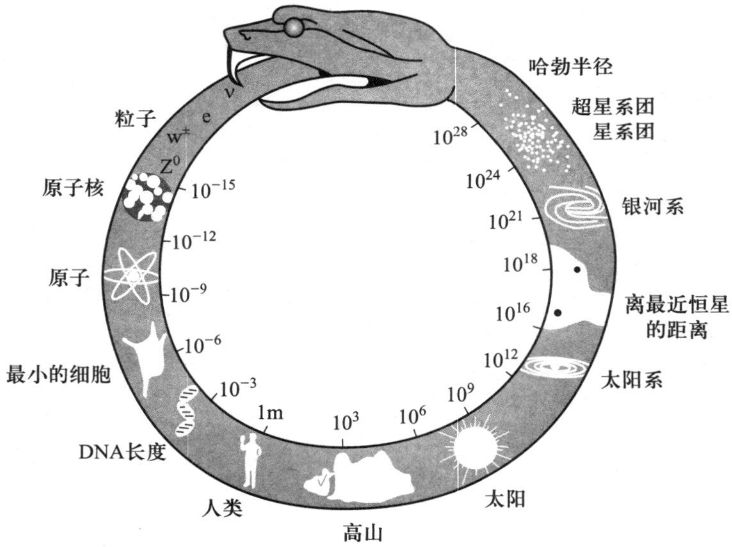

图 0-1 物质世界和物理学①

① 本图是北京大学物理学院赵凯华教授在咬尾蛇的基础上为《新概念物理教程》设计的,征得同意后在本书中引用,在此特向赵凯华教授表示感谢.

物理学的目的是探寻支配自然界物质运动的最基本、最普遍的规律. 我们学习物理学的目的就是要掌握最普遍的自然规律,深入认识物质世界的基本属性,有效地运用物理学知识去认识自然、改造自然,从而造福人类.

二、物理学与科学技术

物理学是自然科学的基础,也是当代工程技术的重要支柱,是人类认识自然、优化自然并最终造福于人类的最有活力的带头学科. 回顾物理学发展的全过程,可以加深我们对物理学重要性的认识.

物理学的发展已经经历了三次重大突破,在17世纪到18世纪期间,由于牛顿力学的建立和热力学的发展,不仅有力地推动了其他学科的进展,而且满足了研制蒸汽机和发展机械工业的社会需要,机械能、热能的有效应用引起了第一次工业革命. 到了19世纪,在电磁理论的推动下,人们成功地研制出了电机、电器和电信等设备,推动了工业电气化,使人类进入了电气化时代,这就是第二次工业革命. 20世纪以来,由于相对论和量子力学的建立,人们对原子、原子核结构的认识日益深入,实现了原子核能和人工放射性同位素的应用,促成了半导体、核磁共振、激光、超导、红外遥感、信息技术等新兴技术的发展,许多交叉学科也发展起来了. 新兴工业犹如雨后春笋,现代科学技术正在经历一场伟大的革命,人类进入了以原子能、电子计算机、自动化、半导体、激光、空间科学、网络技术、人工智能等为基础的高新技术时代.

自20世纪中叶以来,许多物理学家把物理学的理论、研究方法和实验手段用于自然科学的其他领域,从而形成了许多交叉学科. 如量子力学渗透到化学而形成量子化学,量子力学渗透到生物学而形成量子生物学. 此外,还渗透到了宇宙学、天体物理学、地球物理学、物理仿生学、遗传工程学等学科之中. 物理学向其他自然科学的渗透,开拓了横向研究的新领域,推动了自然科学的发展. 物理学一方面向认识的深度进军,另一方面又向应用的广度发展. 它在发掘新能源、新材料以及革新工艺、检测方法等方面,都提供了丰富的实验资料和理论根据;而许多新技术新工艺的实现,又大大地发展了生产力. 生产技术的发展,反过来也为物理学的进一步研究准备了雄厚的物质条件,形成相辅相成、齐头并进的局面. 21世纪以来短短20年,新的科技革命又来到了身边,正在进一步加速人类文明的演化进程,推动人类生活方式、生产方式和思维方式的根本性变革. 当前,移动互联网、大数据、人工智能已经深入到人类社会的方方面面,科学与技术间的联系日益紧密,彼此依存相互促进,新材料、新技术的产业化进程空前加快. 物理学和科学技术的关系,正如第三届世界物理学会大会(2000年12月15—16日,德国柏林)决议所指出:"物理学是我们认识世界的基础……是其他科学和绝大部分技术发展的直接的或不可缺少的基础,物理学曾经是、现在是、将来也还会是全球技术和经济发展的主要驱动力."

第一次工业革命,以蒸汽机动力为代表,改变的是"人类使用工具"的方式. 第二次工业革命,以电力和电器的动力和动能为代表,改变的是"人类使用能源"

的方式.第三次工业革命,以计算机、信息技术、互联网为代表,改变的是“人类与世界连接”的方式.而这一次——第四次工业革命,亦即新科技革命,以新智能技术、新生物技术、新材料技术为代表,将要改变的是“人类自身”!在人类温饱、安全、社交、健康等需求基本满足以后,人类社会产生了巨大的变化,正在从物质经济时代进入知识经济时代.人类今天的需求,正在向自我实现和自我超越方向变化,万物互联、人工智能、基因编辑、大数据、云计算、数字技术应用、人机一体化等正在成为这个时代的主题词,是这次新科技革命最重要的内容.

人类的需求驱动了新科技革命,新科技革命的基础是新思维范式的出现.当今国际竞争的核心在于对新科技革命主导权的竞争.中华民族是善于从危机困难中奋起的民族,没有人能够阻挡中华民族伟大复兴的步伐.

我国科技新成就

近40年来,我国在科学技术方面取得了突破性进展.例如被誉为“中国天眼”的500 m口径球面射电望远镜(FAST),从预研到建成历时22年,于2016年9月26日落成启动,其灵敏度为全球第二大单口径射电望远镜的2.5倍以上,对促进我国天文学实现重大原创性突破具有重要意义,满足了国家重大战略需求.FAST自建成运行至2020年已发现脉冲星数量超过240颗,基于FAST数据发表的高水平论文高达40余篇,使中国的天文学家终于有机会走到人类视界的最前沿.又如2020年12月4日,新一代“人造太阳”装置——中国环流器二号M装置(HL-2M)正式建成并实现首次放电.这是我国目前规模最大、最先进的托卡马克装置,其等离子体体积达到国内其他装置的2倍以上,等离子体电流提高到2.5 MA以上,等离子体离子温度可达到1.5×10^{8} K,是我国核聚变能开发事业实现跨越式发展的重要依托,将为我国核聚变堆的自主设计与建造打下坚实基础.此外在核电技术、航天技术、卫星导航系统等方面,我国都实现了跨越式发展,取得了世界领先的成果.

科学技术是第一生产力,我们正经历由人工智能、5G等新技术带来的新一轮技术革命,能否抓住技术革命带来的机遇,处理好技术革命带来的挑战,是关乎提高人民生活水平、助力企业未来发展和提升国家核心竞争力的关键.然而,我国科研现状依然存在不少“卡脖子”问题.例如,半导体技术、芯片技术、核心工业软件、核心算法等.基础研究和原创能力薄弱,严重制约了产业创新能力的提升,这需要年轻一代奋进前行.

三、物理学与科学方法

著名的理论物理学家、量子力学的创始人之一玻恩曾说:“我荣获1954年的诺贝尔物理学奖,与其说是因为我所做的工作里包括了一个自然现象的发现,倒不如说是因为那里面包含了一个关于处理自然现象的新思想方法的发现.”的确,物理学的发展和成果中包含了许多人类思想发展的精髓.

哥白尼在“和谐性”思想框架下提出了太阳系中星体运动的日心说.牛顿依据“因果论”的思想方法,认为引起一切现象及变化的原因都是力,提出了“机械决定论”;量子力学则以概率的思想取代了机械决定论.基于作用量的空间旋转、空间平移和时间平移对称性分别对应着物理学中的角动量、动量和能量守恒定律,“对称和统一”成为当代物理学的思想框架,是当代物理学家探索自然基本规律的指导思想和理论原则.

在“对称和统一”思想框架下,物理学展现出了丰富多彩的研究方法,如实验、观察、归纳、演绎、分析、综合、模拟、理想化、类比、科学假说、系统科学方法等.现略举几例说明如下:

实验方法 物理学本质上是以实验为依据的.按照实践→理论→实践的认识规律,物理实验为理论提供了事实和资料并检验理论是否正确;物理理论对实验结果进行归纳并指导实验的方法和进程,理论在技术上的应用还使实验仪器、方法不断改进,实验精度不断提高.几百年来,物理学的理论和实验从来都是这样相互促进、并肩发展的,这方面的例子不胜枚举.

理想化方法 理想化方法是对研究对象进行简化和纯化的方法,其指导思想是抓主要因素,摒弃次要因素.理想化方法包括理想实验和理想模型两类.伽利略、牛顿、麦克斯韦、爱因斯坦都曾以理想实验来阐明自己的物理思想,并在物理学史上留下光辉的范例.物理学对每一个具体的研究对象,总是把它简化为理想模型,以突出研究对象的主要特征,解决对象运动规律的主要方面,其核心在于对复杂的实际问题找出其共性,突出其主要问题,得出具有规律性的结论.如中学学过的质点、弹簧振子、单摆、理想气体、点电荷,以后学习中要遇到的刚体、电偶极子、绝对黑体、无限深势阱等都是理想模型.在自然科学的研究中,建立理想模型具有重要的意义.

类比方法 类比方法是通过把新事物与旧事物进行比较,从中找出相似之处,从而把两个事物联系起来.类比方法用到物理学研究中,就是通过两个或两类不同的研究对象和物理研究问题进行横向、纵向比较,找出不同研究对象之间相同点和局部类似之处,进而以此为研究方向和物理理论依据,把与某一个或某一类对象有关联的知识或者结论迁移到另一个或另一类研究对象上,最终进行逻辑推论得出相同或相似的结论.例如,类比重力势能之特征(重力做功与路径无关)而引入电势能概念.正确运用类比方法,可以帮助我们理解新知识,提升科学研究能力.

科学假说方法 随着物理学的发展,通过物理学家的主观猜测、演绎推理来提出假说的方法已经逐渐取代了牛顿时代的经验观察和逻辑归纳方法.经典物理中的安培分子电流思想,麦克斯韦涡旋电场和位移电流的思想;近代物理中普朗克的能量子、爱因斯坦的光子、德布罗意的物质波的思想,以及作为现代物理前沿的夸克、引力波、黑洞等都是以假说的形式提出的.应该说,假说与科学革命密切联系到一起,已经成为人类接近和认识真理的一种方法.问题→假说→实践→科学→新问题→新假说→实践→新科学→……已经成为人类认识真理的必由之路.

四、物理学与人才培养

高等院校肩负着培养我国各类高级工程技术专门人才的重任,要使我们培养的工程技术人员，能在飞速发展的科学技术面前有所创新、有所前进，对人类做出较大的贡献，就必须加强基础理论特别是物理学的学习. 通过学习能对物质最普遍、最基本的运动形式和规律有比较全面而系统的认识，掌握物理学中的基本概念、基本原理以及研究问题的方法，同时通过在科学实验能力、计算能力、创新思维以及探索精神等方面的严格训练，培养分析问题和解决问题的能力，提高科学素质，努力实现知识、能力、素质的协调发展.

关于物理学在提高人才素质和能力中的作用，在物理教学上获得杰出成就的北京大学赵凯华教授给出的具体描述是："当一个成熟的物理学家进行探索性的科学研究时，常常从定性和半定量的方法入手来提出问题和分析问题，这包括对称性的考虑和守恒量的利用、量纲分析、数量级估算、极限情形和特例的讨论、简化模型的选取以及概念和方法的类比，等等."这使我们明确了工科物理教育的方向：物理教育的目的不仅在于使学生获得知识和技能，更重要的目的在于提高学生的科学文化素质，使其获得科学精神、科学思想、科学态度、科学方法等方面的比较系统的培养和熏陶，成为德、智、体、美、劳全面发展的高素质人才. 对于在工科教学体系中培养的学生来说，物理学在提高学生科学文化素养方面的作用是其他课程所不能取代的.

由于现代物理课题的复杂性和艰巨性，物理学的成就越来越显示出它是集体劳动的共同成果. 所以，信息的存储、交流和反馈，5G 网络和现代通信设备的应用，自动化或半自动化的操作，理论人才、实验人才、工程技术人才和管理人才的协同配合等越来越显示出其重要意义. 如粒子物理研究中所必需的正负电子对撞机等大型高能物理实验设备的研制和使用，天体物理研究中各种宇宙探测器的研制和发射，人类航天活动的组织实施等，无一不是大规模的系统工程. 新一代年轻人正在成为栋梁，在中国的航天航空、核能、电子、芯片、高铁等领域，担纲者平均年龄只有 39.4 岁，呈现群英荟萃之象.

探索未知是人类的天性. 人类正是在不断探索自然世界的过程中，形成和发展了物理学，从而得以修正和完善与我们赖以生存的地球的联系，使人类能在一个与自然更加和谐美好的关系中生存. 正如现在提倡的"无论是中学还是大学，都要更加重视数学、物理等基础学科，打牢学生基础理论根基，培养更多创新人才. 要让学生在求知欲最强、记忆力最好的时候，把科学的基础打好，'基本功'练好."要着眼全面提高科技创新能力，瞄向国际前沿趋势加强基础研究，夯实创新基础，努力攻克"卡脖子"难题，构筑发展新优势.

Physics

第一章 运动和力

我好像是一个在海滩上玩耍的小孩，不时地为捡到一个比通常更光滑的卵石或更好看的贝壳而感到高兴，但是，有待探索的真理的汪洋大海正展现在我的面前.

——I. 牛顿

自然界的一切物质都处于永恒的运动之中. 物质的运动形式是多种多样的，其中，机械运动是最普遍、最基本的运动. 力学主要研究物体机械运动和物体相互作用. 由于机械运动的普遍性和基本性，所以力学是整个物理学的基础. 在本章中，着重阐明以下四个问题. 第一，如何描述物体的运动状态. 在运动学中，物体的运动状态是用位矢和速度描述的，而物体运动速度的变化则用加速度描述. 通过建立速度、加速度等概念，加深对运动的相对性、瞬时性和矢量性等基本性质的认识. 第二，运动学的核心是运动学方程. 既要掌握如何从运动学方程出发，求出质点在任意时刻的位矢、速度和加速度的方法，又要能够在已知加速度（或速度）与时间的关系以及初始条件的情况下，求出任意时刻质点的速度和位置. 总之，要学会在运动学中使用微积分. 第三，动力学研究的是力和运动的关系. 牛顿运动定律则是经典力学的基础. 第四，运动的研究，离不开时间和空间. 经典力学的时空观是和牛顿运动定律交织在一起的，本章最后还简略介绍了经典力学的时空观.

§1-1 质点运动的描述

一个物体相对于另一个物体的位置，或者一个物体的某些部分相对于其他部分的位置，随着时间而变化的过程，叫做机械运动（mechanical motion）. 为了研究物体的机械运动，我们不仅需要确定描述物体运动的方法，还需要对复杂的物体运动进行科学合理的抽象，提出物理模型，以便突出主要矛盾，化繁为简，以利于解决问题.

一、质点

任何物体都有一定的大小、形状、质量和内部结构，物体运动时，其内部各点的位置变化常是各不相同的，而且物体的大小和形状也可能发生变化. 但是，如果在我们所研究的问题中，物体的大小和形状可以忽略不计时，我们就可以把该物体看作是一个具有质量的几何点，称为质点（point mass, particle）. 从理论上说，研究质点的运动规律，是研究物体运动的基础. 这种根据所研究问题的性质，突出主要因素，忽略次要因素，建立理想模型，是经常采用的一种简化问题的思维方法，以后讨论的刚体、理想气体、点电荷等都是理想模型.

二、参考系和坐标系

研究一个物体的机械运动，必须选取另一物体或几个彼此之间相对静止的物体作为参考. 被选作参考的物体叫做参考系（reference frame）. 同一物体的运动，由于我们所选取的参考系不同，反映的运动关系会不同，对它的运动的描述也会不同. 例如，在作匀速直线运动的车厢中，有一个自由下落的物体，以车厢为参考系，物体作自由落体运动；以地面为参考系，物体作平抛运动. 在不同参考系中，对同一物体具有不同运动形式的事实，叫做运动的相对性. 早在我国战国时期的哲学家公孙龙就已经注意到这点，他提出了“飞鸟之景（影），未尝动也”的论辩. 飞鸟的影子对地面其他物体来说是运动着的，但对飞鸟本身来说，如影随形，这个影子就是不动的了．在运动学中，参考系的选择是任意的，主要由问题的性质和研究的方便决定．但在动力学中，则要受到限制．

为了从数量上确定物体相对于参考系的位置，需要在参考系上选用一个固定的坐标系（coordinate system）．一般在参考系上选定一点作为坐标系的原点 O，取通过原点并标有长度的线作为坐标轴．常用的坐标系是直角坐标系（rectangular coordinate system），它的三条坐标轴（Ox 轴、Oy 轴和 Oz 轴）互相垂直．根据需要，我们也可以选用其他的坐标系，例如平面极坐标系（plane polar coordinate system）、球坐标系（spherical coordinate system）或柱坐标系（cylindrical coordinate system）等．

三、空间和时间

人们关于空间（space）和时间（time）概念的形成，首先起源于对周围物质世界和物质运动的直觉．空间反映了物质的广延性，它的概念是与物体的体积和物体位置的变化联系在一起的．时间所反映的是物理事件的顺序性和持续性．早在我国春秋战国时代，由墨翟创立的墨家学派就对空间和时间的概念给予了深刻而明确的阐释．《墨经》中说："宇，弥异所也""久，弥异时也"．此处，"宇"即空间，"久"即时间．意思是说，空间是一切不同位置的概括和抽象；时间是一切不同时刻的概括和抽象．在自然科学的创始和形成时代，关于空间和时间，有两种代表性的看法．莱布尼茨（G. W. Leibniz）认为，空间和时间是物质上下左右的排列形式和先后久暂的持续形式，没有具体的物质和物质的运动就没有空间和时间．和莱布尼茨不同，牛顿认为，空间和时间是不依赖于物质的独立的客观存在．随着科学的进步，人们经历了从牛顿的绝对时空观到爱因斯坦的相对时空观的转变，从时空的有限与无限的哲学思辨到用科学手段来探索的阶段．现在，人们认识到空间和时间是不可分割的，空间和时间就是运动，也就是物质存在的形式．表 1-1 和表 1-2 分别列出了一些物理学研究所涉及的空间和时间尺度，由此可见物理学所涉及的空间和时间范围是何等的广阔！在国际单位制（简称 SI）中，长度的基本单位是米（符号是 m）．现在国际上采用的米的定义是：1 m 是光在真空中（1/299 792 458）s 时间间隔内所经路径的长度．时间的基本单位是秒（符号是 s）：1 s 是铯-133原子基态的两个超精细能级之间跃迁所对应的辐射的 9 192 631 770 个周期的持续时间．

表 1-1　一些物理研究所涉及的空间尺度　　单位：m

空间尺度	数量级
已观测到的宇宙范围	10^{26}
星系团半径	10^{23}
星系间距离	2×10^{22}
银河系半径	7.6×10^{20}
太阳到最近恒星的距离	4×10^{16}
太阳到海王星的距离	10^{12}
日地平均距离	1.5×10^{11}

续表

空间尺度	数量级
地球平均半径	6.4×10^{6}
无线电中波波长	10^{3}
核动力航空母舰长度	3×10^{2}
孩童身高	1
尘埃	10^{-3}
人类红细胞直径	10^{-6}
细菌线度	10^{-9}
原子线度	10^{-10}
原子核的线度	10^{-15}
普朗克长度	10^{-35}

表 1-2 一些典型物理现象的时间尺度 单位:s

空间尺度	数量级
宇宙年龄	10^{18}
太阳系年龄	1.4×10^{17}
原始人出现距今时间	10^{13}
最早文字记录	1.6×10^{11}
人的平均寿命	2×10^{9}
地球公转(一年)	3.2×10^{7}
地球自转(一天)	8.6×10^{4}
太阳光到地球的传播时间	5×10^{2}
人的心脏跳动周期	1
中频声波周期	10^{-3}
中频无线电波周期	10^{-6}
π^{+}介子的平均寿命	10^{-9}
分子转动周期	10^{-12}
原子振动周期(光波周期)	10^{-15}
光穿越原子的时间	10^{-18}
核振动周期	10^{-21}
高速粒子穿越核的时间	10^{-24}
普朗克时间	10^{-43}

四、位矢

质点的位置常用位置矢量(简称位矢,position vector)表示. 它是从坐标系的原点指向质点所在位置的有向线段,用矢量 $\boldsymbol{r}$ 表示. 设质点在直角坐标系中所在位置的坐标为 x、y、z,那么,坐标 x、y、z 就是 $\boldsymbol{r}$ 沿坐标轴的三个分量. 如图 1-1 所示,位矢的大小为

$$r=|\boldsymbol{r}|=\sqrt{x^{2}+y^{2}+z^{2}}$$

引入沿着 Ox、Oy、Oz 三轴正方向的单位矢量 $\boldsymbol{i}$、$\boldsymbol{j}$、$\boldsymbol{k}$ 后,我们可把 $\boldsymbol{r}$ 写成

$$\boldsymbol{r}=x\boldsymbol{i}+y\boldsymbol{j}+z\boldsymbol{k} \tag{1-1}$$

位矢的方向余弦是

$$\cos\alpha=\frac{x}{r},\quad \cos\beta=\frac{y}{r},\quad \cos\gamma=\frac{z}{r}$$

这里 α、β 和 γ 分别是位置矢量与 Ox 轴、Oy 轴和 Oz 轴的夹角. 由于方向余弦满足以下关系:

$$\cos^2\alpha+\cos^2\beta+\cos^2\gamma=1$$

因此,α、β 和 γ 只有两个是独立变化的.

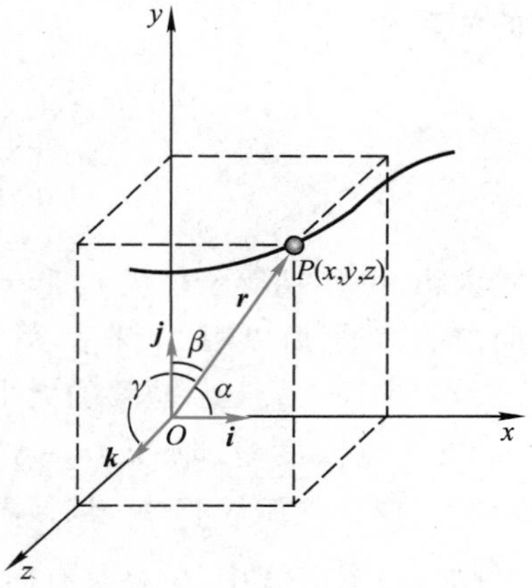

图 1-1　位矢

五、运动学方程

在一个选定的参考系中,当质点运动时,它的位矢 $\boldsymbol{r}$ 是按一定规律随时刻 t 改变的,所以位矢是 t 的函数. 这个函数可表示为

$$\boldsymbol{r}=\boldsymbol{r}(t) \tag{1-2}$$

上式称为质点的运动学方程(kinematics equation).

在直角坐标系中,运动学方程可表示为

$$\boldsymbol{r}(t)=x(t)\boldsymbol{i}+y(t)\boldsymbol{j}+z(t)\boldsymbol{k} \tag{1-3}$$

请注意,式中的 t 是时刻,但一般把运动的开始时刻作为计时零点,t 也就表示时间了,所以人们常把 $\boldsymbol{r}(t)$ 叫做位矢随时间的函数. 上式可写成如下三个分量方程:

$$x=x(t),\quad y=y(t),\quad z=z(t) \tag{1-4}$$

知道了运动学方程,我们就能确定任一时刻质点的位置,从而确定质点的运动. 从质点的运动学方程中消去时间 t,即可求得质点的轨迹方程.

六、位移

设 $\overset{\frown}{AB}$ 为质点的运动轨迹(图 1-2). 在时刻 t,质点处在 A 点,在时刻 $t+\Delta t$,质点到达 B 点. A、B 两点的位置分别用位矢 $\boldsymbol{r}_A$ 和 $\boldsymbol{r}_B$ 来表示. 在时间 Δt 内,质点的位置变化可用从 A 到 B 的有向线段 $\overrightarrow{AB}$ 来表示,$\overrightarrow{AB}$ 称为质点的位移(displacement). 位移 $\overrightarrow{AB}$ 除了表明 B 点与 A 点之间的距离外,还表明了 B 点相对于 A 点的方位. 位移是矢量,是按三角形法则或平行四边形法则来合成的.

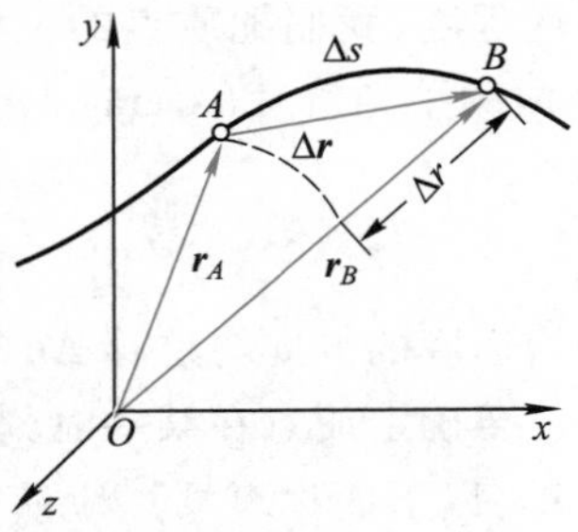

图 1-2　曲线运动中的位移

从图 1-2 中可以看出,位移 $\overrightarrow{AB}$ 和位矢 $\boldsymbol{r}_A$、$\boldsymbol{r}_B$ 之

间的关系为

$$\boldsymbol{r}_B=\boldsymbol{r}_A+\overrightarrow{AB}$$

即

$$\overrightarrow{AB}=\boldsymbol{r}_B-\boldsymbol{r}_A=\Delta\boldsymbol{r} \tag{1-5}$$

上式说明,位移$\overrightarrow{AB}$等于位矢 $\boldsymbol{r}_B$ 和 $\boldsymbol{r}_A$ 的矢量差.而矢量差 $\boldsymbol{r}_B-\boldsymbol{r}_A$ 也就是位矢 $\boldsymbol{r}$ 在 Δt 时间内的增量,所以用 $\Delta\boldsymbol{r}$ 来表示.应该注意以下几点:

(1) 位移是矢量　位移的大小记作 $|\Delta\boldsymbol{r}|$,它和 Δr 是有区别的,后者表示位矢 $\boldsymbol{r}_B$ 和 $\boldsymbol{r}_A$ 的长度差,即 $\Delta r=r_B-r_A$,一般 $|\Delta\boldsymbol{r}|\neq\Delta r$,参看图 1-2.

(2) 位移与路程不同　位移表示质点位置的改变,它并不是质点所经历的路程.例如,在图 1-2 中,位移是有向线段$\overrightarrow{AB}$,是一矢量,它的量值$|\Delta\boldsymbol{r}|$就是割线 AB 的长度,而路程却是标量,就是曲线 $\widehat{AB}$ 的弧长 Δs. Δs 和$|\Delta\boldsymbol{r}|$并不相等.只有在时间 Δt 趋近于零时,Δs 与$|\Delta\boldsymbol{r}|$才可看作相等.即使在直线运动中,位移和路程也是截然不同的两个概念.例如,一质点沿直线从 A 点运动到 B 点又折回 A 点,显然路程等于 A、B 之间距离的两倍,而位移却为零.

(3) 位移与所选原点无关　位矢 $\boldsymbol{r}$ 与所选的原点有关,而位移 $\Delta\boldsymbol{r}$ 却与所选的原点无关.

在直角坐标系中,位移

$$\begin{aligned}\Delta\boldsymbol{r}&=\boldsymbol{r}_B-\boldsymbol{r}_A=(x_B\boldsymbol{i}+y_B\boldsymbol{j}+z_B\boldsymbol{k})-(x_A\boldsymbol{i}+y_A\boldsymbol{j}+z_A\boldsymbol{k})\\&=(x_B-x_A)\boldsymbol{i}+(y_B-y_A)\boldsymbol{j}+(z_B-z_A)\boldsymbol{k}\end{aligned}$$

即

$$\Delta\boldsymbol{r}=\Delta x\,\boldsymbol{i}+\Delta y\,\boldsymbol{j}+\Delta z\,\boldsymbol{k} \tag{1-6}$$

位移的大小和方向为

$$|\Delta\boldsymbol{r}|=\sqrt{(\Delta x)^2+(\Delta y)^2+(\Delta z)^2}$$

$$\cos\alpha'=\frac{\Delta x}{|\Delta\boldsymbol{r}|},\quad \cos\beta'=\frac{\Delta y}{|\Delta\boldsymbol{r}|},\quad \cos\gamma'=\frac{\Delta z}{|\Delta\boldsymbol{r}|}$$

七、速度

当质点在时间 Δt 内,完成了位移 $\Delta\boldsymbol{r}$ 时,为了表示质点在这段时间内运动的快慢程度,我们把质点的位移 $\Delta\boldsymbol{r}$ 与相应的时间 Δt 的比值,叫做质点在这段时间 Δt 内的平均速度(average velocity):

$$\boldsymbol{v}=\frac{\Delta\boldsymbol{r}}{\Delta t} \tag{1-7}$$

一些物体的速度

平均速度的方向与位移 $\Delta\boldsymbol{r}$ 的方向相同.

要确定质点在某一时刻 t(或某一位置)的速度,即瞬时速度(instantaneous velocity,以下简称速度),应使时间 Δt 无限地减小而趋近于零,采用一种无限逼近的方法,以平均速度的极限来表示,即

$$\boldsymbol{v}=\lim_{\Delta t\to 0}\frac{\Delta \boldsymbol{r}}{\Delta t}=\frac{\mathrm{d}\boldsymbol{r}}{\mathrm{d}t} \tag{1-8}$$

就是说,速度等于位矢 $\boldsymbol{r}$ 对时间 t 的一阶导数. 瞬时速度表明质点在 t 时刻附近无限短的一段时间内位移和时间的比值,亦即描述了质点位矢的瞬时变化率.

速度的方向就是当 Δt 趋近于零时,位移 $\Delta \boldsymbol{r}$ 的极限方向. 从图 1-3 可以看出,位移 $\Delta \boldsymbol{r}=\overrightarrow{AB}$ 是沿着割线 AB 的方向. 当 Δt 逐渐减小而趋近于零时,B 点逐渐趋近于 A 点,相应地,割线 AB 逐渐趋近于 A 点的切线. 所以质点的速度方向,是沿着轨迹上质点所在点的切线方向并指向质点前进的一侧.

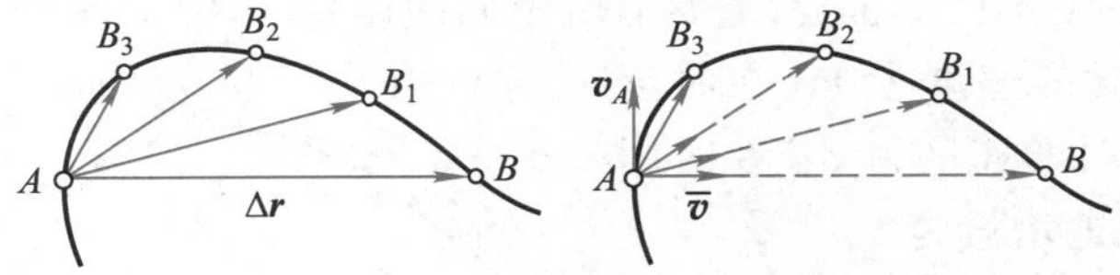

图 1-3 质点在轨迹 A 点处的速度的方向

速度的大小常称为速率,用 v 表示

$$v=|\boldsymbol{v}|=\left|\frac{\mathrm{d}\boldsymbol{r}}{\mathrm{d}t}\right|=\lim_{\Delta t\to 0}\frac{|\Delta \boldsymbol{r}|}{\Delta t}$$

当 $t\to 0$ 时,$\Delta \boldsymbol{r}$ 的大小 $|\Delta \boldsymbol{r}|$ 就趋近于质点在 Δt 时间内所经过的路程 Δs,因此瞬时速度的大小

$$v=\lim_{\Delta t\to 0}\frac{\Delta s}{\Delta t}=\frac{\mathrm{d}s}{\mathrm{d}t} \tag{1-9}$$

也就等于质点在时刻 t 的瞬时速率. 根据位移的大小 $|\Delta \boldsymbol{r}|$ 与 Δr 的区别可以知道,一般地

$$v=\left|\frac{\mathrm{d}\boldsymbol{r}}{\mathrm{d}t}\right|\neq\frac{\mathrm{d}r}{\mathrm{d}t}$$

在直角坐标系中,根据速度的定义有

$$\boldsymbol{v}=\frac{\mathrm{d}\boldsymbol{r}}{\mathrm{d}t}=\frac{\mathrm{d}}{\mathrm{d}t}(x\boldsymbol{i}+y\boldsymbol{j}+z\boldsymbol{k})$$

由于单位矢量 $\boldsymbol{i}$、$\boldsymbol{j}$、$\boldsymbol{k}$ 的大小和方向都不随时间变化,即

$$\frac{\mathrm{d}\boldsymbol{i}}{\mathrm{d}t}=\boldsymbol{0},\quad \frac{\mathrm{d}\boldsymbol{j}}{\mathrm{d}t}=\boldsymbol{0},\quad \frac{\mathrm{d}\boldsymbol{k}}{\mathrm{d}t}=\boldsymbol{0}$$

所以

$$\boldsymbol{v}=\frac{\mathrm{d}x}{\mathrm{d}t}\boldsymbol{i}+\frac{\mathrm{d}y}{\mathrm{d}t}\boldsymbol{j}+\frac{\mathrm{d}z}{\mathrm{d}t}\boldsymbol{k} \tag{1-10}$$

用 v_x、v_y、v_z 分别表示速度 $\boldsymbol{v}$ 沿坐标轴 x、y、z 的分量,则有

$$\boldsymbol{v}=v_x\boldsymbol{i}+v_y\boldsymbol{j}+v_z\boldsymbol{k}$$

可得

$$v_x=\frac{\mathrm{d}x}{\mathrm{d}t},\quad v_y=\frac{\mathrm{d}y}{\mathrm{d}t},\quad v_z=\frac{\mathrm{d}z}{\mathrm{d}t}$$

于是速度 $\boldsymbol{v}$ 的大小为

$$v=|\boldsymbol{v}|=\sqrt{v_x^2+v_y^2+v_z^2}=\sqrt{\left(\frac{\mathrm{d}x}{\mathrm{d}t}\right)^2+\left(\frac{\mathrm{d}y}{\mathrm{d}t}\right)^2+\left(\frac{\mathrm{d}z}{\mathrm{d}t}\right)^2}$$

方向也可用方向余弦来确定.

质点在某时刻的运动情况,主要由位置和速度确定,所以位矢和速度是描述质点运动状态的两个基本物理量.

八、加速度

质点在轨迹上不同的位置,通常有着不同的速度. 如图 1-4 所示,一质点在时刻 t、位于 A 点时的速度为 $\boldsymbol{v}_A$,在时刻 $t+\Delta t$、位于 B 点时的速度为 $\boldsymbol{v}_B$. 在时间 Δt 内,质点速度的增量为

$$\Delta\boldsymbol{v}=\boldsymbol{v}_B-\boldsymbol{v}_A$$

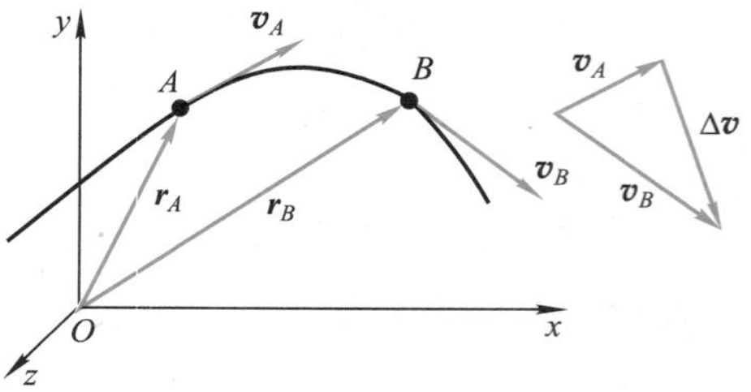

图 1-4 速度的增量

这里要注意,在直线运动中 $\Delta\boldsymbol{v}$ 的方向和 $\boldsymbol{v}_A$ 的方向要么相同,要么相反;而在曲线运动中,$\Delta\boldsymbol{v}$ 的方向和 $\boldsymbol{v}_A$ 的方向并不一致,$\Delta\boldsymbol{v}$ 所描述的速度变化,包括速度方向的变化和速度大小的变化.

与平均速度的定义相类似,质点的平均加速度(average acceleration)定义为

$$\overline{\boldsymbol{a}}=\frac{\Delta\boldsymbol{v}}{\Delta t}$$

平均加速度只是描述在时间 Δt 内速度变化快慢的平均程度. 为了精确地描述质点在任一时刻 t(或任一位置处)的速度的变化程度,必须在平均加速度概念的基础上引入瞬时加速度的概念. 瞬时加速度定义为

$$\boldsymbol{a}=\lim_{\Delta t\to 0}\frac{\Delta\boldsymbol{v}}{\Delta t}=\frac{\mathrm{d}\boldsymbol{v}}{\mathrm{d}t}=\frac{\mathrm{d}^2\boldsymbol{r}}{\mathrm{d}t^2} \tag{1-11}$$

这就是说,质点在某时刻 t 或某位置的瞬时加速度(instantaneous acceleration,以下简称加速度)等于时间 Δt 趋近于零时平均加速度的极限. 瞬时加速度表明质点在 t 时刻附近无限短的一段时间内的速度变化率. 从数学式上来说,加速度等于速度对时间的一阶导数,也等于位矢对时间的二阶导数.

加速度的方向就是当 Δt 趋近于零时,速度增量 $\Delta\boldsymbol{v}$ 的极限方向. 应当注意:$\Delta\boldsymbol{v}$ 的方向和它的极限方向一般不同于速度 $\boldsymbol{v}$ 的方向,因而加速度的方向一般与该时刻的速度方向不一致. 即使在直线运动中,加速度和速度虽在同一直线上,也可以有同向或反向两种情况(图 1-5). 质点作曲线运动时,由于速度沿着曲线

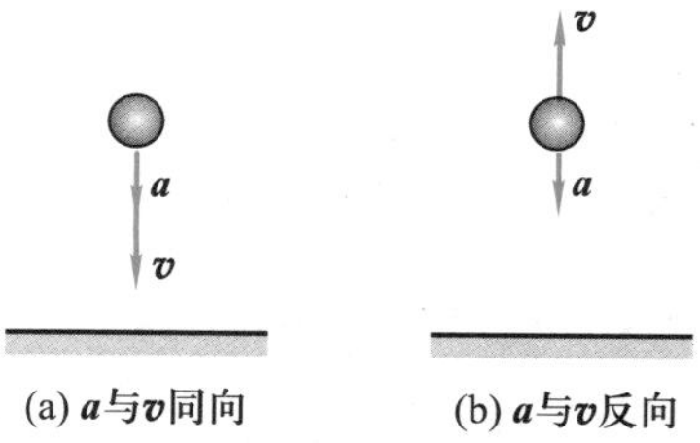

图 1-5 直线运动中的加速度与速度的方向

弯曲方向而改变，所以，加速度总是指向轨迹曲线凹的一边（参看图 1-6 和图 1-7）. 若速率是增加的［图1-6（a）］，则 $\boldsymbol{a}$ 与 $\boldsymbol{v}$ 成锐角；若速率是减小的［图 1-6（b）］，则 $\boldsymbol{a}$ 与 $\boldsymbol{v}$ 成钝角；若速率不变［图 1-6（c）］，则 $\boldsymbol{a}$ 与 $\boldsymbol{v}$ 成直角. 行星绕太阳运动时的轨迹是一椭圆，如图 1-7 所示，太阳位于此椭圆的一个焦点上，行星的加速度 $\boldsymbol{a}$ 总是指向太阳. 在椭圆轨迹上，当行星从远日点向近日点运动时，行星的加速度 $\boldsymbol{a}$ 与它的速度 $\boldsymbol{v}$ 成锐角，行星的速率是增加的；当行星从近日点向远日点运动时，$\boldsymbol{a}$ 与 $\boldsymbol{v}$ 成钝角，行星的速率是减小的.

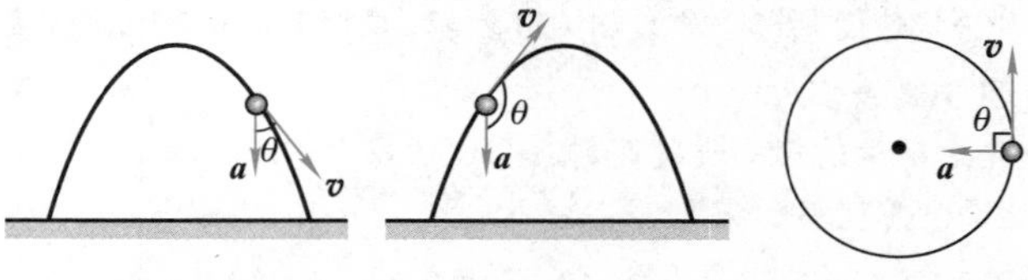

(a) $\boldsymbol{a}$与$\boldsymbol{v}$成锐角　(b) $\boldsymbol{a}$与$\boldsymbol{v}$成钝角　(c) $\boldsymbol{a}$与$\boldsymbol{v}$成直角

图 1-6　曲线运动中的加速度与速度的方向

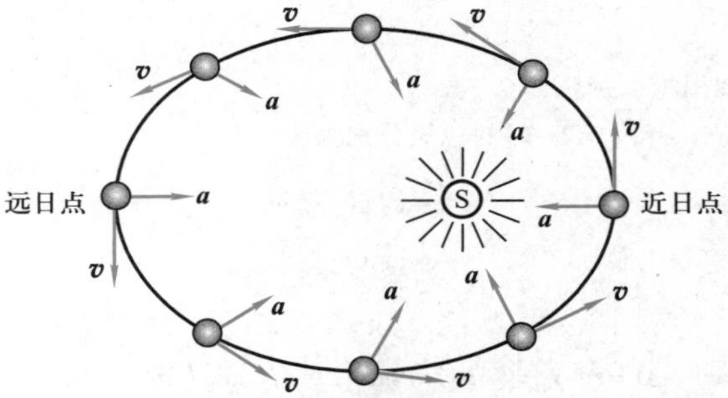

图 1-7　行星绕太阳运动时的加速度与速度的方向

在直角坐标系中，加速度的三个分量 a_x、a_y、a_z 分别为

$$a_x=\frac{\mathrm{d}v_x}{\mathrm{d}t}=\frac{\mathrm{d}^2x}{\mathrm{d}t^2},\quad a_y=\frac{\mathrm{d}v_y}{\mathrm{d}t}=\frac{\mathrm{d}^2y}{\mathrm{d}t^2},\quad a_z=\frac{\mathrm{d}v_z}{\mathrm{d}t}=\frac{\mathrm{d}^2z}{\mathrm{d}t^2}\qquad(1-12)$$

加速度 $\boldsymbol{a}$ 可写作

$$\boldsymbol{a}=a_x\boldsymbol{i}+a_y\boldsymbol{j}+a_z\boldsymbol{k}$$

而加速度的大小为

$$a=|\boldsymbol{a}|=\sqrt{a_x^2+a_y^2+a_z^2}$$

方向也可用方向余弦确定.

九、运动学的两类问题

质点运动学所遇到的问题可以分为以下两类：

（1）已知质点的运动学方程，求质点在任意时刻的位置、速度和加速度. 解决此类问题需用微分法.

（2）已知质点运动的加速度或速度及初始条件（即 $t=0$ 时质点的位置 $\boldsymbol{r}_0$ 和速度 $\boldsymbol{v}_0$），求质点的运动学方程. 解决此类问题需用积分法.

例题 1-1

已知质点的运动学方程为

$$\boldsymbol{r}=2t\boldsymbol{i}+(6-2t^2)\boldsymbol{j}$$

式中 $\boldsymbol{r}$ 的单位为 m，t 的单位为 s.（1）求质点的轨迹，并绘制其轨迹图；（2）求 $t_1=1\text{ s}$ 和 $t_2=2\text{ s}$ 之间的 $\Delta\boldsymbol{r}$、$\Delta|\boldsymbol{r}|$ 和平均速度 $\bar{v}$；（3）求 $t_1=1\text{ s}$ 和 $t_2=2\text{ s}$ 两时刻的速度和加速度；（4）在什么时刻质点离原点最近，其距离多大？

解　（1）这是运动学的第一类问题，按题意，质点在 Oxy 平面内运动，其运动学方程为

$$x=2t,\quad y=6-2t^2$$

联立以上两式，消去 t，得质点运动的轨迹方程为

$$y=6-\frac{x^2}{2}$$

其轨迹为抛物线，如图 1-8 所示.

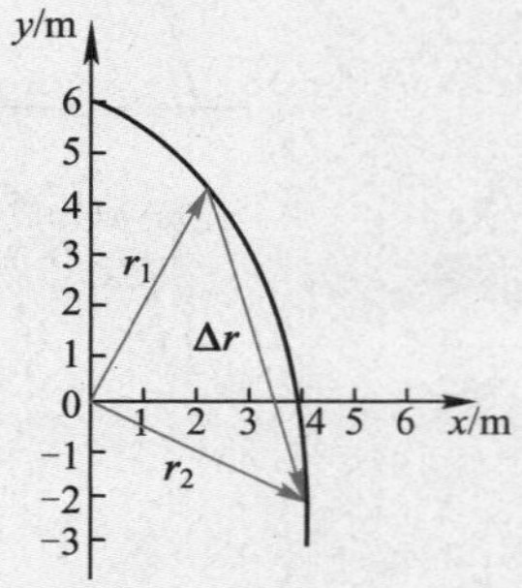

图 1-8

（2）质点在 $t_1=1\text{ s}$ 和 $t_2=2\text{ s}$ 时的位矢分别为

$$\boldsymbol{r}_1=(2\boldsymbol{i}+4\boldsymbol{j})\text{ m}$$

$$\boldsymbol{r}_2=(4\boldsymbol{i}-2\boldsymbol{j})\text{ m}$$

所以位移为

$$\Delta\boldsymbol{r}=\boldsymbol{r}_2-\boldsymbol{r}_1=(4\boldsymbol{i}-2\boldsymbol{j})\text{ m}-(2\boldsymbol{i}+4\boldsymbol{j})\text{ m}=(2\boldsymbol{i}-6\boldsymbol{j})\text{ m}$$

其大小和方向（与 Ox 轴正向间的夹角）分别为

$$|\Delta\boldsymbol{r}|=\sqrt{(\Delta x)^2+(\Delta y)^2}=\sqrt{2^2+6^2}\text{ m}=6.32\text{ m}$$

$$\theta=\arctan\frac{\Delta y}{\Delta x}=\arctan\frac{-6}{2}=-71.5°$$

而

$$\Delta|\boldsymbol{r}|=\Delta r=r_2-r_1=\sqrt{x_2^2+y_2^2}-\sqrt{x_1^2+y_1^2}$$

$$=\left[\sqrt{4^2+(-2)^2}-\sqrt{2^2+4^2}\right]\text{ m}=0$$

质点平均速度的大小为

$$\bar{v}=\frac{|\Delta\boldsymbol{r}|}{\Delta t}=\frac{6.32}{2-1}\text{ m/s}=6.32\text{ m/s}$$

方向与 $\Delta\boldsymbol{r}$ 同向，即与 Ox 轴成 $-71.5°$.

（3）由运动学方程可得速度和加速度表示式为

$$\boldsymbol{v}=\frac{\mathrm{d}\boldsymbol{r}}{\mathrm{d}t}=2\boldsymbol{i}-4t\boldsymbol{j}$$

$$\boldsymbol{a}=\frac{\mathrm{d}\boldsymbol{v}}{\mathrm{d}t}=-4\boldsymbol{j}\text{ m/s}^2$$

$t_1=1$ s 时：

$$\boldsymbol{v}_1=(2\boldsymbol{i}-4\boldsymbol{j})\ \text{m/s},\quad \boldsymbol{a}_1=-4\boldsymbol{j}\ \text{m/s}^2$$

$t_2=2$ s 时：

$$\boldsymbol{v}_2=(2\boldsymbol{i}-8\boldsymbol{j})\ \text{m/s},\quad \boldsymbol{a}_2=-4\boldsymbol{j}\ \text{m/s}^2$$

其大小和方向分别为

$$v_1=\sqrt{2^2+(-4)^2}\ \text{m/s}=4.47\ \text{m/s},\quad \theta_1=\arctan\left(-\frac{4}{2}\right)=-63.5°$$

$$v_2=\sqrt{2^2+(-8)^2}\ \text{m/s}=8.25\ \text{m/s},\quad \theta_2=\arctan\left(\frac{-8}{2}\right)=-76.0°$$

$$a_1=a_2=4\ \text{m/s}^2\text{，沿 }Oy\text{ 轴负方向}$$

（4）质点离原点的距离就是位矢的大小，即

$$r=|\boldsymbol{r}|=\sqrt{x^2+y^2}=\sqrt{(2t)^2+(6-2t^2)^2}$$

对 r 取极值，当质点离原点的距离最近时 $\frac{\mathrm{d}r}{\mathrm{d}t}=0$，得

$$\frac{\mathrm{d}r}{\mathrm{d}t}=\frac{4t(2t^2-5)}{\sqrt{(2t)^2+(6-2t^2)^2}}=0$$

即

$$4t(2t^2-5)=0$$

$$t=0\text{ 或 }t=\sqrt{\frac{5}{2}}\ \text{s}=1.58\ \text{s},\quad t=-1.58\ \text{s（舍去）}$$

当 $t=0$ 时，$r_0=6.0$ m；当 $t=1.58$ s 时，$r_0=3.0$ m. 显然，当 $t=1.58$ s 时，质点距离原点最近，位置坐标为(3.16,1).

例题 1-2

图 1-9(a) 所示为一曲柄连杆结构，曲柄 OA 长为 r，连杆 AB 长为 l. AB 的一端用销子与曲柄 OA 相连于 A 处，另一端用销子与活塞相连于 B 处. 当曲柄以匀角速度 ω 绕轴 O 旋转时，通过连杆将带动 B 处活塞在汽缸内往复运动，试求活塞的运动学方程、速度 v 以及加速度 a 与 t 的关系式.

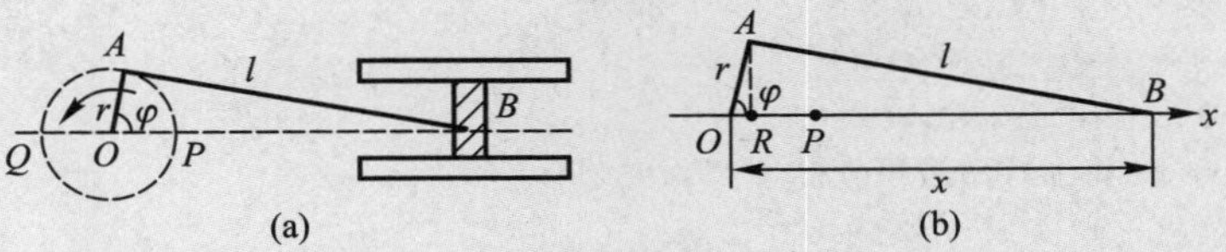

图 1-9　曲柄连杆结构

解　在本题中，没有直接给出运动学方程，必须根据给定的条件自行写出. 取 O 为原点，Ox 轴水平向右，见图 1-9(b)；并设开始时，曲柄 A 端在 Ox 轴上的 P 点. 当曲柄以匀角速度 ω 转动时，在 t 时刻曲柄转角 $\varphi=\omega t$，这时 B 处活塞的位置为 $x=OR+RB$，即

$$x(t)=r\cos\omega t+\sqrt{l^2-r^2\sin^2\omega t}$$

这就是活塞的运动学方程.

活塞运动的速度和加速度可由运动学方程求导得出,但结果比较复杂,现在把上式右端第2项按二项式定理展开得

$$\sqrt{l^2-r^2\sin^2\omega t}=l\left[1-\frac{1}{2}\left(\frac{r}{l}\right)^2\sin^2\omega t+\cdots\right]$$

一般 $r/l<1/3$,因此高阶小量可以略去,于是得活塞的运动学方程

$$x(t)=r\cos\omega t+l\left[1-\frac{1}{2}\left(\frac{r}{l}\right)^2\sin^2\omega t\right]$$

因此

$$v(t)=\frac{\mathrm{d}x(t)}{\mathrm{d}t}=-r\omega\left[\sin\omega t+\frac{1}{2}\left(\frac{r}{l}\right)\sin 2\omega t\right]$$

$$a(t)=\frac{\mathrm{d}v(t)}{\mathrm{d}t}=-r\omega^2\left[\cos\omega t+\left(\frac{r}{l}\right)\cos 2\omega t\right]$$

例题 1-3

一质点在 Ox 轴上作加速运动,其加速度 a 有以下几种情况:(1) $a=$常量;(2) $a=k_1t$;(3) $a=-k_2v$;(4) $a=-k_3x$. 其中 k_1、k_2、k_3 都是正值常量. 已知开始时 $x=x_0$,$v=v_0$. 求质点在任一时刻的速度和运动学方程.

解 (1) 这是运动学的第二类问题,由加速度定义 $\boldsymbol{a}=\dfrac{\mathrm{d}\boldsymbol{v}}{\mathrm{d}t}$ 得

$$\mathrm{d}\boldsymbol{v}=\boldsymbol{a}\mathrm{d}t$$

因质点作直线运动,上式可写成

$$\mathrm{d}v=a\mathrm{d}t$$

当 $t=0$ 时,$v=v_0$,将上式两边积分

$$\int_{v_0}^{v}\mathrm{d}v=\int_0^t a\mathrm{d}t=a\int_0^t\mathrm{d}t$$

由此得

$$v=v_0+at$$

又由定义可知

$$v=\frac{\mathrm{d}x}{\mathrm{d}t}=v_0+at$$

$$\mathrm{d}x=(v_0+at)\mathrm{d}t$$

当 $t=0$ 时,$x=x_0$,将上式两边积分得

$$\int_{x_0}^{x}\mathrm{d}x=\int_0^t(v_0+at)\mathrm{d}t$$

得质点的运动学方程为

$$x=x_0+v_0t+\frac{1}{2}at^2$$

这是大家熟悉的匀加速直线运动的公式.

(2) 将 $a=k_1t$ 代入 $dv=adt$ 后积分

$$\int_{v_0}^{v} dv=\int_0^t k_1 t dt$$

得

$$v=v_0+\frac{1}{2}k_1t^2$$

$$dx=vdt=\left(v_0+\frac{1}{2}k_1t^2\right)dt$$

再次积分

$$\int_{x_0}^{x} dx=\int_0^t \left(v_0+\frac{1}{2}k_1t^2\right)dt$$

得

$$x=x_0+v_0t+\frac{1}{6}k_1t^3$$

加速度随时间而变化,其对时间的变化率称为加加速度(jerk).在汽车急转弯、航天器升空过程中都会用到.

(3) 将 $a=-k_2v$ 代入 $dv=adt$ 得

$$dv=-k_2vdt$$

$$\frac{dv}{v}=-k_2dt$$

积分

$$\int_{v_0}^{v}\frac{dv}{v}=\int_0^t -k_2dt$$

得

$$v=v_0e^{-k_2t}$$

又

$$dx=vdt=v_0e^{-k_2t}dt$$

积分

$$\int_{x_0}^{x}dx=\int_0^t v_0e^{-k_2t}dt$$

得

$$x=x_0+\frac{v_0}{k_2}(1-e^{-k_2t})$$

这是物体在黏性流体中运动的公式.

(4) 将 $a=\frac{dv}{dt}$ 变换成 $a=\frac{dv}{dx}\frac{dx}{dt}=v\frac{dv}{dx}$,则有

$$vdv=adx=-k_3xdx$$

积分

$$\int_{v_0}^{v}vdv=\int_{x_0}^{x}-k_3xdx$$

得

$$\frac{1}{2}(v^2-v_0^2)=-\frac{1}{2}k_3(x^2-x_0^2)$$

$$v^2=v_0^2-k_3(x^2-x_0^2)$$

即

$$v=\sqrt{v_0^2-k_3(x^2-x_0^2)}$$

由 $v=\frac{dx}{dt}$ 计算运动学方程，其表达式比较复杂，这里从略. 一般直接解微分方程 $\frac{d^2x}{dt^2}+k_3x=0$，很容易得到运动学方程.

这是简谐振动的情况. 参看 §10-1.

复习思考题

1-1-1 回答下列问题：(1) 一物体具有加速度，其速度是否可能为零？(2) 一物体具有恒定的速率，是否可能仍有变化的速度？(3) 一物体具有恒定的速度，是否可能仍有变化的速率？(4) 一物体具有沿 Ox 轴正方向的加速度，是否可能有沿 Ox 轴负方向的速度？(5) 一物体的加速度大小恒定，其速度的方向是否可能改变？

1-1-2 回答下列问题：(1) 位移和路程有何区别？在什么情况下两者的大小相等？在什么情况下并不相等？(2) 平均速度和平均速率有何区别？在什么情况下两者的大小相等？瞬时速度和平均速度的关系和区别是怎样的？瞬时速率和平均速率的关系和区别又是怎样的？

1-1-3 回答下列问题：(1) 有人说："运动物体的加速度越大，物体的速度也越大"，你认为对不对？(2) 有人说："物体在直线上运动前进时，如果物体向前的加速度减小了，物体前进的速度也就减小了"，你认为对不对？(3) 有人说："物体加速度的值很大，而物体速度的值可以不变，是不可能的"，你认为如何？

1-1-4 设质点的运动学方程为 $x=x(t)$，$y=y(t)$，在计算质点的速度和加速度时，有人先求出 $r=\sqrt{x^2+y^2}$，然后根据

$$v=\frac{dr}{dt} \quad 及 \quad a=\frac{d^2r}{dt^2}$$

而求得结果；也有人先计算速度和加速度的分量，再合成求得结果，即

$$v=\sqrt{\left(\frac{dx}{dt}\right)^2+\left(\frac{dy}{dt}\right)^2} \quad 及 \quad a=\sqrt{\left(\frac{d^2x}{dt^2}\right)^2+\left(\frac{d^2y}{dt^2}\right)^2}$$

你认为两种方法哪一种正确？两者差别何在？

§1-2 抛体运动

在研究抛体运动（projectile motion）时，通常都取抛射点为坐标原点，而沿水平方向和竖直方向分别引入 Ox 轴和 Oy 轴（图 1-10）. 从抛出时刻开始计时，则 $t=0$ 时，物体位于原点. 以 $\boldsymbol{v}_0$ 表示物体的初速度，以 θ_0 表示抛射角，则 $\boldsymbol{v}_0$ 在 Ox 轴和 Oy 轴上的分量为

$$v_{0x}=v_0\cos\theta_0, \quad v_{0y}=v_0\sin\theta_0$$

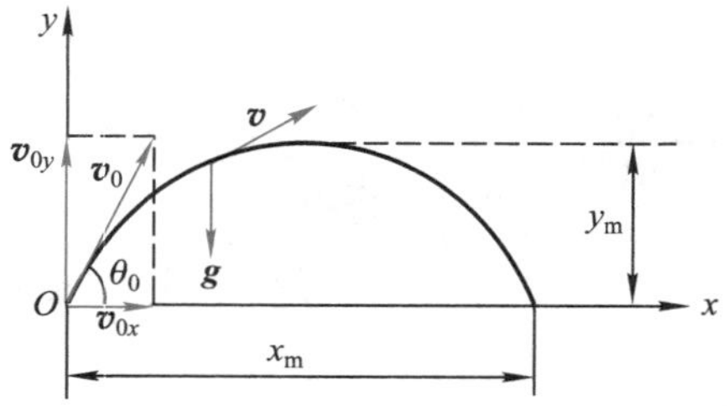

图 1-10

物体在整个运动过程中的加速度为

$$\boldsymbol{a}=\boldsymbol{g}=-g\boldsymbol{j} \tag{1-13}$$

利用这些条件,可求出物体在空中任意时刻的速度为

$$\boldsymbol{v}=(v_0\cos\theta_0)\boldsymbol{i}+(v_0\sin\theta_0-gt)\boldsymbol{j} \tag{1-14}$$

因 $\boldsymbol{v}=\frac{\mathrm{d}\boldsymbol{r}}{\mathrm{d}t}$,由此可得物体的运动学方程为

$$\boldsymbol{r}=\int_0^t \boldsymbol{v}\mathrm{d}t=(v_0t\cos\theta_0)\boldsymbol{i}+\left(v_0t\sin\theta_0-\frac{1}{2}gt^2\right)\boldsymbol{j} \tag{1-15}$$

上式就是抛体运动的运动学方程的矢量形式,它清楚地表明:抛体运动是由沿 Ox 轴的匀速直线运动和沿 Oy 轴的匀变速直线运动叠加而成的.

对任何一个矢量,有着许多种分解方法,同样也存在着多种多样的叠加方法.在图 1-11 中,画出了以位矢 $\boldsymbol{r}$ 为一边的三角形叠加法.为了看出这点,我们把式(1-15)重新改写如下:

$$\boldsymbol{r}=(v_0\cos\theta_0\,\boldsymbol{i}+v_0\sin\theta_0\,\boldsymbol{j})t-\frac{1}{2}gt^2\boldsymbol{j}$$

上式中括号内的矢量和就是初速度 $\boldsymbol{v}_0$,而重力加速度 $\boldsymbol{g}$ 的方向恰好和 $\boldsymbol{j}$ 相反;如果不用 $\boldsymbol{i}$ 和 $\boldsymbol{j}$,而改用矢量 $\boldsymbol{v}_0$ 和 $\boldsymbol{g}$,则上式可写成

$$\boldsymbol{r}=\boldsymbol{v}_0t+\frac{1}{2}\boldsymbol{g}t^2 \tag{1-16}$$

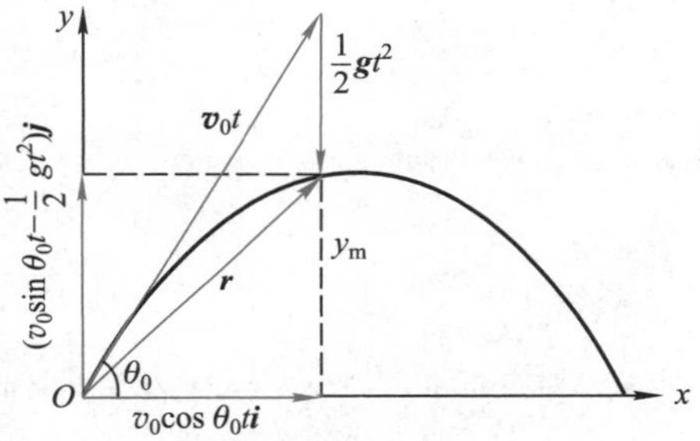

图 1-11

这正是图 1-11 所表示的内容.这就是说,抛体运动还可看作由沿初速度方向的匀速直线运动和沿竖直方向的自由落体运动叠加而成.

总之,上述讨论告诉我们,对一般曲线运动的研究可归结为直线运动及其合运动的研究.

由式(1-15)的两个分量式中消去 t,即得抛体运动的轨迹方程为

$$y=x\tan\theta_0-\frac{1}{2}\frac{gx^2}{v_0^2\cos^2\theta_0} \tag{1-17}$$

这是一条抛物线.令上式中 $y=0$,求得抛物线与 Ox 轴的一个交点的坐标为

$$x_{\mathrm{m}}=\frac{v_0^2\sin 2\theta_0}{g} \tag{1-18}$$

这就是抛体的射程(range).显然,具有一定初速 $\boldsymbol{v}_0$ 的物体,要想射得最远,可使 $\sin 2\theta_0=1$,亦即在 $\theta_0=45°$时,射程为最大.

根据高等数学中求函数极值的方法,将式(1-17)对 x 求导,并令 $\mathrm{d}y/\mathrm{d}x=0$,由此得 $x=v_0^2(\sin 2\theta)/2g$;将它代入式(1-17),即得物体在飞行中所能达到的最大高度为

$$y_{\mathrm{m}}=\frac{v_0^2\sin^2\theta_0}{2g} \tag{1-19}$$

应该指出，上述一些式子只在初速比较小的情况下才比较符合实际. 初速较大时，空气阻力就不能忽略，实际飞行的曲线与抛物线有很大差别. 例如，以 550 m/s的初速以 45°仰角射出的子弹，按上式计算，射程应达 30 000 m 以上，但实际射程还不到前者的 1/3，只有 8 500 m. 在弹道学中，还要考虑空气阻力、风向、风速等的影响，才能得到抛体运动的正确结果.

* 例题 1–4

在距离我方前沿阵地 1 000 m 处有一座高 50 m 的山丘，山丘上有一座敌军碉堡. 若不考虑空气阻力等的影响，求我方大炮在什么角度下以最小的速度发射炮弹就能摧毁敌军的这座碉堡？

解　由前面的分析可知，抛体运动的轨迹方程为

$$y = x\tan\theta_0 - \frac{gx^2}{2v_0^2\cos^2\theta_0}$$

由此可解出发射速度 v_0 与发射角度 θ_0 的关系为

$$v_0 = x\sqrt{\frac{g}{2}}\frac{1}{\cos\theta_0\sqrt{x\tan\theta_0 - y}}$$

由上式不难分析出，当 $\tan\theta_0 = y/x$ 以及 $\theta_0 = \pi/2$ 时，v_0 都将趋于无穷大，所以在这中间必有一个使 v_0 为极小值的角度. 令 $\frac{dv_0}{d\theta_0} = 0$，将目标位置 $x = 1\,000$ m，$y = 50$ m 代入方程求解，原则上可以求出击中目标炮弹的最小速度，但由此产生的超越方程计算比较烦冗. 为此，我们编写了计算程序（扫描侧边二维码查看），利用计算机的数值解，绘出为了击中目标所发射炮弹的初速度与发射角度的关系曲线（图 1–12）. 可见不同的发射角以不同的速度都可以击中目标，并得到在 $\theta_0 = 46.4°$时，可以最小速度 $v_0 = 101.5$ m/s 发射炮弹摧毁敌军碉堡.

例题 1–4
计算程序

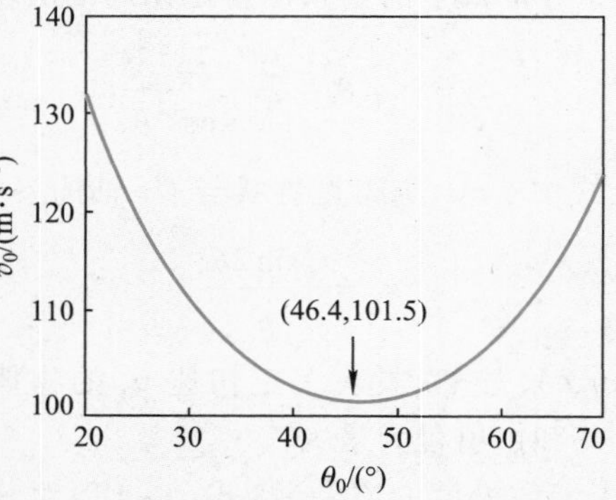

图 1–12　炮弹的初速度与发射角度的关系曲线

§ 1–3　圆周运动和一般曲线运动

圆周运动（circular motion）是研究一般曲线运动和物体转动的基础. 在一般圆

周运动和曲线运动中,质点速度的大小和方向都在改变着,亦即存在着加速度.为了使加速度的物理意义更为清晰,通常在研究中,采用自然坐标系.

一、切向加速度和法向加速度

如图 1-13(a)所示,设质点绕圆心 O 在作变速圆周运动.在轨迹上任一点 P 可建立如下坐标系,其中一根坐标轴沿轨迹在 P 点的切线方向,该方向的单位矢量用 $\boldsymbol{e}_t$ 表示;另一坐标轴沿该点轨迹的法线并指向曲线凹侧,相应单位矢量用 $\boldsymbol{e}_n$ 表示,这种坐标系就叫做自然坐标系(natural coordinate system).显然,沿轨迹上各点,自然坐标轴的方位是不断地变化着的.

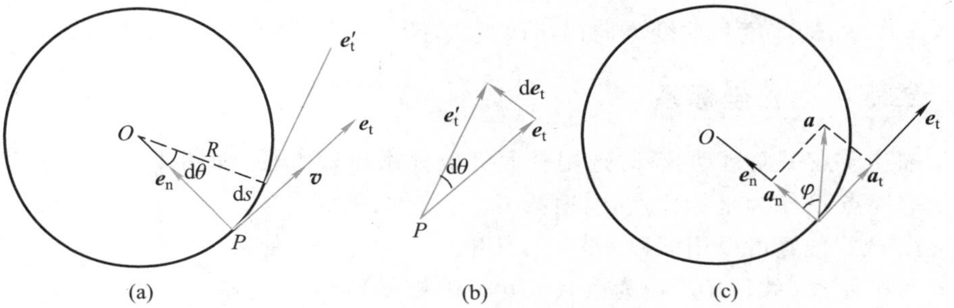

图 1-13 自然坐标系

质点的速度是沿着轨迹切线方向的,因此,在自然坐标系中,可将它写成

$$\boldsymbol{v}=v\boldsymbol{e}_t \tag{1-20}$$

加速度 $\boldsymbol{a}$ 可由上式对时间求导得出.应该注意,上式右方不仅速率 v 是变量,由于轨迹上各点的切线方向不同,其单位矢量 $\boldsymbol{e}_t$ 也是个变量.设在 dt 时间内 $\boldsymbol{e}_t$ 的增量为 $d\boldsymbol{e}_t$,则由加速度的定义得

$$\boldsymbol{a}=\frac{d}{dt}(v\boldsymbol{e}_t)=\frac{dv}{dt}\boldsymbol{e}_t+v\frac{d\boldsymbol{e}_t}{dt}$$

由图 1-13(b)可见,$d\boldsymbol{e}_t$ 的方向垂直于 $\boldsymbol{e}_t$ 并指向圆心,即它和 $\boldsymbol{e}_n$ 的方向一致.因单位矢量 $\boldsymbol{e}_t$ 的长度为 1,所以 $d\boldsymbol{e}_t$ 的大小应为 $|\boldsymbol{e}_t|d\theta=d\theta$,于是 $d\boldsymbol{e}_t=d\theta\boldsymbol{e}_n$,因而

$$\frac{d\boldsymbol{e}_t}{dt}=\frac{d\theta}{dt}\boldsymbol{e}_n=\frac{d(R\theta)}{Rdt}\boldsymbol{e}_n=\frac{1}{R}\frac{ds}{dt}\boldsymbol{e}_n=\frac{v}{R}\boldsymbol{e}_n$$

式中 ds 为质点在时间 dt 内经过的弧长.将上式代入 $\boldsymbol{a}$ 的表达式,即得

$$\boldsymbol{a}=\frac{dv}{dt}\boldsymbol{e}_t+\frac{v^2}{R}\boldsymbol{e}_n \tag{1-21}$$

由此可见,圆周运动的加速度可分解为相互正交的切向加速度 $\boldsymbol{a}_t$(tangential acceleration)和法向加速度 $\boldsymbol{a}_n$(normal acceleration)[图 1-13(c)]:

$$\boldsymbol{a}_t=\frac{dv}{dt}\boldsymbol{e}_t,\quad \boldsymbol{a}_n=\frac{v^2}{R}\boldsymbol{e}_n \tag{1-22}$$

切向加速度的大小 $\mathrm{d}v/\mathrm{d}t$ 表示质点速率变化的快慢,法向加速度的大小 v^2/R 表示质点速度方向变化的快慢.

总加速度 $\boldsymbol{a}$ 为
$$\boldsymbol{a}=\boldsymbol{a}_t+\boldsymbol{a}_n$$

其大小为
$$a=\sqrt{a_t^2+a_n^2}=\sqrt{\left(\frac{\mathrm{d}v}{\mathrm{d}t}\right)^2+\left(\frac{v^2}{R}\right)^2} \tag{1-23a}$$

方向可用它和 $\boldsymbol{e}_n$ 间的夹角 φ 表示:
$$\varphi=\arctan\frac{a_t}{a_n} \tag{1-23b}$$

如果质点作匀速圆周运动,那么 $\mathrm{d}v/\mathrm{d}t=0$,于是 $a_t=0$,这时质点只有法向加速度 $a_n=v^2/R$,即速度只改变方向而不改变大小.

二、平面极坐标系

描述质点平面运动,有时选用平面极坐标系比较方便. 如图 1-14 所示,在平面上取一点 O 作为坐标原点,引射线 Ox 为极轴,平面上某点 P 的位置可以用 r 和 θ 表示,其中 r 为原点 O 到 P 点的距离(线段 OP 称为极径),θ 为由极轴转向极径的角度(称为极角),通常规定逆时针方向为正.

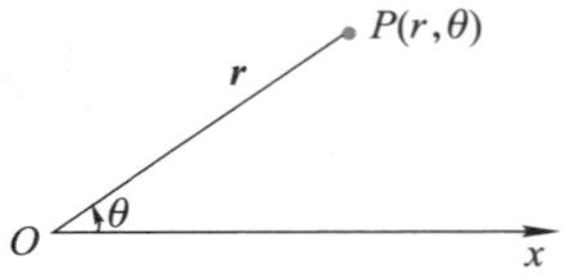

图 1-14 平面极坐标系

三、圆周运动的角量描述

如图 1-15 所示,设一质点绕原点 O 作圆周运动,在时刻 t,质点处在 A 点,角坐标为 θ,在时刻 $t+\Delta t$,质点到达 B 点,角坐标为 $\theta+\Delta\theta$,则 $\Delta\theta$ 为质点在时间 Δt 内的角位移(angular displacement).

角位移 $\Delta\theta$ 与时间 Δt 之比在 Δt 趋近于零时的极限值为
$$\omega=\lim_{\Delta t\to 0}\frac{\Delta\theta}{\Delta t}=\frac{\mathrm{d}\theta}{\mathrm{d}t} \tag{1-24}$$

ω 叫做某一时刻 t 质点对 O 点的瞬时角速度(简称角速度,angular velocity).

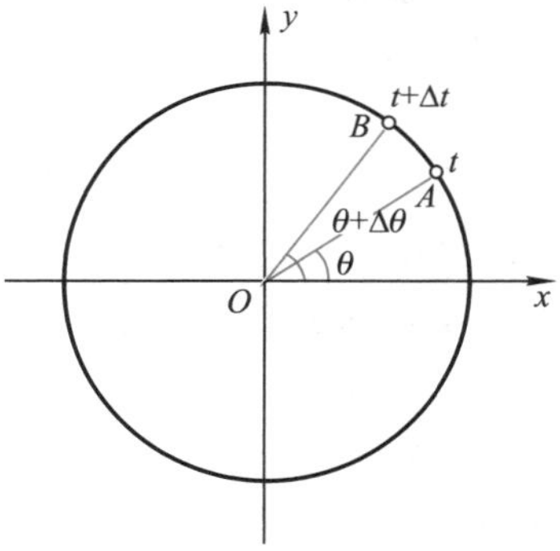

图 1-15 角位移

设质点在某一时刻的角速度为 ω_0,经过时间 Δt 后,角速度为 ω,因此 $\Delta\omega=\omega-\omega_0$ 叫做这段时间内角速度的增量. 角速度的增量 $\Delta\omega$ 与时间 Δt 之比在 Δt 趋近于零时的极限值为
$$\alpha=\lim_{\Delta t\to 0}\frac{\Delta\omega}{\Delta t}=\frac{\mathrm{d}\omega}{\mathrm{d}t} \tag{1-25}$$

α 叫做在某一时刻,质点对 O 点的瞬时角加速度(简称角加速度,angular acceleration).

角位移的单位是 rad，角速度和角加速度的单位分别为 rad/s 和 rad/s^2.

质点作（匀速或匀变速）圆周运动时，用角量表示的运动学方程与（匀速或匀变速）直线运动的运动学方程完全相似. 匀速圆周运动的运动学方程为

$$\theta=\theta_0+\omega t \tag{1-26}$$

匀变速圆周运动的运动学方程为

$$\left.\begin{aligned}\omega&=\omega_0+\alpha t\\ \theta&=\theta_0+\omega_0 t+\frac{1}{2}\alpha t^2\\ \omega^2&=\omega_0^2+2\alpha(\theta-\theta_0)\end{aligned}\right\} \tag{1-27}$$

式中 θ、θ_0、ω、ω_0 和 α 分别表示角位置、初角位置、角速度、初角速度和角加速度.

四、角量和线量的关系

质点作圆周运动时，相关线量（速度、加速度）和角量（角速度、角加速度）之间，存在着一定的关系，其推导如下：

如图 1-16 所示，设圆的半径为 R，在时间 Δt 内，质点的角位移为 $\Delta\theta$. 那么质点在这段时间内的线位移就是有向线段 $\overrightarrow{AB}$. 当 Δt 极小时，弦 $\overline{AB}$ 和弧 $\widehat{AB}$ 可视为等长，即

$$|\overrightarrow{AB}|=R\Delta\theta$$

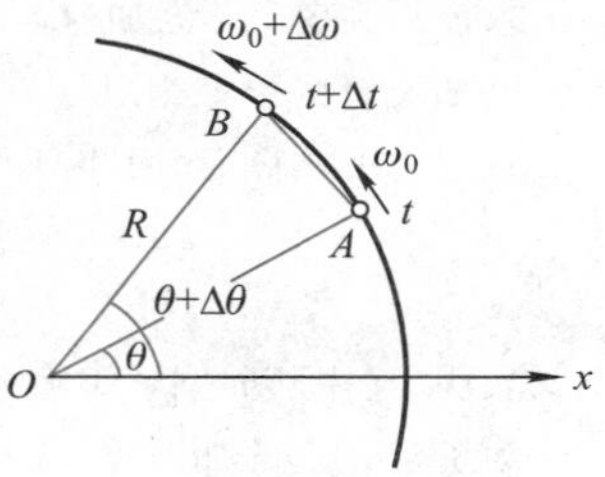

图 1-16　推导线量和角量之间的关系

以 Δt 除等式的两边，当 Δt 趋近于零时，按照速度和角速度的定义，得线速度和角速度之间的关系式

$$\boxed{v=R\omega} \tag{1-28}$$

设质点在时间 Δt 内，速率的增量是 $\Delta v=v-v_0$，相应的角速度的增量是 $\Delta\omega=\omega-\omega_0$，因此按照上式得 $\Delta v=R\Delta\omega$. 等式两边除以 Δt，当 Δt 趋近于零时，按照切向加速度和角加速度的定义，得到质点切向加速度与角加速度之间的关系式

$$\boxed{a_t=R\alpha} \tag{1-29}$$

如果把 $v=R\omega$ 代入向心加速度的公式 $a_n=\dfrac{v^2}{R}$，可得质点向心加速度 a_n 与角速度 ω 之间的关系式

$$\boxed{a_n=\frac{v^2}{R}=v\omega=R\omega^2} \tag{1-30}$$

五、一般平面曲线运动中的加速度

质点沿轨迹作一般曲线运动时，上面讨论的有关变速圆周运动中加速度的结

果也都是适用的,质点在任意位置的加速度也可以分解为法向加速度 $\boldsymbol{a}_n$ 和切向加速度 $\boldsymbol{a}_t$,但法向加速度式中的 R 要用曲线在该点处的曲率半径① ρ 来代替,如图 1-17 所示,即

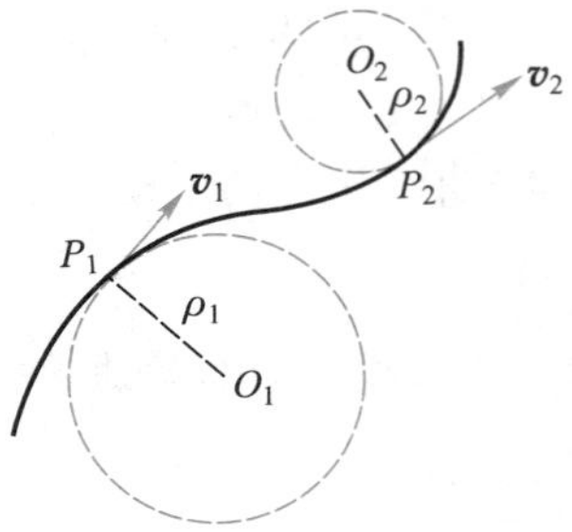

图 1-17 曲线上某点处的曲率圆和曲率半径

$$\boldsymbol{a}_n=\frac{v^2}{\rho}\boldsymbol{e}_n,\quad \boldsymbol{a}_t=\frac{dv}{dt}\boldsymbol{e}_t$$

$$\boldsymbol{a}=\boldsymbol{a}_n+\boldsymbol{a}_t=\frac{v^2}{\rho}\boldsymbol{e}_n+\frac{dv}{dt}\boldsymbol{e}_t \tag{1-31}$$

一般说来,曲线上各点处的曲率中心和曲率半径是逐点变化的,但法向加速度 $\boldsymbol{a}_n$ 处处指向曲率中心.

例题 1-5

一飞轮边缘上一点所经过的路程与时间的关系为 $s=v_0t-\frac{1}{2}bt^2$,v_0、b 都是正的常量.(1) 求该点在时刻 t 的加速度;(2) t 为何值时,该点的切向加速度与法向加速度的大小相等? 已知飞轮的半径为 R.

解 (1) 由题意,可得该点的速率为

$$v=\frac{ds}{dt}=\frac{d}{dt}\left(v_0t-\frac{1}{2}bt^2\right)=v_0-bt$$

上式表明,速率随时间 t 变化,该点作匀变速圆周运动.

为了求该点的加速度,应从求切向加速度和法向加速度入手.切向加速度为

$$a_t=\frac{dv}{dt}=\frac{d}{dt}(v_0-bt)=-b$$

法向加速度为

$$a_n=\frac{v^2}{R}=\frac{(v_0-bt)^2}{R}$$

上式表明,加速度的法向分量 a_n 是随时间 t 改变的.由上两式可得该点在 t 时刻的加速度,其大小为

$$a=\sqrt{a_t^2+a_n^2}=\sqrt{(-b)^2+\left[\frac{(v_0-bt)^2}{R}\right]^2}$$

$$=\frac{1}{R}\sqrt{R^2b^2+(v_0-bt)^4}$$

加速度的方向由它和速度间的夹角确定(图 1-18)为

$$\varphi=\arctan\left[\frac{(v_0-bt)^2}{-Rb}\right]$$

加速度矢量已标在图上.

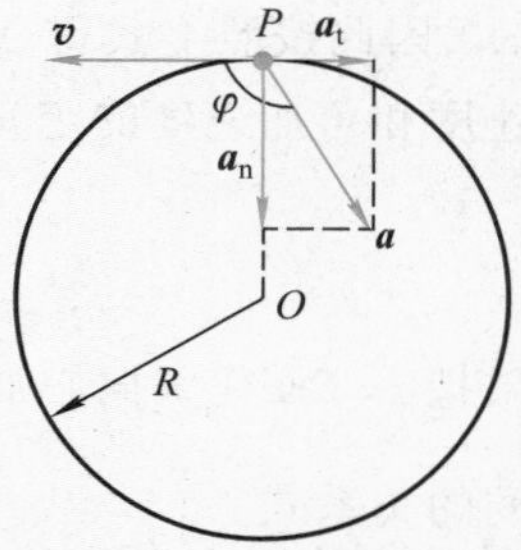

图 1-18

① 以平面曲线为例,作一圆通过平面曲线上的某一点 A 和邻近的另外两点 B_1 和 B_2,当 B_1 和 B_2 无限趋近于 A 点时,此圆的极限位置叫做曲线 A 点处的曲率圆.曲率圆的中心和半径分别称为曲线在 A 点的曲率中心(center of curvature)和曲率半径(radius of curvature).曲率半径越小,表示曲线弯曲度越高.

(2) 因切向加速度不随时间变化,随时间改变的只是法向加速度,令两者相等,即可求得所需时间,即

$$b=\frac{(v_0-bt)^2}{R}$$

$$\sqrt{bR}=(v_0-bt)$$

于是得

$$t=(v_0-\sqrt{bR})/b$$

例题 1-6

一热气球从地面以速率 v_0 匀速上升,由于风的影响,在上升过程中,其水平速率按 $v_x=by$ 的规律增大,其中 y 为热气球离地面的高度,b 为正的常量. 求:(1) 热气球的运动学方程;(2) 热气球运动的切向加速度和法向加速度;(3) 热气球轨迹的曲率半径与高度 y 的关系.

解 (1) 取平面直角坐标系如图 1-19 所示. 当 $t=0$ 时,热气球位于坐标原点(即地面),已知 $v_x=by, v_y=v_0$,即

$$\frac{dx}{dt}=by \quad (1)$$

$$\frac{dy}{dt}=v_0 \quad (2)$$

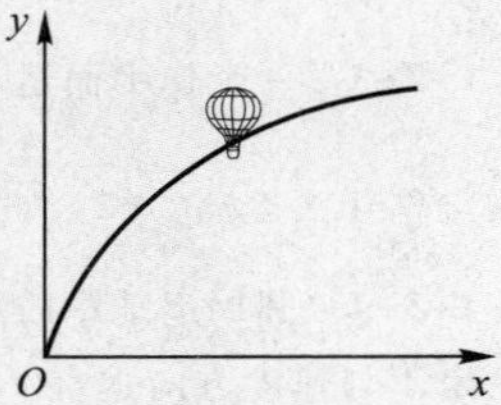

图 1-19

由式(2)积分得

$$\int_0^y dy=\int_0^t v_0 dt$$

$$y=v_0 t \quad (3)$$

将式(3)代入式(1)积分得

$$\int_0^x dx=\int_0^t bv_0 t dt$$

$$x=\frac{1}{2}bv_0 t^2 \quad (4)$$

于是,热气球的运动学方程为

$$\boldsymbol{r}=\frac{bv_0}{2}t^2\boldsymbol{i}+v_0 t\boldsymbol{j} \quad (5)$$

由式(3)和式(4)消去 t,得热气球的轨迹方程

$$x=\frac{b}{2v_0}y^2$$

它是一抛物线.

(2) 热气球的速度大小

$$v=\sqrt{v_x^2+v_y^2}=\sqrt{b^2y^2+v_0^2}=v_0\sqrt{b^2t^2+1}$$

热气球的切向加速度大小

$$a_t=\frac{dv}{dt}=\frac{b^2v_0 t}{\sqrt{b^2t^2+1}}=\frac{b^2v_0 y}{\sqrt{b^2y^2+v_0^2}}$$

法向加速度的大小 a_n 可由 $a_n=\sqrt{a^2-a_t^2}$ 求得,其中 a 为热气球的加速度大小. 热气球的加速度

$$\boldsymbol{a}=\frac{d^2\boldsymbol{r}}{dt^2}=bv_0\boldsymbol{i}$$

于是

$$a_n=\sqrt{a^2-a_t^2}=\frac{bv_0^2}{\sqrt{b^2y^2+v_0^2}}$$

(3) 利用 $a_n=\frac{v^2}{\rho}$可得轨迹的曲率半径

$$\rho=\frac{v^2}{a_n}=\frac{(b^2y^2+v_0^2)^{3/2}}{bv_0^2}$$

复习思考题

1-3-1 试回答下列问题:(1) 匀加速运动是否一定是直线运动? 为什么? (2) 在圆周运动中,加速度的方向是否一定指向圆心? 为什么?

1-3-2 对于物体的曲线运动有下面两种说法:(1) 物体作曲线运动时,必有加速度,加速度的法向分量一定不等于零;(2) 物体作曲线运动时速度方向一定在运动轨迹的切线方向,法向分速度恒等于零,因此其法向加速度也一定等于零. 试判断上述两种说法是否正确,并讨论物体作曲线运动时速度、加速度的大小、方向及其关系.

1-3-3 一个作平面运动的质点,它的运动方程是 $\boldsymbol{r}=\boldsymbol{r}(t)$,$\boldsymbol{v}=\boldsymbol{v}(t)$,(1) 如果$\frac{\mathrm{d}r}{\mathrm{d}t}=0$,$\frac{\mathrm{d}\boldsymbol{r}}{\mathrm{d}t}\neq 0$,质点作什么运动? (2) 如果$\frac{\mathrm{d}v}{\mathrm{d}t}=0$,$\frac{\mathrm{d}\boldsymbol{v}}{\mathrm{d}t}\neq 0$,质点作什么运动?

1-3-4 圆周运动中质点的加速度是否一定和速度方向垂直? 任意曲线运动的加速度是否一定不与速度方向垂直?

1-3-5 一质点沿轨迹 *ABCDEFG* 运动,试分析图中各点处的运动,把答案填入下表.

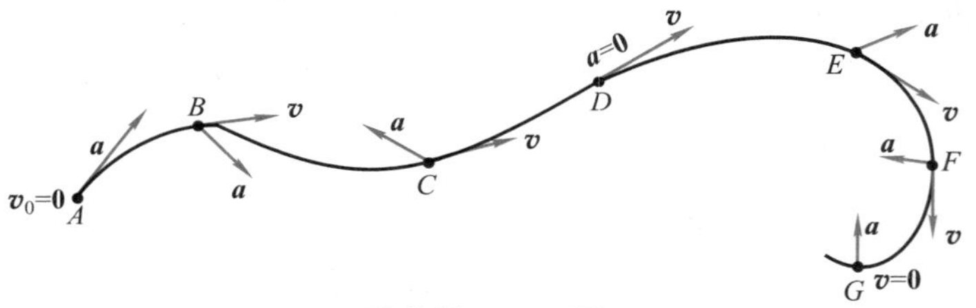

思考题 1-3-5 图

各点情况	*A*	*B*	*C*	*D*	*E*	*F*	*G*
运动是否可能							
速度将增大还是减小							
速度方向将变化否							

§1-4 相对运动

同一物体的运动,对于不同的参考系,描述运动的许多物理量如位矢、速度和加速度都可能不同,这就需要研究两个参考系间的变换关系.

考虑参考系 K′相对于参考系 K 作平动的情况. 这时 K′系的坐标原点 O'相对于 K 系可作任意的直线或曲线运动,但它们的坐标轴的方向总是保持不变,如

图 1-20 所示. 设 K′系相对于 K 系以速度 $\boldsymbol{u}$ 运动. 质点 P 在 K 系和 K′系中的位矢分别为 $\boldsymbol{r}$ 和 $\boldsymbol{r}'$，并以 $\boldsymbol{R}$ 代表 K′系原点 O'对 K 系原点 O 的位矢. 从图 1-20 可知

相对运动演示

$$\boxed{\boldsymbol{r}=\boldsymbol{R}+\boldsymbol{r}'} \qquad (1-32)$$

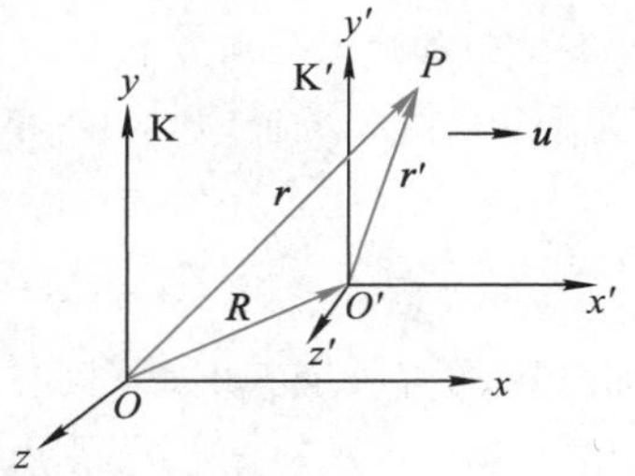

图 1-20　相对运动的研究

上式表明了位矢的相对性. 同一质点在不同参考系中的位矢是不同的. 质点 P 在 K 系中的位矢 $\boldsymbol{r}$ 等于它在 K′系中的位矢 $\boldsymbol{r}'$与 O'相对于 O 的位矢 $\boldsymbol{R}$ 的矢量和.

为了求出同一质点在各参考系中速度之间的关系，将式(1-32)对时间 t 求导，即得

$$\frac{\mathrm{d}\boldsymbol{r}}{\mathrm{d}t}=\frac{\mathrm{d}\boldsymbol{R}}{\mathrm{d}t}+\frac{\mathrm{d}\boldsymbol{r}'}{\mathrm{d}t}$$

根据速度的定义，$\frac{\mathrm{d}\boldsymbol{r}}{\mathrm{d}t}$和$\frac{\mathrm{d}\boldsymbol{r}'}{\mathrm{d}t}$分别为质点 P 相对于 K 系和 K′系的速度，用 $\boldsymbol{v}_{PK}$ 和 $\boldsymbol{v}_{PK'}$ 表示，$\frac{\mathrm{d}\boldsymbol{R}}{\mathrm{d}t}$为 K′系的原点 O'相对于 K 系的速度，用 $\boldsymbol{v}_{K'K}$ 表示. 于是上式可写成

$$\boxed{\boldsymbol{v}_{PK}=\boldsymbol{v}_{PK'}+\boldsymbol{u}} \qquad (1-33a)$$

即质点 P 对 K 系的速度 $\boldsymbol{v}_{PK}$ 等于 P 对 K′系的速度 $\boldsymbol{v}_{PK'}$ 和 K′系对 K 系的速度 $\boldsymbol{u}$ 的矢量和. 注意：式中角标的排列，以方便记忆.

习惯上常把质点相对于静止参考系 K 的速度 $\boldsymbol{v}$ 叫做**绝对速度**，相对于运动参考系 K′的速度 $\boldsymbol{v}'$叫做**相对速度**，两参考系之间的相对运动速度 $\boldsymbol{u}$ 叫做**牵连速度**. 这样上式可改写成

$$\boldsymbol{v}'=\boldsymbol{v}-\boldsymbol{u} \qquad (1-33b)$$

即质点运动的相对速度等于它的绝对速度与牵连速度的矢量差，这是惯性参考系之间速度变换的另一种表述方式.

将式(1-33b)对时间求导并移项，就得到质点 P 在两个参考系之间加速度的关系

$$\boldsymbol{a}=\boldsymbol{a}'+\boldsymbol{a}_0 \qquad (1-34)$$

即质点 P 相对参考系 K 的加速度 $\boldsymbol{a}$ 等于质点 P 相对 K′的加速度 $\boldsymbol{a}'$与 K′系相对 K 系的加速度 $\boldsymbol{a}_0$ 的矢量和。

如果 K 和 K′间的加速度 $\boldsymbol{a}_0=\boldsymbol{0}$，则 $\boldsymbol{a}=\boldsymbol{a}'$。这表明质点在两个相对作匀速直线运动的参考系中的加速度是相等的，P 点的加速度相对作匀速运动的各个参考系是个绝对量。

例题 1-7

某人以 4 km/h 的速度向东行进时，感觉风从正北吹来. 如果将速度增加一倍，则感觉风从东北方向吹来. 求相对于地面的风速和风向.

解　由题意，以地面为静止参考系 K，人为运动参考系 K′，$\boldsymbol{v}_{AK}$ 为所要求的风相对于地面

的速度.在两种情况下,K′系(人)相对于K系(地面)的速度分别为 $\boldsymbol{v}_{K'K}$ 和 $\boldsymbol{v}'_{K'K}$,方向都为正东(图 1-21);而风相对于 K′系(人)的速度分别为 $\boldsymbol{v}_{AK'}$(方向指向正南方向)和 $\boldsymbol{v}'_{AK'}$(方向指向西南方向).由式(1-33)得

$$\boldsymbol{v}_{AK}=\boldsymbol{v}_{AK'}+\boldsymbol{v}_{K'K}$$

$$\boldsymbol{v}_{AK}=\boldsymbol{v}'_{AK'}+\boldsymbol{v}'_{K'K}$$

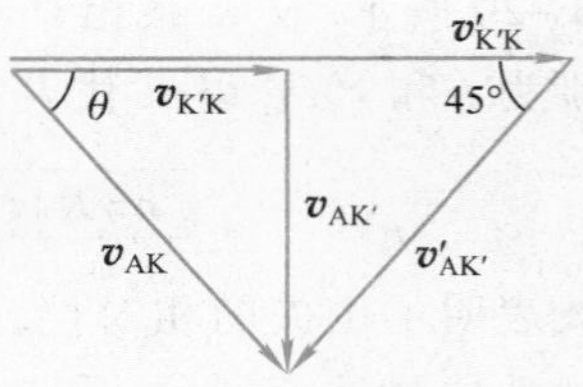

图 1-21

如图 1-21 所示,可写出如下关系:

$$v_{K'K}=v'_{K'K}-v'_{AK'}\cos 45°=2v_{K'K}-\frac{1}{\sqrt{2}}v'_{AK'}=v_{AK}\cos\theta$$

$$v_{AK'}=v'_{AK'}\sin 45°=\frac{1}{\sqrt{2}}v'_{AK'}=v_{AK}\sin\theta$$

由此解得

$$v'_{AK'}=(2v_{K'K}-v_{K'K})\sqrt{2}=\sqrt{2}\,v_{K'K}=5.66\ \mathrm{km/h}$$

$$v_{AK'}=\frac{1}{\sqrt{2}}v'_{AK'}=4\ \mathrm{km/h}$$

以及

$$v_{AK}=\sqrt{v_{K'K}^2+v_{AK'}^2}=5.66\ \mathrm{km/h}$$

因为

$$\tan\theta=\frac{v_{AK'}}{v_{K'K}}=1$$

所以

$$\theta=45°$$

即风速的方向为东偏南 45°,亦即在东南方向上.

例题 1-8

一货车在行驶过程中,遇到 5 m/s 竖直下落的大雨,车上紧靠挡板平放有长为 $l=1$ m 的木板[图 1-22(a)].如果木板上表面距挡板顶端的距离 $h=1$ m,问货车应以多大的速度行驶,才能使木板不致淋湿?

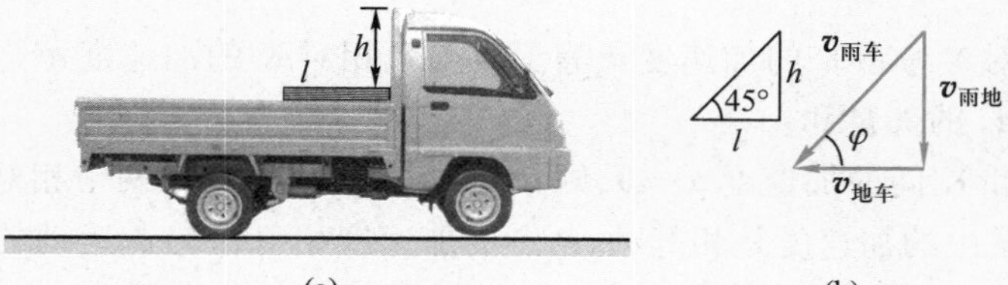

图 1-22

解 由题意,为使木板不致淋湿,则雨滴对货车的速度 $\boldsymbol{v}_{雨车}$ 的方向与地面的夹角 φ 最大值必须满足下式:

$$\varphi=\arctan\frac{h}{l}=45°$$

而在货车行驶时，地面相对车的速度 $\boldsymbol{v}_{\text{地车}}$ 和雨滴对地面的速度 $\boldsymbol{v}_{\text{雨地}}$ 以及 $\boldsymbol{v}_{\text{雨车}}$ 三者的关系如图 1-22(b) 所示. 因 $v_{\text{雨地}}=5\ \text{m/s}$，所以

$$v_{\text{地车}}=v_{\text{雨地}}\cot\varphi=5\ \text{m/s}$$

$\boldsymbol{v}_{\text{地车}}$ 和 $\boldsymbol{v}_{\text{车地}}$ 大小相等而方向相反，所以货车如以 5 m/s 的速度行驶，木板就不致淋湿了.

复习思考题

1-4-1　一人在以恒定速度运动的火车上向上抛出一小球，此小球能否落入人的手中？如果小球抛出后，火车以恒定的加速度前进，结果又将如何？

1-4-2　装有竖直挡风玻璃的汽车，在大雨中以速率 $\boldsymbol{v}$ 前进，如雨滴以速率 $\boldsymbol{v}'$ 竖直下降，问雨滴将以什么角度打击挡风玻璃？

§1-5　牛顿运动定律　力学中的常见力

一、牛顿运动定律

牛顿（I. Newton）集前人有关力学研究之大成，特别是吸取了伽利略的研究成果，在 1687 年发表了他的名著《自然哲学的数学原理》. 它的出版标志着经典力学体系的确立. 牛顿在书中概括的基本定律有三条，就是通常所说的牛顿运动定律.

牛顿与《自然哲学的数学原理》

牛顿运动定律是经典力学的基础，虽然牛顿运动定律一般是对质点而言的，但这并不限制定律的广泛适用性，因为复杂的物体在原则上可看作是质点的组合. 从牛顿运动定律出发可以导出刚体、流体、弹性体等的运动规律，从而建立起整个经典力学的体系.

1. 牛顿第一定律

牛顿第一定律表述如下：

任何物体都保持静止或沿一直线作匀速运动的状态，直到作用在它上面的力迫使它改变这种状态为止.

第一定律建立了惯性和力的确切概念. 任何物体都具有惯性，因此第一定律又被叫做惯性定律（law of inertia）. 所谓惯性（inertia），就是物体所具有的保持其原有运动状态不变的特性. 在我国春秋时期的古籍《考工记》中写着："马力既竭，辀犹能一取焉."即：在拉车子的马停止后，车子还要继续走一小段路程. 这是我国有关惯性现象的早期记载. 凡是物质运动，都有相应的惯性. 此处的质点运动，其实就是物体的平动，所以此处的惯性是平动惯性. 转动的转动惯性，热运动的热惯性，电磁运动的电磁惯性，都有相应的物理量进行量度.

惯性的发现，让人们注意到惯性支配下的物体运动和物体在力作用下的运动是不一样的. 前者是保持状态不变，而后者却能改变物体的运动状态. 因此我们说，力是引起运动状态改变的原因. 早在我国春秋时期，《墨经》中说："力，形之所以奋也"."形"，指有形的物体，这句话指出力是使物体由静到动（奋）的原因，对

力的作用作了很恰当的概括,其思想和牛顿不谋而合.因此,第一定律还定性地阐明了力的含义.

此外,牛顿第一定律不是对所有参考系都适用,如果在某种参考系中观察,一个不受力作用的物体将保持其静止或匀速直线运动的状态不变.这样的参考系叫惯性参考系(inertial frame),简称惯性系.实验指出,地面可近似地看作惯性系.不遵守牛顿第一定律的参考系,称为非惯性参考系,简称非惯性系,详细内容将在§1-5中讨论.

2. 牛顿第二定律

读者在中学时所熟悉的第二定律是这样叙述的:

物体受到外力作用时,它所获得的加速度的大小与外力的大小成正比,并与物体的质量成反比,加速度的方向与外力的方向相同.

牛顿第二定律通常的数学表达式为

$$\boldsymbol{F}=m\boldsymbol{a} \tag{1-35}$$

在国际单位制中,质量的单位是kg,加速度的单位是m/s^2,力的单位是N(牛顿).

一个有趣而常被忽视的历史事实是,牛顿在他的名著《自然哲学的数学原理》中原文的意思是这样的:

运动的变化与所加的动力成正比,并且发生在此力所沿直线的方向上.

牛顿在定律中提出的"运动"一词是有其严格定义的,他的"运动"就是现在的动量(momentum),用$\boldsymbol{p}$表示,即

$$\boldsymbol{p}=m\boldsymbol{v} \tag{1-36}$$

而牛顿所说的运动的变化指的是动量的变化率,所以,牛顿对第二定律的说法实质上是

$$\frac{\mathrm{d}\boldsymbol{p}}{\mathrm{d}t}=\boldsymbol{F} \tag{1-37}$$

这两者在牛顿力学中是完全等效的.但需要指出,式(1-37)是牛顿第二定律更基本的普遍形式,在相对论中,质点的质量与运动速度有关,式(1-35)不再成立,而式(1-37)仍然适用.

式(1-35)也可写成如下形式

$$\boldsymbol{F}=m\frac{\mathrm{d}^2\boldsymbol{r}}{\mathrm{d}t^2}$$

称为质点的动力学方程,由此可解出这个质点的速度和运动学方程.

对于牛顿第二定律必须注意以下几点:

(1) 第二定律指明了力是物体产生加速度的原因,并非物体有速度的原因.进一步定量地表述了物体的加速度与所受外力之间的瞬时关系,它们同时存在,同时改变,同时消失.

(2) 第二定律指出,在相同外力的作用下,物体的质量与加速度成反比.质量

大的物体获得的加速度小，这意味着质量越大的物体，其运动状态越不容易改变，即惯性越大. 反之，惯性越小. 因此，质量是平动惯性的量度. 正因如此，这里的质量也被称为惯性质量（inertial mass）.

（3）第二定律只适用于质点和惯性参考系.

3. 牛顿第三定律

力是两个物体之间的相互作用，一个物体如对第二个物体施加力，则第二个物体就同时对第一个物体也会施加力. 力的这种相互作用性质已为牛顿第三定律所揭示. 第三定律的内容如下：

两个物体之间的作用力和反作用力，在同一直线上，大小相等而方向相反. 或者说，当物体 A 以力 $\boldsymbol{F}_{AB}$ 作用在物体 B 上时，物体 B 必定同时以力 $\boldsymbol{F}_{BA}$ 作用在物体 A 上；$\boldsymbol{F}_{AB}$ 和 $\boldsymbol{F}_{BA}$ 在一条直线上，大小相等而方向相反. 亦即

$$\boldsymbol{F}_{AB}=-\boldsymbol{F}_{BA} \tag{1-38}$$

若把 $\boldsymbol{F}_{AB}$ 和 $\boldsymbol{F}_{BA}$ 中的一个叫做作用力（acting force），则另一个就叫反作用力（reacting force）. 牛顿第三定律表明，作用力和反作用力总是同时成对地出现的，它们大小相等、方向相反，同时出现，同时消失，没有主次之分.

二、力学中的常见力

应用牛顿运动定律解决问题时，首先必须能正确分析物体的受力情况. 力学中常见力有万有引力、重力、弹性力、摩擦力等. 下面分别介绍这几种力.

1. 万有引力

这是存在于任何两个物体之间的吸引力. 它的规律是胡克、牛顿等发现的. 按牛顿万有引力定律（law of universal gravitation），质量分别为 m_1 和 m_2 的两个质点，相距为 r 时，它们之间的引力为

万有引力定律的建立

$$F=G\frac{m_1m_2}{r^2} \tag{1-39}$$

式中 G 叫做引力常量（gravitational constant），2018 年国际推荐值为

$$G=6.674\,30\times10^{-11}\ \mathrm{N\cdot m^2/kg^2}$$

式（1-39）中的质量反映了物体的引力性质，叫做引力质量（gravitational mass），它和反映物体惯性的惯性质量在意义上是不同的. 爱因斯坦曾非常生动地以地球和石头间的引力为例说明这一点，“地球以重力吸引石头，而对其惯性质量毫无所知，地球的‘召唤’力与引力质量有关，而石头所‘回答’的运动则与惯性质量有关”. 以此为例，若以 m_I 和 m_G 表示石头的惯性质量和引力质量，则有

$$G\frac{m_Gm_E}{R_E^2}=m_Ig_0$$

式中 m_E 和 R_E 为地球的引力质量和半径，g_0 为石头自由下落时的加速度，所以石头的两种质量之比为

$$\frac{m_{\mathrm{I}}}{m_{\mathrm{G}}}=\frac{Gm_{\mathrm{E}}}{g_0R_{\mathrm{E}}^2} \tag{1-40}$$

实验表明,在同一地点一切自由落体的加速度均相同,也就是说,一切物体的惯性质量和引力质量之比皆相等.历史上很多科学家设计不同的实验测定两者的比值.现在已证实,对不同的物体,两种质量的比值之差不超过比值本身的 $1/10^{11}$.这就可以认为惯性质量和引力质量是相等的,它们是同一质量的两种表现.爱因斯坦在他的广义相对论中提出的"等效原理"就是以惯性质量和引力质量相等这一前提为依据的.

在一般问题中,物体之间的万有引力是非常小的,可以不加考虑,而对质量大的天体,例如几十倍太阳质量的黑洞,万有引力就会显得特别重要.

2. 重力

地球表面附近的物体都受到地球的吸引作用,这种因地球吸引而使物体受到的力叫做**重力**(gravity).在重力作用下,任何物体产生的加速度都是重力加速度 g.重力的方向和重力加速度的方向相同,都是竖直向下的.

严格地说,由于地球的自转效应,地球不是一个惯性系.从某个惯性系(如日心系)看来,地球上的物体将随地球绕地轴作圆周运动.物体所受地球的引力有一部分提供了向心力,剩余的分力才是重力,如图 1-23 所示.重力的大小一般又称为**重量**.

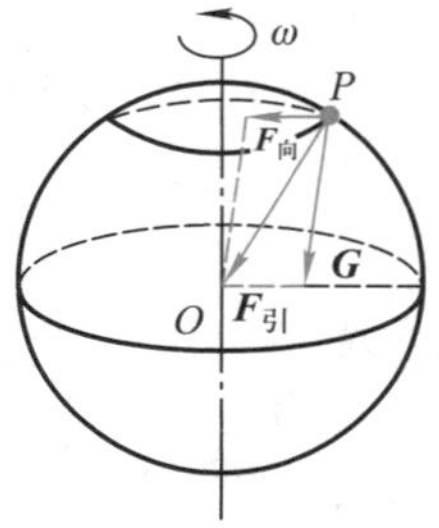

图 1-23 重力

在地面附近和一些要求精度不高的计算中,可以认为重力近似等于地球的引力.对于地面附近的物体,所在位置的高度变化与地球平均半径(约为 6 400 km)相比极为微小,物体在地面附近不同高度时的重力加速度也就可以看作是常量.当地球内某处存在大型矿藏,从而破坏了地球质量的对称分布时,会使该处的重力加速度值表现出异常,因此可通过重力加速度的测定来探矿.这种方法叫做重力探矿法.

3. 弹力

发生形变的物体,由于要恢复原状,对与它接触的物体会产生力的作用.这种力叫**弹性力**(elastic force),简称弹力.弹力的表现形式是多种多样的,下面只讨论三种表现形式.

(1) 正压力 两个物体通过一定面积相互挤压,这时相互挤压的两个物体都会发生形变,即使小到难于观察,但形变总是存在的,因而会产生对对方的弹力作用.例如,屋架压在柱子上,柱子因压缩形变而产生向上的弹力托住屋架;又如重物放在桌面上,桌面受重物挤压而发生形变,也会产生一个向上的弹力.这种弹力通常叫做**正压力**(normal pressure)或**支持力**(support force).它们的大小取决于相互挤压的程度,它们的方向总是垂直于接触面而指向对方.

(2) 绳中的张力 绳对物体的拉力是因绳发生了伸长形变而产生的,其大小取决于绳的收紧的程度,它们的方向总是沿着绳而指向绳收紧的方向.绳产生拉力时,其内部各段之间也有相互的弹力作用.在张紧的绳上某处作一假想横截面,把绳分为两部分,这种内部的两部分绳的相互拉力叫做张力(tension).如图1-24所示,在外力 $\boldsymbol{F}$ 作用下,物体与绳一起以加速度 $\boldsymbol{a}$ 向前运动.在绳上任取一小段 Δl,其质量为 Δm,它受到前、后方相邻绳的张力 $\boldsymbol{F}_{T1}$ 和 $\boldsymbol{F}_{T2}$ 作用,按牛顿第二定律有

$$F_{T1}-F_{T2}=\Delta ma$$

显然 $F_{T1}\neq F_{T2}$,由此可知,绳各处张力是不相等的.但在很多实际问题中,如果绳没有加速度,或质量可以忽略,这时,可以认为绳上各点的张力都是相等的,而且就等于外力.

(3) 弹簧的弹力　当弹簧被拉伸或压缩时,它就会对与之相连的物体有弹力作用(图1-25).这种弹力总是力图使弹簧恢复原状,所以叫做恢复力.这种恢复力在弹性限度内,其大小和形变成正比.以 F 表示弹力,以 x 表示形变亦即弹簧的长度变化,则

$$F=-kx \tag{1-41}$$

式中 k 叫做弹簧的劲度系数(stiffness),负号表示弹力的方向总是和弹簧位移的方向相反,这就是说,弹力总是指向要恢复它原长的方向.

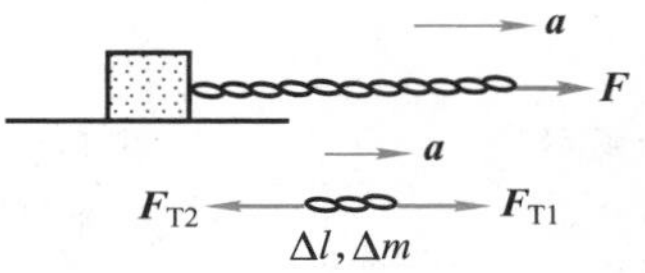

图1-24　绳中的张力

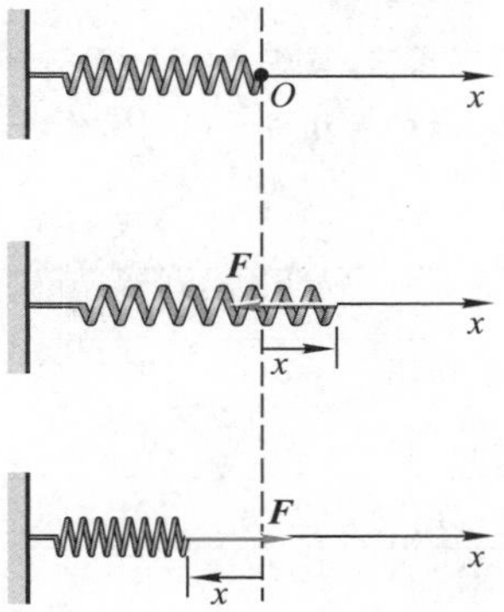

图1-25　弹力

式(1-41)叫做胡克(Hooke)定律.其实,早在我国东汉时期,郑玄在对《考工记》作注解时就说过:“假令弓力胜三石,引之中三尺,弛其弦,以绳缓擐之,每加物一石,则张一尺.”意思是说弓有弹力,随着弦上重物每增加一石,弓就伸张一尺,它非常明显地揭示了“力和形变成正比”的线性关系.郑玄的发现比胡克早了1 500年.

4. 摩擦力

两个相互接触的物体在沿接触面相对运动时,或者有相对运动的趋势时,在接触面之间产生一对阻碍相对运动的力,叫做摩擦力(friction force).相互接触的两个物体在外力作用下,虽有相对运动的趋势,但并不产生相对运动,这时的摩擦力叫静摩擦力(static friction force).所谓相对运动的趋势指的是,假如没有静摩擦力,物体将发生相对滑动.正是静摩擦力阻止了物体相对滑动的出现.值得注意的是,每个物体所受静摩擦力的方向与该物体相对于另一物体的运动趋势方向相

反.静摩擦力的大小视外力的大小而定,介乎 0 和最大静摩擦力 F_s 之间.实验证明,最大静摩擦力正比于正压力 F_N,即

$$F_s = \mu_s F_N \tag{1-42}$$

μ_s 叫做静摩擦因数(static friction factor),它与接触面的材料和表面情况有关.

当外力超过最大静摩擦力时,物体间将会产生相对运动,这时也有摩擦力,叫做动摩擦力(dynamic friction force).实验表明,动摩擦力 F_k 也与正压力 F_N 成正比,

$$F_k = \mu_k F_N \tag{1-43}$$

μ_k 叫做动摩擦因数(dynamic friction factor).它也和相互接触的两物体的材料和表面情况有关,而且还和物体的相对速度有关.在大多数情况下,它随速度的增大而减小.

对于给定的一对接触面来说,$\mu_s > \mu_k$,一般两者都小于 1.在通常的速率范围内,可认为 μ_k 和速率无关,而且在一般问题的简要分析中还可认为 μ_k 和 μ_s 相等.

*三、基本相互作用

近代物理表明,自然界物体之间的相互作用力,可归结为四种相互作用:引力相互作用、电磁相互作用、强相互作用和弱相互作用,兹列表 1-3 简述于下.详细内容参阅下册 § 15-4.

表 1-3 自然界的四种相互作用

力的种类	相对强度	力程	相互作用的物体
引力相互作用	10^{-39}	∞(未确定)	一切物体
弱相互作用	10^{-13}	$<10^{-17}$ m	大多数粒子
电磁相互作用	10^{-2}	∞(未确定)	电荷
强相互作用	1	$<10^{-15}$ m	核子、介子等

四、牛顿运动定律应用举例

牛顿运动定律是一个整体,不能只注意牛顿第二定律,而把其他两条定律置诸脑后.牛顿第一定律是牛顿力学的思想基础,它说明任何物体都有惯性,牛顿运动定律只能在惯性参考系中应用,力是使物体产生加速度的原因,在惯性系中不能把 $m\boldsymbol{a}$ 误认为力.牛顿第三定律指出了力有相互作用的性质,为我们正确分析物体受力情况提供了依据.通常在力学问题中,对每个物体来说,除重力外,其他外力都可以在该物体和其他物体的接触面去寻找,以免把作用在物体上的一些力遗漏掉.所有这些都是我们在应用牛顿第二定律作定量计算时所必须考虑的.应用牛顿运动定律解题时,还需考虑研究的物体能简化为质点,对物体的运动状态进行分析时,必须选取适当的惯性系.

通常的力学问题可分为两类:一类是已知力求运动;这类问题代表一种演绎的过程,它是对物理学和工程问题作出成功的分析和设计的基础.另一类是已知

运动求力.这类问题包括了力学的归纳性和探索性的应用,这是发现新定律的一个重要途径.当然在实际问题中常常是两者兼有.

例题 1-9

设电梯中有一阿特伍德机(Atwood machine),它包含一个质量可以忽略的滑轮,在滑轮两侧用轻绳悬挂着质量分别为 m_1 和 m_2 的重物 A 和 B,已知 $m_1>m_2$.当电梯(1)匀速上升,或(2)匀加速上升时,求绳中的张力和物体 A 相对于电梯的加速度 a_r.

解　(1)取地面为参考系,如图 1-26(a)所示.把 A 与 B 隔离开来,分别画出它们的受力图,如图 1-26(b)所示.可以看出,每个物体都受两个力的作用:绳子向上的拉力和物体的重力.

当电梯匀速上升时,物体相对于电梯的加速度等于它们相对于地面的加速度.选取竖直向上为 Oy 轴的正方向,则 B 以 a_r 向上运动,而 A 以 a_r 向下运动.因绳子的质量可忽略,所以轮子两侧绳向上的拉力相等.由牛顿第二定律得

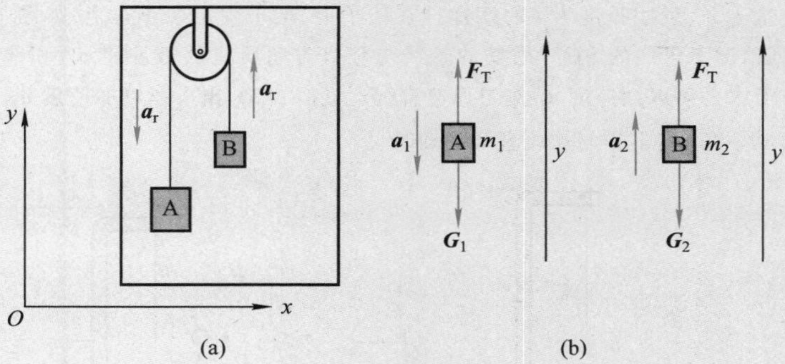

图 1-26

$$F_T-m_1g=-m_1a_r \tag{1}$$

$$F_T-m_2g=m_2a_r \tag{2}$$

由上列两式消去 F_T,解得

$$a_r=\frac{m_1-m_2}{m_1+m_2}g \tag{3}$$

把 a_r 代入式(1),得

$$F_T=\frac{2m_1m_2}{m_1+m_2}g \tag{4}$$

(2)当电梯以加速度 a 加速上升时,A 相对于地面的加速度为 $a_1=a_r-a$,B 相对于地面的加速度为 $a_2=a+a_r$,因此

$$F_T-m_1g=-m_1a_1=m_1(a-a_r) \tag{5}$$

$$F_T-m_2g=m_2a_2=m_2(a+a_r) \tag{6}$$

由此解得

$$a_r=\frac{m_1-m_2}{m_1+m_2}(a+g) \tag{7}$$

$$F_T=\frac{2m_1m_2}{m_1+m_2}(a+g) \tag{8}$$

显然，如果 $a=0$，上两式就归结为式(3)与式(4).

如在式(7)与式(8)中用$-a$代替 a，可得电梯以加速度 a 下降时的结果：

$$a_r=\frac{m_1-m_2}{m_1+m_2}(g-a) \tag{9}$$

$$F_T=\frac{2m_1m_2}{m_1+m_2}(g-a) \tag{10}$$

由此可以看出，当 $a=g$ 时，a_r 与 F_T 都等于0，亦即滑轮、质点都成为自由落体，两个物体之间没有相对加速度.

例题 1-10

一个质量为 m、悬线长度为 l 的摆锤挂在架子上，架子固定在小车上，如图 1-27(a)所示. 求在下列情况下悬线的方向(用摆的悬线与竖直方向所成的角 θ 表示)和线中的张力：(1) 当小车沿水平面以加速度 $\boldsymbol{a}_1$ 作匀加速直线运动时；(2) 当小车以加速度 $\boldsymbol{a}_2$ 沿斜面(斜面与水平面成 φ 角)向上作匀加速直线运动时.

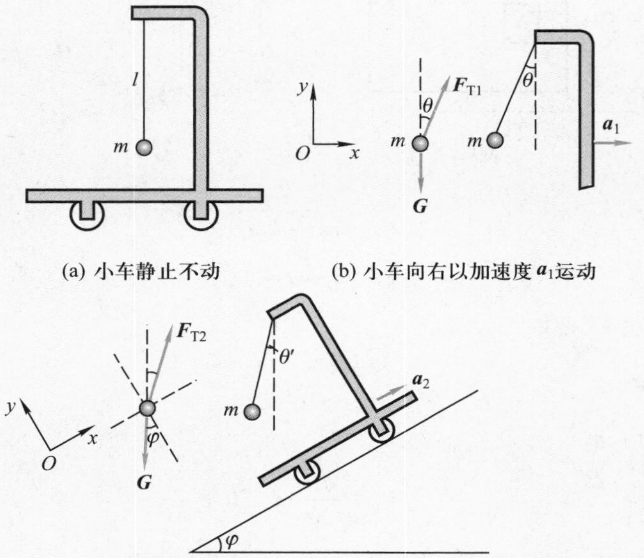

图 1-27

解　(1) 当小车以加速度 $\boldsymbol{a}_1$ 向右作匀加速直线运动时，摆的悬线将向左倾斜. 在摆锤相对小车静止时，摆锤的加速度也是 $\boldsymbol{a}_1$，摆的悬线与竖直方向成 θ 角. 这时摆锤所受合力等于 ma_1，方向水平向右. 对摆锤来说，它受到两个力的作用：重力 $\boldsymbol{G}$ 和绳子对它的拉力 $\boldsymbol{F}_{T1}$，$\boldsymbol{F}_{T1}$和 $\boldsymbol{G}$ 的合力必在水平面内，等于 $m\boldsymbol{a}_1$，方向向右. 取坐标轴方向如图 1-27(b)所示，即得

x 方向：　$F_{T1}\sin\theta = ma_1$

y 方向：　$F_{T1}\cos\theta - mg = 0$

由以上两式，可以解出

$$F_{T1} = m\sqrt{g^2 + a_1^2}$$

$$\tan\theta = \frac{a_1}{g},\quad \theta = \arctan\frac{a_1}{g}$$

当 $a_1 = 0$ 时，$\theta = 0$；当 a_1 较大时，角 θ 也较大.

（2）当小车以加速度 $\boldsymbol{a}_2$ 沿斜面向上作匀加速直线运动，摆锤相对小车静止时，摆锤的加速度也是 $\boldsymbol{a}_2$，摆的悬线与竖直方向成 θ' 角. 这时，对摆锤来说，它受到重力 $\boldsymbol{G}$ 和绳的拉力 $\boldsymbol{F}_{T2}$ 的作用，两力的合力等于 $m\boldsymbol{a}_2$，方向沿斜面向上. 取坐标轴方向如图 1-27(c) 所示，即得

x 方向：　$F_{T2}\cos[90° - (\theta' + \varphi)] - mg\sin\varphi = ma_2$

y 方向：　$F_{T2}\sin[90° - (\theta' + \varphi)] - mg\cos\varphi = 0$

于是　$F_{T2}\sin(\theta' + \varphi) = mg\sin\varphi + ma_2$

$F_{T2}\cos(\theta' + \varphi) = mg\cos\varphi$

由以上两式，可以解出

$$F_{T2} = m\sqrt{(g\sin\varphi + a_2)^2 + g^2\cos^2\varphi} = m\sqrt{g^2 + 2ga_2\sin\varphi + a_2^2}$$

$$\tan(\theta' + \varphi) = \frac{g\sin\varphi + a_2}{g\cos\varphi},\quad \theta' = \arctan\frac{g\sin\varphi + a_2}{g\cos\varphi} - \varphi$$

这里，如果 $\varphi = 0$，$a_2 = a_1$，这就是情况（1），由上式可看出 F_{T2} 将等于 F_{T1}，θ' 等于 θ. 又如果 $a_2 = -g\sin\varphi$，这就是小车在斜面上自由下滑的情况，这时 $F_{T2} = mg\cos\varphi \neq mg$，而 $\theta' = -\varphi$，可见这时悬线方向与斜面相垂直.

读者可以想见，利用一个系统（例如小车）中的单摆悬线的取向，可测知这个系统直线运动时的加速度.

例题 1-11

一质量为 m 的小球开始时位于图 1-28(a) 中的 A 点，释放后沿半径为 R 的光滑圆轨道下滑. 求小球到达 C 点时的速度和对圆轨道的作用力.

解　小球的受力如图 1-28(b) 所示. 根据牛顿第二定律有

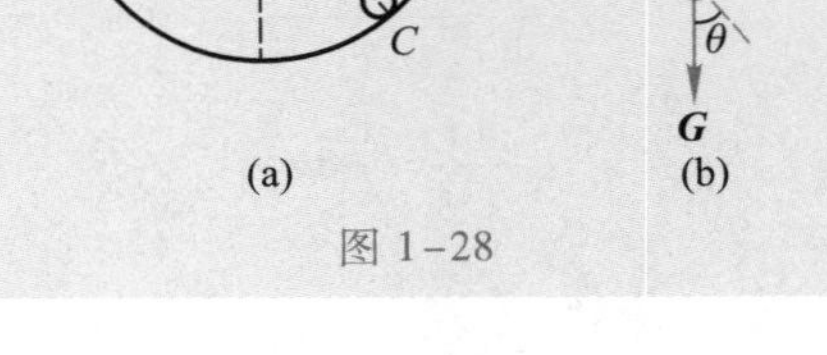

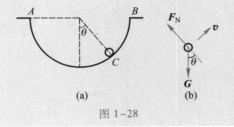

图 1-28

$$\boldsymbol{G}+\boldsymbol{F}_{\mathrm{N}}=m\boldsymbol{a}$$

在自然坐标系中切向和法向的分量式为

$$-mg\sin\theta=ma_{\mathrm{t}}=m\frac{\mathrm{d}v}{\mathrm{d}t} \tag{1}$$

$$F_{\mathrm{N}}-mg\cos\theta=ma_{\mathrm{n}}=m\frac{v^2}{R} \tag{2}$$

为运算简便，需要转换积分变量，由 $v=\frac{\mathrm{d}s}{\mathrm{d}t}=\frac{\mathrm{d}(R\theta)}{\mathrm{d}t}$ 得 $\mathrm{d}t=\frac{R\mathrm{d}\theta}{v}$，代入式(1)并根据小球运动的初末条件进行积分有

$$\int_0^v v\mathrm{d}v=\int_{-\frac{\pi}{2}}^{\theta}-Rg\sin\theta\mathrm{d}\theta$$

得

$$v=\sqrt{2gR\cos\theta}$$

代入式(2)得

$$F_{\mathrm{N}}=\frac{mv^2}{R}+mg\cos\theta=3mg\cos\theta$$

根据牛顿第三定律得小球对圆轨道的作用力大小为 $3mg\cos\theta$.

例题 1-12

计算一小球在水中竖直沉降的速度. 已知小球的质量为 m，水对小球的浮力为 $\boldsymbol{F}_{\mathrm{b}}$，水对小球运动的黏性力 $\boldsymbol{F}_{\mathrm{v}}=-K\boldsymbol{v}$，式中 K 是和水的黏性、小球的半径有关的一个常量.

解 先对小球进行受力分析：重力 $\boldsymbol{G}$，竖直向下；浮力 $\boldsymbol{F}_{\mathrm{b}}$，竖直向上；黏性力 $\boldsymbol{F}_{\mathrm{v}}$，竖直向上(图 1-29). 因黏性力 $\boldsymbol{F}_{\mathrm{v}}$ 是 v 的函数，所以这是变力作用下的问题，取竖直向下为正，根据牛顿第二定律，小球的动力学方程可写为

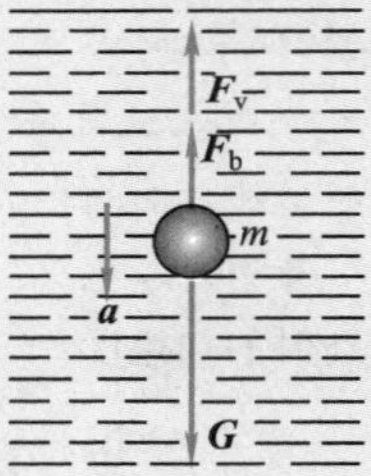

图 1-29 小球在水中的沉降

$$G-F_{\mathrm{b}}-F_{\mathrm{v}}=ma$$

即

$$mg-F_{\mathrm{b}}-Kv=ma=m\frac{\mathrm{d}v}{\mathrm{d}t}$$

或

$$a=\frac{\mathrm{d}v}{\mathrm{d}t}=\frac{mg-F_{\mathrm{b}}-Kv}{m} \tag{1}$$

当 $t=0$ 时，设小球初速为零，由式(1)可知，此时加速度有最大值$\left(g-\frac{F_{\mathrm{b}}}{m}\right)$. 当小球速度 v 逐渐增加时，其加速度就逐渐减小了. 令

$$v_{\mathrm{T}}=\frac{mg-F_{\mathrm{b}}}{K} \tag{2}$$

于是式(1)可化作

$$\frac{\mathrm{d}v}{\mathrm{d}t}=\frac{K(v_{\mathrm{T}}-v)}{m} \tag{3}$$

或

$$\frac{\mathrm{d}v}{v_{\mathrm{T}}-v}=\frac{K}{m}\mathrm{d}t$$

对上式两边取积分，则有

$$\int_0^v \frac{\mathrm{d}v}{v_T - v} = \int_0^t \frac{K}{m}\mathrm{d}t$$

$$\ln\frac{v_T - v}{v_T} = -\frac{K}{m}t$$

$$v_T - v = v_T \exp\left(-\frac{K}{m}t\right)$$

$$v = v_T\left[1 - \exp\left(-\frac{K}{m}t\right)\right] \tag{4}$$

式(4)表明小球沉降速度 v 随 t 增大而增大,如图 1-30 所示.

由式(4)可知,当 $t\to\infty$ 时,$v=v_T$,而当 $t=\frac{m}{K}$时

$$v = v_T\left(1-\frac{1}{e}\right) = 0.632v_T$$

所以,只要 $t \gg \frac{m}{K}$时,就可以认为 $v\approx v_T$. 我们把 v_T 叫做**终极速度**(terminal velocity),它是小球沉降所能达到的最大速度. 也就是说,当下降时间符合 $t \gg \frac{m}{K}$条件时,小球即以终极速度匀速下降.

因小球在黏性介质中的沉降速度与小球半径有关,可以利用不同大小的小球有不同沉降速度的原理,来分离大小不同的球形微粒.

所有物体在气体或液体中降落,都存在类似情况. 物体越是紧密厚实,它沉降时终极速度就越大. 某些沉降物在空气中的终极速度如下:雨滴的终极速度为 0.76 m/s;烟粒的终极速度为 10^{-3} m/s;人的终极速度为 7.6 m/s. 一个终极速度的有趣例子是如图 1-31 所示的飞行跳伞表演.

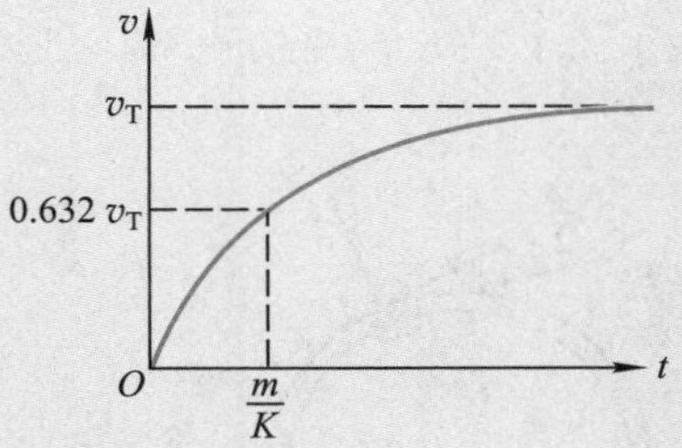

图 1-30 沉降速度增长曲线

图 1-31 飞行跳伞表演

例题 1-13

有一密度为 ρ 的细棒,长度为 l,其上端用细线悬着,下端紧贴着密度为 ρ'的液体表面. 现将悬线剪断,若液体没有黏性,求细棒在恰好全部没入液体中时的沉降速度.

解 根据已知条件,液体没有黏性,所以在下落时,细棒只受到两个力:一是重力 $m\boldsymbol{g}$,方向竖直向下;二是浮力 $\boldsymbol{F}_b$,方向竖直向上,如图 1-32 所示. 其中 $\boldsymbol{F}_b$ 是个变力,当棒的浸没长度为 x 时,$F_b=\rho' xg$(为方便计,棒的截面积被假设为 1 个单位). 取竖直向下为 Ox 轴的正方

向,棒所受合外力为

$$F=G-F_b=\rho lg-\rho' xg$$

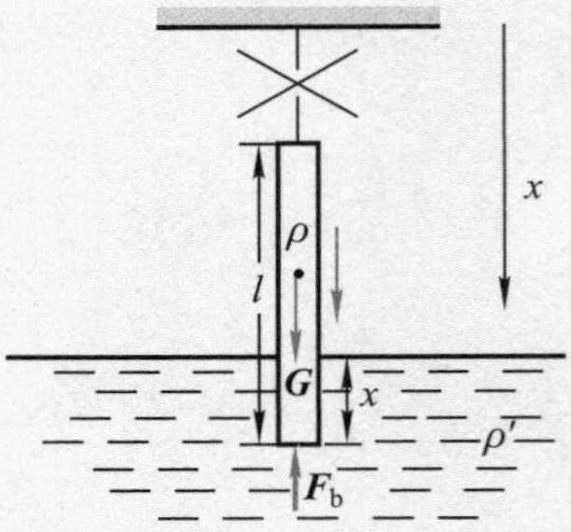

图 1-32

由牛顿第二定律得

$$(\rho l-\rho' x)g=m\frac{dv}{dt}$$

因所求的是当浸没长度 x 为 l 时的棒速,所以上式中的变量 t 应消去而只保留 x 和 v 两个变量.考虑到这三个变量之间有关系 $v=\frac{dx}{dt}$,把它代入上式,并整理成如下形式:

$$(\rho l-\rho' x)g\,dx=mv\,dv$$

两边同时积分

$$\int_0^l(\rho l-\rho' x)g\,dx=\int_0^v mv\,dv=\rho l\int_0^v v\,dv$$

最后求得

$$v=\sqrt{\frac{(2\rho-\rho')lg}{\rho}}$$

例题 1-14

在码头上,当船舶靠岸时,工人师傅用缆绳在固定的桩柱上绕上几圈就可把船拴住[图 1-33(a)].如缆绳与桩柱间的静摩擦因数为 μ_s,缆绳的质量忽略不计.试求缆绳两端张力的关系.

解 先考虑包角为 θ_0 的一段缆绳 $\widehat{AB}$,在此段缆绳上取一绳元 dl,其对应桩柱的张角为 $d\theta$.受力如图 1-33(b)所示.作用在绳元的力有正压力 $\boldsymbol{F}_N$,两端的张力 $\boldsymbol{F}_T$ 和 $\boldsymbol{F}'_T$,以及圆柱给予的最大静摩擦力 $F_f=\mu_s F_N$.因绳元的质量 dm 很小,所以动力学方程中的 $dm\cdot a$ 近似于 0,列出绳元的动力学方程:

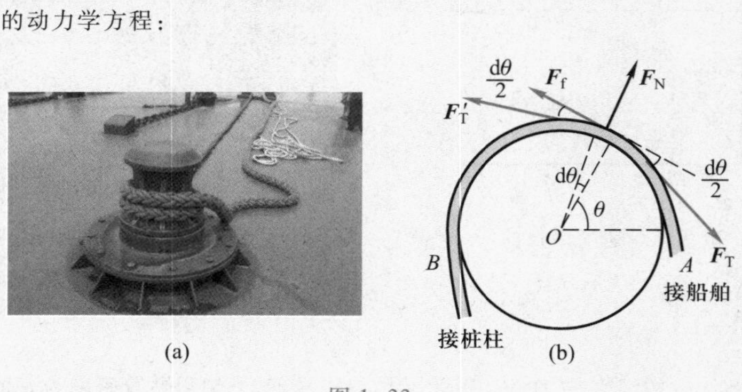

图 1-33

$$F_T\cos\frac{d\theta}{2}-F'_T\cos\frac{d\theta}{2}-\mu_s F_N=0 \tag{1}$$

$$F_N-F_T\sin\frac{d\theta}{2}-F'_T\sin\frac{d\theta}{2}=0 \tag{2}$$

因 $d\theta$ 很小，所以 $\sin\frac{d\theta}{2}\approx\frac{d\theta}{2}$，$\cos\frac{d\theta}{2}\approx1$，$F_T+F'_T\approx2F_T$，$F'_T-F_T\approx dF_T$，代入式(1)和式(2)中，整理得

$$dF_T=-\mu_s F_N \tag{3}$$

$$F_N-F_T d\theta=0 \tag{4}$$

联立式(3)和式(4)，消去 F_N，再积分得

$$\int_{F_{TA}}^{F_{TB}}\frac{dF_T}{F_T}=\int_0^{\theta_0}-\mu_s d\theta$$

即得

$$F_{TB}=F_{TA}\exp(-\mu_s\theta_0)$$

由上式可知，当缆绳与滑轮间有摩擦力时，张力随 θ_0 按指数减小，故很容易使 $F_{TB}\ll F_{TA}$. 例如，缆绳与桩之间的静摩擦因数为 0.25，如果将缆绳在固定桩上绕 1 圈 $(\theta_0=2\pi)$，则 $F_{TB}=e^{-0.25\times2\pi}F_{TA}=0.21F_{TA}$，当缆绳绕 5 圈时 $(\theta_0=10\pi)$，$F_{TB}=e^{-0.25\times10\pi}F_{TA}=0.000\,39F_{TA}$.

总之，通过上述这些例题可以看出，应用牛顿运动定律解决动力学问题，可按下述思路分析进行：

(1) *认物体*　在有关问题中选定一个物体作为分析对象. 如果问题涉及多个物体，那就一个一个地作为对象进行分析，定出每个物体的质量.

(2) *看运动*　分析所认定物体的运动状态，包括它的轨迹、速度和加速度. 问题涉及多个物体时，还要找出它们运动学的联系，亦即它们的速度或加速度之间的关系.

(3) *查受力*　找出被认定物体所受的一切外力，不能有遗漏. 这些力可能是重力、弹力、摩擦力等. 而弹力又常常表现为接触面的压力或绳子的拉力. 画出示力图，把物体受力情况和运动情况表达出来.

(4) *列方程*　把上面分析出的质量、加速度和力用牛顿第二定律联系起来，列出方程式. 在方程式足够的情况下就可以求解未知量了.

(5) *讨论*　通过分析讨论，巩固和增强对物理概念和定律的理解，提高分析能力.

复习思考题

1-5-1　回答下列问题：(1) 物体的运动方向和合外力方向是否一定相同？(2) 物体受到几个力的作用，是否一定产生加速度？(3) 物体运动的速率不变，所受合外力是否为零？(4) 物体速度很大，所受到的合外力是否也很大？

1-5-2　物体所受摩擦力的方向是否一定和它的运动方向相反？试举例说明.

1-5-3　用绳子系一物体，在竖直平面内作圆周运动，当物体达到最高点时，(1) 有人说："这时物体受到三个力：重力、绳子的拉力以及向心力"；(2) 又有人说："因为这三个力的方向都是向下的，但物体不下落，可见物体还受到一个方向向上的离心力和这些力平衡着." 这两种说法对吗？

1-5-4　绳子的一端系着一金属小球，另一端用手握着使其在竖直平面内作匀速圆周运动，问球在哪一点时绳子的张力最小？在哪一点时绳子的张力最大？为什么？

1-5-5 在弹簧测力计的下面挂着一个物体,如图所示,试判别在下列两种情况下,测力计所指出的读数是否相同?如果不同,则在哪种情况下读数较大?(1)物体竖直地静止悬挂;(2)物体在一水平面内作匀速圆周运动.

1-5-6 如图所示,一个用绳子悬挂着的物体在水平面内作匀速圆周运动,有人在重力 $\boldsymbol{G}$ 的方向上求合力,写出

$$F_{\mathrm{T}}\cos\theta-mg=0$$

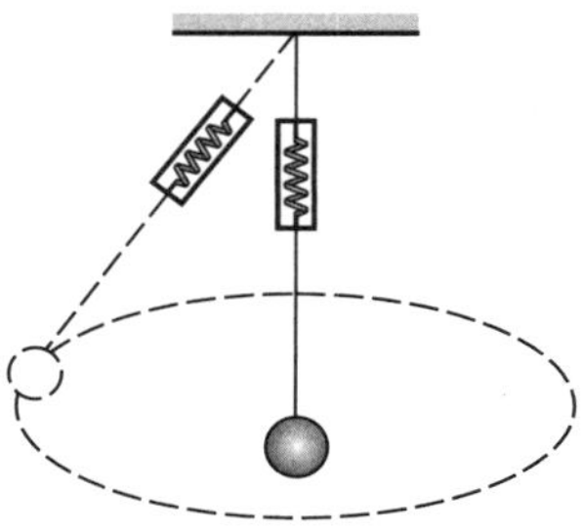

思考题 1-5-5 图

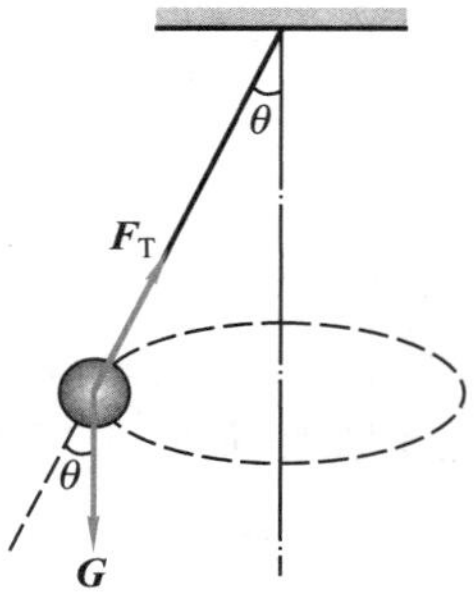

思考题 1-5-6 图

另有人沿绳子拉力 $\boldsymbol{F}_{\mathrm{T}}$ 的方向求合力,写出

$$F_{\mathrm{T}}-mg\cos\theta=0$$

显然两者不能同时成立,试指出哪一个式子是错的,为什么?

§1-6 非惯性系 惯性力

一、非惯性系

地面参考系是个足够好的惯性系,一切对地面参考系作匀速直线运动的物体,也都是惯性系.一般地说,凡是相对一个惯性系作匀速直线运动的一切参考系都是惯性系.而相对地面参考系作加速运动的参考系,则是非惯性系(non-inertial system).牛顿运动定律对非惯性系是不成立的.现在举例说明如下.

站台上停有一辆小车,相对于地面参考系来说,小车停着,加速度为 0,这是因为作用在它上面的力相互平衡,即合力为 0 的缘故,这符合牛顿运动定律.如果以加速启动的列车为参考系,在列车车厢内的人看到小车的情况就大不一样,小车是向列车车尾方向作加速运动的.小车受力的情况没有变化,合力仍然是 0,却有了加速度,这是违反牛顿运动定律的.因此,加速运动的列车是个非惯性系,相对于它,牛顿运动定律不再成立.

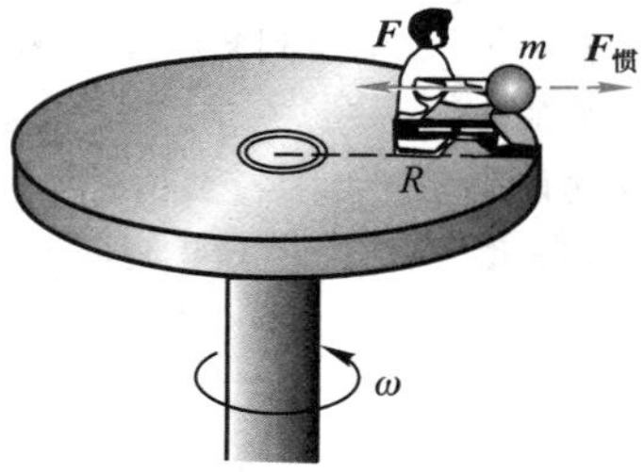

图 1-34 作匀速转动的参考系中的惯性力

再举一个例子.如图 1-34 所示,在以匀角速度 ω 转动的圆盘上坐着一人,手中捧了个小球.从地面参考系来看,小球是随圆盘一起转动的,

人手的拉力对小球提供向心力，这符合牛顿运动定律. 但圆盘上的人看来，小球受力情况不变，却并不运动，这显然不符合牛顿运动定律.

二、惯性力

牛顿第二定律仅适用于惯性系，但在实际问题中常常需要在非惯性系中观察和处理物体的运动，能否找到一个可以适用于非惯性系的运动定律？

设有一质点，质量为 m，所受的合外力为 $\boldsymbol{F}$，它相对于惯性系的加速度为 $\boldsymbol{a}$，根据牛顿第二定律，有

$$\boldsymbol{F}=m\boldsymbol{a}$$

设想另一参考系，相对于惯性系以加速度 $\boldsymbol{a}_0$ 作直线运动，在此参考系中，质点的加速度为 $\boldsymbol{a}'$，由运动的相对性[式(1-34)]可知

$$\boldsymbol{a}=\boldsymbol{a}'+\boldsymbol{a}_0$$

将此式代入牛顿运动定律可得

$$\boldsymbol{F}=m(\boldsymbol{a}'+\boldsymbol{a}_0)=m\boldsymbol{a}'+m\boldsymbol{a}_0$$

将上式改写成

$$\boldsymbol{F}+(-m\boldsymbol{a}_0)=m\boldsymbol{a}'$$

此式说明，在非惯性系观察物体运动时，除了实际的外力之外，物体还受到一个大小和方向由 $-m\boldsymbol{a}_0$ 表示的力. 这个力称为惯性力(inertial force). 这样就可以形式上应用牛顿第二定律去分析问题.

总之，在直线加速的非惯性系中，质点受到的惯性力 $\boldsymbol{F}_{惯}$ 的大小等于质点的质量和此非惯性系相对于惯性系加速度 $\boldsymbol{a}_0$ 的乘积，而方向与此加速度的方向相反，即

$$\boldsymbol{F}_{惯}=-m\boldsymbol{a}_0 \tag{1-44}$$

在以匀速转动的参考系中，质量为 m 的质点静止在转盘上距轴心 r 处，转速为 ω，同样可引入惯性力

$$\boldsymbol{F}_{惯}=-m\omega^2 r\boldsymbol{e}_r \tag{1-45}$$

此惯性力称为惯性离心力(inertial centrifugal force). 由此得出，若质点静止于匀速转动的非惯性参考系中，则作用在此质点的所有相互作用力与惯性离心力的合力应等于零，即

$$\sum \boldsymbol{F}_{外}+\boldsymbol{F}_{惯}=\boldsymbol{0} \tag{1-46}$$

如果质点相对于匀速转动参考系运动，则质点还可能受到另一种惯性力——科里奥利力(Coriolis force)的作用(可扫描侧边栏二维码查看详情).

科里奥利力

惯性力是非惯性系质点受到的一种力，它是由非惯性系相对于惯性系的加速运动引起的. 惯性力并非物体间的相互作用力，它既没有施力物体，也没有反作用力.

引入惯性力，就可对上述两个例子作出解释. 在第一个例子中，以加速列车为

参考系，与之相应的惯性力另加在小车上，这样，小车具有和列车相反的加速度，这就符合牛顿运动定律了. 在第二个例子中，以转盘为参考系，小球上应另加一个惯性力，它和真实的人手拉力恰好平衡，因此，小球在转盘这个非惯性系中保持静止，这正是牛顿运动定律所要求的. 在作匀角速度定轴转动的非惯性系内，质点受到一个方向与固定轴垂直且沿着位矢向外的惯性离心力. 惯性离心力和使小球转动的向心力（人手拉力）都作用在小球上，所以它们不可能是作用力与反作用力的关系.

惯性力在技术上有着广泛的应用. 例如，导弹和舰艇的惯性导航系统中安装的加速度计（见图 1-35），就是利用系统在加速移动时作用于质量 m 上的惯性力的大小来确定系统的加速度的.

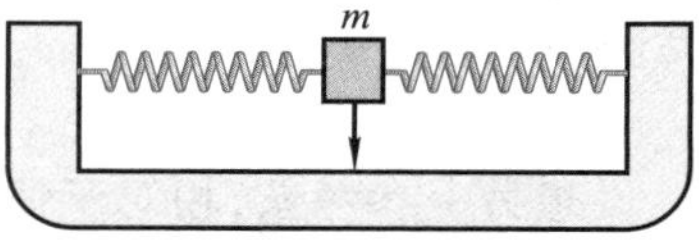

图 1-35 加速度计

例题 1-15

一质量为 60 kg 的人，站在电梯中的磅秤上，当电梯以 0.5 m/s^2 的加速度匀加速上升时，磅秤上指示的读数是多少？试用惯性力的方法求解.

解 取电梯为参考系. 已知这个非惯性系以 $a=0.5\ \mathrm{m/s^2}$ 的加速度相对地面参考系运动，与之相应的惯性力 $\boldsymbol{F}_{惯}=-m\boldsymbol{a}$. 从电梯这个非惯性系看来，人除受到重力 $\boldsymbol{G}$（方向向下）和磅秤对他的支持力 $\boldsymbol{F}_{\mathrm{N}}$（方向向上）之外，还要另加一个 $\boldsymbol{F}_{惯}$. 此人相对于电梯是静止的，则以上三个力必须恰好平衡，即

$$F_{\mathrm{N}}-G-F_{惯}=0$$

于是

$$F_{\mathrm{N}}=mg+F_{惯}=m(g+a)=618\ \mathrm{N}$$

由此可见，磅秤上的读数（根据牛顿第三定律，读数显示的是人对秤的正压力，而正压力和 F_{N} 是一对作用力与反作用力）不等于物体所受的重力 mg. 当加速上升时，$F_{\mathrm{N}}>mg$；加速下降时，$F_{\mathrm{N}}<mg$. 前一种情况叫做“超重”，后一种情况叫做“失重”. 尤其在电梯以重力加速度下降时，失重最严重，磅秤上的读数将为 0.

在现代航天技术中，惯性力也是必须考虑的一个因素. 在火箭点火时，加速度高达 $6g$ 以上，这时人必须躺在座椅上，否则强大的惯性力会使人脑部失血而昏晕. 在轨道上作无动力飞行时，其情形与作自由降落的电梯一样，航天员处于完全“失重”状态，这将妨碍航天员的正常生活和执行任务. 2003 年 10 月 15 日，我国第一艘载人飞船“神舟”五号发射成功，我国航天员就经受了超重与失重的考验.

例题 1-16

试分析物体的重量与地球纬度之间的关系.

解 物体相对于地面静止时作用在支撑物（磅秤）上的力，就是物体的重量.

在地球非惯性系上的观测者看来，物体静止不动. 物体除受到地球的引力 $\boldsymbol{F}_{引}$ 外，由于地球的自转运动，还受到惯性离心力 $\boldsymbol{F}_{惯}$（图 1-36）. 物体所受的支撑力 $\boldsymbol{F}_{\mathrm{N}}$ 就是物体重量的

反作用力. 所以物体的重量就是地球引力 $\boldsymbol{F}_{引}$ 与惯性离心力的矢量和. 在地面上纬度 φ 处,物体的重量为

$$F_{g}=\sqrt{F_{引}^{2}+F_{惯}^{2}-2F_{引}F_{惯}\cos\varphi}$$

$\boldsymbol{F}_{惯}$ 的大小为 $F_{惯}=m\omega^{2}r=m\omega^{2}R\cos\varphi$

而地球自转的角速度

$$\omega=\frac{2\pi}{T}=\frac{2\pi}{24\times60\times60}\ \mathrm{rad\cdot s^{-1}}=7.27\times10^{-5}\ \mathrm{rad\cdot s^{-1}}$$

取 $R=6\ 370\ \mathrm{km}$,$g_{0}=9.80\ \mathrm{m/s^{2}}$ 代入可得

$$\frac{F_{惯}}{F_{引}}=\frac{\omega^{2}R\cos\varphi}{g_{0}}\approx0.003\ 4\cos\varphi\ll1$$

所以有

$$F_{g}\approx F_{引}\left(1-\frac{F_{惯}}{F_{引}}\cos\varphi\right)=F_{引}(1-0.003\ 4\cos^{2}\varphi)$$

$$=mg_{0}(1-0.003\ 4\cos^{2}\varphi)$$

在地球两极处 $\varphi=\pm\frac{\pi}{2}$,$\cos\varphi=0$,重量最大;在赤道处,$\varphi=0$,重量最小.

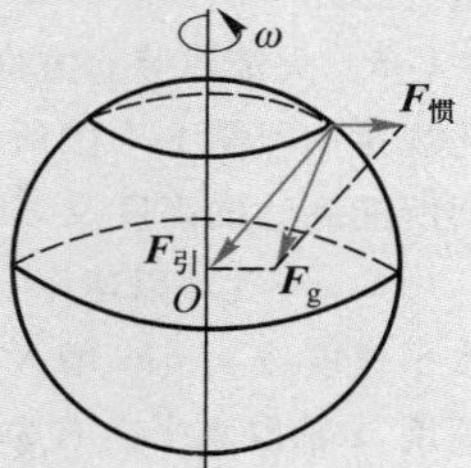

图 1-36

习　题

1-1　一质点沿 Ox 轴运动,其运动学方程为

$$x=5+3t^{2}-t^{3}$$

式中 x 的单位为 m,t 的单位为 s.

(1) 试描述该质点的运动情况(在哪段时间内作加速运动? 在哪段时间内作减速运动? 在哪段时间内沿 Ox 轴正方向运动? 在哪段时间内沿 Ox 轴负方向运动?)并画出 $x-t$ 图、$v-t$ 图和 $a-t$ 图;

(2) 试求最初 4 s 内质点的平均速度和平均速率;

(3) 求 1 s 末到 3 s 末的平均加速度,此平均加速度是否可用 $\overline{a}=\frac{a_{1}+a_{3}}{2}$ 计算?

1-2　已知质点的运动学方程

$$\boldsymbol{r}=\left(3\cos\frac{\pi}{6}t\right)\boldsymbol{i}+\left(2\sin\frac{\pi}{6}t\right)\boldsymbol{j}$$

式中 r 的单位是 m,t 的单位是 s.

(1) 求质点的轨迹方程,并画出轨迹图;

(2) 求 $t_{1}=1$ s 和 $t_{2}=2$ s 之间的位移 $\Delta\boldsymbol{r}$ 和位矢模的增量 $\Delta|\boldsymbol{r}|$;

(3) 求 $t_{1}=1$ s 和 $t_{2}=2$ s 两时刻的速度和加速度;

(4) 在什么时刻质点的位矢与其速度矢量恰好垂直? 求这时它的坐标.(提示:若两矢量 $\boldsymbol{A}$ 和 $\boldsymbol{B}$ 垂直,则 $\boldsymbol{A}\cdot\boldsymbol{B}=0$.)

1-3　一质点以初速 $v_{0}=5\boldsymbol{j}$ m/s 离开原点,其加速度为 $\boldsymbol{a}=(-\boldsymbol{i}-\boldsymbol{j})$ m/s^{2}.

求:(1) 质点到达 y 坐标最大值时的速度;(2) 此时质点的位置.

1-4 一物体在黏性流体中沿直线运动,其加速度和速度的关系为 $a=-kv^2$. 式中 k 为正值常量,已知 $t=0$ 时,$x=0$,$v=v_0$. 求该物体在任意时刻的速度和运动学方程.

1-5 火箭沿竖直方向由静止向上发射,其加速度随时间的变化规律如习题 1-5 图所示. 试求火箭在 $t=50$ s 燃料用完的一瞬间所能到达的高度及该时刻的速度.

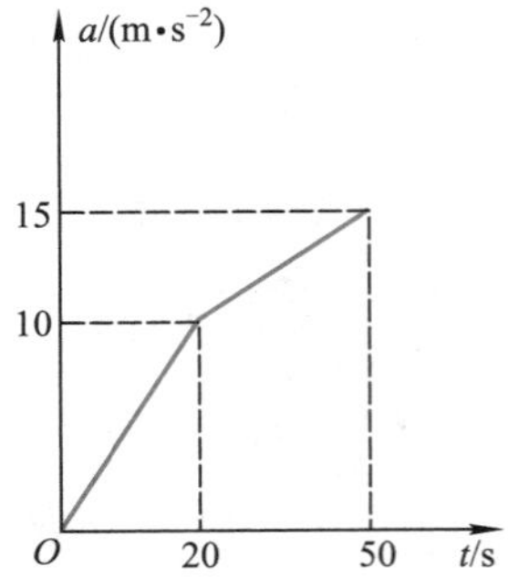

习题 1-5 图

1-6 一气球以速率 v_0 从地面上升,由于受风的影响,气球的水平速度按 $v_x=by$ 增大,其中 b 是正的常量,y 是从地面算起的高度,x 轴取水平向右为正方向. 求气球的轨迹方程.

1-7 如习题 1-7 图所示,在离水面高度为 h 的岸边,有人用绳子拉船靠岸,船在离岸边 s 距离处. 人收绳的速率为 v_0. (1) 从图中看出 $\frac{d\boldsymbol{r}}{dt}$ 和 $\frac{dr}{dt}$ 各表示什么? (2) 求船的速度与加速度的大小.

*1-8 如习题 1-8 图所示,直杆 AB 两端可以分别在两个固定而垂直的直线导槽内滑动. 试求杆上任意点 M 的轨迹方程以及任一时刻的速度的大小. 已知 M 点距 A 端的距离为 a,距 B 端的距离为 b;又设杆的 A 端的运动速率为 v_0.

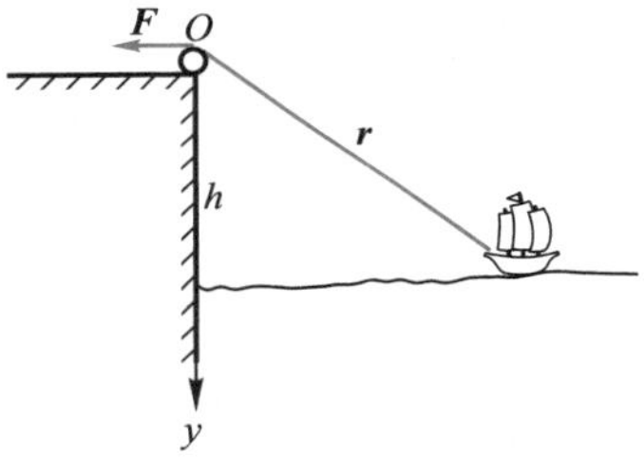

习题 1-7 图

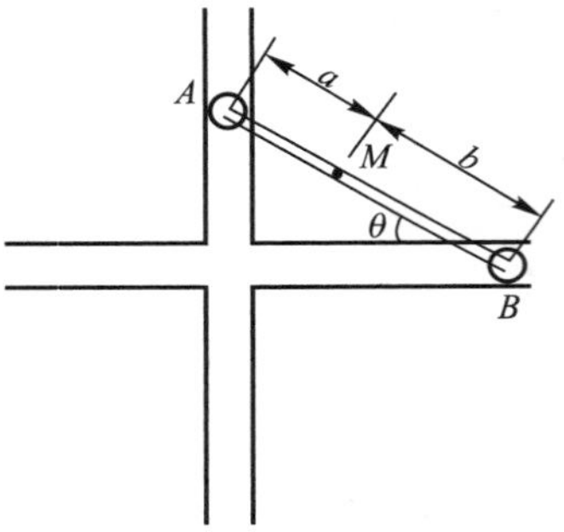

习题 1-8 图

1-9 一辆卡车为了超车,以 90 km/h 的速度驶入左侧逆行道时,猛然发现前方 80 m 处一辆汽车正迎面驶来. 假定该汽车以 65 km/h 的速度行驶,同时也发现了卡车. 设两司机的反应时间都是 0.70 s(即司机发现险情到实际制动所经过的时间),他们制动后的加速度大小都是 $7.5\ \text{m/s}^2$,试问两车是否会相撞? 如果会相撞,相撞时卡车的速度多大?

1-10 高度为 2.5 m 的升降机,从静止开始以加速度 $a=0.2\ \text{m/s}^2$ 上升,8 s 后升降机顶板上有一螺母掉下来. 求螺母落到升降机底板上所经过的时间和它相对地面下落的距离以及经过的路程. 试以地面为参考系和以升降机为参考系分别计算.

1-11 站台上一观察者,在火车开动时站在第一节车厢的最前端,第一节车厢在 $\Delta t_1=4.0$ s 内从他身旁驶过,设火车作匀加速直线运动. 求第 8 节车厢从他身边驶过时所经过的时间.

1-12 从地面向空中抛出一球,在高度达 9.1 m 时,它的速度是 $\boldsymbol{v}=(7.6\boldsymbol{i}+6.1\boldsymbol{j})$ m/s,其中 $\boldsymbol{i}$ 的方向水平向右,$\boldsymbol{j}$ 的方向竖直向上. 试问:(1) 球达到的最大高度是多少? (2) 球越过的总水平距离是多少? (3) 球落地时的速度的大小和方向如何?

1-13 如习题 1-13 图所示乒乓桌的一边,乒乓球作斜抛运动. 已知桌高 $h=1.0$ m,宽 $a=2.0$ m. 欲使乒乓球能从桌面的另一边切过,并落在离该边水平距离 $b=0.50$ m 处,求乒乓球的初速度 v_0 和抛射角 θ 各为多少.

1-14　如习题 1-14 图所示，置于地面和塔顶的两架弹射器，以相同的速率 v_0 沿它们的连线同时弹射出两小球. 如果塔高 $h=10$ m，两弹射器相隔的水平距离 $s=20$ m，这两个小球会不会在空间相碰？要使两小球在空中相碰，v_0 至少应等于多少？

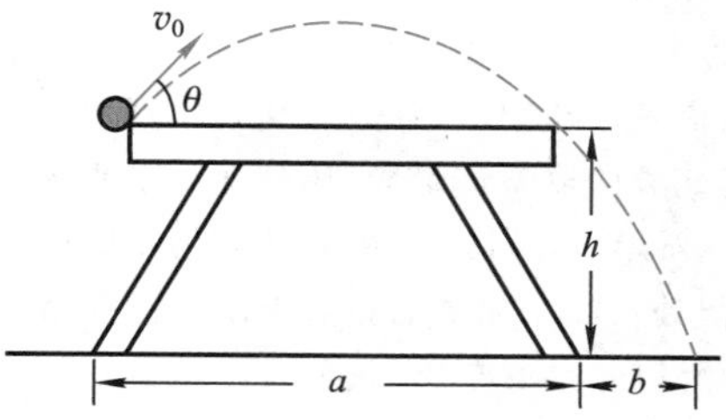

习题 1-13 图

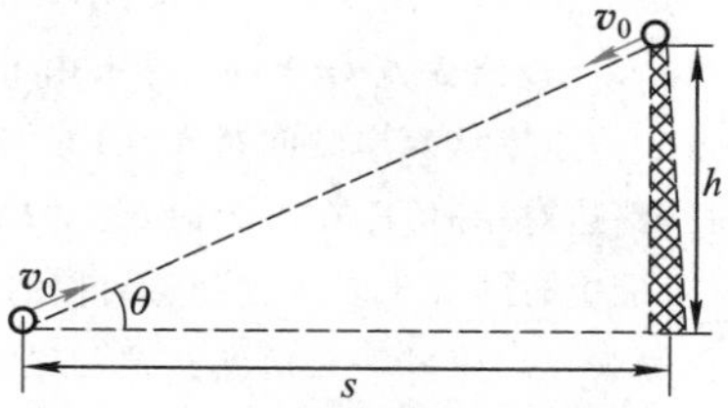

习题 1-14 图

1-15　空降兵在 2 000 m 高空从正以水平速度 $\boldsymbol{v}_0$ 飞行着的飞机中跳出，因受到与速率平方成正比的阻力 $\boldsymbol{F}(\boldsymbol{v})=-kv^2$，其下降速率将随时间减小，在通过一个极小值后逐渐达到稳定的收尾速率. 他必须在达到速率最小值时张开伞，以减小开伞震动. 设跳伞者质量 $m=75$ kg，阻力系数 $k=0.375$ kg/m，$v_0=80$ m/s. 试由编程计算并绘制 $v-t$ 曲线，确定开伞的最佳时间（对应速率最小值）和收尾速率.

1-16　杂技表演中摩托车沿半径为 50.0 m 的圆形路线行驶，其运动学方程为 $s=10.0+10.0t-0.5t^2$，其中 s 以 m 为单位，t 以 s 为单位. 在 $t=5.0$ s 时，它的运动速率、切向加速度、法向加速度和总加速度是多少？

1-17　一电子在电场中运动，其运动学方程为 $x=3t$，$y=12-3t^2$，其中 x、y 以 m 为单位，t 以 s 为单位. 计算 $t=1$ s 时电子的切向加速度、法向加速度以及轨迹上该点处的曲率半径.

1-18　对习题 1-6 中运动的气球，求：(1) 切向加速度；(2) 运动轨迹的曲率半径 ρ 与高度 y 的关系.

1-19　一拱形桥 abc 如习题 1-19 图所示，桥面中部区域按 $y=h-kx^2$ 的规律变化. 一辆汽车驶过桥面时，保持 x 方向的分速度 $v_x=u$ 不变. 试求汽车在桥中部区域上任一点的速率、加速度及切向和法向加速度.

*1-20　如习题 1-20 图所示，一张致密光盘（CD）音轨区域的内半径 $R_1=2.2$ cm，外半径 $R_2=5.6$ cm，径向音轨密度 $n=650$ 条/mm. 在 CD 唱机内，光盘每转一圈，激光头沿径向向外移动一条音轨，激光束相对光盘是以 $v=1.3$ m/s 的恒定线速度运动的. 问：(1) 这张光盘的全部放音时间是多少？(2) 激光束到达离盘心 $r=5.0$ cm 处时，光盘转动的角速度和角加速度各是多少？

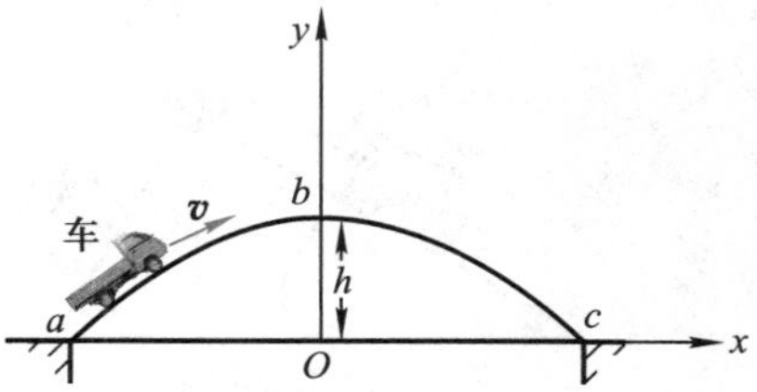

习题 1-19 图

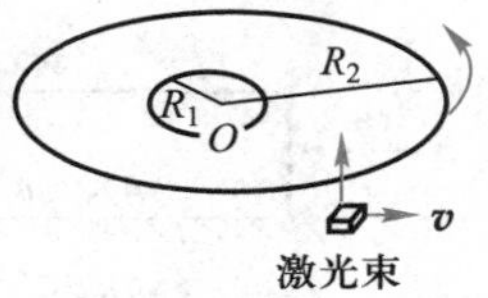

习题 1-20 图

1-21　一列车以 5 m/s 的速度沿 Ox 轴正方向行驶，某旅客在车厢中观察一个站在站台上的小孩竖直向上抛出的一个球. 相对于站台上的坐标系来说，球的运动学方程为 $x=0$，$y=v_0t-$

$\frac{1}{2}gt^2$（v_0、g 是常量）.（1）如果旅客用随车一起运动的坐标系 $O'x'y'$ 来描写小球的运动，已知 $O'x'$ 轴与 Ox 轴同方向，$O'y'$ 轴与 Oy 轴相平行，方向向上，且在 $t=0$ 时，O' 与 O 相重合，则 x' 和 y' 的表达式将是怎样的？（2）在 $O'x'y'$ 坐标系中，小球的运动轨迹又是怎样的？（3）从车上的旅客与站在车站上的观察者看来，小球的加速度各为多少？方向是怎样的？

1-22 设河面宽 $l=1$ km，河水由北向南流动，流速 $v=2$ m/s，有一船相对于河水以 $v'=1.5$ m/s 的速率从西岸驶向东岸.（1）如果船头与正北方向成 $\varphi=15°$ 角，船到达对岸要花多少时间？到达对岸时，船在下游何处？（2）如果船到达对岸的时间为最短，船头与河岸应成多大角度？最短时间等于多少？到达对岸时，船在下游何处？（3）如果船相对于岸走过的路程为最短，船头与岸应成多大角度？到对岸时，船又在下游何处？要花多少时间？

1-23 A 船在 B 船的北 4.0 km 和东 2.5 km 处，A 船的速度是 22 km/h 向南，B 船的速度是 40 km/h 向东偏北 37°.（1）A 船相对 B 船的速度是多少？（以 $\boldsymbol{i}$ 表示向东，$\boldsymbol{j}$ 表示向北.)（2）写出 A 船相对 B 船的位置随时间 t 变化的函数关系（以 $\boldsymbol{i}$ 和 $\boldsymbol{j}$ 表示，取船在上述位置时作为 $t=0$）；（3）在什么时刻两船最近？（4）最近的距离是多少？

1-24 一架飞机在静止空气中的速率为 135 km/h. 它一直向正北飞行，因而它始终在一条南北向的公路的正上空飞行. 一地面上的业余观察者用无线通信设备告诉飞机驾驶员正刮着速率为 70 km/h 的风，但忘了告诉他风向. 飞机驾驶员注意到，尽管有风，飞机仍能每小时沿着公路飞行 135 km. 换言之，飞机相对于地面的速率就像没有风时一样. 问：（1）风的方向如何？（2）机头的指向如何？即飞机的轴线与公路间夹角为多大？

1-25 一条河在某段直线岸边同一侧有 A、B 两个码头，相距 1 km. 甲、乙两人需要从码头 A 到码头 B，再立即由 B 返回. 甲划船前去，船相对河水的速度为 4 km/h；而乙沿岸步行，步行速度也为 4 km/h. 如河水流速为 2 km/h，方向从 A 到 B，问：（1）在甲、乙两人都从码头 B 返回码头 A 的过程中，乙相对甲的速度是多少？（2）谁先回到码头 A？先到达几分钟？

1-26 一质量为 3.0 kg 的物体只受到两个水平力的作用，一个力是 9.0 N，方向为正东方向，另一个力是 8.0 N，方向为西偏北 62°. 求物体加速度的大小.

1-27 试从万有引力定律出发，（1）导出引力常量 G 的量纲为 $L^3M^{-1}T^{-2}$；（2）在地球表面之上多高处引力加速度的大小为 4.9 m/s^2？

1-28 有一长方形木块，切成如习题 1-28 图所示的两块，其质量分别为 m_1 和 m_2，两木块靠在一起平放在桌面上，以水平力 $\boldsymbol{F}$ 推动木块 1，所有摩擦均不计.（1）求两木块间的作用力；（2）$\boldsymbol{F}$ 为多大时，木块 2 开始上滑？

1-29 A、B 两个物体，质量分别为 $m_A=100$ kg，$m_B=60$ kg，装置如习题 1-29 图所示，两斜面的倾角分别为 $\alpha=30°$ 和 $\beta=60°$. 如果物体与斜面间无摩擦，滑轮和绳的质量忽略不计，问：（1）系统将向哪边运动？（2）系统的加速度是多大？（3）绳中的张力是多大？

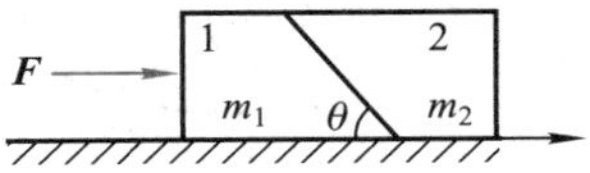

习题 1-28 图

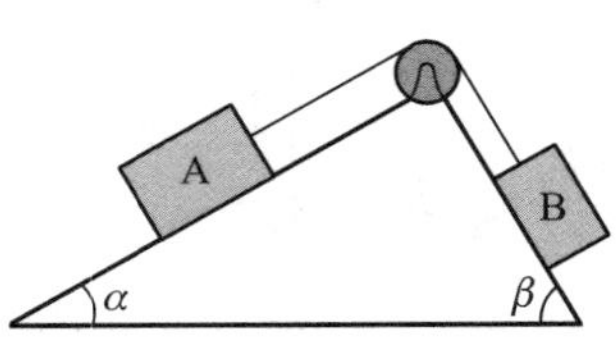

习题 1-29 图

1-30 如习题 1-30 图所示，一条轻绳跨过摩擦可被忽略的轻滑轮，在绳的一端挂一质量为 m_1 的物体，在另一侧挂一质量为 m_2 的环，问当环相对于绳子以恒定的加速度 a_2 沿绳向下滑动时，物体和环相对地面的加速度各是多少？环与绳间的摩擦力为多大？

1-31 一个高楼擦窗工人利用滑轮-吊桶装置上升,如习题 1-31 图所示,(1) 要使自己慢慢地匀速下降,他需要用多大的力拉绳?(2) 如果他的拉力减小 10%,他的加速度为多大?(设人和桶的总质量为 75 kg.)

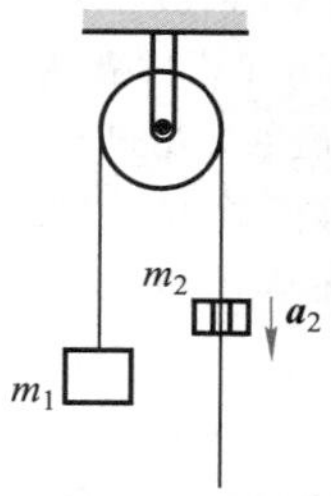

习题 1-30 图

习题 1-31 图

1-32 一滑轮两边分别挂着 A 和 B 两物体,它们的质量分别为 $m_A=20\text{ kg}$,$m_B=10\text{ kg}$,今用力 F 将滑轮提起(如习题 1-32 图所示),当 F 分别等于(1) 98 N、(2) 196 N、(3) 392 N、(4) 784 N 时,求物体 A 和 B 的加速度以及两边绳中的张力(滑轮的质量与摩擦不计).

***1-33** 如习题 1-33 图所示,A 为定滑轮,B 为动滑轮,三个物体 $m_1=200\text{ g}$,$m_2=100\text{ g}$,$m_3=50\text{ g}$,假定滑轮及绳的质量以及摩擦均可忽略不计. 求:(1) 每个物体的加速度;(2) 两根绳子中的张力 F_{T1} 与 F_{T2}.

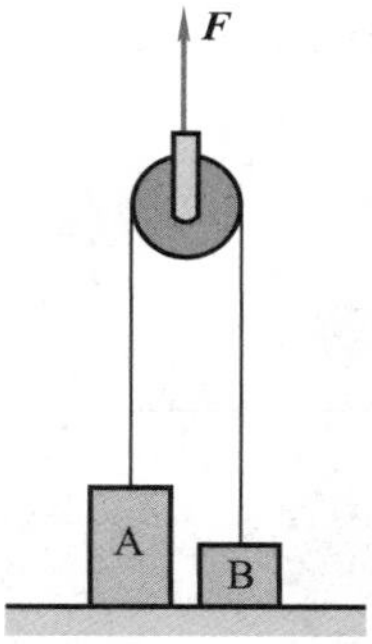

习题 1-32 图

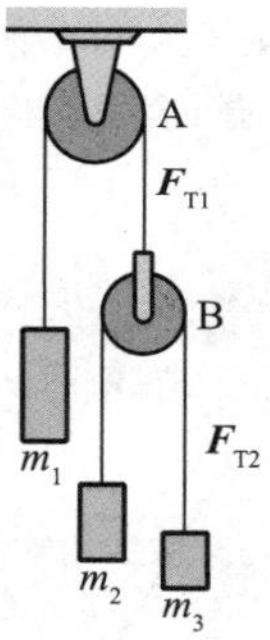

习题 1-33 图

***1-34** 在光滑的水平面上有一质量为 m 的滑块 C. 在其平台上有质量为 m_1 的物体 A 通过细绳和定滑轮与另一物体 B 相连,物体 B 的质量为 $m_2(m_2<m_1)$,如习题 1-34 图所示. 若在滑块上施加一水平力 $\boldsymbol{F}$,使物体 A 和 B 与滑块保持相对静止.

(1) 若物体 A 与滑块平面间无摩擦,则 $\boldsymbol{F}$ 应为多大?

(2) 若物体 A 与滑块平面间的摩擦因数为 μ,且 $m_1=m_2=m'$,则 $\boldsymbol{F}$ 至少为多大?

1-35 质量为 m_1 的薄木板静置于水平桌面上. 木板上放一质量为 m_2 的物体,如习题 1-35 图所示. 现以水平恒力 $\boldsymbol{F}$ 作用于板上,将板从物体下水平地抽出. 力 $\boldsymbol{F}$ 至少应多大?(设板与桌面间的摩擦因数为 μ_1,物体与板间的摩擦因数为 μ_2.)

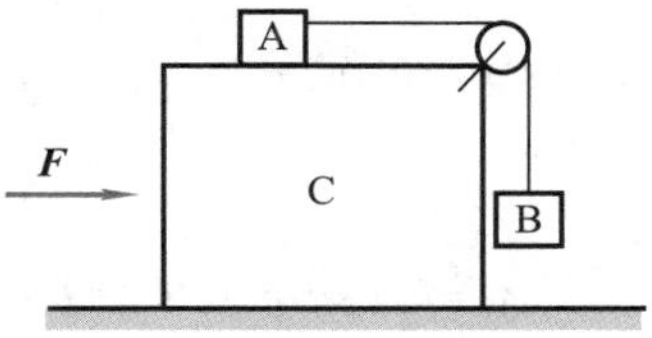

习题 1-34 图

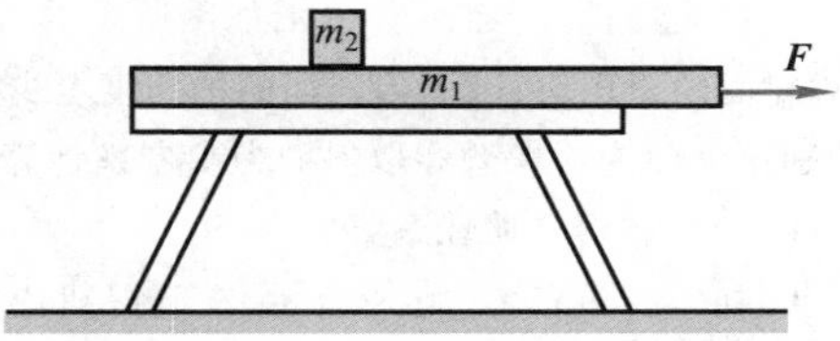

习题 1-35 图

1-36 质量为 m_2 的三角形木块，倾角为 θ，放在光滑的水平面上. 另有一质量为 m_1 的小木块放在斜面上，如习题 1-36 图所示. 如果接触面的摩擦忽略不计. 试求两物体的加速度.

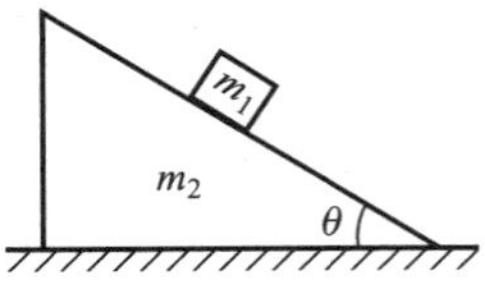

习题 1-36 图

1-37 一航天员正在离心机中做训练，离心机的半径为 10 m 按 $\theta=0.30t^2$ 转动，其中 t 的单位为 s，θ 的单位为 rad. 在 $t=5.0$ s 时，(1) 航天员的角速度、线速度、切向加速度和法向加速度各为多少？(2) 航天员的总加速度是多少？是重力加速度的多少倍？

1-38 橡胶轮胎与干燥的沥青路面间的静摩擦因数为 0.25，要使汽车在半径为 30 m 的水平弯道上顺利转弯而不发生侧滑，求其转弯的速率的最大值.

1-39 半径为 r 的球被固定在水平面上，设球的顶点为 P. (1) 将小物体自 P 点沿水平方向以初速度 v_0 抛出，要使小物体被抛出后不与球面接触而落在水平面上，其 v_0 至少应为多大？(2) 要使小物体自 P 点自由下滑而落到水平面上，它脱离球面处离水平面有多高？

1-40 如习题 1-40 图所示，在顶角为 2θ 的圆锥顶点上，系一轻弹簧，劲度系数为 k，不挂重物时弹簧原长为 l_0. 今在弹簧的另一端挂上一质量为 m 的小球，并使其在光滑圆锥面上绕圆锥轴线作圆周运动. 试求恰使小球离开圆锥面时的角速度以及此时弹簧的长度.

1-41 一名重 667 N 的学生朝上坐在一个稳定转动的摩天轮上. 在最高点，座椅对学生的正压力 $\boldsymbol{F}_N$ 的大小为 556 N. 问：(1) 学生在最高点的感觉是"轻了"还是"重了"？(2) 在最低点时，$\boldsymbol{F}_N$ 有多大？(3) 如果摩天轮的转速加倍，在最高时 $\boldsymbol{F}_N$ 的大小又为何？

1-42 一质点的质量为 1 kg，沿 Ox 轴运动，所受的力如习题 1-42 图所示. $t=0$ 时，质点静止在坐标原点，试求此质点第 7 s 末的速度和坐标.

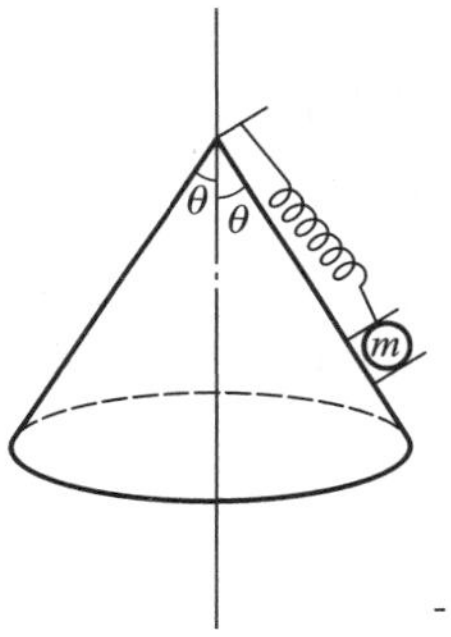

习题 1-40 图

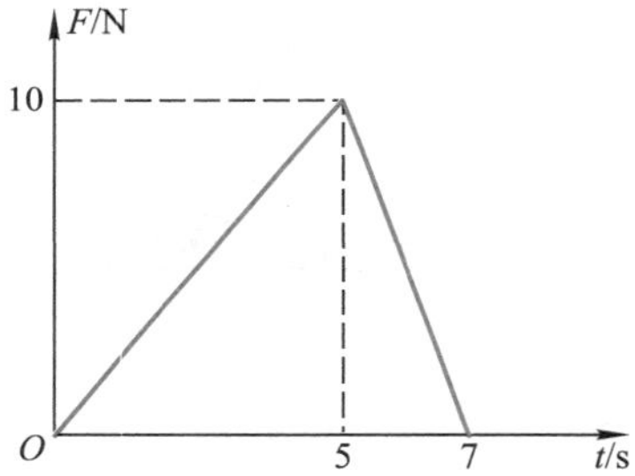

习题 1-42 图

1-43 一根长为 L、质量均匀的软绳，挂在一半径很小的光滑木钉上，如习题 1-43 图所示. 开始时，$BC=b$. 试证当 $BC=2L/3$ 时，绳的加速度为 $a=g/3$，速度为

$$v=\sqrt{\frac{2g}{L}\left(-\frac{2}{9}L^2+bL-b^2\right)}$$

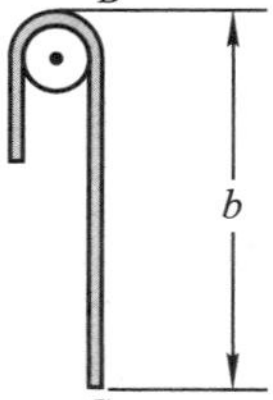

习题 1-43 图

1-44 将质量为 m 的小球挂在倾角为 θ 的光滑斜面上，如习题 1-44 图所示. (1) 当斜面以加速度 a，沿如图所示的方向运动时，求绳中的张力及小球对斜面的正压力；(2) 当斜面的加速度至少为多大时，小球开始脱离斜面？(分别取地面为参考系和取斜面为参考系计算.)

1-45 试用非惯性系解题 1-36.

1-46 如习题 1-46 图所示，在升降机内两物体质量分别为 $m_1=0.1$ kg，$m_2=0.2$ kg，用细

绳跨过滑轮连接，当升降机以加速度 $a=\frac{g}{2}$ 上升时，机内和地面上的两人观察到两物体的加速度分别是多少？（略去各处的摩擦.）

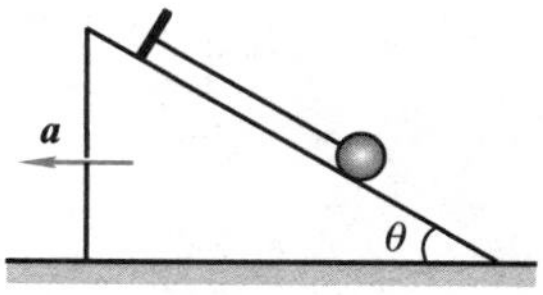

习题 1-44 图

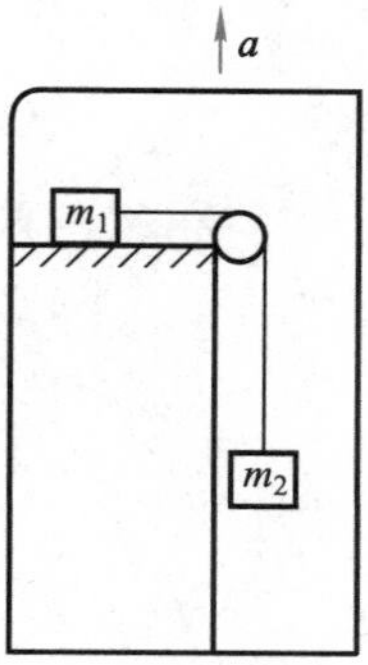

习题 1-46 图

第一章习题
参考答案

Physics

第二章　运动的守恒量和守恒定律

如果要跟随着理想而生活，本着真正自由的精神，勇往直前的毅力，诚实不自欺的思想而行，则定能臻于至美至善的境地.

——居里夫人

本章在上一章的基础上，将研究对象由质点转向质点系统，重点研究系统的过程问题，从力和运动的瞬时关系转向力和运动的过程关系．从而确立和认识运动的守恒定律．

两种运动量度的争论

牛顿第二定律是一个瞬时关系．实际上，力对物体的作用总要持续一段时间或经历一段路程，因此，研究力对物体作用的空间和时间过程中所产生的累积效应就很有必要．从力的时间累积效应，引入冲量的概念、动量原理和动量守恒定律．类似地引入描述物体转动特征的角动量以及角动量守恒定律．从力的空间累积效应，引入功、功能原理和机械能守恒定律，并拓展到能量守恒定律．本章将着重讨论这三个守恒定律．这些由宏观现象总结出来的守恒定律在微观世界也已经过严格检验，证明它们同样有效．

§2-1 质点系的内力和外力 质心 质心运动定理

一、质点系的内力和外力

我们在上章所讨论的基本上是单个物体或质点的运动，其情况是比较简单的．当我们研究由许多质点组成的系统时，其情况就复杂得多．质点系内各个质点之间都有相互作用，我们称这种相互作用为**内力**(internal force)，系统外物体对系统内质点所施加的力为**外力**(external force)．**因系统的内力之和总等于零，所以它们对整体运动不发生影响**．早在我国东汉时期，王充就在《论衡》中指出："古之多力者，身能负荷千钧，手能决角伸钩，使之自举，不能离地．"这自举之力就是人体的内力，它无法把人体举起来．王充用这个生动的例子区别了内力与外力．

二、质心

在研究多个物体组成的系统时，质心是个很重要的概念．现在，考虑由一刚性轻杆相连的两个小球组成的简单系统．当我们将它斜向上抛出时(如图 2-1 所示)，它在空间的运动是很复杂的，每个小球的运动轨迹都不是抛物线．但实践和理论都证明，两小球连线中的某点 C 却仍然作抛物线的运动．C 点的运动规律就像两小球的质量都集中在 C 点，全部外力也像是作用在 C 点一样．这个特殊点 C 就是质点系的**质心**(center of mass)．

质心的运动

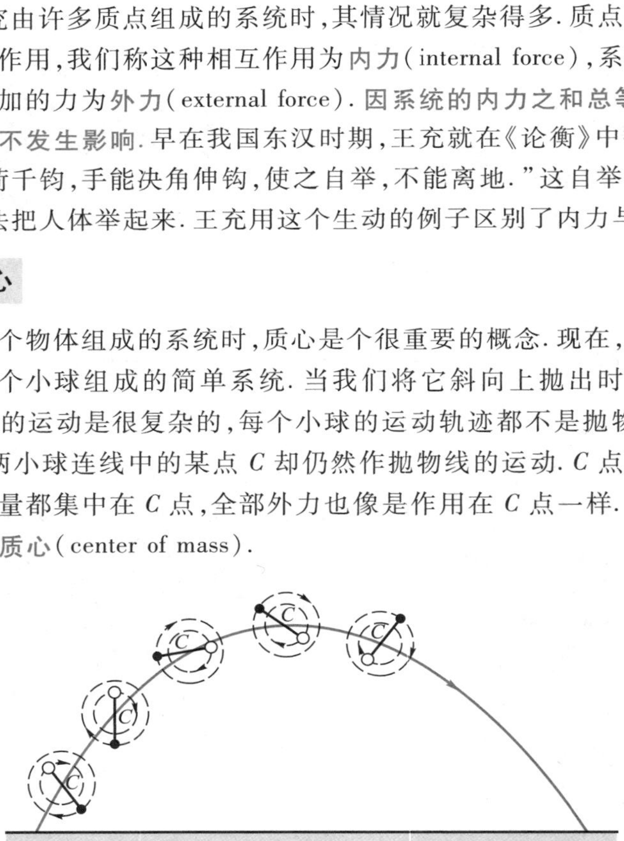

图 2-1 质心的运动轨迹

所谓质心实际上是与质点系质量分布有关的一个代表点，它的位置在平均意义上代表着质量分布的中心. 如果用 m_i 和 $\boldsymbol{r}_i$ 表示系统中第 i 个质点的质量和位矢，用 $\boldsymbol{r}_C$ 表示质心的位矢，则质心位置的三个直角坐标被定义为

$$x_C=\frac{\sum m_i x_i}{m},\quad y_C=\frac{\sum m_i y_i}{m},\quad z_C=\frac{\sum m_i z_i}{m} \tag{2-1}$$

式中 $m=\sum m_i$ 为质点系的总质量. 以上三式为计算平均值的普遍公式，也可写成矢量式：

$$\boldsymbol{r}_C=\frac{\sum m_i \boldsymbol{r}_i}{m} \tag{2-2}$$

对于质量连续分布的物体可以当作质点系，但质点就成为微小的质量元，求质心时就要把求和改为积分：

$$\boldsymbol{r}_C=\frac{\int \boldsymbol{r}\mathrm{d}m}{m} \tag{2-3}$$

则质心位置的三个直角坐标应为

$$x_C=\frac{\int x\mathrm{d}m}{m},\quad y_C=\frac{\int y\mathrm{d}m}{m},\quad z_C=\frac{\int z\mathrm{d}m}{m} \tag{2-4}$$

例题 2-1

一段均匀铁丝弯成半圆形，其半径为 R，求此半圆形铁丝的质心.

解　考虑半圆形铁丝的对称性，取坐标轴如图 2-2 所示，以圆心为坐标的原点. 其质心必在 y 轴上. 在铁丝上任取一小段，其长度为 $\mathrm{d}l$，质量为 $\mathrm{d}m$，若铁丝的线密度（即单位长度的质量）为 λ，则有 $\mathrm{d}m=\lambda\mathrm{d}l$，铁丝的质心坐标为

$$y_C=\frac{\int y\mathrm{d}m}{m}=\frac{\int y\lambda\mathrm{d}l}{m}$$

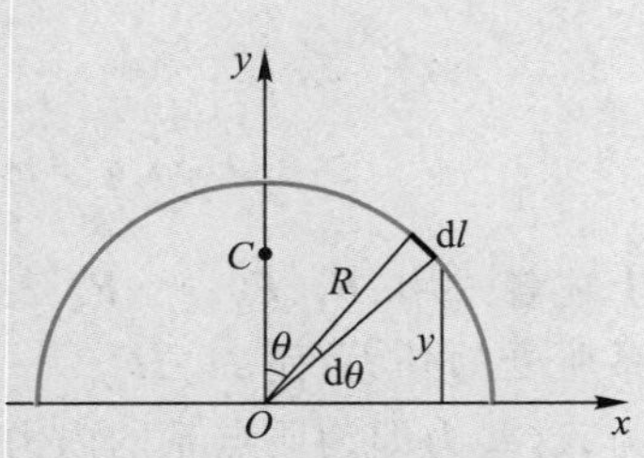

图 2-2　例题 2-1 图

由于 $y=R\cos\theta$，$\mathrm{d}l=R\mathrm{d}\theta$，代入得

$$y_C=\frac{\int_{-\pi/2}^{\pi/2} R\cos\theta\lambda R\mathrm{d}\theta}{m}=\frac{2\lambda R^2}{m}$$

铁丝的质量 $m=\lambda\pi R$，代入得

$$y_C=\frac{2}{\pi}R=0.64R$$

注意：质心并不在铁丝上，但它相对于铁丝的位置是确定的.

必须注意，重心（center of gravity）和质心是两个不同的概念，不能混为一谈. 一个物体的质心，是物体运动中由其质量分布所决定的一个特殊的点. 对于一个有一定形状和大小的自由物体来说，如原为静止，当外力的作用线通过其质心时，

物体将只作平动,而没有转动.就这一情形而言,物体的质量好像集中在质心上.重心则是地球对物体各部分引力的合力(即重力)的作用点.由于两者的定义不同,物体的重心与质心的位置不一定重合.读者想一想例题中的重心在哪里.

三、质心运动定理

当质点系中每个质点都在运动时,质点系质心的位置也要发生变化.现在,我们从牛顿第二定律和牛顿第三定律直接推导出质心的运动定理.

设有一个质点系,由 n 个质点组成,它的质心的位矢是

$$\boldsymbol{r}_C=\frac{\sum m_i\boldsymbol{r}_i}{\sum m_i}=\frac{m_1\boldsymbol{r}_1+m_2\boldsymbol{r}_2+\cdots+m_n\boldsymbol{r}_n}{m_1+m_2+\cdots+m_n}$$

由此求得质心的速度为

$$\boxed{\boldsymbol{v}_C=\frac{\mathrm{d}\boldsymbol{r}_C}{\mathrm{d}t}=\frac{\sum m_i\dfrac{\mathrm{d}\boldsymbol{r}_i}{\mathrm{d}t}}{\sum m_i}=\frac{\sum m_i\boldsymbol{v}_i}{\sum m_i}} \tag{2-5}$$

而质心的加速度为

$$\boxed{\boldsymbol{a}_C=\frac{\mathrm{d}\boldsymbol{v}_C}{\mathrm{d}t}=\frac{\sum m_i\dfrac{\mathrm{d}\boldsymbol{v}_i}{\mathrm{d}t}}{\sum m_i}=\frac{\sum m_i\boldsymbol{a}_i}{\sum m_i}} \tag{2-6}$$

根据牛顿第二定律,质点系中各个质点的运动方程为

$$m_1\boldsymbol{a}_1=m_1\frac{\mathrm{d}\boldsymbol{v}_1}{\mathrm{d}t}=\boldsymbol{F}_1+\boldsymbol{F}_{12}+\boldsymbol{F}_{13}+\cdots+\boldsymbol{F}_{1n}$$

$$m_2\boldsymbol{a}_2=m_2\frac{\mathrm{d}\boldsymbol{v}_2}{\mathrm{d}t}=\boldsymbol{F}_2+\boldsymbol{F}_{21}+\boldsymbol{F}_{23}+\cdots+\boldsymbol{F}_{2n}$$

$$\vdots$$

$$m_n\boldsymbol{a}_n=m_n\frac{\mathrm{d}\boldsymbol{v}_n}{\mathrm{d}t}=\boldsymbol{F}_n+\boldsymbol{F}_{n1}+\boldsymbol{F}_{n2}+\cdots+\boldsymbol{F}_{n\,n-1}$$

在上述各式中,$\boldsymbol{F}_1,\boldsymbol{F}_2,\cdots,\boldsymbol{F}_n$ 表示质点系外的物体对各个质点的作用力,即为质点系所受的外力;而 $\boldsymbol{F}_{12},\boldsymbol{F}_{21},\cdots,\boldsymbol{F}_{in},\boldsymbol{F}_{ni},\cdots$表示质点系内各个质点之间的相互作用力,这些力即为质点系的内力.根据牛顿第三定律,内力在质点系内总是成对地出现的,它们之间满足关系式 $\boldsymbol{F}_{12}+\boldsymbol{F}_{21}=0,\cdots,\boldsymbol{F}_{in}+\boldsymbol{F}_{ni}=0,\cdots$. 因此,把上述各式相加后,即得

$$m_1\boldsymbol{a}_1+m_2\boldsymbol{a}_2+\cdots+m_n\boldsymbol{a}_n=\boldsymbol{F}_1+\boldsymbol{F}_2+\cdots+\boldsymbol{F}_n$$

或者写成

$$\sum m_i\boldsymbol{a}_i=\sum\boldsymbol{F}_i$$

把上式代入式(2-6),并令 $m=\sum m_i$ 表示质点系的总质量,即得

$$\boxed{\sum\boldsymbol{F}_i=m\boldsymbol{a}_C} \tag{2-7}$$

这就是质心运动定理.它告诉我们:不管物体的质量如何分布,也不管外力作用在物体的什么位置上,质心的运动就像是物体的全部质量都集中于此,而且所有外力也都集中作用其上的一个质点的运动一样.

例如一颗炮弹在其飞行轨道上爆炸时,它的碎片向四面八方飞散,但如果把这颗炮弹看作一个质点系,由于炮弹的爆炸力是内力,而内力是不能改变质心运动的,所以全部碎片的质心仍继续按原来的弹道曲线运动.对于一个物体,在引入质心的概念之后,为解决比较复杂的机械运动问题带来便利.

例题 2-2

质量为 m_1、长为 L 的木船浮在静止的河面上.今有一质量为 m_2 的小孩以时快时慢不规则速率从船尾走到船头.假设船与水之间的摩擦不计,求船相对于岸移动了多少距离.

解　由于小孩和木船组成的系统在水平方向不受外力的作用,所以系统的质心加速度为零,而系统原来是静止的.所以质心的水平方向的位置保持不变.

选取如图 2-3 所示的坐标系,坐标原点可任意选取.小孩在船尾时,系统的质心坐标为

$$x_C=\frac{m_1x_1+m_2x_2}{m_1+m_2}$$

当小孩走到船头时,质心坐标为

$$x'_C=\frac{m_1x'_1+m_2x'_2}{m_1+m_2}$$

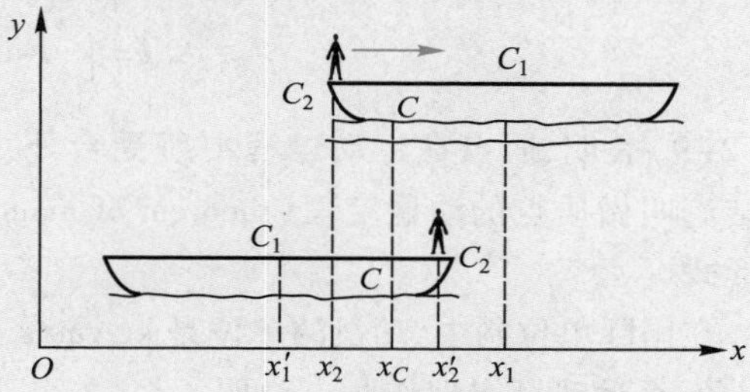

图 2-3

由于质心位置不变,$x'_C=x_C$,可得

$$m_1x_1+m_2x_2=m_1x'_1+m_2x'_2$$

即

$$m_2(x_2-x'_2)=m_1(x'_1-x_1)$$

由图可知,$x_1-x'_1=d$ 为小船向后移动的距离,$x'_2-x_2=L-d$,为小孩相对岸行走的距离,代入上式得小船移动的距离为

$$d=\frac{m_2}{m_1+m_2}L$$

复习思考题

2-1-1　一物体能否有质心而无重心?试说明之.

2-1-2　人体的质心是否固定在体内?能否从体内移到体外?

2-1-3　有人说,质心是质量集中之处,因此在质心处必定要有质量.此话对吗?

§ 2-2　动量定理　动量守恒定律

一、质点的动量定理

下面我们讨论力的时间累积效应.

如果作用在物体(质点)上的合力 $\boldsymbol{F}$ 是随时间 t 变化的. 即 $\boldsymbol{F}=\boldsymbol{F}(t)$,则加速度 $\boldsymbol{a}$ 也随时间而变化. 根据牛顿第二定律,有

$$\boldsymbol{F}=m\boldsymbol{a}=m\frac{\mathrm{d}\boldsymbol{v}}{\mathrm{d}t}=\frac{\mathrm{d}(m\boldsymbol{v})}{\mathrm{d}t}=\frac{\mathrm{d}\boldsymbol{p}}{\mathrm{d}t}$$

式中 $\boldsymbol{p}=m\boldsymbol{v}$ 为质点的动量,是描述质点在各个时刻状态的一个重要物理量. 把上式改写为

$$\boldsymbol{F}\mathrm{d}t=\mathrm{d}(m\boldsymbol{v}) \tag{2-8}$$

式中 $\boldsymbol{F}\mathrm{d}t$ 称为力 $\boldsymbol{F}$ 的元冲量. 将上式从 t_1 到 t_2 时间内积分可得

$$\int_{t_1}^{t_2}\boldsymbol{F}\mathrm{d}t=m\boldsymbol{v}_2-m\boldsymbol{v}_1=\boldsymbol{p}_2-\boldsymbol{p}_1 \tag{2-9}$$

式中 $\int_{t_1}^{t_2}\boldsymbol{F}\mathrm{d}t$ 是变力 $\boldsymbol{F}$ 在时间 t_2-t_1 内所有元冲量的矢量和,称为力 $\boldsymbol{F}$ 在这段时间内的冲量(impulse),常用 $\boldsymbol{I}$ 表示,有

$$\boldsymbol{I}=\int_{t_1}^{t_2}\boldsymbol{F}\mathrm{d}t$$

式(2-9)表明,质点在运动过程中所受合外力的冲量等于该物体动量的增量,这个结论叫做质点的动量定理(theorem of momentum). 式(2-8)就是动量定理的微分形式.

在国际单位制中,动量的单位是 kg·m/s,冲量的单位是 N·s,这两者是一致的.

下面对动量定理作几点说明.

(1) 如果 $\boldsymbol{F}$ 是个方向和大小都改变的变力,则式(2-9)中冲量的方向和大小要由这段时间内所有元冲量 $\boldsymbol{F}\mathrm{d}t$ 的矢量和来决定,而不能由某一瞬时的 $\boldsymbol{F}$ 来决定. 只有当 $\boldsymbol{F}$ 的方向恒定不变时,式(2-9)中的冲量才和 $\boldsymbol{F}$ 同方向. 令人鼓舞的是,尽管外力在运动过程中时刻改变着,物体的速度方向可以逐点不同,动量定理却又总是被遵守着,亦即不管物体在运动过程中动量变化的细节如何,冲量的大小和方向总等于物体初末动量的矢量差. 这便是应用动量定理解决问题的优点所在. 由于动量定理是个矢量方程,在一般情况下,冲量的方向并不一定和质点的初动量或末动量方向相同. 帆船能够逆风行驶,就是这一结论的生动例证. 如图 2-4 所示,风从与船身成锐角 φ 的方向吹来. 经验表明,只要帆的方位与帆形合适,帆船能在风力作用下逆风前进. 利用动量定理,就可解释这种貌似奇怪的现象. 设风的初速为 $\boldsymbol{v}_0$,风吹到帆上后,由于帆的作用,速度变为 $\boldsymbol{v}$,$\boldsymbol{v}_0$ 和 $\boldsymbol{v}$ 的大小相差不大,但方向改变了. 根据动量定理,风所受帆的作用力 $\boldsymbol{F}$ 应和风的速度增量 $\Delta\boldsymbol{v}$ 的方向一致. 根据牛顿第三

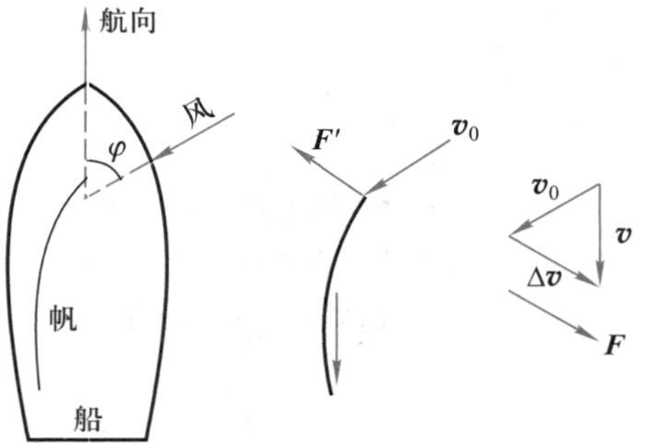

图 2-4 逆风行舟的分析

定律,风给帆的作用力 $\boldsymbol{F}'$应与 $\boldsymbol{F}$ 相等而反向,如图 2-4 所示,$\boldsymbol{F}'$沿船身方向的分力将推动帆船前进.

(2) 由于动量定理是个矢量方程,应用时可以直接用矢量作图,也可以写成坐标系中的投影式.在平面直角坐标系中,有

$$\left.\begin{aligned} I_x &= \int_{t_1}^{t_2} F_x \mathrm{d}t = mv_{2x} - mv_{1x} \\ I_y &= \int_{t_1}^{t_2} F_y \mathrm{d}t = mv_{2y} - mv_{1y} \end{aligned}\right\} \tag{2-10}$$

(3) 动量定理在碰撞或冲击问题中特别有用.在碰撞中,两物体相互作用的时间极为短促,其变化又极大,这种力一般称为冲力(impulsive force).因为冲力是个变力,它随时间而变化的关系又比较难以确定.但是,根据动量定理,我们可从实验测出物体在碰撞或冲击前后的动量,从而由动量差来计算冲量.此外,如果能测定冲力的作用时间,我们就可对冲力的平均大小作出估算.在图 2-5 中 $\overline{F}$ 表示变力 F(其方向是一定的)的平均大小,它是这样定义的,令 $\overline{F}$ 横线下的面积和变力 F 曲线下的面积相等,亦即 $\overline{F}$ 和作用时间 t_2-t_1 的乘积应等于变力 F 的冲量.在一些实际问题,冲力平均值的估算是很有必要的.

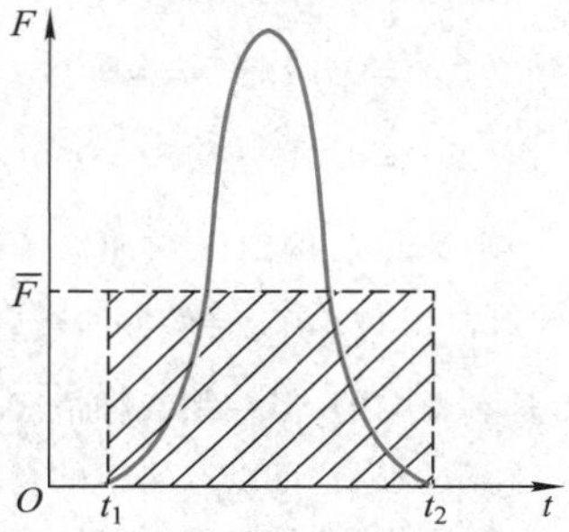

图 2-5 冲力示意图

由于冲击时间往往非常短促,所以冲力很大.在生产中,常常利用冲力来加工工件,但冲力也可能造成破坏.例如,2013 年,从杭州开往北京的高速列车,遭到了“飞鸟子弹”的袭击,导致车头玻璃开裂.

(4) 对于变质量问题,例如滚雪球时球越滚越大;雨滴或冰雹在过饱和蒸气中降落时,因水汽不断凝结其上而使其质量变大;又如洒水车因喷出水来而质量变小.这类问题可以应用动量定理解决.

(5) 在牛顿力学中,描述物体运动,必须选用惯性系.在应用动量定理时,物体的始末动量应由同一个惯性系来确定.尽管对不同的惯性系,物体的动量是不同的,但是动量定理的形式却没有改变.这就是动量定理的不变性.也就是说,动量定理对所有惯性系都是适用的.利用速度变换,读者不难证明这个结论.

例题 2-3

质量 $m=0.3\,\mathrm{t}$ 的重锤,从高度 $h=1.5\,\mathrm{m}$ 处自由落到受锻压的工件上(图 2-6),工件发生变形.如果作用的时间(1) $t=0.1\,\mathrm{s}$;(2) $t=0.01\,\mathrm{s}$.试求锤对工件的平均冲力.

解 解法一:取重锤为研究对象.在 t 这段时间内,作用在锤上的力有两个:重力 $\boldsymbol{G}$,方向向下;工件对锤的支持力 $\boldsymbol{F}_{\mathrm{N}}$,方向向上.此支持力是个变力,在这极短时间 t 内迅速变化,我们用平均支持力 $\overline{F}_{\mathrm{N}}$ 来代替.

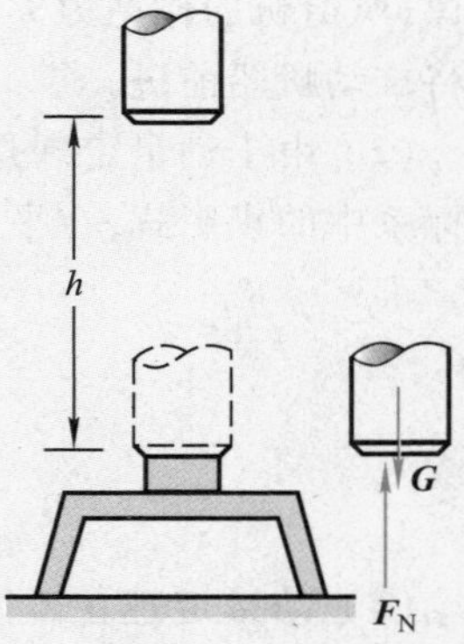

图 2-6 锻压工件

由自由落体公式，可以求出重锤刚接触工件时的速度为 $v_0=\sqrt{2gh}$. 在重锤和工件接触的这极短时间 t 内，锤的速度由初速度 v_0 变到末速度 $v=0$. 如取竖直向上的方向为坐标轴的正方向，那么，根据动量定理得到

$$(\overline{F}_N-G)t=0-(-mv_0)=m\sqrt{2gh}$$

由此得

$$\overline{F}_N=\frac{m\sqrt{2gh}}{t}+mg=mg\left(\frac{1}{t}\sqrt{\frac{2h}{g}}+1\right)$$

将 m、h、t 的数值代入，求得：

(1) $t=0.1$ s 时，$\overline{F}_N=0.19\times10^5$ N；

(2) $t=0.01$ s 时，$\overline{F}_N=0.17\times10^6$ N.

重锤对工件的平均冲力 $\overline{F}'_N$ 的大小等于工件对锤的平均支持力 $\overline{F}_N$，所以 $\overline{F}'_N=0.19\times10^5$ N和 0.17×10^6 N，但方向竖直向下. 由上面的计算知道，锤的自重(0.29×10^4 N)对平均冲力是有影响的. 但在第二种情况中，锤对工件的平均冲力 $\overline{F}'_N$ 比锤的自重要大几十倍，因此，在计算过程中，可以忽略锤的自重的影响.

解法二：动量定理不仅用于锤与工件接触的短暂过程，也可用于锻压时重锤运动的整个过程. 设锤自由落下 h 高度的时间为 t'，显然 $t'=\sqrt{\frac{2h}{g}}$.

在这锻压的整个过程中，重力 $\boldsymbol{G}$ 的作用时间为 $(t'+t)$，它的冲量大小等于 $mg(t'+t)$，方向竖直向下；$\overline{F}_N$ 的作用时间为 t，它的冲量大小为 $\overline{F}_Nt$，方向竖直向上. 由于重锤在这整个过程的初、末速度均为零，所以它的初、末动量均为零. 如取竖直向上的方向为坐标轴的正方向，那么，根据动量定理可得

$$\overline{F}_Nt-G(t'+t)=0$$

由此同样得

$$\overline{F}_N=mg\left(\frac{t'}{t}+1\right)=mg\left(\frac{1}{t}\sqrt{\frac{2h}{g}}+1\right)$$

例题 2-4

矿砂从传送带 A 落到另一传送带 B[见图 2-7(a)]，其速度 $v_1=4$ m/s，方向与竖直方向成 30°角，而传送带 B 与水平成 15°角，其速度 $v_2=2$ m/s. 如传送带的运送量恒定，设为 $k=20$ kg/s，求落到传送带 B 上的矿砂在落上时所受到的力.

解　设在某极短的时间 Δt 内落在传送带上矿砂的质量为 m，即 $m=k\Delta t$，这些矿砂动量的增量为

$$\Delta(m\boldsymbol{v})=m\boldsymbol{v}_2-m\boldsymbol{v}_1$$

其量值可用矢量差方法求得[见图 2-7(b)]

$$|\Delta(m\boldsymbol{v})|=(3.98m)\ \text{m/s}=(3.98k\Delta t)\ \text{m/s}$$

设这些矿砂在 Δt 时间内的平均作用力为 $\overline{F}$，根据动量定理，得

$$\overline{F}\Delta t=|\Delta(m\boldsymbol{v})|$$

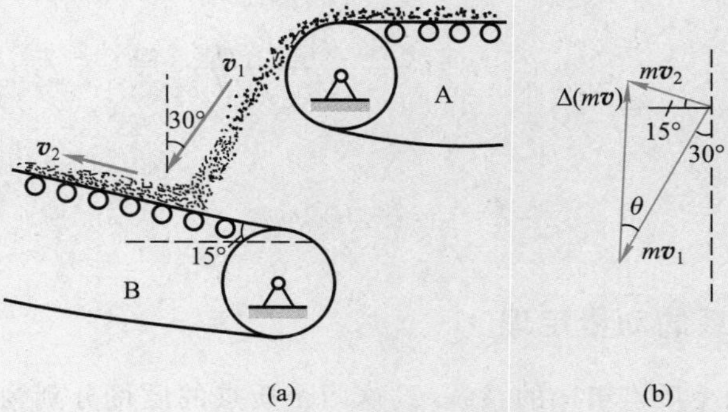

图 2-7　传送带传送矿砂

于是
$$\overline{F}=\frac{|\Delta(m\boldsymbol{v})|}{\Delta t}=79.6\ \text{N}$$

作用力 $\overline{\boldsymbol{F}}$ 的方向与 $\Delta(m\boldsymbol{v})$ 的方向相同，图 2-7(b) 中的 θ 角可由下式求得：

$$\frac{|\Delta(m\boldsymbol{v})|}{\sin 75^\circ}=\frac{|m\boldsymbol{v}_2|}{\sin\theta}$$

$$\theta=29^\circ$$

即作用力 $\overline{\boldsymbol{F}}$ 近似地沿竖直方向向上.

例题 2-5

质量为 m 的匀质链条，全长为 L，手持其上端，使下端离地面的高度为 h. 然后放手让它自由下落到地上，如图 2-8 所示. 求链条落到地上的长度为 l 时，地面所受链条作用力的大小.

解　设在时刻 t 已有长为 x 的链条落到地面，随后的 $\mathrm{d}t$ 时间内将有 $\mathrm{d}x\left(质量为 \mathrm{d}m=\frac{m}{L}\mathrm{d}x\right)$ 的链条以速率 $v=\frac{\mathrm{d}x}{\mathrm{d}t}$ 碰到地面，设地面对这一小段链条的冲力为 $\boldsymbol{F}$，如果忽略这小段链条的重力，根据动量定理有

$$F\mathrm{d}t=0-v\mathrm{d}m=-\frac{m}{L}v\mathrm{d}x$$

得
$$F=-\frac{m}{L}v\frac{\mathrm{d}x}{\mathrm{d}t}=-\frac{m}{L}v^2$$

根据牛顿第三定律，地面所受链条的冲力 $\boldsymbol{F}=-\boldsymbol{F}$，即

$$F'=\frac{m}{L}v^2$$

而 $v^2=2g(x+h)$，所以

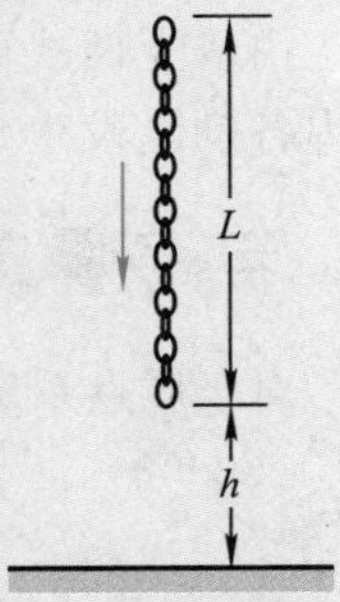

图 2-8　链条下落

$$F'=\frac{m}{L}2g(x+h)$$

考虑到落到地面上链条的重量 $G=\frac{m}{L}xg$. 于是,地面所受链条的作用力为

$$F_{总}=F'+G=\frac{2m(x+h)}{L}g+\frac{mx}{L}g$$

以 $x=l$ 代入得

$$F_{总}=\frac{m}{L}(3l+2h)g$$

二、质点系的动量定理

先考虑由两个质点组成的系统. 设这两个质点的质量分别为 m_1 和 m_2. 它们除受到系统其他物体的作用力(外力)$\boldsymbol{F}_1$、$\boldsymbol{F}_2$ 外,还受到两质点间的相互作用力(内力)$\boldsymbol{F}_{12}$和 $\boldsymbol{F}_{21}$,分别对两质点写出动量定理,得

$$(\boldsymbol{F}_1+\boldsymbol{F}_{12})\mathrm{d}t=\mathrm{d}\boldsymbol{p}_1$$

$$(\boldsymbol{F}_2+\boldsymbol{F}_{21})\mathrm{d}t=\mathrm{d}\boldsymbol{p}_2$$

将两式相加,可得

$$(\boldsymbol{F}_1+\boldsymbol{F}_2+\boldsymbol{F}_{12}+\boldsymbol{F}_{21})\mathrm{d}t=\mathrm{d}\boldsymbol{p}_1+\mathrm{d}\boldsymbol{p}_2$$

由于 $\boldsymbol{F}_{12}$和 $\boldsymbol{F}_{21}$是一对作用力和反作用力,$\boldsymbol{F}_{21}=-\boldsymbol{F}_{12}$. 即 $\boldsymbol{F}_{12}+\boldsymbol{F}_{21}=0$. 于是

$$(\boldsymbol{F}_1+\boldsymbol{F}_2)\mathrm{d}t=\mathrm{d}(\boldsymbol{p}_1+\boldsymbol{p}_2)$$

如果系统有 i 个质点,同样的处理,可得一般式

$$\left(\sum_i \boldsymbol{F}_i\right)\mathrm{d}t=\mathrm{d}\left(\sum_i \boldsymbol{p}_i\right) \tag{2-11}$$

把上式对 t_1 到 t_2 时间段积分得

$$\sum\int_{t_1}^{t_2}\boldsymbol{F}_i\mathrm{d}t=\sum_i \boldsymbol{p}_{i2}-\sum_i \boldsymbol{p}_{i1}=\sum_i m_i\boldsymbol{v}_{i2}-\sum_i m_i\boldsymbol{v}_{i1} \tag{2-12}$$

即在某段时间内,作用在质点上的所有外力在同一时间内的冲量的矢量和等于质点系总动量的增量. 这就是质点系的动量定理.

由以上两式可知,质点系总动量的增量仅与外力的矢量和有关,内力能使系统内各动量发生变化,但它们对系统的总动量没有影响.

三、动量守恒定律

对于质点系来说,如果所受的外力的矢量和为零,即 $\sum_i \boldsymbol{F}_i=0$,那么由式(2-11)可知

$$\mathrm{d}\left(\sum m_i\boldsymbol{v}_i\right)=0$$

则
$$\sum m_i \boldsymbol{v}_i = 常矢量 \quad (\sum \boldsymbol{F}_i = 0) \tag{2-13}$$
这就是说,如果系统所受到的外力矢量和为零(即 $\sum \boldsymbol{F}_i = 0$)时,系统的总动量保持不变.这个结论叫做动量守恒定律(law of conservation of momentum).

动量守恒定律
的形成

动量守恒定律表明,系统内的质点不论运动情况如何复杂,相互作用如何强烈,只要质点系不受外力或作用于质点系外力的矢量和为零,则该系统的动量总是守恒的.应该指出,系统内各质点之间的内力虽然不能改变系统的总动量,但却能改变各质点的动量.即系统内一质点获得动量的同时,必然是别的质点失去了与之相等的动量.质点动量的转移,反映了机械运动的转移,所以动量这个物理量的深刻意义在于动量是质点机械运动的一种量度.

在牛顿力学中,动量守恒定律是牛顿运动定律的推论,但动量守恒定律是比牛顿运动定律更普遍、更基本的定律,它在宏观或微观领域范围内、低速或高速情况下均适用.按现代物理学的观点,动量守恒定律是物理学中最基本的普适原理之一.

应用动量守恒定律时,需注意以下几点:

(1) 动量守恒定律的适用条件,是系统内各物体不受外力或所受的外力之和为零.为此,在应用时,首先要分析系统内各物体所受的外力,如果系统所受的外力满足条件 $\sum \boldsymbol{F}_i = 0$;或在极短促的时间内,系统所受的外力远比系统内相互作用的内力为小(例如碰撞过程)而可以忽略不计时,就可以应用动量守恒定律来处理问题.

(2) 动量守恒定律的数学表达式是一个矢量式.在实际计算时,可使用它按各坐标轴分解的分量式,即
$$\left.\begin{aligned} m_1 v_{1x} + m_2 v_{2x} + \cdots + m_n v_{nx} &= 常量 \quad (若 \sum F_{ix} = 0) \\ m_1 v_{1y} + m_2 v_{2y} + \cdots + m_n v_{ny} &= 常量 \quad (若 \sum F_{iy} = 0) \\ m_1 v_{1z} + m_2 v_{2z} + \cdots + m_n v_{nz} &= 常量 \quad (若 \sum F_{iz} = 0) \end{aligned}\right\} \tag{2-14}$$
有时,当我们分析系统所受的外力时,得出系统的外力之和并不等于零,但外力在某一方向的分量之和却为零.在这种情形下,尽管系统的总动量不守恒,但总动量在该方向的分量却是守恒的.这一结论也具有普遍性,它在很多实际问题中要用到.

动量守恒定律只适用于惯性系.考虑到动量的相对性,在应用式(2-14)时,所有质点的动量都必须是对同一参考系的.

例题 2-6

如图 2-9 所示,设炮车以仰角 θ 发射一炮弹,炮车和炮弹的质量分别为 m' 和 m,炮弹的出口速度的大小为 v,设炮筒的长度为 l.求炮车的反冲速度 v' 及后退距离.炮车与地面之间的摩擦力略去不计.

解　把炮车和炮弹看成一个系统.发炮前,该系统在竖直方向所受的外力有重力 $\boldsymbol{G}$ 和地面的支持力 $\boldsymbol{F}_{\mathrm{N}}$,而且 $\boldsymbol{G} = -\boldsymbol{F}_{\mathrm{N}}$.在发射过程中,上述关系 $\boldsymbol{G} = -\boldsymbol{F}_{\mathrm{N}}$ 并不成立(想一想,为什么?),系统所受的外力的矢量和不为零,所以这一系统的总动量不守恒.

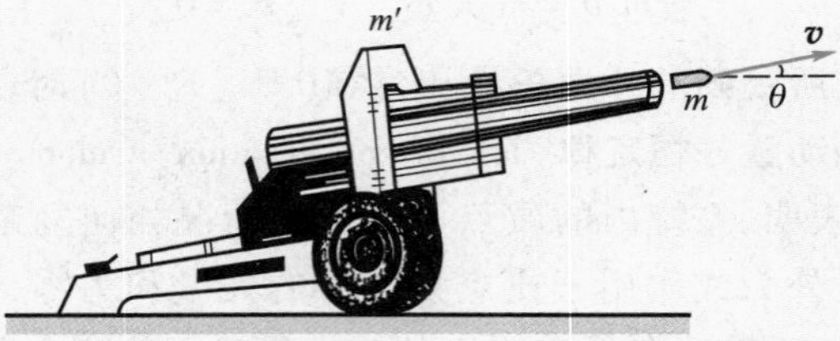

图 2-9 炮车的反冲

按假设忽略炮车与地面之间的摩擦力，则系统所受外力在水平方向的分量之和为零，因而系统沿水平方向的总动量守恒. 在发射炮弹前，系统的总动量等于零，系统沿水平方向的总动量也为零，所以在炮弹出口的一瞬间，系统沿水平方向的总动量也应等于零. 取炮弹前进时的水平方向为 Ox 轴正方向，那么炮弹出口速度（即炮弹相对于炮车的速度）沿 Ox 轴的分量是 $v\cos\theta$，炮车沿 Ox 轴的速度分量就是 $-v'$. 因此，对地面参考系而言，炮弹相对于地面的速度为 $\boldsymbol{u}$，因此有 $\boldsymbol{u}=\boldsymbol{v}+\boldsymbol{v}'$. 它的水平分量为 $u_x=v\cos\theta-v'$. 于是，炮弹在水平方向的动量为 $m(v\cos\theta-v')$，而炮车在水平方向的动量为 $-m'v'$. 根据动量守恒定律有

$$-m'v'+m(v\cos\theta-v')=0$$

由此得炮车的反冲速度为

$$v'=\frac{m}{m+m'}v\cos\theta$$

在过程中的任一时刻，系统沿水平方向的动量守恒，有

$$mu_x(t)-m'v'(t)=0$$

两边对 t 积分

$$m\int_0^t u_x(t)\,\mathrm{d}t-m'\int_0^t v'(t)\,\mathrm{d}t=0$$

$$md-m'D=0$$

式中 d、D 为炮弹和炮车相对于地面移动的距离，因而

$$d=l\cos\theta-D$$

代入得，炮车后退的距离

$$D=\left(\frac{m}{m+m'}\right)l\cos\theta$$

如考虑炮车与地面之间有摩擦力，请读者自行计算.

例题 2-7

一个静止的物体炸裂成三块. 其中两块具有相等的质量，且以相同的速率 30 m/s 沿相互垂直的方向飞开，第三块的质量恰好等于这两块质量的总和，试求第三块的速度（大小和方向）.

解　物体的动量原等于零. 炸裂时，爆炸力是物体内力，它远大于重力，所以在爆炸过程中，可认为动量是守恒的. 由此知道，物体炸裂成三块后，这三块碎片的动量之和仍然等于

零,即

$$m_1\boldsymbol{v}_1+m_2\boldsymbol{v}_2+m_3\boldsymbol{v}_3=\boldsymbol{0}$$

所以,这三个动量必处于同一平面内,且第三块的动量必和第一、第二块的合动量大小相等且方向相反,如图 2-10所示.因为 $\boldsymbol{v}_1$ 和 $\boldsymbol{v}_2$ 相互垂直,所以

$$(m_3v_3)^2=(m_1v_1)^2+(m_2v_2)^2$$

由于 $m_1=m_2=m, m_3=2m$,所以 $\boldsymbol{v}_3$ 的大小为

$$v_3=\frac{1}{2}\sqrt{v_1^2+v_2^2}=21.2\ \text{m/s}$$

$\boldsymbol{v}_3$ 和 $\boldsymbol{v}_1$ 的夹角 φ 由 $\varphi=180°-\theta$ 决定.因 $\tan\theta=\frac{v_2}{v_1}=1$,$\theta=45°$,所以

$$\varphi=135°$$

即 $\boldsymbol{v}_3$ 和 $\boldsymbol{v}_1$ 及 $\boldsymbol{v}_2$ 都成 135°角,且三者在同一平面内.

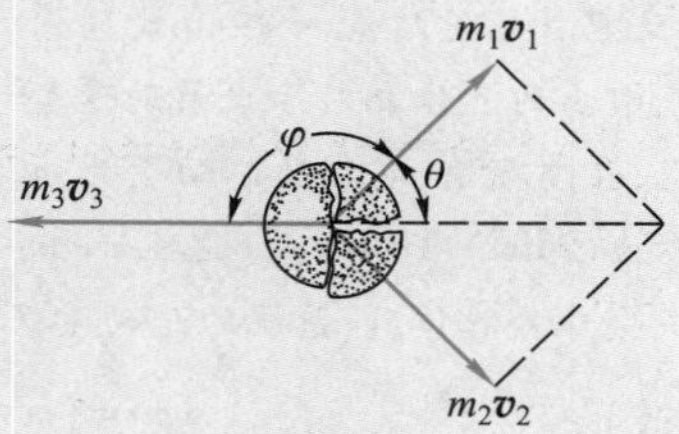

图 2-10 一物体炸裂成三块

例题 2-8

质量为 m_1 和 m_2 的两人,在光滑水平冰面上用轻绳彼此拉对方.开始时两人相对静止,相距为 l.问他们将在何处相遇?

解 把两人和轻绳看作一个系统,水平方向不受外力,此方向动量守恒.

建立如图 2-11 所示的坐标系.以两人直线距离上的某点为原点,向右为 x 轴正方向.设开始时质量为 m_1 的人坐标为 x_{10},质量为 m_2 的人坐标为 x_{20},他们在任一时刻的速度分别为 v_1 和 v_2.

因动量守恒,所以

$$m_1v_1+m_2v_2=0$$

即

$$m_1\frac{\mathrm{d}x_1}{\mathrm{d}t}+m_2\frac{\mathrm{d}x_2}{\mathrm{d}t}=0$$

或

$$m_1\mathrm{d}x_1+m_2\mathrm{d}x_2=0$$

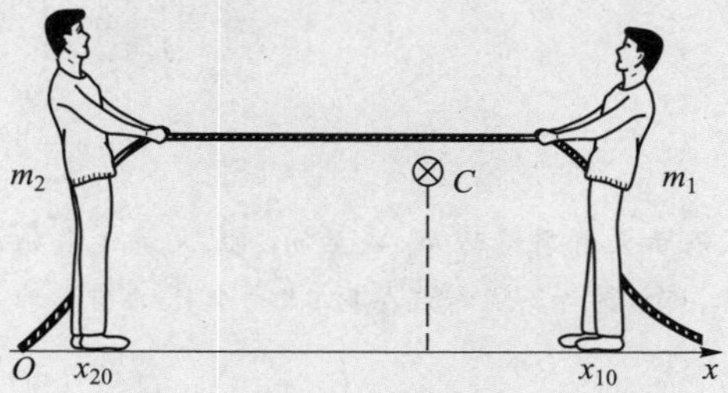

图 2-11 两人在冰面上对拉

设相遇处的坐标为 x,则有

$$\int_{x_{10}}^{x}m_1\mathrm{d}x_1+\int_{x_{20}}^{x}m_2\mathrm{d}x_2=0$$

$$m_1(x-x_{10})+m_2(x-x_{20})=0$$

解得

$$x=\frac{m_1x_{10}+m_2x_{20}}{m_1+m_2}$$

这正是质心的位置,所以两人在纯内力作用下,将在系统的质心处相遇.

*四、火箭飞行

我国是发明火箭最早的国家.随着火药的出现,约在公元 9、10 世纪,我国就开始把火药用

到军事上. 公元 1232 年,已在战争中使用了真正的火箭. 明代人万户利用 47 枚火箭,做推动座椅升空的试验. 火箭在飞行时,不断地喷出大量速度很大的气体,使火箭在飞行方向上获得很大的动量. 因为这一切并不依赖于空气的作用,所以它可在空气稀薄的高空或宇宙空间飞行.

(1) 火箭的速度

一枚火箭在外层高空飞行,那里空气的阻力和重力的影响都可以忽略不计. 设在某一瞬时 t,火箭的质量为 m,速度为 v(图 2-12),在其后 t 到 $t+\mathrm{d}t$ 时间内,火箭喷出了质量为 $|\mathrm{d}m|$ 的气体(这里,$\mathrm{d}m$ 是质量 m 在 $\mathrm{d}t$ 时间内的增量,由于质量 m 随 t 的增加而减小. 所以 $\mathrm{d}m$ 本身为负值),喷出的气体相对于火箭的速度为 u,使火箭的速度增加了 $\mathrm{d}v$. 对于火箭和燃气组成的系统来说,在喷气前,它们的总动量为 mv,喷气后,火箭的动量为 $(m+\mathrm{d}m)(v+\mathrm{d}v)$,所喷出的燃气的动量为 $(-\mathrm{d}m)(v+\mathrm{d}v-u)$(这里 $v+\mathrm{d}v-u$ 是燃气相对于描述火箭运动的惯性系的速度). 由于火箭不受外力的作用,系统的总动量保持不变,因此依据动量守恒定律,得到

$$mv=(m+\mathrm{d}m)(v+\mathrm{d}v)+(-\mathrm{d}m)(v+\mathrm{d}v-u)$$

图 2-12 火箭飞行原理

展开此等式. 略去二阶无穷小量 $\mathrm{d}m\mathrm{d}v$. 可得

$$m\mathrm{d}v+u\mathrm{d}m=0$$

即

$$\mathrm{d}v=-u\frac{\mathrm{d}m}{m}$$

它表示火箭每喷出质量为 $-\mathrm{d}m$ 的气体时,它的速度就增加了 $\mathrm{d}v$. 设燃气相对于火箭的喷气速度 u 是一常量,将上式积分:

$$\int_{v_1}^{v_2}\mathrm{d}v=\int_{m_1}^{m_2}-u\frac{\mathrm{d}m}{m}$$

得

$$v_2-v_1=u\ln\frac{m_1}{m_2} \tag{2-15}$$

此式表示火箭质量从 m_1 减至 m_2 时,火箭速度相应地从 v_1 增加到 v_2. 设火箭开始飞行时速度为零,质量为 m_0,燃料烧尽时,火箭剩下的质量为 m,此时火箭能够达到的速度是

$$v=\int_{m_0}^{m}-u\frac{\mathrm{d}m}{m}=u\ln\frac{m_0}{m} \tag{2-16}$$

式中 m_0/m 称为火箭的质量比.

由式(2-16)可以看出,要提高火箭的速度,可采用提高喷气速度和质量比的办法. 但这两种办法目前在技术上都有困难,质量比$\dfrac{m_0}{m}$最高为 15,喷气速度 u 用液氧加液氢可达到 4 km/s,由此求出的火箭速度 $v=11$ km/s. 在地面发射时因受地球引力和空气阻力的影响,v 只有 7 km/s. 所以,一般都采用多级火箭来提高速度,如图 2-13 所示.

(2) 火箭的推力

取 t 时刻火箭喷出的燃气 $\mathrm{d}m$ 为研究对象,其速率与火箭的速率同为 v,在 $t+\mathrm{d}t$ 时刻,燃气的速率为 $(v+\mathrm{d}v-u)$. 由动量定理可知

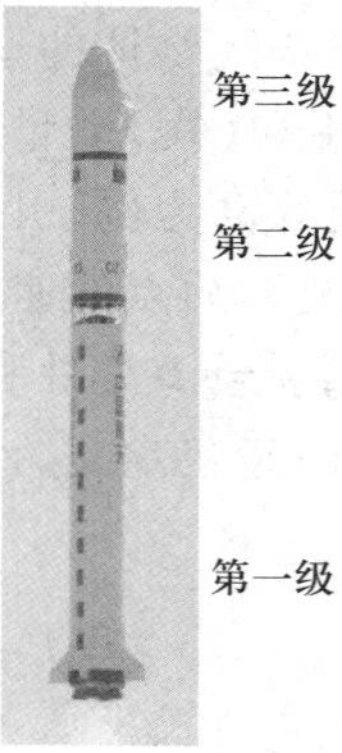

图 2-13 三级火箭示意图

图 2-14 “长征五号”运载火箭携带“天问一号”火星探测器发射升空

火箭发射过程

$$F\mathrm{d}t=\mathrm{d}m(v+\mathrm{d}v-u)-v\mathrm{d}m$$

略去二阶无穷小量，得

$$F=-u\left(\frac{\mathrm{d}m}{\mathrm{d}t}\right) \tag{2-17}$$

这就是火箭的推力. 例如“长征五号”运载火箭(昵称“胖五”，见图 2-14)起飞推力达 1.0×10^{7} N.

“长征五号”运载火箭

复习思考题

2-2-1 能否利用装在小船上的风扇扇动空气使小船前进?

2-2-2 在地面的上空停着一气球，气球下面吊着软梯，梯上站着一个人. 当此人沿软梯向上爬时，气球是否会运动?

2-2-3 对于变质量系统，能否应用 $\boldsymbol{F}=\dfrac{\mathrm{d}}{\mathrm{d}t}(m\boldsymbol{v})$，为什么?

2-2-4 物体 m 被放在斜面 m' 上，如把 m 与 m' 看成一个系统，问在下列几种情形下，系统的水平方向分动量是否守恒? (1) m 与 m' 间无摩擦，而 m' 与地面间有摩擦；(2) m 与 m' 间有摩擦，而 m' 与地面间无摩擦；(3) 两处都没有摩擦.

2-2-5 用锤压钉，很难把钉压入木块，如用锤击钉，钉就很容易进入木块，这是为什么?

2-2-6 用细线把球挂起来，球下系一同样的细线. 拉球下细线，逐渐加大力量，哪段细线先断? 为什么? 如用较大力量突然拉球下细线，哪段细线先断，为什么?

2-2-7 有两只船与堤岸的距离相同，为什么人从小船跳上岸比较难，而从大船跳上岸却比较容易?

§ 2-3 质点的角动量定理和角动量守恒定律

一、角动量

在自然界中经常会遇到质点围绕着一定的中心运动的情况. 例如，行星围绕太阳公转、人造地球卫星围绕地球运转等. 人们在研究这些运动时,发现在轨道的不同位置处,动量的大小和方向都在改变,又难以用动量来描述其运动状态,必须引入一个新的物理量——角动量(angular momentum)来描述物体的运动状态. 角动量是一个很重要的概念,在转动问题中,它所起的作用和(线)动量所起的作用相类似. 为简单计,我们以质量为 m 的质点所作的圆周运动为例,引入角动量的概念. 设圆的半径是 r,则质点对圆心的位矢 $\boldsymbol{r}$ 的量值便是 r. 质点的速度是 $\boldsymbol{v}$,方向沿着圆的切线方向. 从图 2-15(a)可以看出,质点的动量 $\boldsymbol{p}=m\boldsymbol{v}$ 处处和它的位矢 $\boldsymbol{r}$ 相垂直. 我们把质点动量 $\boldsymbol{p}$ 的大小 p 和位矢 $\boldsymbol{r}$ 的大小 r 的乘积定义为作圆周运动的质点对圆心 O 的角动量的大小,用 L 表示,

$$L=pr=mvr \tag{2-18}$$

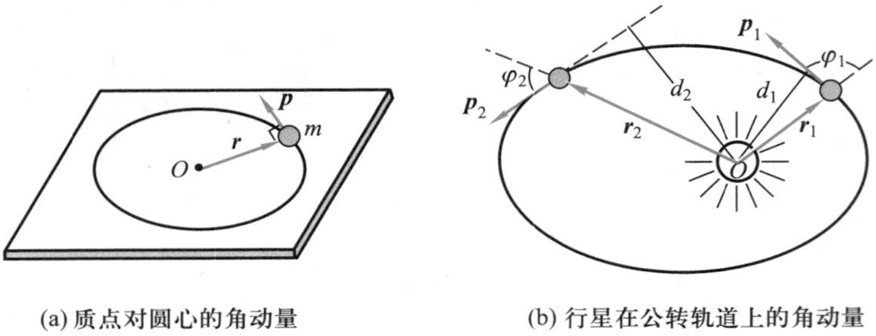

图 2-15 质点的角动量

在一般情况下,质点的动量和它对于给定点的位矢不一定垂直,例如,行星绕太阳在椭圆轨道上运动时[见图 2-15(b)],除几个特殊位置外,行星的动量 $\boldsymbol{p}$ 和它对于太阳的位矢 $\boldsymbol{r}$ 并不垂直. 在这种情形中,质点对某一给定点 O 的角动量的大小应为质点的动量和 O 点到动量 $\boldsymbol{p}$ 的垂直距离 d 的乘积,即

$$L=pd$$

因为 $d=r\sin\varphi$,φ 是 $\boldsymbol{r}$ 和 $\boldsymbol{p}$ 之间的夹角,于是

$$\boxed{L=pr\sin\varphi} \tag{2-19}$$

角动量也是矢量,它可用位矢 $\boldsymbol{r}$ 和动量 $\boldsymbol{p}$ 的矢积(vector product)来表示,即

$$\boxed{\boldsymbol{L}=\boldsymbol{r}\times\boldsymbol{p}} \tag{2-20}$$

上式表明角动量 $\boldsymbol{L}$ 的大小 $L=rp\sin\varphi$,方向垂直于位矢 $\boldsymbol{r}$ 和动量 $\boldsymbol{p}$ 所组成的平面,指向是由 $\boldsymbol{r}$ 经小于 180°的角转到 $\boldsymbol{p}$ 的右手螺旋前进的方向,如图 2-16 所示.

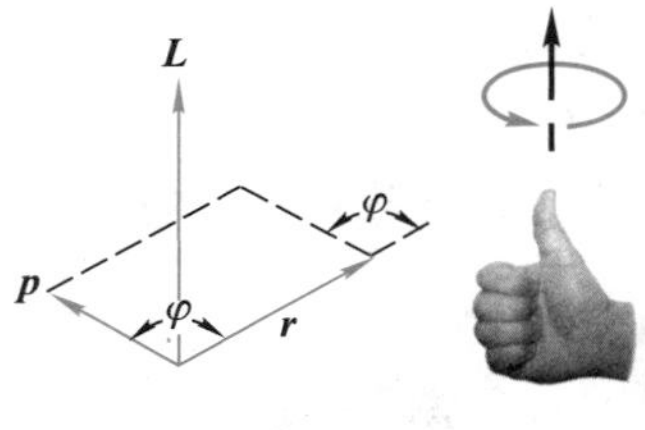

图 2-16 角动量方向的确定

在国际单位制中,角动量的单位是 $kg\cdot m^2/s$.

角动量的概念,在大到天体的运动,小到质子、电子的运动的描述中,都要应用到. 例如,电子绕核运动,具有轨道角动量,电子本身还有自旋,具有自旋角动量等. 原子、分子和原子核系统的基

本性质之一，是它们的角动量仅具有一定的不连续的量值. 这叫做角动量的量子化(quantization). 因此，在这种系统的性质的描述中，角动量起着主要的作用.

例题 2-9

按玻尔原子理论，认为氢原子中的电子在圆形轨道上绕核运动. 电子与氢原子核之间的静电力为 $F=k\dfrac{e^2}{r^2}$，其中 e 为电子电荷量的绝对值，r 为轨道半径，k 为常量. 因为电子的角动量具有量子化的特征，所以电子绕核运动的角动量只能等于$\dfrac{h}{2\pi}$的整数(n)倍[h 是一常量，叫做普朗克(Planck)常量，$h=6.626\times10^{-34}$ J·s]，问电子运动容许的轨道半径等于多少？

解　设电子的质量为 m，绕原子核运动的圆轨道半径为 r，速度为 v，那么电子的向心加速度 $a_n=\dfrac{v^2}{r}$. 由于作用在电子上的向心力就是原子核对电子的静电引力，于是由牛顿第二定律得

$$F=k\frac{e^2}{r^2}=ma_n=m\frac{v^2}{r} \tag{1}$$

由于电子绕核运动时，角动量具有量子化的特征，即

$$L=mvr=n\frac{h}{2\pi},\quad n=1,2,3,\cdots \tag{2}$$

由式(1)和式(2)两式，得

$$r=\frac{n^2h^2}{4\pi^2kme^2} \tag{3}$$

由上式可知，电子绕核运动容许的轨道半径与 n 平方成正比. 这就是说，只有半径等于一些特定值的轨道才是容许的，轨道半径的量值是不连续的.

将各常量的值($k=8.99\times10^9$ N·m^2/C^2，$h=6.626\times10^{-34}$ J·s，$m=9.11\times10^{-31}$ kg，$e=1.60\times10^{-19}$ C)代入式(3)，并取 $n=1$，得最小的 r 值：

$$r_1=0.531\times10^{-10}\ \text{m}$$

从近代物理学中知道，这一量值与用其他方法估计得到的量值符合得很好.

二、质点的角动量定理

我们知道，一个质点的(线)动量的变化率是由合外力决定的，那么质点的角动量的变化率又由什么决定呢？

让我们来求角动量对时间的变化率，有

$$\frac{\mathrm{d}\boldsymbol{L}}{\mathrm{d}t}=\frac{\mathrm{d}}{\mathrm{d}t}(\boldsymbol{r}\times\boldsymbol{p})=\frac{\mathrm{d}\boldsymbol{r}}{\mathrm{d}t}\times\boldsymbol{p}+\boldsymbol{r}\times\frac{\mathrm{d}\boldsymbol{p}}{\mathrm{d}t}$$

在上式中，右端第一项的$\dfrac{\mathrm{d}\boldsymbol{r}}{\mathrm{d}t}=\boldsymbol{v}$，$\boldsymbol{p}=m\boldsymbol{v}$，因此，矢积$\dfrac{\mathrm{d}\boldsymbol{r}}{\mathrm{d}t}\times\boldsymbol{p}=\boldsymbol{v}\times(m\boldsymbol{v})=\boldsymbol{0}$①. 这样，上式

① 矢量 $\boldsymbol{v}$ 与 $m\boldsymbol{v}$ 同向，它们的夹角 $\varphi=0$，因此，两者的矢积的模 $|\boldsymbol{v}\times(m\boldsymbol{v})|=mv^2\sin\varphi=0$，亦即矢积等于零.

就成为

$$\frac{\mathrm{d}\boldsymbol{L}}{\mathrm{d}t}=\boldsymbol{r}\times\frac{\mathrm{d}\boldsymbol{p}}{\mathrm{d}t} \tag{2-21a}$$

由牛顿第二定律，知道$\frac{\mathrm{d}\boldsymbol{p}}{\mathrm{d}t}=\boldsymbol{F}$，把上式改写成

$$\boxed{\frac{\mathrm{d}\boldsymbol{L}}{\mathrm{d}t}=\boldsymbol{r}\times\boldsymbol{F}} \tag{2-21b}$$

式中的 $\boldsymbol{r}\times\boldsymbol{F}$ 是力矩的定义. 在此，我们定义力的作用点相对给定点的位矢 $\boldsymbol{r}$ 与力 $\boldsymbol{F}$ 的矢积为力对给定点的力矩，以 $\boldsymbol{M}$ 表示，即

$$\boxed{\boldsymbol{M}=\boldsymbol{r}\times\boldsymbol{F}} \tag{2-22}$$

于是式(2-21b)又可写成

$$\boxed{\boldsymbol{M}=\frac{\mathrm{d}\boldsymbol{L}}{\mathrm{d}t}} \tag{2-23}$$

即质点对给定点的角动量随时间的变化率等于作用于质点的合力对该点的力矩，这个结论叫做质点的角动量定理. 这个关系式相当于牛顿第二定律 $\boldsymbol{F}=\frac{\mathrm{d}\boldsymbol{p}}{\mathrm{d}t}$.

在转动的研究中，力矩是个重要的概念. 虽然力矩和功都是长度和力的乘积，但力矩是二者的矢积，本身是个矢量；而功却是二者的标积，本身是个标量. 力矩和功的物理意义并不相同. 为了区别，力矩的单位采用 N · m(牛顿米).

三、质点的角动量守恒定律

根据式(2-23)，如果 $\boldsymbol{M}=0$，则$\frac{\mathrm{d}\boldsymbol{L}}{\mathrm{d}t}=0$，因而

$$\boldsymbol{L}=\text{常矢量} \quad (\boldsymbol{M}=0) \tag{2-24}$$

这就是说，如果作用在质点上的合力对某给定点 O 的力矩为零，则质点对该点的角动量在运动过程中保持不变. 这就叫做质点的角动量守恒定律(law of conservation of angular momentum).

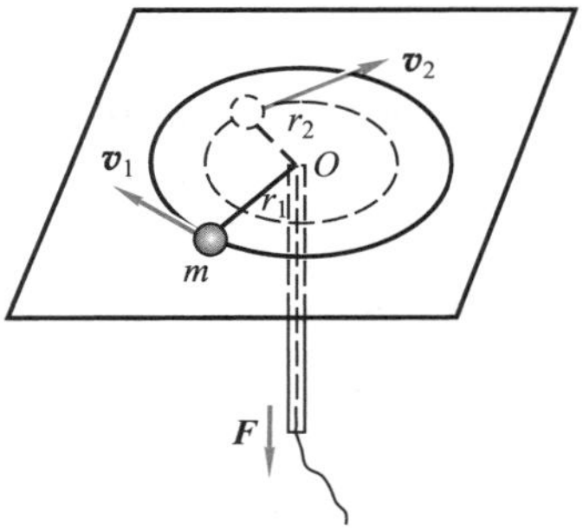

图 2-17 质点角动量守恒的演示

质点的角动量守恒

如图 2-17 所示，把一个质量为 m 的小球系在轻绳的一端，绳穿过一竖直的管子；一手握管，另一手执绳，先使小球以速度 v_1 在水平面内沿半径为 r_1 的圆周运动，然后向下拉绳，使小球的半径减小到 r_2. 实验发现，这时小球的速度 v_2 就增大. v_1 和 v_2 之间存在下列关系：

$$v_2 r_2 = v_1 r_1$$

用小球的质量乘上式两边，得

$$mv_2r_2=mv_1r_1$$

即小球对圆心 O 的角动量守恒. 在这个例子中,小球的动量是时时刻刻在改变的,但小球的角动量却保持不变,这是因为合力对 O 点的力矩矢量和等于零. 行星绕太阳的运动,也遵守角动量守恒定律.

角动量守恒定律是物理学的另一基本规律. 在研究天体运动和微观粒子运动时,角动量守恒定律都起着重要作用.

例题 2-10

我国第一颗人造地球卫星绕地球沿椭圆轨道运动,地球的中心 O 为该椭圆的一个焦点(见图 2-18). 已知地球的平均半径 $R=6\,378$ km,人造地球卫星距地面最近距离 $l_1=439$ km,最远距离 $l_2=2\,384$ km. 若人造地球卫星在近地点 A_1 的速度 $v_1=8.10$ km/s,求人造地球卫星在远地点 A_2 的速度.

解　如认为人造地球卫星在运动时仅受到地球对它的引力,由于此引力始终指向地球中心 O,因而对点 O 来说没有外力矩作用在人造地球卫星上,所以人造地球卫星在运动过程中对点 O 的角动量守恒.

人造地球卫星在近地点 A_1 的角动量

$$L_1=mv_1(R+l_1)$$

人造地球卫星在远地点 A_2 的角动量

$$L_2=mv_2(R+l_2)$$

因为角动量守恒,所以

$$mv_1(R+l_1)=mv_2(R+l_2)$$

于是

$$v_2=v_1\frac{R+l_1}{R+l_2}$$

将 R、l_1、l_2 和 v_1 各值代入,得

$$v_2=6.30\ \text{km/s}$$

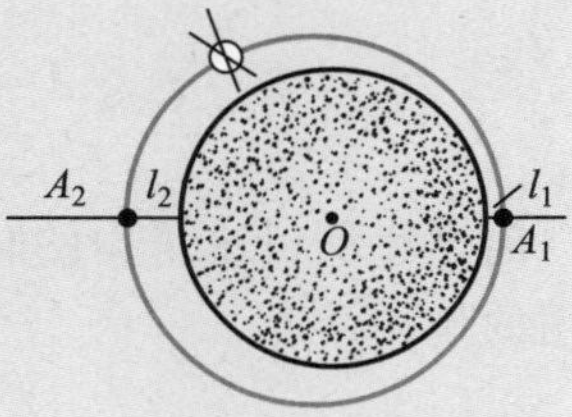

图 2-18　地球卫星运行时的椭圆轨道

四、质点系的角动量定理和角动量守恒定律

对于质点系,各质点所有的力矩可分为内力矩和外力矩,根据角动量定理,质点 i 对给定点有

$$\boldsymbol{M}_{i外}+\boldsymbol{M}_{i内}=\frac{\mathrm{d}\boldsymbol{L}_i}{\mathrm{d}t}$$

将上式对所有质点求和,得

$$\sum\boldsymbol{M}_{i外}+\sum\boldsymbol{M}_{i内}=\sum\frac{\mathrm{d}\boldsymbol{L}_i}{\mathrm{d}t}$$

根据牛顿第三定律可知,成对出现的内力对给定点的力矩矢量和为零,即 $\sum\boldsymbol{M}_{i内}=\boldsymbol{0}$,于是

$$\sum \boldsymbol{M}_{i外} = \sum \frac{\mathrm{d}\boldsymbol{L}_i}{\mathrm{d}t}$$

而$\sum \frac{\mathrm{d}\boldsymbol{L}_i}{\mathrm{d}t} = \frac{\mathrm{d}\sum \boldsymbol{L}_i}{\mathrm{d}t} = \frac{\mathrm{d}\boldsymbol{L}}{\mathrm{d}t}$,将$\sum \boldsymbol{M}_{i外}$简写为$\boldsymbol{M}$,代入得

$$\boxed{\boldsymbol{M} = \frac{\mathrm{d}\boldsymbol{L}}{\mathrm{d}t}} \tag{2-25}$$

即质点系对给定点的角动量随时间的变化率等于外力对该点力矩的矢量和. 这个结论叫做质点系的角动量定理.

根据式(2-25),如果$\boldsymbol{M}=\boldsymbol{0}$,得

$$\boldsymbol{L} = 常矢量 \tag{2-26}$$

这就是质点系的角动量守恒定律.

复习思考题

2-3-1 在匀速圆周运动中,质点的动量是否守恒? 角动量呢?

2-3-2 质点的动量守恒与角动量守恒的条件各是什么? 质点动量与角动量能否同时守恒? 试说明之.

§2-4 功 动能 动能定理

前面我们讨论了力的时间累积作用的规律,从本节起,将研究力的空间累积作用的规律.

一、功的概念

物体在恒力$\boldsymbol{F}$的作用下经历一位移$\Delta\boldsymbol{r}$时,此力对它做的功(work)定义为:力在位移方向上的投影和此位移大小的乘积. 以A表示所做的功,则

$$A = (F\cos\theta)\,|\Delta\boldsymbol{r}| \tag{2-27}$$

式中θ为$\boldsymbol{F}$与$\Delta\boldsymbol{r}$之间的夹角. 做功可以用力$\boldsymbol{F}$和位矢$\Delta\boldsymbol{r}$的标积(scalar product)来表示,即

$$\boxed{A = \boldsymbol{F}\cdot\Delta\boldsymbol{r}} \tag{2-28}$$

功是个标量,它没有方向,但有正负. 当$0\leqslant\theta<\frac{\pi}{2}$时,$\mathrm{d}A>0$,力对物体做正功. 当$\theta=\frac{\pi}{2}$时,$\mathrm{d}A=0$,力对物体不做功. 当$\frac{\pi}{2}<\theta\leqslant\pi$时,$\mathrm{d}A<0$,力对物体做负功. 这最后一种情况常被说成物体在运动中克服外力$\boldsymbol{F}$做了功. 在行星绕日运动中,起作用的是太阳的引力. 如图2-19所示,该引力有时对行星做负功(a点),有时不做功(b点),有时做正功(c点).

如质点在变力 $\boldsymbol{F}$[$\boldsymbol{F}$ 是空间的函数 $\boldsymbol{F}=\boldsymbol{F}(r)$]作用下沿曲线轨迹从 a 运动到 b（见图 2-20），计算变力所做的功.

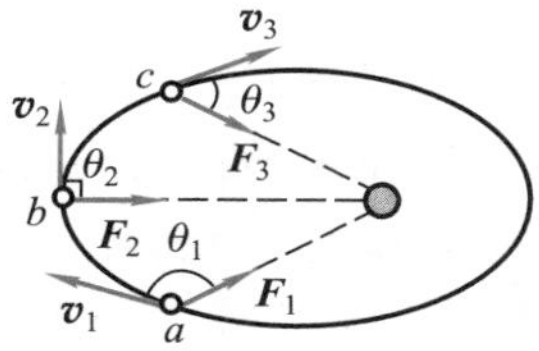

图 2-19

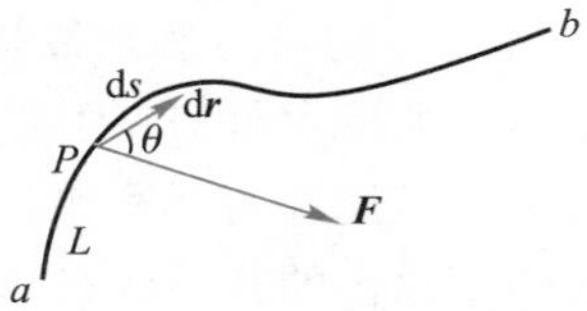

图 2-20　变力的功

在曲线上任意一点 P，质点在该处受力 $\boldsymbol{F}$，经一无限小的位移元 $\mathrm{d}\boldsymbol{r}$，在此小段位移上，力仍可看作一个恒力，该力在这一段位移元所做的元功为

$$\mathrm{d}A=\boldsymbol{F}\cdot\mathrm{d}\boldsymbol{r}=|\boldsymbol{F}||\mathrm{d}\boldsymbol{r}|\cos\theta=F\mathrm{d}s\cos\theta$$

式中 $|\mathrm{d}\boldsymbol{r}|=\mathrm{d}s$ 是相应的路程元. 于是变力从 a 点到 b 点做的总功

$$A=\int\mathrm{d}A=\int_a^b\boldsymbol{F}\cdot\mathrm{d}\boldsymbol{r}=\int_a^b F\cos\theta\mathrm{d}s \tag{2-29}$$

这就是变力做功的表达式. 这个积分在数学上叫做线积分.

在直角坐标系中有

$$\boldsymbol{F}=F_x\boldsymbol{i}+F_y\boldsymbol{j}+F_z\boldsymbol{k}$$

$$\mathrm{d}\boldsymbol{r}=\mathrm{d}x\boldsymbol{i}+\mathrm{d}y\boldsymbol{j}+\mathrm{d}z\boldsymbol{k}$$

所以 $\boldsymbol{F}$ 对质点所做的元功

$$\mathrm{d}A=\boldsymbol{F}\cdot\mathrm{d}\boldsymbol{r}=F_x\mathrm{d}x+F_y\mathrm{d}y+F_z\mathrm{d}z$$

于是从坐标为(x_1,y_1,z_1)的初位置运动到坐标为(x_2,y_2,z_2)的末位置过程中，力 $\boldsymbol{F}$ 所做的功为

$$A=\int_{x_1}^{x_2}F_x\mathrm{d}x+\int_{y_1}^{y_2}F_y\mathrm{d}y+\int_{z_1}^{z_2}F_z\mathrm{d}z \tag{2-30}$$

力在单位时间内做的功叫做**功率**(power)，用 P 表示：

$$P=\frac{\mathrm{d}A}{\mathrm{d}t}=\frac{\boldsymbol{F}\cdot\mathrm{d}\boldsymbol{r}}{\mathrm{d}t}=\boldsymbol{F}\cdot\boldsymbol{v} \tag{2-31}$$

功率这个物理量被用来表明力做功的快慢程度. 功率越大，做同样的功所花费的时间就越少，做功的效率也越高. 它是个很有用的物理量.

在国际单位制中，功的单位是 N·m，用 J(焦耳)表示. 功率的单位是 J/s，用 W(瓦特)表示.

二、能量

人们在生产活动和科学实践中发现，物质运动的形式是多种多样的，各种运动形式都可由一些物理量来量度，如动量就是机械运动的一种量度；但不同的运动形式又是可以互相转化的，而且在转化时存在着一定的数量关系，这就是说，一

定量的某种运动形式的产生，总是以一定量的另一种运动形式的消失为代价的．为了探求各种运动形式的相互转化以及在转化中所存在的数量关系，我们必须选用一个能够反映各种运动形式共性的物理量，作为各种运动形式的一般量度，这个量就是能量．能量的概念最早是由 19 世纪初英国物理学家杨（T. Young）引入的．能量概念的巨大价值在于它形式上的多样性以及不同能量形式之间的可转化性．有关能量与能源的开发和利用的研究，对于当代社会和人类未来有着深远的意义．对应于物体的某一状态，必定有一个而且只能有一个能量值．如果物体状态发生变化，它的能量值也随之变化．因此，能量是物体状态的单值函数．物体作机械运动，它的状态是用位置和速度描述的，我们把位置和速度叫做状态参量（state parameter）．这样，量度机械运动的机械能应是位置或速度的单值函数．现在，我们将通过动能定理的介绍，了解机械能的一种具体表示以及它与功的关系．

三、动能定理

一质量为 m 的质点在外力作用下，从 a 点沿曲线运动到 b 点时，我们用 $\boldsymbol{v}_a$ 和 $\boldsymbol{v}_b$ 分别表示它在起点 a 和终点 b 处的速度，如图 2-21 所示．外力 $\boldsymbol{F}$ 在质点通过位移元 $\mathrm{d}\boldsymbol{r}$ 过程中所做的元功为

$$\mathrm{d}A=\boldsymbol{F}\cdot\mathrm{d}\boldsymbol{r}=F\cos\theta\,|\mathrm{d}\boldsymbol{r}|$$

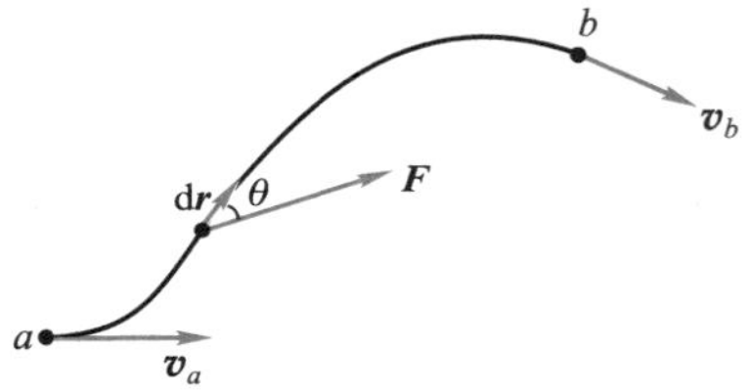

图 2-21 动能定理

根据牛顿第二定律，有

$$F\cos\theta=ma_t=m\frac{\mathrm{d}v}{\mathrm{d}t}$$

因速度 $|\boldsymbol{v}|=\dfrac{|\mathrm{d}\boldsymbol{r}|}{\mathrm{d}t}$，所以

$$\mathrm{d}A=F\cos\theta\,|\mathrm{d}\boldsymbol{r}|=m\frac{\mathrm{d}v}{\mathrm{d}t}v\mathrm{d}t=mv\mathrm{d}v$$

代入上式得

$$\boxed{\mathrm{d}A=\mathrm{d}\left(\frac{1}{2}mv^2\right)}\tag{2-32}$$

将上式积分，有

$$\boxed{A=\int_{v_a}^{v_b}mv\mathrm{d}v=\frac{1}{2}mv_b^2-\frac{1}{2}mv_a^2}\tag{2-33}$$

式中的$\dfrac{1}{2}mv^2$ 叫做物体的动能（kinetic energy，简称 K. E.），用 E_k 表示，它是机械能的一种形式．这样，式（2-33）就可写成

$$\boxed{A=E_{kb}-E_{ka}}\tag{2-34}$$

式（2-33）或式（2-34）常被叫做质点的动能定理（theorem of kinetic energy）．质点的动能定理告诉我们：合外力对质点做的功总等于质点动能的增量．当 $A>0$ 时，作用于质点上的合外力做正功，结果是使质点增加了动能；当 $A<0$ 时，作用于质点上的合

外力做负功,其结果是使质点减少了动能.式(2-32)是质点动能的微分形式.

应该指出,动能定理适用于物体的任何运动过程,物体在外力的持续作用下经历某一段路程,不管外力是否是变力,也不管物体运动状态如何复杂,其路径是曲线还是直线,合外力对物体所做的功总是取决于物体初、末动能之差.这样,动能定理在解决某些力学问题时,往往比直接运用牛顿第二定律的瞬时关系要简便得多.

动能和功的单位是一样的,但是意义不同.功反映力的空间累积结果,其大小取决于过程,是个过程量(process parameter),动能表示物体的运动状态,是个状态量,或者叫做状态函数.动能定理启示我们:**功是物体在某过程中能量改变的一种量度**,这个观点将有助于我们去识别与理解其他形式的能量.

最后应该指出,由于位移和速度的相对性,功和动能也都有相对性,它们的大小都依赖于参考系的选择.但是,尽管功和动能都依赖于惯性参考系的选择,在不同惯性参考系中各有不同的量值,而在每个惯性参考系中却都存在着各自的动能定理.这就是说,动能定理的形式与惯性参考系的选择无关.动能定理的这种不变性,为人们应用它提供了很大的方便.

例题 2-11

装有货物的木箱,所受重力 $G=980\ \mathrm{N}$,要把它运上汽车.现将长 $l=3\ \mathrm{m}$ 的木板搁在汽车后部,构成一斜面,然后把木箱沿斜面拉上汽车.斜面与地面成 30°角,木箱与斜面间的动摩擦因数 $\mu=0.20$,绳的拉力 $\boldsymbol{F}$ 与斜面成 10°角,大小为 700 N,如图 2-22(a)所示.求:(1) 木箱所受各力所做的功;(2) 合外力对木箱所做的功;(3) 如改用起重机把木箱直接吊上汽车,能不能少做些功?

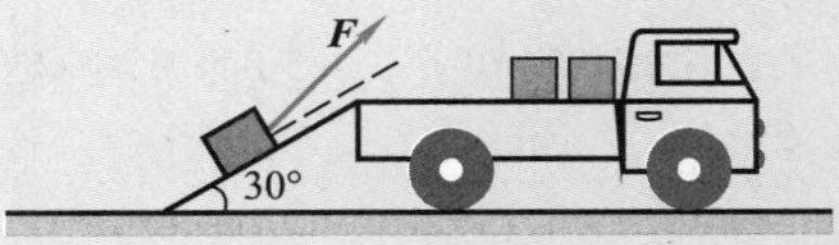

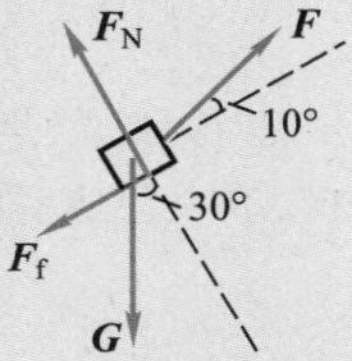

图 2-22

解 木箱所受的力为:拉力 $\boldsymbol{F}$,方向与斜面成 10°角向上;重力 $\boldsymbol{G}$,方向竖直向下;斜面对木箱的支持力 $\boldsymbol{F}_{\mathrm{N}}$,方向垂直于斜面向上,斜面对木箱的摩擦力 $\boldsymbol{F}_{\mathrm{f}}$,方向和斜面平行,与木箱运动方向相反,如图 2-22(b)所示.已知 $l=3\ \mathrm{m}$,每个力所做的功可计算如下.

(1) 拉力 $\boldsymbol{F}$ 所做的功 A_1:

$$A_1=Fl\cos 10^\circ=2.07\times10^3\ \mathrm{J}$$

重力 $\boldsymbol{G}$ 所做的功 A_2:

$$A_2=Gl\cos(90^\circ+30^\circ)=-1.47\times10^3\ \mathrm{J}$$

正压力 $\boldsymbol{F}_{\mathrm{N}}$ 所做的功 A_3:

$$A_3 = F_N l\cos 90° = 0$$

摩擦力 $\boldsymbol{F}_f$ 所做的功 A_4:分析木箱在垂直斜面方向上的受力情况,由于木箱在垂直于斜面方向上没有运动,根据牛顿第二定律得

$$F_N + F\sin 10° - G\cos 30° = 0$$

所以

$$F_N = G\cos 30° - F\sin 10° = 727\ \text{N}$$

由此可求得摩擦力

$$F_f = \mu F_N = 145\ \text{N}$$

那么

$$A_4 = F_f l\cos 180° = -435\ \text{J}$$

因为重力和摩擦力在这里是阻碍物体运动的力,所以它们对物体所做的功都是负值.

(2) 根据合力所做功等于各分力所做功的代数和,算出合力所做的功

$$A = A_1 + A_2 + A_3 + A_4 = 165\ \text{J}$$

(3) 如改用起重机把木箱吊上汽车,此时所用拉力 $\boldsymbol{F}'$ 至少要等于重力 $\boldsymbol{G}$. 在这个拉力($F' = 980\ \text{N}$)的作用下,木箱移动的竖直距离是 $l\sin 30°$. 因此,拉力所做的功为

$$A' = Fl\sin 30° = 1.47\times10^3\ \text{J}$$

它等于重力 $\boldsymbol{G}$ 所做的功,而符号相反(因这时合外力 $\boldsymbol{F}'+\boldsymbol{G}$ 所做的功为零). 与(1)中 $\boldsymbol{F}$ 做的功相比较,用了起重机能够少做功. 我们还发现,虽然 $\boldsymbol{F}'$ 比 $\boldsymbol{F}$ 大,但所做的功 A' 却比 A_1 小,这是因为功的大小不完全取决于力的大小,还和位移的大小以及位移与力之间的夹角有关. 为了把木箱装上汽车,我们所需要做的最小功等于克服重力所做的功,其大小为 1.47×10^3 J,这对于利用斜面或是利用起重机甚至其他机械都是一样的. 机械不能省功,但能省力或省时间. 正是这些场景,使我们对功的概念的重要性加深了认识. 在本例题(1)问中推力 $\boldsymbol{F}$ 所多做的功

$$2.07\times10^3\ \text{J} - 1.47\times10^3\ \text{J} = 0.60\times10^3\ \text{J}$$

起的是什么作用呢? 我们说:第一,为了克服摩擦力,用去了 435 J 的功,它最后转化成热量;第二,余下的 165 J 的功将使木箱的动能增加.

例题 2-12

利用动能定理重做例题 1-13.

解 如图 1-32 所示,细棒下落过程中,合外力($\boldsymbol{G}-\boldsymbol{F}_b$)对它做的功为

$$A = \int_0^l (G - F_b)\,\mathrm{d}x = \int_0^l (\rho l - \rho' x) g\,\mathrm{d}x = \rho l^2 g - \frac{1}{2}\rho' l^2 g$$

应用动能定理,因初速度为 0,末速度 v 可求得如下:

$$\rho g l^2 - \frac{1}{2}\rho' g l^2 = \frac{1}{2}mv^2 = \frac{1}{2}\rho l v^2$$

$$v = \sqrt{\frac{(2\rho - \rho')gl}{\rho}}$$

所得结果相同，而现在的解法更为简便.

例题 2-13

传送机通过滑道将长为 L、质量为 m 的柔软匀质物体以初速 v_0 向右送上水平台面，物体前端在台面上滑动 s 距离后停下来(见图 2-23). 已知滑道上的摩擦可不计，物与台面间的摩擦因数为 μ，而且 $s>L$，试计算物体的初速度 v_0.

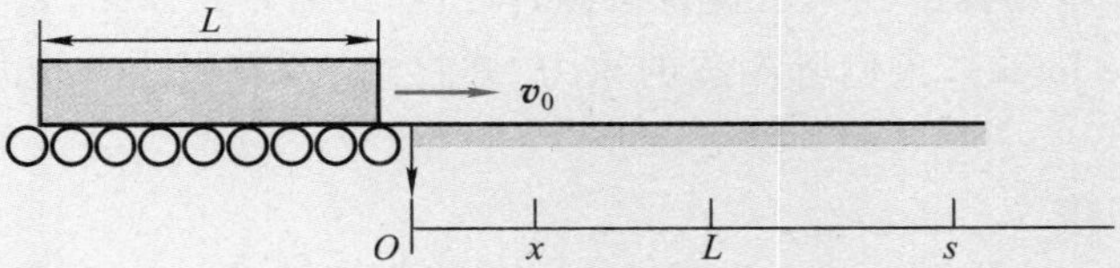

图 2-23

解 由于物体是柔软匀质的，在物体完全滑上台面之前，它对台面的正压力可认为与滑上台面的质量成正比，所以它所受台面的摩擦力 F_f 是变化的. 本题如用牛顿运动定律的瞬时关系求加速度是不太方便的. 我们把变化的摩擦力表示为

$$0<x<L, \qquad F_f=\mu \frac{m}{L}gx$$

$$x \geqslant L, \qquad F_f=\mu mg$$

当物体前端在 s 处停止时，摩擦力做的功为

$$A=\int_0^s \boldsymbol{F} \cdot \mathrm{d}\boldsymbol{x}=-\int_0^s F_f \mathrm{d}x=-\int_0^L \mu \frac{m}{L}gx\mathrm{d}x-\int_L^s \mu mg\mathrm{d}x$$

$$=-\mu mg\left(\frac{L}{2}+s-L\right)=-\mu mg\left(s-\frac{L}{2}\right)$$

再由动能定理得

$$-\mu mg\left(s-\frac{L}{2}\right)=0-\frac{1}{2}mv_0^2$$

即得

$$v_0=\sqrt{2\mu g\left(s-\frac{L}{2}\right)}$$

复习思考题

2-4-1 一物体可否只具有机械能而无动量？一物体可否只有动量而无机械能？试举例说明.

2-4-2 两质量不等的物体具有相等的动能，哪个物体的动量较大？两质量不等的物体具有相等的动量，哪个物体的动能较大？

2-4-3 一物体沿粗糙斜面下滑，试问在此过程中哪些力做正功？哪些力做负功？哪些力不做功？

2-4-4 外力对质点不做功时，质点是否一定作匀速运动？

2-4-5 两个相同的物体处于同一位置，其中一个水平抛出，另一个沿斜面无摩擦地自由滑下,问哪一个物体先到达地面?到达地面时两者速率是否相等?

§2-5 保守力 成对力的功 势能

一、保守力

当人们对各种力所做的功进行计算时,发现有一类力做的功具有鲜明的特色,功的大小只与物体的初末位置有关,而与所经历的路径无关,这类力叫做保守力(conservative force).人们所熟悉的重力、弹性力、万有引力和电场力等都是常见的保守力.

1. 重力的功

设质量为 m 的物体在重力作用下从 a 点沿任一曲线 acb 运动到达 b 点,a 点和 b 点对所选取的参考平面来说,高度分别为 h_a 和 h_b,在图 2-24 中 h 轴竖直向上.在元位移 d$\boldsymbol{s}$ 中,重力 $\boldsymbol{G}$ 所做的元功是

$$\mathrm{d}A=G\cos\theta\mathrm{d}s=mg\cos\theta\mathrm{d}s=mg\mathrm{d}h$$

式中 $\mathrm{d}h(=\mathrm{d}s\cos\theta)$ 就是物体在元位移 d$\boldsymbol{s}$ 中下降的高度.在离地球表面几百米高度范围内,物体所受的重力可以看作是恒力,$G=mg$.所以物体从 a 点沿曲线 acb 到达 b 点,重力对物体所做的功是

$$A=\int_a^b\mathrm{d}A=-\int_{h_a}^{h_b}mg\mathrm{d}h=mgh_a-mgh_b \tag{2-35}$$

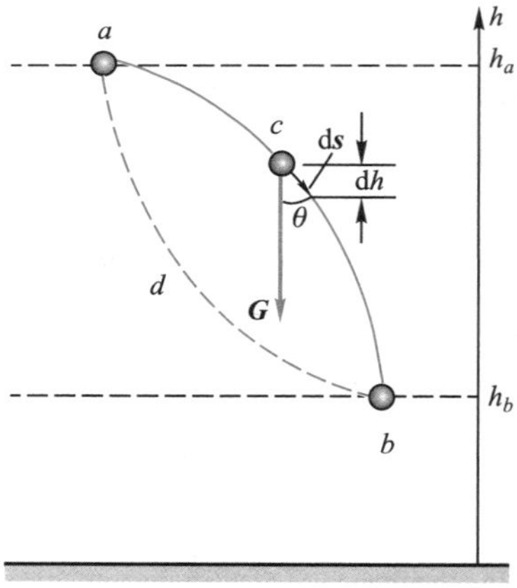

图 2-24 重力的功

从计算中可以看出,如果物体从 a 点沿另一曲线 adb 运动到 b 点,所做的功仍可用上式计算.由此可知,重力有一特点,即重力所做的功只与运动物体的初末位置(h_a 和 h_b)有关,而与运动物体所经过的路径无关.

我们进一步计算在物体沿任一闭合路径 $adbca$ 运动一周时,重力所做的功.如图 2-24 所示,我们把路径分为 adb 和 bca 两段来考虑,在曲线 adb 上,重力做正功

$$A_{adb}=mgh_a-mgh_b$$

在曲线 bca 上,重力做负功

$$A_{bca}=-(mgh_a-mgh_b)$$

所以物体沿闭合路径运动一周,重力所做的功是

$$A=A_{adb}+A_{bca}=0$$

这就是说,重力做功的特点也可表述如下:在重力场中物体沿任一闭合路径 L 运动一周时,重力所做的功为零.

2. 弹性力的功

和重力一样，弹性力也是保守力．设有一劲度系数为 k 的轻弹簧，放在水平光滑桌面上，令它一端固定，另一端连接一物体，如图 2-25 所示．O 点为弹簧未伸长时物体的位置，叫做平衡位置（equilibrium position）．设 a、b 两点为弹簧伸长后物体的两个位置，x_a 和 x_b 分别表示物体在 a、b 两点时距 O 点的距离，亦即弹簧的伸长量．当物体由 a 点运动到达 b 点，弹性力 F 将对物体做正功（力与位移同向）．

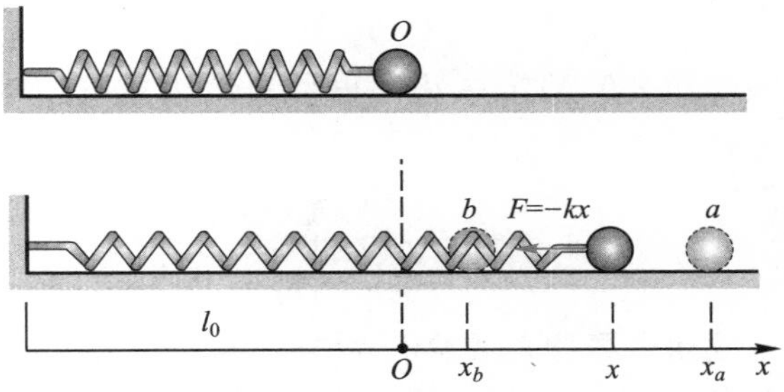

图 2-25　弹性力的功

由式（2-29）可知，因力和位移同向，所以式中 $\cos\theta=1$，于是弹性力对物体所做的功是

$$A=\int_{x_a}^{x_b}F\mathrm{d}x=-\int_{x_a}^{x_b}kx\mathrm{d}x=\frac{1}{2}kx_a^2-\frac{1}{2}kx_b^2 \tag{2-36}$$

由此可见，弹性力的功和重力的功具有共同的特点，即所做的功也只与运动物体的初末位置（x_a，x_b）有关．同样，如果物体由某一位置出发使弹簧经过任意的伸长和压缩（在弹性限度内），再回到原处，则在整个过程中，弹性力所做的功为零．

3. 万有引力的功

设一质量为 m 的物体，在另一质量为 m' 的静止物体的引力场中①，沿某路径由 a 运动到 b，如图 2-26 所示．以 m' 的中心为原点，m 在某时刻的位矢为 $\boldsymbol{r}$，它在完成元位移 $\mathrm{d}\boldsymbol{r}$ 时，引力所做元功为

$$\mathrm{d}A=\boldsymbol{F}\cdot\mathrm{d}\boldsymbol{r}=G\frac{mm'}{r^2}\cos\theta\,|\mathrm{d}\boldsymbol{r}|$$

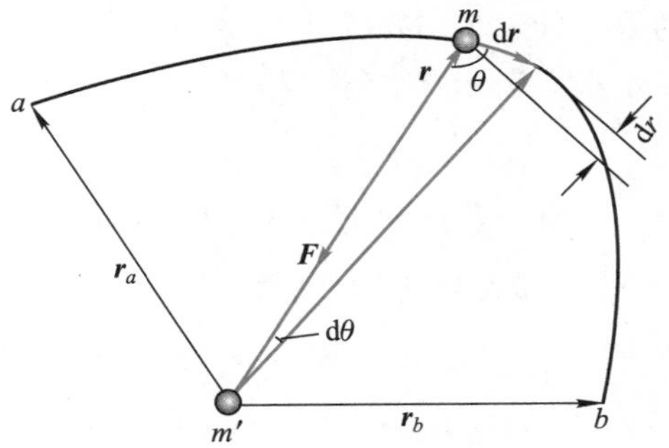

图 2-26　万有引力的功

① 一般说来，两个物体在相互作用下都要发生运动，但当 m' 比 m 大很多时，m' 就可被认为始终不动．

由图 2-26 可见，$|\mathrm{d}\boldsymbol{r}|\cos\theta=-|\mathrm{d}\boldsymbol{r}|\cos(\pi-\theta)$，等于位矢大小的增量 $\mathrm{d}r$，所以上式可改写为

$$\mathrm{d}A=-G\frac{mm'}{r^2}\mathrm{d}r$$

这样，此质点由 a 运动到 b 引力所做的总功为

$$A=\int_a^b\mathrm{d}A=\int_{r_a}^{r_b}-G\frac{mm'}{r^2}\mathrm{d}r=-Gmm'\left(\frac{1}{r_a}-\frac{1}{r_b}\right) \tag{2-37}$$

因此，引力的功也只和初末位置有关，引力也是保守力. 保守力做功与路径无关这个特点，可用统一的数学式表示为

$$\oint_L \boldsymbol{F}\cdot\mathrm{d}\boldsymbol{r}=0 \tag{2-38}$$

上式表明，质点沿任意闭合路径 L 运动一周时，保守力对它所做的功为零.

在物理学中，除了这些力之外，以后要讲到的静电力也是保守力. 我们把没有这种特性的力，叫做非保守力（non-conservative force）. 人们熟知的摩擦力就是非保守力，它做的功是与路径有关的. 当我们把放在地面上的物体从一处拉到另一处时，如果所经过的路径不同，摩擦力所做的功是不相同的.

二、成对力的功

根据力的相互作用的性质，我们知道，不管是保守力还是非保守力，力总是成对的. 现在，通过对成对力做功的讨论，将加深我们对保守力的理解和认识.

设有两个质点 1 和 2，质量分别为 m_1 和 m_2，$\boldsymbol{F}_{12}$ 为质点 1 受到质点 2 对它的作用力，$\boldsymbol{F}_{21}$ 为质点 2 受到质点 1 对它的作用力，它们是一对作用力与反作用力. 由牛顿第三定律可知，$\boldsymbol{F}_{12}=-\boldsymbol{F}_{21}$. 如果在某参考系内，质点 1 在 $\mathrm{d}t$ 时间内完成了位移 $\mathrm{d}\boldsymbol{r}_1$，质点 2 在这段时间内完成的位移是 $\mathrm{d}\boldsymbol{r}_2$. 根据矢量合成的法则，不难看出 $\mathrm{d}\boldsymbol{r}_2=\mathrm{d}\boldsymbol{r}_1+\mathrm{d}\boldsymbol{r}'$，此处 $\mathrm{d}\boldsymbol{r}'$ 表示质点 2 相对于质点 1 的相对位移，如图 2-27 所示. 我们分别用 $\mathrm{d}A_1$ 与 $\mathrm{d}A_2$ 表示 $\boldsymbol{F}_{12}$ 与 $\boldsymbol{F}_{21}$ 所做的元功，则有

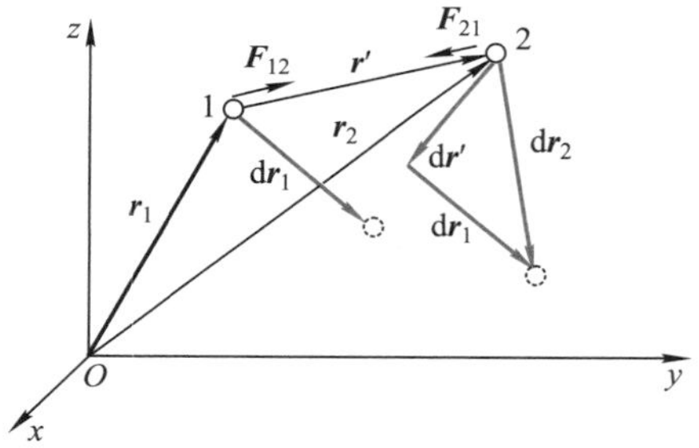

图 2-27 成对力的功

$$\mathrm{d}A_1=\boldsymbol{F}_{12}\cdot\mathrm{d}\boldsymbol{r}_1,\quad \mathrm{d}A_2=\boldsymbol{F}_{21}\cdot\mathrm{d}\boldsymbol{r}_2$$

这一对作用力与反作用力所做元功之和 $\mathrm{d}A$ 为

$$\begin{aligned}\mathrm{d}A&=\boldsymbol{F}_{12}\cdot\mathrm{d}\boldsymbol{r}_1+\boldsymbol{F}_{21}\cdot\mathrm{d}\boldsymbol{r}_2=\boldsymbol{F}_{12}\cdot\mathrm{d}\boldsymbol{r}_1+\boldsymbol{F}_{21}\cdot(\mathrm{d}\boldsymbol{r}_1+\mathrm{d}\boldsymbol{r}')\\&=(-\boldsymbol{F}_{21}+\boldsymbol{F}_{21})\cdot\mathrm{d}\boldsymbol{r}_1+\boldsymbol{F}_{21}\cdot\mathrm{d}\boldsymbol{r}'=\boldsymbol{F}_{21}\cdot\mathrm{d}\boldsymbol{r}'\end{aligned} \tag{2-39}$$

由此可见，成对作用力与反作用力所做的总功只与作用力 $\boldsymbol{F}_{21}$ 及相对位移 $\mathrm{d}\boldsymbol{r}'$ 有关，而与每个质点各自的运动无关. 虽然每个质点的位移以及作用力所做的功都

是和参考系有关的(设想换用质点 1 为参考系,则 $d\boldsymbol{r}_1=\boldsymbol{0}$, $dA_1=0$),但是质点间的相对位移 $d\boldsymbol{r}'$和 $\boldsymbol{F}_{21}$ 却都是不随参考系变化的,所以上面结果表明:任何一对作用力和反作用力所做的总功具有与参考系选择无关的不变性质.利用这一特点我们可以方便地由相对位移来分析系统中成对内力的功.例如,两块叠放在一起的物体,由于它们上下表面之间存在静摩擦力,所以在外力作用下一起沿水平面加速运动.从两者没有相对位移就可断定这对静摩擦力所做的总功为零.

通过上述讨论,现在回顾一下前面的保守力做功问题.不难看出,当时在相互作用质点系中的一个质点不动的情形下讨论了保守力,既然作用在不动的质点上的力的功为零,那么,实际上前面讨论的就是成对保守力所做的总功,运动质点的初末位置也就是两个质点的初末相对位置.所以,保守力的普遍定义应该是这样的:在任意的参考系中,成对保守力所做的功只取决于相互作用质点的初末相对位置,而与各质点的运动路径无关.

三、势能

由于两个质点间的保守力做的功与路径无关,只取决于两质点的初末相对位置,所以这两质点系统存在着一个由相对位置决定的状态函数.这个相对位置决定的函数,称为系统的势能函数,简称势能(potential energy,简写为 P. E.),用 E_p 表示.引入势能概念以后,保守力做的功可简单地写成

$$\boxed{A_c=E_{pa}-E_{pb}=-\Delta E_p} \tag{2-40}$$

上式的意思是,系统在由位置 a 改变到位置 b 的过程中,成对保守力做的功等于系统势能的减少(或势能增量的负值).

应当强调,势能既取决于系统内物体之间相互作用的形式,又取决于物体之间的相对位置,所以势能是属于系统的.例如重力势能属于物体和地球这一系统.通常讲"物体的重力势能",只是为了叙述简便.

此外,还要注意,式(2-40)表明,物体系统在两个不同位置的势能差具有一定的量值,它可用成对保守力做的功来量度.鉴于成对保守力做的功与参考系的选择无关,所以这个势能差是有其绝对意义的.至于系统的势能的量值,却只有相对意义.如果我们选定在某个位置,系统的势能为零,则它在其他位置的势能才有具体的量值,此值等于从该位置移动到势能零点时保守力所做的功.势能零点可根据问题的需要来选择.而作为两个位置的势能差,其值是一定的,与势能零点的选择无关.

(1) 重力势能

因为重力是地球对物体的作用,同时一般物体所处的高度总是相对于地面来说的,所以重力势能(gravitational potential energy)既和物体与地球间的相互作用有关,又和这二者的相对位置有关.如以选取的参考平面(如地面)为势能零点,即有

$$E_p=mgh \tag{2-41}$$

(2) 弹性势能

对处于弹性形变状态的物体，它也具有能量. 我们把这种能量叫做弹性势能(elastic potential energy). 和重力势能相似，弹性势能和物体各部分之间相互作用有关，又和这些部分的相对位置有关. 如以物体在平衡位置时的弹性势能为零势能点，则弹性势能可表示为

$$E_{p}=\frac{1}{2}kx^{2} \tag{2-42}$$

引力势能

(3) 引力势能

对引力做功，我们同样可引入引力势能的概念，如以 $r\to\infty$ 处为引力势能的零点，即有

$$E_{p}=-G\frac{mm'}{r} \tag{2-43}$$

四、势能曲线

如果把势能和相对位置的关系绘成曲线，用来讨论物体在保守力作用下的运动是很方便的. 前面提到的三种势能的势能曲线如图 2-28 所示.

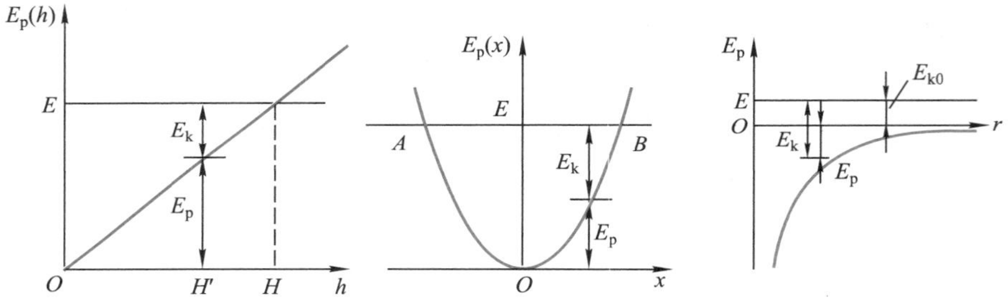

(a) 重力势能　　(b) 弹性势能　　(c) 引力势能

图 2-28　势能曲线

在系统的总能量 $E=E_k+E_p$ 保持不变的条件下，在势能曲线图上，可用一平行于横坐标轴的直线来表示它. 系统在每一位置时的动能的大小($E_k=E-E_p$)就可方便地在图上显示出来. 因为动能不可能为负值，只有符合 $E_k\geqslant 0$ 的运动才可能发生，所以，根据势能曲线的形状可以讨论物体的运动. 例如，在图 2-28(b)中，表示总能量的直线与势能曲线相交于 A、B 两点，这表明质点只能在 AB 的范围内运动，而且在 A、B 两点，质点的动能为零，速度也为零. 在图 2-28(a)中，当质点的高度 $h=H$ 时，其动能为零；而当 $h=H'$时，其动能为图中所示的 E_k.

利用势能曲线，还可判断物体在各个位置所受保守力的大小和方向. 我们知道，保守力做的功等于势能增量的负值，即

$$A=-(E_{p2}-E_{p1})=-\Delta E_{p}$$

写成微分形式就是

$$dA=-dE_{p}$$

当系统内的物体在保守力 F 作用下，沿 Ox 轴发生位移 $\mathrm{d}x$ 时，保守力所做的功为

$$\mathrm{d}A = F\cos\varphi\,\mathrm{d}x = F_x\,\mathrm{d}x$$

式中 φ 为 $\boldsymbol{F}$ 与 Ox 轴正向的夹角. 比较上面两个式子，得

$$F_x = -\frac{\mathrm{d}E_\mathrm{p}}{\mathrm{d}x} \tag{2-44}$$

上式表明，保守力沿某坐标轴的分量等于势能对此坐标的导数的负值. 读者不难验证上式对重力、弹性力和万有引力[见图 2-28(c)]都是正确的.

例题 2-14

例题 2-14 计算程序

1953 年，日本物理学家汤川秀树提出了核力理论，认为核子间的相互作用势能可以写成

$$V(r) = \frac{V_0 r_0}{r}\exp(-r/r_0)$$

式中 $V_0 = 500\ \mathrm{MeV}$，是核子间相互作用强度，$r_0 = 1.5\times10^{-15}\ \mathrm{m}$，是核力的力程. (1) 试画出核子间相互作用的势能曲线；(2) 试求核子相互作用力的表达式，并证明核力是短程力.

解　(1) 如用一般方法画出势能曲线是非常困难的，但利用编程软件很容易实现，如图 2-29 所示(扫描侧边二维码查看源程序). 曲线表明，势能随核子间距离的增加而迅速减小.

(2) 根据式(2-44)可求得核子间相互作用的表达式

$$F(r) = -\frac{\mathrm{d}V}{\mathrm{d}r} = V_0\left(\frac{r_0}{r^2}+\frac{1}{r}\right)\exp(-r/r_0)$$

同样，用编程软件画出核子相互作用的 $F-r$ 曲线，如图 2-30 所示. 从图中可以看出，在 $r>r_0(\sim10^{-15}\ \mathrm{m})$ 时，核子间的相互作用力迅速趋于零，说明核力是一短程力，仅在飞米级 $(10^{-15}\ \mathrm{m})$ 范围内起作用.

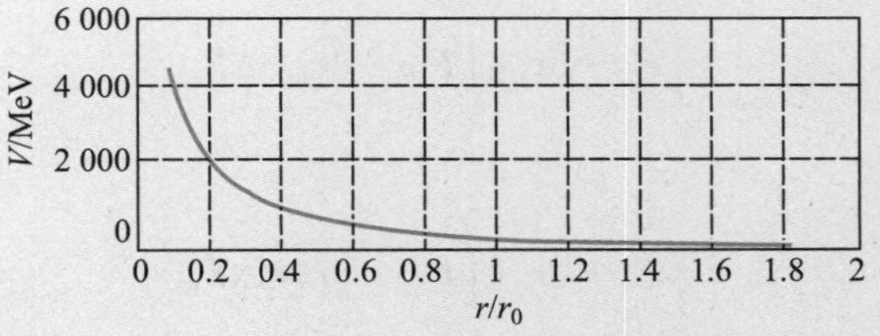

图 2-29　核子间的相互作用势能

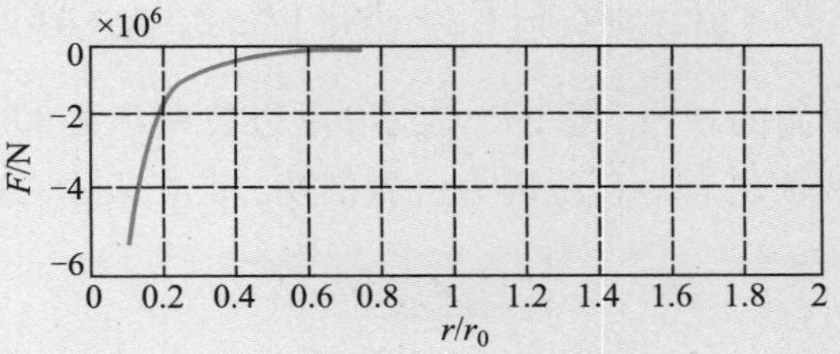

图 2-30　核子间的相互作用力

复习思考题

2-5-1　非保守力做的功总是负的，对吗？举例说明之.

2-5-2　为什么重力势能有正负，弹性势能只有正值，而引力势能只有负值？

2-5-3　回答下列问题：(1) 重力势能是怎样认识的？又是怎样计算的？重力势能的量值是绝对的吗？(2) 引力势能是怎样认识的？又是怎样计算的？引力势能的量值是绝对的吗？(3) 重力是引力的一个特例.你能从引力势能公式推算出重力势能的公式吗？(4) 物体在高空中时，势能到底是正值还是负值？

2-5-4　两个质量相等的小球，分别从两个高度相同、倾角不同的光滑斜面的顶端由静止滑到底部，此时它们的动量和动能是否相同？

§2-6　质点系的功能原理　机械能守恒定律

一、质点系的动能定理

现在，我们着手把单个物体(质点)的动能定理推广到由多个物体(质点)组成的系统.为方便计，设系统由两个质点1和2组成，它们的质量分别为 m_1 和 m_2，如图2-31所示.系统的外力 $\boldsymbol{F}_1$ 和 $\boldsymbol{F}_2$ 分别作用在质点1和质点2上，两个质点的相互作用力，对系统来说是内力，用 $\boldsymbol{F}_{12}$ 和 $\boldsymbol{F}_{21}$ 表示.作为系统的内力，其特点是作用力与反作用力成对地出现在系统内.在这些力的作用下，质点1和质点2沿各自的路径 s_1、s_2 运动.对质点1应用动能定理有

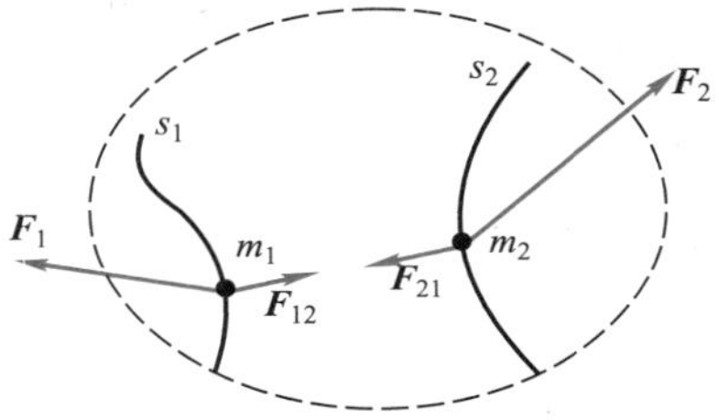

图 2-31　系统的外力和内力的功

$$\int \boldsymbol{F}_1 \cdot \mathrm{d}\boldsymbol{r}_1 + \int \boldsymbol{F}_{12} \cdot \mathrm{d}\boldsymbol{r}_1 = \Delta E_{k1}$$

同样对质点2有

$$\int \boldsymbol{F}_2 \cdot \mathrm{d}\boldsymbol{r}_2 + \int \boldsymbol{F}_{21} \cdot \mathrm{d}\boldsymbol{r}_2 = \Delta E_{k2}$$

上面两式相加，即得

$$\int \boldsymbol{F}_1 \cdot \mathrm{d}\boldsymbol{r}_1 + \int \boldsymbol{F}_2 \cdot \mathrm{d}\boldsymbol{r}_2 + \int \boldsymbol{F}_{12} \cdot \mathrm{d}\boldsymbol{r}_1 + \int \boldsymbol{F}_{21} \cdot \mathrm{d}\boldsymbol{r}_2 = \Delta E_{k1} + \Delta E_{k2}$$

上式右边是系统动能的增量，用 ΔE_k 表示；左边前两项之和为系统外力所做的功，用 A_e 表示；后两项之和为系统内力所做的功，用 A_i 表示.这样，上式可写成

$$\boxed{A_e + A_i = \Delta E_k} \tag{2-45}$$

上式就是质点系的动能定理，它说明系统的外力和内力做功的总和等于系统动能的增量.

二、质点系的功能原理

对系统的内力来说，它们有保守力和非保守力之分. 所以，内力做的功应分成两部分，即保守内力做的功 A_{ic} 和非保守内力做的功 A_{id}：

$$A_i = A_{ic} + A_{id}$$

其中保守内力做的功 A_{ic} 总可用系统势能增量的负值来表示，即

$$A_{ic} = -\Delta E_p$$

这样，式(2-45)就成为

$$\boxed{A_e + A_{id} = \Delta E_k + \Delta E_p = \Delta E} \tag{2-46}$$

式中 ΔE 为系统机械能的增量. 上式表明，**当系统从状态 1 变化到状态 2 时，它的机械能的增量等于外力做的功与非保守内力的功的总和**. 这个结论叫做质点系的功能原理.

从上面的讨论中，我们注意到：(1) 当我们取物体作为研究对象时，使用的是单个物体的动能定理，其中外力所做的功，指的是作用在物体上的所有外力所做的总功，所以必须计算包括重力、弹性力在内的一切外力所做的功. 物体动能的变化是由外力所做的总功来决定的. (2) 当我们取系统作为研究对象时，由于应用了系统的势能这个概念，关于保守内力所做的功，例如重力做的功和弹性力做的功等，在式(2-45)中不再出现，已为系统势能的变化所代替. 因此，在处理实际问题时，如果计算了保守内力所做的功[式(2-45)]，那么，就不必再去考虑势能的变化；反之，考虑了势能的变化[式(2-46)]，就不必再计算保守内力做的功.

在式(2-46)中，令 $A_e = 0$，即有

$$A_{id} = \Delta E$$

就是说，这时非保守内力做的总功将引起系统机械能的变化. 如果 $A_{id} > 0$，系统内部将有其他形式的能量转化成机械能. 例如，在射击时，火药的化学能转化成子弹和枪身的机械能. 如果 $A_{id} < 0$，系统内机械能通过内力做功转化成其他形式的非保守内能. 例如，在内部有摩擦时，机械能将转化成热能. 图 2-32 是人们所熟知

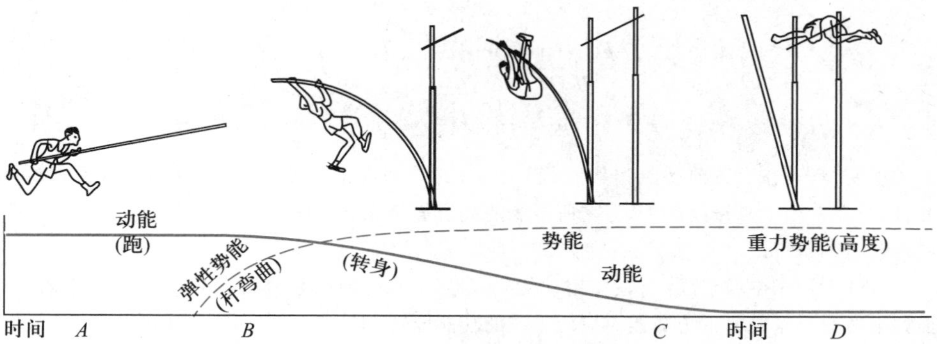

图 2-32　撑竿跳高中的能量转化

的撑杆跳高运动．当运动员手持撑杆全速前进时，他具有动能（A 处）．但当撑杆前端着地，他用力使撑杆弯曲时，除动能外，还在撑杆中储存了弹性势能（B 处）．直到他腾空而起，绕撑杆支点转动时，他的动能还相当大，但撑杆的弹性势能却在变小（C 处）．随着重力势能的变大，使动能逐渐变小．最后，在他将越过标杆时，动能变得很小，重力势能达到最大（D 处）．由于在运动过程中，既要克服摩擦力做功，又有人体内部非保守力做功，所以撑杆跳高时机械能不守恒．

例题 2-15

一汽车的速度 $v_0=36\ \mathrm{km/h}$，驶至一斜率为 0.010 的斜坡时，关闭油门．设车与路面间的摩擦阻力为车重 G 的 0.05 倍，问汽车能冲上斜坡多远？

解　解法一：取汽车为研究对象．汽车上坡时，受到三个力的作用：一是沿斜坡方向向下的摩擦力 $\boldsymbol{F}_\mathrm{f}$，二是重力 $\boldsymbol{G}$，三是斜坡对物体的支持力 $\boldsymbol{F}_\mathrm{N}$，如图 2-33 所示．设汽车能冲上斜坡的距离为 s，此时汽车的末速度为零．根据动能定理，并考虑到 $\boldsymbol{F}_\mathrm{N}$ 不做功，则

$$-F_\mathrm{f}s-Gs\sin\theta=0-\frac{1}{2}mv_0^2 \qquad (1)$$

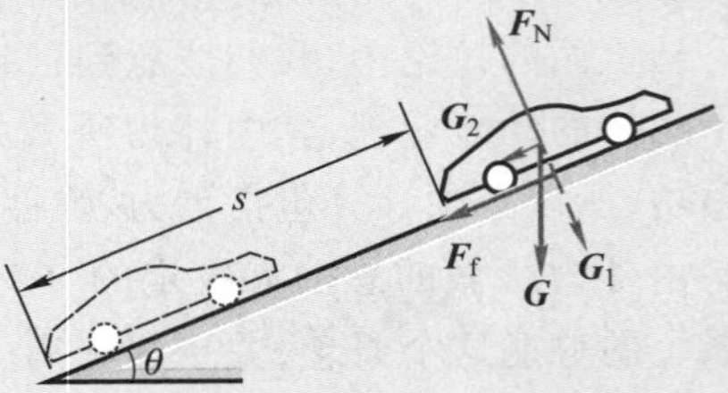

图 2-33　汽车沿斜坡上冲

上式说明，汽车上坡时，动能一部分用于克服摩擦力做功，一部分用于克服重力做功．因 $F_\mathrm{f}=\mu F_\mathrm{N}=\mu G_1$，所以

$$\mu G_1 s+Gs\sin\theta=\frac{1}{2}mv_0^2 \qquad (2)$$

按题意，$\tan\theta=0.010$，表示斜坡与水平面的夹角很小，所以 $\sin\theta\approx\tan\theta$，$G_1\approx G$，并因 $G=mg$，上式可化成

$$\mu gs+gs\tan\theta=\frac{1}{2}v_0^2 \qquad (3)$$

或

$$s=\frac{v_0^2}{2g(\mu+\tan\theta)}$$

代入已知数据得

$$s=85\ \mathrm{m}$$

解法二：取汽车和地球这一系统为研究对象，则系统内只有汽车受到 $\boldsymbol{F}_\mathrm{f}$ 和 $\boldsymbol{F}_\mathrm{N}$ 两个外力的作用，运用系统的功能原理，有

$$-F_\mathrm{f}s=(0+Gs\sin\theta)-\left(\frac{1}{2}mv_0^2+0\right)$$

即

$$\mu Gs=\frac{1}{2}mv_0^2-Gs\sin\theta \qquad (4)$$

上式说明，汽车在上坡前动能和势能（设为零）的总和大于上坡后动能（为零）和势能的总和，汽车在上坡中机械能减少了，它所减少的能量等于克服摩擦力所做的功．代入已知数据，同样解得 $s=85\ \mathrm{m}$．

从这个例子中我们看到，在应用动能定理时，必须计算一切外力（包括重力）所做的功，但如果考虑了系统的重力势能而应用系统的功能原理，那么就不能再把重力看作外力，也不必再计算重力做的功．

例题 2-16

在图 2-34 中，一个质量 $m=2\ \mathrm{kg}$ 的物体从静止开始，沿四分之一的圆周从 A 点滑到 B 点. 已知圆的半径 $R=4\ \mathrm{m}$，设物体在 B 点的速度 $v=6\ \mathrm{m/s}$，求在下滑过程中摩擦力所做的功.

解 在物体从 A 点到 B 点的下滑过程中，不仅有重力 $\boldsymbol{G}$ 的作用，而且还有摩擦力 $\boldsymbol{F}_{\mathrm{f}}$ 和正压力 $\boldsymbol{F}_{\mathrm{N}}$ 的作用，$\boldsymbol{F}_{\mathrm{f}}$ 与 $\boldsymbol{F}_{\mathrm{N}}$ 两者都是变力. $\boldsymbol{F}_{\mathrm{N}}$ 处处和物体运动方向相垂直，所以它是不做功的，但摩擦力所做的功却因它是变力而使计算复杂起来，不能直接用 $A=\int \boldsymbol{F}\cdot \mathrm{d}\boldsymbol{r}$ 来计算. 这时，比较方便的方法是采用功能原理进行计算. 把物体和地球作为系统，取 B 点处的重力势能为 0，则物体在 A 点时系统的能量 E_A 是系统的势能 mgR，而在 B 点时系统的能量 E_B 则是动能 $\frac{1}{2}mv^2$，它们的差值就是摩擦力所做的功，因此

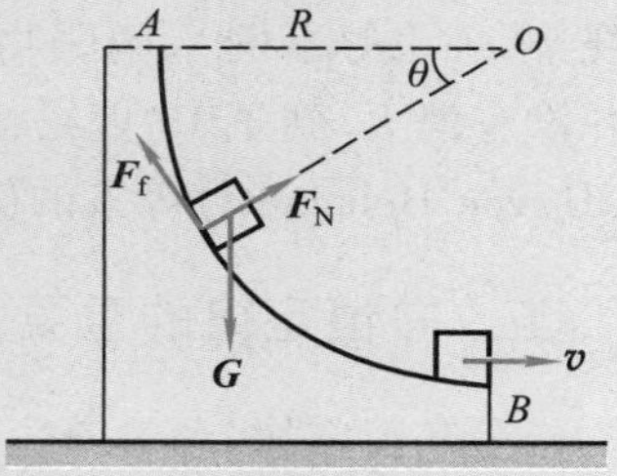

图 2-34 物体沿圆轨道下滑

$$A=E_B-E_A=\frac{1}{2}mv^2-mgR=-42.4\ \mathrm{J}$$

负号表示摩擦力对物体做负功，即物体克服摩擦力做功 42.4 J.

三、机械能守恒定律

根据系统的功能原理式(2-46)，很容易看出，若 $A_{\mathrm{e}}+A_{\mathrm{id}}=0$，则 $\Delta E=0$，即有

$$\text{当 } A_{\mathrm{e}}=0,\quad A_{\mathrm{id}}=0 \text{ 时},\quad \Delta E=0 \tag{2-47}$$

如果外力不做功，系统的机械能与外界没有交换；如果系统内非保守力不做功，系统内部不发生机械能与其他形式能量的转化. 只有当这两个条件同时满足时，系统的机械能才全靠内部动能与势能之间的转化保持守恒. 这就是说，如果一个系统内只有保守力做功，其他内力和一切外力都不做功，则系统内各物体的动能和势能可以互相转化，但机械能的总值不变. 这个结论叫做机械能守恒定律(law of conservation of mechanical energy).

机械能守恒

应用机械能守恒定律，必须正确选取所研究的系统，分析该系统是否满足机械能守恒定律，因为决定系统的内力和外力的情况，都是相对于一定的系统而言的.

四、能量守恒定律

一个不受外界作用的系统叫做孤立系统. 对于孤立系统，外力做的功当然为零. 如果系统状态变化时，有非保守内力做功，它的机械能当然就不守恒了. 但大量实验证明，一个孤立系统经历任何变化时，该系统的所有能量的总和是不变的，能量只能从一种形式转化为另一种形式，或从系统内一个物体传给另一个物体. 这就是能量守恒定律(law of conservation of energy). 它是物理学中具有最大普遍性的定律之一.

因为能量是各种运动的一般量度，所以能量守恒定律所阐明的实质就是各种物质运动可以相互转化. 然而，就物质或运动本身来说，却是既不能创造，也不会消灭的. 在历史上有不少具有物质不灭与运动守恒思想的人. 我国明末清初的王夫之就是其中之一. 他在《周易外传》中说："太虚者，本动者也. 动以入动，不滞不息."太虚指的是物质，把物质的本性说成是动的，而且能从一种运动转入另一种运动，这是可贵的运动守恒思想的萌芽. 不仅如此，他还以实验观察为基础，列举了烧柴、炼汞等事例①，阐明物体虽有生成有毁坏，只不过是改变了形态而已，物质并没有消灭. 到了 19 世纪，经过迈耶(J. R. Mayer)、焦耳(J. P. Joule)和亥姆霍兹(H. von Helmholtz)等人的努力，建立了普遍的能量守恒定律.

五、守恒定律的重要性

能量守恒定律、动量守恒定律以及角动量守恒定律是物理定律中最深刻、最简单的陈述，是探索和认识自然规律的重要理论依据. 在应当遵守某一守恒定律的物理过程中，如果发现有所违反，那常常是因为过程中蕴涵着还未被认识的新情况. 于是人们就按守恒定律要求去寻找和发现新事物. 例如在 β 衰变的研究中，年轻的泡利(W. Pauli)坚信动量和能量必须守恒，并提出中微子假说. 20 多年以后，科学家终于找到了中微子，支持了泡利的假说，捍卫了守恒定律. 因此，可根据守恒定律判断哪些过程不可能发生，哪些构想不可能实现. 历史上曾有许多人企图发明一种"永动机"，它不消耗能量而能连续不断地对外做功，或消耗少量能量而做大量的功. 这种设想违反能量守恒定律，这类永动机只能以失败而告终. 此外，利用守恒定律研究物体系统，可不管系统内各物体的相互作用如何复杂，也不问过程的细节如何，而直截了当地对系统的初末状态的某些特征下结论，这也是守恒定律的特点和优点. 因此，物理学家常常想方设法找寻所研究的现象中存在哪些守恒定律，以获得更好的解决方案与认知模型.

例题 2-17

起重机用钢丝绳吊运一质量为 m 的物体，使物体以速度 v_0 匀速下降，如图 2-35 所示. 当起重机突然刹车时，物体因惯性继续下降，问钢丝绳的最大伸长量为多少？(设钢丝绳的劲度系数为 k，钢丝绳的重量忽略不计.)这样突然刹车后，钢丝绳所受的最大拉力将有多大？

解 我们考察由物体、地球和钢丝绳所组成的系统. 除重力和钢丝绳中的弹性力外，其他的外力和内力都不做功，所以系统的机械能守恒. 现在研究两个位置的机械能.

在起重机突然停止的那个瞬时位置，物体的动能为

$$E_{k1}=\frac{1}{2}mv_0^2$$

① 王夫之，《张子正蒙注》："车薪之火，一烈已尽，而为焰，为烟，为烬，木者仍归木，水者仍归水，土者仍归土，特希微而人不见尔""汞见火则飞，不知何往，而究归于地".

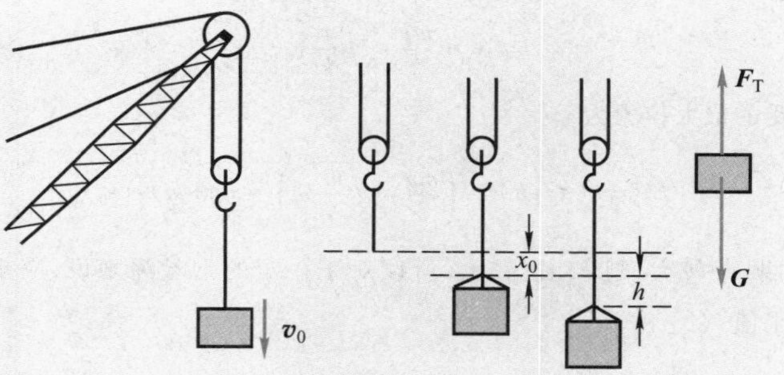

图 2-35 起重机吊运物体

设这时钢丝绳的伸长量为 x_0，系统的弹性势能为

$$E_{p1}^{弹}=\frac{1}{2}kx_0^2$$

如果物体因惯性继续下降的微小距离为 h，并且以此最低位置作为重力势能的零位置，那么，系统这时的重力势能为

$$E_{p1}^{重}=mgh$$

所以，系统在此位置的总机械能为

$$E_1=E_{k1}+E_{p1}^{弹}+E_{p1}^{重}=\frac{1}{2}mv_0^2+\frac{1}{2}kx_0^2+mgh$$

在物体下降到最低位置时，物体的动能 $E_{k2}=0$，系统的弹性势能应为

$$E_{p2}^{弹}=\frac{1}{2}k(x_0+h)^2$$

而此时的重力势能 $E_{p2}^{重}=0$. 所以，在最低位置时，系统的总机械能为

$$E_2=E_{k2}+E_{p2}^{弹}+E_{p2}^{重}=\frac{1}{2}k(x_0+h)^2$$

按机械能守恒定律，应有 $E_1=E_2$，于是

$$\frac{1}{2}mv_0^2+\frac{1}{2}kx_0^2+mgh=\frac{1}{2}k(x_0+h)^2$$

或

$$\frac{1}{2}kh^2+(kx_0-mg)h-\frac{1}{2}mv_0^2=0$$

由于物体作匀速运动时，钢丝绳的伸长量 x_0 满足 $x_0=\frac{G}{k}=\frac{mg}{k}$，代入上式后得

$$kh^2-mv_0^2=0$$

即

$$h=\sqrt{\frac{m}{k}}v_0$$

钢丝绳对物体的拉力 $\boldsymbol{F}_T$ 和物体对钢丝绳的拉力 $\boldsymbol{F}_T'$ 是一对作用力和反作用力. $\boldsymbol{F}_T'$ 和 $\boldsymbol{F}_T$ 的大小决定于钢丝绳的伸长量 x，$F_T'=kx$. 现在，当物体在起重机突然刹车后因惯性而下降，在最低位置时相应的伸长量 $x=x_0+h$ 是钢丝绳的最大伸长量，所以钢丝绳的最大伸长量为：

$$x_m=\frac{mg}{k}+\sqrt{\frac{m}{k}}v_0$$

钢丝绳所受的最大拉力为

$$F'_{Tm}=k(x_0+h)=k\left(\frac{mg}{k}+\sqrt{\frac{m}{k}}v_0\right)=mg+\sqrt{km}\,v_0$$

由此式可见,如果 v_0 较大,则 F'_{Tm} 也较大. 所以对于一定的钢丝绳来说,应规定吊运速度 v_0 不得超过某一限值.

例题 2-18

用一弹簧将质量分别为 m_1 和 m_2 的上下两水平木板连接,如图 2-36 所示,下板放在地面上. (1) 如以上板在弹簧上的平衡静止位置为重力势能和弹性势能的零点,试写出上板、弹簧以及地球这个系统的总势能. (2) 对上板加多大的向下压力 F,才能因突然撤去它,使上板向上跳而把下板拉起来?

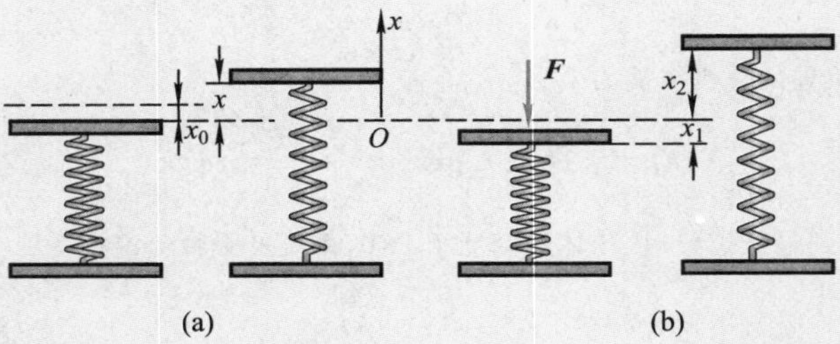

图 2-36

解 (1) 参看图 2-36(a),取上板的平衡位置为 Ox 轴的原点,并设弹簧为原长时上板处在 x_0 位置. 系统的弹性势能

$$E_{pe}=\frac{1}{2}k(x-x_0)^2-\frac{1}{2}kx_0^2=\frac{1}{2}kx^2-kx_0x$$

系统的重力势能为

$$E_{pg}=m_1gx$$

所以,总势能为

$$E_p=E_{pe}+E_{pg}=\frac{1}{2}kx^2-kx_0x+m_1gx$$

考虑到上板在弹簧上的平衡条件,得 $kx_0=m_1g$,代入上式得

$$E_p=\frac{1}{2}kx^2$$

可见,如选上板在弹簧上静止的平衡位置为原点和势能零点,则系统的总势能将以弹性势能的单一形式出现.

(2) 参看图 2-36(b),以添加力 $\boldsymbol{F}$ 时为初态,撤去力 $\boldsymbol{F}$ 而弹簧伸长最大时为末态,则

初态：　　$E_{k1}=0$，　$E_{p1}=\frac{1}{2}kx_1^2$

末态：　　$E_{k2}=0$，　$E_{p2}=\frac{1}{2}kx_2^2$

根据机械能守恒定律，应有

$$\frac{1}{2}kx_1^2=\frac{1}{2}kx_2^2$$

又因恰好提起 m_2 时，$k(x_2-x_0)=m_2g$，而 $kx_1=F$，$kx_0=m_1g$，代入解得

$$F=(m_1+m_2)g$$

这是说，当 $F\geqslant(m_1+m_2)g$ 时，下板就能被拉起.

例题 2-19

讨论宇宙航行所需要的三种宇宙速度（cosmic velocity）.

解　理论和实践告诉我们，设在地球表面附近发射航天器，发射速度为 $\boldsymbol{v}_0$，方向和地面平行. 当航天器达到速度 v_1（第一宇宙速度）时，它会沿着圆轨道绕地球飞行，这就是人造地球卫星. 当发射速度大于 v_1 时，轨道变成椭圆，发射点是其近地点. 当发射速度增大到 v_2（第二宇宙速度时，轨道成为抛物线，航天器将摆脱地球的引力而成为太阳系的人造行星. 当发射速度大于 v_2 时，航天器的轨道为双曲线，如图 2-37 所示.

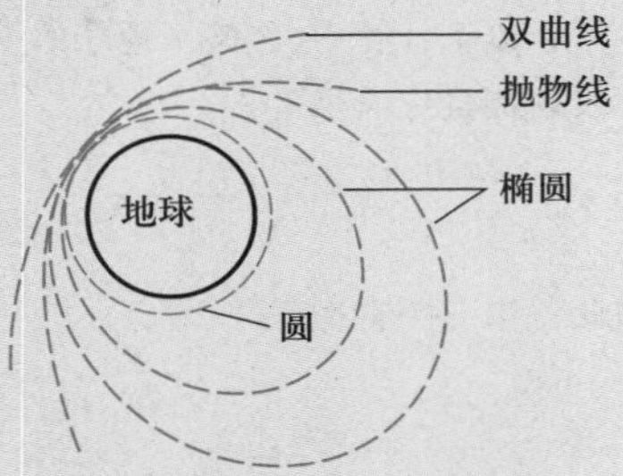

图 2-37　宇宙速度

飞行器运动轨道及宇宙速度

航天器以速度 v_1 环绕地球运动，所需向心力由万有引力提供，亦即

$$G\frac{mm_E}{r^2}=\frac{mv_1^2}{r}$$

式中 m_E 为地球质量，由此得

$$v_1=\sqrt{\frac{Gm_E}{r}}$$

设地面上航天器的重量为 mg，地球的半径为 R，则飞行器所受地球的引力 $Gmm_E/R^2=mg$，由此求得 $g=Gm_E/R^2$，把它代入 v_1 的式子中，则得

$$v_1=\sqrt{\frac{gR^2}{r}}$$

它告诉我们，航天器离地面越远，所需环绕速度越小. 当航天器在地面附近时，令上式中 $r=R$，则有

$$v_1=\sqrt{gR}=7.91\times10^3\ \text{m/s}$$

这就是第一宇宙速度.

当航天器发射速度从 7.91×10^3 m/s 增大时，椭圆逐渐拉长变大；当速度达到某一程度，椭圆终于不再闭合而成为抛物线，这个航天器也就挣脱地球的束缚而一去不复返. 能使物体挣脱地球束缚的速度叫逃逸速度（escape velocity），用 v_2 表示. 当物体的机械能 $E=0$ 时，

其轨迹为抛物线. 据此,由能量关系得

$$\frac{1}{2}mv_2^2=G\frac{mm_E}{r}$$

亦即

$$v_2=\sqrt{\frac{2Gm_E}{r}}=\sqrt{2gR}=11.2\times10^3\ \mathrm{m/s}$$

这就是逃逸速度,又叫第二宇宙速度.

使物体脱离太阳系所需最小速度叫做第三宇宙速度. 如用 m_S 表示太阳质量,用 r'表示地球至太阳的距离,则物体挣脱太阳引力所需速度 v_3' 应满足

$$\frac{1}{2}mv'^2_3=G\frac{mm_S}{r'}$$

由此得

$$v_3'=\sqrt{\frac{2Gm_S}{r'}}=42.2\times10^3\ \mathrm{m/s}$$

但 v_3' 是物体相对太阳的速度. 物体位于地球上,而地球相对太阳已具有 29.8×10^3 m/s 的公转速度,如使发射物体的方向和地球公转运行方向一致,则发射速度对地球而言只需

$$v_3''=(42.2-29.8)\times10^3\ \mathrm{m/s}=12.4\times10^3\ \mathrm{m/s}$$

在以上计算中,忽略了地球的引力,物体在脱离太阳引力的同时必须脱离地球引力,所以发射能量应满足

$$\frac{1}{2}mv_3^2=\frac{1}{2}mv_2^2+\frac{1}{2}mv''^2_3$$

由此得第三宇宙速度

$$v_3=\sqrt{v_2^2+v''^2_3}=16.7\times10^3\ \mathrm{m/s}$$

例题 2-20

当质子以初速 v_0 通过质量较大的原子核时,原子核可看作不动,质子受到原子核斥力的作用引起了散射,它运行的轨迹将是一双曲线,如图 2-38 所示. 试求质子和原子核最接近的距离 r_s.

解 将质量比质子大得多的原子核看作不动,并取原子核所在处为坐标的原点 O. 设原子核所带的电荷量为 Ze,这时作用在质子上的力可以认为只有原子核对它的静电斥力 $k\frac{Ze^2}{r^2}$, k 是一常量. 因这个力始终通过 O 点,所以质子在运动中对 O 点的角动量守恒,即

$$mv_0b=mv_sr_s \tag{1}$$

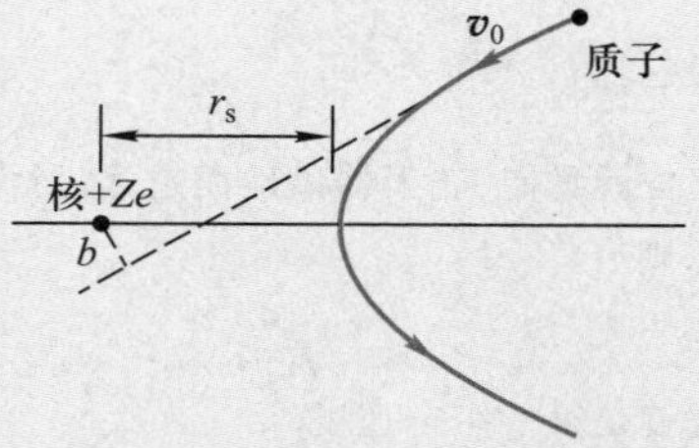

图 2-38 质子通过原子核时的轨迹

式中 m 是质子的质量;v_0 是质子未进入原子核斥力范围时的速度,也就是在无限远处的初速;v_s 是质子在离原子核最近处的速度;b 是初速度的方向线与原子核间的垂直距离.

在无限远处，质子的动能为$\frac{1}{2}mv_0^2$，而电势能取为零，所以，这时的总能量为

$$\frac{1}{2}mv_0^2$$

在离原子核最近处，质子的动能为$\frac{1}{2}mv_s^2$，而电势能①为 $k\frac{Ze^2}{r_s}$. 所以，这时的总能量为

$$\frac{1}{2}mv_s^2+k\frac{Ze^2}{r_s}$$

由于质子在飞行过程中没有能量损失，因此总能量也守恒，即

$$\frac{1}{2}mv_s^2+k\frac{Ze^2}{r_s}=\frac{1}{2}mv_0^2 \tag{2}$$

从式(1)和式(2)中消去 v_s，得

$$k\frac{Ze^2}{r_s}=\frac{1}{2}mv_0^2\left[1-\left(\frac{b}{r_s}\right)^2\right]$$

由此可求得

$$r_s=k\frac{Ze^2}{mv_0^2}+\sqrt{\left(k\frac{Ze^2}{mv_0^2}\right)^2+b^2}$$

*六、黑洞

黑洞(black hole)是天体物理学预言的一类天体，其特征是它的引力非常大，它"吞噬"周围的所有物质，甚至连光也无法逃逸出去，所以称为黑洞. 早在 1795 年，拉普拉斯(P. S. M. Laplace)就预言过黑洞的存在. 根据机械能守恒定律，一个质量为 m 的物体如果要从一个球状星体上逃逸，它的速度 v 至少要满足下列关系：

$$\frac{1}{2}mv^2=\frac{Gmm_C}{R}$$

式中 G 为引力常量，m_C 为星球质量，R 为星球半径，即其逃逸速度为 $v\geqslant\sqrt{\frac{2Gm_C}{R}}$. 如果

$$\frac{2Gm_C}{R}\geqslant c^2$$

c 为光速，那么这个星球就成为一个黑洞. 此时，星球的半径与质量的关系为

$$R\leqslant\frac{2Gm_C}{c^2}$$

例如质量如太阳般大小的星球，半径必须小于 3 km(太阳半径现为 7×10^5 km)时才能成为黑洞，它的质量密度约为2×10^{19} kg/m^3. 天文学家普遍认为恒星晚期核燃料耗尽时，它将坍缩成为黑洞.

---

① 对于质子和原子核组成的系统来说，当它们相距 r_s 时，电势能为 $k\frac{Ze^2}{r_s}$.

广义相对论创立以后，科学家又进一步深入研究黑洞，德国天文学家施瓦西(K. Schwarzschild)通过计算爱因斯坦方程得到有黑洞的解，即一个特殊的时空区域包围着一个密度极大的奇点，那里一切物质都只能向奇点下落而不能向外运动.

2019年4月10日，公布了历史上第一张黑洞照片(图2-39). 后期引力波的观测，不仅打开了宇宙的奥秘，还直接证明了黑洞的存在. 例如最近发现的迄今为止最大质量的双黑洞并合所释放的引力波，其中一颗黑洞的质量为太阳质量的65倍，另一颗为太阳质量的85倍，最后并合成一个142倍太阳质量的中等质量黑洞.

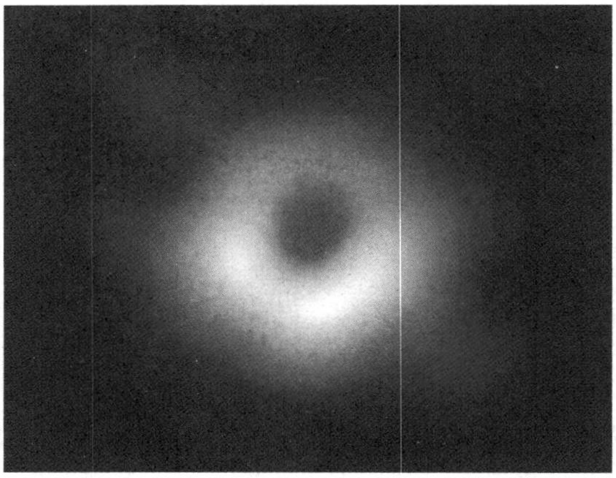

图 2-39

复习思考题

2-6-1 功能原理与动能定理的区别是什么？

2-6-2 试举例说明系统内非保守内力做功 $A_{ni}>0$，机械能增大；$A_{ni}<0$，机械能减小的情况.

2-6-3 在光滑桌面上有一弹簧振子系统，对地面观察者来说，以弹簧和质点为系统，桌面的支持力和重力不做功，桌端的弹簧连接点没有位移，桌子对弹簧的作用力也不做功，系统内无非保守内力，因此，系统的机械能守恒. 如果我们以相对地面以水平速度 $\boldsymbol{v}$ 作匀速直线运动的汽车为参考系来观察，系统的机械能是否守恒，为什么？

2-6-4 一物体在粗糙的水平面上，在外力 $\boldsymbol{F}$ 的作用下作匀速直线运动，问物体的运动是否满足机械能守恒？

2-6-5 试比较机械能守恒和动量守恒的条件，判断下列说法的正误，并说明理由：(1) 不受外力的系统必定同时满足动量守恒和机械能守恒；(2) 合外力为零，内力中只有保守力的系统，机械能必然守恒；(3) 仅受保守内力作用的系统必定同时满足动量守恒和机械能守恒.

§2-7 碰撞

如果两个或几个物体相互接近或发生接触时，在极为短暂的时间内，使物体运动状态发生显著变化，这个作用过程叫**碰撞**(collision)，所以，“碰撞”的含义比较广泛，除了球的撞击、打桩、锻铁外，分子、原子、原子核等微观粒子的相互作用过程等也都是碰撞过程，这时粒子间的相互作用是非接触作用，例如分子、原子相互接近时，由于双方很强的相互斥力，迫使它们在接触前就偏离了原来的运动方向而分开，这种碰撞通常称为散射(scattering). 甚至如人从车上跳下、子弹打入墙壁等现象，在一定条件下也可看作是碰撞过程. 在碰撞过程中，由于相互作用的时间极短，相互作用的冲力又极大，碰撞物体所受的其他作用力相对来说都很小，可以忽略不计. 因此，在处理碰撞问题时，常将相互碰撞的物体作为一系统来考虑，就可以认为系统内仅有内力的相互作用，所以这一系统应该遵从动量守恒定律. 下面我们以两球碰撞为例进行讨论.

北京正负电子对撞机

如果两球在碰撞前的速度在两球的中心连线上，那么，碰撞后的速度也都在这一连线上，这种碰撞称为正碰(direct impact，也称对心碰撞). 我们用 $\boldsymbol{v}_{10}$ 和 $\boldsymbol{v}_{20}$ 分别表示两球在碰撞前的速度，$\boldsymbol{v}_1$ 和 $\boldsymbol{v}_2$ 分别表示在碰撞后的速度，m_1 和 m_2 分别为两球的质量(图 2-40). 应用动量守恒定律得

$$m_1 v_{10} + m_2 v_{20} = m_1 v_1 + m_2 v_2 \tag{2-48}$$

在上式中，假定碰撞前后各个速度都沿着同一方向(在图 2-40 中速度都向右，均取正值).

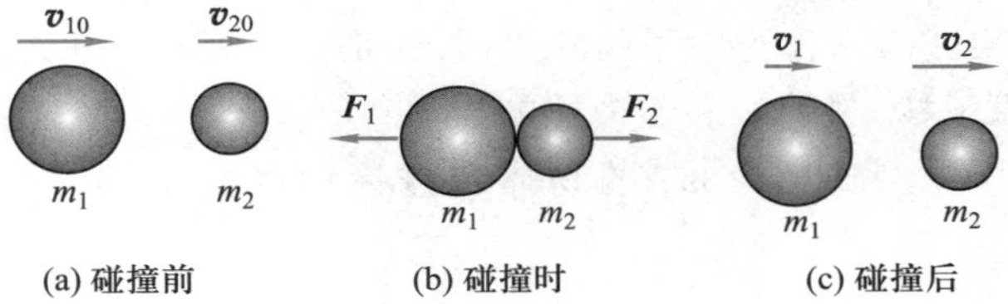

图 2-40 两球的对心碰撞

牛顿从实验结果总结出一个碰撞定律：碰撞后两球的分离速度($v_2 - v_1$)，与碰撞前两球的接近速度($v_{10} - v_{20}$)成正比，比值由两球的材料性质决定，即

$$e = \frac{v_2 - v_1}{v_{10} - v_{20}} \tag{2-49}$$

通常把 e 叫做恢复系数(coefficient of restitution)(在斜碰的情况下，式中的分离速度与接近速度都是指沿碰撞接触处法线方向上的相对速度). 如果 $e=0$，则 $v_2 = v_1$，亦即两球碰撞后以同一速度运动，并不分开，这叫做完全非弹性碰撞(perfect inelastic collision). 如果 $e=1$，则分离速度等于接近速度，它叫做完全弹性碰撞(perfect elastic collision)，这是一种理想的情形. 可以证明，在完全弹性碰撞中，两球的机械能完全没有损失，而在一般情况下，两球在碰撞过程中，机械能并不守恒，总有一部分机械能损失掉，转化为其他形式的能量，例如转化成热能等. 我们把这种机械能有损失的碰撞叫做非弹性碰撞(inelastic collision).

由式(2-48)和式(2-49)可得

$$\left.\begin{aligned} v_1 &= v_{10} - \frac{(1+e)m_2(v_{10} - v_{20})}{m_1 + m_2} \\ v_2 &= v_{20} + \frac{(1+e)m_1(v_{10} - v_{20})}{m_1 + m_2} \end{aligned}\right\} \tag{2-50}$$

利用上式,我们讨论如下两类极端情形.

1. 完全弹性碰撞

这时,令 $e=1$,由式(2-50)得

$$\left.\begin{aligned} v_1&=\frac{(m_1-m_2)v_{10}+2m_2v_{20}}{m_1+m_2}\\ v_2&=\frac{(m_2-m_1)v_{20}+2m_1v_{10}}{m_1+m_2}\end{aligned}\right\}\qquad(2-51)$$

下面,分析两种特例.

(1) 设两球质量相等,即 $m_2=m_1$,代入式(2-51),得

$$v_1=v_{20},\quad v_2=v_{10}$$

这时,两球经过碰撞将交换彼此的速度,即速度和能量发生了转移(transfer). 例如,如果第二小球原为静止,则当第一小球与它相撞时,第一小球就停下来,并把速度传递给它.

如设两球的质量相近,则 m_1 与 m_2 越相近时,就越接近上述情况. 在原子核反应堆中,常用石墨或重水作为中子的减速剂,就是考虑到中子和这些轻原子核(碳原子核或重氢原子核)碰撞时易于减速的情形.

(2) 设 $m_1\neq m_2$,质量为 m_2 的物体在碰撞前静止不动,即 $v_{20}=0$,则从式(2-51)可得

$$v_1=\frac{(m_1-m_2)v_{10}}{m_1+m_2},\quad v_2=\frac{2m_1v_{10}}{m_1+m_2}$$

如果 $m_2\gg m_1$,那么

$$\frac{m_1-m_2}{m_1+m_2}\approx-1,\quad \frac{2m_1}{m_1+m_2}\approx 0$$

所以

$$v_1\approx -v_{10},\quad v_2\approx 0$$

即质量极大并且静止的物体,经碰撞后,几乎仍静止不动,而质量极小的物体,在碰撞前后的速度方向相反,大小几乎不变,这个现象属于反冲(recoil). 皮球和地面的碰撞近似地就是这种情形. 皮球竖直落到地面上,以相反方向跳回,而且几乎达到原有的高度. 气体分子与器壁垂直地相撞时也是这种情形.

2. 完全非弹性碰撞

在完全非弹性碰撞中,$e=0$,由式(2-50)得

$$v_1=v_2=\frac{m_1v_{10}+m_2v_{20}}{m_1+m_2}\qquad(2-52)$$

现在,我们用式(2-52)计算碰撞中损失的机械能,得

$$\Delta E=\frac{1}{2}(1-e^2)\frac{m_1m_2}{m_1+m_2}(v_{10}-v_{20})^2\qquad(2-53)$$

上式是个有用的式子. 容易看出,在完全非弹性碰撞中,损失的机械能最多.

在工程中,例如打铁、打桩这类问题,经常碰到其中一个物体是静止的,设 $v_{20}=0$,此时损失的机械能为

$$\Delta E=\frac{1}{2}(1-e^2)\frac{m_1m_2}{m_1+m_2}v_{10}^2$$

而$\frac{1}{2}m_1v_{10}^2$为碰撞前的机械能,以 E_0 表示,于是

$$\Delta E=(1-e^2)\frac{m_2}{m_1+m_2}E_0=(1-e^2)\frac{1}{1+\frac{m_1}{m_2}}E_0$$

由此可知,在此情况下,损失的机械能是它原有的机械能的一部分,而这部分机械能的大小完全取决于两给定碰撞物体的恢复系数和质量比$\left(\frac{m_1}{m_2}\right.$越小,$\Delta E$ 越大,$\frac{m_1}{m_2}$越大,ΔE 越小. $\left.\right)$. 在实际问题中,往往根据不同的能量要求,来选择不同的条件. 例如,在打铁时,使铁锤和锻件(连同铁砧)碰撞,要锻件在碰撞过程中发生变形,这时尽量使碰撞中的机械能用于锻件变形,这就要求铁砧的质量比铁锤的质量大得多,即 $m_2 \gg m_1$. 打桩的情况就恰好相反. 锤和桩碰撞时,锤把机械能传递给桩,使桩尽可能具有较大的动能克服地面的阻力下沉,因此,希望机械能损失得越少越好,这就要求用质量较大的锤撞击质量较小的桩,即 $m_2 \ll m_1$.

例题 2-21

在碰撞实验中,常用如图 2-41 所示的仪器. A 为一小球,B 为蹄状物,质量分别为 m_1 和 m_2. 开始时,将 A 球从张角 θ 处落下,然后与静止的 B 物相碰撞,嵌入 B 中一起运动,求两物到达最高处的张角 φ.

解 首先我们来考虑一个问题,小球在开始位置时的机械能是否等于两物在最终位置的机械能呢? 结果是,两者并不相等. 为了弄清楚这个问题,并求得本题的解答,我们最好把运动过程分成几个阶段来讨论.

(1) 小球 A 从开始位置下落 h_1 而到最低位置,这是小球与蹄状物 B 碰撞前的过程,小球除受重力外,还受到悬线的拉力,但拉力不做功,因此机械能守恒. 取小球在最低位置时的势能为零,小球在开始位置时的动能为零,只有势能,总机械能为

$$E_1=m_1gh_1=m_1gl(1-\cos\theta)$$

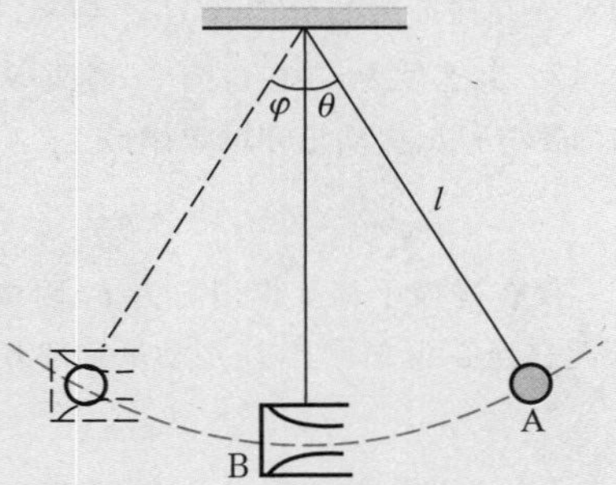

图 2-41 碰撞演示仪器

当小球在最低位置时,势能为零,只有动能,设小球的速度为 v,总机械能为

$$E_2=\frac{1}{2}m_1v^2$$

根据机械能守恒定律得到

$$\frac{1}{2}m_1v^2=m_1gl(1-\cos\theta)$$

或

$$v=\sqrt{2gl(1-\cos\theta)} \tag{1}$$

（2）当小球与蹄状物碰撞时，两物体作完全非弹性碰撞，所以机械能守恒定律不能适用. 在两物碰撞中，相互作用的时间极短，我们可以认为它们是在该处完成碰撞后，再一起运动的. 由于小球与蹄状物间的冲力是内力，所以可以应用动量守恒定律，即

$$m_1v=(m_1+m_2)v' \tag{2}$$

式中 v' 就是小球与蹄状物开始一起运动的速度.

（3）小球与蹄状物开始运动后，在悬线的约束下，沿圆弧运动，最后上升到张角为 φ 处. 在此过程中，悬线的拉力不做功，因此也可应用机械能守恒定律，即

$$\frac{1}{2}(m_1+m_2)v'^2=(m_1+m_2)gl(1-\cos\varphi)$$

或

$$v'=\sqrt{2gl(1-\cos\varphi)} \tag{3}$$

从式(1)、式(2)和式(3)中消去 v 和 v'，可得 φ 与 θ 之间关系为

$$\cos\varphi=1-\left(\frac{m_1}{m_1+m_2}\right)^2(1-\cos\theta)$$

利用这种碰撞实验，可以验证动量守恒与机械能守恒定律.

例题 2-22

一质量为 m 的光滑球 A，竖直下落，以速度 u 与质量为 m' 的球 B 碰撞. 球 B 由一根不可伸长的细绳悬挂着. 设碰撞时两球的连心线与竖直方向（y 方向）成 θ 角，如图 2-42 所示. 已知恢复系数为 e，求碰撞后球 A 的速度.

解　这是个**斜碰**（oblique impact）问题. 按题意，我们设 A 在碰撞后的分速度为 v_x 与 v_y；B 只能沿水平方向运动，其速度为 v'. 在碰撞中，因两球在 x 方向所受外力为零，所以，由动量守恒定律得

$$mv_x+m'v'=0 \tag{1}$$

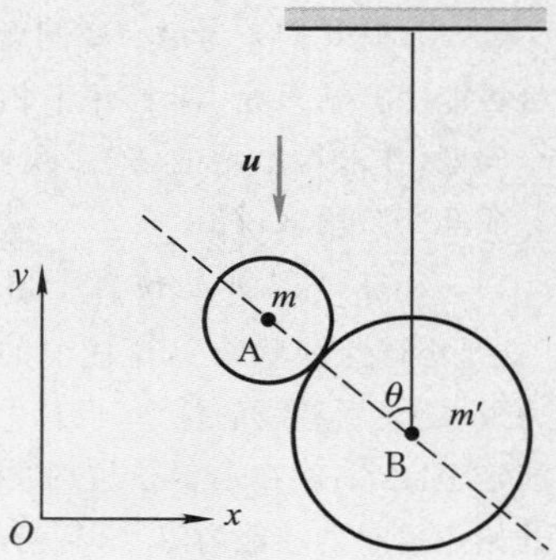

图 2-42　两球的斜碰

设在碰撞中相互作用力为 $\boldsymbol{F}$. 因接触是光滑的，所以 $\boldsymbol{F}$ 在连心线方向上. 应用动量定理有

$$mv_x=-F\sin\theta\Delta t$$

$$mv_y-(-mu)=F\cos\theta\Delta t$$

由此求得

$$\frac{v_y+u}{v_x}=-\cot\theta \tag{2}$$

又因在斜碰中,沿接触处法线方向上的分离速度与接近速度分别为$-(v'-v_x)\sin\theta-v_y\cos\theta$与$-u\cos\theta$,因此,由式(2-49)得

$$e=\frac{-(v'-v_x)\sin\theta-v_y\cos\theta}{-u\cos\theta}\tag{3}$$

由式(1)、式(2)与式(3)联立求解,最后得

$$v_x=-u\frac{m'(1+e)\sin\theta\cos\theta}{m'+m\sin^2\theta}$$

$$v_y=-u\left[1-\frac{m'(1+e)\cos^2\theta}{m'+m\sin^2\theta}\right]$$

当$\theta=0$时,$v_x=0$,$v_y=eu$,这说明球A将以速率eu反弹.这是对心碰撞的结果.当$\theta=\frac{\pi}{2}$时,$v_x=0$,$v_y=-u$,这说明球A将以速率u竖直下落.因为接触是光滑的,后一结果就在意料之中.

*§ 2-8　对称性和守恒定律

一、对称性和守恒定律

上面介绍的动量守恒定律、能量守恒定律和角动量守恒定律,基本上都是从牛顿运动定律"推导"出来的,但是这些守恒定律比牛顿运动定律有着更广泛的适用范围,在一些牛顿运动定律不再适用的物理现象中,它们仍然保持正确.这说明这些守恒定律有着更普遍更深刻的基础.现代物理学已经确认这些基本量是和自然界的普遍属性——时空对称性联系在一起的.在本课程内,我们不能对此作严格的证明和深刻的论述,只能作一些简单的介绍.

对称性又叫不变性.外尔(H. Weyl)对此所作的定义是,如果我们对一件东西可以进行操作,使得操作后这件东西仍旧和以前一样,我们就认为这件东西是对称的.例如一本书,我们把它平移一下,它不会发生什么变化,于是我们就认为这本书对平移操作来说是对称的,或者说是不变的.任何物质运动都在时空中进行,对称性对物理学的影响,可以从人们平凡的生活经验中来认识.人们发现,任一给定的物理实验或物理现象的发展变化过程,是和此实验所在的空间位置无关的,亦即换一个地方做实验,其进展过程也完全一样.这个事实叫做**空间均匀性**,也叫**空间平移对称性**.动量守恒定律就是这种对称性的表现.又如任一给定的物理实验的发展过程和此实验装置在空间的取向无关,亦即把实验装置转换一个方向,并不影响实验的进展过程.这个事实叫做**空间转动对称性**,也叫**空间的各向同性**.角动量守恒定律就是这种对称性的表现.又如任一给定的物理实验的进展过程和此实验开始的时间无关,亦即早些开始做,还是迟些开始做,此实验的进展过程也是完全一样的.这个事实叫做**时间均匀性**,也叫**时间平移对称性**.能量守恒定律就是时间均匀性的表现.对应于每一种对称性,都存在一个守恒定律,自然规律是何等的美妙!由于物理定律具有某种对称性,就以相应的方式限制了物理定律.例如,物理定律在时间平移、空间平移和转动下的不变性要求对物质系统的运动作出限制,这些限制就是系统在运动中必须遵从的能量守恒定律、动量守恒定律和角动量守恒定律.

二、守恒量和守恒定律

随着物理学的发展,在为数众多的物理量中,人们发现有些物理量在所发生的变化过程中

始终保持不变，这些量就是守恒量. 与之相应的守恒定律是物理过程最简洁的陈述. 守恒定律和物理学中其他定律相比较，它们显得更重要也更有意义. 这是因为许多已经实现的物理测量和实验观察的过程中无一例外地遵守着这些守恒定律. 如上所述，由于物理过程存在着某种时空对称性，只有用守恒量才能有效及时地反映出来. 物理学中其他一些物理量都无法准确体现这些对称性，所以守恒量在科学研究中的地位和作用不是其他物理量所能替代的. 无论是宏观世界或微观世界，无论在物理学还是其他科学领域，守恒定律已成为认识和探索自然规律的重要理论依据. 由于用守恒量和守恒定律可不必计较各物体的相互作用如何复杂，也不必研究过程的细节如何烦琐，相当直接地对系统的时空规律特征作出结论，这是个与众不同、不可多得的特点和优点. 这在粒子物理的研究中显得非常突出，物理学家不仅在研究中运用电荷守恒定律、质量守恒定律、动量守恒定律等，而且还陆续发现了重子数、轻子数、奇异数和宇称等守恒定律. 就这种情况来说，物理学的研究和学习，必须重视物理规律中守恒量的主导作用.

习题

2-1 质量为 m 的小球在水平面内作半径为 R，速率为 v_0 的逆时针匀速圆周运动，初始时刻小球位于点$(R,0)$处. 试求小球在经过：(1) $\frac{1}{4}$圆周；(2) $\frac{1}{2}$圆周；(3) $\frac{3}{4}$圆周；(4) 整个圆周的过程中的动量改变. 试从冲量的计算得出结果.

2-2 如习题 2-2 图所示两块并排的木块 A 和 B，质量分别为 m_1 和 m_2，静止地放置在光滑的水平面上，一子弹水平地穿过两木块，设子弹穿过两木块所用的时间分别为 Δt_1 和 Δt_2，木块对子弹的阻力为恒力 $\boldsymbol{F}$，试求子弹穿出后，木块 A、B 的速率.

2-3 一质量为 50 g 的乒乓球，以速率 $v_1=10$ m/s 飞向乒乓板，接触板后又以速率 $v_2=8$ m/s 飞出. 设乒乓球触板前后的运动方向与板的夹角分别为 30°和 60°，如习题 2-3 图所示. (1) 求乒乓球得到的冲量；(2) 如碰撞时间为 0.1 s，求板施于乒乓球的平均冲力.

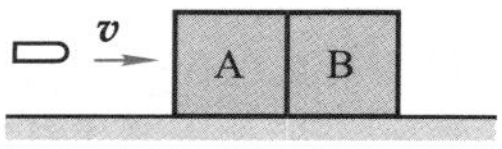

习题 2-2 图

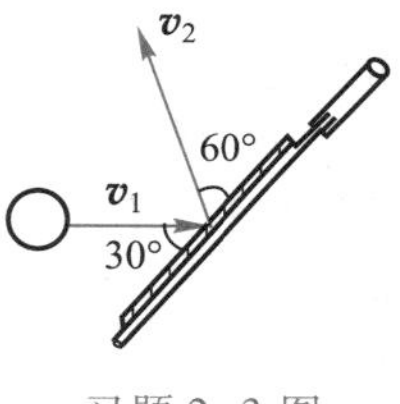

习题 2-3 图

2-4 一颗子弹从枪口飞出的速度是 300 m/s，在枪管内子弹所受合力的大小由下式给出：

$$F=400-\frac{4\times10^5}{3}t$$

其中 F 以 N 为单位，t 以 s 为单位. (1) 画出 $F-t$ 图；(2) 计算子弹行经枪管长度所花费的时间，假定子弹到枪口时所受的力变为零；(3) 求该力冲量的大小；(4) 求子弹的质量.

2-5 水力采煤是用高压水枪喷出的强力水柱冲击煤层，如习题 2-5 图所示. 设水柱直径 $D=30$ mm，水速 $v=56$ m/s，水柱垂直射在煤层表面上，冲击煤层后的速度为零，求水柱对煤的平均冲力.

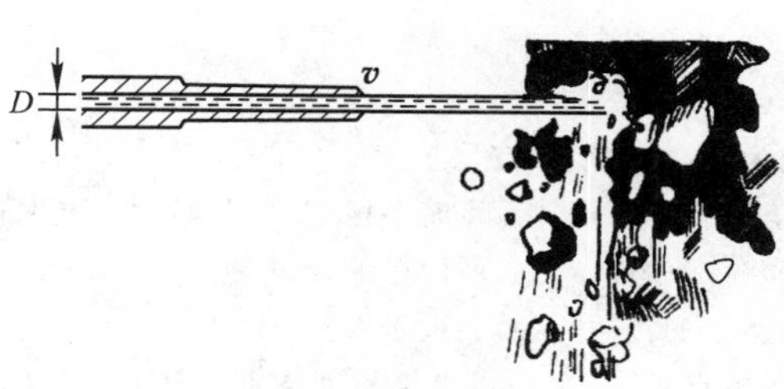

习题 2-5 图

2-6 手提住一柔软长链的上端，使其下端刚与桌面接触，然后松手使链自由下落. 试证明：下落过程中，桌面受到的压力等于已落到桌面上的链的重量的 3 倍.

2-7 2013 年 6 月 2 日，一辆从杭州开往北京的高速列车，遭飞鸟撞裂车头玻璃，试估算飞鸟对玻璃的平均冲力. 设飞鸟的质量为 0.25 kg，速度为 5 m/s，列车的速度为 300 km/h，碰撞时间的量级为 $10^{-3}\sim10^{-2}$ s. 又设飞鸟与玻璃碰撞时，接触面积以鸟身截面计（约 20 cm^2），试求玻璃上被撞击部分所承受的平均压强为多大？

2-8 三艘质量均为 m_0 的小船鱼贯而行，速度均等于 $\boldsymbol{v}$. 如果从中间船上同时以速度 $\boldsymbol{u}$ 把两个质量均为 m_1 的物体分别抛到前后两船上，速度 $\boldsymbol{u}$ 的方向和 $\boldsymbol{v}$ 在同一直线上. 问抛掷物体后，这三艘船的速度如何变化？

2-9 如习题 2-9 图所示，一浮吊质量 $m=20$ t，由岸上吊起 $m_0=2$ t 的重物后，再将吊杆 OA 与竖直方向间的夹角 θ 由 60°转到 30°. 设杆长 $l=OA=8$ m，水的阻力与杆重忽略不计，求浮吊在水平方向移动的距离，并指明朝哪边移动.

2-10 汽车 A 的质量为 2 400 kg，沿直行的道路以 80 km/h 的速度运动，另一辆质量为 1 600 kg的汽车 B 以 60 km/h 的速度跟随其后，由这两辆汽车组成的系统，其质心运动速度如何？

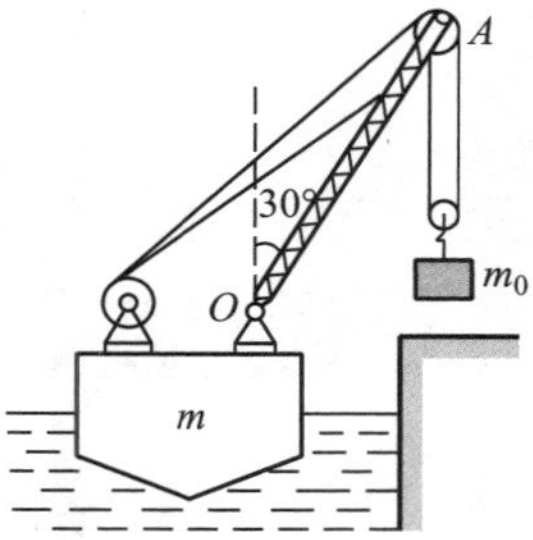

习题 2-9 图

习题 2-11 图

2-11 一个质量为 m 的人沿着一个悬在气球下的绳索向上爬，气球的质量为 m'，如习题 2-11 图所示，气球相对地面静止. (1) 如果此人以速率 v（相对于绳梯）向上爬，气球运动的方向和速率（相对于地面）如何？(2) 此人停止向上爬后的运动状态又如何？

2-12 一炮弹竖直向上发射，初速度为 v_0，在发射后经时间 t 在空中自动爆炸，假定分成质量相同的 A、B、C 三块碎片. 其中 A 块的速度为零；B、C 两块的速度大小相同，且 B 块速度方向与水平成 φ 角，求 B、C 两碎块的速度（大小和方向）.

2-13 一个爆炸物质量为 m，相对于观察者的速率是 v，在外层空间爆炸成两块，一块的质量是另一块的 3 倍,质量小的那块相对观察者停了下来. 从观察者的参考系测量,爆炸给系统增加了多少动能?

2-14 两个质量同为 m 的小孩,站在质量为 m_0 的平板车上,开始时平板车静止于光滑的直轨道上,他们以相对于车的速度 u 向后跳离平板车. (1) 若两人同时跳离,则平板车的速度是多少? (2) 若两人一个一个地跳离,则平板车的速度是多少? (3) 以上两种情况中哪一种的速度大些?

2-15 如习题 2-15 图所示,一工人以水平恒力 $\boldsymbol{F}$ 推一煤车,由于煤车底部有一小洞,出现煤粉泄漏的现象,其漏煤速率为 $\frac{\mathrm{d}m}{\mathrm{d}t}=q$. 设煤车原来静止,质量为 m_0. 自 $t=0$ 开始推车,试求 t 时刻煤车的速度.

2-16 如习题 2-16 图所示,质量为 m_2 的三角形木块,斜面长 l,倾角为 θ,静置于光滑的水平地面上. 今将一质量为 m_1 的物体放在斜面的顶端,让它自由滑下. 求当物体滑到地面时,三角形木块移动多少距离(试用两种方法求解).

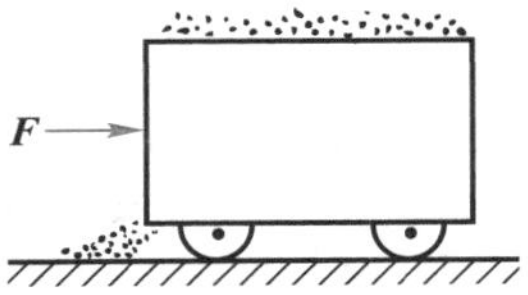

习题 2-15 图

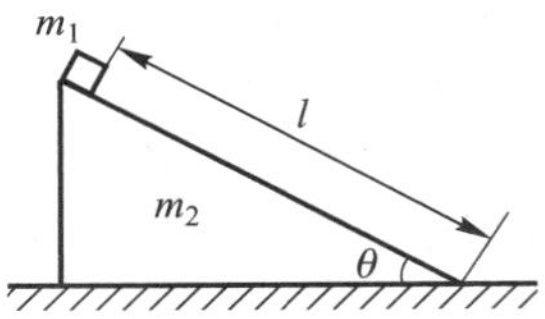

习题 2-16 图

2-17 一块浮冰被急流推动沿直线的堤岸行进了一段位移 $\boldsymbol{d}=(15\boldsymbol{i}-12\boldsymbol{j})$ m,水对浮冰块的力为 $\boldsymbol{F}=(210\boldsymbol{i}-150\boldsymbol{j})$ N. 在这段位移中力对浮冰块做的功是多少?

2-18 质量为 2 kg 的物体,在沿 x 方向的变力作用下,在 $x=0$ 处由静止开始运动. 设变力与 x 的关系如习题 2-18 图所示. 试由动能定理求物体在 $x=5$ m,10 m,15 m 处的速率.

2-19 一个力作用在质量为 3.0 kg 的质点上,质点的位置随时间按函数 $x=3.0t-4.0t^2+1.0t^3$ 变化,式中 x 以 m 为单位,t 以 s 为单位. 求在 $t=0$ 至 $t=4.0$ s 时间间隔内,该力对质点所做的功.

2-20 一链条,总长为 l,放在光滑的桌面上,其中一端下垂,长度为 a,如习题 2-20 图所示. 假定开始时链条静止. 求链条刚刚离开桌边时的速度.

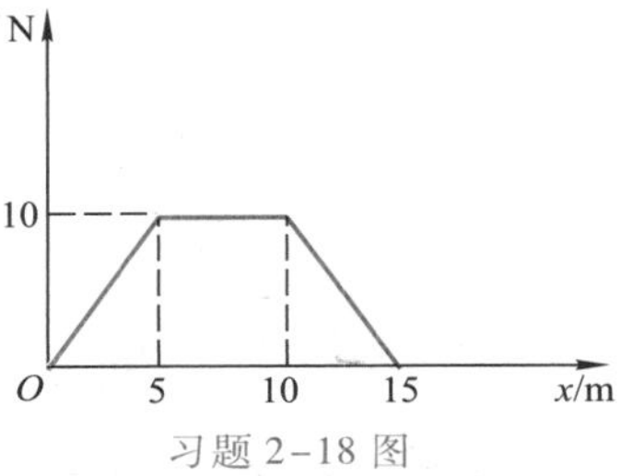

习题 2-18 图

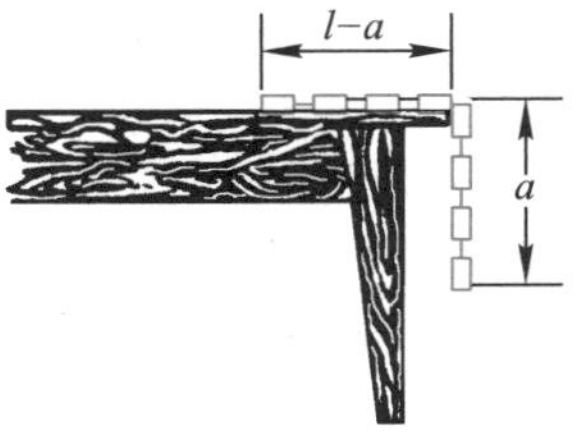

习题 2-20 图

2-21 一弹簧,劲度系数为 k,一端固定在 A 点,另一端连一质量为 m 的物体,靠在光滑的半径为 R 的圆柱体表面上,弹簧原长为 AB(如习题 2-21 图所示). 在变力 F 作用下,物体极缓慢地沿表面从位置 B 移到 C,求力 F 所做的功.

2-22 一质量为 m 的陨石从距地面高 h 处,由静止开始落向地面. 设地球半径为 R,引力常量为 G,地球质量为 m_E,忽略空气阻力. 求:(1) 陨石下落过程中,万有引力做的功;(2) 陨石落地的速度.

2-23 质量 $m=6\times10^{-3}$ kg 的小球，系于绳的一端，绳的另一端固结在 O 点，绳长为 1 m（如习题 2-23 图所示）. 今将小球拉升至水平位置 A，然后放手，求当小球经过圆弧上 B、C、D 点时的（1）速度；（2）加速度；（3）绳中的张力. 假定空气阻力不计，$\theta=30°$.

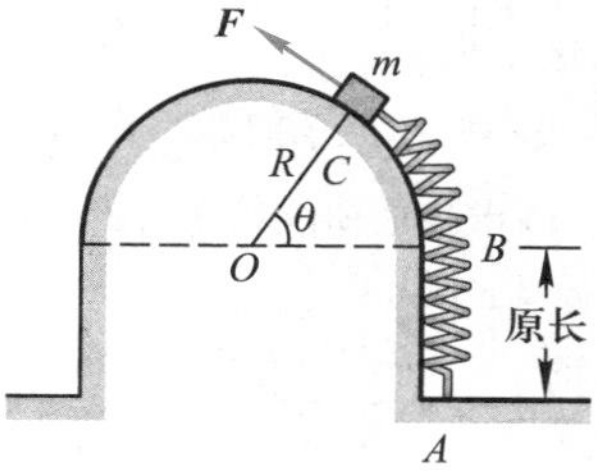

习题 2-21 图

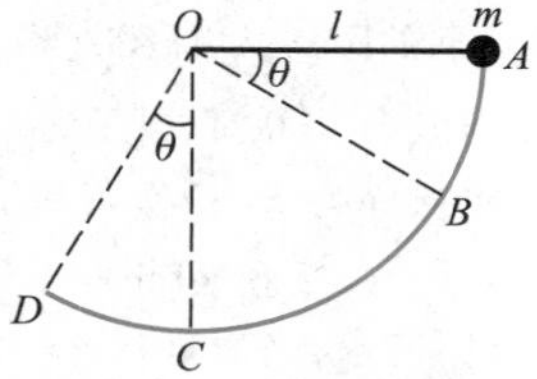

习题 2-23 图

2-24 一根原长 l_0 的弹簧，当下端悬挂质量为 m 的重物时，弹簧长 $l=2l_0$. 现将弹簧一端悬挂在竖直放置的圆环上端 A 点，设环的半径 $R=l_0$，把弹簧另一端所挂重物放在光滑圆环的 B 点，如习题 2-24 图所示. 已知 AB 长为 $1.6R$. 当重物在 B 点无初速地沿圆环滑动时，试求：（1）重物在 B 点的加速度和对圆环的正压力；（2）重物滑到最低点 C 时的加速度和对圆环的正压力.

2-25 小球的质量为 m，沿着光滑的弯曲轨道滑下，轨道的形状如习题 2-25 图所示.（1）要使小球沿圆形轨道运动一周而不脱离轨道，问小球至少应从多高的地方滑下？（2）小球在圆圈的最高点 A 受到哪几个力的作用？（3）如果小球由 $H=2R$ 的高处滑下，小球的运动将如何？

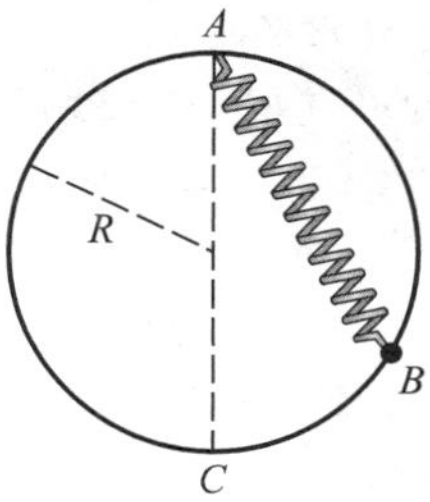

习题 2-24 图

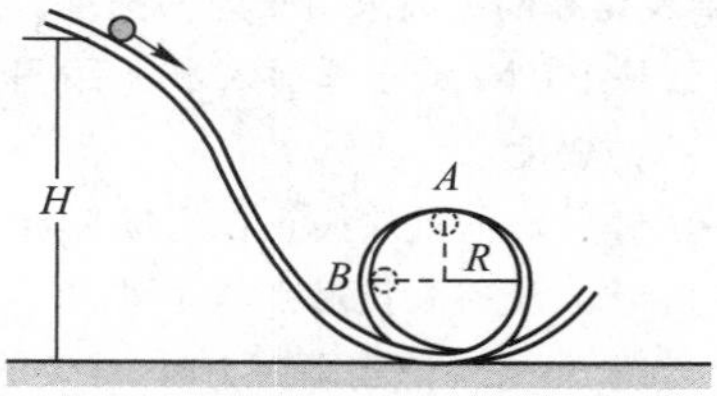

习题 2-25 图

2-26 一弹簧原长为 l_0，劲度系数为 k，上端固定，下端挂一质量为 m 的物体，先用手托住，使弹簧不伸长.（1）如将物体托住慢慢放下，达静止（平衡位置）时，弹簧的最大伸长和弹性力是多少？（2）如将物体突然放手，物体到达最低位置时，弹簧的伸长和弹性力各是多少？物体经过平衡位置时的速度是多少？

2-27 一质点沿 Ox 轴运动，势能为 $E_p(x)$，总能量为 E 恒定不变，开始时位于原点，试证明当质点到达坐标 x 处所经历的时间为

$$t=\int_0^x \frac{dx}{\sqrt{\dfrac{2}{m}\left[E-E_p(x)\right]}}$$

2-28 一弹簧被发现不服从胡克定律. 当它被拉长 x 时，产生的力的大小 $F=52.8x+38.4x^2$，式中 F 的单位为 N，x 的单位为 m，方向与伸长相反.（1）求将弹簧从 $x=0.500$ m 拉伸到 $x=1.00$ m 需做的功；（2）将弹簧的一端固定，当弹簧被拉长到 $x=1.00$ m 时，在另一端连上

一个质量为 2.17 kg 的质点，并由静止释放该质点，当弹簧回到伸长为 $x=0.500$ m 的位形时，质点的速率是多少？（3）弹簧产生的力是保守的还是非保守的？解释之.

2-29 一双原子分子的势能函数为

$$E_p(r)=E_0\left[\left(\frac{r_0}{r}\right)^{12}-2\left(\frac{r_0}{r}\right)^{6}\right]$$

式中 r 为两原子间的距离，试证明：(1) r_0 为分子势能极小时的原子间距；(2) 分子势能的极小值为 $-E_0$；(3) 当 $E_p(r)=0$ 时，原子间距为 $r_0/\sqrt[6]{2}$；(4) 画出势能曲线简图.

2-30 一个保守力 $F(x)$ 作用在沿 x 轴运动的质量为 2.0 kg 的质点上，与 $F(x)$ 相联系的势能 $E_P(x)$ 曲线如习题 2-30 图所示，当质点在 $x=2.5$ m 时，它的速率为 -2.0 m/s.（1）$F(x)$ 在该点的大小和方向如何？（2）质点沿 x 运动的范围如何？（3）在 $x=7.0$ m 时它的速率为多少？

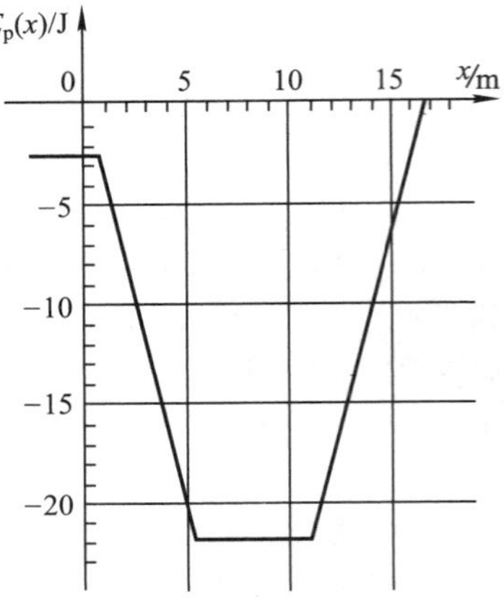

习题 2-30 图

2-31 以铁锤将一铁钉击入木板，设木板对铁钉的阻力与铁钉进入木板内的深度成正比. 在铁锤击第一次时，能将小钉击入木板内 1 cm，求击第二次时能击入多深. 假定铁锤两次打击铁钉时的速度相同.

2-32 在一光滑的水平面上，把质量分别为 m' 和 m 的两个质点分别放在自由长度为 l_0 的弹簧的两端，压紧弹簧使两质点靠近，在弹簧的长度为 $l(l<l_0)$ 时，突然松手. 求质点 m 对质点 m' 的相对速度（设弹簧劲度系数为 k）.

2-33 习题 2-33 图展示了一种测定子弹速度的方法，子弹水平地射入一端固定在弹簧上的木块内，由弹簧压缩的距离求出子弹的速度. 已知子弹质量是 0.02 kg，木块质量是 8.98 kg. 弹簧的劲度系数是 100 N/m，子弹射入木块后，弹簧被压缩 10 cm. 设木块与平面间的动摩擦因数为 0.2，求子弹的速度.

2-34 一质量为 m 的铁块静止在质量为 m_0 的劈尖上，劈尖本身又静止在水平桌面上. 劈尖与桌面的夹角为 α，设所有接触都是光滑的. 当铁块位于高出桌面 h 处时，这个铁块-劈尖系统由静止开始运动. 当铁块落到桌面上时，劈尖的速度有多大？

2-35 如习题 2-35 图所示，两个摆球并列悬挂，其中摆球 A 质量为 $m_1=0.4$ kg，摆球 B 质量为 $m_2=0.5$ kg. 摆线竖直时，A 和 B 刚好相接触. 现将 A 拉过 $\theta_1=40°$ 后释放，当它和 B 碰撞后恰好静止. 求：(1) 当 B 再次与 A 相碰后，A 能摆升的最高位置 θ_2；(2) 碰撞的恢复系数.

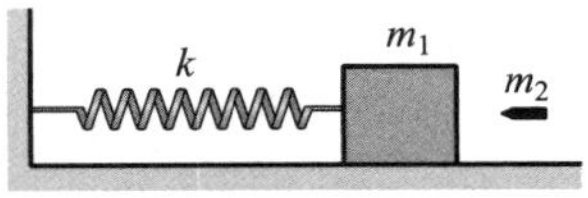

习题 2-33 图

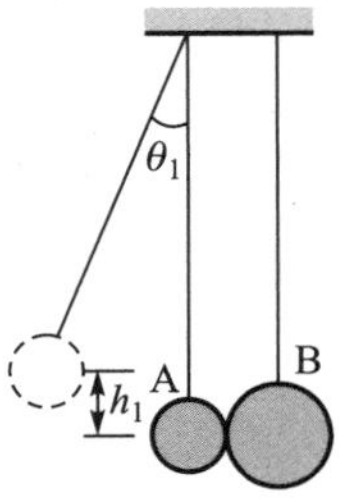

习题 2-35 图

2-36 如习题 2-36 图所示，轻弹簧的一端与质量为 m_2 的物体连接，另一端与一质量可忽略的挡板相连，它们静止在光滑的桌面上. 弹簧的劲度系数为 k. 今有一质量为 m_1，速度为 v_0 的物体向弹簧运动并与挡板发生正面碰撞. 求弹簧被压缩的最大距离.

2-37 大小相同,质量分别为 m 和 $2m$ 的四个球(如习题 2-37 图所示)静止在光滑水平面上. 使左边的第一个质量为 $2m$ 的球以速度 v 与第二个球作对心的完全弹性碰撞,试编写一段程序,以动画方式呈现四球的运动.

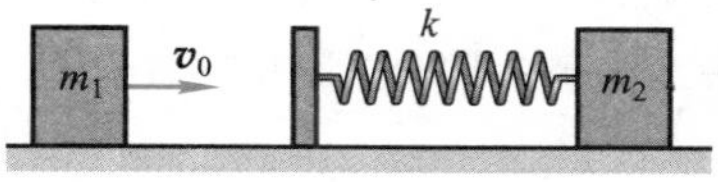

习题 2-36 图

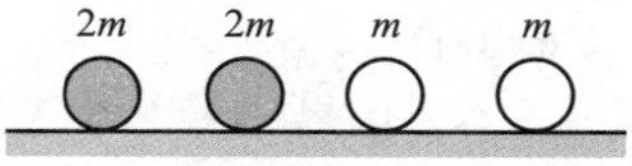

习题 2-37 图

2-38 习题 2-38 图是大型蒸汽打桩机示意图. 铁塔高 40 m,锤的质量为 10 t. 现将长达 38.5 m 的钢筋混凝土桩打入地层,已知桩的质量为 24 t,其横截面是面积为 0.25 m^2 的正方形,桩的侧面单位面积所受的泥土阻力为 $k=2.65\times10^4\ N/m^2$. (1) 桩依靠自重能下沉多深? (2) 桩稳定后把锤提高 1 m,然后让锤自由下落而击桩. 假定锤与桩发生完全非弹性碰撞,一锤能打下多深? (3) 当桩已下沉35 m时,一锤又能打下多深? 假定此时锤与桩的碰撞不是完全非弹性碰撞,而是锤在击桩后要反跳 5 cm.

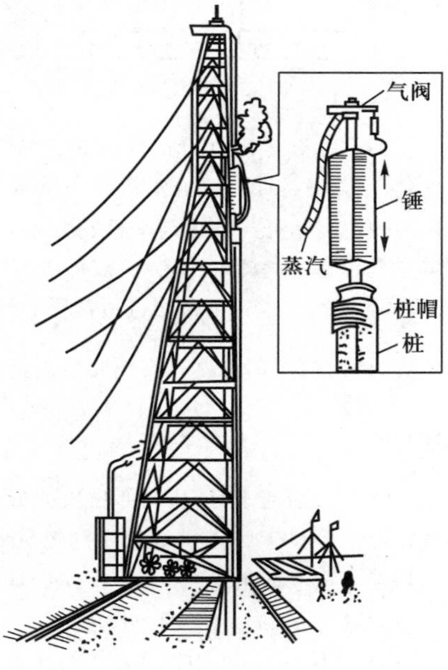

习题 2-38 图

2-39 质量为 7.2×10^{-23} kg、速度为 6.0×10^7 m/s的粒子 A,与另一个质量为其一半而静止的粒子 B 相碰,假定此碰撞是完全弹性碰撞,碰撞后粒子 A 的速率为 5×10^7 m/s,求:(1) 粒子 B 的速率及偏转角;(2) 粒子 A 的偏转角.

2-40 两个质量均为 m、半径均为 R 的光滑棋子. 一个静止在光滑水平面上,其中心位置坐标为 $(0,R)$,如图所示. 另一棋子在水平面上沿 x 轴以速度 $\boldsymbol{v}_0$ 运动. 设两棋子的碰撞是完全弹性碰撞,求碰撞后两棋子的速度.

2-41 一个质量 $m=4$ kg 表面光滑的凹槽,静止放在光滑的水平地面上,槽的凹面呈圆弧形,其半径 $R=0.2$ m,如习题 2-41 图所示. 槽的 A 端与圆弧中心 O 点在同一平面上,B 端与 O 点的连线与竖直方向间的夹角 $\theta=60°$. 今有一质量 $m'=1$ kg的小滑块自 A 端从静止开始沿槽面滑下. 求小滑块在 B 端滑出时,凹槽相对地面的速度.

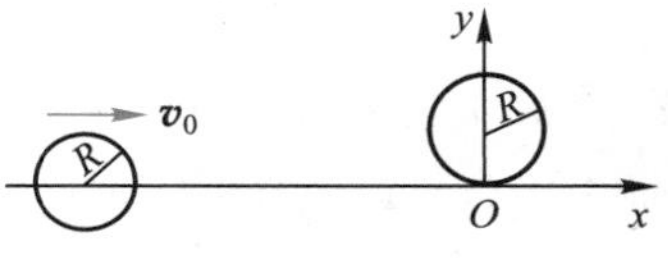

习题 2-40 图

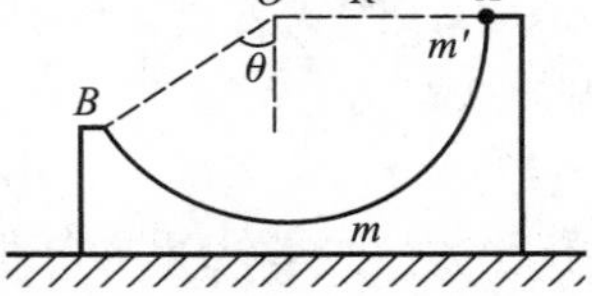

习题 2-41 图

*2-42 如习题 2-42 图所示,光滑水平路面上有一质量 $m_1=5$ kg 的无动力小车以匀速度 $v_0=2$ m/s向前行驶,小车由不可伸长的轻绳与另一质量 $m_2=25$ kg 的拖车相连. 拖车前端放有

一质量 $m_3=20\ \mathrm{kg}$ 的物体,物体与拖车间的摩擦因数 $\mu=0.2$. 开始时,绳未拉紧,拖车静止. 试求:(1) 当小车、拖车和物体以共同速度运动时,物体相对拖车的位移;(2) 从绳子拉紧到三者达到共同速度所需的时间.

*2-43 质量分别为 m_1 和 m_2 的两个滑块 A 和 B,分别穿于两条平行且水平的光滑导杆上,两杆间的距离为 L,再以一劲度系数为 k、原长为 L 的轻质弹簧连接两滑块,如习题 2-43 图所示. 设开始时滑块 A 位于 $x_1=0$ 处,滑块 B 位于 $x_2=l$ 处,且其速度均为零. 试求释放后两滑块的最大速度分别是多少?

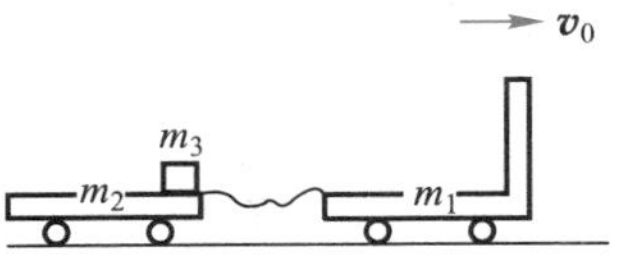

习题 2-42 图

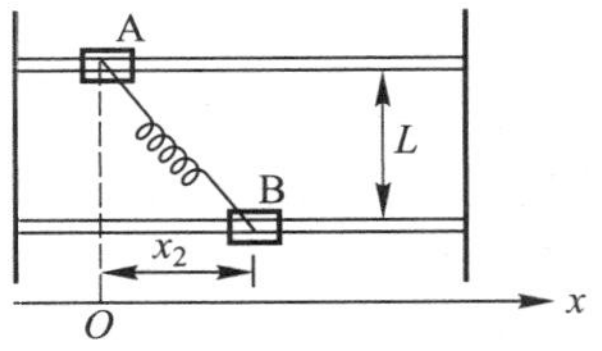

习题 2-43 图

2-44 一劲度系数为 k 的轻弹簧,一端竖直固定在桌面上,另一端与一质量为 m_1 的平板相连(如习题 2-44 图所示). 现有一质量为 m_2 的物体在距平板 h 处由静止开始自由下落. 在下列两种情况(1) 当物体与平板发生完全弹性碰撞时;(2) 当物体与平板发生完全非弹性碰撞时,问弹簧被再压缩的长度各是多少?

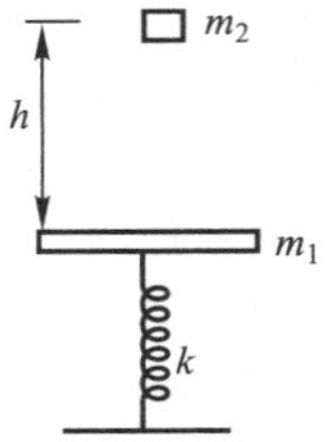

习题 2-44 图

2-45 一个球从 h 高处自由落下,掉在地板上. 设球与地板碰撞的恢复系数为 e. 试证:(1) 该球停止回跳需经过的时间为 $t=\dfrac{1+e}{1-e}\sqrt{\dfrac{2h}{g}}$;(2) 在上述时间内,球经过的路程是 $s=\dfrac{1+e^2}{1-e^2}h$.

2-46 火箭起飞时,从尾部喷出的气体的速度为 3 000 m/s,每秒喷出的气体质量为 600 kg. 若火箭的质量为 50 t,求火箭得到的加速度.

2-47 电子质量为 $9\times10^{-31}\ \mathrm{kg}$,在半径为 $5.3\times10^{-11}\ \mathrm{m}$ 的圆周上绕氢核作匀速运动,已知电子的角动量为 $h/2\pi$,求它的角速度.

2-48 力 $\boldsymbol{F}=(-8.0\boldsymbol{i}+6.0\boldsymbol{j})\ \mathrm{N}$ 作用在位矢为 $\boldsymbol{r}=(3.0\boldsymbol{i}+4.0\boldsymbol{j})\ \mathrm{m}$ 的质点上. (1) 对原点的力矩是多少? (2) $\boldsymbol{r}$ 和 $\boldsymbol{F}$ 方向间的夹角是多少?

2-49 试证质点在有心力场中运动时,因所受作用力处处指向“力心”这一点,则在相等的时间内,它对力心的位矢在空间将扫过相等的面积.

2-50 当地球处于远日点时,到太阳的距离为 $1.52\times10^{11}\ \mathrm{m}$,轨道速度为 $2.93\times10^{4}\ \mathrm{m/s}$. 半年后,地球处于近日点,到太阳的距离为 $1.47\times10^{11}\ \mathrm{m}$. 求:(1) 地球在近日点时的轨道速度;(2) 两种情况下,地球的角速度.

2-51 角动量为 L,质量为 m 的人造地球卫星,在半径为 r 的圆轨道上运行. 试求它的动能、势能和总能量.

*2-52 地球同步卫星在发射初期沿椭圆轨道运行,距地面的近地点和远地点分别为 190 km和 36 500 km. 之后,卫星将在远地点处加速,成为沿圆形轨道运动的同步卫星,完成变轨. 求:(1) 卫星沿椭圆轨道运行的周期;(2) 卫星沿圆形轨道运行的轨道半径和速率(地球半径为 6 371 km).

2-53 有一不带动力的航天器,质量为 m_0,自远方以速度 $\boldsymbol{v}_0$ 射向某一星球,如习题 2-53 图所示. 如以 h 表示航天器离星球中心的垂直距离. 试问 h 最大值为多大时,航天器可以在星球上着陆？该星球的质量为 m，半径为 R.

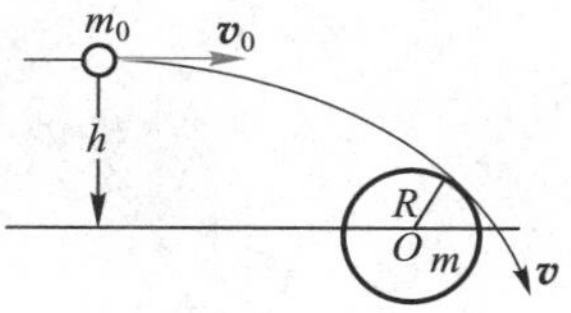

习题 2-53 图

2-54 如习题 2-54 图所示，在光滑水平桌面上，有一质量为 m_1 的物体，物体与一轻弹簧相连，弹簧的另一端固定在桌面上 O 点，其劲度系数为 k. 一质量为 m_2 的子弹以速度 $\boldsymbol{v}_0$ 射向物体，并嵌入物体内. 如开始时弹簧的长度为原长 l_0，子弹射入后，物体从 A 点运动到 B 点，此时弹簧长度为 l. 求物体在 B 点的速度（大小及方向）.

****2-55** 如习题 2-55 图所示，一球面摆，摆长为 l，摆球的质量为 m，开始时摆线与竖直线 OO' 成 θ 角，摆球的初速度垂直于摆线所在的竖直面. 如果摆球在运动过程中摆线的张角 θ 最大为 90°，摆球的初速度应是多少？小球到达 $\theta=90°$ 时的速度是多少？

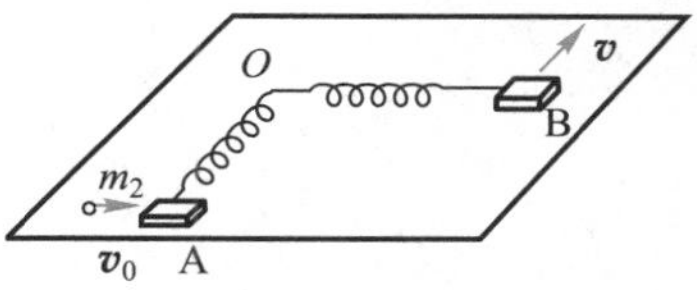

习题 2-54 图

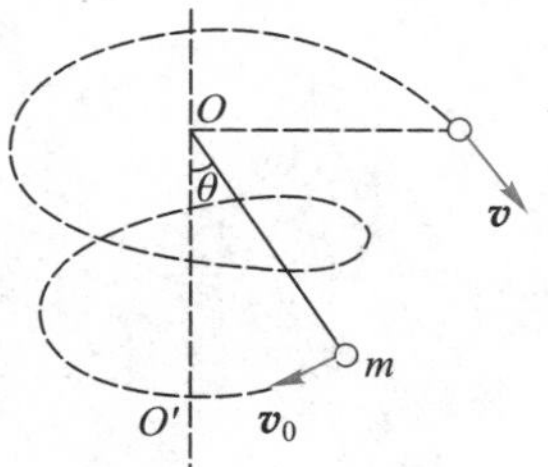

习题 2-55 图

第二章习题
参考答案

Physics

第三章 刚体和流体的运动

没有昨日的基础科学，就没有今日的技术革命.

——李政道

质点动力学是经典力学的基础. 通过前几章的学习,在掌握了力学分析的基本方法之后,可将牛顿力学用于质点系,特别是连续分布的质点系,诸如刚体和流体. 实际物体不仅有形状、大小,而且形状还可以变化,作为研究的第一步,是建立一个合理的物理模型. 刚体和理想流体都是常用的质点系模型. 刚体主要用于研究物体作定轴转动时所遵循的规律,并与质点的运动规律进行类比. 对理想流体这类质点系的研究,用质点系功能原理显得较为方便. 本章所用的类比法,是研究问题的重要方法之一.

§3-1 刚体模型及其运动

一、刚体

处于固态的物质,有一定的形状和大小. 但任何固体在外力作用下,其形状和大小都要发生变化. 在物理学中,为使问题简化,对外力作用下形变并不显著的物体,物理常应用**刚体**(rigid body)这个理想模型. 当我们研究它的力学性质时,通常把它分成无数个所谓无限小的体积元:这些体积元具有质量 dm,称为**质量元**,简称**质元**(mass element),所以连续体可看成是由无数个这样的质元一个接一个地连续组成的体系. 由此**刚体可以看成由无数个质元组成的一种特殊的体系,它在一定的外力的作用下,系统内任意两质元间的距离始终保持不变**. 刚体的这个特点使刚体力学和一般质点系的力学相比,大为简化.

二、平动和转动

刚体的最简单的运动形式是平动和转动. 当刚体运动时,如果刚体内任何一条给定的直线,在运动中它的方向始终保持不变,这种运动叫做**平动**(translation),例如钢铁厂中钢水包的运动[图 3-1(a)]. 显然,刚体平动时,在任意一段时间内,刚体中所有质元的位移都是相同的. 而且在任何时刻,各个质元的速度和加速度也都是相同的. 所以刚体内任何一个质元的运动,都可代表整个刚体的运动,一般以质心运动为代表.

刚体运动时,如果刚体的各个质元在运动中都绕同一直线作圆周运动,这种运动便叫做**转动**(rotation),例如摩天轮的运动[图 3-1(b)],这一直线叫做**转动轴**(rotation axis),简称转轴. 如果转轴是固定不动的,就叫做**定轴转动**(fixed-axis rotation)。车床加工工件时,既有车刀的平动又有工件的转动[图 3-1(c)].

刚体的一般运动可以分解为平动和转动.

三、自由度

首先,我们引入自由度的概念. 所谓物体系统的**自由度**(degree of freedom),就是**确定一个物体在空间的位置所需要的独立坐标的数目**. 如果一个质点可在三维空间自由运动,那么,它的位置需要用 3 个独立坐标如 x、y、z 来确定,该质点就有 3 个自由度. 对于两个质点组成的系统,一般需要 6 个坐标,如(x_1,y_1,z_1)、(x_2,y_2,z_2). 如果两个质点间的距离是固定的,设其相距为 r,则

$$r^2=(x_2-x_1)^2+(y_2-y_1)^2+(z_2-z_1)^2$$

有了这个约束方程,两个质点的系统只需 5 个独立坐标,即有 5 个自由度. 对于三个距离固定的质点构成的系统,需要 9 个坐标,但有 3 个约束方程,故只有 6 个自由度. 对于三个以上的质点系统,如果它们之间的距离不变,也只有 6 个自由度.

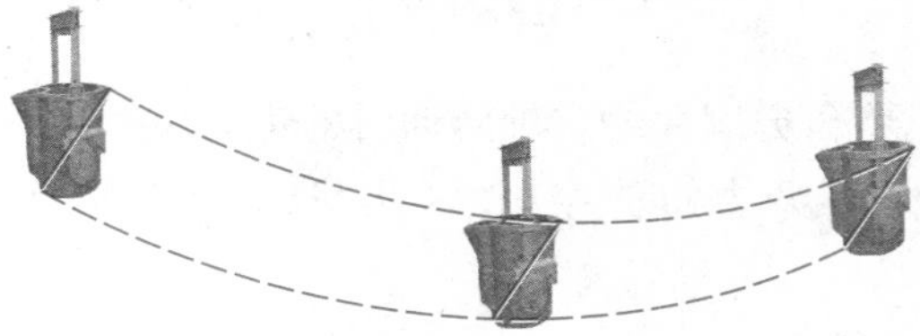

(a) 刚体的平动

(b) 摩天轮

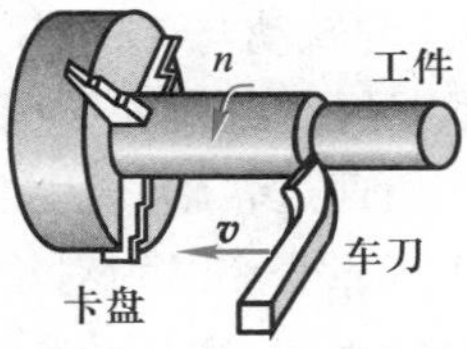

(c) 车刀的平动和工件的转动

图 3-1 平动和转动

对刚体来说,由于质元之间的距离保持不变,因此刚体最多只有 6 个自由度,具体来说,一个刚体在空间的位置可用如下方式来描述:

(1) 要指出刚体上某定点(例如质心)的位置,需用 3 个独立坐标来决定,如图 3-2 中的 $C(x,y,z)$.

(2) 用两个独立坐标确定通过刚体内定点 C 的某直线 CA 的方位. 为此,可用 φ 表示该直线在 xy 平面内的投影与 Ox 轴的夹角,它给出直线绕 Oz 轴转动的角位置;再用 θ 表示该直线与 Oz 轴的夹角,它给出直线绕垂直于 Oz 轴和 CA 所组成平面的轴转动的角位置.

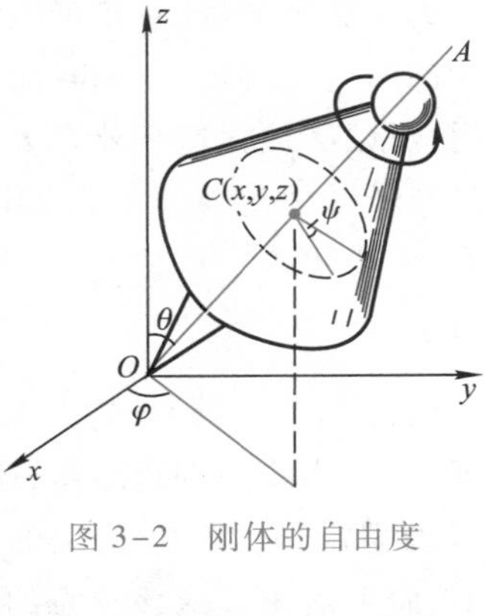

图 3-2 刚体的自由度

(3) 因为刚体还可以绕直线 CA 转动,要表征刚体的这一转动,还需用一角度 ψ(图 3-2).

所以,总的来说自由刚体共有 6 个自由度:3 个平动自由度和 3 个转动自由度. 但当刚体的转动受到某种限制时,刚体也可以只有 1 个转动自由度,如门的转动,或者只有 2 个转动自由度,如摇头电风扇的转动.

复习思考题

3-1-1 刚体的平动是否一定是直线运动？游客在游乐场中乘坐摩天轮和过山车，分别是什么运动？

3-1-2 地球自西向东自转，它的自转角速度矢量指向什么方向？试作图说明.

§3-2 力矩 转动惯量 定轴转动定律

在本节中，我们将研究刚体绕定轴转动时的运动规律. 经验表明，一个静止的刚体，要使之转动，离不开力矩的作用. 因此，我们在这里要进一步认识力矩的概念.

一、力矩

一个具有固定轴的静止刚体，在外力作用下，有时发生转动，有时不发生转动. 考察发现，刚体的转动与否，不仅与力的方向、大小有关，而且还与力的作用点有关. 例如，当我们设计门窗时，安装把手的位置很重要，为了省力，要距离转轴远些，而且绝不能让作用力通过转轴①. 力矩正是全面考虑力的三要素的一个重要概念.

我们在上一章介绍过力对给定点的力矩，而在定轴转动中，我们将遇到的只是力对给定转轴的力矩，这两者有什么异同呢？在图 3-3 中，方向任意的外力 $\boldsymbol{F}$ 作用在刚体上的 P 点，而 P 点对坐标原点 O 的位矢为 $\boldsymbol{r}$，则按上一章中的定义，力 $\boldsymbol{F}$ 对 O 点的力矩 $\boldsymbol{M}_O$ 可用位矢 $\boldsymbol{r}$ 与力 $\boldsymbol{F}$ 的矢积表示：

$$\boldsymbol{M}_O=\boldsymbol{r}\times\boldsymbol{F} \tag{3-1}$$

力矩是个矢量. 对于可以绕 O 点任意转动的刚体，这个力矩矢量将决定它转动状态的变化. 但在定轴转动中，因平行于转轴的外力对刚体的绕轴转动起不了作用，所以必须把这个外力 $\boldsymbol{F}$ 分成两个分力，一个是与转轴平行的分力 $\boldsymbol{F}_1$，另一个是与转轴垂直的分力 $\boldsymbol{F}_2$，其中只有分力 $\boldsymbol{F}_2$ 能使刚体转动. 如图 3-3 所示，这个力 $\boldsymbol{F}_2$ 的力矩为

$$M_z=F_2r\sin\varphi=F_2d$$

它叫做力 $\boldsymbol{F}$ 对转轴 Oz 的力矩. 式中 φ 是 $\boldsymbol{F}_2$ 与 $\boldsymbol{r}$ 之间的夹角，$d=r\sin\varphi$ 是轴 Oz 到力 $\boldsymbol{F}_2$ 的作用线的垂直距离，通常叫做力臂. 可以证明，M_z 实际上是力对轴上任一点 O 的力矩 $\boldsymbol{M}_O$ 在 Oz 轴上的一个分量. 在刚体定轴转动中，我们用到的只是这个分量，而不是 $\boldsymbol{M}_O$. 应该注意的是上式中 F_2 为外力在垂直于转轴的平面内的分力.

在定轴转动中，如果有几个外力同时作用在刚体上时（图 3-4），它们的作用将相当于一个力矩的作用，这个力矩叫做这几个力的总力矩. 实验指出，它们的总

① 成书于西汉时期的《淮南子》中说：“十围之木，持千钧之屋，五寸之键，制开阖之门，岂其材之巨小足哉？所居要也.”指出了作用点（位置）的重要性.

力矩的量值等于这几个力的力矩的代数和. 如图 3-4 中所示, $\boldsymbol{F}_1$、$\boldsymbol{F}_2$ 和 $\boldsymbol{F}_3$ 等三个力的总力矩的量值就是

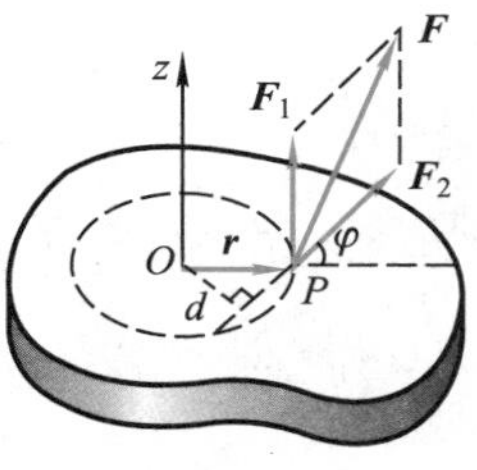

图 3-3 力矩

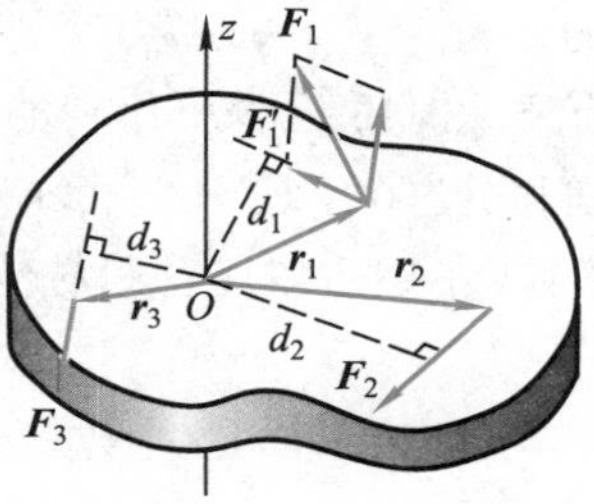

图 3-4 几个力的总力矩

$$M_z = F_1' d_1 + F_3 d_3 - F_2 d_2$$

式中正负号是根据右手螺旋定则规定的,在力矩使刚体转动的转向与右手螺旋的转向一致时,螺旋前进的方向如果沿转轴 Oz,它就被定为力矩的正方向. 这样, M_z 为正值时,总力矩的方向沿转轴 Oz 方向,为负值时则相反.

二、角速度矢量

为了充分反映刚体转动的情况,常用矢量来表示角速度,角速度矢量是这样规定的:在转轴上画一有向线段,使其长度按一定比例代表角速度的大小,它的方向与刚体转动方向之间的关系按右手螺旋定则来确定,这就是使右手螺旋转动的方向和刚体转动的方向相一致,则螺旋前进的方向便是角速度矢量的正方向,如图 3-5 所示.

在转轴上确定了角速度矢量之后,则刚体上任一质点 P(离转轴的距离 OP 为 r,相应的位矢为 $\boldsymbol{r}$)的线速度 $\boldsymbol{v}$ 和角速度 $\boldsymbol{\omega}$ 之间的关系为

$$\boldsymbol{v} = \boldsymbol{\omega} \times \boldsymbol{r} \tag{3-2}$$

式(3-2)采用两矢量的矢积表示式,可同时表述角速度和线速度之间方向上和量值上的关系.

在定轴转动的情形中,角速度的方向总是沿着转轴的,因此只要规定了 ω 的正负,就可以把 ω 当作标量来处理.

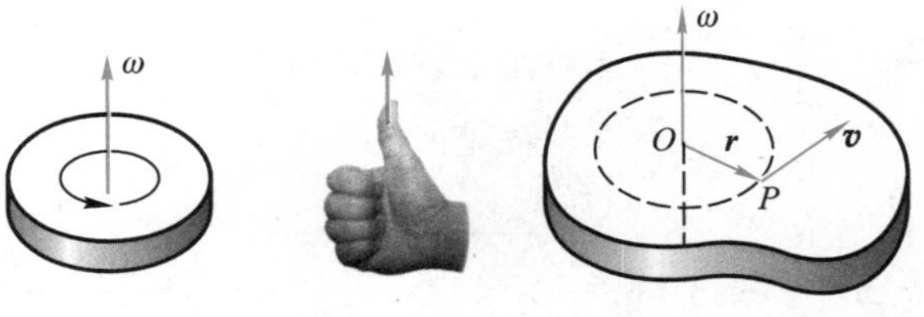

图 3-5 角速度矢量和线速度

三、定轴转动定律

图 3-6 表示一个绕固定轴 Oz 转动的刚体,在刚体中任取一个质元 P,其质量为

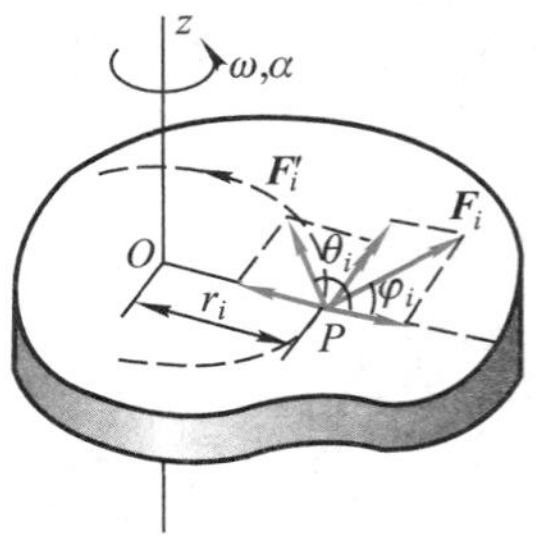

图 3-6 推导转动定律用图

Δm_i，离转轴的距离为 r_i（相应的位矢为 $\boldsymbol{r}_i$）. 设刚体绕定轴转动的角速度和角加速度分别为 ω 和 α，此时质元 P 所受的外力为 $\boldsymbol{F}_i$，内力为 $\boldsymbol{F}_i'$，这里 $\boldsymbol{F}_i'$ 表示刚体中的其他所有质元对质元 P 所作用的合力. 为了简化讨论起见，我们假设外力 $\boldsymbol{F}_i$ 和内力 $\boldsymbol{F}_i'$ 都位于通过质元 P 并垂直于转轴的平面内（它们与位矢 $\boldsymbol{r}_i$ 的交角分别为 φ_i 和 θ_i）.

根据牛顿第二定律，质元 P 的运动方程为

$$\boldsymbol{F}_i+\boldsymbol{F}_i'=\Delta m_i\boldsymbol{a}_i \tag{3-3}$$

式中的 $\boldsymbol{a}_i$ 是质元 P 的加速度. 质元 P 绕转轴作圆周运动，我们可写出它的法向和切向运动方程如下：

$$F_i\cos\varphi_i+F_i'\cos\theta_i=-\Delta m_i a_{in}=-\Delta m_i r_i\omega^2 \tag{3-4}$$

$$F_i\sin\varphi_i+F_i'\sin\theta_i=\Delta m_i a_{it}=\Delta m_i r_i\alpha \tag{3-5}$$

式中 $a_{in}=r_i\omega^2$ 和 $a_{it}=r_i\alpha$ 分别是质元 P 的法向和切向加速度，式（3-4）的左边表示质元 P 所受的法向力，式（3-5）的左边表示质元 P 所受的切向力. 法向力的作用线是通过转轴的，其力矩为零. 在式（3-5）的两边分别乘以 r_i，我们得到

$$F_i r_i\sin\varphi_i+F_i' r_i\sin\theta_i=\Delta m_i r_i^2\alpha \tag{3-6}$$

此式左边的第一项是外力 $\boldsymbol{F}_i$ 对转轴的力矩，而第二项是内力 $\boldsymbol{F}_i'$ 对转轴的力矩. 对于刚体的全部质元，可写出与式（3-6）相应的各个式子. 把这些式子全部相加，即有

$$\sum_i F_i r_i\sin\varphi_i+\sum_i F_i' r_i\sin\theta_i=\left(\sum_i \Delta m_i r_i^2\right)\alpha \tag{3-7}$$

因为内力中的每一对作用与反作用的力矩相加为零，所以式（3-7）左边表示所有内力力矩之和的第二项等于零，即 $\sum\limits_i F_i' r_i\sin\theta_i=0$. 这样，式（3-7）左边的第一项就是刚体所受各外力对转轴 Oz 的力矩的代数和，叫做合外力矩. 用 M_z 表示合外力矩，则式（3-7）成为

$$M_z=\left(\sum \Delta m_i r_i^2\right)\alpha \tag{3-8}$$

式（3-8）中的总和 $\sum \Delta m_i r_i^2$ 叫刚体对给定轴的转动惯量 J，因此式（3-8）可写成

$$\boxed{M_z=J\alpha=J\frac{\mathrm{d}\omega}{\mathrm{d}t}} \tag{3-9}$$

上式表明，刚体在合外力矩 M_z 的作用下，所获得的角加速度 α 与合外力矩的大小成正比，并与转动惯量成反比，这个关系叫做刚体的定轴转动定律.

由定轴转动定律不难看出，当刚体所受的合外力矩 M_z 一定时，J 越大，α 就越小，这意味着越难改变其角速度，或者说刚体越能保持其原来的转动状态；反之，J 越小，α 就越大，亦即越易改变其角速度，或者说刚体越易改变其原来的转动状

态. 这就清楚地表明,转动惯量是度量定轴刚体转动惯性的物理量. 如果把转动定律和牛顿第二定律作对比,刚体所受的外力矩总和相当于质点所受的合外力,刚体的角加速度相当于质点的加速度,那么刚体的转动惯量相当于质点的质量.

四、转动惯量

按转动惯量的定义有

$$J=\sum r_i^2\Delta m_i$$

即刚体对转轴的转动惯量等于组成刚体各质元的质量与各自到转轴的距离平方的乘积之和. 刚体的质量可认为是连续分布的,所以上式可写成积分形式

$$J=\int r^2\mathrm{d}m \tag{3-10}$$

积分式中 $\mathrm{d}m$ 是质元的质量,r 是此质元到转轴的距离.

下面,我们将计算几种简单形状刚体的转动惯量.

例题 3-1

求质量为 m、长为 l 的均匀细棒对下面三种转轴的转动惯量:(1) 转轴通过棒的中心并和棒垂直;(2) 转轴通过棒的一端并和棒垂直;(3) 转轴通过棒上距中心为 h 的一点并和棒垂直.

解 如图 3-7 所示,在棒上离轴 x 处,取一线元 $\mathrm{d}x$,如棒的质量线密度为 λ,则长度元的质量为 $\mathrm{d}m=\lambda\mathrm{d}x$,根据式(3-10),可知

(1) 当转轴通过中心 O 并和棒垂直时[图 3-7(a)],有

$$J_O=\int r^2\mathrm{d}m=\int_{-l/2}^{+l/2}\lambda x^2\mathrm{d}x=\frac{\lambda l^3}{12}$$

因 $\lambda l=m$,代入得

$$J_O=\frac{1}{12}ml^2$$

(2) 当转轴通过棒的一端 A 并和棒垂直时[图 3-7(b)],有

$$J_A=\int_0^l\lambda x^2\mathrm{d}x=\frac{1}{3}\lambda l^3=\frac{1}{3}ml^2$$

(3) 当转轴通过棒上距中心为 h 的 B 点并和棒垂直时[图 3-7(c)],有

$$J_B=\int_{-l/2+h}^{l/2+h}\lambda x^2\mathrm{d}x=\frac{1}{12}ml^2+mh^2$$

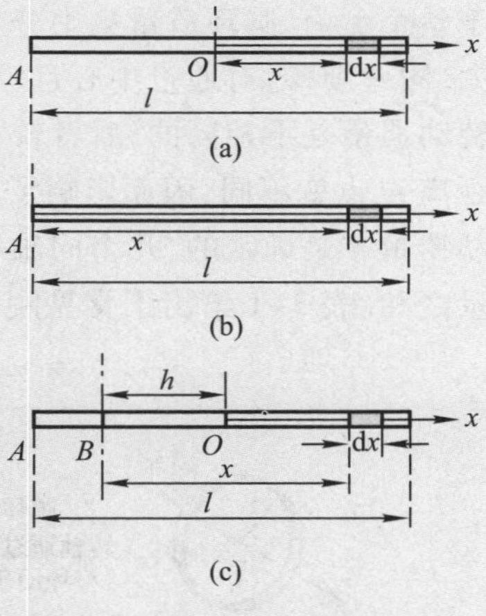

图 3-7 细棒的转动惯量计算

这个例题表明,同一刚体对不同位置的转轴,转动惯量并不相同. 此外,细心的读者通过(2)与(3)中结果的比较,还可发现,当(3)中 $h=\frac{1}{2}l$ 时,其结果就与(2)的全同. 由于图中 O

点实际上是细棒的质心，$\frac{1}{12}ml^2$ 就是细棒对通过质心的转轴的转动惯量，可用 J_C 表示，这样，(3)中结果可表示为

$$J=J_C+mh^2$$

此式表明刚体对任一转轴（通过 B 点）的转动惯量等于刚体对通过质心并与该轴平行的转轴的转动惯量 J_C 加上刚体质量与两轴间距离 h 的二次方的乘积. 这常被叫做平行轴定理(parallel axis theorem). 利用式(3-10)和质心的定义，即可证明该定理.

例题 3-2

求圆盘对于通过中心并与盘面垂直的转轴的转动惯量. 设圆盘的半径为 R，质量为 m，密度均匀.

解 设圆盘的质量面密度为 σ，在圆盘上取一半径为 r、宽度为 $\mathrm{d}r$ 的圆环（图 3-8），环的面积为 $2\pi r\mathrm{d}r$，环的质量 $\mathrm{d}m=\sigma 2\pi r\mathrm{d}r$. 由式(3-10)可得

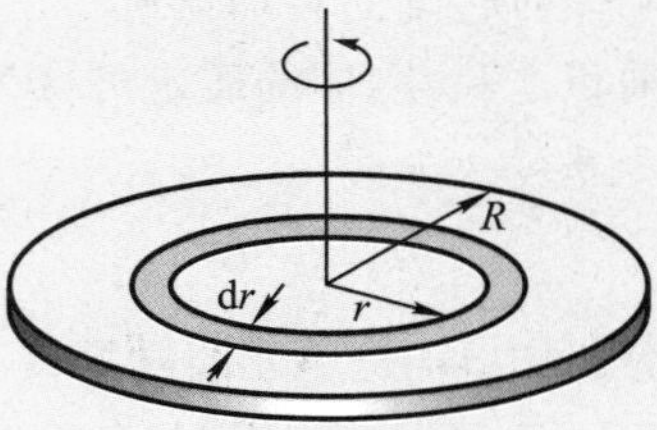

图 3-8 圆盘转运惯量的计算

$$J=\int r^2\mathrm{d}m=\int_0^R 2\pi\sigma r^3\mathrm{d}r=\frac{\pi\sigma R^4}{2}=\frac{1}{2}mR^2$$

由转动惯量的定义 $J=\sum\Delta m_i r_i^2$ 及上面例题可以看出，决定刚体转动惯量大小的因素归纳起来有三个：(1) 刚体的总质量；(2) 质量的分布；(3) 给定轴的位置. 质量相同、半径也相同的圆盘与圆环，两者的质量分布不同，圆盘质量均匀分布于整个盘内，圆环质量集中分布在边缘，所以圆环对中心轴的转动惯量比圆盘的大. 同一细棒，对通过中心且垂直于棒的转轴，与对通过棒端且垂直于棒的转轴的转动惯量是不相同的，后者较大. 这是因为轴的位置不同，每个质元到转轴的垂直距离 r_i 也就不同，因而影响了转动惯量的大小. 所以只有指出转轴位置，刚体的转动惯量才是确定的. 几个同轴移动物体组成的系统，其转动惯量为各物体转动惯量之和. 表 3-1 给出了常见刚体的转动惯量.

表 3-1 常见刚体的转动惯量

转轴 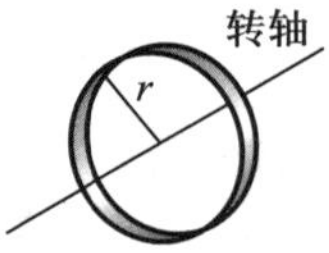 圆环 转轴通过中心 与环面垂直 $J=mr^2$	转轴 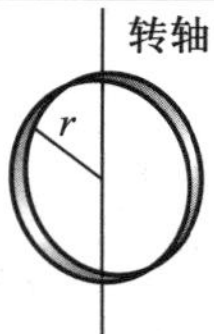 圆环 转轴沿直径 $J=\frac{mr^2}{2}$
转轴 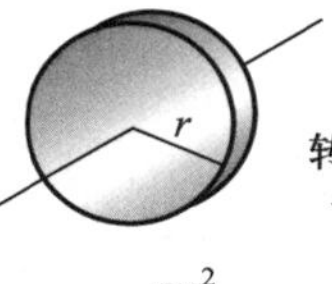 薄圆盘 转轴通过中心 与盘面垂直 $J=\frac{mr^2}{2}$	转轴 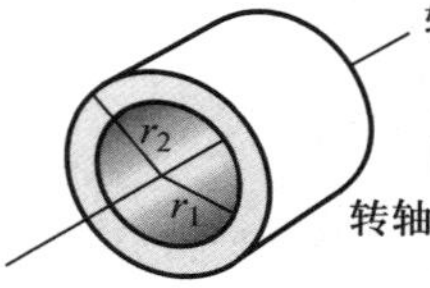 圆筒 转轴沿几何轴 $J=\frac{m}{2}(r_1^2+r_2^2)$

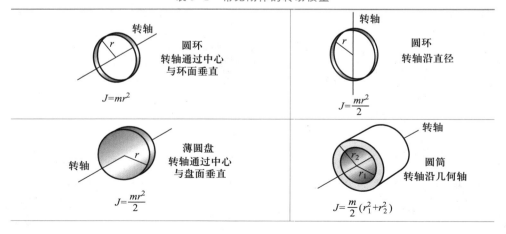

续表

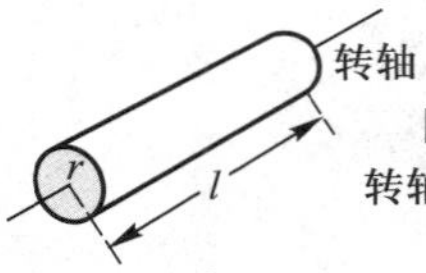 圆柱体 转轴沿几何轴 $J=\frac{mr^2}{2}$	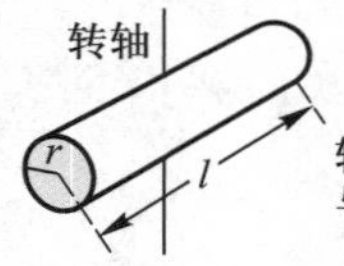 圆柱体 转轴通过中心 与几何轴垂直 $J=\frac{mr^2}{4}+\frac{ml^2}{12}$
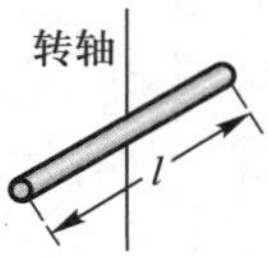 细棒 转轴通过中心 与棒垂直 $J=\frac{ml^2}{12}$	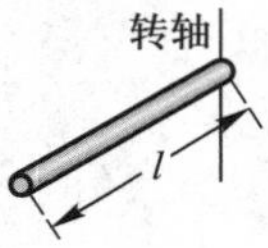 细棒 转轴通过端点 与棒垂直 $J=\frac{ml^2}{3}$
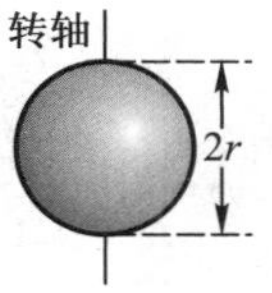 球体 转轴沿直径 $J=\frac{2mr^2}{5}$	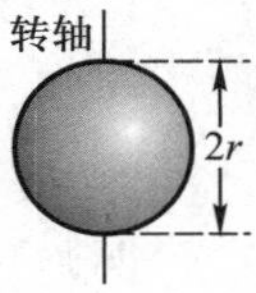 球壳 转轴沿直径 $J=\frac{2mr^2}{3}$

五、定轴转动定律的应用

应用转动定律分析刚体运动问题的思路和方法，与应用牛顿第二定律分析质点运动问题相似，首先要把研究的物体隔离出来，画出受力图，分析它们所受的力和力矩，分析它们的运动，根据牛顿第二定律和转动定律列出方程，然后求解.

例题 3-3

一轻绳跨过一定滑轮，滑轮视为圆盘，绳的两端分别悬有质量为 m_1 和 m_2 的物体 1 和 2，$m_1<m_2$，如图 3-9 所示（此装置称为阿特伍德机）. 设滑轮的质量为 m，半径为 r. 绳与滑轮之间无相对滑动，且滑轮轴处的摩擦可忽略不计. 试求物体的加速度和绳的张力.

解　按题意，由于绳与滑轮之间无相对滑动，这表明绳与滑轮之间有静摩擦力，正是这个静摩擦力带动滑轮转动，也使滑轮两边绳子的张力不再相等.（参看例题 1-14）. 另外，绳子不能伸长，也不打滑，所以两物体的加速度相等. 考虑到两物体作平动，滑轮作定轴转动，按牛顿运动定律和刚体的定轴转动定律可列出下列方程：

$$F_{T1}-G_1=m_1a$$

$$G_2-F_{T2}=m_2a$$

$$F'_{T2}r-F_{T1}r=J\alpha$$

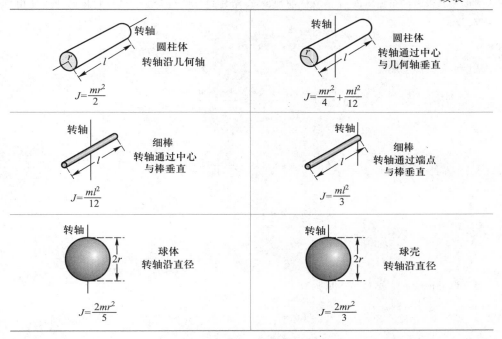

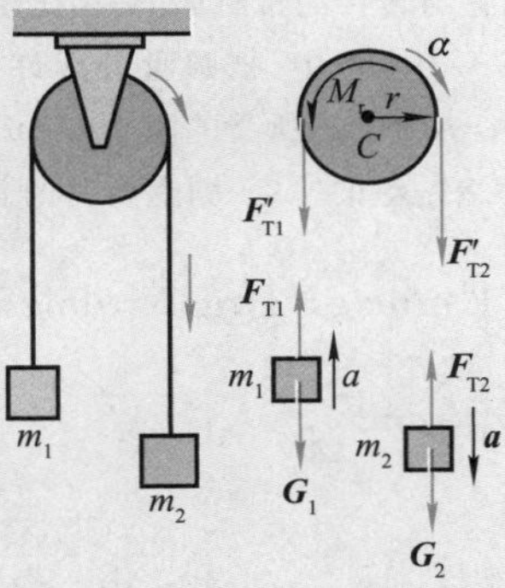

图 3-9　阿特伍德机

式中 α 是滑轮的角加速度，a 是物体的加速度. 滑轮边缘的切向加速度和物体的加速度相等，即

$$a=r\alpha$$

从以上各式即可解得

$$a=\frac{(m_2-m_1)g}{m_1+m_2+J/r^2}=\frac{(m_2-m_1)g}{m_1+m_2+m/2}$$

而

$$F_{T1}=m_1(g+a)=\frac{m_1(2m_2+m/2)g}{m_1+m_2+m/2}$$

$$F_{T2}=m_2(g-a)=\frac{m_2(2m_1+m/2)g}{m_1+m_2+m/2}$$

$$\alpha=\frac{a}{r}=\frac{(m_2-m_1)g}{(m_1+m_2+m/2)r}$$

当不计滑轮质量时，即令 $m=0$ 时，有

$$F_{T1}=F_{T2}=\frac{2m_1m_2}{m_1+m_2}g,\quad a=\frac{m_2-m_1}{m_2+m_1}g$$

上题中的阿特伍德机是一种可用来测量重力加速度 g 的简单装置. 因为在已知 m_1、m_2、r 和 J 的情况下，能通过实验测出物体 1 和 2 的加速度 a，再通过加速度 a 把 g 算出来. 在实验中可使两物体的 m_1 和 m_2 相近，从而使它们的加速度 a 和速度 v 都较小，这样就能较精确地测出 a 来.

例题 3-4

一圆形台面，以恒定的角速度 ω 绕通过中心且垂直台面的轴旋转. 现将一半径为 R，质量为 m 的匀质圆盘放在台面上，因摩擦而带动圆盘一起旋转[图 3-10(a)]，设圆盘与台面间的摩擦因数为 μ，两者绕同轴转动. 问经过多少时间才使圆盘达到角速度 ω？

解　由于摩擦力不是集中作用于一点，而是分布在整个圆盘与转台的接触面上，因此摩擦力矩的计算要用积分法. 在图 3-10(b) 中，把圆盘分成许多环形质元，每个质元的质量 $\mathrm{d}m=\rho 2\pi r\mathrm{d}r\delta$，所受的阻力矩 $r\mathrm{d}F=r\mu\mathrm{d}mg$. 其中 ρ 是圆盘的密度，δ 是盘的厚度. 圆盘所受的总阻力矩

$$M=\int r\mu\mathrm{d}mg=\int r\mu\rho 2\pi r\mathrm{d}r\delta g=\mu g\rho\delta 2\pi\int_0^R r^2\mathrm{d}r=\frac{2}{3}\mu g\delta\rho\pi R^3$$

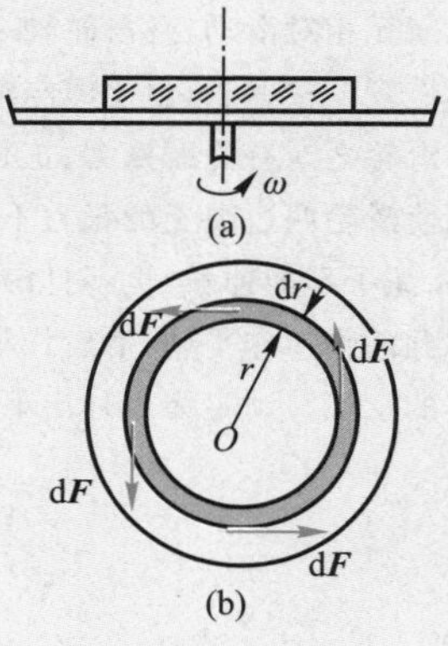

图 3-10

因 $m=\rho\pi R^2\delta$，代入得

$$M=\frac{2}{3}mg\mu R$$

根据定轴转动定律，此阻力矩使圆盘获得角加速度，即

$$\frac{2}{3}mg\mu R=J\alpha=\frac{1}{2}mR^2\frac{d\omega}{dt}$$

设圆盘经过时间 t 达到角速度 ω，则有

$$\frac{2}{3}g\mu\int_0^t dt=\frac{1}{2}R\int_0^\omega d\omega$$

由此求得

$$t=\frac{3}{4}\frac{R}{\mu g}\omega$$

溜溜球的运动

复习思考题

3-2-1　对静止的刚体施以外力作用，如果合外力为零，刚体会不会运动？

3-2-2　如果刚体转动的角速度很大，那么（1）作用在它上面的力是否一定很大？（2）作用在它上面的力矩是否一定很大？

3-2-3　为什么在研究刚体转动时，要研究力矩的作用？力矩和哪些因素有关？

§ 3-3　定轴转动中的功能关系

一、力矩的功

当质点在外力作用下发生位移时，力就对质点做了功. 与之相似，刚体在外力矩作用下转动时，力矩也对刚体做功. 在刚体转动时，作用力可以作用在刚体的不同质元上，各个质元的位移也不相同. 只有将各个力对各个相应质元做的功加起来，才能求得力对刚体所做的功. 由于在转动的研究中，使用角量比使用线量方便，因此在功的表达式中力以力矩的形式出现，力做的功也就是力矩的功.

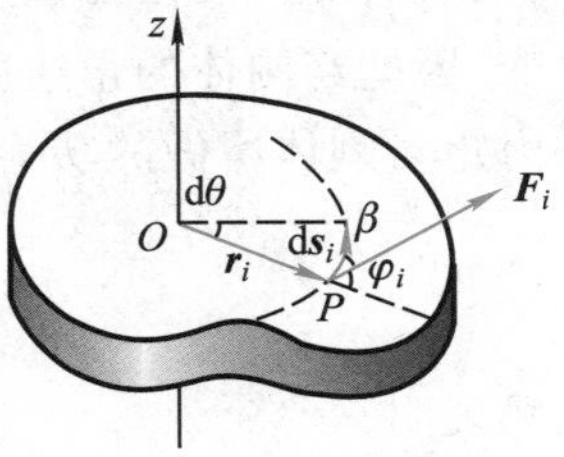

图 3-11　力矩的功

现在来计算力矩的功. 对于刚体，因各质元间的相对位置不变，所以内力不做功，只需考虑外力的功. 而对于定轴转动的情形，只有在垂直于转轴平面内的分力 F 才能使刚体转动，如图 3-11 所示. 设质量为 Δm_i 的质元 P，在外力 $\boldsymbol{F}_i$ 作用下，绕轴转过的角位移为 $d\theta$，质元 P 的位移大小 $ds_i=r_i d\theta$，位移与 $\boldsymbol{F}_i$ 所成夹角为 β. 按功的定义，$\boldsymbol{F}_i$ 在这段位移中所做的元功是

$$dA_i=F_i\cos\beta ds=F_i r_i\cos\beta d\theta$$

由图可见，$\cos\beta=\sin\varphi_i$，又因力矩 $M_i=F_i r_i\sin\varphi_i$，所以上式成为

$$dA_i=M_i d\theta$$

设刚体从 θ_0 转到 θ，力 $\boldsymbol{F}_i$ 做的功为

$$A_i=\int_{\theta_0}^{\theta}M_i d\theta$$

再对各个外力的功求和，就得到所有外力做的总功

$$A=\sum_i A_i=\sum_i\int_{\theta_0}^{\theta}M_i\mathrm{d}\theta=\int_{\theta_0}^{\theta}\Big(\sum_i M_i\Big)\mathrm{d}\theta=\int_{\theta_0}^{\theta}M\mathrm{d}\theta \tag{3-11}$$

式中 $M=\sum_i M_i$ 为刚体所受到的合外力矩.

由此可见，力对刚体所做的功可用力矩与刚体角位移乘积的积分来表示，叫做力矩的功.

二、刚体的转动动能

刚体在转动时的动能，应该是组成刚体的各个质元的动能之和. 设刚体中第 i 个质元的质量为 Δm_i，速度为 $\boldsymbol{v}_i$，则该质元的动能是 $\frac{1}{2}\Delta m_i v_i^2$. 考虑到刚体作定轴转动时，各个质元都作圆周运动，设质元 Δm_i 离轴的垂直距离为 r_i，则它的线速度 $v_i=\omega r_i$，因此，整个刚体的动能

$$E_\mathrm{k}=\sum\frac{1}{2}\Delta m_i v_i^2=\frac{1}{2}\left(\sum\Delta m_i r_i^2\right)\omega^2$$

式中 $\sum\Delta m_i r_i^2$ 正是刚体对转轴的转动惯量 J，所以定轴转动的刚体的动能可写为

$$\boxed{E_\mathrm{k}=\frac{1}{2}J\omega^2} \tag{3-12}$$

三、定轴转动的动能定理

我们知道，功是能量变化的量度，在刚体转动时，力矩的功将引起转动动能的改变. 因此当刚体的角速度由 t_1 时刻的 ω_1 变为 t_2 时刻的 ω_2 时，则在此过程中合外力矩对刚体所做的功为

$$A=\int_{\theta_1}^{\theta_2}M\mathrm{d}\theta=\int_{\omega_1}^{\omega_2}J\omega\mathrm{d}\omega=\frac{1}{2}J\omega_2^2-\frac{1}{2}J\omega_1^2 \tag{3-13}$$

上式表明，合外力矩对刚体所做的功等于刚体转动动能的增量，这个关系式叫做刚体定轴转动的动能定理.

如果刚体受到摩擦力矩或阻力矩的作用，则刚体的转动将逐渐变慢. 这时，阻力矩与角位移反向，阻力矩做负功，转动动能的增量为负值，这就是说转动刚体克服阻力矩做功，它的转动动能逐渐减小.

刚体转动的动能定理在工程上有很多应用. 为了储能，许多机器都配置飞轮. 转动的飞轮因转动惯量很大，可以把能量以转动动能的形式储存起来，在需要做功的时候再予以释放. 例如冲床在冲孔时，冲力很大，如果由电动机直接带动冲头，电动机将无法承受这样大的负荷，因此，中间要装上减速箱和飞轮储能装置，电动机通过减速箱带动飞轮转动，使飞轮储有动能. 在冲孔时，由飞轮带动冲头对钢板冲孔做功，使飞轮转动动能减少. 利用转动飞轮释放能量，可以大大减少电动

机的负荷，从而解决了上述问题.

四、刚体的重力势能

如果一个刚体受到保守力的作用，也可引入势能的概念. 刚体在定轴转动中涉及的势能主要是重力势能. 这里把刚体-地球系统的重力势能简称刚体的重力势能，意思是取地面坐标系来计算势能值.

对于一个不太大的刚体，质量为 m，它的重力势能应是组成刚体的各个质元的重力势能之和，即

$$E_p = \sum \Delta m_i g h_i = g \sum \Delta m_i h_i$$

根据质心的定义，此刚体的质心的高度应为

$$h_C = \frac{\sum \Delta m_i h_i}{m}$$

所以上式可改写为

$$E_p = mgh_C \tag{3-14}$$

这一结果表明，一个不太大的刚体的重力势能与它的质量集中在质心时所具有的势能一样.

考虑了刚体的功和能的上述特点，关于一般质点系统的功能原理、机械能守恒定律等，都可方便地应用于刚体的定轴转动.

例题 3-5

如图 3-12 所示，冲床上配置一质量为 5 000 kg 的飞轮，$r_1 = 0.3$ m，$r_2 = 0.2$ m. 今用转速为 900 r/min 的电动机借皮带传动来驱动飞轮，已知电动机的传动轴直径 $d = 0.1$ m. (1) 求飞轮的转动动能；(2) 若冲床冲断 $\Delta x = 0.5$ mm 厚的薄钢片需用冲力 9.80×10^4 N，所消耗的能量全部由飞轮提供，问冲断钢片后飞轮的转速变为多大？

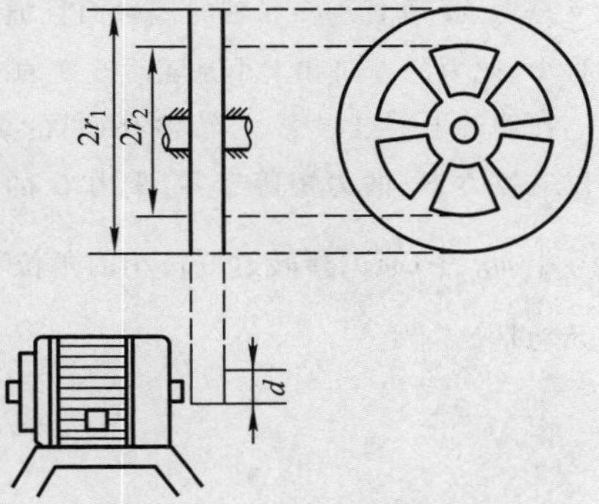

图 3-12　冲床上的转动飞轮

解　(1) 为了求飞轮的转动动能，需先求出它的转动惯量和转速. 因飞轮质量大部分分布在轮缘上，由图示尺寸并近似用圆筒的转动惯量公式，得

$$J = \frac{m}{2}(r_1^2 + r_2^2) = 325 \text{ kg} \cdot \text{m}^2$$

在皮带传动机构中，电动机的传动轴是主动轮，飞轮是从动轮. 两轮的转速与轮的直径成反比，即飞轮的转速为

$$n_{飞} = n_{电} \frac{d}{2r_1} = 150 \text{ r/min} = 2.5 \text{ r/s}$$

由此得飞轮的角速度

$$\omega=2\pi n_{飞}=15.7\ \mathrm{rad/s}$$

这样,飞轮的转动动能为

$$E_k=\frac{1}{2}J\omega^2=40\,055\ \mathrm{J}$$

(2) 在冲断钢片过程中,冲力 F 所做的功为

$$A=F\Delta x=49\ \mathrm{J}$$

这就是飞轮消耗的能量,此后,飞轮的能量变为

$$E_k'=(40\,055-49)\ \mathrm{J}=40\,006\ \mathrm{J}$$

由 $E_k'=\frac{1}{2}J\omega'^2$ 求得此时的角速度 ω' 为

$$\omega'=\sqrt{\frac{2E_k'}{J}}$$

而飞轮的转速变为

$$n'_{飞}=\frac{1}{2\pi}\omega'=149.9\ \mathrm{r/min}$$

例题 3-6

一根质量为 m、长为 l 的均匀细棒 OA(图 3-13),可绕通过其一端的光滑轴 O 在竖直平面内转动,今使棒从水平位置开始自由下摆,求细棒摆到竖直位置时其中心点 C 和端点 A 的速度.

解 先对细棒 OA 所受的力作一分析:重力 $\boldsymbol{G}$,作用在棒的中心点 C,方向竖直向下;轴和棒之间没有摩擦力,轴对棒作用的支撑力 $\boldsymbol{F}_N$ 垂直于棒和轴的接触面且通过 O 点,在棒的下摆过程中,此力的方向和大小是随时改变的.

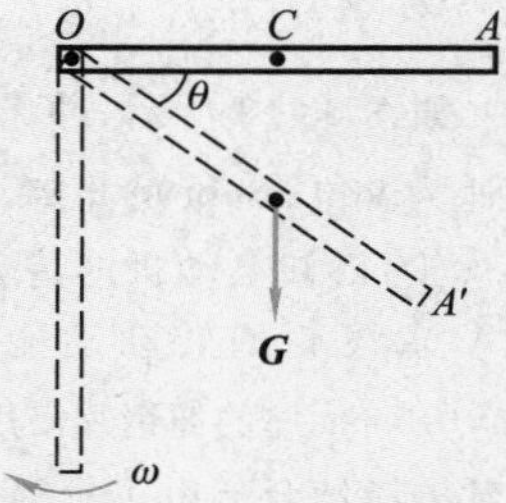

图 3-13 细棒下摆

在棒的下摆过程中,对转轴 O 而言,支撑力 $\boldsymbol{F}_N$ 通过 O 点,所以支撑力 $\boldsymbol{F}_N$ 的力矩等于零,重力 $\boldsymbol{G}$ 的力矩则是变力矩,大小等于 $mg\frac{l}{2}\cos\theta$,棒转过一极小的角位移 $d\theta$ 时,重力矩所做的元功是

$$dA=mg\frac{l}{2}\cos\theta d\theta$$

在棒从水平位置下摆到竖直位置的过程中,重力矩所做的总功为

$$A=\int dA=\int_0^{\frac{\pi}{2}}mg\frac{l}{2}\cos\theta d\theta=mg\frac{l}{2}$$

应该指出:重力矩做的功就是重力做的功,也可用重力势能的差值来表示. 棒在水平位置时角速度 $\omega_0=0$,下摆到竖直位置时的角速度为 ω,按力矩的功和转动动能增量的关系式(3-13)得

$$mg\frac{l}{2}=\frac{1}{2}J\omega^2$$

由此得

$$\omega=\sqrt{\frac{mgl}{J}}$$

因 $J=\frac{1}{3}ml^2$，代入上式得

$$\omega=\sqrt{\frac{3g}{l}}$$

所以细棒在竖直位置时，端点 A 和中心点 C 的速度分别为

$$v_A=l\omega=\sqrt{3gl}$$

$$v_C=\frac{l}{2}\omega=\frac{1}{2}\sqrt{3gl}$$

复习思考题

3-3-1 对刚体定轴转动，若用积分 $\int \boldsymbol{M}\cdot\boldsymbol{\omega}\mathrm{d}t$ 来计算外力矩做功时，因为力矩 $\boldsymbol{M}$ 和角速度 $\boldsymbol{\omega}$ 与转轴有关，所以做功也与转轴有关，你认为对吗？为什么？

3-3-2 刚体作定轴转动时，其动能的增量只取决于外力对它所做的功，而与内力的作用无关. 对于非刚体是否也是这样？为什么？

3-3-3 对于定轴转动的刚体，计算了转动动能，是否还要计算平动动能？

3-3-4 一根均匀细棒绕其一端在竖直平面内转动，如从水平位置转到竖直位置时，其势能变化多少？

§ 3-4 定轴转动刚体的角动量定理和角动量守恒定律

一、刚体的角动量

质点的角动量是对一定点而言的，在刚体的定轴转动中，其角动量却是对固定转轴而言的，这里有个普遍情况和特殊情况的关系问题. 为便于说明问题，我们考虑以角速度 ω 绕定轴 Oz 转动的一根均匀细棒，如图 3-14 所示. 现在把细棒分成许多质元，其中第 i 个质元的质量为 Δm_i. 当细棒以 ω 转动时，该质元绕轴作半径为 r_i 的圆周运动，它相对于 O 点的位矢为 $\boldsymbol{R}_i$，则它对 O 点的角动量定义为

$$\Delta\boldsymbol{L}_i=\boldsymbol{R}_i\times(\Delta m_i\boldsymbol{v}_i)$$

因 $\boldsymbol{v}_i$ 垂直于 $\boldsymbol{R}_i$，所以 $\Delta\boldsymbol{L}_i$ 的大小为

$$\Delta L_i=\Delta m_iR_iv_i$$

方向如图 3-14 所示.

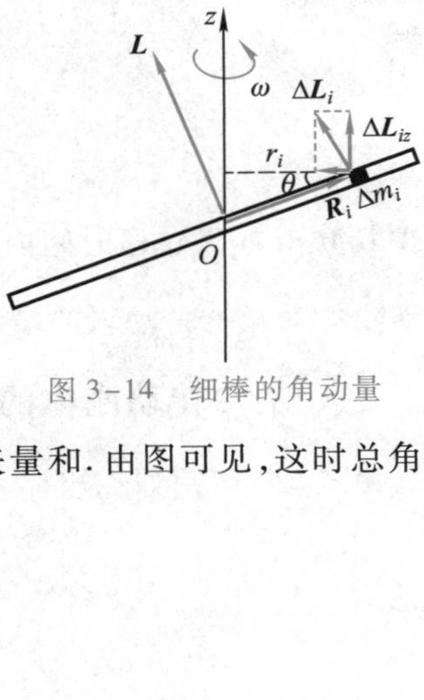

图 3-14 细棒的角动量

刚体对 O 点的角动量，等于各个质元角动量的矢量和. 由图可见，这时总角动

量 $\boldsymbol{L}$ 的方向和每个 $\Delta\boldsymbol{L}_i$ 的方向一致，但并不和 Oz 轴或 $\boldsymbol{\omega}$ 的方向一致．对于定轴转动，我们感兴趣的只是 $\boldsymbol{L}$ 沿 Oz 轴的分量 L_z，叫做刚体绕定轴的角动量，而这个分量 L_z 实际上就是各质元的角动量沿 Oz 轴的分量 ΔL_{iz} 之和．从图中看出，$\Delta L_{iz}=\Delta L_i\cos\theta$，因此

$$L_z=\sum\Delta L_i\cos\theta=\sum\Delta m_iR_iv_i\cos\theta=\sum\Delta m_ir_iv_i=(\sum\Delta m_ir_i^2)\omega$$

式中 $\sum\Delta m_ir_i^2$ 是刚体对 Oz 轴的转动惯量，用 J 表示，由此得刚体绕定轴的角动量的一般表达式如下：

$$\boxed{L_z=J\omega} \tag{3-15}$$

二、定轴转动刚体的角动量定理

采用刚体对轴的角动量 $L_z=J\omega$，可将式(3-9)改写成

$$\boxed{M_z=\frac{\mathrm{d}(J\omega)}{\mathrm{d}t}=\frac{\mathrm{d}L_z}{\mathrm{d}t}} \tag{3-16a}$$

上式表示，刚体所受到的对某给定轴的合外力矩等于刚体对该轴的角动量的时间变化率．这是用角动量陈述的定轴转动定律．

应该注意，对于刚体来说，它对给定轴的转动惯量 J 是保持不变的，但在实际中，式(3-16a)还可以适用于非刚体．可以证明，当物体不是刚体，且它对给定轴的转动惯量可以随时改变时，只要任一瞬时它可看作是绕该定轴以角速度 ω 转动的，则上式仍然成立．这样的几个物体组成的系统，如果它们对同一给定轴的角动量分别为 $J_1\omega_1,J_2\omega_2,\cdots$，则系统对该轴的角动量为

$$L_z=\sum_i J_i\omega_i,\quad i=1,2,\cdots$$

对于这个系统也可以有

$$M_z=\frac{\mathrm{d}L_z}{\mathrm{d}t}=\frac{\mathrm{d}}{\mathrm{d}t}\left(\sum_i J_i\omega_i\right) \tag{3-16b}$$

刚体对转轴的角动量定理也可用积分形式表示．如果在外力矩作用下，从 t_0 到 t 的一段时间内，物体对固定转轴的角动量由 $L_{z0}=(J\omega)_0$ 变为 $L_z=J\omega$，则由 $M_z=\dfrac{\mathrm{d}(J\omega)}{\mathrm{d}t}$ 可得

$$\boxed{\int_{t_0}^{t}M_z\mathrm{d}t=J\omega-(J\omega)_0} \tag{3-17}$$

式中 $\int_{t_0}^{t}M_z\mathrm{d}t$ 叫做这段时间内对轴的力矩的冲量和或冲量矩之和．上式表明：定轴转动物体对轴的角动量的增量等于外力对该轴的力矩的冲量之和．

三、定轴转动刚体的角动量守恒定律

由式(3-17)可见，当外力对给定轴的总力矩为零时，物体对该轴的角动量将

保持不变. 这就是说,物体在绕定轴转动的过程中,

$$当\ M_z=0\ 时,\quad L_z=J\omega=(J\omega)_0=常量 \tag{3-18a}$$

这叫做**对固定转轴的角动量守恒定律**. 如果转动过程中转动惯量保持不变,则物体以恒定的角速度转动;如果转动惯量发生改变,则物体的角速度也随之改变,但二者之积保持恒定.

当定轴转动系统由多个物体组成时,由式(3-16b)同样可得定轴转动物体系统的角动量守恒定律. 如果转动系统由两个物体组成,则

$$当\ M_z=0\ 时,\quad L_z=J_1\omega_1+J_2\omega_2=常量 \tag{3-18b}$$

亦即,**当系统内一个物体的角动量发生了改变,则另一物体的角动量必然有个与之等值异号的改变,从而使总角动量保持不变.**

上述角动量守恒定律可用图 3-15 中的实验生动地演示出来. 这是一个可以绕竖直轴转动的台子(转动中摩擦可忽略). 演示时,一人站在台上,两手各握一个很重的哑铃. 当他平举双臂时,在别人帮助下,使人和台子一起以一定角速度旋转,如图 3-15(a)所示. 然后此人在转动中放下两臂,由于这时没有外力矩的作用,台子和人的角动量应保持不变,所以当人放下两臂后,转动惯量减小,导致角速度增大,也就是说比平举两臂时要转得快一些[见图 3-15(b)].

角动量守恒演示

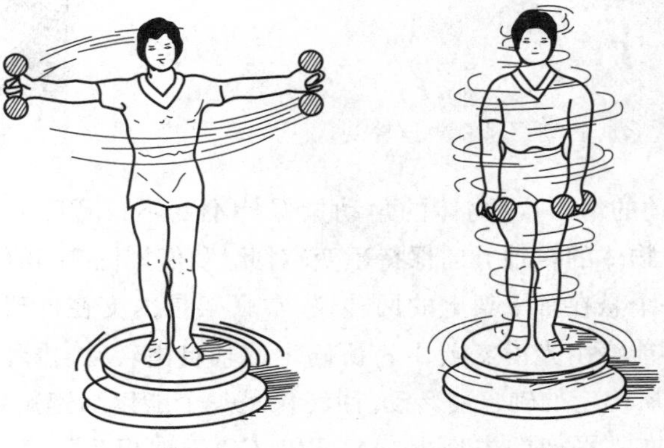

图 3-15　角动量守恒定律的演示实验

对于绕定轴转动的可变形物体,理论证明,只要物体所受的合外力对于通过其质心的轴的力矩为零,则它对这根轴的角动量也保持恒定. 在日常生活中,利用角动量守恒定律的例子有很多. 例如,舞蹈演员、滑冰运动员在旋转的时候,往往先把两臂张开,然后迅速把两臂靠拢身体,使自己对身体中央竖直轴的转动惯量迅速减小,因而旋转速度加快. 又如跳水运动员在空中翻筋斗时(见图 3-16),运动员将两臂伸直,并以某一角速度离开跳板,跳在空中时,将臂和腿尽量卷缩起来,以减小他对横贯腰部的转轴的转动惯量,因而角速度增大,在空中迅速翻转,当快接近水面时,再伸直臂和腿以增大转动惯

量,减小角速度,以便竖直地进入水中.

猫从高楼掉下后能安全落地,这是大家熟悉的现象.可是它的力学问题,几十年来得不到合理的解释,成为力学发展中的“猫案”.因为猫在下落过程中,重力对通过重心的纵轴力矩为零,因此猫对此轴的角动量守恒.开始时角动量为零,因而整个下落过程猫对纵轴的角动量为零.这样,猫作为一个整体只能沿这个方向转动落地,事实上,猫落地过程是非常复杂的,如图 3-17 所示.

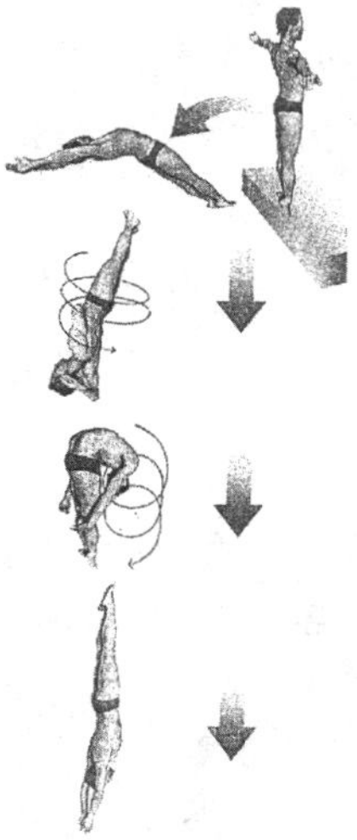

图 3-16 运动员跳水时转动惯量和角速度变化的情况

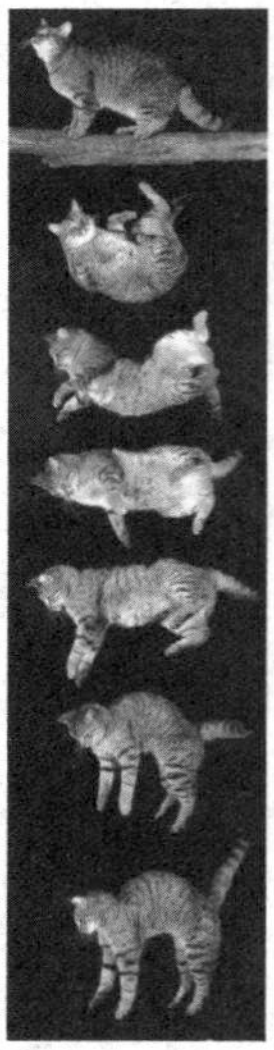

图 3-17 猫从高楼落地

在非定轴转动的情形中,物体的角动量保持不变不仅意味着角动量的大小不变,而且还意味着物体的转轴方向保持不变.对此,我们用图 3-18(a)所示的回转仪来演示.图中是一个悬在常平架上的回转仪.常平架是由支在框架 L 上的内外两个圆环组成的,外环能绕由光滑支点 A、A'所确定的轴自由转动,内环能绕与外环相连的光滑支点 B、B'所确定的轴自由转动.回转仪是一个能以高速旋转的厚重、对称的转子,其轴 CC'装在常平架的内环上.AA'、BB'、CC'三轴相互垂直,这就使回转仪的转轴在空间可取任何方向.我们看到,当使转子高速旋转之后,对它不再施加外力矩的作用,由于角动量守恒,其转轴方向将保持恒定不变.即使把支架作任何转动,也不影响转子转轴的方向.因此,回转仪在现代技术中应用很广,回转仪的这一特性通常用作定向装置(例如回转罗盘),作为舰船、飞机、导弹上的方向标准.我国早在《西京杂记》上就有这方面的记载.汉代丁缓制造的卧褥香炉[图 3-18(b)],就用了常平架,因而“环转四周,而炉体常平”,显示出非凡的技巧.

角动量守恒定律,与前面介绍的动量守恒定律和能量守恒定律一样,是物质运动的普遍规律.我们以后会看到,即使在原子内部,也都严格地遵守着这三条定律.

现将刚体的平动和定轴转动中的一些重要公式列表类比(见表 3-2),以供参考.

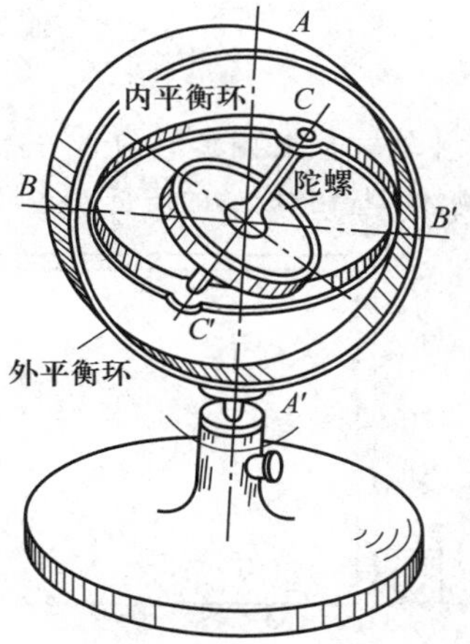

(a) 现代回转仪中的万向支架

(b) 卧褥香炉

图 3-18

表 3-2　刚体的平动和定轴转动中的一些重要公式

质点的直线运动(刚体的平动)	刚体的定轴转动
速度　$v=\frac{ds}{dt}$	角速度　$\omega=\frac{d\theta}{dt}$
加速度　$a=\frac{dv}{dt}$	角加速度　$\alpha=\frac{d\omega}{dt}$
匀速直线运动　$s=vt$	匀速转动　$\theta=\omega t$
匀变速直线运动	匀变速转动
$v=v_0+at$ $s=v_0t+\frac{1}{2}at^2$ $v^2-v_0^2=2as$	$\omega=\omega_0+\alpha t$ $\theta=\omega_0t+\frac{1}{2}\alpha t^2$ $\omega^2-\omega_0^2=2\alpha\theta$
力 F,质量 m 牛顿第二定律　$F=ma$	力矩 M,转动惯量 J 转动定律　$M=J\alpha$
动量 mv,冲量 Ft(常力) 动量定理　$Ft=mv-mv_0$(常力)	角动量 $J\omega$,冲量矩 Mt(常力矩) 角动量定理　$Mt=J\omega-J_0\omega_0$(常力矩)
动量守恒定律　$\sum mv=$常量	角动量守恒定律　$\sum J\omega=$常量
平动动能　$\frac{1}{2}mv^2$ 常力的功　$A=Fs$ 动能定理 $Fs=\frac{1}{2}mv^2-\frac{1}{2}mv_0^2$(常力)	转动动能　$\frac{1}{2}J\omega^2$ 常力矩的功　$A=M\theta$ 动能定理 $M\theta=\frac{1}{2}J\omega^2-\frac{1}{2}J\omega_0^2$(常力矩)

例题 3-7

一匀质细棒长度为 l，质量为 m，可绕通过其端点 O 的水平轴转动，如图 3-19 所示. 当棒从水平位置自由释放后，它在竖直位置上与放在地面上的物体相撞. 该物体的质量也是 m，它与地面的摩擦因数为 μ. 相撞后，物体沿地面滑行一距离 s 后停止. 求相撞后棒的质心 C 离地面的最大高度 h，并说明棒在碰撞后将向左摆或向右摆的条件.

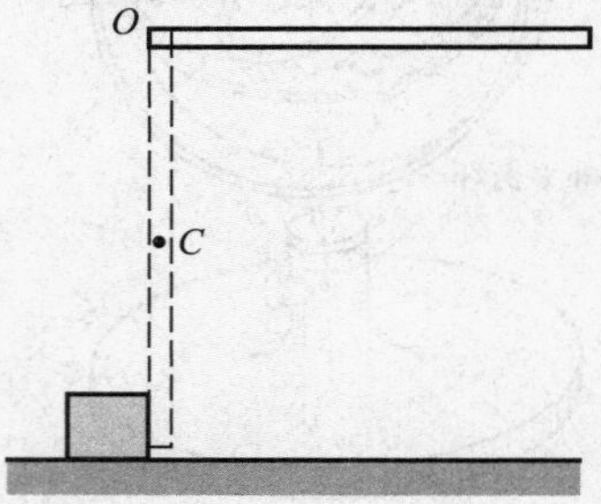

图 3-19

解　这个问题可分为三个阶段进行分析. 第一阶段是棒自由摆动的过程，这时除重力外，其余内力与外力都不做功，所以机械能守恒. 我们把棒在竖直位置时质心所在处取为势能零点，用 ω 表示棒这时的角速度，则

$$mg\frac{l}{2}=\frac{1}{2}J\omega^2=\frac{1}{2}\left(\frac{1}{3}ml^2\right)\omega^2 \tag{1}$$

第二阶段是碰撞过程，因碰撞时间极短，作用的冲力极大，物体虽然受到地面的摩擦力，但相比冲力，可以忽略. 这样，棒与物体相撞时，它们组成的系统所受到的对转轴 O 的外力矩为零，所以，这个系统对 O 轴的角动量守恒. 我们用 v 表示物体碰撞后的速度，则

$$\left(\frac{1}{3}ml^2\right)\omega=mvl+\left(\frac{1}{3}ml^2\right)\omega' \tag{2}$$

式中 ω' 为棒在碰撞后的角速度，它可正可负. ω' 取正值，表示碰后棒向左摆；反之，表示向右摆.

第三个阶段是物体在碰撞后的滑行过程. 物体作匀减速直线运动，加速度由牛顿第二定律求得为

$$-\mu mg=ma \tag{3}$$

由匀加速直线运动的公式得

$$0=v^2+2as$$

亦即

$$v^2=2\mu gs \tag{4}$$

由式(1)、式(2)与式(4)联合求解，即得

$$\omega'=\frac{\sqrt{3gl}-3\sqrt{2\mu gs}}{l} \tag{5}$$

当 ω' 取正值时，棒向左摆，其条件为 $\sqrt{3gl}-3\sqrt{2\mu gs}>0$，亦即 $l>6\mu s$；当 ω' 取负值时，棒向右摆，其条件为 $\sqrt{3gl}-3\sqrt{2\mu gs}<0$，亦即 $l<6\mu s$.

棒的质心 C 上升的最大高度，与第一阶段情况相似，也可由机械能守恒定律求得：

$$mgh=\frac{1}{2}\left(\frac{1}{3}ml^2\right)\omega'^2 \tag{6}$$

把式(5)代入上式，所求结果为

$$h=\frac{l}{2}+3\mu s-\sqrt{6\mu sl}$$

例题 3-8

工程上，常用摩擦啮合器使两飞轮以相同的转速一起转动. 如图 3-20 所示，A 和 B 两飞轮的轴杆在同一中心线上，A 轮的转动惯量为 $J_A = 10\ \mathrm{kg\cdot m^2}$，B 轮的转动惯量为 $J_B = 20\ \mathrm{kg\cdot m^2}$. 开始时 A 轮的转速为 600 r/min，B 轮静止. C 为摩擦啮合器. 求两轮啮合后的转速；在啮合过程中，两轮的机械能有何变化？

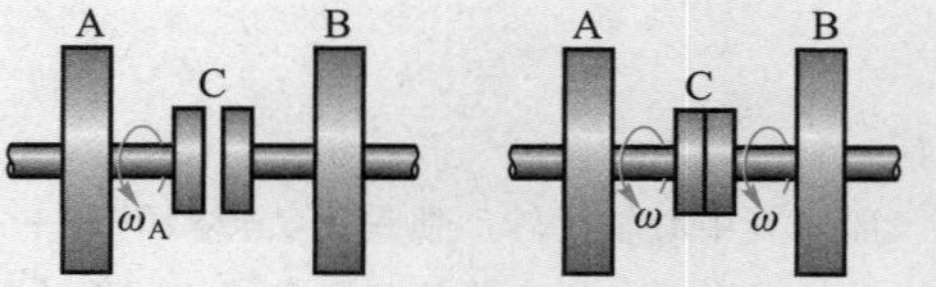

图 3-20　两飞轮的摩擦啮合

解　以飞轮 A、B 和啮合器 C 作为一系统来考虑，在啮合过程中，系统受到轴向的正压力和啮合器间的切向摩擦力，前者对转轴的力矩为零，后者对转轴有力矩，但为系统的内力矩. 系统没有受到其他外力矩，所以系统的角动量守恒. 按角动量守恒定律可得

$$J_A\omega_A + J_B\omega_B = (J_A + J_B)\omega$$

ω 为两轮啮合后共同转动的角速度，于是

$$\omega = \frac{J_A\omega_A + J_B\omega_B}{J_A + J_B}$$

以各量的数值代入，得

$$\omega = 20.9\ \mathrm{rad/s}$$

或共同转速为

$$n = 200\ \mathrm{r/min}$$

在啮合过程中，摩擦力矩做功，所以机械能不守恒，部分机械能将转化为热量，损失的机械能为

$$\Delta E = \frac{1}{2}J_A\omega_A^2 + \frac{1}{2}J_B\omega_B^2 - \frac{1}{2}(J_A + J_B)\omega^2 = 1.32\times10^4\ \mathrm{J}$$

例题 3-9

恒星晚期在一定情况下，可能会发生超新星爆发，这时星体中有大量物质喷入星际空间，同时星的内核却向内坍缩，成为体积很小的中子星. 中子星是一种异常致密的星体，一汤匙中子星物质就有几亿吨质量！设某恒星绕自转轴每 45 d（天）转一周，它的内核半径 R_0 约为 2×10^7 m，坍缩成半径 R 仅为 6×10^3 m 的中子星. 试求中子星的角速度. 坍缩前后的星体内核均可视为匀质圆球.

解　在星际空间中，恒星不会受到显著的外力矩作用，因此恒星的角动量应该守恒，则它的内核在坍缩前后的角动量 $J_0\omega_0$ 和 $J\omega$ 应相等. 因

$$J_0 = \frac{2}{5}mR_0^2,\qquad J = \frac{2}{5}mR^2$$

代入 $J_0\omega_0=J\omega$ 中，整理后得

$$\omega=\omega_0\left(\frac{R_0}{R}\right)^2\approx 3\ \text{r/s}$$

由于中子星的致密性和极快的自转角速度，在星体周围会形成极强的磁场，并沿着磁轴的方向发出很强的无线电波、光或 X 射线．当这个辐射束扫过地球时，就能检测到脉冲信号，因此，中子星又叫脉冲星．目前已探测到的脉冲星超过 300 个．

例题 3-10

图 3-21 中的宇宙飞船对其中心轴的转动惯量为 $J=2\times10^3\ \text{kg}\cdot\text{m}^2$，它以 $\omega=0.2\ \text{rad/s}$ 的角速度绕中心轴旋转．航天员想用两个切向的控制喷管使飞船停止旋转，每个喷管的位置与轴线距离都是 $r=1.5\ \text{m}$．两喷管的喷气流量恒定，共是 $\alpha=2\ \text{kg/s}$．废气的喷射速率（相对于飞船周边）$u=50\ \text{m/s}$，并且恒定．问喷管应喷射多长时间才能使飞船停止旋转．

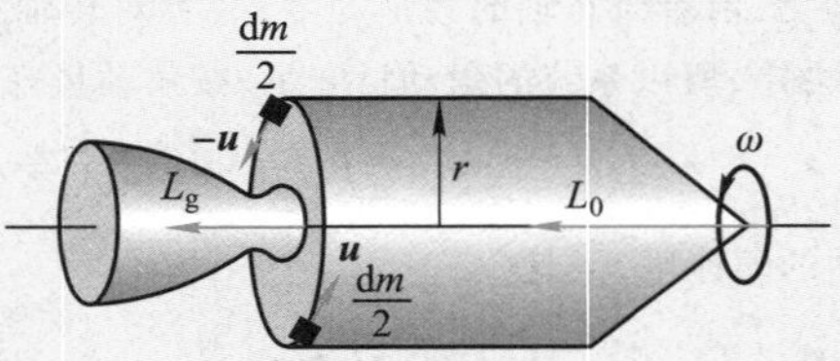

图 3-21

解　把飞船和排出的废气看作一个系统，废气质量为 m．可以认为废气质量远小于飞船的质量，所以原来系统对于飞船中心轴的角动量近似地等于飞船自身的角动量，即

$$L_0=J\omega$$

在喷气过程中，以 $\mathrm{d}m$ 表示 $\mathrm{d}t$ 时间内喷出的气体，这些气体对中心轴的角动量为 $\mathrm{d}m\cdot r(u+v)$，方向与飞船的角动量相同．因 $u=50\ \text{m/s}$ 远大于飞船周边的速率 $v(=\omega r)$，所以此角动量近似地等于 $\mathrm{d}m\cdot ru$．在整个喷气过程中喷出废气的总的角动量 L_g 应为

$$L_g=\int_0^m \mathrm{d}m\cdot ru=mru$$

当宇宙飞船停止旋转时，其角动量为零．系统这时的总角动量 L_1 就是全部排出的废气的总角动量，即

$$L_1=L_g=mru$$

在整个喷射过程中，系统所受到的对于飞船中心轴的外力矩为零，所以系统对于此轴的角动量守恒，即 $L_0=L_1$．由此得

$$J\omega=mru$$

即

$$m=\frac{J\omega}{ru}$$

于是所需的时间为

$$t=\frac{m}{\alpha}=\frac{J\omega}{\alpha ru}=2.67\ \text{s}$$

复习思考题

3-4-1 两个同样大小的轮子，质量也相同．一个轮子的质量均匀分布，另一个轮子的质量主要集中在轮缘．问：(1) 如果作用在它们上面的外力矩相同，哪个轮子转动的角加速度较大？(2) 如果它们的角加速度相等，作用在哪个轮子上的力矩较大？(3) 如果它们的角动量相等，哪个轮子转得快？

3-4-2 一个转动着的飞轮，如不供给它能量，最终将停下来．试用转动定律解释这个现象．

3-4-3 将一个生鸡蛋和一个熟鸡蛋放在桌上使它旋转，如何判定哪个是生的，哪个是熟的？为什么？

3-4-4 两个身高、体重相同的小孩，分别抓住跨过定滑轮绳子的两端，一个用力往上爬，另一个不动，问哪一个先到达滑轮处？如果小孩重量不相等，情况又将如何？（滑轮和绳子的质量可以忽略．）

***3-4-5** 直升机的尾部装有一个尾桨，试问它起什么作用？

*§3-5 进 动

本节介绍一种刚体转轴不固定的情况．大家知道，玩具陀螺(top)不转动时，在重力矩作用下将发生倾倒．但当陀螺急速旋转时，尽管仍在重力矩作用下，却不会倾倒．这时，我们看到，陀螺在绕本身对称轴线转动的同时，其对称轴还将绕竖直轴 Oz 回转，如图 3-22(a)所示．这种回转现象叫做进动(precession)．

当高速旋转的陀螺在倾斜状态时，因它自转的角速度远大于进动的角速度，我们可把陀螺对 O 点的角动量 $\boldsymbol{L}$ 看作它对本身对称轴的角动量．由于重力对 O 点产生一力矩，其方向垂直于转轴和重力所组成的平面，根据角动量定理，在极短时间 $\mathrm{d}t$ 内，陀螺的角动量将增加 $\mathrm{d}\boldsymbol{L}$，其方向与外力矩的方向相同．因外力矩的方向垂直于 $\boldsymbol{L}$，所以 $\mathrm{d}\boldsymbol{L}$ 的方向也与 $\boldsymbol{L}$ 垂直，结果使 $\boldsymbol{L}$ 的大小不变而方向发生变化，如图 3-22(b)中所示．因此，陀螺的自转轴将从 $\boldsymbol{L}$ 的位置转到 $\boldsymbol{L}+\mathrm{d}\boldsymbol{L}$ 的位置上．从陀螺的顶部向下看，其自转轴的回转方向是逆时针的．这样，陀螺就不会倒下，而沿一锥面转动，亦即绕竖直轴 Oz 作进动．

现在，我们计算进动的角速度．在 $\mathrm{d}t$ 时间内，角动量 $\boldsymbol{L}(L=J\omega)$ 的增量 $\mathrm{d}\boldsymbol{L}$ 是很小的，由图可知

$$\mathrm{d}L=L\sin\theta\mathrm{d}\varphi=J\omega\sin\theta\mathrm{d}\varphi \tag{3-19}$$

式中 ω 为陀螺自转的角速度，$\mathrm{d}\varphi$ 为自转轴在 $\mathrm{d}t$ 时间内绕 Oz 轴转动的角度，θ 为自转轴与 Oz 轴间的夹角．由角动量定理有

$$\mathrm{d}L=M\mathrm{d}t$$

代入式(3-19)得

$$M\mathrm{d}t=J\omega\sin\theta\mathrm{d}\varphi$$

按定义，进动的角速度 $\omega_{\mathrm{p}}=\dfrac{\mathrm{d}\varphi}{\mathrm{d}t}$，所以

$$\boxed{\omega_{\mathrm{p}}=\frac{M}{J\omega\sin\theta}} \tag{3-20}$$

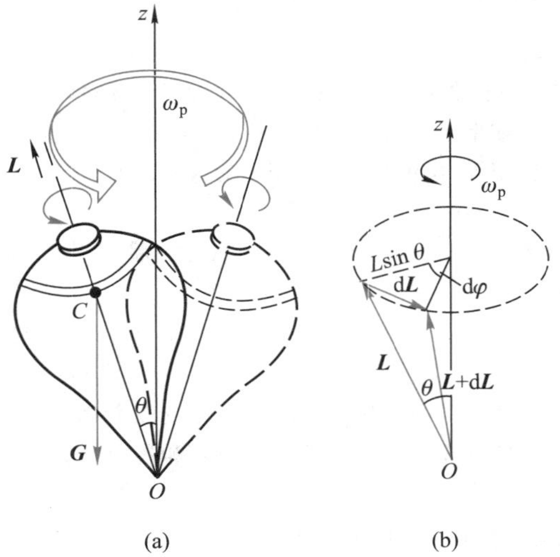

图 3-22 陀螺的进动

由此可知，进动角速度 ω_p 与外力矩成正比，与陀螺自转的角动量成反比．因此，当陀螺自转角速度很大时，进动角速度较小；而在陀螺自转角速度很小时，进动角速度却增大．

回转效应(gyroscopic effect)在实践中有广泛的应用．例如，飞行中的子弹或炮弹会受到空气阻力的作用，阻力的方向是逆着弹道的，而且一般又不作用在子弹或炮弹的质心上，这样，阻力对质心的力矩就可能使弹头翻转．为了保证弹头着地而不翻转，常利用枪膛或炮筒中来复线的作用，使子弹或炮弹绕自己的对称轴迅速旋转．由于回转效应，空气阻力的力矩使子弹或炮弹的自转轴绕弹道方向进动，这样，子弹或炮弹的自转轴就将与弹道方向始终保持不太大的偏离，如图 3-23 所示，再没有翻转的可能．

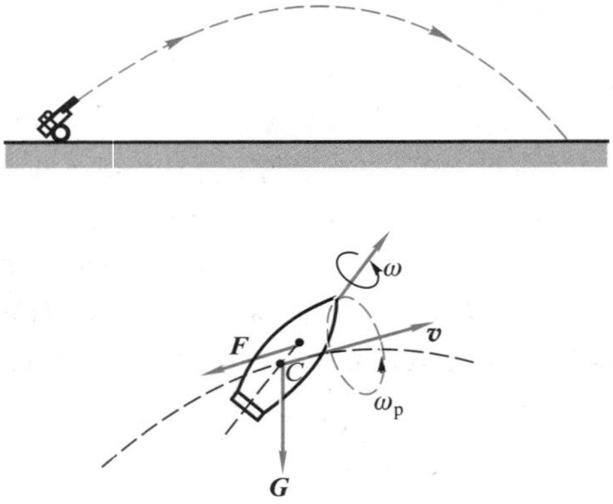

图 3-23

但是，任何事物都是一分为二的，回转效应有时也会产生危害．例如，在轮船转弯时，由于回转效应，涡轮机的轴承将受到附加的力，这在设计和使用中是必须考虑的．

进动的概念在微观世界中也常用到．例如，原子中的电子同时参与绕核运动与电子本身的自旋，都具有角动量，在外磁场中，电子将以外磁场方向为轴线作进动．这是从物质分子的电结构来说明物质磁性的理论依据．

复习思考题

3-5-1 骑自行车拐弯时，如想向左转，骑车人只需把身体的重心偏向左边，无须向左转动车把，试解释之．如果骑车人只向左转动车把，将出现什么情况？

*§3-6 理想流体模型 定常流动 伯努利方程

一、理想流体模型

液体和气体都具有流动性，统称为流体（fluid）．流体的流动性表现为其各部分很易发生相对运动，因而没有固定的形状，其形状随容器的形状而异．液体不易被压缩，具有一定的体积，能形成自由表面；气体易被压缩，没有固定的体积，不存在自由表面，可弥漫于整个容器内的空间．在流体内各部分出现相对运动时或多或少都要出现黏性力．在一些实际问题中，当可压缩性和黏性只是影响运动的次要因素时，可把流体看作不可压缩，且完全没有黏性的理想流体．当理想流体流动时，由于忽略了黏性力，所以流体各部分之间也不存在这种切向力，流动流体仍然具有静止流体内的压强的特点，即压力总是垂直于作用面的．流体在流动时内部的压强称为流体动压强．

二、定常流动

流体流动时，其中任一质元流过不同地点的流速不尽相同，而且流经同一地点，其流速也会随时间而变．但在某些常见的情况下，尽管流体内各处的流速不同，而各处的流速却不随时间而变化，这种流动称为定常流动（steady flow）．

为了描述流体的运动，可在流体中作一系列曲线，使曲线上任一点的切线方向都与该点处流体质元的速度方向一致．这种曲线称为流线（stream line）[见图 3-24(a)]．在流体中任何一束流线都可形成流管（stream tube）[见图 3-24(b)]．因流管外围流线上任一点的流速均沿切线方向，所以流管中的质元不会穿出流管，而流管外的质元也不会流入流管，流管就像是流体内一根无形的自来水管．在定常流动中，流体内各点的流速不随时间而变，这样，流线和流管的形状也稳定不变．任一条流线上的质元始终沿该流线流动，不会跑到另一条流线上，任一流管内的流体也始终在该流管内流动，不会越出流管．

流体的流速分布

三、伯努利方程

伯努利（D. Bernoulli）方程是流体动力学的基本定律，它说明了理想流体在流管中作定常流动时，流体中某点的压强 p、流速 v 和高度 h 三个量之间的关系．求解这类质量连续分布的系统，如不计运动过程中的细节，用上章讲述的质点系的功能原理较为方便．

如图 3-25 所示，我们在流体中取一流管，研究流管中一段流体的运动．设在某一时刻，这段流体在 a_1a_2 位置，经过极短时间 Δt 后，这段流体到达 b_1b_2 位置．

现在计算在流动过程中，外力对这段流体所做的功．假设流体是理想流体，没有黏性，流管外的流体对这段流体的压力垂直于它的流动方向，因而不做功．所以，在流动过程中，除了重力以外，只有在它前后的流体对它做功．在它后面的流体推它前进，这个作用力做正功；在它前面的流体阻碍它前进，这个作用力做负功．

因为时间 Δt 极短，所以 a_1b_1 和 a_2b_2 是两段极短的位移，在每段极短的位移中，压强 p、截面积 S 和流速 v 都可看作不变．设 p_1、S_1、v_1 和 p_2、S_2、v_2 分别是 a_1b_1 与 a_2b_2 处流体的压强、截面积和流速，则后面流体的作用力是 p_1S_1，位移是 $v_1\Delta t$，所做的正功是 $p_1S_1v_1\Delta t$，而前面流体作用力做的负功是 $-p_2S_2v_2\Delta t$，因此，外力的总功是

$$A=(p_1S_1v_1-p_2S_2v_2)\Delta t$$

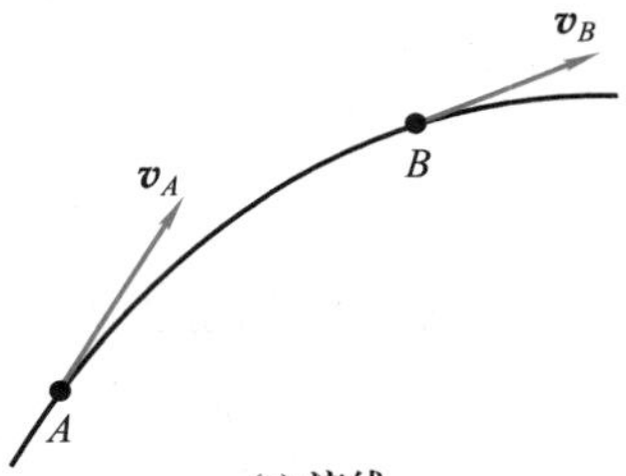

(a) 流线

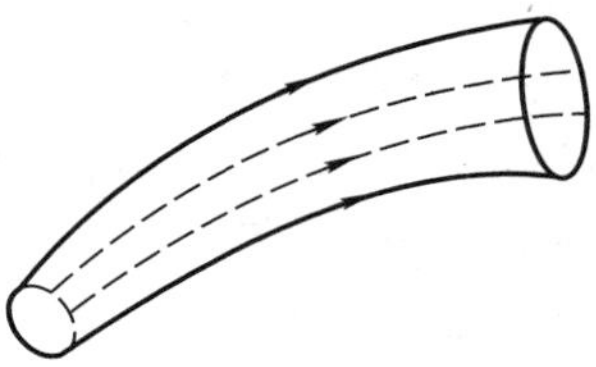

(b) 流管

图 3-24 流线和流管

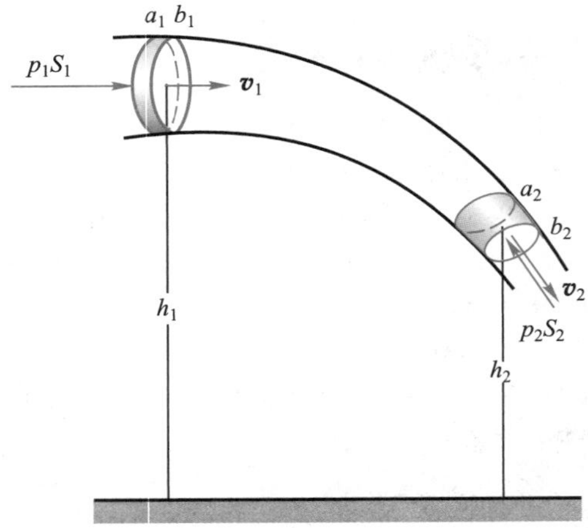

图 3-25 流管中流体的运动

因为流体被认为不可压缩,所以 a_1b_1 和 a_2b_2 两小段流体的体积 $S_1v_1\Delta t$ 和 $S_2v_2\Delta t$ 必然相等,用 ΔV 表示,则上式可写成

$$A=(p_1-p_2)\Delta V$$

其次,计算这段流体流动时的能量变化.对于定常流动来说,在 b_1a_2 间的流体的动能和势能是不改变的.因此,就能量的变化来说,可以看作是原先在 a_1b_1 处的流体,在时间 Δt 内移到了 a_2b_2 处,由此而引起的能量增量是

$$\begin{aligned}E_2-E_1&=\left(\frac{1}{2}mv_2^2+mgh_2\right)-\left(\frac{1}{2}mv_1^2+mgh_1\right)\\&=\rho\Delta V\left[\left(\frac{1}{2}v_2^2+gh_2\right)-\left(\frac{1}{2}v_1^2+gh_1\right)\right]\end{aligned}$$

从功能原理得

$$(p_1-p_2)\Delta V=\rho\Delta V\left[\left(\frac{1}{2}v_2^2+gh_2\right)-\left(\frac{1}{2}v_1^2+gh_1\right)\right]$$

整理后得到

$$p_1+\frac{1}{2}\rho v_1^2+\rho gh_1=p_2+\frac{1}{2}\rho v_2^2+\rho gh_2 \tag{3-21}$$

这就是伯努利方程(Bernoulli's equation).它表明在作定常流动的液体中,在同一流管中任何一点处,流体每单位体积的动能和势能以及该处压强之和是个常量.在工程上,上式常写成

$$\frac{p}{\rho g}+\frac{v^2}{2g}+h=常量 \tag{3-22}$$

$\frac{p}{\rho g}$、$\frac{v^2}{2g}$、h 三项都相当于长度,分别叫做压力头、速度头、水头,所以伯努利方程表明在同一流管的任一点处,压力头、速度头、水头之和是一常量,对作定常流动的理想流体,用这个方程对确定流体内部压力和流速有很大的实际意义,在水利、造船、航空等工程部门有广泛的应用.

例题 3-11

水电站常用水库出水管道处水流的动能来发电. 出水管道的直径与管道到水库水面高度 h 相比来看是很小的,管道截面积为 S. 试求出水处水流的流速和流量.

解　把水看作理想流体. 在水库中出水管道很小,水流作定常流动. 如图 3-26 所示,在出水管中取一条流线 ab. 在水面和管口这两点处的流速分别为 v_a 和 v_b. 在大水库小管道的情况下,水面的流速 v_a 远比管口的小,可以忽略不计,即 $v_a=0$. 取管口处高度为 0,则水面高度为 h. a、b 两点的压强都是大气压 $p_a=p_b=p_0$. 由伯努利方程,得

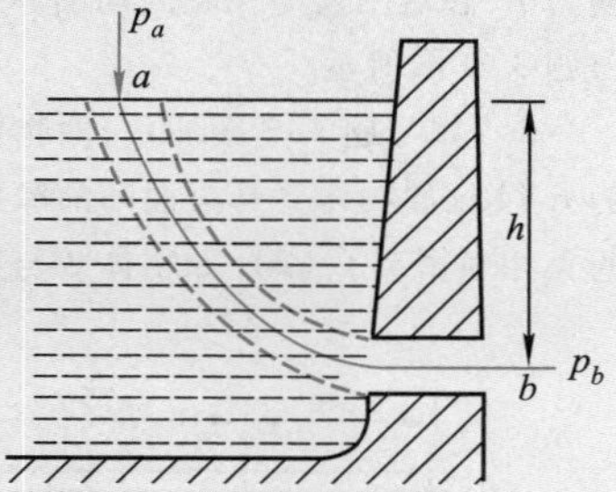

图 3-26　出水管流速的计算

$$\frac{1}{2}\rho v_b^2+p_0=\rho gh+p_0$$

式中 ρ 是水的密度,由此求出

$$v_b=\sqrt{2gh}$$

即管口流速和物体从高度 h 处自由落下的速度相等.

流量是单位时间内从管口流出的流体体积,常用 Q 表示,根据这个定义,可得

$$Q=Sv_b=S\sqrt{2gh}$$

例题 3-12

测流量的文丘里(Venturi)流量计如图 3-27 所示. 若已知截面 S_1 和 S_2 的大小以及流体密度 ρ,由两根竖直向上的玻璃管内流体的高度差 h,即可求出流量 Q.

解　设管道中为理想流体作定常流动,由伯努利方程,有

$$\frac{1}{2}\rho v_1^2+p_1=\frac{1}{2}\rho v_2^2+p_2$$

因 $p_1-p_2=\rho gh$,又根据连续性方程,有

$$S_1v_1=S_2v_2$$

由此解得

$$v_1=\frac{S_2}{S_1}v_2=S_2\sqrt{\frac{2gh}{S_1^2-S_2^2}}$$

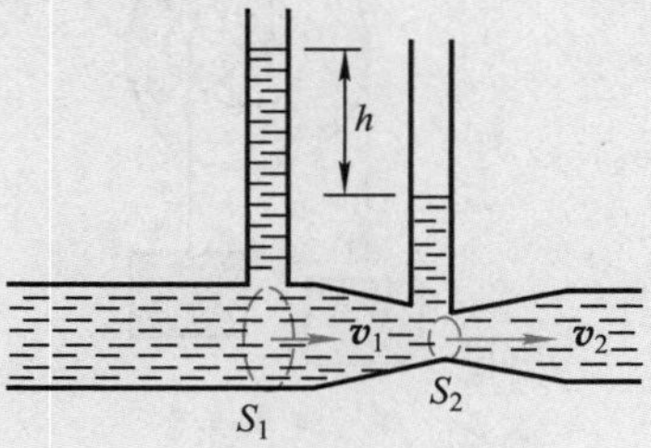

图 3-27　文丘里流量计

于是流量为

$$Q=S_1v_1=S_1S_2\sqrt{\frac{2gh}{S_1^2-S_2^2}}$$

习　题

3-1　一飞轮直径为 0.30 m,质量为 5.00 kg,边缘绕有绳子,现用一恒力拉绳子的一端,使

其由静止均匀地加速，经 0.50 s 转速达 10 r/s. 假定飞轮可看作实心圆柱体，求：(1) 飞轮的角加速度及在这段时间内转过的转数；(2) 拉力及拉力所做的功；(3) 拉动后 10 s 时飞轮的角速度及轮边缘上一点的速度和加速度.

3-2 飞轮的质量为 60 kg，直径为 0.50 m，转速为 1 000 r/min，现要求在 5 s 内使其制动，求制动力 F. 假定闸瓦与飞轮之间的摩擦因数 $\mu=0.4$，飞轮的质量全部分布在轮的外周上，尺寸如习题 3-2 图所示.

3-3 如习题 3-3 图所示，两物体 1 和 2 的质量分别为 m_1 与 m_2，滑轮的转动惯量为 J，半径为 r. (1) 如物体 2 与桌面间的摩擦因数为 μ，求系统的加速度 a 及绳中的张力（设绳子与滑轮间无相对滑动）；(2) 如物体 2 与桌面间为光滑接触，求系统的加速度 a 及绳中的张力.

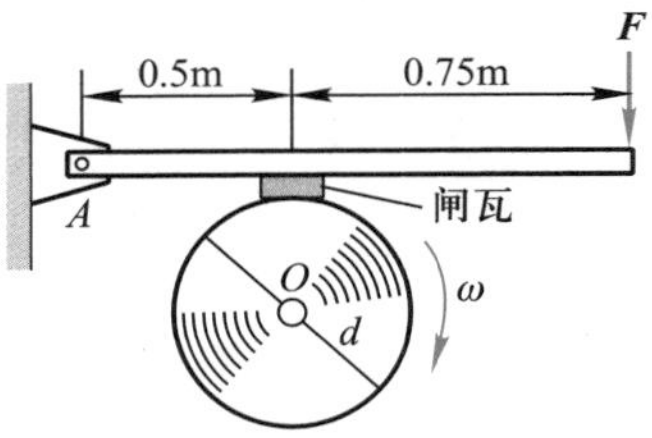

习题 3-2 图

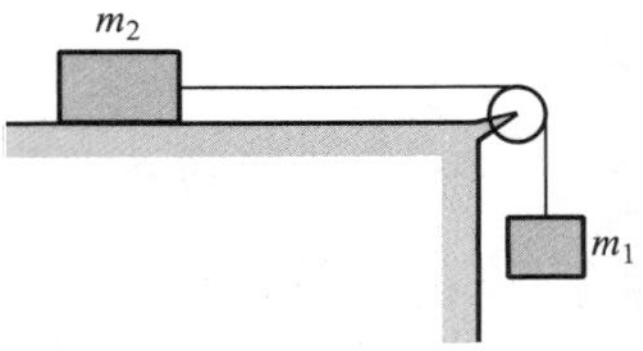

习题 3-3 图

3-4 半径分别为 r_A 和 r_B 的圆盘，同轴地黏在一起，可以绕通过盘心且垂直盘面的水平光滑固定轴转动，对轴的转动惯量为 J，两圆盘边缘都绕有轻绳，绳子下端分别挂有质量为 m_A 和 m_B 的物体 A 和物体 B，如习题 3-4 图所示. 若物体 A 以加速度 a_A 上升，证明物体 B 的质量

$$m_B=\frac{Ja_A+m_Ar_A^2(g+a_A)}{r_Ar_Bg-r_B^2a_A}$$

3-5 如习题 3-5 图所示为麦克斯韦滚摆，转盘的质量为 m，半径为 R，盘轴的半径为 r，质量略去不计. 求滚摆下降时的加速度和每根绳的张力.

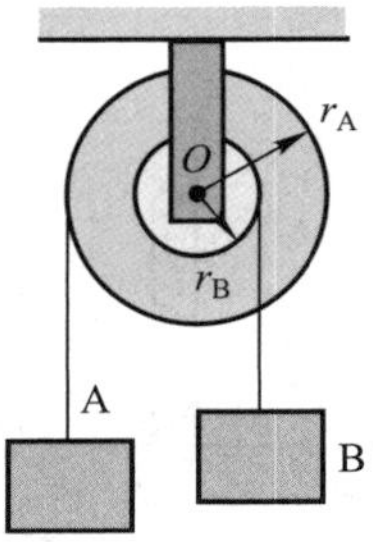

习题 3-4 图

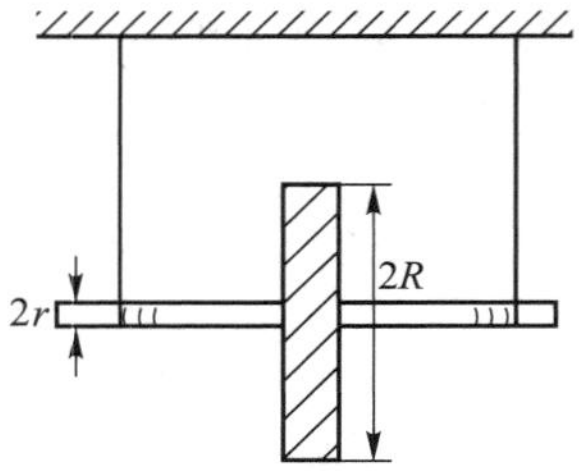

习题 3-5 图

3-6 质量为 m、半径为 r 的匀质圆盘，其中心装有固定轴，该轴套装在长为 $2l$、可不计质量的横梁的中心圆孔内，在圆盘的边缘绕以绳子，如习题 3-6 图所示. 圆盘转动时所受阻力矩可表示为 αF_N，α 是一常量，F_N 为转轴所受支持力. 证明：如果在绳上施以力 F 则横梁左右两端所受的支持力分别为

$$\frac{1}{2}(F+mg)\left(1-\frac{\alpha}{l}\right),\quad \frac{1}{2}(F+mg)\left(1+\frac{\alpha}{l}\right)$$

又问：如果逐渐增大 F，横梁的左端是否会上翘.

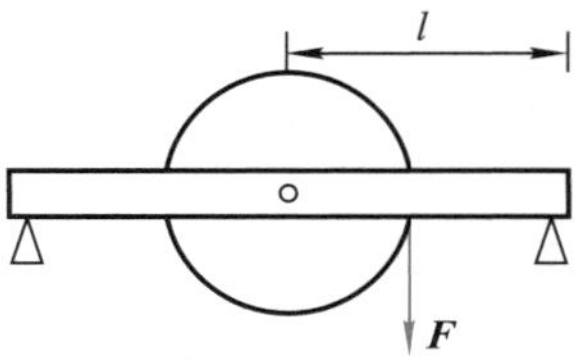

习题 3-6 图

3-7 一轻绳绕过一定滑轮,滑轮轴光滑,滑轮的质量为 $m/4$,均匀分布在其边缘上. 绳子的一端有一质量为 m 的人 A 抓住了绳端,而在绳的另一端系了一质量为 $m/2$ 的重物 B,如图所示. 设人从静止开始相对于绳以匀速向上爬时,绳与滑轮间无相对滑动,求另一端重物 B 上升的加速度.(已知滑轮对过滑轮中心且垂直于轮面的轴的转动惯量 $J=mR^2/4$.)

3-8 一半圆形薄板,质量为 m,半径为 R. 当它以直径为轴转动时,转动惯量为多大?

3-9 如图所示的均匀固体物块具有质量 m,边长分别为 a、b 和 c,计算它通过一个角并垂直于大面的轴的转动惯量.

3-10 如习题 3-10 图所示,钟摆由一根均匀细杆和匀质圆盘构成,圆盘的半径为 r,质量为 $4m$,细杆长为 $6r$,质量为 m,试求这钟摆对端点 O 轴的转动惯量.

3-11 如习题 3-11 图所示,在质量为 m,半径为 R 的匀质圆盘上,挖去半径为 r 的两个圆孔,孔心在半径的中点,求剩余部分对过圆盘中心且与盘面垂直的轴线的转动惯量.(提示:根据转动惯量的可加性,设想在挖去的小孔处填上正、负质量同质的材料,这样就成为正质量的大圆盘和负质量的小圆盘组合的圆盘,这种方法称为补偿法或称负质量法. 以后计算电场强度、磁感应强度等均可用此法.)

3-12 某冲床上飞轮的转动惯量为 $4.00\times10^3\ \mathrm{kg\cdot m^2}$,当它的转速达到 30 r/min 时,它的转动动能是多少? 每冲一次,其转速降为 10 r/min,求每冲一次飞轮对外所做的功.

3-13 一长为 L、质量为 m 的均匀杆,在光滑桌面上由竖直位置自然倒下,当夹角为 θ 时,求:(1) 质心的速度;(2) 杆的角速度.

3-14 一脉冲星质量为 1.5×10^{30} kg,半径为 20 km,自旋转速为 2.1 r/s,并且以 $1.0\times10^{-15}\ \mathrm{r/s^2}$ 的变化率减慢. 问它的转动动能以多大的变化率减小? 如果这一变化率保持不变,这个脉冲星经过多长时间就会停止自旋? 设脉冲星可看作匀质球体.

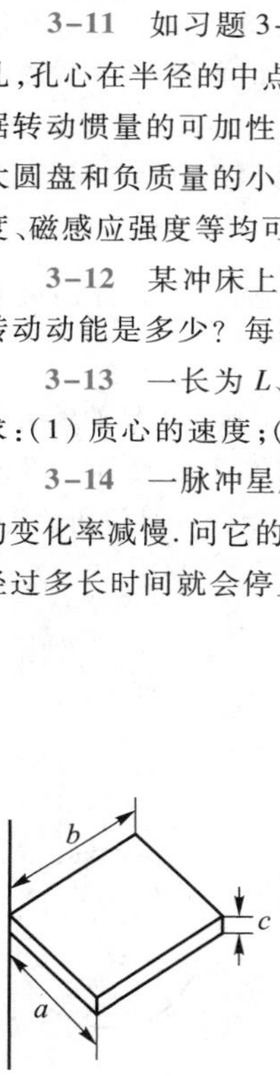

习题 3-9 图

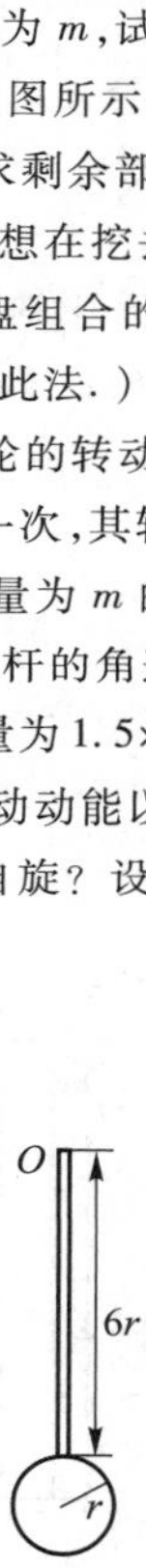

习题 3-10 图

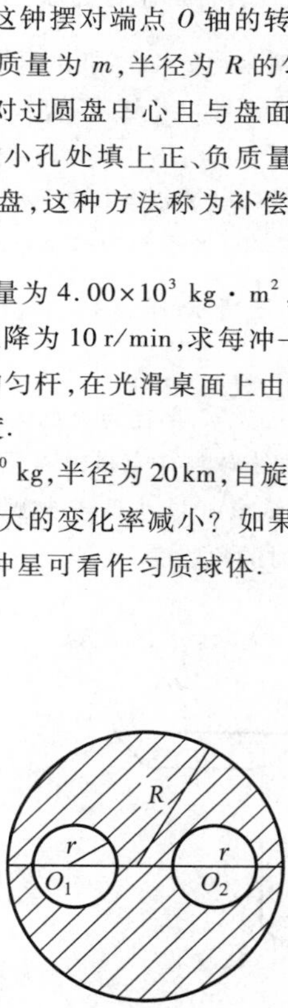

习题 3-11 图

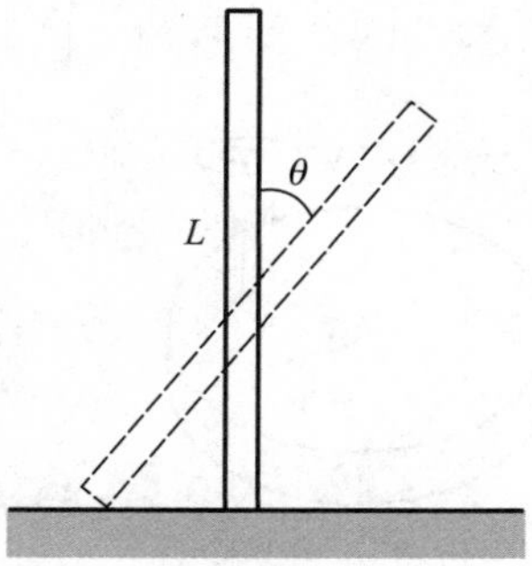

习题 3-13 图

3-15 如习题 3-15 图所示,滑轮的转动惯量 $J=0.5\ \mathrm{kg\cdot m^2}$,半径 $r=30$ cm,弹簧的劲度系数 $k=20$ N/m,重物的质量 $m=2.0$ kg. 此滑轮-重物系统从静止开始启动,开始时弹簧没有伸长,如摩擦可忽略,问物体能沿斜面滑下多远? 当物体沿斜面滑下 1.00 m 时,它的速率有多大?

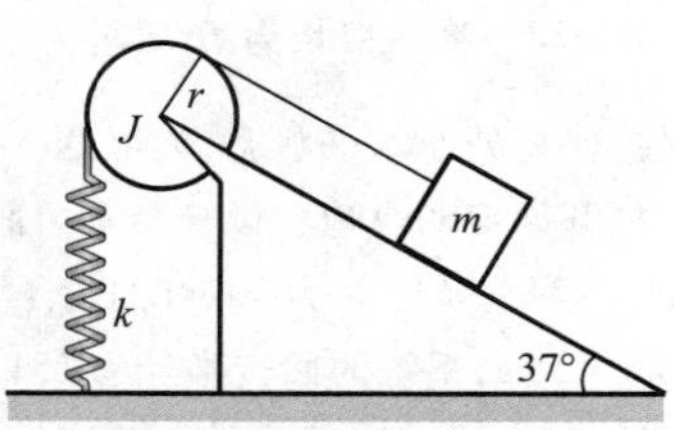

习题 3-15 图

3-16 温室效应会使地球大气层的温度升高,如果因此而使地球两极的冰帽完全融化,海洋的平均深度将增加约 30 m. 试由此大致估算地球每天时间长度的变化.

3-17 在自由旋转的水平圆盘边上,站一质量为 m 的人. 圆盘的半径为 R,转动惯量为 J,

角速度为 ω. 如果此人由盘边缘走到盘心，求角速度的变化及此系统动能的变化.

3-18 在半径为 R_1、质量为 m 的静止水平圆盘上，站一质量为 m 的人. 圆盘可无摩擦地绕通过圆盘中心的竖直轴转动. 当此人开始沿着圆盘的边缘匀速地走动时，设他相对于圆盘的速度为 v，问圆盘将以多大的角速度旋转？当他走了一周回到原有位置时，圆盘将转过多少角度？

3-19 如习题 3-19 图所示，转台绕中心竖直轴以角速度 ω_0 作匀速转动. 转台对该轴的转动惯量 $J=5\times10^{-5}\ \mathrm{kg\cdot m^2}$. 现有砂粒以 1 g/s 的速度落到转台上，并粘在台面形成一半径 $r=0.1$ m的圆. 试求砂粒落到转台上，使转台角速度变为 $\frac{1}{2}\omega_0$ 所花的时间.

3-20 如习题 3-20 图所示，一对伞形齿轮 A 和 B，其圆半径分别为 r_1 和 r_2，其对通过各自对称轴的转动惯量为 J_1 和 J_2. 开始时 A 轮以角速度 ω_0 转动，然后与 B 轮正交啮合，求啮合后两轮的角速度.

3-21 一长 $l=0.40$ m 的均匀木棒，质量 $m'=1.00$ kg，可绕水平轴 O 在竖直平面内转动，开始时棒自然地竖直悬垂. 现有质量 $m=8$ g 的子弹以 $v=200$ m/s 的速率从 A 点射入棒中，假定 A 点与 O 点的距离为 $\frac{3}{4}l$，如习题 3-21 图所示. 求：(1) 棒开始运动时的角速度；(2) 棒的最大偏转角.

3-22 如习题 3-22 图所示，质量为 m，半径为 R 的匀质圆柱，可绕通过其自然轴的轴线自由转动. 今有质量 m_0($m_0 \ll m$)的黏性小球自 A 点自由落下，击中圆柱边缘的 B 处，已知 A、B 两点间的距离为 h，OB 与水平成 θ 角. 试求：(1) 小球击中圆柱后，圆柱刚开始转动时的角速度；(2) 当小球随圆柱一起转到最低点时的角速度.

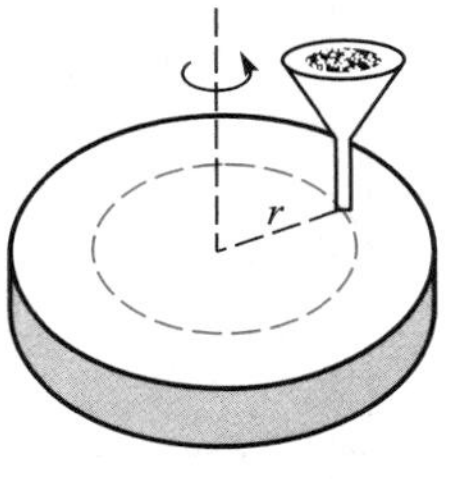

习题 3-19 图

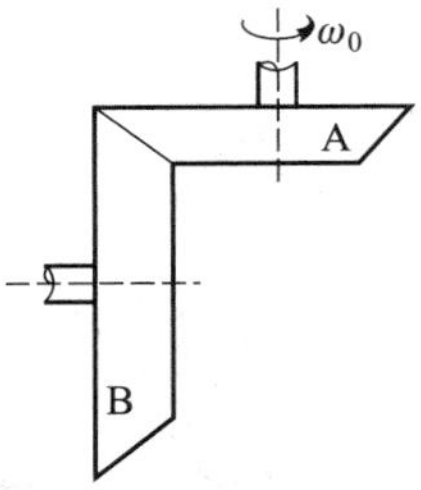

习题 3-20 图

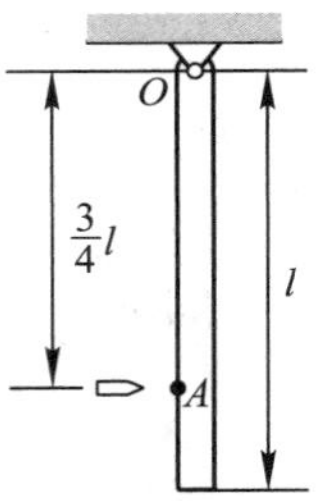

习题 3-21 图

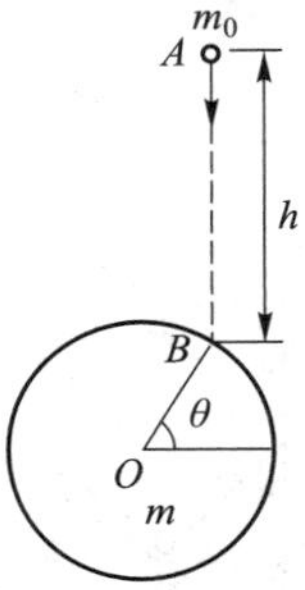

习题 3-22 图

*3-23 将一根长为 L，质量为 m 的均匀杆上长为 $l\left(l<\frac{1}{2}L\right)$ 的一段搁在桌边，另一端用手托住，使杆处于水平状态，如习题 3-23 图所示. 现释放手托的一端. 试求：当杆转过多大角度时，杆开始偏离桌边？设杆与桌边间的摩擦因素为 μ.

3-24 半径 R 为 30 cm 的轮子，装在一根长 $l=40$ cm 的轴的中部，并可绕其转动，轮和轴的质量共 5 kg，系统的回转半径为 25 cm，轴的一端 A 用一根链条挂起，如果原来轴在水平位置，并使轮子以 $\omega_{自}=12$ rad/s 的角速度旋转，方向如习题 3-24 图所示，求：(1) 该轮自转的角动量；(2) 作用于轴上的外力矩；(3) 系统的进动角速度，并判断进动方向.

3-25 一简易杠杆回转体，A 是质量为 m_A 的回转体，绕自转轴 OO' 的角动量为 $\boldsymbol{L}=L\boldsymbol{i}$，B 为平衡块，如习题 3-25图所示. 在自转轴的中点以悬绳垂直悬吊，A 和 B 距悬线的距离均为 l. 该装置如以进动角速度 Ω 在水平面内旋转，且 $\boldsymbol{\Omega}=\Omega\boldsymbol{j}$，试求：(1) 系统对悬点 C 的合力矩方向；

(2) 平衡块的质量 m_B.

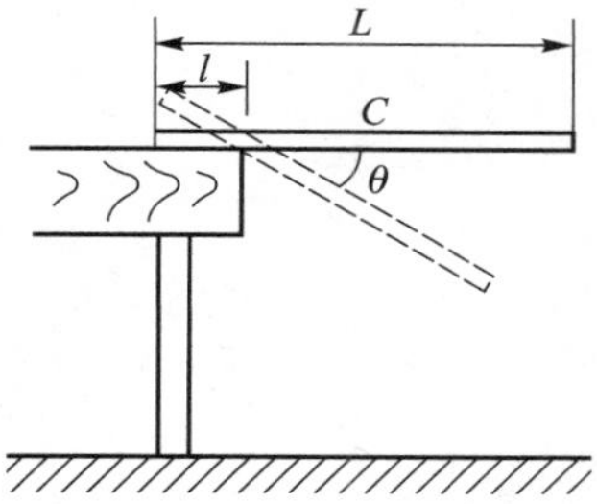

习题 3-23 图

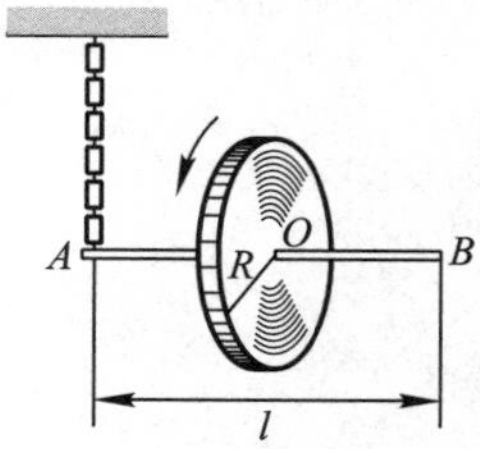

习题 3-24 图

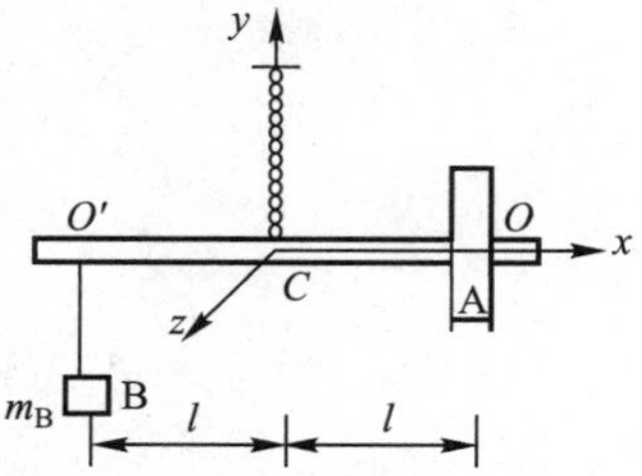

习题 3-25 图

3-26 一条软水管的直径为 1.9 cm, 把它与安装在草地上的有 24 个孔的喷水器连接起来, 每个孔的直径是 0.13 cm, 如果软管内水的流速是 0.91 m/s, 那么水从喷孔喷出时的流速是多少?

3-27 大坝后方的水深为 15 m, 直径为 4.0 cm 的水平管道在水面以下 6.0 m 处穿过坝体, 如图所示, 一个塞子堵住其开口. (1) 求塞子和管壁之间的摩擦力的大小; (2) 拔掉塞子, 3.0 h 内将有多少水流出管道?

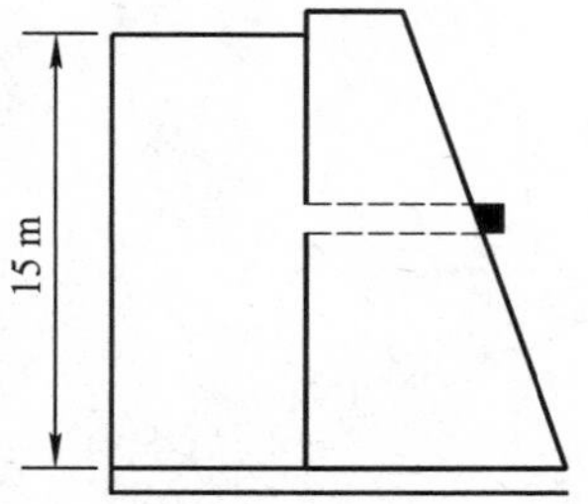

习题 3-27 图

3-28 一直径为 D 的大型圆筒水槽, 水深为 h, 底面上开有一直径为 d 的小孔. (1) 若水深不变, 求水从底面小孔流出的流速; (2) 若水深随底面小孔流出的流量而减少, 求任意时刻水从底面小孔流出的流量.

3-29 如习题 3-29 图所示为一装有喷嘴的水枪, 在活塞上施加力 F 时, 水枪内部的水可以从喷嘴中喷出. 设水枪的半径为 R, 喷嘴半径为 d, 求施加力 F 时, 水喷出的速度.

3-30 在如图所示的虹吸管(syphon)装置中, 已知 h_1 和 h_2. 试问: (1) 当截面均匀的虹吸管下端被塞住时, A、B 和 C 处的压强各为多大? (2) 当虹吸管下端开启时, A、B 和 C 处的压强又各为多少? 这时水流出虹吸管的速率有多大?

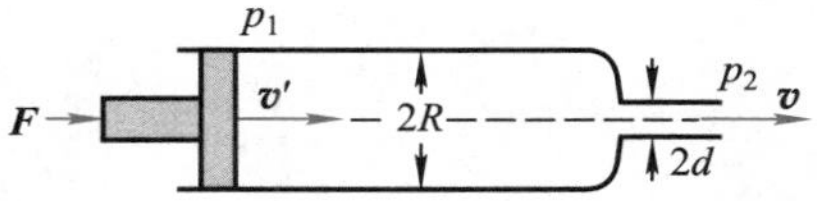

习题 3-29 图

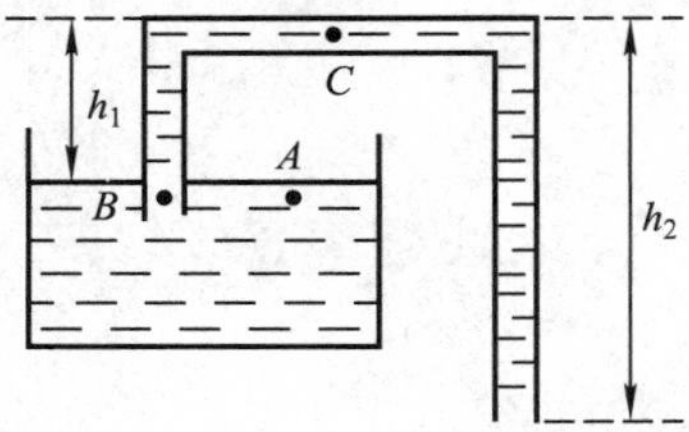

习题 3-30 图

第三章习题
参考答案

Physics

第四章　相对论基础

成功=艰苦的劳动+正确的途径和方法+少说空话.在一个崇高的目的支持下,不停地工作,就会获得成功.

——A.爱因斯坦

以牛顿运动定律为基础的经典力学，是宏观物体在低速（即远小于光速 c）范围内运动规律的总结. 经典力学认为，在所有的惯性参考系中，时间和空间的量度是绝对的，它们不随进行量度的参考系变化. 这种看法被认为是理所当然的. 19世纪末，人们发现，当物体的运动速度接近光速时，上述时空绝对量度的假定就不再成立. 所以经典力学只是在低速范围内近似地正确，对于高速运动问题必须建立新的力学，这就是爱因斯坦（A. Einstein）建立的相对论力学. 相对论力学既适用于高速运动，当物体作低速运动时，相对论力学还能过渡为经典力学.

相对论不仅给出了高速物体的力学规律，并从根本上改变了有关时间、空间和运动的陈旧概念，建立了新的时空观，揭露了质量和能量的内在联系，开始了有关万有引力本质的探索. 尽管它的一些概念与结论和人们的日常经验大相径庭，但它已被大量实验证明是正确的理论. 现在，相对论已经成为现代物理学不可缺少的理论基础.

§4-1 伽利略相对性原理 伽利略变换

一、伽利略相对性原理

为了描述物体的机械运动，我们需要选择适当的参考系. 设想我们已经找到一个惯性系，在这个惯性系内，有一个所受合外力等于零的物体，相对于这个惯性系是静止的. 现在，另有一个参考系，它相对于前一个惯性系作匀速直线运动，那么在后一个参考系内的观察者看来，该物体所受合外力仍等于零，不过相对于自己在作匀速直线运动. 这两种说法虽然不同，但都和牛顿运动定律相符合. 因此，相对于惯性系作匀速直线运动的参考系也是一个惯性系. 于是，我们的结论是：如惯性系存在的话，就不只是一个，而是有无数个，一切相对于惯性系作匀速直线运动的参考系也都是惯性系，在这些惯性系内，所有力学现象都符合牛顿运动定律.

早在 1632 年，伽利略曾在封闭的船舱里仔细地观察了力学现象，发现在船舱中觉察不到物体的运动规律和地面上有任何不同. 他写道："在这里（只要船的运动是等速的），你在一切现象中观察不出丝毫的改变，你也不能够根据任何现象来判断船究竟是运动的还是静止的. 当你在地板上跳跃的时候，你所通过的距离和你在一条静止的船上跳跃时所通过的距离完全相同，也就是说，你向船尾跳时并不比你向船头跳时——由于船的迅速运动——跳得更远些，虽然当你跳在空中时，在你下面的地板是在向着和你跳跃相反的方向奔驰着. 当你抛一件东西给你的朋友时，如果你的朋友在船头而你在船尾时，你所费的力并不比你们俩站在相反的位置时所费的力更大. 从挂在天花板下的装着水的酒杯里滴下的水滴，将竖直地落在地板上，没有任何一滴水偏向船尾的方向滴落，虽然当水滴尚在空中时，船在向前走. "这里，伽利略所描述的种种现象正是指明了：**一切彼此作匀速直线运动的惯性系，对于描写机械运动的力学规律来说是完全等价的**. 并不存在任何一个比其他惯性系更为优越的惯性系. 与之相应，**在一个惯性系的内部所作的任**

何力学的实验都不能够确定这一惯性系本身是处于静止状态，还是在作匀速直线运动. 这个原理叫做力学的相对性原理，或伽利略相对性原理(Galilean principle of relativity). 我们可以假定其中的任一个惯性系是静止的，从而相对于这个静止的惯性系来决定其他惯性系的速度. 至于要确切知道某一个惯性系本身是否"绝对静止"，则用任何力学实验都不可能办到. 因此，人们曾指望从电学的、光学的或其他实验来解决这个悬案. 所以这些探索及其失败导致了狭义相对论的建立.

二、伽利略变换

同一物体的运动在不同惯性参考系中观测，它的运动轨迹及速度等显然可以是不同的. 因此，有必要建立关于一个事件在两个惯性参考系中的两组时空坐标之间的变化关系.

如图 4-1 所示，有两个惯性参考系 K 和 K′，K′系以速度 $\boldsymbol{u}$ 相对 K 系作匀速直线运动. 在两个参考系上分别建立直角坐标系 K(O,x,y,z) 和 K′(O',x',y',z')，其中三对坐标轴分别平行，并设 Ox 轴与 $O'x'$ 轴重合，且 $t=t'=0$ 时，原点 O 和 O' 重合，则两参考系之间的时空坐标变换关系式为

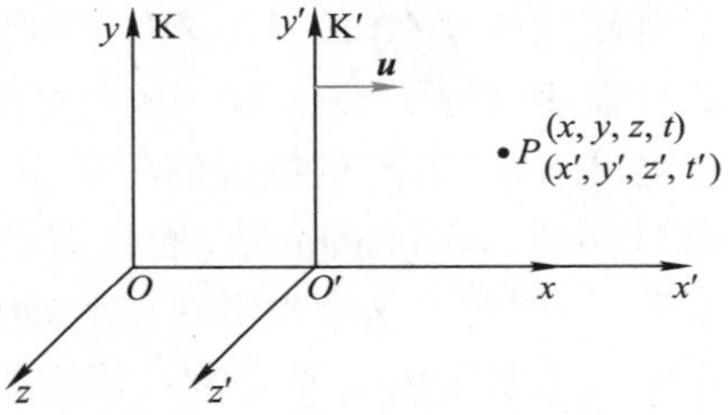

图 4-1

$$\begin{cases}x'=x-ut\\y'=y\\z'=z\\t'=t\end{cases}\quad\text{或}\quad\begin{cases}x=x'+ut'\\y=y'\\z=z'\\t=t'\end{cases}\tag{4-1}$$

该变换式称为伽利略坐标变换，简称伽利略变换(Galilean transformation). 式中 $t'=t(t=t')$ 意味着在经典力学中时间的量度是绝对的.

三、经典力学的时空观

在经典力学中，牛顿运动定律与经典力学时空观交织在一起. 我们在 §1-4 中证明了质点的加速度对于相对作匀速运动的不同惯性系 K 与 K′来说是个绝对量. 设质点在 K 系中的加速度是 $\boldsymbol{a}$，在 K′系中的加速度是 $\boldsymbol{a}'$，那么，我们有

$$\boldsymbol{a}=\boldsymbol{a}'$$

在经典力学中，物体的质量 m 又被认为是不变的，据此，牛顿运动定律在这两个惯性系中的形式也就成为相同的了. 我们用 $\boldsymbol{F}$ 与 $\boldsymbol{F}'$分别表示质点在 K 系与 K′系中所受的力. 实验证明，在牛顿运动定律成立的领域内，力也是和参考系无关的，即 $\boldsymbol{F}'=\boldsymbol{F}$，因 $m\boldsymbol{a}'=m\boldsymbol{a}$，所以 $\boldsymbol{F}'=m\boldsymbol{a}'$. 这样，伽利略相对性原理就可用数学形式表示为

$$\boldsymbol{F}=m\boldsymbol{a},\quad \boldsymbol{F}'=m\boldsymbol{a}'$$

这就是说，伽利略相对性原理的另一叙述法是，牛顿第二定律的方程相对于伽利略坐标变换来说是不变的.

我们曾经说过,伽利略坐标变换的核心思想是经典力学中的绝对时空观. 牛顿说:“绝对的、真正的和数学的时间自己流逝着,并由于它的本性而均匀地、与任一外界对象无关地流逝着.”“绝对空间,就其本性而言,与外界任何事物无关,而永是相同的和不动的.”这种把物质和运动完全脱离的“绝对时间”和“绝对空间”的观点是把低速范围内总结出来的结论绝对化的结果. 当我们接触了物体的高速运动,这时发现伽利略变换不再适用,牛顿力学也就应该加以改造.

§4-2 狭义相对论基本原理 洛伦兹变换

一、狭义相对论基本原理

19 世纪末,麦克斯韦总结了电磁现象的规律并建立了麦克斯韦电磁理论,预言了电磁波的存在. 而且不久实验证实,由麦克斯韦方程计算得到电磁波在真空中的传播速度等于光在真空中的速度 c,推测出光也是一种电磁波,并由此建立了光的电磁理论. 由于机械波的传播需要介质. 当时物理学家提出,宇宙中充满一种叫做“以太”(ether)的介质. 光是靠以太传播的,而且认为“以太”是一个绝对静止的参考系. 相对于这个参考系的运动叫做绝对运动. 如果认为电磁波在相对以太静止的参考系中传播速度为 c,那么根据伽利略的速度变换公式,在以速度 $\boldsymbol{u}$ 相对以太作匀速直线运动的参考系中,平行于参考系的运动方向上,电磁波的传播速度应为 $c+u$ 和 $c-u$. 这就是说,从伽利略变换(牛顿时空观)来看,真空中电磁波的传播速度对不同的惯性系是不同的,即麦克斯韦电磁理论并非对所有惯性系都成立.

伽利略变换和电磁理论的矛盾促使人们作出下述两个猜想:(1) 伽利略变换是正确的,而电磁理论不符合相对性原理;(2) 电磁理论符合相对性原理,而伽利略变换应该修正. 当时人们对伽利略变换深信无疑,于是设计了各种实验去寻找以太参考系,其中最著名的是迈克耳孙(A. A. Michelson)和莫雷(E. W. Morley)实验,但由于沿袭了绝对的时空观念,并企图在维持伽利略变换的前提下解决上述矛盾,结果都无一例外地归于失败. 成为 20 世纪初物理学上空的两朵乌云之一. 在几乎所有物理学家都坠入“以太”迷雾的时候,爱因斯坦对这问题经过近 10 年的深入研究,认为电磁理论和相对性原理为大量实验事实所证实,应该信赖,于是抛弃了以太假设和绝对参考系的想法,在 1905 年发表了著名论文——《论动体的电动力学》,提出下述两条假设,作为狭义相对论(special relativity)的两条基本原理,建立起狭义相对论的大厦.

迈克耳孙-莫雷实验

(1) 相对性原理(relativity principle) **物理定律在一切惯性参考系中都具有相同的数学表达形式,也就是说,所有惯性系对于描述物理现象都是等价的.** 不难看出,狭义相对论的相对性原理不同于伽利略相对性原理,它是伽利略相对性原理的推广. 伽利略相对性原理说明了一切惯性系对力学规律的等价性,而狭义相对论的相对性原理却把这种等价性推广到包括力学定律和电磁学定律在内的一切自然规律上去. 于是,“以太”假说就是不必要的了.

爱因斯坦创建狭义相对论的基本思路

(2) 光速不变原理(principle of constancy of light velocity) **在彼此相对作匀速直线运动的任一惯性参考系中,所测得的光在真空中的传播速度都是相等的.** 这个原理说明真空中的光速是个常量,它和惯性参考系的运动状态没有关系. 初看起来,光速不变原理似乎和常识相矛盾,它直接否定了伽利略变换. 在我国宋代记载了一次超新星爆发现象,经研究确定,1731 年英国人发现的蟹状星云就是宋代发现的超新星爆发的遗迹. 当时《宋会要》有"白昼看起来赛过金星,历时 23 天"的叙述. 根据爆发时喷射物的速率估算,地球观测者看到的超新星爆发持续的时间有两种结果:由经典速度合成公式算出为 25 a(年),但由光速不变原理算出的时间与记载的历时 23 天相符合.

二、洛伦兹变换

在狭义相对论中,爱因斯坦根据狭义相对论的两条基本原理,建立了新的坐标变换公式,即所谓洛伦兹变换(Lorentz transformation),用以代替伽利略变换. 为什么这种新的时空变换关系以洛伦兹命名呢? 原来,它最初是由洛伦兹为弥合经典理论所暴露的缺陷而建立起来的. 洛伦兹是一位非常受人尊敬的理论物理学家,是经典电子论的创始人. 当时,他并不具有相对论的思想,对时空的理解并不正确,而爱因斯坦则是给予正确解释的第一人.

洛伦兹变换

在伽利略变换一节中讨论的两个相对作匀速直线运动的惯性参考系中建立了新的时空变换关系,表示为(详细推导请扫二维码)

$$\begin{cases} x' = \dfrac{x-ut}{\sqrt{1-\left(\dfrac{u}{c}\right)^2}} \\ y' = y \\ z' = z \\ t' = \dfrac{t-\dfrac{ux}{c^2}}{\sqrt{1-\left(\dfrac{u}{c}\right)^2}} \end{cases} \quad \text{或} \quad \begin{cases} x = \dfrac{x'+ut'}{\sqrt{1-\left(\dfrac{u}{c}\right)^2}} \\ y = y' \\ z = z' \\ t = \dfrac{t'+\dfrac{ux'}{c^2}}{\sqrt{1-\left(\dfrac{u}{c}\right)^2}} \end{cases} \tag{4-2}$$

在洛伦兹变换中,不仅 x' 是 x、t 的函数,而且 t' 也是 x、t 的函数,并且还都与两个惯性系之间的相对速度 u 有关,这样,洛伦兹变换就集中地反映了相对论关于时间、空间和物质运动三者紧密联系的新观念. 在牛顿力学中,时间、空间和物质运动三者都是相互独立、彼此无关的.

当 $u \ll c$ 时,即比值

$$\beta = \frac{u}{c}$$

很小时,洛伦兹变换就转化为伽利略变换,这正说明洛伦兹变换是对高速运动与低速运动都成立的变换,它包括了伽利略变换. 因此,相对论并没有把经典力学"推翻",而只是揭示了它的局限性. 从式(4-2)还可看出,当 $u>c$ 时,洛伦兹变换就失去意义,所以相对论还指出物体的速度不能超过真空中的光速.现代物理实验中的例子都说明,高能粒子的速度是以 c 为极限的.

例题 4-1

甲乙两人所乘飞行器沿 Ox 轴作相对运动.甲测得两个事件的时空坐标为 $x_1=6\times10^4$ m,$y_1=z_1=0$,$t_1=2\times10^{-4}$ s;$x_2=12\times10^4$ m,$y_2=z_2=0$,$t_2=1\times10^{-4}$ s,如果乙测得这两个事件同时发生于 t'时刻,问:(1) 乙对于甲的运动速度是多少?(2) 乙所测得的两个事件的空间间隔是多少?

解 (1) 设乙对于甲的运动速度为 v.由洛伦兹变换

$$t'=\frac{1}{\sqrt{1-\beta^2}}\left(t-\frac{u}{c^2}x\right)$$

可知乙所测得的这两个事件的时间间隔应为

$$t_2'-t_1'=\frac{(t_2-t_1)-\frac{u}{c^2}(x_2-x_1)}{\sqrt{1-\beta^2}}$$

按题意,$t_2'-t_1'=0$,代入已知数据,可解得

$$u=-\frac{c}{2}$$

(2) 由洛伦兹变换

$$x'=\frac{1}{\sqrt{1-\beta^2}}(x-ut)$$

可知乙所测得的这两个事件的空间间隔为

$$x_2'-x_1'=\frac{(x_2-x_1)-u(t_2-t_1)}{\sqrt{1-\beta^2}}=5.2\times10^4\ \text{m}$$

复习思考题

4-2-1 爱因斯坦的相对性原理与经典力学的相对性原理有何不同?

4-2-2 洛伦兹变换与伽利略变换的本质差别是什么?如何理解洛伦兹变换的物理意义?

4-2-3 设某种粒子在恒力作用下运动,根据牛顿力学,粒子的速率能否超过光速?

§4-3 相对论速度变换

现在我们将根据洛伦兹坐标变换导出相对论速度变换公式.

因为在 K 系中的速度表达式为

$$v_x=\frac{\mathrm{d}x}{\mathrm{d}t},\quad v_y=\frac{\mathrm{d}y}{\mathrm{d}t},\quad v_z=\frac{\mathrm{d}z}{\mathrm{d}t}$$

在 K′系中的速度表达式为

$$v_x'=\frac{\mathrm{d}x'}{\mathrm{d}t'},\quad v_y'=\frac{\mathrm{d}y'}{\mathrm{d}t'},\quad v_z'=\frac{\mathrm{d}z'}{\mathrm{d}t'}$$

从式(4-2)可得

$$\mathrm{d}x' = \frac{1}{\sqrt{1-\beta^2}}(\mathrm{d}x - u\mathrm{d}t),\quad \mathrm{d}t' = \frac{1}{\sqrt{1-\beta^2}}\left(\mathrm{d}t - \frac{u}{c^2}\mathrm{d}x\right)$$

因此

$$v'_x = \frac{\mathrm{d}x'}{\mathrm{d}t'} = \frac{\mathrm{d}x - u\mathrm{d}t}{\mathrm{d}t - \frac{u}{c^2}\mathrm{d}x} = \frac{v_x - u}{1 - \frac{u}{c^2}v_x} \tag{4-3a}$$

同样可导出

$$v'_y = \frac{v_y\sqrt{1-\beta^2}}{1 - \frac{u}{c^2}v_x} \tag{4-3b}$$

$$v'_z = \frac{v_z\sqrt{1-\beta^2}}{1 - \frac{u}{c^2}v_x} \tag{4-3c}$$

其逆变换为

$$\left.\begin{aligned} v_x &= \frac{v'_x + u}{1 + \frac{u}{c^2}v'_x} \\ v_y &= \frac{v'_y\sqrt{1-\beta^2}}{1 + \frac{u}{c^2}v'_x} \\ v_z &= \frac{v'_z\sqrt{1-\beta^2}}{1 + \frac{u}{c^2}v'_x} \end{aligned}\right\} \tag{4-4}$$

从相对论速度变换公式，可以得出如下结论：

(1) 当速度 u、v 远小于光速 c 时，相对论速度变换就近似为伽利略速度变换 $v' = v - u$. 这表明在一般低速情况中，伽利略速度变换仍是适用的. 只有当 u、v 接近光速时，才需使用相对论速度变换.

(2) 设想从 K′系的坐标原点 O'沿 x'方向发射一光信号，在 K′系中观察者测得光速 $v' = c$. 在 K 系中的观察者，按相对论速度变换公式，算得该光信号的速度为

$$v = \frac{v' + u}{1 + v'u/c^2} = \frac{c + u}{1 + cu/c^2} = c$$

可见光信号对 K 系和 K′系的速度都是 c. 由于 v 是任意的，因而在任一惯性系中光速都是 c，即使 $u = c$ 的极端情况，光速仍为 c. 这就说明相对论速度变换遵从光速不变原理. 考虑到光速不变原理是相对论的一个基本出发点，这样的结论本就

在意料之中，不足为奇.

例题 4-2

在地面上测到有两个飞船 A、B 分别以 $+0.9c$ 和 $-0.9c$ 的速度沿相反方向飞行，如图 4-2 所示. 求飞船 A 相对于飞船 B 的速度有多大.

解 设 K 系被固定在飞船 B 上，则飞船 B 在其中为静止，而地面对此参考系以 $u=0.9c$ 的速度运动. 以地面为参考系 K′，则飞船 A 相对于 K′系的速度按题意为 $v'_x=0.9c$. 将这些数值代入式(4-4)，即可求得飞船 A 对 K 系的速度，亦即相对于飞船 B 的速度：

$$v_x=\frac{v'_x+u}{1+\frac{uv'_x}{c^2}}=0.994c$$

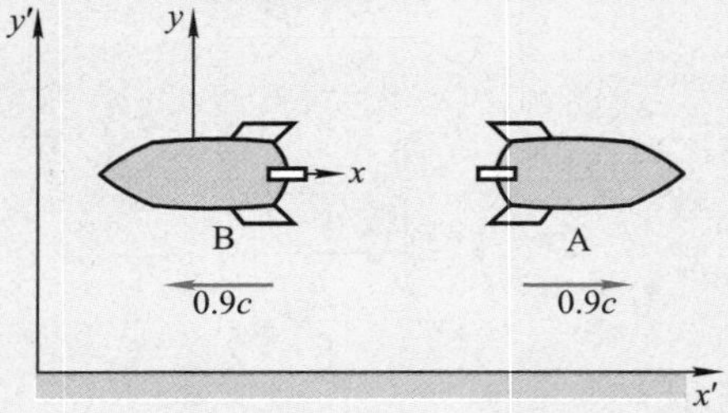

图 4-2 两飞船的相对运动

如用伽利略速度变换进行计算，结果为

$$v_x=v'_x+u=1.8c>c$$

两者大相径庭. 一般地说，按相对论速度变换，在 u 和 v' 都小于 c 的情况下，v 不可能大于 c.

§4-4 狭义相对论的时空观

狭义相对论为人们提出一种不同于经典力学的新的时空观. 按照经典力学，相对于一个惯性系来说，在不同地点、同时发生的两个事件，相对于另一个与之作相对运动的惯性系来说，也是同时发生的. 但相对论指出，在某个惯性系内的不同地点同时发生的两个事件，到了另一个惯性系中，就不一定是同时的了. 同时性问题是相对的，不是绝对的. 经典力学认为时空的量度不因惯性系的选择而变，也就是说，时空的量度是绝对的. 相对论认为时空的量度也是相对的，不是绝对的，它们将因惯性系的选择而有所不同. 所有这一切都是狭义相对论时空观的具体反映. 现在，将这些内容分别介绍如下.

一、"同时"的相对性

爱因斯坦认为：凡是与时间有关的一切判断，总是和"同时"这个概念相联系的. 比如我们说"某列火车 7 点钟到达这里"，其意思指的是"我的表的短针指在

‘7’上和火车到达是同时的事件”. 如果从相对论基本假设出发,可以证明在某个惯性系中同时发生的两个事件,在另一相对它运动的惯性系中,并不一定同时发生. 这一结论叫做同时的相对性(relativity of simultaneity).

现在,让我们考察图4-3中的一个假想实验. 在一辆匀速前进的列车(K′系)上,车头和车尾分别装有两个标记A'和B',当它们分别和地面(K系)上的两个标记A和B重合时,各自发出一个闪光. 在AB的中点C与$A'B'$的中点C'分别装有接收光信号的仪器. 假设当A与A'及B与B'重合时发出的两个光信号被装在地面固定点C的仪器“同时”接收到了,这是不是说,这两个发生在不同地点的事件,在K系的观察者(C点)看来是同时发生的,而在K′系观察者(C'点)看来却不是同时发生的呢? 由于光信号从发出地点传递到C点是需要时间的,在这段时间内,列车向前运动着,所以从A、A'发出的光信号应先到达C'点,再到达C点;而从B、B'发出的光信号则应先到达C点,再到达C'点. 在K′系这位观察者看来,列车中点C'的仪器将先接收到来自前方A'的闪光,然后再收到来自后方B'的闪光. 这两个发生在不同地点的事件不是同时发生的. 当然,这两位观察者的说明都是对的,其结论之所以不同,是由于各自所处的参考系不同. 由此可知,发生在不同地点的两个事件的同时性不是绝对的,只是个相对的概念. 这个问题用洛伦兹变换很容易证明.

假定在参考系K中的观察者测得这两个事件同时发生的地点和时刻分别是(x_1,y_1,z_1,t)和(x_2,y_2,z_2,t),由洛伦兹变换公式(4-2),即可求出参考系K′中的观察者测得这两个事件的发生时刻如下:

$$t_1'=\frac{t-\dfrac{ux_1}{c^2}}{\sqrt{1-\beta^2}},\quad t_2'=\frac{t-\dfrac{ux_2}{c^2}}{\sqrt{1-\beta^2}}$$

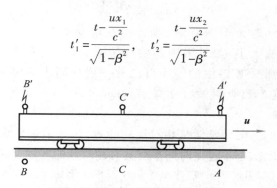

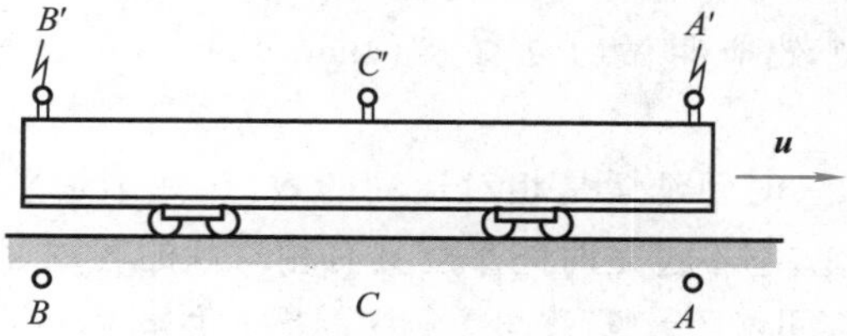

图4-3　同时相对性的假想实验

在上两式中,因x_1不同于x_2,所以t_1'也不同于t_2',它们的差是

$$t_2'-t_1'=\frac{\dfrac{u}{c^2}(x_1-x_2)}{\sqrt{1-\beta^2}}$$

由上式可见,在同一个惯性参考系中,在不同地点同时发生的两个事件,在其他惯性参考系来看,并不一定是同时发生的,这就是“同时”的相对性. 只有当两个事件发生在同一地点时,同时才有绝对意义. 在一般情况下. $x_1-x_2\neq0$,此时在参考

系 K′中的观察者测得这两个事件是先后发生的,其时间间隔为$\dfrac{\dfrac{u}{c^2}(x_1-x_2)}{\sqrt{1-\beta^2}}$,其实,在例题 4-1 中已经涉及同时的相对性问题,只是没有点明而已.

二、时间延缓

既然在不同惯性系中,同时是一个相对的概念,那么,两个事件的时间间隔或一个过程的持续时间也会与参考系有关.

设在参考系 K 中的某点 $x=s$ 处,某事物发生了一个过程,由参考系 K 来量度时,这个过程开始于 $t=t_1$,终止于 $t=t_2$,所经历的时间间隔是 $\Delta t=t_2-t_1$. 我们定义,在相对于过程发生的地点为静止的参考系中测得的时间间隔为固有时(proper time),用 t_0 表示. 这样,$\Delta t=t_2-t_1$ 就是固有时 t_0.

当从参考系 K′中进行观测时,认为这一过程经历的时间是 $\Delta t'=t_2'-t_1'$. $\Delta t'$是"运动时",我们用 t 表示它. 根据洛伦兹变换,运动时 t 可求得如下:

$$t=t_2'-t_1'=\frac{t_2-\dfrac{us}{c^2}}{\sqrt{1-\beta^2}}-\frac{t_1-\dfrac{us}{c^2}}{\sqrt{1-\beta^2}}=\frac{t_2-t_1}{\sqrt{1-\beta^2}}=\frac{t_0}{\sqrt{1-\beta^2}}$$

亦即

$$t=\frac{t_0}{\sqrt{1-\beta^2}} \tag{4-5}$$

此结果意味着运动时大于固有时,或者说在运动的参考系中观测,事物变化过程的时间间隔变大了. 如果用钟走的快慢来说明,就是 K′系中的观察者把相对于他运动的那只 K 系中的钟和自己的一系列同步的钟对比,发现那只 K 系中的钟慢了. 这个效应叫做时间延缓(time dilation),又称时间膨胀或动钟变慢.

最后要强调的是,时间延缓是相对运动的效应,并不是事物内部机制或钟的内部结构有什么变化,它不过是时间量度具有相对性的客观反映.

时间延缓效应曾经引发了一场"孪生子佯谬". 孪生子佯谬(twin paradox)是历史上曾令人困惑的问题. 甲和乙是一对孪生兄弟,甲留在地球上,乙乘飞船去太空旅行. 当乙返回地球,与甲相见,他们两人中究竟谁较年轻? 根据时间延缓效应,在甲看来,乘飞船回来的乙较年轻;而在乙看来,留在地球上的甲较年轻. 其实,地球与飞船这两个参考系是不同的,地球是惯性系,飞船在相对地球作匀速飞行时也是惯性系,但在起飞、降落、转弯等过程中有了加速度,不再是惯性系,而狭义相对论的相对性原理只适用于惯性系,运用广义相对论可以得出结论:乙比较年轻. 1971 年,曾用两组铯原子钟进行实验,证实了时钟延缓的结论.

现代物理实验为相对论的时间延缓提供了有力的证据. 人们观测了以 $0.91c$ 高速飞行的 $\pi^{\pm}$ 介子经过的直线路径,实验结果测得其平均飞行距离是 17.135 m. $\pi^{\pm}$ 介子固有寿命(固有时)的实验值是$(2.603\pm0.002)\times10^{-8}$ s. 由平均飞行距离可

以推算出在实验室参考系中 $\pi^{\pm}$介子的平均寿命为

$$t \approx 6.281\times10^{-8}\ \text{s}$$

应用式(4-5)求得的 $\pi^{\pm}$介子固有寿命的相对论理论值为

$$t_0 = t\sqrt{1-\beta^2} \approx 2.604\times10^{-8}\ \text{s}$$

可见,理论值与实验值只差 0.001×10^{-8} s,相对偏差在 0.4% 以内. 这说明时间延缓的预言是正确的.

三、长度收缩

根据洛伦兹变换,不仅能说明时间的量度和参考系有关,还能说明长度的量度和参考系也有关.

假定有一个固定在参考系 K 中的物体,它沿 x 轴的长度由 K 系来量度时是 $l = x_2 - x_1$. 现在由运动参考系 K′在某一时刻 t'进行量度,测得该物体的长度是 $l' = x_2' - x_1'$. 一般总认为 l 与 l'是相等的,没有区别的必要. 其实不然,物体的长度相对于观察者为静止时与相对于观察者为运动时的量度情况并不相同,因此,量度的结果就不可能相等,必须加以区别. 在物体相对于观察者为静止(即在 K 系中观察)时,观察者对静止物体两个端点坐标的测量,不论同时进行还是不同时进行,都不会影响测量的结果. 我们把这种长度叫做该物体的**固有长度**(proper length). 上面提到的 l 就是物体的固有长度. 如果物体相对于观察者运动(即在 K′系中观察)时,观察者对物体两个端点坐标的测量就必须同时进行,才能由此求出运动物体的长度,否则,由先后测得的两端点坐标之差是不能代表运动物体的长度的. 上面提到的 l'就是这种运动物体的长度,所以必须强调两端是在某一时刻 t'同时测量的.

现在,我们用 x_1、x_2 和 x_1'、x_2' 分别代表物体沿 x 轴方向长度的两个端点在坐标系 K 和 K′中的坐标. 考虑到 x_1' 与 x_2' 都是在 t'时刻测得的,所以根据式(4-2),写出

$$x_1 = \frac{x_1' + ut'}{\sqrt{1-\beta^2}}, \quad x_2 = \frac{x_2' + ut'}{\sqrt{1-\beta^2}}$$

上两式相减得

$$x_2 - x_1 = \frac{x_2' - x_1'}{\sqrt{1-\beta^2}}$$

亦即

$$l = \frac{l'}{\sqrt{1-\beta^2}}$$

如固有长度以 l_0 表示,则运动参考系中测量的长度为

$$\boxed{l' = l_0\sqrt{1-\beta^2}} \tag{4-6}$$

因此,我们的结论是,从对于物体有相对速度 u 的参考系测得的沿速度方向的物体长度 l,总比与物体相对静止的坐标系中测得的固有长度 l_0 为短. 这个效应

叫做**长度收缩**(length contraction).

至于和相对速度 $\boldsymbol{u}$ 方向相垂直的长度却是不变的,因为洛伦兹变换中明显地写着 $y=y'$, $z=z'$.

在我们前面提到的 π 介子实验中,也可认为整个实验室相对于 π 介子以 $0.91c$ 的速度运动. 因此,处于 π 介子参考系中的观察者测得的实验室长度服从长度收缩效应. 这样,π 介子经历过的实验室距离为

$$L=0.91c\times t_0=7.101\ \mathrm{m}$$

按照长度收缩效应,实验室距离的固有长度应为

$$L_0=\frac{L}{\sqrt{1-\beta^2}}=17.127\ \mathrm{m}$$

这与实际情形很符合.

长度收缩效应纯粹是一种相对论效应,当物体运动速度大到可以和光速比拟时,这个效应是显著的. 如果物体速度 $v\ll c$, $l\approx l'$,这个收缩效应微乎其微,就显示不出来了.

必须指出,相对论时空观效应是一种测量效应,与我们看到的视景不是一回事. 在相对论诞生后的很长一段时间里,很多科学家持有看到高速运动物体长度收缩的观点. 著名科学家伽莫夫(G. Gamow)在他的著名科普读物《物理世界奇遇记》中,描述主人公梦游到一个光速比 c 小得多的城市,看到周围的一切都扁了(图 4-4). 这种观点直到 1959 年,才由特列尔(J. Terrel)和彭罗斯(Penrose)纠正.

图 4-4 城市的街道变得越来越短了

此外,相对论在日常生活中似乎并无使用价值. 事实上,并非如此. 例如在卫星导航系统中已用到相对论. 卫星的速度约 3.9×10^3 km/s,根据相对论,卫星上的时钟 t 与地面时钟 t_0 的关系为

$$t-t_0=\frac{t_0}{\sqrt{1-\left(\dfrac{3.9\times10^3}{3\times10^8}\right)^2}}-t_0=8.5\times10^{-11}t_0$$

一天后，卫星上的时钟将产生 $\Delta t=8.5\times10^{-11}\times86\ 400\ \text{s}\approx7.5\ \mu\text{s}$ 的误差，此误差似乎微不足道.但是无线电信号以光速 c 传播，在这个时间里将造成 $\Delta L=7.5\times10^{-6}\times3\times10^{8}\ \text{m}\approx2.2\ \text{km}$ 的误差.这个误差岂能小视.因此，导航系统必须对这个误差进行修正.

复习思考题

4-4-1 长度的量度和同时性有什么关系？为什么长度的量度和参考系有关？

4-4-2 下面两种论断是否正确？(1) 在某个惯性系中同时、同地发生的事件，在所有其他惯性系中也一定是同时、同地发生的；(2) 在某个惯性系中有两个事件，同时发生在不同地点，而在对该系有相对运动的其他惯性系中，这两个事件却一定不同时.

4-4-3 两个相对运动的标准时钟 A 和 B，从 A 所在惯性系观察，哪个钟走得快？从 B 所在惯性系观察，又是如何呢？

4-4-4 相对论中运动物体长度缩短与物体线度的热胀冷缩是否是一回事？

4-4-5 有一枚相对于地球以接近光速飞行的宇宙火箭，在地球上的观察者将测得火箭上的物体长度缩短、时间延缓，有人因此得出结论：火箭上观察者将测得地球上的物体比火箭上同类物体更长，而同一过程的时间缩短.这个结论对吗？

4-4-6 比较狭义相对论的时空观与经典力学时空观有何不同？有何联系？

§4-5 狭义相对论动力学基础

一、相对论力学的基本方程

通过前面的讨论，我们知道在不同惯性系内，时空坐标遵守洛伦兹变换关系，所以要求物理规律符合相对性原理，也就是要求它们在洛伦兹变换下保持不变.牛顿运动方程对伽利略变换是不变式，对洛伦兹变换不是不变式.但是，容易想到，既然伽利略变换是洛伦兹变换在速度 u 与光速 c 相比为很小时的近似结果，那么，牛顿运动方程只能是低速时的近似规律，应该找出一个新的方程，它对洛伦兹变换是不变式，并且在 $\frac{u}{c}\to0$ 的条件下近似为牛顿运动方程.

牛顿第二定律的普遍形式是

$$\boldsymbol{F}=\frac{\mathrm{d}(m\boldsymbol{v})}{\mathrm{d}t}$$

式中质量 m 是与速度无关的常量.这个方程和其他由此导出的基本定律都具有伽利略变换的不变性，但是理论证明方程 $\boldsymbol{F}=m\frac{\mathrm{d}\boldsymbol{v}}{\mathrm{d}t}$ 不具有洛伦兹变换的不变性，因而不满足狭义相对论的相对性原理.另一方面，如果质量 m 是一个常量，而质点所受的合外力 $\boldsymbol{F}$ 的方向与其速度相同，即使 $\boldsymbol{F}$ 不大，只要时间足够长，质点的速度总会达到和超过光速 c，这与狭义相对论的结论不符.

在狭义相对论中，如果仍然定义质点动量 $\boldsymbol{p}=m\boldsymbol{v}$，要使动量守恒定律在洛伦

兹变换下保持不变. 从理论上可以得到质点的质量是随着速率而改变的,两者的关系如下:

$$m=\frac{m_0}{\sqrt{1-\left(\frac{v}{c}\right)^2}} \tag{4-7}$$

式中的 m_0 是质点在相对静止的惯性系中测出的质量,叫做静质量(static mass). 而 m 则是质点对观察者有相对速度 $\boldsymbol{v}$ 时的质量,叫做相对论性质量(relativistic mass),简称相对论质量,亦称动质量. 这个式子通过质量与速率的关系揭示了物质与运动的不可分割性. 显然,当 $\frac{v}{c}\to 0$ 时,m 趋近于 m_0. 于是,在相对论中,动量的表达式应是

$$\boldsymbol{p}=\frac{m_0}{\sqrt{1-\left(\frac{v}{c}\right)^2}}\boldsymbol{v} \tag{4-8}$$

而相对论力学的基本方程应为

$$\boldsymbol{F}=\frac{\mathrm{d}}{\mathrm{d}t}\left(\frac{m_0}{\sqrt{1-\left(\frac{v}{c}\right)^2}}\boldsymbol{v}\right) \tag{4-9}$$

质点的相对论质量公式(4-7),早在人们研究电子的运动时就被发现了. 考夫曼(W. Kaufmann)曾观察不同速度的电子在磁场作用下的偏转,从而测定电子的质量. 实验证明,电子的质量随速率不同而有不同的量值,并且实验结果与式(4-7)十分符合(见图 4-5). 例如,当 $v=0.98c$ 时,电子的质量变化是十分显著的,此时

$$m=\frac{m_0}{\sqrt{1-(0.98)^2}}=5m_0$$

但是,物体在一般速度时,质量的变化是微不足道的,因此很难观测到. 例如,火箭以第二宇宙速度 $v=11.2\ \mathrm{km/s}$ 运动,但这个速度和光速相比也还是很小的,所以火箭的质量变化极为微小,此时

$$m=\frac{m_0}{\sqrt{1-\left(\frac{11.2}{3\times10^5}\right)^2}}=1.000\,000\,000\,9m_0$$

如果物体以光速运动,$v=c$,则当物体具有不等于零的静质量(即 $m_0\neq0$)时,由式(4-7)将得出 $m\to\infty$,这是没有实际意义的. 如果这个物体的静质量等于零,那么 m 就可以具有一定的量值,光子就符合这种情况,光子的质量 $m_{\varphi}=\frac{h\nu}{c^2}$.

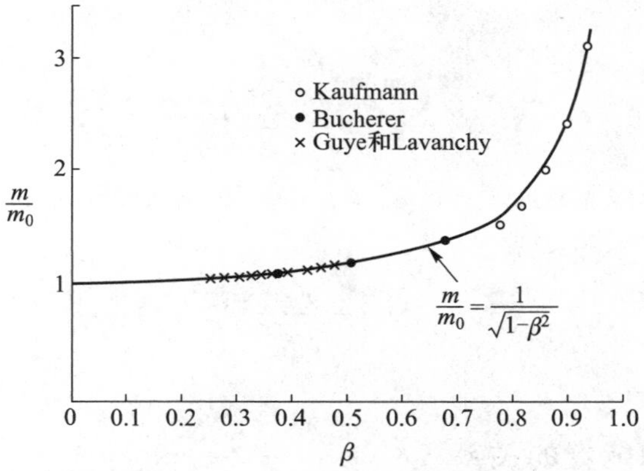

图 4-5 电子的质量随速度变化

下面我们举一个简单的例子来导出质量随速率变化的关系.

如图 4-6 所示,设在 K′系中有一粒子,原来静止在坐标原点 O',在某一时刻此粒子分裂为质量相同的两个粒子 A 和 B,它们分别以速度 $\boldsymbol{u}$ 沿 $O'x'$ 轴的正、反方向运动. 设另一参考系 K 以速率 u 沿 $O'x'$ 轴负方向运动. 在此参考系中,A 将是静止的,而 B 是运动的. 它们的质量分别为 m_A 和 m_B. 根据速度变换公式有

$$v_B=\frac{v'_B+u}{1+\frac{uv'_B}{c^2}}=\frac{u+u}{1+\frac{u^2}{c^2}}=\frac{2u}{1+\frac{u^2}{c^2}}$$

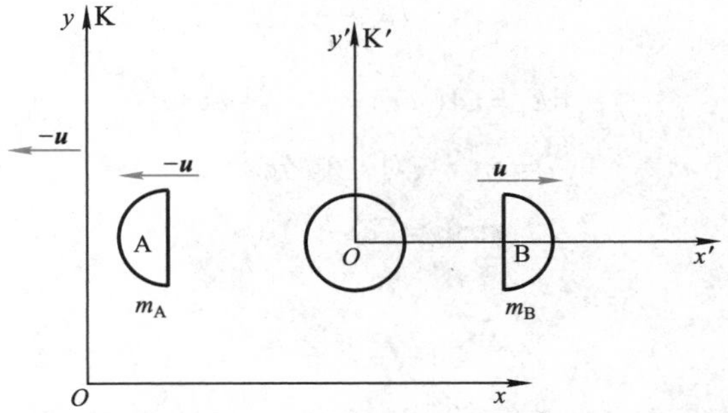

图 4-6 质速关系的推导

解方程
$$v_B\left(1+\frac{u^2}{c^2}\right)-2u=0$$

舍弃大于光速的解,得

$$u=\frac{c^2}{v_B}\left(1-\sqrt{1-\frac{v_B^2}{c^2}}\right) \tag{1}$$

因为无论在哪个参考系,粒子分裂前后的动量均守恒,所以在 K 系有

$$(m_A+m_B)u=0+m_Bv_B=\frac{2m_Bu}{1+\frac{u^2}{c^2}} \tag{2}$$

将式(1)中的 u 代入式(2),整理得

$$m_{\mathrm{B}}=\frac{m_{\mathrm{A}}}{\sqrt{1-\frac{v_{\mathrm{B}}^{2}}{c^{2}}}} \tag{3}$$

由于粒子 A 相对于 K 系是静止的,所以 m_{A} 是静质量,以 m_0 表示,粒子 B 以速率 v 运动,m_{B} 是相对论质量,以 m 表示,则式(3)可写作

$$m=\frac{m_0}{\sqrt{1-\frac{v^2}{c^2}}}$$

二、质量和能量的关系

在§2-8 中,通过时空对称性说明了守恒量(动量、角动量、能量)的重要性,这在相对论动力学中显得更为突出. 一般用时间和空间定义的速度,可用守恒量去定义. 当在质点位移的方向上对其施加外力 F 时,在速度公式 $v=\frac{\mathrm{d}s}{\mathrm{d}t}$ 右端的分母和分子上同时乘以 F,即得 $v=\frac{F\mathrm{d}s}{F\mathrm{d}t}$. 由动能定理,可知外力与位移大小的乘积是外力的功,它等于质点动能的增量,即 $F\mathrm{d}s=\mathrm{d}E_{\mathrm{k}}$;而由动量定理,$F\mathrm{d}t$ 则是外力的冲量,它等于质点动量的增量,即 $F\mathrm{d}t=\mathrm{d}p$. 以这些关系代入上式,即得用能量与动量定义的速度

$$v=\frac{\mathrm{d}E_{\mathrm{k}}}{\mathrm{d}p} \tag{4-10}$$

亦即

$$\mathrm{d}E_{\mathrm{k}}=v\mathrm{d}(mv)=v^2\mathrm{d}m+mv\mathrm{d}v$$

将式(4-7)平方,得 $m^2(c^2-v^2)=m_0^2c^2$,对它微分求出

$$mv\mathrm{d}v=(c^2-v^2)\mathrm{d}m$$

代入上式得

$$\mathrm{d}E_{\mathrm{k}}=c^2\mathrm{d}m \tag{4-11}$$

上式说明,当质点的速率 v 增大时,其质量 m 和动能 E_{k} 都在增加. 质量的增量 $\mathrm{d}m$ 和动能的增量 $\mathrm{d}E_{\mathrm{k}}$ 之间始终保持式(4-11)所示的量值上的正比关系. 当 $v=0$ 时,质量 $m=m_0$,动能 $E_{\mathrm{k}}=0$,据此,将式(4-11)积分,即得

$$\int_0^{E_{\mathrm{k}}}\mathrm{d}E_{\mathrm{k}}=\int_{m_0}^{m}c^2\mathrm{d}m$$

$$E_{\mathrm{k}}=mc^2-m_0c^2 \tag{4-12}$$

上式是相对论中的动能表达式. 爱因斯坦在这里引入了经典力学中从未有过的独特见解,他把 m_0c^2 叫做物体的静能(rest energy),把 mc^2 叫做运动时的总能量(即静能和动能之和),我们分别用 E_0 和 E 表示之:

$$\boxed{E=mc^2,\quad E_0=m_0c^2} \tag{4-13}$$

上列式子叫做物体的质能关系(mass-energy relation).

质量和能量都是物质的重要属性.质量可以通过物体的惯性或万有引力现象而显示出来,能量则通过物质系统状态变化时对外做功、传递热量等形式而显示出来.质能关系式揭示了质量和能量是不可分割的,这个公式表明质量是物质所含有的能量的量度,它表示具有一定质量的物质客体也必具有和此质量相当的巨大能量.通常所说的物体的动能仅是 mc^2 和 m_0c^2 的差额,即

$$E_k = mc^2 - m_0c^2 = m_0c^2\left(\frac{1}{\sqrt{1-\left(\frac{v}{c}\right)^2}}-1\right) \tag{4-14}$$

因为
$$\left(1-\frac{v^2}{c^2}\right)^{-\frac{1}{2}} = 1+\frac{1}{2}\frac{v^2}{c^2}+\frac{3}{8}\frac{v^4}{c^4}+\cdots$$

所以
$$E_k = \frac{1}{2}m_0v^2+\frac{3}{8}m_0\frac{v^4}{c^2}+\cdots$$

如果 $v \ll c$,即当物体速度远小于光速时,则

$$E_k = \frac{1}{2}m_0v^2$$

这与经典力学中动能表达式完全一样.在一般情况下,动能要用式(4-14)计算.关于静止能量的利用,在近代原子能利用中已获实现.事实上,质能关系式在近代物理研究中非常重要,在原子核物理以及原子能利用方面,具有指导的意义,是其重要的理论支柱.

三、动量和能量的关系

在经典力学中,动能和动量的关系

$$E_k = \frac{1}{2}mv^2 = \frac{p^2}{2m}$$

这个关系式对洛伦兹变换不是不变的,所以不适用于高速运动.为了求得一个相对于洛伦兹变换为不变的普遍关系式,我们可从 $E=mc^2$ 入手.平方后得

$$E^2 = m^2c^4 = \frac{m_0^2c^4}{1-v^2/c^2}$$

即
$$m^2c^4 - m^2v^2c^2 = m_0^2c^4$$

再将 $p=mv$ 及 $E=mc^2$ 代入并整理得

$$\boxed{E^2 = c^2p^2+E_0^2 = c^2p^2+m_0^2c^4} \tag{4-15}$$

上式叫做相对论能量-动量关系(relativistic energy-momentum relation),它对洛伦兹变换保持不变.

关系式(4-15)有极重要的意义.进一步的分析表明,它不仅揭示了能量与动量间的关系,而且实际上它还反映了能量与动量的不可分割性与统一性,就像时

间与空间的不可分割性与统一性那样. 把它用到光子上去,因光子的静止质量 $m_0=0$,可得光子的动量等于光子能量除以光速 c 的结果:$p=\frac{E}{c}=\frac{h\nu}{c}=\frac{h}{\lambda}$,式中 ν 为光子的频率,λ 为光的波长,h 为普朗克常量.

例题 4-3

已知质子和中子的质量分别为

$$m_p=1.007\,28\ \mathrm{u},\quad m_n=1.008\,66\ \mathrm{u}$$

两个质子和两个中子组成一氦核 $^4_2\mathrm{He}$,实验测得它的质量为 $m_A=4.001\,50\ \mathrm{u}$,试计算形成一个氦核时放出的能量(u 为原子质量单位,$1\ \mathrm{u}=1.660\times10^{-27}\ \mathrm{kg}$).

解 两个质子和两个中子组成氦核之前,总质量为

$$m=2m_p+2m_n=4.031\,88\ \mathrm{u}$$

而从实验测定,氦核质量 m_A 小于质子和中子的总质量 m,这差额 $\Delta m=m-m_A$ 称为原子核的质量亏损. 对于 $^4_2\mathrm{He}$ 核,

$$\Delta m=m-m_A=0.030\,38\ \mathrm{u}=0.030\,38\times1.660\times10^{-27}\ \mathrm{kg}$$

根据质能关系式得到的结论:物质的质量与能量之间有一定的关系,当系统质量改变 Δm 时,一定有相应的能量改变

$$\Delta E=\Delta mc^2$$

由此可知,当质子和中子组成原子核时,将有大量的能量放出,该能量就是原子核的结合能. 所以形成一个氦核时所放出的能量为

$$\Delta E=0.030\,38\times1.660\times10^{-27}\times(3\times10^8)^2\ \mathrm{J}=0.453\,9\times10^{-11}\ \mathrm{J}$$

结合成 1 mol 氦核(即 4.002 g 氦核)时所放出的能量为

$$\Delta E=6.022\times10^{23}\times0.453\,9\times10^{-11}\ \mathrm{J}=2.733\times10^{12}\ \mathrm{J}$$

这相当于燃烧 100 t 煤所发生的热量.

例题 4-4

设有两个静质量都是 m_0 的粒子,以大小相同、方向相反的速度相撞,反应合成一个复合粒子. 试求这个复合粒子的静质量和运动速度.

解 设两个粒子的速率都是 v,由动量守恒定律和能量守恒定律得

$$\frac{m_0}{\sqrt{1-\beta^2}}v-\frac{m_0}{\sqrt{1-\beta^2}}=m'v'$$

$$m'c^2=\frac{2m_0c^2}{\sqrt{1-\beta^2}}$$

式中 m' 和 v' 分别是复合粒子的质量和速度. 显然 $v'=0$,这时有

$$m'=m_0'$$

而

$$m_0' = \frac{2m_0}{\sqrt{1-\beta^2}}$$

这表明复合粒子的静质量 m_0' 大于 $2m_0$，两者的差值

$$m_0' - 2m_0 = \frac{2m_0}{\sqrt{1-\beta^2}} - 2m_0 = \frac{2E_k}{c^2}$$

式中 E_k 为两粒子碰撞前的动能. 由此可见，与动能相应的这部分质量转化为静质量，从而使碰撞后复合粒子的静质量增大了.

例题 4-5

在康普顿效应实验中（见下册 § 13-3），一个能量为 $h\nu_0$、动量为 $\frac{h\nu_0}{c}$ 的光子，与一个静止的电子作弹性碰撞，散射光子的能量变为 $h\nu$，动量变为 $\frac{h\nu}{c}$. 试证光子的散射角 φ 满足下式：

$$\frac{c}{\nu} - \frac{c}{\nu_0} = \frac{h}{m_0 c}(1-\cos\varphi)$$

此处 m_0 是电子的静质量，h 为普朗克常量.

解　在图 4-7 中，入射光子的能量和动量分别为 $h\nu_0$ 和 $\frac{h\nu_0}{c}\boldsymbol{e}_0$，与物质中质量为 m_0 的静止自由电子发生碰撞. 碰撞后，设光子散射开去而和原来入射方向成 φ 角，这时它的能量和动量分别变为 $h\nu$ 和 $\frac{h\nu}{c}\boldsymbol{e}$，$\boldsymbol{e}_0$ 和 $\boldsymbol{e}$ 代表在光子运动方向的单位矢量. 与此同时，电子则向着某一角度 θ 的方向飞去，它的能量和动量分别变成 mc^2 和 $m\boldsymbol{v}$. 即在二者作弹性碰撞时，应满足能量守恒定律和动量守恒定律：

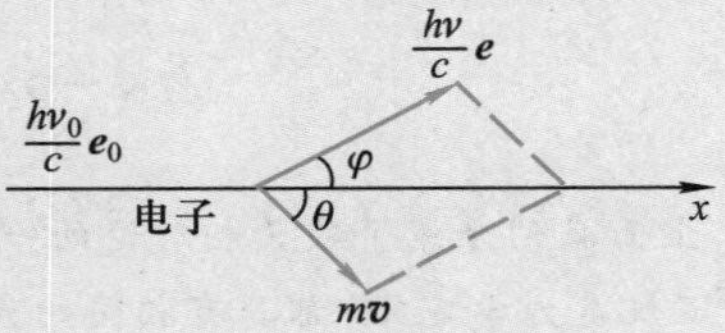

图 4-7　光子与静止自由电子的完全弹性碰撞

$$h\nu_0 + m_0 c^2 = h\nu + mc^2 \qquad (1)$$

$$m\boldsymbol{v} = \frac{h\nu_0}{c}\boldsymbol{e}_0 - \frac{h\nu}{c}\boldsymbol{e} \qquad (2)$$

从图 4-7 可以看出，矢量 $\frac{h\nu_0}{c}\boldsymbol{e}_0$ 是矢量 $m\boldsymbol{v}$ 和 $\frac{h\nu}{c}\boldsymbol{e}$ 所组成的平行四边形的对角线，所以

$$(mv)^2 = \left(\frac{h\nu_0}{c}\right)^2 + \left(\frac{h\nu}{c}\right)^2 - 2\frac{h\nu_0}{c}\frac{h\nu}{c}\cos\varphi$$

或

$$m^2 v^2 c^2 = h^2\nu_0^2 + h^2\nu^2 - 2h^2\nu_0\nu\cos\varphi \qquad (3)$$

式(1)也可改写为

$$mc^2 = h(\nu_0 - \nu) + m_0 c^2 \qquad (4)$$

将式(4)平方再减去式(3)，得到

$$m^2c^4\left(1-\frac{v^2}{c^2}\right) = m_0^2c^4 - 2h^2\nu_0\nu(1-\cos\varphi) + 2m_0c^2h(\nu_0-\nu)$$

根据式(4-6),上式可写成

$$m_0^2c^4=m_0^2c^4-2h^2\nu_0\nu(1-\cos\varphi)+2m_0c^2h(\nu_0-\nu)$$

由此可得

$$\frac{c(\nu_0-\nu)}{\nu_0\nu}=\frac{h}{m_0c}(1-\cos\varphi)$$

亦即

$$\frac{c}{\nu}-\frac{c}{\nu_0}=\frac{h}{m_0c}(1-\cos\varphi)$$

复习思考题

4-5-1 化学家经常说:“在化学反应中,反应前的质量等于反应后的质量”. 以 2 g 氢与 16 g氧燃烧成水为例,在这个反应过程中大约放出了 2.5×10 J 热量,如考虑到相对论效应,则上面的说法有无修正的必要?

4-5-2 在相对论中,对动量定义 $\boldsymbol{p}=m\boldsymbol{v}$ 和公式 $\boldsymbol{F}=\mathrm{d}\boldsymbol{p}/\mathrm{d}t$ 的理解,与在牛顿力学中的有何不同?在相对论中,$\boldsymbol{F}=m\boldsymbol{a}$ 一般是否成立?为什么?

4-5-3 什么叫质量亏损?它和原子能的释放有何关系?

4-5-4 相对论的能量与动量的关系式是什么?相对论的质量与能量的关系式是什么?静止质量与静止能量的物理意义是什么?

*§4-6 广义相对论简介

上面我们介绍了狭义相对论的一些基本内容,说明在所有惯性坐标系中的物理学定律(不仅是力学定律)都具有相同的表示式. 现在的问题是,如果采用了非惯性系,物理规律又将如何?对此,爱因斯坦由非惯性系入手,研究与认识了等效原理,进而建立了研究引力本质和时空理论的广义相对论(general relativity). 本节将只限于介绍广义相对论中的等效原理和广义相对论的相对性原理,因为这两个原理是广义相对论的基础.

广义相对论基本原理的建立

参看图 4-8,一位观察者在火箭舱里做自由落体实验. 在图 4-8(a)中,火箭静止在地面惯性系上,他将看到质点因引力作用而自由下落;在图 4-8(b)中,火箭处于不受引力的自由空间内,是个孤立火箭,质点是静止的,但当火箭以一定的加速度加速运动时(非惯性系),他将看到质点的运动是和图 4-8(a)中完全相同的自由落体运动. 显然,如果他不知道舱外的情况,在这个局部范围内,单凭这个实验,他将无法判断自己究竟是在自由空间相对于恒星作加速运动呢还是静止在引力场中!事实上,由于惯性质量与引力质量等价,我们无法根据上述两个实验来区分哪一个是在静止于地面的火箭舱内做的,哪一个是在自由空间中加速的火箭舱内做的. 因此,我们看到:在处于均匀的恒定引力场影响下的惯性系中,所发生的一切物理现象,可以和一个不受引力场影响,但以恒定加速度运动的非惯性系内的物理现象完全相同. 这便是通常所说的等效原理(equivalence principle). 由于引力场和加速效应等效,所以让火箭舱在引力场中自由下落,火箭舱里的观察者将处于失重状态之中,这时引力场的作用,在这个局部环境中,将被加速运动完全抵消. 爱因斯坦据此把相对性原理推广到非惯性系,认为物理定律在非惯性系中可以和局部惯性系中完全相同,但在局部惯性系中要有引力场存在,或者说,所有非惯性系和有引力场存在的惯性系对于描述物理现象都是等价的．这叫做广义相对论的相对性原理．考虑到引力场在大尺度上并不均匀，它在场中各点的强度（即质点在该处自由下落的加速度 g）是不同的．因此，在引力场空间每一点上配置的自由下落的火箭舱实验室只代表那一点上的惯性系，这种惯性系叫做局部惯性系．

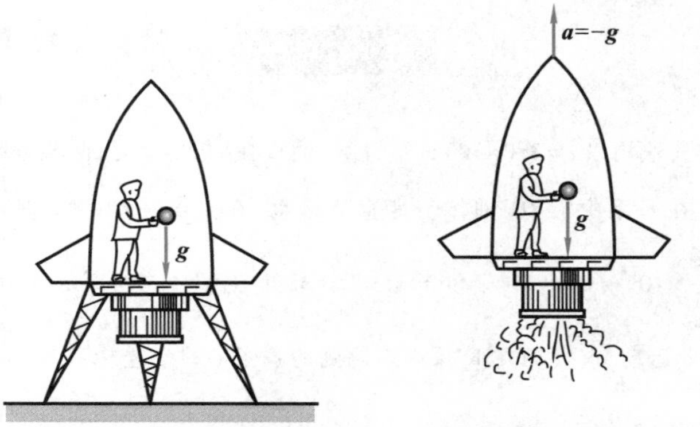

(a) 静止于引力场中的火箭　　(b) 具有加速度a的孤立火箭

图 4-8

在引力场中，总存在着许许多多的局部惯性系，这些局部惯性系之间是有相对速度的，虽然如此，我们在每一局部惯性系中都能应用狭义相对论的结论．

建立在相对性原理之上的广义相对论，其实是考虑了引力场的相对论．由于引入了场的概念，因而在广义相对论中，认识到物质、空间和时间之间，存在着比经典物理更为复杂和深刻的联系．在宇宙空间内物质积聚的地方，存在着较强的引力场，它将直接影响时空的性质．广义相对论证明，在某点上的引力场越强，则处于引力场内的“钟”走得越慢．爱因斯坦由此预测了光谱线的红移（即在地球上测得的由远处引力极强的恒星上所发射出来的某一元素的谱线频率小于地球上所发射的）．此外，由广义相对论还知道，光线经过质量较大的物体附近时，受其引力场的影响，应向该物体的方向偏转（见图 4-9）．例如在太阳附近，这种偏转的偏转角 φ 为 1.75″．从星球射来的光线，经过太阳附近然后再照射到地球上所发生的偏转，只能在日食时才可以观测到．1919 年，英国两位天文学家通过观测 5 月 29 日发生的日全食，计算出的星光偏转角为 1.61″和 1.98″．从而证实了广义相对论的预言．作为广义相对论初期重大事实验证之一，我们介绍一下水星近日点的进动．天文观测发现行星的近日点有进动，它们的轨道不是严格闭合的．牛顿力学计算出水星的进动值比观测值少了43.11″．用了广义相对论，考虑到时空弯曲引起的修正，就能得出水星近日点的进动应有每世纪 43.03″的附加值．

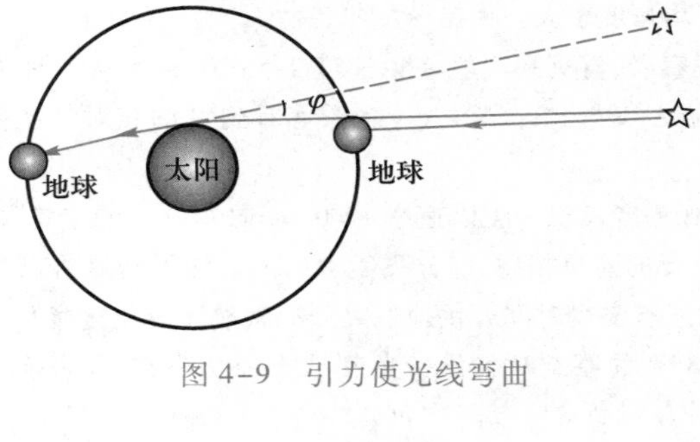

图 4-9　引力使光线弯曲

相对论是关于空间、时间和引力的现代物理理论，在整个物理学史上具有深远的革命意义，由于它一方面揭露了空间和时间之间的相互联系，另一方面还揭露了时空性质和运动物质性质之间的相互联系，为近代科学的发展指明了方向，注入了巨大的动力，它成为20世纪物理学中当之无愧的最伟大的成就之一.

习 题

（下列各题中光速均以 $c=3.0\times10^{8}$ m/s 计算，假设在 $t=t'=0$ 时，两参考系原点重合.）

4-1 一粒子在 K 系中沿 Ox 轴作匀速直线运动，在 $t_1=\frac{2}{3}\times10^{-8}$ s 时刻，粒子位于 $x_1=1.0$ m处；在 $t_2=\frac{5}{3}\times10^{-8}$ s 时刻，粒子位于 $x_2=3.0$ m 处. 若另一参考系 K′相对于 K 系以恒定速度 $u=\frac{4}{5}c$ 沿 x 方向运动. 求：(1) 在 K′系中观测到的粒子的时空坐标；(2) 粒子在这两个参考系中的平均速度.

4-2 在惯性系 K′中静止的一个圆轨道，其方程为

$$x'^2+y'^2=a^2,\quad z'=0$$

试问：在相对 K′系以速度 u 运动的惯性系 K 中的观察者测得怎样的图像？

4-3 一根米尺静止在 K′系中，与 $O'x'$轴成 30°角. 如果在 K 系中测得米尺与 Ox 轴成 45°角. 试求 K′系的速率 u 以及在 K 系中测得米尺的长度.

4-4 两艘相向飞行的飞船原长都是 L，地面观测者测得飞船的长度都为$\frac{L}{2}$，则两艘飞船相对地面的速度多大？其中一艘飞船中测得另一艘飞船的长度是多少？

4-5 远方的一颗星以 $0.8c$ 的速度离开我们，接收到它辐射出来的闪光按 5 昼夜的周期变化，求固定在此星上的参考系测得的闪光周期.

4-6 一个空间旅行者从地球出发，以 $0.99c$ 的速率向 26 l. y.（光年）远的织女星飞去，当他到达织女星时地球上的钟经过了多长时间？试问当(1) 旅行者到达织女星时(2) 地球观察者接收到旅行者到达织女星时立即发来的信息时(3) 地球观察者计算的旅行者到织女星时，比他开始旅行时（在他自己的参考系中）老了多少？

4-7 在 K 系中观察到的两事件发生在空间同一地点，第二事件发生在第一事件以后 2 s. 在另一相对 K 系运动的 K′系中观察到第二事件是在第一事件 3 s 之后发生的，求在 K′系中测量两事件之间的位置距离.

4-8 在地面上有一长 100 m 的跑道. 运动员从起点跑到终点，用时 10 s. 现从以 $0.8c$ 速率沿跑道向前飞行的飞船参考系中观测：(1) 跑道有多长？(2) 求运动员跑过的距离和所用的时间. (3) 运动员的平均速度多大？

4-9 地球上一观察者，看见一飞船 A 以速度 2.5×10^{8} m/s 从他身边飞过，另一飞船 B 以速度 2.0×10^{8} m/s 跟随 A 飞行. 求：(1) A 上的乘客看到 B 的相对速度；(2) B 上的乘客看到 A 的相对速度.

4-10 地球上的观测者发现一艘以速率 $v=0.6c$ 向东航行的宇宙飞船将在 5 s 后同一个以速率 $u=0.8c$ 向西飞行的彗星相碰. (1) 飞船中的人们测得彗星将以多大速率向他们靠近？(2) 按照飞船上的钟，还有多少时间可供他们离开原来航线避免碰撞？

4-11 一光源在 K′系的原点 O'发出一光束. 其传播方向在 $x'y'$平面内并与 $O'x'$轴成 θ'角.

试求在 K 系中测得此光束的传播方向，并证明在 K 系中此光束的速率仍为 c.

4-12 设航天器的静质量为 100 t，当它以速度 $v=11.2$ km/s 飞行时，它的质量增加了多少？

4-13 一瓶温度为 100 ℃的开水，质量为 2.5 kg，冷却至 20 ℃时，计算其减少的质量.

4-14 某人测得一静止棒长为 l，质量为 m，于是求得此棒线密度 $\rho=\dfrac{m}{l}$. 假定此棒以速度 v 在棒长方向上运动，此人再测棒的线密度应为多少？若棒在垂直长度方向上运动，它的线密度又为多少？

4-15 一静质量 $m_0=10$ kg 的物体，受恒力 $F=100$ N 作用. 试分别用经典力学和相对论力学求出 $v\sim t$ 关系，并作图比较.（建议编程作图）.

4-16 计算：（1）一个 2.53 MeV 电子的总能量；（2）该电子的动量.

4-17 要使电子的速率从 1.2×10^8 m/s 增加到 2.4×10^8 m/s. 必须做多少功？

4-18 两个氘核组成一个氦核. 试计算氦核放出的结合能（用 J 和 eV 表示）. 已知它们的静止质量分别为：氘核 $m_{\mathrm{D}}=2.01355$ u，氦核 $m_{\mathrm{He}}=4.0015$ u，其中 1 u $=1.66\times10^{-27}$ kg.

4-19 太阳由于向周围空间辐射能量，辐射功率为 3.6×10^{26} W，问太阳每秒钟损失多少质量？

4-20 如习题 4-20 图所示，一个静质量为 m_0，动能为 $5m_0c^2$ 的粒子，与另一个静质量也为 m_0 的静止粒子发生完全非弹性碰撞. 碰撞后复合粒子的静质量为 m_0'，并以速度 v 运动.（1）碰撞前系统的总动量是多少？（2）碰撞前系统的总能量是多少？（3）复合粒子的速度 v 是多少？（4）给出 m_0' 与 m_0 之间的关系.

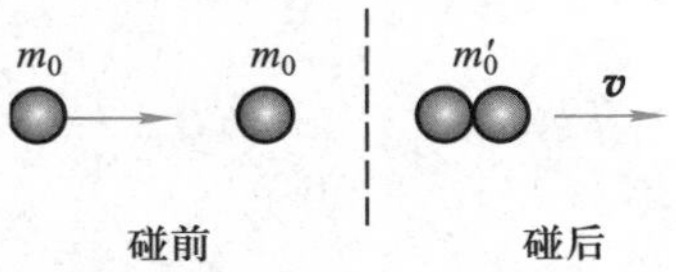

习题 4-20 图

4-21 质量为 m_0 的一个受激原子，静止在参考系 K 中，因发射一个光子而反冲，原子的内能减少了 ΔE，而光子的能量为 $h\nu$. 试证：

$$h\nu=\Delta E\left(1-\frac{\Delta E}{2m_0c^2}\right)$$

4-22 在北京正负电子对撞机中，电子可以被加速到 2.8 GeV（1 GeV $=10^9$ eV），（1）这种电子的速率和光速相比，相差多少？（2）这样的一个电子其动量多大？（3）这种电子在周长为 240 m 的储存环内绕行时，它所受的向心力为多大？需要多大的偏转磁场（利用洛伦兹公式 $F=qvB$ 计算）？

第四章习题
参考答案

Physics

第五章　气体动理论

研究物理学如同看一幅很大的画，近距离观察可以了解每一部分的细节，但还不够，你必须走到远处去观察整个画面，才能把握它的结构，更深入地理解它.

——杨振宁

热运动也是物质的一种基本运动形式，是构成宏观物体的大量微观粒子（分子、原子、电子等）永不停息的无规则运动. 热现象就是组成物体的大量粒子热运动的集体表现. 热学就是研究物体热现象和热运动规律的学科. 由于研究的观点和采用的方法不同，热学又分成热力学和统计物理学两个分支. 热力学（thermodynamics）是通过观察和实验归纳出有关热现象的规律，从能量观点出发，分析研究在物质状态变化过程中有关热功转化的关系和条件. 统计物理学（statistical physics）是从物质的微观结构出发，依据粒子运动所遵循的力学规律，运用统计的方法，揭露物质宏观现象的本质. 统计物理学结论的正确性，需要经热力学来检验和证实. 两种理论起着相辅相成的作用.

气体动理论（kinetic theory of gases）是统计物理学的部分内容. 本章是从气体微观结构的理想模型出发，运用统计平均的方法研究气体在平衡态下的宏观性质和规律，以及宏观量与分子微观量的统计平均值之间的关系，从而揭示这些性质和规律的本质. 本章最后还简单介绍了非平衡态的情况.

§5-1 气体的物态方程

一、平衡态 准静态过程

在不受外界影响的条件下，系统的宏观性质不随时间变化的状态，称为平衡态（equilibrium state），否则就是非平衡态（nonequilibrium state）. 一定质量的气体在一容器内，如果它与外界没有交换能量，没有外场作用，内部也没有任何形式的能量转化，经过一段时间后，气体各部分终将达到相同的密度、温度、压强等，所有的宏观性质都不随时间而变化，这种状态就是平衡态.

在实际情况中，并不存在完全不受外界影响而且宏观性质绝对保持不变的系统，所以平衡态只是一个特殊状态.

应当指出，平衡态是指系统的宏观性质不随时间变化. 从微观上看，组成系统的大量分子在作永不停息的热运动，并不断相互碰撞，分子的运动状态时刻在变，但其总体效果在宏观上表现为不随时间变化，所以平衡态实际上是热动平衡状态（thermodynamical equilibrium state）.

还需指出，如果将一根金属棒的两端分别放在沸水和冰水混合物中，经过一段时间后，虽然棒上各处的温度不随时间变化，但这种状态仍不是平衡态，而是定常态（steady state），因为金属棒与外界有能量交换.

当气体的外界条件发生改变时，它的状态就会发生变化. 气体从一个状态不断地变化到另一状态，所经历的是一个状态变化的过程. 过程进展的速度可以很快，也可以很慢. 实际过程常是比较复杂的. 如果过程进展得十分缓慢，使所经历的一系列中间状态都无限接近平衡态，这个过程就叫做准静态过程（quasi-static process）或平衡过程（equilibrium process）. 显然，准静态过程和实际过程是有差别的，但在许多情况下，可近似地把实际过程当作准静态过程处理，所以准静态过程是个很有用的理想模型.

二、状态参量

为了描述系统的平衡态,我们常常采用一些物理量来表示物体的有关特性.这些描述状态的变量,叫做**状态参量**(state parameter).对于一定的气体(质量为 m,摩尔质量①为 M),它的状态一般可用下列三个量来表征:(1) 气体所占的体积 V;(2) 压强 p;(3) 温度 T 或 t.这三个表示气体状态的量叫做**气体的状态参量**.为了详尽地描述物体的状态,有时还需知道其他参量.

在气体的上述三个状态参量中,气体的体积是气体分子所能达到的空间,并非气体分子本身体积的总和.气体体积的单位为 m^3.气体的压强是气体作用在单位面积上的正压力.压强的单位为 Pa②,即 N/m^2.

温度的本质与物质分子运动密切相关,温度的不同反映物质内部分子运动剧烈程度的不同.在宏观上,我们用温度表示物体的冷热程度,并规定较热的物体有较高的温度.温度数值的标定方法称为温标,常用的有两种.一是热力学温标 T,单位是 K(注意:不是°K).1960 年,国际上规定,热力学温度是基本物理量.把纯水的三相点(水、冰和水蒸气三相平衡共存的温度)规定为 273.16 K.另一个是摄氏温标 t,单位是℃.热力学温度 T 和摄氏温度 t 的关系是:$T/\text{K}=t/℃+273.15$.

温度的测量

三、理想气体的物态方程

表示平衡态的三个参量 p、V、T 之间存在着一定的关系.我们把反映气体 p、V、T 之间关系的公式叫做**气体的物态方程**(equation of state of gas).实验表明,一般气体在密度不太高、压强不太大(与大气压比较)和温度不太低(与室温比较)的实验范围内,遵守玻意耳(R. Boyle)定律、盖吕萨克(J. L. Gay-Lussac)定律和查理(J. A. C. Charles)定律.应该指出,对不同气体来说,这三条定律的适用范围是不同的,不易液化的气体,例如氮、氢、氧、氦等适用的范围比较大.实际上在任何情况下都服从上述三条实验定律的气体是不存在的.我们把实际气体抽象化,提出**理想气体**(ideal gas)的概念,认为理想气体

---

① 摩尔是国际单位制中的基本单位之一.按 1971 年国际计量大会决议,摩尔表示一系统的物质的量,该系统中所包含的基本单元数与 0.012 kg ^{12}C 的原子数目相等.在使用摩尔时,基本单元应予指明,可以是原子、分子、离子、电子及其他粒子,或是这些粒子的特定组合.

0.012 kg ^{12}C 中的原子数目为 $1\ \text{mol}\cdot N_A$,N_A 称为阿伏伽德罗常量,$N_A=6.022\times10^{23}\ \text{mol}^{-1}$.1 个 ^{12}C 原子的质量的 $\frac{1}{12}$ 定义为原子质量单位,记作 u,$1\ \text{u}=\frac{1}{12}\frac{0.012\ \text{kg}}{1\ \text{mol}\cdot N_A}=\frac{1}{1\ \text{mol}\cdot N_A}\times10^{-3}\ \text{kg}=1.660\times10^{-27}\ \text{kg}$.

这样,对于由分子组成的物质系统来说,该物质 1 mol 就是该物质 N_A 个分子的集合,这集合的总质量称为该物质的**摩尔质量**,记作 M,以 kg/mol 为单位.如以 m_0 表示该物质 1 个分子的质量,显然有:$M=N_Am_0$,$m_0=\frac{M}{N_A}$.

② 过去常用 atm(标准大气压)作为压强的单位,1 atm = 101 325 Pa,现已不推荐使用.

能无条件地服从这三条实验定律. 理想气体是气体的一个理想模型. 我们在此处先从宏观上给出定义. 当我们用这个模型研究气体的平衡态性质和规律时,还将对理想气体的分子和分子运动作一些基本假设,建立理想气体的微观模型. 理想气体的三个参量 p、V、T 之间的关系,即理想气体的物态方程(equation of state of ideal gas),可从这三条实验定律导出. 当质量为 m、摩尔质量为 M 的理想气体处于平衡态时,它的物态方程为

$$pV=\frac{m}{M}RT \tag{5-1}$$

式中$\frac{m}{M}$叫做物质的量(也称为摩尔数),常用 ν 表示. R 叫做普适气体常量(universal gas constant),其 2018 年的国际推荐值为

$$R=8.314\ 462\ 618\ \mathrm{J/(mol\cdot K)}$$

上面曾指出,一定质量气体的每一个平衡态都可用一组(p,V,T)的量值来表示,由于 p、V、T 之间存在着式(5-1)所示的关系,所以通常用 p-V 图上的一点表示气体的平衡态. 而气体的一个准静态过程,在 p-V 图上则用一条相应的曲线来表示. 如图 5-1 中所示,从Ⅰ到Ⅱ的曲线表示从初状态(p_1,V_1,T_1)向末状态(p_2,V_2,T_2)缓慢变化的一个准静态过程.

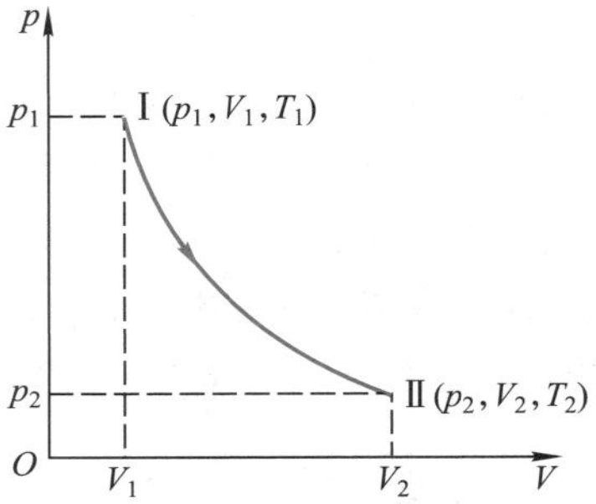

图 5-1 平衡态和准静态过程的示意图

例题 5-1

容器内装有 0.10 kg 氧气,其压强为 10×10^5 Pa,温度为 47 ℃. 因为容器漏气,经过若干时间后,压强降到原来的 5/8,温度降到 27 ℃. 问:(1) 容器的容积有多大?(2) 漏去了多少氧气?(假设氧气可看作理想气体.)

解 (1) 根据理想气体的物态方程,$pV=\frac{m}{M}RT$,求得容器的容积 V 为

$$V=\frac{mRT}{Mp}=8.31\times10^{-3}\ \mathrm{m^3}$$

(2) 设漏气若干时间之后,压强减小到 p',温度降到 T'. 如果用 m'表示容器中剩余的氧气的质量,从理想气体的物态方程求得

$$m'=\frac{Mp'V}{RT'}=6.67\times10^{-2}\ \mathrm{kg}$$

所以漏去的氧气的质量为

$$\Delta m=m-m'=3.33\times10^{-2}\ \mathrm{kg}$$

四、理想气体的微观模型

从气体分子热运动的基本特征出发，理想气体的微观模型可作如下假设：

(1) 气体分子的大小与气体分子之间的距离相比要小得多，因此分子的大小可以忽略不计.

(2) 由于分子力的作用距离很短，可以认为气体分子之间除了碰撞的瞬间外，分子间的相互作用力可忽略不计.

(3) 分子间的碰撞以及分子与容器壁的碰撞可以看作完全弹性碰撞，这样气体分子的动能就不会因碰撞而损失.

总之，理想气体可看作是自由运动的质点系.

在具体处理问题时，鉴于分子热运动的统计性，还须作出一些统计性假设.

(1) 气体处于平衡态时，气体分子在空间的分布平均来说是均匀的. 由此假设可知，气体分子的数密度 n 在空间处处相等.

(2) 气体处于平衡态时，气体分子沿空间各个方向运动的概率都相等. 由此假设可知，气体分子沿各个方向运动的分子数是相等的，分子速率沿各个方向分量的各种平均值相等. 例如，分子的速度分量的平均值都等于零，即

$$\overline{v}_x=\frac{\sum_c v_{ix}}{N}=0,\quad \overline{v}_y=\frac{\sum_t v_{iy}}{N}=0,\quad \overline{v}_z=\frac{\sum_l v_{iz}}{N}=0 \tag{5-2}$$

式中 N 为总分子数. 又如，分子速度分量的平方平均值也相等

$$\overline{v^2}=\overline{v_x^2}+\overline{v_y^2}+\overline{v_z^2} \tag{5-3}$$

所以

$$\overline{v_x^2}=\overline{v_y^2}=\overline{v_z^2}=\frac{1}{3}\overline{v^2} \tag{5-4}$$

即等于速率平方平均值的 1/3.

五、真实气体的物态方程

1873 年，范德瓦耳斯（J. D. van der Waals）对理想气体的物态方程作了进一步修正. 对于 1 mol 真实气体，其物态方程可写成

$$\left(p+\frac{a}{V_{\mathrm{m}}^2}\right)(V_{\mathrm{m}}-b)=RT \tag{5-5}$$

上式称为范德瓦耳斯方程，其中 V_{m} 是气体的摩尔体积，a 和 b 是两个修正量，称为范德瓦耳斯修正量，由实验来确定.

范德瓦耳斯对理想气体的物态方程的修正考虑了两个因素：

(1) 由于真实气体分子具有一定的体积，理想气体的物态方程可修正为

$$p(V_{\mathrm{m}}-b)=RT$$

在上式中，令 $p\to\infty$，则体积 $V_m\to b$，因此修正量 b 可以理解为 1 mol 气体分子处于最紧密状态时的体积．从理论上可以推导出 b 的值，约等于 1 mol 气体内所有分子体积总和的四倍．

真实气体的等温线

（2）气体分子之间在距离较大时有引力作用，因此分子与容器壁碰撞时，分子受到容器内其他分子的吸引，给予容器壁的压强减小了 p_i，这个压强称为内压强（inrernal pressure）．在理想气体的物态方程中的压强必须补上内压强，这个内压强不仅与容器内分子数密度有关，也与和容器壁发生碰撞的分子数密度有关，即 $p_i\propto n^2$，而 $n\propto\dfrac{1}{V_m}$，所以 $p_i\propto\dfrac{1}{V_m^2}$．

范德瓦耳斯方程是最早和最有影响的真实气体的物态方程，它不仅对真实气体偏离理想气体的性质作了定性的解释，而且还对液态和气液相变作出了说明．由于这项工作，范德瓦耳斯荣获 1910 年诺贝尔物理学奖．

真实气体的物态方程，还有一类准确度较高的经验公式，例如用级数表示的卡末林－昂内斯方程（Kamerlingh－Onnes' equation）

$$pV_m=A+Bp+Cp^2+Dp^3+\cdots$$

$$pV_m=A'+\frac{B'}{V_m}+\frac{C'}{V_m^2}+\frac{D'}{V_m^3}+\cdots$$

式中 A、B、C、D、…或 A'、B'、C'、D'、…分别称为第一、第二、第三、第四……位力系数（virial coefficient），它们都是与真实气体性质有关的温度的函数，可用实验来确定．

复习思考题

5-1-1 试解释气体为什么容易压缩，却又不能无限地压缩．

5-1-2 气体在平衡态时有何特征？这时气体中有分子热运动吗？热力学中的平衡与力学中的平衡有何不同？

§5-2 理想气体的压强和温度公式

一、气体分子热运动特征

实验告诉我们，热现象是物质中大量分子无规则运动的集体表现，因此人们把大量分子的无规则运动叫做分子热运动．布朗（R. Brown）在 1827 年，用显微镜观察到浮悬在水中的植物颗粒（如花粉等），不停地在作无规则运动（见图 5-2），这就是所谓布朗运动（Brownian motion）．布朗运动是由无规则运动的流体分子碰撞植物颗粒引起的，它虽不是流体分子本身的热运动，却如实地反映了流体分子热运动的情况．流体的温度越高，这种布朗运动就越剧烈．

在标准状态下，1 mol 的气体有 6.022×10^{23} 个分子，占有体积 22.4 L，平均每个分子所占的体积约为 $4\times10^{-26}\ m^3$，而分子的半径约为 10^{-10} m．这样气体分子之间的距离大约是分子本身线度的 20 倍，所以气体中分子的分布是相当稀疏的．

分子间有相互作用力，当两个分子靠得很近时（约 10^{-10} m），分子间作用力的合力表现为斥力，并因此而相互远离，这就是通常所说的分子间发生“碰撞”. 当分子相互远离时斥力影响迅速减小，合力表现为引力. 当距离进一步增大时（约 10^{-9} m），引力随之减小. 在室温下，气体分子的运动速率为 10^2 ~ 10^3 m/s，在 1 s 内一个分子将遭到 10^{10} 次碰撞. 如果追踪一个分子的运动，那是十分困难的.

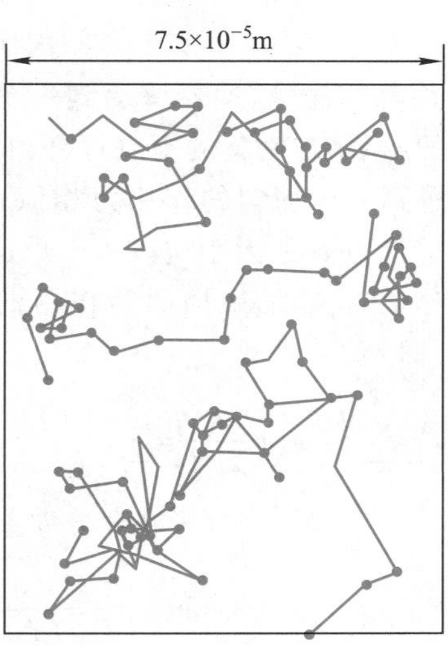

图 5-2 布朗运动

由于分子热运动的特征是分子在作永不停息的运动和频繁地碰撞，我们不能简单地用力学方法来处理分子热运动问题. 尽管个别分子的运动是杂乱无章的，但就大量分子的集体来看，却又存在着一定的统计规律. 这是分子热运动统计性的表现.

每一个运动着的分子或原子都有大小、质量、速度、能量等，这些用来表征个别分子性质的物理量叫做**微观量**（microscopic quantity）. 一般在实验中测得的是表征大量分子集体特征的量，叫做**宏观量**（macroscopic quantity）. 气体的温度、压强等就是宏观量. 气体动理论就是运用统计方法，求出大量分子的某些微观量的统计平均值，并用以解释在实验中直接观测到的物体的宏观性质.

二、理想气体压强公式的推导

为计算方便，我们选一个边长分别为 l_1、l_2、l_3 的长方形容器（图 5-3），并设容器中有 N 个同类气体的分子，作无规则的热运动，每个分子的质量都是 m_0.

在平衡状态下，器壁各处的压强完全相同. 现在我们计算器壁 A_1 面上所受的压强. 先选一分子 a 来考虑，它的速度是 $\boldsymbol{v}$，在 x、y、z 三个方向上的速度分量分别为 v_x、v_y、v_z. 当分子 a 撞击器壁 A_1 面时，它将受到 A_1 面沿 $-x$ 方向所施的作用力. 因为碰撞是弹性的，所以就 x 方向的运动来看，分子 a 以速度 v_x 撞击 A_1 面，然后以速度 $-v_x$ 弹回. 这样，每与 A_1 面碰撞一次，分子动量的改变为 $(-m_0v_x-m_0v_x)=-2m_0v_x$. 按动量定理，这一动量的改变等于 A_1 面沿 $-x$ 方向作用在分子 a 上的冲量. 根据牛顿第三定律，这时分子 a 对 A_1 面也必有一个沿 $+x$ 方向的同样大小的反作用冲量. 分子 a 从 A_1 面弹回，飞向 A_2 面，碰撞 A_2 面后，再回到 A_1 面. 在与 A_1 面作连续两次碰撞之间，由于分子 a 在 x 方向的速度分量 v_x 的大小不变，而在 x 方向上所经过的路程是 $2l_1$，因此所需时间为 $\dfrac{2l_1}{v_x}$. 在单位时间内，分子 a 就要与 A_1 面作不连续的碰撞共 $\dfrac{v_x}{2l_1}$ 次. 因为每碰撞一次，分子 a 作用在 A_1 面上的冲量是 $2m_0v_x$，所以，在单位时间内，分子 a 作用在 A_1 面上总的冲量也就是作用在 A_1 面上的力为 $2m_0v_x\dfrac{v_x}{2l_1}$.

从以上讨论可知，每一分子对器壁的碰撞以及作用在器壁上的力是间歇的、不连续的. 但是,事实上容器内所有分子对 A_1 面都在碰撞,使器壁受到一个持续而均匀的压强,与密集的雨点打到雨伞上,使我们感到一个均匀的作用力相似. A_1 面所受的平均力 $\bar{F}$ 的大小应该等于单位时间内所有分子与 A_1 面碰撞时所作用的冲量的总和,即

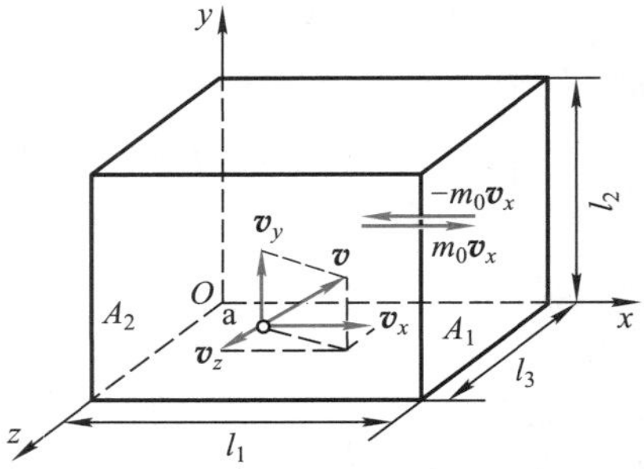

图 5-3 推导压强公式用图

$$\bar{F}=\sum_{i=1}^{N}\left(2m_0v_{ix}\frac{v_{ix}}{2l_1}\right)=\sum_{i=1}^{N}\frac{m_0v_{ix}^2}{l_1}=\frac{m_0}{l_1}\sum_{i=1}^{N}v_{ix}^2$$

式中 v_{ix} 是第 i 个分子在 x 方向上的速度分量. 按压强定义得

$$\begin{aligned}p&=\frac{\bar{F}}{l_2l_3}=\frac{m_0}{l_1l_2l_3}\sum_{i=1}^{N}v_{ix}^2=\frac{m_0}{l_1l_2l_3}(v_{1x}^2+v_{2x}^2+\cdots+v_{Nx}^2)\\&=\frac{Nm_0}{l_1l_2l_3}\left(\frac{v_{1x}^2+v_{2x}^2+\cdots+v_{Nx}^2}{N}\right)\end{aligned}$$

式中括弧内的量是容器内 N 个分子沿 x 方向速度分量的平方的平均值,可写作 $\overline{v_x^2}$. 又因气体的体积为 $l_1l_2l_3$,单位体积内的分子数 $n=\dfrac{N}{l_1l_2l_3}$,所以上式可写作

$$p=nm_0\overline{v_x^2} \tag{5-6}$$

按上面所说的统计假设,有

$$\overline{v_x^2}=\frac{1}{3}\overline{v^2} \tag{5-7}$$

考虑到分子的平均平动动能 $\bar{\varepsilon}_k=\dfrac{1}{2}m_0\overline{v^2}$,代入得

$$\boxed{p=\frac{2}{3}n\left(\frac{1}{2}m_0\overline{v^2}\right)=\frac{2}{3}n\bar{\varepsilon}_k} \tag{5-8}$$

式(5-8)是气体动理论的**压强公式**. 我们从这个式子看出,气体作用在器壁上的压强,既和单位体积内的分子数 n 有关,又和分子的平均平动动能 $\bar{\varepsilon}_k$ 有关. 由于分子对器壁的碰撞是断断续续的,分子给予器壁的冲量是有起伏的,所以压强是个统计平均量. 在气体中,分子数密度 n 也有起伏,所以 n 也是个统计平均量. 式(5-8)表示三个统计平均量 p、n 和 $\bar{\varepsilon}_k$ 之间的关系,是个统计规律,而不是力学规律.

三、温度的本质和统计意义

设每个分子的质量是 m_0,则气体的摩尔质量 M 与 m_0 之间应有关系 $M=N_Am_0$,设气体质量为 m 时的分子数为 N,则 m 与 m_0 之间也有关系 $m=Nm_0$. 把这两个关系代入理想气体的物态方程 $pV=\dfrac{m}{M}RT$ 中,消去 m_0 可得

$$p=\frac{N}{V}\frac{R}{N_A}T$$

式中，R 与 N_A 都是常量，两者的比值常用 k 表示，$k=\frac{R}{N_A}$叫做**玻耳兹曼**(Boltzmann)常量，其 2018 年的国际推荐值为

$$k=1.380\,649\times10^{-23}\ \mathrm{J/K}$$

如将$\frac{N}{V}=n$ 叫做气体分子数密度，理想气体的物态方程可改写作

$$\boxed{p=nkT} \tag{5-9}$$

将上式和气体压强公式(5-8)比较，得温度公式

$$\boxed{\bar{\varepsilon}_k=\frac{1}{2}m_0\overline{v^2}=\frac{3}{2}kT} \tag{5-10}$$

上式是宏观量 T 与微观量 $\bar{\varepsilon}_k$ 的关系式，说明分子的平均平动动能仅与温度成正比. 换句话说，该公式揭示了气体温度的统计意义，即**气体的温度是气体分子平均平动动能的量度**. 由此可见，温度是大量气体分子热运动的集体表现，具有统计的意义；对个别分子，说它有温度是没有意义的.

当两种气体有相同的温度时，这就意味着这两种气体的单个分子的平均平动动能相等. 如果这两种气体相接触，其间就没有宏观的能量传递，它们都处于热平衡中. 因此，温度是表征物体处于热平衡状态时冷热程度的物理量. 若一种气体的温度高些，这意味着这一种气体分子的平均平动动能大些. 式(5-10)并不能说明气体存在 $T=0$ K 的状态，因为在温度未达到 0 K 以前，气体已变成了液体或固体，公式(5-10)也就不适用了.

佩兰(J. B. Perrin)对布朗运动的研究实验，进一步证实浮悬在温度均匀的液体中的不同微粒，不论其质量的大小如何，它们各自的平均平动动能都相等. 气体分子的运动情况和浮悬在液体中的布朗微粒相似，所以佩兰的实验结果，也可作为在同一温度下各种气体分子的平均平动动能都相等的一个证明.

四、气体分子的方均根速率

从气体分子的温度公式(5-10)出发，我们可以计算在任何温度下气体分子的**方均根速率(root-mean-square speed)**$\sqrt{\overline{v^2}}$，常写成 v_{rms}，它是气体分子速率的一种平均值：

$$v_{rms}=\sqrt{\overline{v^2}}=\sqrt{\frac{3kT}{m_0}}=\sqrt{\frac{3RT}{M}} \tag{5-11}$$

表 5-1 列出了几种气体在 0 ℃时分子的方均根速率.

表 5-1 几种气体在 0 ℃时分子的方均根速率

气体	$v_{rms}/(m \cdot s^{-1})$	$M/(10^{-3}\ kg \cdot mol^{-1})$
O_2	4.61×10^2	32.0
N_2	4.93×10^2	28.0
H_2	1.84×10^3	2.02
CO_2	3.93×10^2	44.0
H_2O	6.15×10^2	18.0

注意在相同温度时，虽然各种分子的平均平动动能相等，但它们的方均根速率并不相等.

例题 5-2

一容器内储有气体，温度为 27 ℃. 问：(1) 压强为 1.013×10^5 Pa 时，在 1 m^3 中有多少个分子？(2) 压强为 1.33×10^{-5} Pa 的高真空，在 1 m^3 中有多少个分子？

解 按公式 $p=nkT$ 可知，

(1)
$$n=\frac{p}{kT}=\frac{1.013\times10^5}{1.38\times10^{-23}\times300}\ m^{-3}=2.45\times10^{25}\ m^{-3}$$

(2)
$$n=\frac{p}{kT}=\frac{1.33\times10^{-5}}{1.38\times10^{-23}\times300}\ m^{-3}=3.21\times10^{15}\ m^{-3}$$

可以看到，两者相差 10^{10} 倍.

例题 5-3

试求在以下三种情况下，氮气分子的平均平动动能和方均根速率：(1) 在温度 $t=100$ ℃时；(2) 在温度 $t=0$ ℃时；(3) 在温度 $t=-150$ ℃时.

解 (1) 在 $t=100$ ℃时，

$$\bar{\varepsilon}_k=\frac{3}{2}kT=\frac{3}{2}\times1.38\times10^{-23}\times(100+273)\ J=7.71\times10^{-21}\ J$$

$$\sqrt{\overline{v^2}}=\sqrt{\frac{3RT}{M}}=\sqrt{\frac{3\times8.31\times(100+273)}{28\times10^{-3}}}\ m/s=5.74\times10^2\ m/s$$

(2) 同理，在 $t=0$ ℃时，

$$\bar{\varepsilon}_k=\frac{3}{2}kT=\frac{3}{2}\times1.38\times10^{-23}\times273\ J=5.65\times10^{-21}\ J$$

$$\sqrt{\overline{v^2}}=\sqrt{\frac{3RT}{M}}=\sqrt{\frac{3\times8.31\times273}{28\times10^{-3}}}\ m/s=4.93\times10^2\ m/s$$

(3) 在 $t=-150$ ℃时，

$$\bar{\varepsilon}_k=\frac{3}{2}kT=\frac{3}{2}\times1.38\times10^{-23}\times(273-150)\ J=2.55\times10^{-21}\ J$$

$$\sqrt{\overline{v^2}}=\sqrt{\frac{3RT}{M}}=\sqrt{\frac{3\times8.31\times(273-150)}{28\times10^{-3}}}\ m/s=3.31\times10^2\ m/s$$

复习思考题

5-2-1 对一定量的气体来说，当温度不变时，气体的压强随体积的减小而增大；当体积不变时，压强随温度的升高而增大. 就微观来看，它们是否有区别?

5-2-2 如果气体由几种类型的分子组成，试写出混合气体的压强公式.

5-2-3 对汽车轮胎打气，使之达到所需要的压强. 问在夏天与冬天，打入轮胎内的空气质量是否相同？为什么？

§5-3 能量均分定理 理想气体的内能

一、分子的自由度

我们在研究大量气体分子的无规则运动时，只考虑了每个分子的平动. 实际上，气体分子具有的结构比较复杂，不能看作质点. 因此，分子的运动不仅有平动，还有转动以及分子内原子间的振动. 分子热运动的能量应将这些运动的能量都包括在内. 这样，在我们提出的理想气体微观模型中就要考虑分子的形状和大小. 为了说明分子无规则运动的能量所遵从的统计规律，并在这个基础上计算理想气体的内能，我们将借助于力学中自由度的概念.

按分子的结构，气体分子可以是单原子、双原子、三原子或多原子分子(图5-4). 由于原子很小，单原子分子可以看作一质点，确定它在空间的位置需要用3个独立的坐标，因此单原子分子有3个自由度. 在双原子分子中，如果原子间的相对位置保持不变，那么，此分子就可看作由保持一定距离的两个质点组成. 由于质心的位置需要用3个独立坐标决定，连线的方位需用2个独立坐标决定，而两质点以连线为轴的转动又可不计，所以，双原子气体分子共有5个自由度，其中有3个平动自由度与2个转动自由度. 在3个及3个以上原子的多原子分子中，如果这些原子之间的相对位置不变，则整个分子就是个自由刚体，它共有6个自由度，其中3个属于平动自由度，3个属于转动自由度. 原子间距离不变的分子一般称为“刚性”分子，事实上，双原子或多原子的气体分子一般不是完全刚性的，原子间的距离在原子的相互作用下，会发生变化，分子内部会出现振动. 因此，除平动自由度和转动自由度外，还有振动自由度. 但在常温下，大多数分子的振动自由度可以不予考虑.

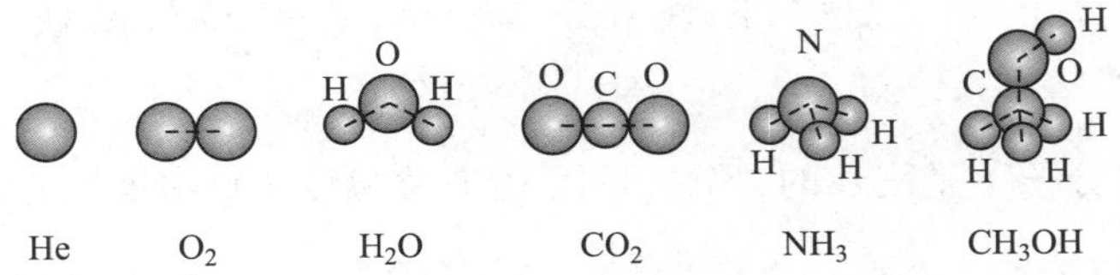

图5-4 不同分子的结构

二、能量均分定理

从理想气体分子的平均平动动能的公式

$$\frac{1}{2}m_0\overline{v^2}=\frac{3}{2}kT$$

出发,考虑到大量气体分子作无规则运动时,各个方向运动的机会均等的统计假设,我们就能推广而得到气体动理论中的一个重要原则——能量均分定理. 因为上式中$\overline{v^2}=\overline{v_x^2}+\overline{v_y^2}+\overline{v_z^2}$,此处$\overline{v_x^2}$、$\overline{v_y^2}$、$\overline{v_z^2}$分别表示气体分子沿 x、y、z 三个方向上速度分量平方的平均值,所以,$\overline{v_x^2}=\overline{v_y^2}=\overline{v_z^2}=\frac{1}{3}\overline{v^2}$,这就是说

$$\frac{1}{2}m_0\overline{v_x^2}=\frac{1}{2}m_0\overline{v_y^2}=\frac{1}{2}m_0\overline{v_z^2}=\frac{1}{3}\left(\frac{1}{2}m_0\overline{v^2}\right)=\frac{1}{2}kT$$

该式表明,气体分子沿 x、y、z 三个方向运动的平均平动动能完全相等. 可以认为,分子的平均平动动能$\frac{3}{2}kT$是均匀地分配在每一个平动自由度上的. 因为分子平动有 3 个自由度,所以相应于每一个平动自由度的能量是$\frac{1}{2}kT$.

这个结论可以推广到分子有转动的情况. 在平衡状态时,由于分子间频繁的无规则碰撞,平动和转动之间以及各转动自由度之间也可以交换能量,平均地说,不论何种运动,相应于每一自由度的平均动能都应该相等. 不仅各个平动自由度上的平均动能应该相等,各个转动自由度上的平均动能也应该相等,而且每个平动自由度上的平均动能与每个转动自由度上的平均动能都应该相等. **在温度为 T 的平衡态下,气体分子任一自由度的平均动能都等于$\frac{1}{2}kT$.** 能量按照这样的原则分配,叫做**能量均分定理**(equipartition theorem),这个原则是关于分子无规则运动动能的统计规律,是大量分子统计平均所得出的结果,也是分子热运动统计性的一种反映.

如果气体分子共有 i 个自由度,则每个分子的平均总动能为

$$\overline{\varepsilon}_k=\frac{i}{2}kT \tag{5-12}$$

例如:单原子分子,$\overline{\varepsilon}_k=\frac{3}{2}kT$;刚性双原子分子,$\overline{\varepsilon}_k=\frac{5}{2}kT$;刚性多原子分子,$\overline{\varepsilon}_k=3kT$.

如果气体分子不是刚性的,那么,除上述平动与转动自由度以外,还存在着振动自由度. 对应于每一个振动自由度,每个分子除有$\frac{1}{2}kT$ 的平均振动动能外,还具有$\frac{1}{2}kT$ 的平均弹性势能,所以,在每一振动自由度上将分配到量值为 kT 的平

均能量.

实际气体的分子运动情况视气体的温度而定. 例如氢分子,在低温时,只有平动起作用,在室温时,平动和转动同时起作用,只有在高温时,才可能有平动、转动和振动同时起作用. 又例如氯分子,在室温时平动、转动和振动已开始起作用.

三、理想气体的内能

除了上述的分子平动(动能)、转动(动能)和振动(动能、势能)以外,实验还证明,气体的分子与分子之间存在着一定的相互作用力,所以气体的分子与分子之间也具有一定的势能. 气体分子的能量以及分子与分子之间的势能构成气体内部的总能量,称为气体的内能(internal energy). 对于理想气体来说,不计分子与分子之间的相互作用力,所以分子与分子之间相互作用的势能也就忽略不计. 理想气体的内能只是分子各种运动能量的总和. 下面我们只考虑刚性分子.

因为每一个分子总平均动能为$\frac{i}{2}kT$,而 1 mol 理想气体有 N_A 个分子,所以 1 mol 理想气体的内能是

$$E_m = N_A\left(\frac{i}{2}kT\right) = \frac{i}{2}RT \tag{5-13}$$

质量为 m(摩尔质量为 M)的理想气体的内能是

$$\boxed{E = \frac{m}{M}\frac{i}{2}RT} \tag{5-14}$$

由此可知,一定量的理想气体的内能完全决定于分子运动的自由度 i 和气体的热力学温度 T,而与气体的体积和压强无关. 应该指出,这一结论与“不计气体分子之间的相互作用力”的假设是一致的,所以有时也把“理想气体的内能只是温度的单值函数”这一性质作为理想气体的定义内容之一. 一定质量的理想气体在不同的状态变化过程中,只要温度的变化量相等,那么它的内能的变化量就相同,而与过程无关. 以后,我们在热力学中,将应用这一结果计算理想气体的热容.

§ 5-4　麦克斯韦速率分布

一、气体分子的速率分布函数

在平衡状态下,气体分子的速率分布遵从着一定的统计规律. 有关规律早在 1859 年由麦克斯韦(J. C. Maxwell)应用统计概念首先导出. 因受技术条件的限制,气体分子速率分布的实验,直到 20 世纪 20 年代才由施特恩(O. Stern)予以实现. 我国物理学家葛正权也在 20 世纪 30 年代用实验检验了铋蒸气分子的速率分布,实验结果和麦克斯韦分布大致相符. 有关实验将在本节最后讨论.

研究气体分子速率的分布,分子的速率在原则上可以连续取值,而分子数是

不连续的.如果指定某一速率值,也可能没有一个分子恰好具有这样的速率,所以需要将速率按其大小分成若干相等的区间,以资比较.若设速率处在 $v \sim v+\Delta v$ 之间的分子数为 ΔN,在总分子数 N 中占的比率为 $\frac{\Delta N}{N}$.当 Δv 较小时,$\frac{\Delta N}{N}$ 将与 Δv 成正比,而且与 Δv 这个区间所在处的 v 有关.显然 $\frac{\Delta N}{N\Delta v}$ 仅与 v 有关.将 Δv 取得越来越小,可以得到精确的分布情况,因此,定义:

$$f(v)=\lim_{\Delta v\to 0}\frac{\Delta N}{N\Delta v}=\frac{\mathrm{d}N}{N\mathrm{d}v} \tag{5-15}$$

上式的 $f(v)$ 称为分子速率分布函数(speed distribution fuction),它描述的是在速率 v 附近的单位速率区间内分子数占总分子数的比率.因此,它描写了分子数按速率分布的情况.对单个分子来说,它表示分子速率在 v 附近单位速率区间内的概率.所以 $f(v)$ 也叫做分子速率分布的概率密度.

不难明白,$Nf(v)\mathrm{d}v$ 表示速率在 $v \sim v+\mathrm{d}v$ 区间内的分子数.速率处在 $v_1 \sim v_2$ 区间内的分子数可用下列积分计算:

$$\Delta N=\int_{v_1}^{v_2} Nf(v)\,\mathrm{d}v \tag{5-16}$$

速率处在$[0,\infty)$区域内的分子数应当等于总分子数,所以

$$N=\int_0^{\infty} Nf(v)\,\mathrm{d}v$$

亦即

$$\int_0^{\infty} f(v)\,\mathrm{d}v=1 \tag{5-17}$$

这称为归一化条件(normalization condition),它是分布函数 $f(v)$ 必须满足的条件.

利用 $f(v)$ 可以计算与 v 有关的物理量的平均值,例如

速率平均值

$$\bar{v}=\frac{\int_0^{\infty} v\,\mathrm{d}N}{N}=\int_0^{\infty} vf(v)\,\mathrm{d}v \tag{5-18}$$

速率平方平均值

$$\overline{v^2}=\frac{\int_0^{\infty} v^2\,\mathrm{d}N}{N}=\int_0^{\infty} v^2f(v)\,\mathrm{d}v \tag{5-19}$$

二、麦克斯韦速率分布

麦克斯韦速度分布的建立

麦克斯韦从理论上导出理想气体在平衡态下气体分子速率分布函数的具体形式是

$$f(v)=4\pi\left(\frac{m_0}{2\pi kT}\right)^{\frac{3}{2}} v^2\exp\left(-\frac{m_0v^2}{2kT}\right) \tag{5-20}$$

式中 m_0 为每个分子的质量,T 为热力学温度,k 为玻耳兹曼常量.上式称为麦克斯韦速率分布,其中 $f(v)$ 叫做麦克斯韦速率分布函数(Maxwell speed distribution function). 表示速率分布函数的曲线叫做**麦克斯韦速率分布曲线**,如图 5-5 所示.

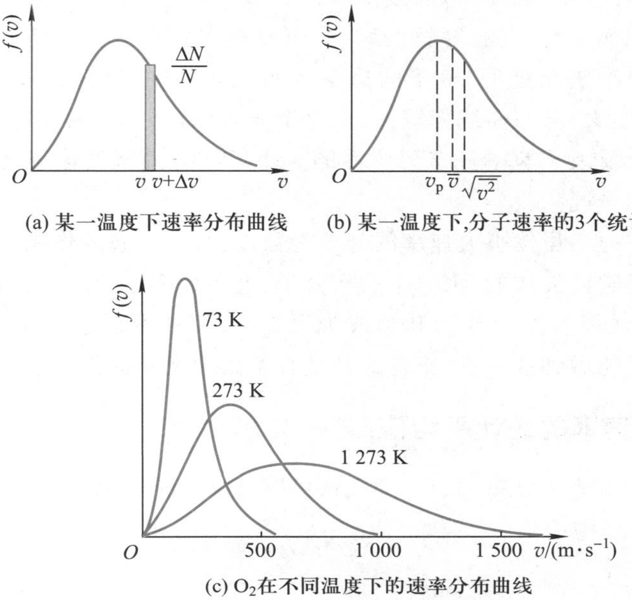

图 5-5　麦克斯韦速率分布曲线

从麦克斯韦速率分布曲线可以看出:

(1) 曲线从原点出发,随着速率的增大而上升,经过一个极大值后,又随着速率的增大而下降,并渐近于横坐标轴. 这表明气体分子的速率可以取大于零的一切可能的数值.

(2) 图 5-5(a)中,深色的小长方形的面积为

$$f(v)\Delta v=\frac{\Delta N}{N\Delta v}\Delta v=\frac{\Delta N}{N}$$

表示某分子的速率在区间 $v\sim v+\Delta v$ 内的概率,也表示在该区间内的分子数占总分子数的百分率. 在不同的区间内,有不同面积的小长方形,说明不同区间内的分布百分率不相同. 面积越大,表示分子具有该区间内的速率值的概率也越大.

(3) 曲线下的总面积,表示分子在整个速率范围$[0,+\infty)$的概率的总和,按归一化条件,应等于 1.

(4) 从速率分布曲线我们还可以知道,具有很大速率或很小速率的分子为数较少,其百分率较低,而具有中等速率的分子为数很多,百分率很高,值得我们注意的是曲线上有一个最大值,与这个最大值相应的速率值 v_p,叫做**最概然速率**(most probable speed). 它的物理意义是,**在一定温度下,速率与 v_p 相近的气体分子的百分率为最大**,也就是,以相同速率间隔来说,**气体分子速率处在 v_p 附近的概率最大**.

(5) 不同温度下的分子速率分布曲线,如图 5-5(c)所示. 当温度升高时,气体分子的速率普遍增大,速率分布曲线上的最大值也向速率增大的方向迁移,亦即最概然速率增大了;但因曲线下的总面积,即分子数的百分数的总和是不变的,

因此分布曲线在宽度增大的同时,高度降低,整个曲线将变得“较平坦些”.

通过图 5-5(c)中几条分布曲线形状的比较,可以看出分子速率分布的无序性在随温度变化而变化.在温度较低时,最概然速率较小,曲线形状较窄,这表明大多数分子的速率是相近的,分子的速率分布比较集中,无序性较小.当温度增加,最概然速率变大,分布曲线变宽,分子速率分布比较分散,无序性随之增加.最概然速率的大小反映了速率分布无序性的大小.因此,最概然速率常被用来反映分子速率分布的概况.

最后,指出一点:虽然很大速率的分子为数极少,但所起的作用很大.例如云、雨和太阳光都是它们促成的.水池中的水分子,大多数都不能从水面逸出,只有少数高速分子逸出(即蒸发),使云和雨成为可能.太阳中两质子的结合,也只有少数高速的质子才能做到这一点,正是这种结合给太阳发光提供了能量.

三、分子速率的统计平均值

利用麦克斯韦速率分布[式(5-20)],可以计算分子速率的统计平均值.计算过程将在例题 5-4中给出.

(1) 平均速率

$$\bar{v}=\int_0^\infty vf(v)\,\mathrm{d}v=\sqrt{\frac{8kT}{\pi m_0}}=\sqrt{\frac{8RT}{\pi M}}=1.60\sqrt{\frac{RT}{M}} \tag{5-21}$$

(2) 方均根速率

$$\overline{v^2}=\int_0^\infty v^2f(v)\,\mathrm{d}v=\frac{3kT}{m_0}$$

$$v_{\mathrm{rms}}=\sqrt{\overline{v^2}}=\sqrt{\frac{3kT}{m_0}}=\sqrt{\frac{3RT}{M}}=1.73\sqrt{\frac{RT}{M}} \tag{5-22}$$

(3) 最概然速率

$$\left.\frac{\mathrm{d}f(v)}{\mathrm{d}v}\right|_{v=v_\mathrm{p}}=0$$

$$v_\mathrm{p}=\sqrt{\frac{2kT}{m_0}}=\sqrt{\frac{2RT}{M}}=1.41\sqrt{\frac{RT}{M}} \tag{5-23}$$

以上各式中 k 为玻耳兹曼常量,R 为普适气体常量,M 为气体的摩尔质量,m_0 为单个气体分子的质量,图 5-5(b)给出了同一温度下三种速率的分布情况.

这三种速率分别从不同的侧面反映了理想气体分子速率分布的统计分布特性,适用于不同的方面.在讨论速率分布时,就要用到最概然速率;计算分子运动的平均距离时就要用到平均速率;计算分子的平均平动动能时,就要用到方均根速率.

*四、分子速率的实验测定

图 5-6 所示是一种用来产生分子射线并观测射线中分子速率分布的实验装置,全部装置放在高真空的容器里.图中 A 是一个恒温箱,可产生金属蒸气(可用电炉将金属加热而得到),

蒸气分子从 A 上小孔射出,经狭缝 S 形成一束定向的细窄射线. B 和 C 是两个共轴圆盘,盘上各开一狭缝,两缝略微错开,成一小角 φ(约 2°). P 是一个接受分子的胶片屏.

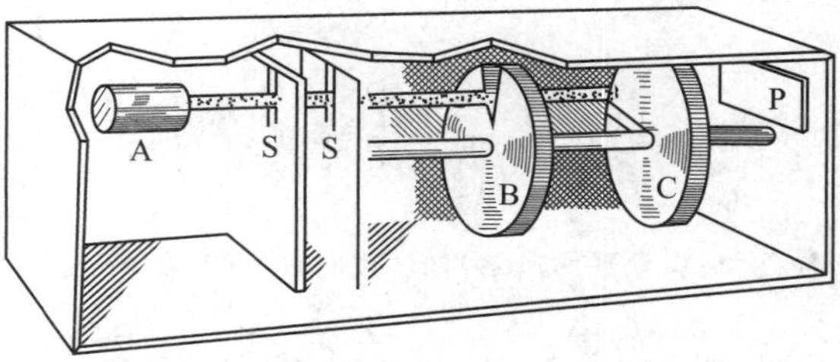

图 5-6 测定分子速率的实验装置的示意图

当圆盘以角速度 ω 转动时,圆盘每转一周,分子射线通过 B 的狭缝一次. 由于分子的速度大小不同,分子自 B 到 C 所需的时间也不同,所以并非所有通过 B 盘狭缝的分子,都能通过 C 盘狭缝而射到 P 上. 如果以 l 表示 B 和 C 之间的距离,φ 表示 B 和 C 两狭缝所成的角度,设分子速度的大小为 v,分子从 B 到 C 所需的时间为 t,则只有满足 $vt=l$ 和 $\omega t=\varphi$ 关系的分子才能通过 C 的狭缝射到屏 P 上. 因为

$$t=\frac{l}{v}=\frac{\varphi}{\omega}$$

所以

$$v=\frac{\omega}{\varphi}l$$

这就是说,B 和 C 起着速度选择器的作用,改变 ω(或 l 及 φ),可使速度大小不同的分子通过. 由于 B 和 C 的狭缝都有一定的宽度,所以实际上当角速度 ω 一定时,能射到 P 上的分子的速度大小并不严格相同,而是分布在一个区间 $v\sim v+\Delta v$ 内.

实验时,令圆盘先后以各种不同的角速度 $\omega_1,\omega_2,\cdots$ 转动,用光度学的方法测量每次在胶片上所沉积的金属层的厚度,从而可以比较分布在不同间隔(如 $v_1\sim v_1+\Delta v_1, v_2\sim v_2+\Delta v_2,\cdots$)内分子数的相对比值.

实验结果表明:一般地说,分布在不同间隔内的分子数是不相同的,但在实验条件(如分子射线强度、温度等)不变的情况下,分布在各个间隔内分子数的相对比值却是完全确定的. 尽管个别分子的速度大小是偶然的,但就大量分子整体来说,其速度大小的分布却遵守着一定的规律,这种规律叫做统计分布规律.

例题 5-4

从麦克斯韦速率分布函数 $f(v)$ 推算分子速率的三个统计值.

解 (1) 平均速率 $\bar{v}$ 利用式(5-18),可得平均速率如下:

$$\bar{v}=\int_0^\infty vf(v)\,\mathrm{d}v=\int_0^\infty 4\pi\left(\frac{m_0}{2\pi kT}\right)^{3/2}\exp\left(-\frac{m_0v^2}{2kT}\right)v^3\,\mathrm{d}v$$

在上式中,令 $b=\frac{m_0}{2kT}$,即可算得①

① $\int_0^\infty v^2\exp(-bv^2)\,\mathrm{d}v=\frac{1}{4}\sqrt{\frac{\pi}{b^3}}$, $\int_0^\infty v^3\exp(-bv^2)\,\mathrm{d}v=\frac{1}{2b^2}$, $\int_0^\infty v^4\exp(-bv^2)\,\mathrm{d}v=\frac{3}{8}\sqrt{\frac{\pi}{b^5}}$

$$\bar{v}=4\pi\left(\frac{b}{\pi}\right)^{3/2}\int_0^{\infty}v^3\exp\left(-bv^2\right)\mathrm{d}v=2\sqrt{\frac{1}{b\pi}}$$

将 b 值代入得

$$\bar{v}=\sqrt{\frac{8kT}{\pi m_0}}=\sqrt{\frac{8RT}{\pi M}}\approx 1.60\sqrt{\frac{RT}{M}}$$

(2) 方均根速率$\sqrt{\overline{v^2}}$与算术平均速率相似,我们有

$$\overline{v^2}=4\pi\left(\frac{b}{\pi}\right)^{3/2}\int_0^{\infty}v^4\exp\left(-bv^2\right)\mathrm{d}v=\frac{3}{2b}$$

将 b 值代入,得

$$\sqrt{\overline{v^2}}=\sqrt{\frac{3kT}{m_0}}=\sqrt{\frac{3RT}{M}}\approx 1.73\sqrt{\frac{RT}{M}}$$

这与前面由压强公式推得的结果相一致.

(3) 最概然速率 v_p　最概然速率是指在任一温度 T 时,气体中分子最可能具有的速度值. 亦即在 $v=v_p$ 时,分布函数 $f(v)$ 应有极大值,所以 v_p 可由极大值条件$\left.\frac{\mathrm{d}f}{\mathrm{d}v}\right|_{v=v_p}=0$ 求得. 因

$$\left.\frac{\mathrm{d}f}{\mathrm{d}v}\right|_{v=v_p}=4\pi\left(\frac{b}{\pi}\right)^{3/2}\left[2v\exp\left(-bv^2\right)-v^2 2bv\exp\left(-bv^2\right)\right]_{v=v_p}$$

$$=8\pi\left(\frac{b}{\pi}\right)^{3/2}v_p\exp\left(-bv^2\right)\left(1-bv_p^2\right)=0$$

所以

$$v_p=\sqrt{\frac{1}{b}}=\sqrt{\frac{2kT}{m_0}}=\sqrt{\frac{2RT}{M}}\approx 1.41\sqrt{\frac{RT}{M}}$$

例题 5-5

试计算气体分子热运动速率介于 $v_p-\frac{v_p}{100}$和 $v_p+\frac{v_p}{100}$之间的分子数占总分子数的百分率.

解　按题意,$v=v_p-\frac{v_p}{100}=\frac{99}{100}v_p$,$\Delta v=\left(v_p+\frac{v_p}{100}\right)-\left(v_p-\frac{v_p}{100}\right)=\frac{v_p}{50}$. 在此,利用 v_p,引入 $W=\frac{v}{v_p}$,把麦克斯韦速率分布改写成如下简单形式:

$$\frac{\Delta N}{N}=f(W)\Delta W=\frac{4}{\sqrt{\pi}}W^2\mathrm{e}^{-W^2}\Delta W \tag{1}$$

由题意可知

$$W=\frac{v}{v_p}=\frac{99}{100},\qquad \Delta W=\frac{\Delta v}{v_p}=\frac{1}{50}$$

把这些量值代入式(1),即得

$$\frac{\Delta N}{N}=1.66\%$$

*例题 5-6

麦克斯韦速率分布中气体分子速率的最大区间为什么可取无限大?

在研究麦克斯韦速率分布时,常把分子速率区间定在[0～+∞).例如,分布函数的归一化条件为

$$\int_0^{\infty} f(v)\,\mathrm{d}v=1$$

在求气体分子的平均速率时有

$$\bar{v}=\int_0^{\infty} vf(v)\,\mathrm{d}v$$

在求气体分子的均方根速率时有

$$\overline{v^2}=\int_0^{\infty} v^2 f(v)\,\mathrm{d}v$$

我们遇到的问题是,在相对论中已讲过实物粒子的极限速率是真空中光速 c,而在这里为什么把速率积分的上限取作无限大呢?难道存在大于真空中光速 c 的分子吗?这岂不违背了相对论!

解 麦克斯韦速率分布

$$f(v)=4\pi\left(\frac{m_0}{2\pi kT}\right)^{3/2}\exp\left(-\frac{m_0 v^2}{2kT}\right)v^2$$

描述的是在平衡态下气体分子速率在 v 附近单位速率区间内的分子数占分子总数的百分率.事实上,速率在增大到某一定值后的区间内的分子数的概率就几乎为零了.现在我们可编写一个计算程序(可扫描侧边二维码查看源程序),用数值解的方法估算这个速率最大值 $v_{\max}$ 的数量级.在一定温度下气体分子数 ΔN 占分子总数 N 的概率为

$$P=\frac{\Delta N}{N}=\int_{v_{\min}}^{v_{\max}} 4\pi\left(\frac{m_0}{2\pi kT}\right)^{3/2}\exp\left(-\frac{m_0 v^2}{2kT}\right)v^2\,\mathrm{d}v$$

设定 $v_{\min}$ 和 $v_{\max}$ 后,我们可以计算任一速率区间内分子数的概率.

以氢气分子为例,运行计算程序的计算结果列在下表中.氢气分子在室温下(300 K)的最概然速率 v_p 为 1 578 m/s,那么在 $v<v_p$ 范围内分子数的概率为 42.78%;在 $v<3.3v_p$ 范围内分子数的概率已达 99.99% 以上;而在 3×10^4 ～3×10^8 m/s(光速)的速率范围内的概率已降至 4.36×10^{-151}.速率高于 3×10^4 m/s 的概率是如此之小,这意味着绝对不可能有分子的速率达到 3×10^4 m/s.为了看出这一点,我们作这样一个比较,1 mol 理想气体在某容器中同时运动到容器左半部(或右半部)的概率是

$$P=\frac{1}{2^{6\times10^{23}}}\approx 2.87\times10^{-42}$$

这么小的概率意味着所有分子同时运动到容器某半部分的现象是不可能发生的(如果物质

例题 5-6
计算程序

的量更多，这种状态的概率还要小）．然而分子速率高于 3×10^4 m/s 的概率比这还要小 10^{108} 倍，这就更不可能了．表 5-2 是在室温下氢分子在不同速率范围内的分子数占分子总数的百分率．

表 5-2 室温下氢分子在不同速率范围内的分子数占分子总数的百分率

速率范围		百分率
$v_{min}/(\mathrm{m\cdot s^{-1}})$	$v_{max}/(\mathrm{m\cdot s^{-1}})$	
0	1 578（室温下氢分子的最概然速率 v_p）	0.427 6
0	5 207（大约是 $3.3v_p$）	0.999 9
3×10^4	3×10^8（光速 c）	4.36×10^{-151}

麦克斯韦速率分布是一个统计规律，如同我们在热学中学习的其他统计定律一样，它们是以概率的方式揭示了自然界某些运动的规律，如果某件事情发生的概率极小，在实际上就是不会发生的．相对论指出一切实物粒子的速率都不可能超过真空中的光速 c，分子运动的速率当然不会趋于无限大，但上面的计算已说明分子运动的速率在远小于光速的一个很大范围内的概率已基本为零了，所以我们把这个最大速率值 v_{max} 定为无限大并不影响计算结果，然而在数学处理上却带来了极大的方便．

复习思考题

5-4-1 回答下列问题：(1) 气体中一个分子的速率在 $v\sim v+\Delta v$ 间隔内的概率是多少？(2) 一个分子具有最概然速率的概率是多少？(3) 气体中所有分子在某一瞬时速率的平均值是 $\bar{v}$，则一个气体分子在较长时间内的平均速率应如何考虑？

5-4-2 气体分子的最概然速率、平均速率以及方均根速率各是怎样定义的？它们的大小由哪些因素决定？各有什么用处？

5-4-3 在同一温度下，不同气体分子的平均平动动能相等．因氧分子的质量比氢分子的大，则氢分子的速率是否一定大于氧分子的呢？

5-4-4 如盛有气体的容器相对于某参考系从静止开始运动，容器内的分子速度相对于这个参考系也将增大，则气体的温度会不会因此升高呢？

5-4-5 速率分布函数的物理意义是什么？试说明下列各量的意义：(1) $f(v)\mathrm{d}v$；(2) $Nf(v)\mathrm{d}v$；(3) $\int_{v_1}^{v_2}f(v)\mathrm{d}v$；(4) $\int_{v_1}^{v_2}Nf(v)\mathrm{d}v$；(5) $\int_{v_1}^{v_2}vf(v)\mathrm{d}v$；(6) $\int_{v_1}^{v_2}Nvf(v)\mathrm{d}v$.

*§5-5 麦克斯韦-玻耳兹曼分布 重力场中粒子按高度的分布

一、麦克斯韦-玻耳兹曼分布

麦克斯韦速率分布侧重讨论理想气体在平衡态时没有外力场作用下分子按速率分布的规律．这时分子在空间分布是均匀的．玻耳兹曼把麦克斯韦速率分布推广到气体分子在任意力场中运动的情形，在麦克斯韦分布中，指数项只包含分子的动能

$$\varepsilon_k=\frac{1}{2}m_0v^2$$

这是考虑分子不受外力场影响的情形. 当分子在保守力场中运动时,玻耳兹曼认为应以总能量 $\varepsilon=\varepsilon_k+\varepsilon_p$ 代替式(5-20)中的 ε_k,此处 ε_p 是分子在力场中的势能. 由于势能一般随位置而定,分子在空间的分布将是不均匀的,所以这时我们应该考虑这样的分子,不仅它们的速度限定在一定速度间隔内,而且它们的位置也限定在一定的坐标间隔内. 玻耳兹曼所作的计算表明:气体处于平衡态时,在一定温度下,在速度分量间隔($v_x \sim v_x+\Delta v_x, v_y \sim v_y+\Delta v_y, v_z \sim v_z+\Delta v_z$)和坐标间隔($x \sim x+\Delta x, y \sim y+\Delta y, z \sim z+\Delta z$)内的分子数为

$$\begin{aligned}\Delta N' &= n_0\left(\frac{m_0}{2\pi kT}\right)^{3/2}\exp\left(-\varepsilon/kT\right)\Delta v_x\Delta v_y\Delta v_z\Delta x\Delta y\Delta z\\ &= n_0\left(\frac{m_0}{2\pi kT}\right)^{3/2}\exp\left[-(\varepsilon_k+\varepsilon_p)/kT\right]\Delta v_x\Delta v_y\Delta v_z\Delta x\Delta y\Delta z\end{aligned} \tag{5-24}$$

式中 n_0 表示在 $\varepsilon_p=0$ 处单位体积内具有各种速度值的总分子数. 这个公式叫做麦克斯韦-玻耳兹曼分布(**Maxwell-Boltzmann distribution**),简称玻耳兹曼分布.

式(5-24)表明,在上述间隔内的这些分子,总能量大致都是 ε,其总数 $\Delta N'$ 正比于 $e^{-\varepsilon/kT}$,也正比于 $\Delta v_x\Delta v_y\Delta v_z\Delta x\Delta y\Delta z$. 因子 $e^{-\varepsilon/kT}$ 叫做概率因子,是决定分布分子数 $\Delta N'$ 多少的重要参量. 玻耳兹曼分布告诉我们:在平衡状态下,当 $\Delta v_x\Delta v_y\Delta v_z\Delta x\Delta y\Delta z$ 的大小相同时,$\Delta N'$ 的多少决定于分子能量 ε 的大小,分子能量 $\varepsilon=\varepsilon_k+\varepsilon_p$ 越大,分子数 $\Delta N'$ 就越少. 这表明,就统计意义而言,气体分子将占据能量较低的状态. 当 T 一定时,气体分子的平均动能值是一定的,因此,这也意味着分子将优先占据势能较低的状态.

如果把上式对位置积分,就可得到麦克斯韦速率分布,这应在意料之中,因为玻耳兹曼分布是由麦克斯韦速率分布推广得来的. 如果把上式对速度积分,并考虑到分布函数应该满足归一化条件:

$$\iiint_{-\infty}^{\infty}\left(\frac{m_0}{2\pi kT}\right)^{3/2}\exp\left(-\frac{m_0v^2}{2kT}\right)dv_x dv_y dv_z=\int_0^{\infty}\left(\frac{m_0}{2\pi kT}\right)^{3/2}\exp\left(-\frac{m_0v^2}{2kT}\right)4\pi v^2 dv=1$$

那么,玻耳兹曼分布也可写成如下常用形式:

$$\Delta N_B=n_0\exp\left(-\frac{\varepsilon_p}{kT}\right)\Delta x\Delta y\Delta z \tag{5-25}$$

它表明分子数是如何按位置分布的. 与 $\Delta N'$ 不同,此处的 ΔN_B 是分布在坐标间隔($x \sim x+\Delta x, y \sim y+\Delta y, z \sim z+\Delta z$)内具有各种速率的分子数. 显然,$\Delta N_B$ 比 $\Delta N'$ 大得多.

玻耳兹曼分布是个重要的规律,它对实物微粒(如气体分子、液体分子、固体分子和布朗粒子等)在不同力场中运动的情形都是成立的.

二、重力场中粒子按高度的分布

在重力场中,气体分子受到两种互相对立的作用. 无规则的热运动将使气体分子均匀分布于它们所能到达的空间,而重力则要使气体分子聚拢在地面上,当这两种作用达到平衡时,气体分子在空间作非均匀的分布,分子数随高度减小.

根据玻耳兹曼分布,可以确定气体分子在重力场中按高度分布的规律. 如果取坐标轴 Oz 竖直向上,并设在 $z=0$ 处势能为零,单位体积内的分子数为 n_0,则分布在高度为 z 处的体积元 $\Delta V=\Delta x\Delta y\Delta z$ 内的分子数为[将 $\varepsilon_p=m_0gz$ 代入式(5-25)即得]

$$\Delta N_B = n_0 \exp\left(-\frac{m_0 gz}{kT}\right)\Delta x\Delta y\Delta z \tag{5-26}$$

以 $\Delta V=\Delta x\Delta y\Delta z$ 除上式,即得分布在高度为 z 处单位体积内的分子数

$$n = n_0 \exp\left(-\frac{m_0 gz}{kT}\right) \tag{5-27}$$

式(5-27)表明,在重力场中气体分子的密度 n 随高度 z 的增加而按指数减小.分子的质量 m_0 越大,重力的作用越显著,n 的减小就越迅速,气体的温度越高,分子的无规则热运动越剧烈,n 的减小就越缓慢,图 5-7 是根据式(5-27)画出的分布曲线.

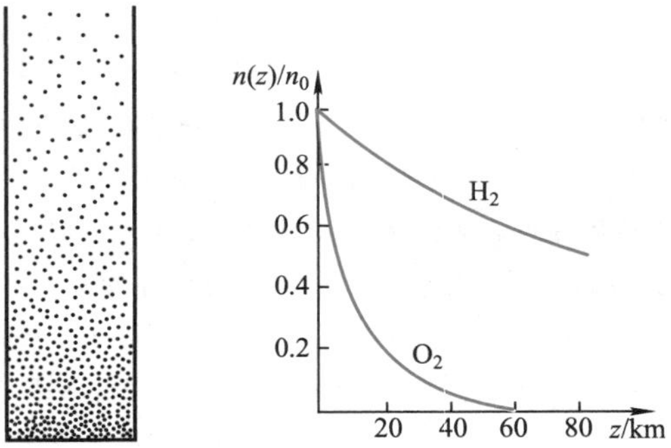

(a) (b)

图 5-7 粒子数按高度递减曲线

应用式(5-27)很容易确定气体压强随高度变化的关系.在一定的温度下,理想气体的压强 p 与分子的密度 n 成正比,即

$$p = nkT$$

由此可得

$$p = nkT = n_0 kT\exp\left(-\frac{m_0 gz}{kT}\right) = p_0 \exp\left(-\frac{m_0 gz}{kT}\right) = p_0 \exp\left(-\frac{Mgz}{RT}\right) \tag{5-28}$$

式中 $p_0 = n_0 kT$ 表示在 $z=0$ 处的压强,M 为气体的摩尔质量.式(5-28)称为气压公式,此公式表示在温度均匀的情形下,大气压强随高度按指数减小,如图 5-7 所示.但是大气的温度是随高度变化的,所以只有在高度相差不大的范围内计算结果才与实际情形符合.在登山运动和航空驾驶中,可应用式(5-28)来估算上升的高度 z,将上式取对数,可得

$$z = \frac{RT}{gM}\ln\frac{p_0}{p} \tag{5-29}$$

因此测定大气压强随高度而减小的量值,即可确定上升的高度.式(5-29)不但适用于大气,还适用于浮悬在液体中的胶体微粒按高度的分布.

复习思考题

5-5-1 试用气体的分子热运动说明为什么大气中氢的含量极少?

§5-6 分子的碰撞和平均自由程

一、分子的碰撞

在常温下，气体分子是以数百米每秒的平均速率运动着的. 这样看来，气体中的一切过程，好像都应在一瞬间就会完成. 但实际情况并不如此，气体的混合（扩散过程）进行得相当慢. 例如经验告诉我们，打开汽油瓶以后，汽油味要经过几秒钟的时间才能传过几米的距离.

原来，在分子由一处（如图 5-8 中的 A 点）移至另一处（如 B 点）的过程中，它要不断地与其他分子碰撞，这就使分子沿着迂回的折线前进. 气体的扩散、热传导等过程进行的快慢都取决于分子相互碰撞的频繁程度. 对这些热现象的研究，不仅要考虑分子热运动的因素，还要考虑分子碰撞这一重要因素. 下面介绍研究分子碰撞的方法.

气体分子在运动中经常与其他分子碰撞，在任意两次连续的碰撞之间，一个分子所经过的自由路程的长短显然不同，经过的时间也是不同的. 我们不可能也没有必要一个个地求出这些距离和时间来，但是我们可以求出在 1 s 内一个分子和其他分子碰撞的平均次数，以及每两次连续碰撞间一个分子自由运动的平均路程. 前者叫做分子的**平均碰撞频率**，习惯上简称为**碰撞频率**（collision frequency），以 $\bar{Z}$ 表示，后者叫做分子的**平均自由程**（mean free path），以 $\bar{\lambda}$ 表示. $\bar{Z}$ 和 $\bar{\lambda}$ 的大小反映了分子间碰撞的频繁程度.

二、平均自由程

现在，我们从计算分子的平均碰撞频率 $\bar{Z}$ 入手，导出平均自由程的公式. 为使计算简单起见，我们假定每个分子都是直径为 d 的小球. 因对碰撞来说，重要的是分子间的相对运动，所以，再假定除一个分子外其他分子都静止不动，只有那一个分子以平均相对速率 $\bar{v}_r$ 运动. 当这个分子与其他分子作一次弹性碰撞时，两个分子的中心相隔的距离就是 d. 围绕分子的中心，以 d 为半径画出的球叫做**分子的作用球**. 这样，在该作用球内就不会有其他同类分子的中心.

运动分子的作用球在单位时间内扫过一长度为 $\bar{v}_r$、横截面为 πd^2 的圆柱体. 凡是中心在该圆柱体内的其他分子，都将和运动分子碰撞. 由于碰撞，运动分子的速度方向要有改变，所以圆柱体并不是直线的，在碰撞之处要出现曲折，如图 5-9 中的折线 $ABCD$ 那样. 曲折的存在不会很大地影响圆柱体的体积. 当平均自由程远大于分子直径时，可以不必对体积进行修正.

设单位体积内的分子数为 n，则静止分子的中心在圆柱体内的数目为 $\pi d^2\bar{v}_r n$，此处 $\pi d^2\bar{v}_r$ 是圆柱体的体积. 因中心在圆柱体内的所有静止分子，都将与运动分子相撞，所以，我们所求的运动分子在 1 s 内与其他分子碰撞的平均频率 $\bar{Z}$ 就是

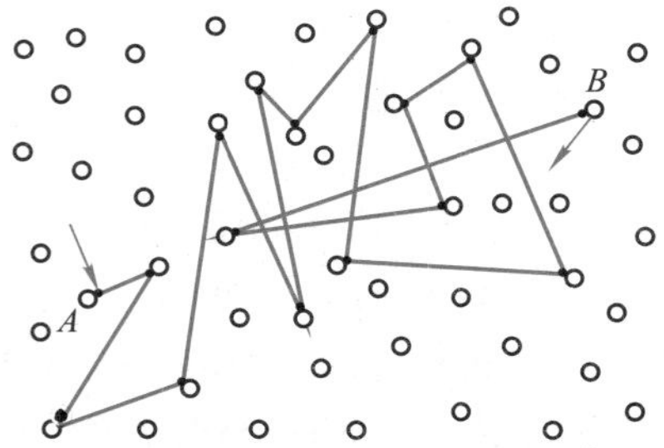

图 5-8 气体分子的碰撞

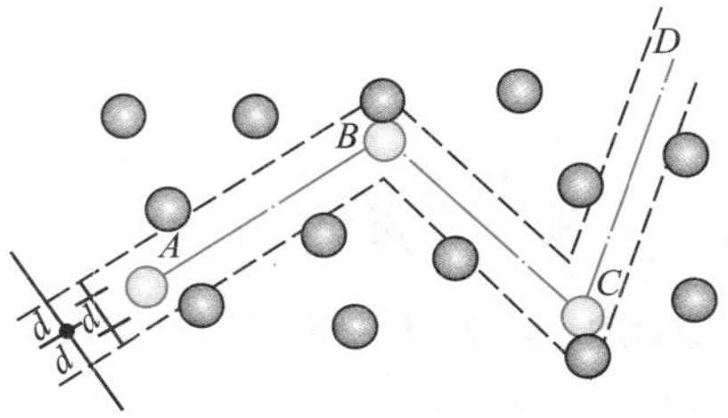

图 5-9 $\bar{Z}$ 及 $\bar{\lambda}$ 的计算

$$\bar{Z}=\pi d^2\bar{v}_{\mathrm{r}}n$$

平均相对速率与算术平均速率的关系为：$\bar{v}_{\mathrm{r}}=\sqrt{2}\,\bar{v}$，代入上式即得分子的平均碰撞频率为

$$\boxed{\bar{Z}=\sqrt{2}\,\pi d^2\bar{v}n} \tag{5-30}$$

平均相对速率与算术平均速率的关系推导

接下来，我们可计算分子平均自由程 $\bar{\lambda}$. 由于 1 s 内每个分子平均走过的路程为 $\bar{v}$（请读者思考，此处为什么不用 $\bar{v}_{\mathrm{r}}$?），而 1 s 内每一个分子和其他分子碰撞的平均频率则为 $\bar{Z}$，所以分子平均自由程应为

$$\boxed{\bar{\lambda}=\frac{\bar{v}}{\bar{Z}}=\frac{1}{\sqrt{2}\,\pi d^2 n}} \tag{5-31}$$

上式给出了平均自由程 $\bar{\lambda}$ 和分子直径及分子数密度 n 的关系. 根据 $p=nkT$，我们可以求出 $\bar{\lambda}$ 和温度 T 及压强 p 的关系为

$$\bar{\lambda}=\frac{kT}{\sqrt{2}\,\pi d^2 p} \tag{5-32}$$

由此可见，当温度一定时，$\bar{\lambda}$ 与 p 成反比，压强越小，则平均自由程越长.

应该注意，分子并不是真正的球体. 当分子相距极近时，它们之间的相互作用力是斥力. 分子间的相互斥力开始起显著作用时，两分子质心间的最小距离的平均值就是 d，所以 d 叫做分子的**有效直径**. 实验证明，气体密度一定时，分子的有效直径将随速度的增加而减小，所以当 T 与 p 的比值一定，$\bar{\lambda}$ 将随温度的升高而略有增加.

例题 5-7

试计算氢气在标准状态下平均自由程以及 1 s 内分子的平均碰撞频率. 已知氢分子的有效直径为 2×10^{-10} m.

解 按气体分子算术平均速率公式 $\bar{v}=\sqrt{\frac{8RT}{\pi M}}$ 算得 $\bar{v}=1.70\times10^{3}$ m/s，按 $p=nkT$ 算得单位体积中分子数 $n=\frac{p}{kT}=2.69\times10^{25}\ \mathrm{m^{-3}}$，因此

$$\bar{\lambda}=\frac{1}{\sqrt{2}\,\pi d^2 n}=2.10\times10^{-7}\ \mathrm{m}\quad（约为分子直径的 1\,000 倍）$$

$$\overline{Z}=\frac{\bar{v}}{\bar{\lambda}}=8.10\times10^{9}\ \mathrm{s}^{-1}$$

即在标准状态下，在 1 s 内，一个氢分子的平均碰撞次数约有 80 亿次.

复习思考题

5-6-1 容器内有一定质量的气体，保持容器的容积不变. 当温度增加时，分子运动更趋剧烈，因而平均碰撞频率增大，平均自由程是否也因而减小呢？

5-6-2 平均自由程与气体的状态以及分子本身的性质有何关系？在计算平均自由程时，什么地方体现了统计平均？

*§ 5-7 气体的输运现象

前面所讨论的都是气体在平衡态下的性质. 实际上，还有些问题涉及非平衡态下的变化过程. 当气体各部分的物理性质如流速、温度或密度不均匀时，气体就处于非平衡态. 在不受外界干预时，气体总要从非平衡态自发地向平衡态过渡，这种现象叫做气体的输运现象（transport phenomenon）. 气体的输运现象主要有三种：黏性现象、热传导现象和扩散现象.

一、黏性现象

流动中的气体，如果各气层的流速不相等，那么相邻的两个气层之间的接触面上，形成一对阻碍两气层相对运动的等值而反向的摩擦力，其情况与固体接触面间的摩擦力有些相似，叫做黏性力（viscous force）. 气体的这种性质，叫做黏性（viscosity）. 例如用管道输送气体，气体在管道中前进时，紧靠着管壁的气体分子附着于管壁，流速为零，稍远一些的气体分子才有流速，但不是很大. 在管道中心部分的气体流速为最大. 这正是由于从管壁到中心各层气体之间有黏性作用的表现.

黏性力所遵从的实验定律，可用图 5-10 来说明. 设有一气体，限制在两个无限大的平行平板 A、B 之间，平板 B（在 $y=0$ 处）是静止的，而平板 A（在 $y=h$ 处）以速度 u_0 沿 x 轴正方向运动. 我们把这一气体想象为许多平行于平板的薄层，其中顶层附着在运动平板 A 上，底层附着在静止平板 B 上. 由于顶层的流速（x 轴正方向）比下层大，顶层将对它的下一层作用一个沿 x 轴正方向的拉力，并依次对下一层作用这样一个拉力；与之同时，下一层将依次对上一层作用一个沿 x 轴负方向的阻力. 于是，气体就出现黏性. 在这个例子中，流速变化最大的方向是沿着 y 轴的正方向. 我们把流速在它变化最大的方向上每单位间距上的增量 $\frac{\mathrm{d}u}{\mathrm{d}y}$ 叫做流速梯度. 实验证明，在图中 CD 平面处，黏性力 F 与该处的流速梯度成正比，同时也与 CD 的面积 ΔS 成正比，即

$$F=\pm\eta\frac{\mathrm{d}u}{\mathrm{d}y}\Delta S \tag{5-33}$$

上式称为牛顿黏性定律（Newton's law of viscosity），其中比例系数 η 叫做黏度. 式中的正负号表明黏性力是成对出现的，当取 Oy 轴向上为正时，式中 F 分别表示上层对下层的作用力与下层对上层的反作用力.

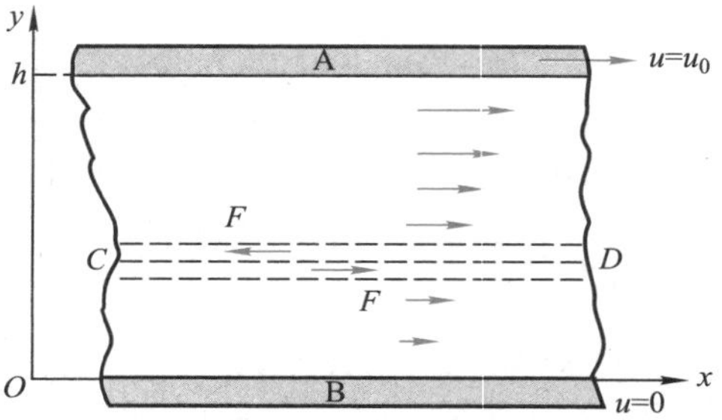

图 5-10 限制在两个无限大的平行平板之间的黏性气体

二、热传导现象

如果气体内各部分的温度不同，从温度较高处向温度较低处，将有热量的传递，这一现象叫做热传导（heat conduction）现象.

如图 5-11 所示，x 轴正方向是气体温度变化最大的方向，在这个方向上气体温度的空间变化率$\frac{\mathrm{d}T}{\mathrm{d}x}$，叫做温度梯度. 设 ΔS 为垂直于 x 轴的某指定平面的面积. 实验证明，在单位时间内，从温度较高的一侧，通过这一平面，向温度较低的一侧所传递的热量，与这一平面所在处的温度梯度成正比，同时也与面积 ΔS 成正比，即

$$\frac{\Delta Q}{\Delta t}=-\kappa\frac{\mathrm{d}T}{\mathrm{d}x}\Delta S \tag{5-34}$$

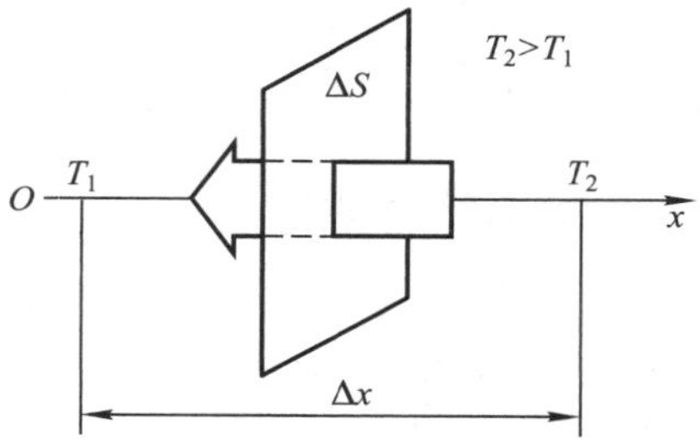

图 5-11 热传导现象

上式称为傅里叶定律（Fourier's law），式中比例系数 κ 叫做热导率（thermal conductivity），负号表示热量传递的方向是从高温处传到低温处，和温度梯度的方向是相反的.

三、扩散现象

如果容器中各部分的气体种类不同，或同一种气体在容器中各部分的密度不同，经过一段时间后，容器中各部分气体的成分以及气体的密度都将趋向均匀一致，这种现象叫做扩散（diffusion）现象.

就单一种气体来说，在温度均匀的情况下，密度不均匀将导致压强不均匀，从而形成气流. 为了使问题简化，我们考虑两种气体，在总密度均匀和没有宏观气流时相互扩散的情况. 此处假定相互扩散的两种气体的分子质量极为相近，如 N_2 和 CO 或 CO_2 和 N_2O 组成的混合气体.

现在，我们只考察两种气体中一种气体的质量输运. 设这种气体的密度沿 x 轴方向改变着，沿着这个密度变化最大的方向，气体密度的空间变化率$\frac{\mathrm{d}\rho}{\mathrm{d}x}$，叫做密度梯度. 在气体内任取一个垂直于 x 轴的面积 ΔS. 实验证明，在单位时间内，从密度较大的一侧通过该面积向密度较小的一侧扩散的质量与该面积所在处的密度梯度成正比，同时也与面积 ΔS 成正比，即

$$\frac{\Delta M}{\Delta t}=-D\frac{\mathrm{d}\rho}{\mathrm{d}x}\Delta S \tag{5-35}$$

式中比例系数 D 叫做扩散系数(coefficient of diffusion),负号表示气体的扩散从密度较大处向密度较小处进行,与密度梯度的方向恰好相反.

以上三个定律不仅适用于气体,也适用于液体和固体.

四、气体输运现象的微观解释

气体输运现象的产生,主要是由于气体分子的热运动以及分子间的相互碰撞,使气体内状态不同的各部分分子间通过相互作用交换质量、动量或能量所导致的.在黏性现象中,当气体流动时,每个分子都有定向运动的动量,热运动使相邻具有不同流速气体内的分子之间不断交换定向运动动量,在宏观上表现为相邻气体层之间的摩擦.在热传导现象中,温度低处分子的平均热运动能量较小,温度高处分子的平均热运动能量较大,通过相互碰撞使两部分分子交换热运动能量,在宏观上就表现出热量的传递与交换.在扩散现象中由于热运动,气体内密度较高部分的分子运动到密度较低部分的分子数要比相反方向运动的多,在宏观上的表现就是出现质量的净输运.

根据计算,黏度、热导率、扩散系数与描述气体分子运动的微观物理量之间有如下关系:

$$\eta=\frac{1}{3}\rho\,\overline{v}\,\overline{\lambda} \tag{5-36}$$

$$\kappa=\frac{1}{3}\frac{C_{V,\mathrm{m}}}{M}\rho\,\overline{v}\,\overline{\lambda} \tag{5-37}$$

$$D=\frac{1}{3}\overline{v}\,\overline{\lambda} \tag{5-38}$$

式中 $C_{V,\mathrm{m}}$ 为气体的摩尔定容热容,将在下章介绍.

复习思考题

5-7-1 分子热运动与分子间的碰撞,在输运现象中各起什么作用?哪些物理量体现了它们的作用?

5-7-2 在推导输运现象的宏观规律时,有人认为:既然分子的平均自由程是 $\overline{\lambda}$,则在 ΔS 两侧 A、B 两部分的分子通过 ΔS 面前最后一次碰撞应发生在与 ΔS 相距 $\frac{1}{2}\overline{\lambda}$ 处,这样才能保证通过 ΔS 面的分子无碰撞地通过 $\overline{\lambda}$ 的路程.你是否同意这种看法?说明理由.

习　题

5-1 在实验室可获得压强为 1.01×10^{-13} Pa 的“真空”,当温度为 293 K 时,在这样的真空中每立方厘米有多少个气体分子?

5-2 有一水银气压计,当水银柱高为 0.76 m 时,管顶离水银柱液面为 0.12 m,管的截面积为 $2.0\times10^{-4}\ \mathrm{m^2}$.当有少量氦气混入水银管内顶部,水银柱高下降为 0.60 m,此时温度为 27 ℃.问有多少质量氦气在管顶?(氦的摩尔质量为 0.004 kg/mol,0.76 m 水银柱压强为 1.013×10^5 Pa.)

5-3 一体积为 $1.0\times10^{-3}\ \mathrm{m^3}$ 的容器中,含有 4.0×10^{-5} kg 的氦气和 4.0×10^{-5} kg 的氢气,它

们的温度为30 ℃，试求容器中混合气体的压强.

5-4 一个封闭的圆筒，内部被导热的、不漏气的可移动活塞隔为两部分. 最初，活塞位于筒中央，则圆筒两侧的长度 $l_1=l_2$. 当两侧各充以 T_1、p_1 与 T_2、p_2 的相同气体后，问平衡时活塞将在什么位置（即 l_1/l_2 是多少）？已知 $p_1=1.013\times10^5$ Pa，$T_1=680$ K，$p_2=2.026\times10^5$ Pa，$T_2=280$ K.

5-5 一高压钢瓶的容积为 32 L. 储有压强为 1.3×10^7 Pa 的氧气，按规定瓶内氧气降到 10^6 Pa时就需要充气，以免其他气体混入而必须洗瓶. 今有一车间每天需用 10^5 Pa 的氧气 400 L. 问一瓶氧气能用几天？（温度保持不变）

5-6 氢气分子的质量为 3.35×10^{-27} kg. 如果单位体积内的氢分子数 $n=1.033\times10^{25}$ m^{-3}，这些氢分子以与墙面法线成 45°角的方向、$v=1.7\times10^3$ m/s 的速率对墙面作完全弹性碰撞. 试求这些氢气分子作用在墙面上的压强.（提示：在墙面上取面元 ΔS，以 ΔS 为底，v 为轴线，$v\Delta t$ 为高，作一斜柱体，求出柱体内的分子数，这就是在 Δt 时间内与 ΔS 碰撞的分子数.）

5-7 温度为 27 ℃的氦气、氧气和氨气，试求：(1) 一个分子（设为刚性分子）的平均平动动能和平均总动能；(2) 1 g 的各种气体的内能；(3) 1 mol 的各种气体的内能.

5-8 容器内储有 1 mol 的某种气体，今从外界输入 2.09×10^2 J 的热量，测得其温度升高 10 K，求该气体分子的自由度.

5-9 水蒸气分解为同温度的氢气和氧气，即 $H_2O\rightarrow H_2+\frac{1}{2}O_2$，也就是 1 mol 的水蒸气可分解成同温度的 1 mol 氢气和$\frac{1}{2}$ mol 氧气，当不计振动自由度时，求此过程中内能的增量.

5-10 一容器的体积为 $2V_0$，用绝热板将其隔成相等的两部分，如习题 5-10 图所示. 设 A 内储有 1 mol 的单原子气体，B 内储有 2 mol 的双原子气体，A、B 两部分的压强均为 p_0. (1) 求 A、B 内两种气体的内能；(2) 现抽去绝热板，求两种气体混合后达到平衡态时的温度和压强.

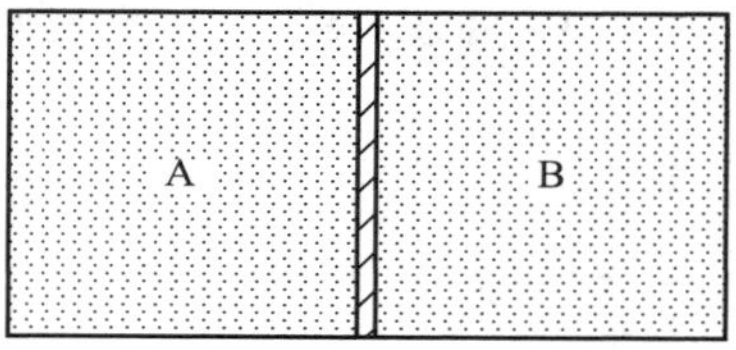

习题 5-10 图

5-11 储有氧气的容器以速率 v 作直线运动，现使容器突然停止. (1) 容器中的氧气的温度将上升多少？(2) 气体分子的平均平动动能和转动动能各增加了多少？（以摩尔质量 M 和阿伏伽德罗常量 N_A 表示.）

5-12 20 个质点速率如下：2 个具有速率 v_0，3 个具有速率 $2v_0$，5 个具有速率 $3v_0$，4 个具有速率 $4v_0$，3 个具有速率 $5v_0$，2 个具有速率 $6v_0$，1 个具有速率 $7v_0$.

试计算：(1) 平均速率；(2) 方均根速率；(3) 最概然速率.

5-13 压强为 1.013×10^5 Pa、质量为 2 g 的氧气处于容积为 1.54×10^{-3} m^3 的容器中，试求氧气分子的最概然速率、平均速率及方均根速率.

5-14 设 N 个粒子系统的速率分布函数为

$$dN_v=K dv \quad (v_0>v>0, K\text{ 为常量})$$
$$dN_v=0 \quad (v>v_0)$$

(1) 画出分布函数图；(2) 用 N 和 v_0 定出常量 K；(3) 用 v_0 表示出平均速率和方均根速率.

5-15 设某系统中 N 个粒子的速率分布曲线如习题 5-15 图所示. 试求：(1) 常量 A（以 v_0 表示）；(2) 速率在 $0\sim v_0$ 之间，$1.5v_0\sim2v_0$ 之间的粒子数；(3) 粒子的平均速率；(4) 速率在 $0\sim v_0$ 之间粒子的平均速率.

5-16 导体中自由电子的运动类似于气体分子的运动，电子气中电子的最大速率 v_F 叫做费米速率. 设导体中共有 N 个自由电子，电子的速率在 $v\sim v+dv$ 之间的概率为

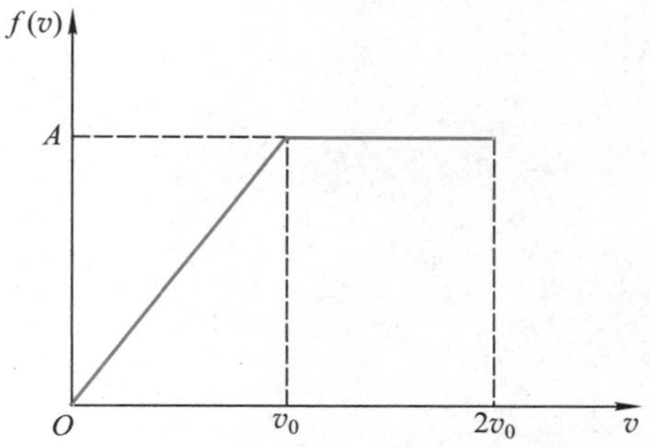

习题 5-15 图

$$\frac{\mathrm{d}N}{N}=\begin{cases}\dfrac{4\pi v^2 A\mathrm{d}v}{N} & (v_F>v>0)\\ 0 & (v>v_F)\end{cases}$$

式中 A 为常量.(1) 由归一化条件求 A;(2) 证明电子气中电子的平均动能 $\bar{\varepsilon}=\frac{3}{5}\left(\frac{1}{2}mv_F^2\right)=\frac{3}{5}E_F$,此处 E_F 叫做费米能.

5-17 求速度大小在 v_p 与 $1.01v_p$ 之间的气体分子数占总分子数的百分率.[提示:先把麦克斯韦速率分布函数改写成 $f(v_p)\Delta v=\frac{4}{\sqrt{\pi}}\frac{v^2}{v_p^3}e^{-v^2/v_p^2}\Delta v$]

5-18 试计算下列气体在大气中的逃逸速度与方均根速度之比:H_2、He、H_2O、N_2、O_2. 设大气的温度为 290 K,已知地球半径 $R\approx 6\ 400$ km. 根据计算结果讨论地球大气的主要成分.

5-19 问上升到什么高度处,大气压强减到地面的 75%?设空气的温度为 0 ℃,空气的摩尔质量为0.028 9 kg/mol.

5-20 当地面上的气压为 1.013×10^5 Pa、温度为 0 ℃时,求下面所给高度处的压力(假定可以不考虑因高度而引起的温度改变):(1) 500 m;(2) 4 000 m;(3) 20 km.

5-21 真空管的真空度为 1.33×10^{-3} Pa,试求在 27 ℃时单位体积中的分子数及分子平均自由程. 设分子的有效直径为 3.0×10^{-10} m.

5-22 设氮分子的有效直径为 10^{-10} m.(1) 求氮气在标准状态下的平均碰撞频率;(2) 如果温度不变,气压降到 1.33×10^{-4} Pa,则平均碰撞频率又为多少?

5-23 在温度为 0 ℃和压强为 1.0×10^5 Pa 下,空气密度是 1.293 kg/m^3,$\bar{v}=4.6\times10^2$ m/s,$\bar{\lambda}=6.4\times10^{-8}$ m,求空气的黏度.

5-24 由实验测定在标准状态下,氧气的扩散系数为 1.87×10^{-5} m^2/s,根据该数据计算氧分子的平均自由程和分子的有效直径.

5-25 保温瓶胆两壁间相距 0.4 cm,抽真空后残余气体的温度设为 27 ℃,设空气分子的有效直径约为 3.0×10^{-10} m,问瓶胆间的压强为多大时空气的导热系数才会比它在大气压下的数值小.

5-26 试用范德瓦耳斯方程计算密闭于容器内质量为 2.2 kg 的 CO_2 的压强. 设容积为30×10^{-3} m^3,温度为 27 ℃. 如把 CO_2 视为理想气体,结果又如何?(已知 CO_2 的范德瓦耳斯常量 $a=0.36$ Pa · m^6/mol^2,$b=43\times10^{-6}$ m^3/mol)

第五章习题
参考答案

Physics

第六章　热力学基础

科学进展的最大祸害是故步自封，自我孤立．科学只有在充分的讨论中才会有进步．

——L. 玻耳兹曼

与分子动理论的研究方法不同,在热力学中,并不考虑物质的微观结构和运动过程,而仅从能量观念出发,研究热力学系统状态变化中热功转化的关系与条件. 热力学的理论主要有四条定律:热力学第零定律实际上是热平衡定律,定义了温度的概念;热力学第一定律其实是包括热现象在内的能量守恒定律,指明了热力学过程中热功转化之间的数量关系;热力学第二定律指明了热力学过程进行的方向和条件;热力学第三定律指明了绝对零度是不能达到的. 本章主要讨论第一定律和第二定律,最后引进熵的概念. 熵是个非常重要的概念. 自从熵和信息联系起来以后,认为历史上以热机发展为主导的第一次工业革命是能量的革命,而当前以信息技术为主导的第四次工业革命可以说是熵的革命,现在熵的概念已超出了自然科学和工程技术的领域,进入了经济、人文科学等领域.

§6-1 热力学第零定律和第一定律

一、热力学第零定律

无数实验事实表明,如果物体 A 和 B 用绝热壁隔开同时与物体 C 热接触,经过一段时间后,A 和 C 以及 B 和 C 都将分别达到热平衡. 这时,如果再使 A 和 B 通过导热板接触,则将发现 A 和 B 的状态都不再发生变化,说明物体 A 和物体 B 处于热平衡. 这个结论称为热力学第零定律(zeroth law of thermodynamics),可以表述如下:如果两个物体都与处于确定状态的第三物体处于热平衡,则该两个物体彼此处于热平衡. 处于同一热平衡状态的所有物体都具有共同的宏观性质:它们的冷热程度相等. 这个宏观性质就是温度. 因此,我们说:温度是决定一个物体是否与其他物体处于热平衡的宏观性质. 温度的这种定义和我们日常对温度的理解(冷热程度)是一致的. 冷热不同的两个物体,温度是不同的,相互接触后,热的变冷,冷的变热,最后冷热均匀,温度一致,达到热平衡.

热力学第零定律是 20 世纪 30 年代由英国物理学家福勒(R. H. Fowler)提出的,比热力学第一和第二定律的提出晚了数十年. 因为温度的概念是这两条定律的基础,出于逻辑的排序,因此取这个不寻常的名称.

二、热力学过程

在热力学中,把所研究的物体或物体组叫做热力学系统(thermodynamic system),简称系统(system). 系统可以是容器内的气体分子集合或溶液中的分子集合,甚至还可以是像橡皮筋中分子集合那样的复杂系统. 当系统由某一平衡态开始进行变化,状态的变化必然要破坏原来的平衡态,需要经过一段时间才能达到新的平衡态. 系统从一个平衡态过渡到另一个平衡态所经过的变化历程就是一个热力学过程. 热力学过程由于中间状态不同而被分成非静态与准静态两种过程. 准静态过程(quasi-static process)是无限缓慢的状态变化过程. 在过程进行的每一步确保系统的状态均可视为平衡态. 如果过程中的中间状态为非平衡态,这个过程叫非静态过程.要使一个热力学过程成为准静态过程,应该怎样办呢?例如,要使系统的温度由 T_1 升到 T_2 的过程是一个准静态过程,就必须采用温度极为相近的很多物体(例如很多装有大量水的水箱)作为中间热源.这些热源(如这里的水箱)的温度分别是 $T_1, T_1+\mathrm{d}T, T_1+2\mathrm{d}T, \cdots, T_2-\mathrm{d}T, T_2$(图 6-1),其中 $\mathrm{d}T$ 代表极为微小的温度差.我们把温度为 T_1 的系统与温度为 $T_1+\mathrm{d}T$ 的热源相接触,系统的温度也将上升到 $T_1+\mathrm{d}T$ 而与热源建立热平衡.然后,再把系统移到温度为 $T_1+2\mathrm{d}T$ 的热源上,使系统的温度上升到 $T_1+2\mathrm{d}T$,而与这一热源建立热平衡.依此类推,直到系统的温度升到 T_2 为止.由于所有热量的传递都是在系统和热源的温度相差极为微小的情形下进行的,所以,这个温度升高的过程无限接近于准静态过程.而且,这种过程是无限缓慢的,它好像是平衡状态的不断延续.热力学的研究是以准静态过程的研究为基础的.

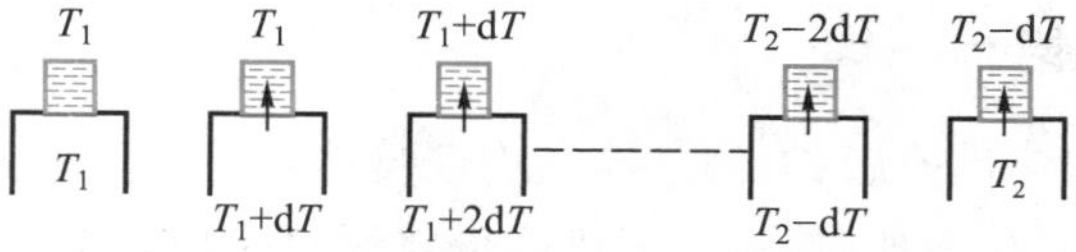

图 6-1 一系列有微小温度差的恒温热源

三、功 热量 内能

在热力学中,一般不考虑系统整体的机械运动.无数事实证明,热力学系统的状态变化,总是通过外界对系统做功,或向系统传递热量,或两者兼施并用而完成的.两者方式虽然不同,但能导致相同的状态变化.由此可见,做功与热传递是等效的.过去,习惯上功用 J 作单位,热量用 cal(卡)作单位,1 cal = 4.186 J;现在,在国际单位制中,功与热量都用 J 作单位.

热功当量

下面我们以气体膨胀为例,介绍气体在准静态过程中由于体积变化所做的功.设有一气缸,其中气体的压强为 p,活塞的面积为 S(图 6-2),活塞与气缸间无摩擦,为了维持气体时时处在平衡态,外界和气体对活塞的压力必须相等.当活塞缓慢移动一微小距离 $\mathrm{d}l$ 时,在这一微小的变化过程中,可认为压强 p 处处均匀且大小不变,在此过程中,气体所做的功为

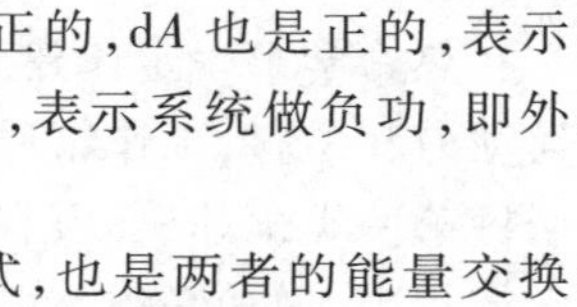

图 6-2 气体膨胀时所做的功

$$\mathrm{d}A = pS\mathrm{d}l = p\mathrm{d}V \tag{6-1}$$

式中 $\mathrm{d}V$ 是气体体积的微小增量.在气体膨胀时,$\mathrm{d}V$ 是正的,$\mathrm{d}A$ 也是正的,表示系统对外做功;在气体被压缩时,$\mathrm{d}V$ 是负的,$\mathrm{d}A$ 也是负的,表示系统做负功,即外界对系统做功.

由此可见,做功是系统与外界相互作用的一种方式,也是两者的能量交换的一种方式.这种能量交换的方式是通过宏观的有规则运动(如机械运动、电流等)来完成的.

热传递和做功不同,这种交换能量的方式是通过分子的无规则运动来完成的. 当外界物体(热源)与系统相接触时,不需借助于机械的方式,直接在两者的分子无规则运动之间进行能量的交换,这就是热传递. 功和热量只有在过程发生时才有意义,它们的大小也与过程有关,因此,它们都是过程量.

实验证明,系统状态发生变化时,只要初末状态给定,则不论所经历的过程有何不同,外界对系统所做的功和向系统所传递的热量的总和,总是恒定不变的. 我们知道,对一系统做功将使系统的能量增加,又根据热功的等效性,可知对系统传递热量也将使系统的能量增加. 由此看来,热力学系统在一定状态下,应具有一定的能量,叫做热力学系统的"内能". 上述实验事实表明:内能的改变量只决定于初末状态,而与所经历的过程无关. 换句话说,内能是系统状态的单值函数. 从气体动理论的观点来说,如不考虑分子内部结构,则系统的内能就是系统中所有的分子热运动的能量和分子与分子间相互作用的势能的总和.

四、热力学第一定律

在 19 世纪 40 年代前后,人们已经认识到自然界的各种现象都是相互联系和转化的,所以在研究热现象时,自然地将能量守恒定律加以推广,建立了热力学第一定律.

热力学第一定律的建立

在一般情况下,当系统状态变化时,做功与热传递往往是同时存在的. 如果有一系统,外界对它传递的热量为 Q,系统从内能为 E_1 的初态改变到内能为 E_2 的末态,同时系统对外做功为 A①,那么,不论过程如何,总有

$$\boxed{Q=E_2-E_1+A} \tag{6-2}$$

上式就是热力学第一定律(first law of thermodynamics). 我们规定:系统从外界吸收热量时,Q 为正值,反之为负;系统对外界做功时,A 为正值,反之为负;系统内能增加时,E_2-E_1 为正,反之为负. 这样,上式的意义就是:外界对系统传递的热量,一部分使系统的内能增加,另一部分用于系统对外做功. 不难看出,热力学第一定律其实是包括热现象在内的能量守恒定律. 对微小的状态变化过程,式(6-2)可写成

$$\delta Q=\mathrm{d}E+\delta A \tag{6-3}$$

由于内能是状态的函数,有全微分,故用 $\mathrm{d}E$ 表示,而功和热量不是状态的函数,其随过程不同而有不同数值,没有全微分,所以用 δQ 和 δA 表示它们的微小改变量以示区别.

在热力学第一定律建立以前,曾有人企图制造一种机器(永动机),它不需要任何动力和燃料,工作物质的内能最终也不改变,却能不断地对外做功. 这种永动机叫做第一类永动机. 所有这种企图,经无数次的尝试,最终都失败了. 热力学第一定律指出,做功必须由能量转化而来,很显然第一类永动机违反热力学第一定

① 此处采用热工学的习惯用语,A 表示系统对外做功,与以前在力学中所说外界对系统做功意义相反.

律，所以它是不可能的.

当气体经历一个状态变化的准静态过程时，利用式(6-1)可将式(6-2)写成

$$Q=E_2-E_1+\int_{V_1}^{V_2}p\mathrm{d}V \tag{6-4}$$

式中$\int_{V_1}^{V_2}p\mathrm{d}V$在$p-V$图上是由代表这个准静态过程的实线对$V$轴所覆盖的阴影部分面积表示的(图6-3). 如果系统沿图中虚线所表示的过程进行状态变化，那么它所做的功将等于虚线下面的面积，这比实线表示的过程所做的功多. 因此，根据图示可以清楚地看到，系统由一个状态变化到另一状态时，所做的功不仅取决于系统的初末状态，而且与系统所经历的过程有关. 在式(6-4)中，E_2-E_1与过程无关，它与系统所做的功相加所决定的热量当然也随过程的不同而不同.

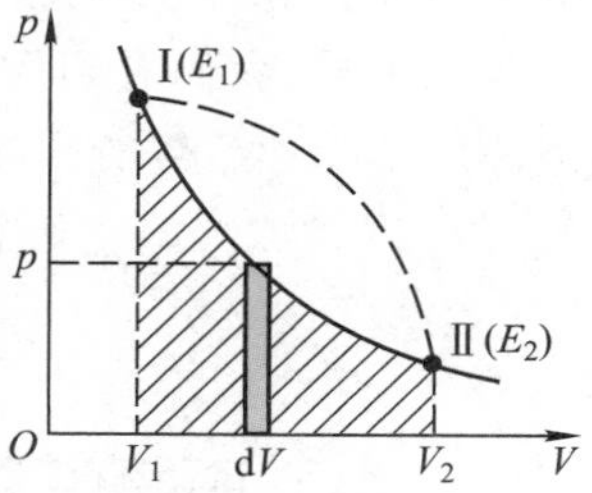

图6-3 气体膨胀做功的图示

应该指出，在系统的状态变化过程中，功与热之间的转化不可能是直接的，而是通过系统来完成的. 向系统传递热量可使系统的内能增加，再由系统的内能减少而对外做功；或者外界对系统做功，使系统的内能增加，再由内能的减少，系统向外界传递热量. 通常我们说热转化为功或功转化为热，这仅是为了方便而使用的通俗用语.

复习思考题

6-1-1 怎样区别内能与热量？下面哪种说法是正确的？(1) 物体的温度越高，则热量越多；(2) 物体的温度越高，则内能越大.

6-1-2 说明在下列过程中，热量、功与内能变化的正负：(1) 用气筒打气；(2) 水沸腾变成水蒸气.

§6-2 热力学第一定律对于理想气体准静态过程的应用

热力学第一定律确定了系统在状态变化过程中被传递的热量、功和内能之间的相互关系，不论是气体、液体或固体都适用. 本节中，我们将讨论热力学第一定律在理想气体的几种准静态过程中的应用.

一、等容过程 气体的摩尔定容热容

等容过程的特征是气体的体积保持不变，即V为常量，$\mathrm{d}V=0$.

设有一气缸，活塞保持固定不动，把气缸连续地与一系列有微小温度差的恒温热源相接触，使气体的温度逐渐上升，压强增大，但是气体的体积保持不变. 这样的准静态过程是一个等容过程(isochoric process)[图6-4(a)].

在等容过程中，$\mathrm{d}V=0$，所以$\delta A=0$. 根据热力学第一定律，得

$$\delta Q_V = \mathrm{d}E \tag{6-5a}$$

对于有限量变化,则有

$$Q_V = E_2 - E_1 \tag{6-5b}$$

下标 V 表示体积保持不变.

根据上式,我们看到在等容过程中系统没有对外做功,外界传递给气体的热量全部用来增加气体的内能[图 6-4(b)].

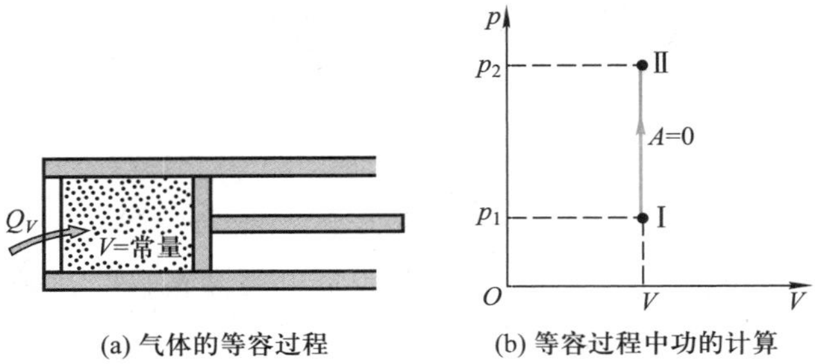

图 6-4

为了计算向气体传递的热量,我们要用到摩尔热容的概念. 同一种气体在不同过程中,有不同的热容. 最常用的是等容过程与等压过程中的热容. 气体的摩尔定容热容(molar heat capacity at constant volume),是指 1 mol 气体在体积不变的条件下,温度改变 1 K(或 1 ℃)所吸收或放出的热量,用 $C_{V,\mathrm{m}}$ 表示,其值可由实验测定. 这样,质量为 m 的气体在等容过程中,温度改变 $\mathrm{d}T$ 时所需要的热量就是

$$\delta Q_V = \frac{m}{M} C_{V,\mathrm{m}} \mathrm{d}T \tag{6-6}$$

而作为 $C_{V,\mathrm{m}}$ 的定义式,可将上式改写成

$$C_{V,\mathrm{m}} = \frac{\delta Q_V}{\frac{m}{M}\mathrm{d}T}$$

把式(6-6)代入式(6-5a),即得

$$\mathrm{d}E = \frac{m}{M} C_{V,\mathrm{m}} \mathrm{d}T \tag{6-7}$$

应该注意,式(6-7)是计算过程中理想气体内能变化的通用公式,不仅仅适用于等容过程. 前面已经指出,理想气体的内能只与温度有关,所以一定质量的理想气体在不同的状态变化过程中,如果温度的增量 $\mathrm{d}T$ 相同,那么气体所吸取的热量和所做的功虽然随过程的不同而异,但是气体内能的增量却相同,与所经历的过程无关. 现在从等容过程中我们知道理想气体温度升高 $\mathrm{d}T$ 时,内能的增量由式(6-7)给出,那么,在任何过程中都可用这个式子来计算理想气体的内能增量.

已知理想气体的内能为

$$E=\frac{m}{M}\frac{i}{2}RT$$

由此得

$$\mathrm{d}E=\frac{m}{M}\frac{i}{2}R\mathrm{d}T$$

把它与式(6-7)相比较,可得

$$C_{V,\mathrm{m}}=\frac{i}{2}R \tag{6-8}$$

上式说明,理想气体的摩尔定容热容是一个只与分子的自由度有关的量,它与气体的温度无关. 对于单原子分子气体,$i=3$,$C_{V,\mathrm{m}}=12.5\ \mathrm{J/(mol\cdot K)}$;对于双原子分子气体,不考虑分子的振动,$i=5$,$C_{V,\mathrm{m}}=20.8\ \mathrm{J/(mol\cdot K)}$;对于多原子分子气体,不考虑分子的振动,$i=6$,$C_{V,\mathrm{m}}=24.9\ \mathrm{J/(mol\cdot K)}$.

二、等压过程　气体的摩尔定压热容

等压过程的特征是系统的压强保持不变,即 p 为常量,$\mathrm{d}p=0$.

设想气缸连续地与一系列有微小温度差的恒温热源相接触,同时活塞上所加的外力保持不变. 接触过程中,将有微小的热量传给气体,使气体温度稍微升高,气体对活塞的压强也随之较外界所施的压强增加一微小量,于是推动活塞对外做功. 由于体积的膨胀,压强降低,从而保证气体在内、外压强的量值保持不变的情况下进行膨胀. 所以这一准静态过程是一个等压过程(isobaric process)[图 6-5(a)].

现在我们来计算气体的体积增加 $\mathrm{d}V$ 时所做的功 δA. 根据理想气体的物态方程 $pV=\frac{m}{M}RT$,如果气体的体积从 V 增加到 $V+\mathrm{d}V$,温度从 T 增加到 $T+\mathrm{d}T$,那么气体所做的功

$$\delta A=p\mathrm{d}V=\frac{m}{M}R\mathrm{d}T \tag{6-9}$$

根据热力学第一定律,系统吸收的热量为

$$\delta Q_p=\mathrm{d}E+\frac{m}{M}R\mathrm{d}T$$

式中下标 p 表示压强不变. 当气体从状态 Ⅰ(p,V_1,T_1)等压地变为状态 Ⅱ(p,V_2,T_2)时,气体对外做功[图 6-5(b)]为

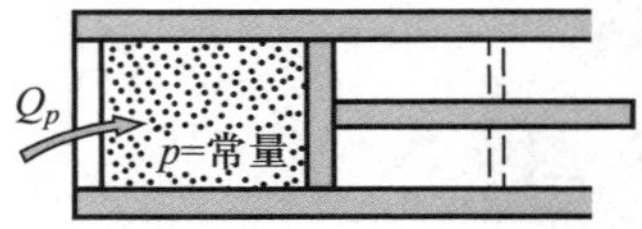

(a) 气体的等压过程

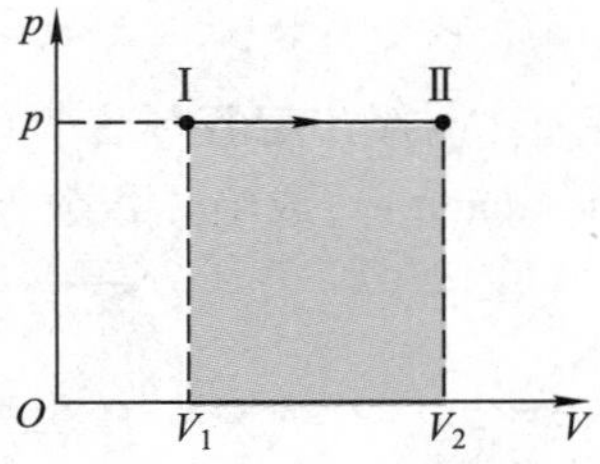

(b) 等压过程中功的计算

图 6-5

$$A=\int_{V_1}^{V_2} p\mathrm{d}V=p(V_2-V_1) \tag{6-10a}$$

或写成

$$A=\int_{T_1}^{T_2}\frac{m}{M}R\mathrm{d}T=\frac{m}{M}R(T_2-T_1) \tag{6-10b}$$

所以，整个过程中传递的热量为

$$Q_p=E_2-E_1+\frac{m}{M}R(T_2-T_1) \tag{6-11}$$

气体在等压膨胀过程中，所吸收的热量一部分用来增加内能，另一部分用于气体对外做功；气体在等压压缩过程中，外界对气体做功，同时内能减小，放出热量.

我们把 1 mol 气体在压强不变的条件下，温度改变 1 K 所需要的热量叫做气体的摩尔定压热容(molar heat capacity at constant pressure)，用 $C_{p,\mathrm{m}}$ 表示，即

$$C_{p,\mathrm{m}}=\frac{\delta Q_p}{\frac{m}{M}\mathrm{d}T}$$

根据这个定义可得

$$\delta Q_p=\frac{m}{M}C_{p,\mathrm{m}}\mathrm{d}T$$

又因 $E_2-E_1=\frac{m}{M}C_{V,\mathrm{m}}(T_2-T_1)$，把这两个式子代入式(6-11)，得到

$$\boxed{C_{p,\mathrm{m}}=C_{V,\mathrm{m}}+R} \tag{6-12}$$

上式叫做迈耶(J. R. Mayer)公式. 它的意义是，1 mol 理想气体温度升高 1 K 时，在等压过程中比在等容过程中要多吸收 8.31 J 的热量，为的是转化为气体膨胀时对外所做的功. 由此可见，普适气体常量 R 等于 1 mol 理想气体在等压过程中温度升高 1 K 时对外所做的功. 因 $C_{V,\mathrm{m}}=\frac{i}{2}R$，由式(6-12)得

$$C_{p,\mathrm{m}}=\frac{i}{2}R+R=\frac{i+2}{2}R \tag{6-13}$$

摩尔定压热容 $C_{p,\mathrm{m}}$ 与摩尔定容热容 $C_{V,\mathrm{m}}$ 之比，用 γ 表示，叫做[摩尔]热容比(ratio of [molar] heat capacities)或绝热指数，于是

$$\boxed{\gamma=\frac{C_{p,\mathrm{m}}}{C_{V,\mathrm{m}}}=\frac{i+2}{i}} \tag{6-14}$$

根据上式不难算出：对于单原子分子气体，$\gamma=\frac{5}{3}=1.67$；双原子刚性分子气体，$\gamma=$

1.40；多原子刚性分子气体，$\gamma=1.33$. 这些理论值都只与气体分子的自由度有关，而与气体温度无关.

无论是定压热容，还是定容热容，它们的共同特点是体现了使物体温度发生变化的难易程度，热容大的物体同样升高 1 K，所需要的热量也多，这说明温度不易变化，所以物体的热容是其热惯性的量度. 而用作测温的温度计，为了能和被测物体迅速达到热平衡，同时减小对被测物体原有热平衡的影响，它的热容必须很小.

表 6-1 中列举了一些气体摩尔热容的实验数据及 γ 的理论值. 从表中可以看出：(1) 对各种气体来说，两种摩尔热容之差 $C_{p,m}-C_{V,m}$ 都接近于 R；(2) 对单原子及双原子分子气体来说，$C_{p,m}$、$C_{V,m}$ 和 γ 的实验值与理论值相接近. 这说明经典的热容理论近似地反映了客观事实. 但是我们也应该看到，对分子结构较复杂的气体，即一些三原子以上分子的气体，理论值与实验值显然不符，说明这些量和气体的性质有关. 不仅如此，实验还指出，这些量与温度也有关系，因而上述理论是个近似理论，只有用量子理论才能较好地解决热容的问题.

表 6-1 气体摩尔热容的实验数据及 γ 的理论值

分子的原子数	气体的种类	$C_{p,m}$/(J·mol^{-1}·K^{-1})	$C_{V,m}$/(J·mol^{-1}·K^{-1})	$(C_{p,m}-C_{V,m})$/(J·mol^{-1}·K^{-1})	$\gamma=\frac{C_{p,m}}{C_{V,m}}$	γ 的理论值
单原子	氦	20.9	12.5	8.4	1.67	1.67
	氩	21.2	12.5	8.7	1.65	1.67
双原子	氢	28.8	20.4	8.4	1.41	1.40
	氮	28.6	20.4	8.2	1.41	1.40
	一氧化碳	29.3	21.2	8.1	1.40	1.40
	氧	28.9	21.0	7.9	1.40	1.40
3 个以上的原子	水蒸气	36.2	27.8	8.4	1.31	1.33
	甲烷	35.6	27.2	8.4	1.30	1.33
	氯仿	72.0	63.7	8.3	1.13	1.33
	乙醇	87.5	79.2	8.2	1.11	1.33

例题 6-1

一气缸中储有氮气，质量为 1.25 kg，在标准大气压下缓慢地加热，使温度升高 1 K. 试求气体膨胀时所做的功 A、气体内能的增量 ΔE 以及气体所吸收的热量 Q_p.（活塞的质量以及它与气缸壁的摩擦均可略去.）

解 因过程是等压的，由式(6-10b)得

$$A=\frac{m}{M}R\Delta T=\frac{1.25}{0.028}\times 8.31\times 1\ \text{J}=371\ \text{J}$$

因氮气分子是双原子分子，$i=5$，所以 $C_{V,m}=\frac{i}{2}R=20.8\ \text{J}/(\text{mol}\cdot\text{K})$. 由式(6-7)可得

$$\Delta E=\frac{m}{M}C_{V,m}\Delta T=\frac{1.25}{0.028}\times 20.8\times 1\ \text{J}=929\ \text{J}$$

所以，气体在这一过程中所吸收的热量为

$$Q_p = \Delta E + A = 1\ 300\ \text{J}$$

三、等温过程

等温过程的特征是系统的温度保持不变，即 $dT=0$. 由于理想气体的内能只取决于温度，所以在等温过程中，理想气体的内能也保持不变，亦即 $dE=0$.

设想一气缸壁是绝对不导热的，而底部则是绝对导热的[图 6-6(a)]. 今将气缸的底部和一恒温热源相接触. 当活塞上的外界压强无限缓慢地降低时，缸内气体也将随之逐渐膨胀，对外做功. 气体内能就随之缓慢减少，温度也将随之微微降低. 可是，由于气体与恒温热源相接触，当气体温度比热源温度略低时，就有微量的热量传给气体，使气体温度维持原值不变. 这一准静态过程是一个等温过程(isothermal process).

在等温过程中，$p_1V_1=p_2V_2$，系统所做的功为

$$A=\int_{V_1}^{V_2} p\,dV=\int_{V_1}^{V_2}\frac{p_1V_1}{V}dV=p_1V_1\ln\frac{V_2}{V_1}=p_1V_1\ln\frac{p_1}{p_2}$$

根据理想气体的物态方程可得

$$A=\frac{m}{M}RT\ \ln\frac{V_2}{V_1}=\frac{m}{M}RT\ \ln\frac{p_1}{p_2} \tag{6-15}$$

又根据热力学第一定律，系统在等温过程中所吸收的热量应和它所做的功相等，即

$$Q_T=A=\frac{m}{M}RT\ \ln\frac{V_2}{V_1}=\frac{m}{M}RT\ \ln\frac{p_1}{p_2} \tag{6-16}$$

等温过程在 $p-V$ 图上是一条等温线(isotherm)(双曲线)，如图6-6(b)中所示的过程 Ⅰ→Ⅱ 是一等温膨胀过程. 在等温膨胀过程中，理想气体吸取的热量全部转化为对外所做的功；反之，在等温压缩时，外界对理想气体所做的功，将全部转化为传给恒温热源的热量.

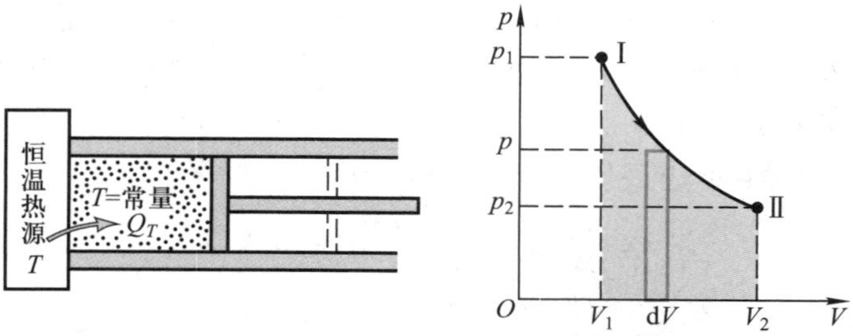

(a) 气体的等温膨胀

(b) 等温过程中功的计算

图 6-6

四、绝热过程

在不与外界有热量交换的条件下,系统的状态变化过程叫做绝热过程(adiabatic process).它的特征是 $\delta Q=0$.要实现绝热过程,系统与外壁必须没有热量交换(图 6-7).但在自然界中,完全绝热的器壁是找不到的,因此理想的绝热过程并不存在.通常把一些因进行得较快而来不及与外界交换热量的过程也近似地看作是绝热过程.例如内燃机气缸内的气体爆炸过程,就可看作是近似的绝热过程.又如声波传播时所引起的空气的压缩和膨胀都可近似地看作是绝热过程.当然,这种绝热过程是非静态过程.

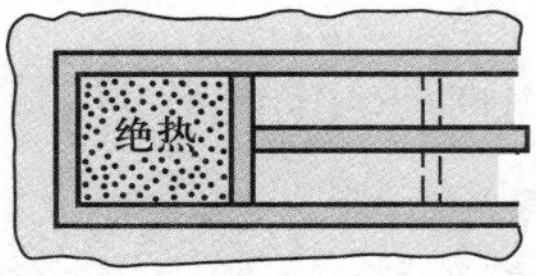

图 6-7　气体的绝热过程

下面讨论准静态绝热过程中功和内能转化的情形.

根据绝热过程的特征,热力学第一定律可写成

$$\mathrm{d}E+p\mathrm{d}V=0$$

或

$$\delta A=p\mathrm{d}V=-\mathrm{d}E$$

这就是说,在绝热过程中,只要通过计算内能的变化就能计算系统所做的功.系统所做的功完全来自内能的变化.据此,质量为 m 的理想气体由温度为 T_1 的初状态绝热地变到温度为 T_2 的末状态,在此过程中气体所做的功为

$$A=-(E_2-E_1)=-\frac{m}{M}C_{V,\mathrm{m}}(T_2-T_1) \tag{6-17}$$

上式表明,理想气体在绝热压缩过程中,外界所做的功全部转为气体内能的增加,使温度升高;在绝热膨胀过程中,它消耗本身的内能来对外做功,使温度降低.

在绝热过程中,理想气体的三个状态参量 p、V、T 是同时变化的.利用热力学第一定律、理想气体的物态方程以及绝热条件,可以证明,对于准静态的绝热过程,在 p、V、T 三个参量中,每两者之间的相互关系式为

$$\begin{aligned} &pV^{\gamma}=\text{常量}\\ &V^{\gamma-1}T=\text{常量}\\ &p^{\gamma-1}T^{-\gamma}=\text{常量}\end{aligned} \tag{6-18}$$

这些方程叫做绝热过程方程,式中 $\gamma=\dfrac{C_{p,\mathrm{m}}}{C_{V,\mathrm{m}}}$为热容比,等号右方的常量在三个式子中各不相同,与气体的质量及初始状态有关.我们可按实际情况,选用一个比较方便的式子来应用.

下面我们来推导绝热过程方程.

根据热力学第一定律及绝热过程的特征($\delta Q=0$),可得

$$p\mathrm{d}V=-\frac{m}{M}C_{V,\mathrm{m}}\mathrm{d}T$$

理想气体同时又要满足方程 $pV=\frac{m}{M}RT$，在绝热过程中，因 p、V、T 三个量都在变化，所以对理想气体的物态方程取微分，得

$$p\mathrm{d}V+V\mathrm{d}p=\frac{m}{M}R\mathrm{d}T$$

由上面两式中消去 $\mathrm{d}T$，得

$$C_{V,\mathrm{m}}(p\mathrm{d}V+V\mathrm{d}p)=-Rp\mathrm{d}V$$

由于

$$R=C_{p,\mathrm{m}}-C_{V,\mathrm{m}}$$

所以

$$C_{V,\mathrm{m}}(p\mathrm{d}V+V\mathrm{d}p)=(C_{V,\mathrm{m}}-C_{p,\mathrm{m}})p\mathrm{d}V$$

简化后得

$$C_{V,\mathrm{m}}V\mathrm{d}p+C_{p,\mathrm{m}}\,p\mathrm{d}V=0$$

或

$$\frac{\mathrm{d}p}{p}+\gamma\frac{\mathrm{d}V}{V}=0$$

式中 $\gamma=\frac{C_{p,\mathrm{m}}}{C_{V,\mathrm{m}}}$，将上式积分得

$$pV^{\gamma}=\text{常量}$$

这就是绝热过程中 p 与 V 的关系式，应用 $pV=\frac{m}{M}RT$ 和上式消去 p 或者 V，即可分别得到 V 与 T 以及 p 与 T 之间的关系[式(6-18)].

当气体作绝热变化时，也可在 $p-V$ 图上画出 p 与 V 的关系曲线，这叫**绝热线**(adiabat). 在图 6-8 中的实线表示绝热线，虚线则表示同一气体的等温线，两者有些相似，A 点是两线的相交点. 等温线($pV=$常量)和绝热线($pV^{\gamma}=$常量)在交点 A 处的斜率 $\left(\frac{\mathrm{d}p}{\mathrm{d}V}\right)$ 分别为：等温线的斜率 $\left(\frac{\mathrm{d}p}{\mathrm{d}V}\right)_T=-\frac{p_A}{V_A}$；绝热线的斜率 $\left(\frac{\mathrm{d}p}{\mathrm{d}V}\right)_Q=-\gamma\frac{p_A}{V_A}$. 由于 $\gamma>1$，所以在两线的交点处，绝热线的斜率的绝对值较等温线的斜率的绝对值为大. 这表明同一气体从同一初状态作同样的体积压缩时，压强的变化在绝热过程中比在等温过程中要大. 我们也可以从物理概念上来说明这一结论：假定从交点 A 起，气体的体积压缩了 $\mathrm{d}V$，那么不论过程是等温的或绝热的，气体的压强总要增加，但是，在等温过程中，温度不变，所以压强的增加只是由于体积的减小，在绝热过程中，压强的增加不仅由于体积的减小，而且还由于温度的升高. 因此，在绝热过程中，压强增量 $(\mathrm{d}p)_Q$ 应较等温过程中的压强增量 $(\mathrm{d}p)_T$ 为多. 所以绝热线在 A 点的斜率的绝对值较等温线的为大.

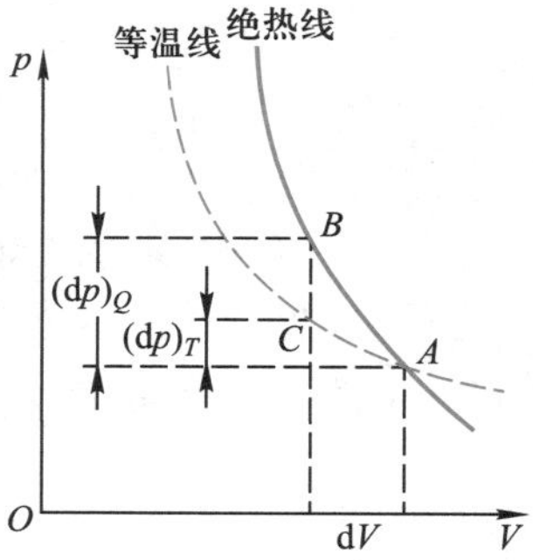

图 6-8 等温线与绝热线的斜率的比较

*五、多方过程

实际上在气体中所进行的过程,常常既不是等温过程,也不是绝热过程,而是介于两者之间的过程.它的过程方程为

$$pV^n = \text{常量} \tag{6-19}$$

其中 n 是一个常量,称为多方指数(polytropic exponent).($1<n<\gamma$)凡是满足上式的过程,称为多方过程(polytropic process).其实,多方指数也可不限于1和 γ 之间,多方过程概括了很多过程.例如,取 $n=0$ 就是等压过程,$n\to\infty$ 就是等容过程,$n=1$ 就是等温过程,$n=\gamma$ 就是绝热过程.

表6-2列举了理想气体在上述各过程中的一些重要公式,可供参考.

表6-2 理想气体热力学过程的主要公式

过程	特征	过程方程	吸收热量 Q	对外做功 A	内能增量 ΔE	摩尔热容 C_m
等容	$V=$常量	$\frac{p}{T}=$常量	$\frac{m}{M}C_{V,m}(T_2-T_1)$	0	$\frac{m}{M}C_{V,m}(T_2-T_1)$	$C_{V,m}$
等压	$p=$常量	$\frac{V}{T}=$常量	$\frac{m}{M}C_{p,m}(T_2-T_1)$	$p(V_2-V_1)$ 或$\frac{m}{M}R(T_2-T_1)$	$\frac{m}{M}C_{V,m}(T_2-T_1)$	$C_{p,m}=$ $C_{V,m}+R$
等温	$T=$常量	$pV=$常量	$\frac{m}{M}RT\ln\frac{V_2}{V_1}$ 或$\frac{m}{M}RT\ln\frac{p_1}{p_2}$	$\frac{m}{M}RT\ln\frac{V_2}{V_1}$ 或$\frac{m}{M}RT\ln\frac{p_1}{p_2}$	0	∞
绝热	$\delta Q=0$	$pV^\gamma=$常量 $V^{\gamma-1}T=$常量 $p^{\gamma-1}T^{-\gamma}=$常量	0	$-\frac{m}{M}C_{V,m}(T_2-T_1)$ 或$\frac{p_1V_1-p_2V_2}{\gamma-1}$	$\frac{m}{M}C_{V,m}(T_2-T_1)$	0
多方		$pV^n=$常量 $V^{n-1}T=$常量 $P^{n-1}T^{-n}=$常量	$A+\Delta E$	$\frac{p_1V_1-p_2V_2}{n-1}$	$\frac{m}{M}C_{V,m}(T_2-T_1)$	$C_{n,m}=$ $C_{V,m}+\frac{R}{1-n}$

例题 6-2

设有8 g氧气,体积为 $0.41\times10^{-3}\ \mathrm{m^3}$,温度为300 K.如氧气作绝热膨胀,膨胀后的体积为 $4.10\times10^{-3}\ \mathrm{m^3}$,问气体对外做了多少功?如氧气作等温膨胀,膨胀后的体积也是 $4.10\times10^{-3}\ \mathrm{m^3}$,问这时气体对外做了多少功?

解 氧气的质量是 $m=0.008$ kg,摩尔质量 $M=0.032$ kg/mol,原来温度 $T_1=300$ K.令 T_2 为氧气绝热膨胀后的温度,由式(6-17)可知

$$A=\frac{m}{M}C_{V,m}(T_1-T_2)$$

根据绝热方程中 T 与 V 的关系式

$$V_1^{\gamma-1}T_1=V_2^{\gamma-1}T_2$$

得

$$T_2=T_1\left(\frac{V_1}{V_2}\right)^{\gamma-1}$$

将 $T_1=300\ \mathrm{K}$，$V_1=0.41\times10^{-3}\ \mathrm{m}^3$，$V_2=4.10\times10^{-3}\ \mathrm{m}^3$ 及 $\gamma=1.40$ 代入上式，得

$$T_2=119\ \mathrm{K}$$

又因氧气分子是双原子分子，$i=5$，$C_{V,\mathrm{m}}=\frac{i}{2}R=20.8\ \mathrm{J/(mol\cdot K)}$，于是由式(6-17)得

$$A=\frac{m}{M}C_{V,\mathrm{m}}(T_1-T_2)=941\ \mathrm{J}$$

同理，如氧气作等温膨胀，气体所做的功为

$$A_T=\frac{m}{M}RT_1\ln\frac{V_2}{V_1}=1.44\times10^3\ \mathrm{J}$$

例题 6-3

两个绝热容器，体积分别是 V_1 和 V_2，用一带有阀门的管子连起来. 打开阀门前，第一个容器盛有氮气，温度为 T_1，第二个容器盛有氩气，温度为 T_2，试证明：打开阀门后混合气体的温度和压强分别是

$$T=\frac{\frac{m_1}{M_1}C_{V,\mathrm{m}1}T_1+\frac{m_2}{M_2}C_{V,\mathrm{m}2}T_2}{\frac{m_1}{M_1}C_{V,\mathrm{m}1}+\frac{m_2}{M_2}C_{V,\mathrm{m}2}}$$

$$p=\frac{1}{V_1+V_2}\left(\frac{m_1}{M_1}+\frac{m_2}{M_2}\right)RT$$

式中 $C_{V,\mathrm{m}1}$、$C_{V,\mathrm{m}2}$ 分别是氮气和氩气的摩尔定容热容，m_1、m_2 和 M_1、M_2 分别是氮气和氩气的质量和摩尔质量.

解 打开阀门后，原在第一个容器中的氮气向第二个容器中扩散，氩气则向第一个容器中扩散，直到两种气体都在两容器中均匀分布为止. 达到平衡后，氮气的压强变为 p_1'，氩气的压强变为 p_2'，混合气体的压强为 $p=p_1'+p_2'$；温度均为 T. 在这个过程中，两种气体之间有能量交换，但由于容器是绝热的，总体积未变，两种气体组成的系统与外界无能量交换，总内能不变，所以

$$\Delta(E_1+E_2)=\Delta E_1+\Delta E_2=0 \tag{1}$$

已知

$$\Delta E_1=\frac{m_1}{M_1}C_{V,\mathrm{m}1}(T-T_1),\quad \Delta E_2=\frac{m_2}{M_2}C_{V,\mathrm{m}2}(T-T_2)$$

代入式(1)得

$$\frac{m_1}{M_1}C_{V,\mathrm{m}1}(T-T_1)+\frac{m_2}{M_2}(T-T_2)=0 \tag{2}$$

由此解得

$$T=\frac{\frac{m_1}{M_1}C_{V,\mathrm{m}1}T_1+\frac{m_2}{M_2}C_{V,\mathrm{m}2}T_2}{\frac{m_1}{M_1}C_{V,\mathrm{m}1}+\frac{m_2}{M_2}C_{V,\mathrm{m}2}}$$

又因混合后的氮气与氩气仍分别满足理想气体的物态方程

$$p_1'(V_1+V_2)=\frac{m_1}{M_1}RT,\quad p_2'(V_1+V_2)=\frac{m_2}{M_2}RT$$

由此得

$$p_1'=\frac{1}{V_1+V_2}\frac{m_1}{M_1}RT,\quad p_2'=\frac{1}{V_1+V_2}\frac{m_2}{M_2}RT$$

二式相加，即得混合气体的压强

$$p=\frac{1}{V_1+V_2}\left(\frac{m_1}{M_1}+\frac{m_2}{M_2}\right)RT$$

复习思考题

6-2-1　为什么气体热容的数值可以有无穷多个？什么情况下，气体的摩尔热容是零？什么情况下，气体的摩尔热容是无穷大？什么情况下是正值？什么情况下是负值？

6-2-2　一理想气体经思考题 6-2-2 图所示各过程，试讨论其摩尔热容的正负：(1) 过程 Ⅰ—Ⅱ；(2) 过程 Ⅰ′—Ⅱ（沿绝热线）；(3) 过程 Ⅱ′—Ⅱ.

6-2-3　对物体加热而其温度不变，有可能吗？没有热交换而系统的温度发生变化，有可能吗？

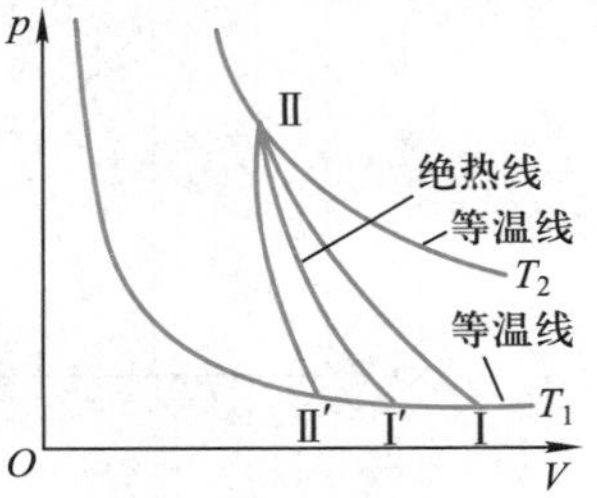

思考题 6-2-2 图

§ 6-3　循环过程　卡诺循环

一、循环过程

一个热力学系统从某一状态出发，经过一系列变化过程，最后又回到初始状态，这样的过程称为循环过程，简称循环(cycle). 如果一个循环过程所经历的每一个分过程都是准静态过程，那么循环过程就可在 $p-V$ 图上用一闭合曲线来表示. 系统沿闭合曲线顺时针方向的循环称为正循环，反之称为逆循环.

工程上常把作循环过程的热力学系统称为工作物质，简称工质. 作正循环的设备称为热机，作逆循环的设备称为制冷机.

循环过程的特征是系统经历一个循环后内能不变. 根据热力学第一定

律有

$$\Delta E=0,\quad Q=A$$

就是说，系统吸收（或放出）的净热量等于系统对外所做的净功（或外界对系统所做的净功）.

图 6-9 表示一个正循环的过程曲线，在过程 abc 中，工质膨胀对外界做功 A_1，其数值等于 abc 曲线下的面积，同时从外界吸取热量 Q_1. 在过程 cda 中，外界压缩工质而对工质做功 A_2，其数值等于 cda 曲线下的面积，同时放出热量 Q_2. 由于 $A_1>A_2$，因此整个循环过程中工质对外界做净功 A，其数值等于循环过程曲线所包围的面积，即 $A=A_1-A_2$. 由于整个循环 $\Delta E=0$，所以 $Q_1-Q_2=A$.

热机的工作过程就是工质从高温热源吸取热量 Q_1，其中一部分热量 Q_2 传给低温热源，同时工质对外做功 A. 其工作示意图如图 6-10 所示.

热机循环的一个重要性能指标就是热机效率（efficiency of heat engine），以 η 表示. 它表示一次循环中，在工质从高温热源吸收的热量 Q_1 中有多大的比例转化为对外输出的有用功，于是热机效率

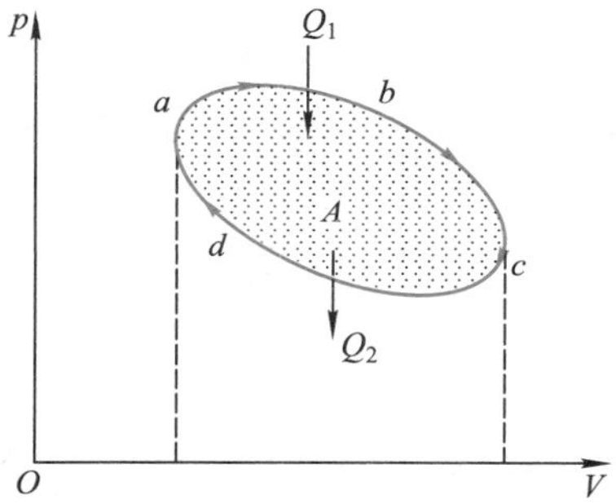

图 6-9　正循环过程

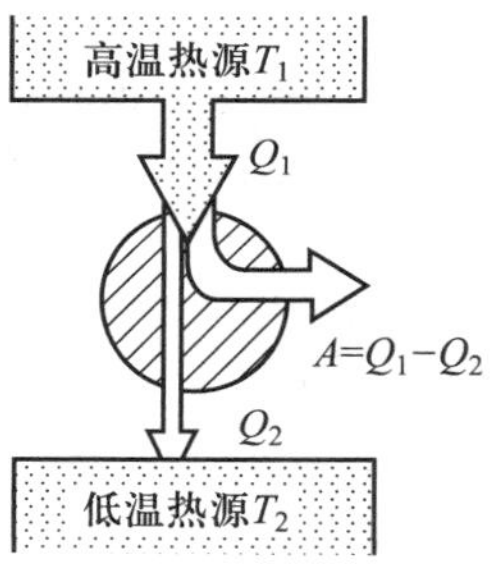

图 6-10　热机的工作示意图

$$\eta=\frac{A}{Q_1}=\frac{Q_1-Q_2}{Q_1}=1-\frac{Q_2}{Q_1}\tag{6-20}$$

同理可知，当循环过程沿逆时针方向进行时（图 6-11），过程 adc 为膨胀过程，工质对外界做功，过程 cba 为压缩过程，外界对工质做功，经过整个循环，外界对工质做了净功 A. 显然，工质将从低温热源吸取热量 Q_2，又接受外界对工质所做的功 A，最终向高温热源传递热量 $Q_1=A+Q_2$.

制冷机的工作过程就是外界对工质做的功 A 与从低温热源吸取的热量全部以热能形式转移给高温热源. 其工作示意图如图 6-12 所示. 制冷机的制冷效率常用从低温热源中所吸取的热量 Q_2 与外界对工质所做的功 A 的比值来衡量，这一比值被叫做制冷系数，即

$$w=\frac{Q_2}{A}=\frac{Q_2}{Q_1-Q_2}\tag{6-21}$$

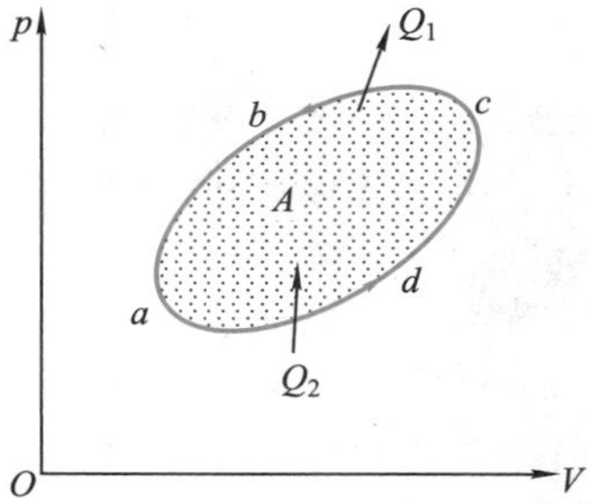

图 6-11　逆循环过程

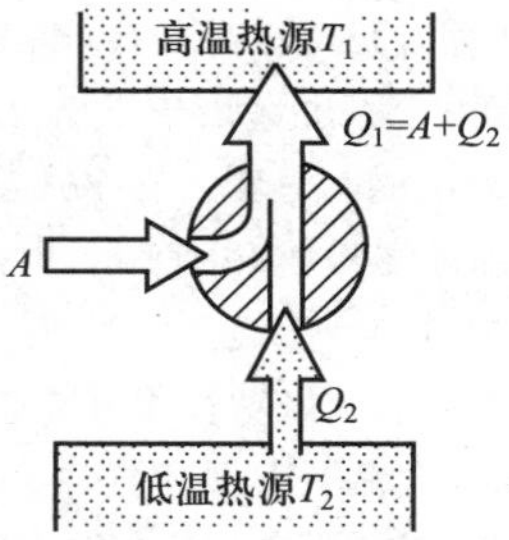

图 6-12　制冷机工作示意图

图 6-13 是压缩型制冷机（冰箱）示意图. 它利用压缩机 A 对制冷剂做功，使气体变热. 高度压缩的热气体在蛇形管 B 中运行，通过鼓风机鼓风对蛇形管及内部热气体进行冷却，即向周围空气（高温热源）放出热量，于是制冷剂在这个高压下略有冷却，凝聚为液体. 然后，此液体进入节流阀 C. 这个系统的作用是节流膨胀，制冷剂突然膨胀到低压区去，使之极度冷却. 这个冷却气体运行到蛇形管 D 中时，将从周围（冷区）吸取热量，从而稍许变暖，流回到压缩机. 此处，我们看到，压缩机所做的功是用来把热从冷区运送到热区（蛇形管 B 周围）的，排出的热比吸收的热多，所以起到制冷的作用，而对热区来说，由于不断地吸收热量，其温度将越来越高.

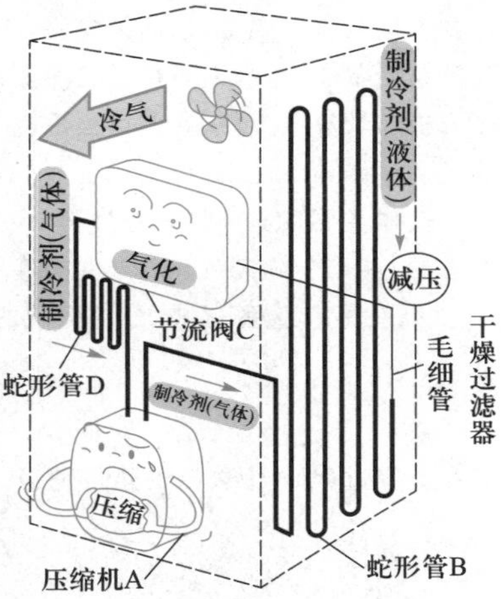

图 6-13　压缩型制冷机

空调的制冷原理和冰箱的制冷原理完全相同，都是将室内（冰箱内）作为低温热源，以室外（冰箱外）大气作为高温热源，这样可以使室内（冰箱内）降温. 如果空调以室外大气作为低温热源，以室内作为高温热源，整个系统逆向运行，这样可供室内取暖，为此目的设计的制冷机称为热泵. 现在我们使用的暖空调实际上就是热泵（heat pump）.

例题 6-4

内燃机的循环之一——奥托（N. A. Otto）循环. 内燃机利用液体或气体燃料，直接在气缸中燃烧，产生巨大的压强而做功. 内燃机的种类很多，我们只以活塞经过四个过程完成一个循环（图 6-14）的汽油内燃机（奥托循环）为例，说明整个循环中各个分过程的特征，并计算这一循环的效率.

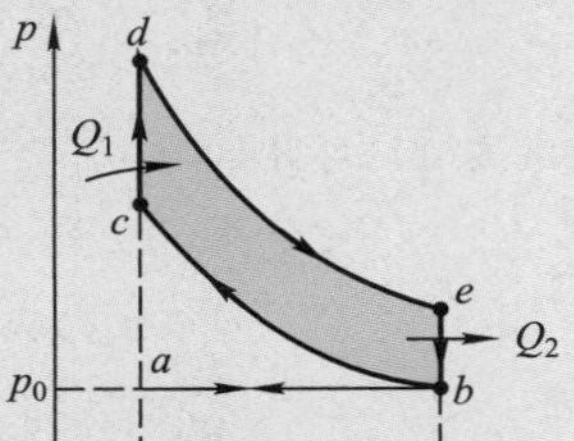

图 6-14　奥托循环

解　奥托循环的 4 个分过程如下：

（1）吸入燃料过程　气缸开始吸入汽油蒸气及助燃空气，此时压强约等于 1.0×10^{5} Pa，这是个等压过程（图中过程 ab）.

(2) 压缩过程 活塞自右向左移动，将已吸入气缸内的混合气体加以压缩，使之体积减小，温度升高，压强增大. 由于压缩较快，气缸散热较慢，可看作一绝热过程(图中过程 bc).

(3) 爆炸、做功过程 在上述高温压缩气体中，用电火花或其他方式引起气体燃烧爆炸，气体压强随之骤增，由于爆炸时间短促，活塞在这一瞬间移动的距离极小，这近似是个等容过程(图中过程 cd). 这一巨大的压强把活塞向右推动而做功，同时压强也随着气体的膨胀而降低，爆炸后的做功过程可看成一绝热过程(图中过程 de).

(4) 排气过程 开放排气口，使气体压强突然降为大气压，此过程近似于一个等容过程(图中过程 eb)，然后再由飞轮的惯性带动活塞，使之从右向左移动，排出废气，这是个等压过程(图中过程 ba).

严格地说，上述内燃机进行的过程不能看作是个循环过程，因为过程进行中，最初的工作物为燃料及助燃空气，后经燃烧，工质变为二氧化碳、水汽等废气，从气缸向外排出不再回复到初始状态. 但因内燃机做功主要是在 $p-V$ 图上 $bcdeb$ 这一封闭曲线所代表的过程中，为了分析与计算的方便，我们可换用空气作为工质，经历 $bcdeb$ 这个循环，而把它叫做空气奥托循环.

气体主要在循环的等容过程 cd 中吸热(相当于在爆炸中产生的热)，而在等容过程 eb 中放热(相当于随废气而排出的热). 设气体的质量为 m，摩尔质量为 M，摩尔定容热容为 $C_{V,\mathrm{m}}$，则在等容过程 cd 中，气体吸取的热量 Q_1 为

$$Q_1=\frac{m}{M}C_{V,\mathrm{m}}(T_d-T_c)$$

而在等容过程 eb 中放出的热量则为

$$Q_2=\frac{m}{M}C_{V,\mathrm{m}}(T_e-T_b)$$

所以，这个循环的效率应为

$$\eta=1-\frac{Q_2}{Q_1}=1-\frac{T_e-T_b}{T_d-T_c} \tag{1}$$

把气体看作理想气体，从绝热过程 de 及 bc 可得如下关系：

$$T_eV^{\gamma-1}=T_dV_0^{\gamma-1},\quad T_bV^{\gamma-1}=T_cV_0^{\gamma-1}$$

两式相减得

$$(T_e-T_b)V^{\gamma-1}=(T_d-T_c)V_0^{\gamma-1}$$

亦即

$$\frac{T_e-T_b}{T_d-T_c}=\left(\frac{V_0}{V}\right)^{\gamma-1}$$

代入式(1)，可得

$$\eta=1-\frac{1}{\left(\dfrac{V}{V_0}\right)^{\gamma-1}}=1-\frac{1}{r^{\gamma-1}} \tag{2}$$

式中 $r=\dfrac{V}{V_0}$ 叫做压缩比. 计算表明，压缩比越大，效率越高. 汽油内燃机的压缩比不能大于 7，否

则汽油蒸气与空气的混合气体在尚未压缩至 c 点时温度已高到足以引起混合气体燃烧了. 设 $r=7,\gamma=1.4$,则

$$\eta=1-\frac{1}{7^{0.4}}=55\ \%$$

实际上汽油机的效率只有 25 % 左右.

二、卡诺循环

为了从理论上研究热机的效率,1824 年法国青年工程师卡诺(S. Carnot)提出一种理想的循环,并证明它的效率最高,为热力学第二定律的确立起了奠基性的作用.

卡诺循环是在两个温度恒定的热源(一个高温热源,一个低温热源)之间工作的循环过程. 在整个循环中,工质只和高温热源或低温热源交换能量,没有散热漏气等因素存在. 现在,我们来研究由准静态过程组成的卡诺循环. 因为是准静态过程,所以在工质与温度为 T_1 的高温热源接触的过程中,基本上没有温度差,亦即工质与高温热源接触而吸热的过程是一个温度为 T_1 的等温膨胀过程. 同样,与温度为 T_2 的低温热源接触而放热的过程是一个温度为 T_2 的等温压缩过程. 因为工质只与两个热源交换能量,所以,当工质脱离两热源时所进行的过程,必然是绝热的准静态过程. 因此,卡诺循环是由两个准静态的等温过程和两个准静态的绝热过程组成的. 图 6-15 为理想气体卡诺循环的 $p-V$ 图,曲线 ab 和 cd 表示温度为 T_1 和 T_2 的两条等温线,曲线 bc 和 da 是两条绝热线. 气体在等温膨胀过程 ab 中,从高温热源吸取热量

卡诺的热机理论

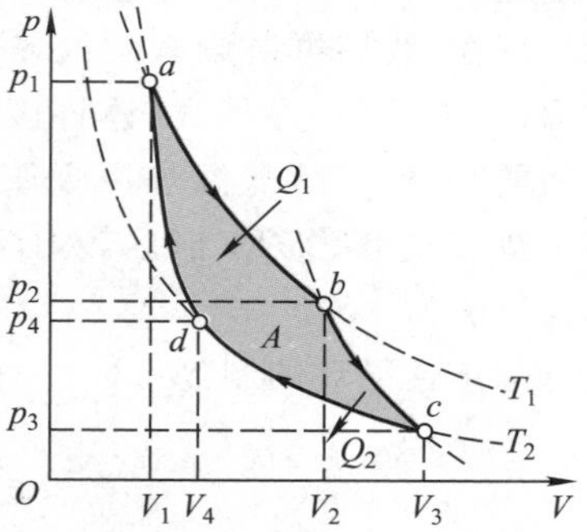

图 6-15　卡诺循环(热机)的 $p-V$ 图

$$Q_1=\frac{m}{M}RT_1\ln\frac{V_2}{V_1}$$

气体在等温压缩过程 cd 中向低温热源放出热量 Q_2,为便于研究,取绝对值,有

$$Q_2=\frac{m}{M}RT_2\ln\frac{V_3}{V_4}$$

应用绝热过程方程 $T_1V_2^{\gamma-1}=T_2V_3^{\gamma-1}$ 和 $T_1V_1^{\gamma-1}=T_2V_4^{\gamma-1}$ 可得

$$\left(\frac{V_2}{V_1}\right)^{\gamma-1}=\left(\frac{V_3}{V_4}\right)^{\gamma-1}\quad 或\quad \frac{V_2}{V_1}=\frac{V_3}{V_4}$$

所以

$$Q_2=\frac{m}{M}RT_2\ln\frac{V_3}{V_4}=\frac{m}{M}RT_2\ln\frac{V_2}{V_1}$$

取 Q_1 与 Q_2 的比值,可得

$$\frac{Q_1}{T_1}=\frac{Q_2}{T_2}$$

因此卡诺热机的效率为

$$\boxed{\eta_C=1-\frac{Q_2}{Q_1}=1-\frac{T_2}{T_1}} \tag{6-22}$$

从以上的讨论中可以看出：

(1) 要完成一次卡诺循环必须有高温和低温两个热源；

(2) 卡诺循环的效率只与两个热源的温度有关,高温热源的温度越高,低温热源的温度越低,卡诺循环的效率越大,也就是说当两热源的温度差越大,从高温热源所吸取的热量 Q_1 的利用价值就越大；

(3) 卡诺循环的效率总是小于 1 的.

热机的效率能不能到达 100 % 呢？如果不可能到达 100 %,最大可能效率又是多少呢？有关这些问题的研究促成了热力学第二定律的建立.

现在,我们再讨论理想气体的卡诺逆循环过程(图 6-16). 显然,气体将接受外界对气体所做的功 A,又从低温热源吸取热量 Q_2,向高温热源传递热量 Q_1. 根据热力学第一定律,有 $Q_1=A+Q_2$.

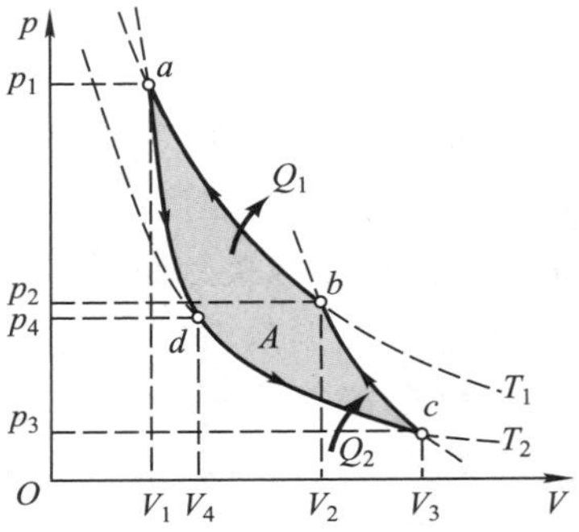

图 6-16 卡诺逆循环(制冷机)的 $p-V$ 图

卡诺逆循环的制冷系数

$$w_C=\frac{Q_2}{A}=\frac{Q_2}{Q_1-Q_2}=\frac{T_2}{T_1-T_2} \tag{6-23}$$

上式告诉我们：T_2 越小,w_C 也越小,亦即要从温度很低的低温热源中吸取热量,所消耗的外功也是很多的.

例题 6-5

有一卡诺制冷机,从温度为 -10 ℃ 的冷藏室吸取热量,而向温度为 20 ℃ 的物体放出热量. 设该制冷机所耗功率为 15 kW,问每分钟从冷藏室吸取的热量为多少？

解 令 $T_1=293\ \text{K}$, $T_2=263\ \text{K}$,则

$$w=\frac{T_2}{T_1-T_2}=\frac{263}{30}$$

每分钟做功为

$$A=15\times10^3\times60\ \text{J}=9\times10^5\ \text{J}$$

所以每分钟从冷藏室中吸取的热量为

$$Q_2 = wA = 7.89\times10^6\ \text{J}$$

此时，每分钟向温度为20℃的物体放出的热量为

$$Q_1 = Q_2 + A = 8.79\times10^6\ \text{J}$$

复习思考题

6-3-1 为什么卡诺循环是最简单的循环过程？任意热机的循环需要多少个不同温度的热源？

6-3-2 有两个热机分别用不同热源作卡诺循环，在 $p-V$ 图上，它们的循环曲线所包围的面积相等，但形状不同，如图所示，它们吸热和放热的差值是否相同？对外所做的净功是否相同？效率是否相同？

6-3-3 $p-V$ 图中表示循环过程的曲线所包围的面积，代表热机在一个循环中所做的净功. 如图所示，如果体积膨胀得大些，面积就大了（图中面积 $S_{abc'd'} > S_{abcd}$），所做的净功就多了，因此热机效率也就可以提高了. 这种说法对吗？

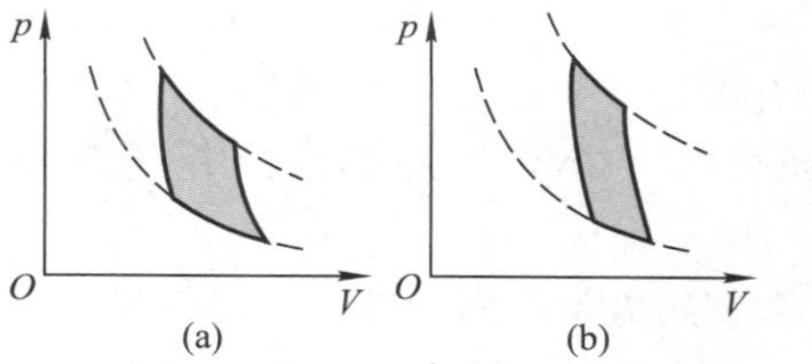

思考题 6-3-2 图

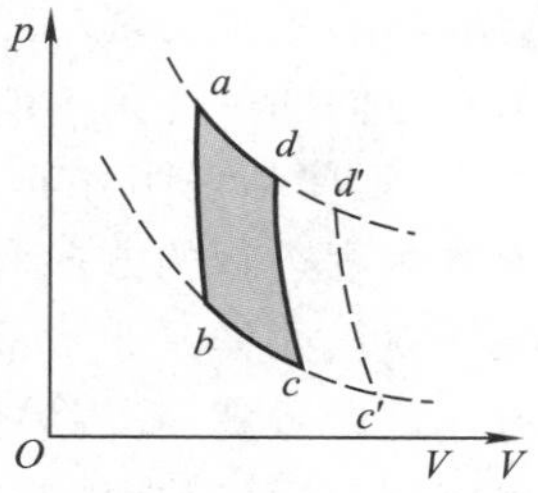

思考题 6-3-3 图

§6-4 热力学第二定律

一、热力学第二定律

在19世纪初期，由于热机的广泛应用，使提高热机的效率成为一个十分迫切的问题. 人们根据热力学第一定律，知道制造一种效率大于100%的循环动作的热机只是一种空想，因为这类永动机违反能量守恒定律，所以不可能实现. 但是，制造一个效率为100%的循环动作的热机，有没有可能呢？设想的这种热机，它只从一个热源吸取热量，并使之全部转化为功；它不需要冷源，也没有释放出热量. 这种热机不违反热力学第一定律，因而对人们有很大的诱惑力. 从一个热源吸热，并将热全部转化为功的循环动作的热机，叫做第二类永动机. 有人计算过，如果能制成第二类永动机，使它从海水吸热而完全用于对外做功，全世界大约有 10^{18} t 海水，只要冷却 1 K，就会放出 10^{21} kJ 的热量，这相当于 10^{14} t 煤完全燃烧所提供的热量！无数尝试证明，第二类永动机同样是一种空想，也是不可能实现的.

热力学第二定律的建立

根据这些事实，开尔文（W. Thomson，Lord Kelvin）总结出一条重要原理，叫做

热力学第二定律(second law of thermodynamics). 热力学第二定律的开尔文叙述是这样的:不可能制成一种循环动作的热机,只从一个热源吸取热量,使之全部变为有用的功,而不产生其他影响. 在这一叙述中,我们要特别注意"不产生其他影响"几个字. 例如气体作等温膨胀,那么气体从一个热源吸取热量,全部转化为对外做功. 但在做功的同时,气体的体积膨胀了,压强降低又不能自动地回到原来的状态,这就是对外界有了影响. 从文字上看,热力学第二定律的开尔文叙述反映了热功转化的一种特殊规律.

1850 年,克劳修斯(R. Clausius)在大量事实的基础上提出热力学第二定律的另一种叙述:热量不可能自发地从低温物体传向高温物体. 从上一节卡诺制冷机的分析中可以看出,要使热量从低温物体传到高温物体,靠自发地进行是不可能的,必须依靠外界做功. 克劳修斯的叙述正是反映了热量传递的这种特殊规律.

在热功转化这类热力学过程中,利用摩擦,功可以全部转化为热;但是,热量却不能通过一个循环过程全部转化为功. 在热量传递的热力学过程中,热量可以从高温物体自发地传向低温物体,但热量却不能自发地从低温物体传向高温物体. 由此可见,自然界中出现的热力学过程是有方向性的,某些方向的过程可以自动实现而另一方向的过程则不能. 热力学第一定律说明在任何过程中能量必须守恒,热力学第二定律却说明并非所有能量守恒的过程均能实现. 热力学第二定律是反映自然界过程进行的方向和条件的一个规律,在热力学中,它和第一定律相辅相成,缺一不可,同样是非常重要的.

从这里还可以看到,我们为什么在热力学中要把做功及热传递这两种能量传递方式加以区别,就是因为热传递只能自发地从高温物体传向低温物体.

二、两种表述的等价性

热力学第二定律的两种表述,乍看起来似乎毫不相干,其实,二者是等价的. 可以证明,如果开尔文表述成立,则克劳修斯表述也成立;反之,如果克劳修斯表述成立,则开尔文表述也成立. 下面,我们用反证法来证明两者的等价性.

假设开尔文表述不成立,亦即允许有一循环 E 可以只从高温热源 T_1 取得热量 Q_1,并把它全部转化为功 A(图 6-17). 这样我们再利用一个逆卡诺循环 D 接受 E 所做的功 $A(=Q_1)$,使它从低温热源 T_2 取得热量 Q_2,输出热量 Q_1+Q_2 给高温热源. 现在,把这两个循环总的看成一部复合制冷机,其总的结果是,外界没有对它做功而它却把热量 Q_2 从低温热源传给了高温热源. 这就说明,如果开尔文表述不成立,则克劳修斯表述也不成立. 反之,也可以证明如果克劳修斯表述不成立,则开尔文表述也必然不成立.

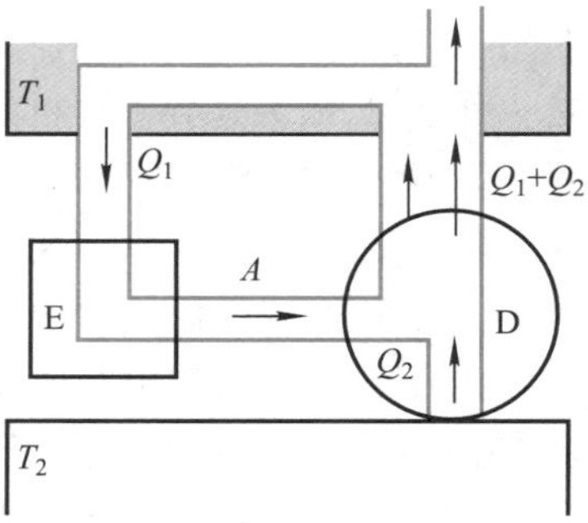

图 6-17

热力学第二定律可以有多种叙述,人们之所以公认开尔文表述和克劳修斯表述是该定律的标准表述，其原因之一是热功转化与热量传递是热力学过程中最有代表性的典型事例，又正好分别被开尔文和克劳修斯用作定律的表述，而且这两种表述彼此等效；原因之二是他们两人是历史上最先完整地提出热力学第二定律的人，为了尊重历史和肯定他们的功绩，所以就采用了这两种表述.

例题 6-6

试证在 $p-V$ 图上两条绝热线不能相交.

解　假定两条绝热线 Ⅰ 与 Ⅱ 在 $p-V$ 图上相交于一点 A，如图 6-18 所示. 现在，在图上再画一等温线 Ⅲ，使它与两条绝热线组成一个循环. 这个循环只有一个单热源，它把吸收的热量全部转化为功，即 $\eta=100\ \%$，并使周围没有变化. 显然，这是违反热力学第二定律的，因此两条绝热线不能相交.

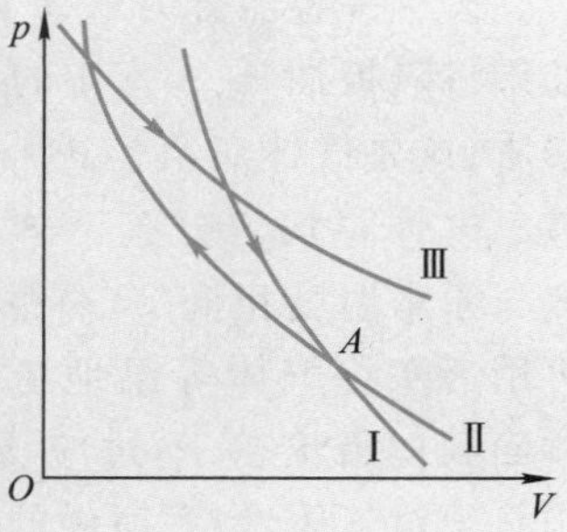

图 6-18

复习思考题

6-4-1　判别下面说法是否正确：(1) 功可以全部转化为热，但热不能全部转化为功；(2) 热量能从高温物体传到低温物体，但不能从低温物体传到高温物体.

6-4-2　一条等温线与一条绝热线能否相交两次，为什么？

6-4-3　两条绝热线与一条等温线能否构成一个循环，为什么？

§ 6-5　可逆过程与不可逆过程　卡诺定理

一、可逆过程与不可逆过程

在研究气体内输运现象时，谈到了过程的方向性问题. 为了进一步研究热力学过程方向性的问题，有必要介绍可逆过程与不可逆过程的概念.

设有一个过程，使物体从状态 A 变为状态 B. 对它来说，如果存在另一个过程，它不仅使物体进行反向变化，从状态 B 回复到状态 A，而且当物体回复到状态 A 时，周围一切也都各自回复原状，则从状态 A 进行到状态 B 的过程是个可逆过程(reversible process). 反之，如对于某一过程，不论经过怎样复杂曲折的方法都不能使物体和外界回复到原来状态而不引起其他变化，则此过程就是不可逆过程(irreversible process).

如果单摆不受到空气阻力和其他摩擦力的作用，则当它离开某一位置后，经过一个周期又回到原来位置，且周围一切都没有变化，因此单摆的摆动是一可逆过程. 由此可以看出，单纯的、无机械能耗散的机械运动过程是可逆过程.

现在我们分析热力学过程的性质. 例如，通过摩擦，功转化为热量的过程，根据热力学第二定律，热量不可能通过循环过程全部转化为功，因此功通过摩擦转化为热量的过程就是一个不可逆过程. 又如热量直接从高温物体传向低温物体也是一个不可逆过程,因为根据热力学第二定律,热量不能再自发地从低温物体传向高温物体.

以上两个例子是可以直接用热力学第二定律来判断的不可逆过程.现在我们再举两个不可逆过程的例子,它们要间接用热力学第二定律来判断.

设有一容器分为A、B两室,A室中储有理想气体,B室中为真空(图6-19).如果将隔板抽开,A室中的气体将向B室膨胀,这是气体对真空的自由膨胀过程,最后气体将均匀分布于A、B两室中,温度与原来温度相同.气体膨胀后,我们仍可用活塞将气体等温地压回A室,使气体回到初始状态.不过应该注意,此时我们必须对气体做功,所做的功转化为气体向外界传出的热量,根据热力学第二定律,我们无法通过循环过程再将这些热量完全转化为功,所以气体对真空的自由膨胀过程是不可逆过程.

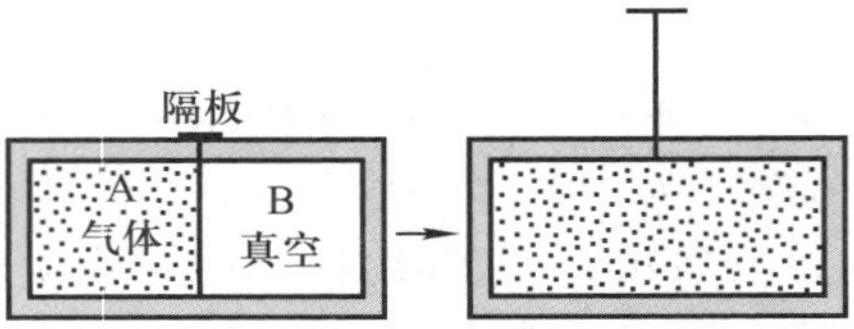

图6-19 气体的自由膨胀

气体迅速膨胀的过程也是不可逆的.气缸中气体迅速膨胀时,活塞附近气体的压强小于气体内部的压强.设气体内部的压强为p,气体迅速膨胀一微小体积ΔV,则气体所做的功A_1将小于$p\Delta V$.然后,将气体压回原来体积,活塞附近气体的压强不能小于气体内部的压强,外界所做的功A_2不能小于$p\Delta V$.因此,迅速膨胀后,我们虽然可以将气体压缩,使它回到原来状态,但外界必须多做功A_2-A_1;功将增加气体的内能,而后以热量形式放出.根据热力学第二定律,我们不能通过循环过程再将这部分热量全部转化为功;所以气体迅速膨胀的过程也是不可逆过程.只有当气体膨胀非常缓慢,活塞附近的压强非常接近于气体内部的压强p时,气体膨胀一微小体积ΔV所做的功恰好等于$p\Delta V$,那么我们才可能非常缓慢地对气体做功$p\Delta V$,将气体压回原来体积.所以,只有非常缓慢的亦即准静态的膨胀过程,才是可逆的膨胀过程.同理,我们也可以证明,只有非常缓慢的亦即准静态的压缩过程,才是可逆的压缩过程.

由上可知,在热力学中,过程的可逆与否和系统所经历的中间状态是否为平衡态密切相关.只有过程进行得无限地缓慢,没有由于摩擦等引起机械能的耗散,由一系列无限接近于平衡状态的中间状态所组成的准静态过程,才是可逆过程.当然,这在实际情况中是办不到的.我们可以实现的只是与可逆过程非常接近的过程,也就是说可逆过程只是实际过程在某种精确度上的极限情形.

实践中遇到的一切过程都是不可逆过程,或者说只是或多或少地接近可逆过程.研究可逆过程,也就是研究从实际情况中抽象出来的理想情况,可以基本上掌握实际过程的规律性,并可由此出发去进一步找寻符合实际过程的更精确的规律.

自然现象中的不可逆过程是多种多样的,各种不可逆过程之间存在着内在的联系.由热功转化的不可逆性证明气体自由膨胀的不可逆性,就是反映了这种内在联系.

二、卡诺定理

卡诺循环中每个过程都是平衡过程，所以卡诺循环是理想的可逆循环. 完成可逆循环的热机叫做可逆机.

从热力学第二定律可以证明热机理论中非常重要的卡诺定理(Carnot's theorem)，它指出：

(1) 在同样高低温热源(高温热源的温度为 T_1，低温热源的温度为 T_2)之间工作的一切可逆机，不论用什么工质，效率都等于 $\left(1-\dfrac{T_2}{T_1}\right)$.

(2) 在同样高低温热源之间工作的一切不可逆机的效率，不可能高于(实际上是小于)可逆机，即

$$\eta \leqslant 1-\frac{T_2}{T_1}$$

上式为卡诺定理的数学表述，式中等号用于可逆热机，小于号用于不可逆热机.

卡诺定理指出了提高热机效率的途径. 就过程而论，应当使实际的不可逆机尽量地接近可逆机. 对高温热源和低温热源的温度来说，应该尽量地提高两热源的温度差，温度差越大则热量的可利用的价值也越大. 但是在实际热机中，如蒸汽机等，低温热源的温度就是用来冷却蒸气的冷凝器的温度，想获得更低的低温热源温度，就必须用制冷机，而制冷机需要外力做功，因此用降低低温热源的温度来提高热机的效率是不经济的，所以要提高热机的效率应当从提高高温热源的温度着手.

*三、卡诺定理的证明

(1) 在同样高低温热源之间工作的一切可逆机，不论用什么工质，它们的效率均等于 $\left(1-\dfrac{T_2}{T_1}\right)$.

设有两热源：高温热源，温度为 T_1；低温热源，温度为 T_2. 一卡诺可逆机 E 与另一可逆机 E′(不论用什么工质)在此两热源之间工作(图6-20)，设法调节使两热机可做相等的功 A. 现在使两机结合，由可逆机 E′从高温热源吸取热量 Q_1'，向低温热源放出热量 $Q_2'=Q_1'-A$，它的效率为 $\eta'=\dfrac{A}{Q_1'}$. 可逆机 E′所做的功 A 恰好供给卡诺可逆机 E，而使 E 逆向进行，从低温热源吸取热量 $Q_2=Q_1-A$，向高温热源放出热量 Q_1，卡诺机效率为 $\eta=\dfrac{A}{Q_1}$. 我们试用反证法，先假设 $\eta'>\eta$. 由

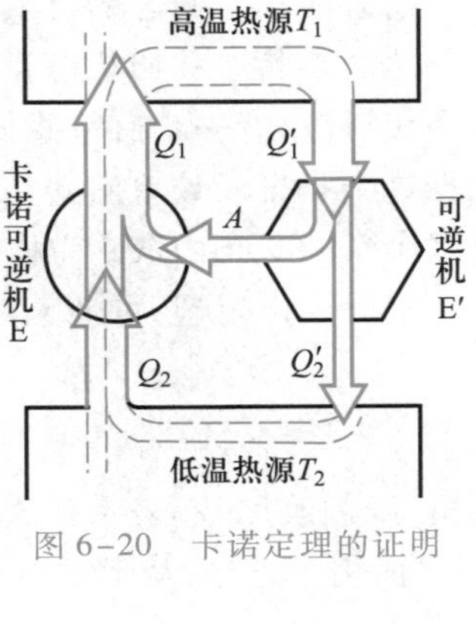

图 6-20 卡诺定理的证明

$$\frac{A}{Q_1'}>\frac{A}{Q_1},\quad 可知\quad Q_1'<Q_1$$

由

$$Q_1-Q_2=Q_1'-Q_2',\quad 可知\quad Q_2'<Q_2$$

在两机一起运行时，可把它们看作一部复合机，结果成为外界没有对这复合机做功，而复合机却能将热量 $Q_2-Q_2'=Q_1-Q_1'$ 从低温热源送至高温热源，这就违反了热力学第二定律. 所以 $\eta'>\eta$ 为不可能，即 $\eta\geqslant\eta'$.

反之，使卡诺可逆机 E 正向运行，而使可逆机 E′逆向运行，则又可证明 $\eta>\eta'$ 为不可能，即 $\eta\leqslant\eta'$. 从上述两个结果中可知 $\eta'>\eta$，或 $\eta>\eta'$ 均不可能，只有 $\eta=\eta'$ 才成立，再考虑到以理想气体为工质的卡诺热机的效率为 $1-\dfrac{T_2}{T_1}$，所以结论是，在相同的 T_1 和 T_2 两温度的高低温热源间工作的一切可逆机，其效率均等于 $1-\dfrac{T_2}{T_1}$.

（2）在同样的高温热源和同样的低温热源之间工作的不可逆机，其效率不可能高于可逆机.

如果用一不可逆机 E″来代替前面所说的 E′，按同样方法，我们可以证明 $\eta''>\eta$ 为不可能，即只有 $\eta\geqslant\eta''$. 由于 E″是不可逆机，因此无法证明 $\eta\leqslant\eta''$.

所以结论是 $\eta\geqslant\eta''$，也就是说，在相同的 T_1 和 T_2 两温度的高低温热源间工作的不可逆机，它的效率不可能大于可逆机的效率.

复习思考题

6-5-1 有一可逆的卡诺热机，它作热机使用时，如果工作的两热源的温度差越大，则对于做功就越有利. 当作制冷机使用时，如果两热源的温度差越大，对于制冷是否也越有利？为什么？

§6-6 熵 玻耳兹曼关系

一、熵

根据热力学第二定律，我们论证了一切与热现象有关的实际宏观过程都是不可逆的. 这就是说，一个过程产生的效果，无论用什么曲折复杂的方法，都不能使系统回复原状而不引起其他变化. 当给定系统处于非平衡态时，总要发生从非平衡态向平衡态的自发性过渡；反之，当给定系统处于平衡态时，系统却不可能发生从平衡态向非平衡态的自发性过渡. 这种自发过程的不可逆性，充分说明系统最终所达的末状态和初状态相比，两者存在着某种属性上的差异，也就是说，和任一状态相对应，有一个有待我们弄清楚的属性，这个属性就是新的状态函数——熵. 根据这个状态函数单向变化的性质来判断实际过程进行的方向. 下面，我们将讨论这个新的状态函数.

根据卡诺定理，可逆卡诺热机的效率是

$$\eta=\frac{Q_1+Q_2}{Q_1}=\frac{T_1-T_2}{T_1}$$

这里，我们改用 Q_2 表示工质从低温热源吸收的热量. 因为 Q_2 是负值，所以上式中 Q_2 之前用了正号. 从上式可知

$$-\frac{Q_1}{Q_2}=\frac{T_1}{T_2}$$

这个公式对任何可逆卡诺热机都适用,并与工质无关.现把上式改写成

$$\frac{Q_1}{T_1}=-\frac{Q_2}{T_2}$$

或

$$\frac{Q_1}{T_1}+\frac{Q_2}{T_2}=0$$

此式说明在卡诺循环中,量$\frac{Q}{T}$的总和等于零.(注意到 Q_1 和 Q_2 都表示气体在等温过程中所吸收的热量.)

现在让我们考虑一个可逆循环 *abcdefghija*,如图 6-21 所示,它由几个等温过程和绝热过程组成.把绝热线 *bh* 和 *cg* 画出后,可以看出,这个循环过程相当于 3 个可逆卡诺循环 *abija*、*bcghb*、*defgd*.因此,对整个循环过程,量$\frac{Q}{T}$的和就简单地等于 3 个卡诺循环的$\frac{Q}{T}$的和,所以有

$$\sum\frac{Q}{T}=0$$

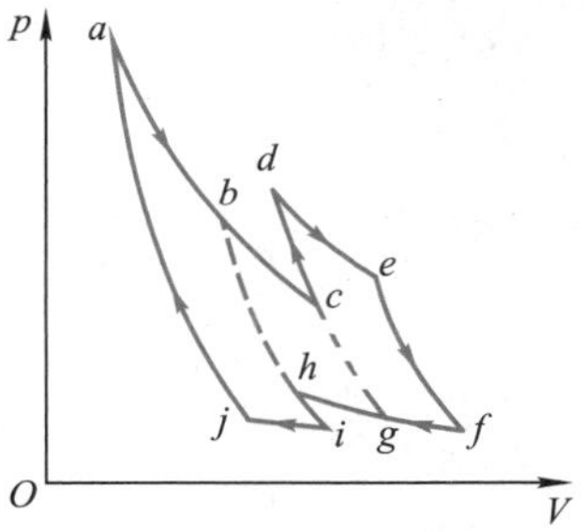

图 6-21　一个可逆循环,具有 $\sum\frac{Q}{T}=0$ 的特性

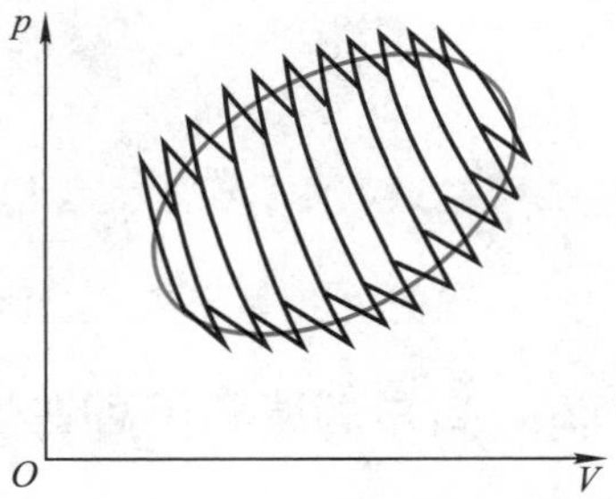

图 6-22　任一可逆循环,具有 $\oint\frac{\delta Q}{T}=0$ 的特性

实际上,对于任意可逆循环,一般都可近似地看作由许多卡诺循环组成,而且所取的卡诺循环数目越多就越接近于实际的循环过程,如图 6-22 所示.在极限情况下,循环的数目趋于无穷大,因而对$\frac{Q}{T}$由求和变为积分.于是,对任一可逆循环有

$$\oint\left(\frac{\delta Q}{T}\right)_{\text{可逆}}=0 \qquad (6-24)$$

式中$\oint$ 表示积分沿整个循环过程进行,δQ 表示在各无限短的过程中吸收的微小热量.

我们把式(6-24)用于图 6-23 中的 $1a2b1$ 循环,就可得出熵存在的结论.这时

$$\oint\left(\frac{\delta Q}{T}\right)_{可逆}=\int_{1a2}\left(\frac{\delta Q}{T}\right)_{可逆}+\int_{2b1}\left(\frac{\delta Q}{T}\right)_{可逆}=0$$

或写成

$$\int_{1a2}\left(\frac{\delta Q}{T}\right)_{可逆}=-\int_{2b1}\left(\frac{\delta Q}{T}\right)_{可逆}=\int_{1b2}\left(\frac{\delta Q}{T}\right)_{可逆}$$

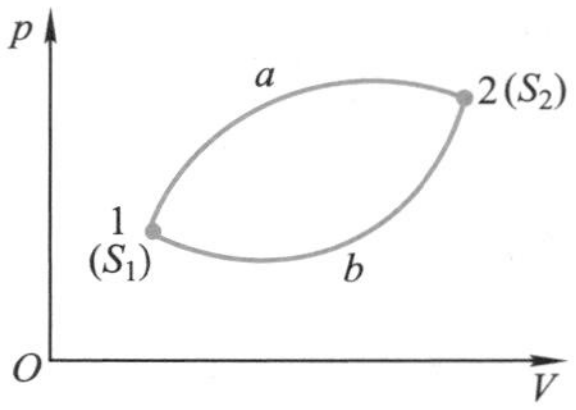

图 6-23 一个新的状态函数——熵的引入

上式表明,系统从状态 1 变为状态 2,可用无限多种方法进行;在所有这些可逆过程中,系统可得到不同的热量,但在所有情况中,$\int_1^2\left(\frac{\delta Q}{T}\right)_{可逆}$将有相同的数值.这就是说,$\int_1^2\left(\frac{\delta Q}{T}\right)_{可逆}$与过程无关,只依赖于初末状态.因此,系统存在一个状态函数,我们把这个状态函数叫做熵(entropy),用 S 表示.如以 S_1 和 S_2 分别表示状态 1 和状态 2 时的熵,那么系统沿可逆过程从状态 1 变到状态 2 时熵的增量

$$S_2-S_1=\int_1^2\left(\frac{\delta Q}{T}\right)_{可逆} \tag{6-25}$$

对于一段无限小的可逆过程,上式可写成微分形式,

$$\delta S=\left(\frac{\delta Q}{T}\right)_{可逆} \tag{6-26}$$

亦即,在可逆过程中,可把$\frac{\delta Q}{T}$看作系统的熵变.从式(6-24)还可看出:在一个可逆循环中,系统的熵变等于零.这些结论都是很重要的.

二、自由膨胀的不可逆性

现在,我们应用熵的概念来讨论不可逆过程.自由膨胀是不可逆过程的典型例子,通过对它的不可逆性所作的微观剖析,将使我们对熵的认识更加深刻.

设理想气体在膨胀前的体积为 V_1,压强为 p_1,温度为 T,熵为 S_1,膨胀后体积变为 $V_2(V_2>V_1)$,压强降为 $p_2(p_2<p_1)$,而温度不变.因气体现在的状态不同于初状态,它的熵可能变化,用 S_2 表示这时的熵.我们来计算这一过程中的熵变.有人考虑到在自由膨胀中,$\delta Q=0$,于是由式(6-26)求得 $\mathrm{d}S=\frac{\delta Q}{T}=0$,这是错误的.因为只有对可逆过程,才能把$\frac{\delta Q}{T}$理解为熵的变化.为了计算系统在不可逆过程中的熵变,要利用熵是状态函数的性质.这就是说,熵的变化只决定于初态与末态,而与所经历的过程无关.因此,我们可任意设想一个可逆过程,使气体从状态 1 变为状态 2,从而计算这一过程中的熵变,所得结果应该是一样的.在自由膨胀的情况下,我们假设一可逆等温膨胀过程,让气体从 V_1、p_1、T 和 S_1 变化为 V_2、p_2、T 和 S_2.

在此等温过程中，系统的熵也是从 S_1 变到 S_2，但所吸收的热量 $dQ>0$. 因在等温过程中，气体温度不变，系统对外做功，其值与气体从外界吸收的热量相等，所以熵的变化为

$$S_2-S_1=\int_1^2\frac{dQ}{T}=\int_1^2\frac{pdV}{T}=\frac{m}{M}R\int_{V_1}^{V_2}\frac{dV}{V}=\frac{m}{M}R\ln\frac{V_2}{V_1}>0$$

这就是说，气体在自由膨胀这个不可逆过程中，它的熵是增加的.

气体自由膨胀的不可逆性，可用气体动理论的观点给以解释.

如图 6-24 所示，用隔板将容器分成容积相等的 A、B 两室，使 A 室充满气体，B 室保持真空. 我们考虑气体中任一个分子，比如分子 a. 在隔板抽掉前，它只能在 A 室运动；把隔板抽掉后，它就在整个容器中运动，由于碰撞，它就可能一会儿在 A 室，一会儿又跑到 B 室. 因此，就单个分子看来，它是有可能自动地退回到 A 室的，因为 A、B 两室的体积相等，它在 A、B 两室的机会就是均等的，所以退回到 A 室的概率是 $\frac{1}{2}$. 如果我们考虑 4 个分子，把隔板抽掉后，它们将在整个容器内运动，如果以 A 室和 B 室来分类，则这 4 个分子在容器中的分布有 16 种可能. 每一种分布状态出现的概率相等，详细情况见表 6-3.

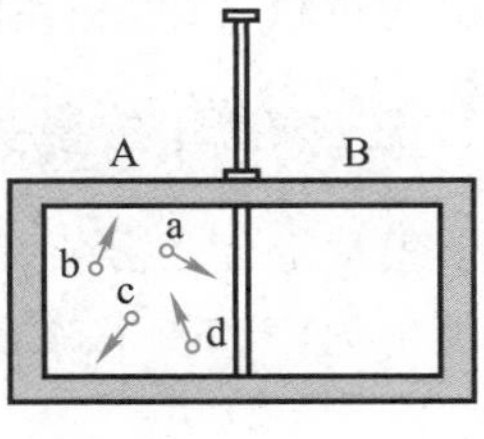

图 6-24 气体自由膨胀不可逆性的统计意义

表 6-3 气体自由膨胀后分子各种分布状态出现的概率

		分子的分布																
容器的部分	A	0	abcd	a	b	c	d	bcd	acd	abd	abc	ab	ac	ad	bc	bd	cd	总计
	B	abcd	0	bcd	acd	abd	abc	a	b	c	d	cd	bd	bc	ad	ac	ab	
状态数		1	1	4				4				6						16

从表中可以看出：4 个分子同时退回到 A 室的可能性是存在的，其概率为 $\frac{1}{16}=\frac{1}{2^4}$，但比一个分子退回到 A 室的概率小多了. 相应的计算可以证明：如果共有 N 个分子，若以分子处在 A 室或 B 室来分类，则共有 2^N 种可能的分布，而全部 N 个分子都退回到 A 室的概率为 $\frac{1}{2^N}$. 例如，对 1 mol 的气体来说，$N\approx6\times10^{23}$，所以当气体自由膨胀后，所有这些分子全都退回到 A 室的概率是 $\frac{1}{2^{6\times10^{23}}}$，这个概率是如此之小，实际上是不会实现的.

由以上的分析可以看到，如果我们以分子在 A 室或 B 室分布的情况来分类，把每一种可能的分布称为一个**微观状态**（microscopic state），则 N 个分子共有 2^N 个可能的**概率均等的微观状态**，但是全部气体都集中在 A 室这样的宏观状态却仅包含了一个可能的微观状态，而基本上是均匀分布的宏观状态却包含了 2^N 个可

能的微观状态中的绝大多数. 一个宏观状态(macroscopic state),它所包含的微观状态的数目越多,分子运动的混乱程度就越高,实现这个宏观状态的方式数也越多,亦即这个宏观状态出现的概率也越大. 就全部气体都集中回到A室这样的宏观状态来说,它只包含了一个可能的微观状态,分子运动显得很有秩序,很有规则,亦即混乱程度极低,实现这种宏观状态的方式只有一个,因而这个宏观状态出现的概率也就小得接近于零. 由此可见,自由膨胀的不可逆性,实质上反映了这个系统内部发生的过程总是由概率小的宏观状态向概率大的宏观状态进行,亦即由包含微观状态数目少的宏观状态向包含微观状态数目多的宏观状态进行的,与之相反的过程,没有外界的影响是不可能自动实现的.

三、玻耳兹曼关系

根据上面的分析,我们用 W 表示系统(宏观)状态所包含的微观状态数,或把 W 理解为(宏观)状态出现的概率,并叫做热力学概率. 玻耳兹曼给出如下关系:

$$S=k\ln W \tag{6-27}$$

其中 k 是玻耳兹曼常量,上式叫做玻耳兹曼关系(Boltzmann relation). 熵的这个定义表明它是分子热运动无序性或混乱性的量度. 为什么这样说呢? 以气体为例,分子数目越多,它可以占有的体积越大,分子所可能出现的位置与速度就越多样化. 这时,系统可能出现的微观状态就越多,我们说分子运动的混乱程度就越高. 如果把气体分子设想为都处于同一速度元间隔与同一空间元间隔之内,则气体的分子运动将是很有规则的,混乱程度应该是零. 显然,由于这时宏观状态只包含一个微观状态,亦即系统的宏观状态只能以一种方式产生出来,所以该状态的热力学概率是1,代入式(6-27)而得到熵等于零的结果. 但是,如果系统的宏观状态包含许多微观状态,那么,它就能以许多方式产生出来,W 将是很大的. 高度可能的宏观状态的熵因而也是大的. 对自由膨胀这类不可逆过程来说,实质上表明这个系统内自发进行的过程总是沿着熵增加的方向进行的.

最后,我们将通过具体过程中分子运动无序性的增减来说明熵的增减. 例如,在等压膨胀过程中,由于压强不变,所以体积增大的同时温度也在上升. 体积的增大,表明气体分子分布的空间范围变大了;而温度的升高,则意味着气体分子的速率分布范围扩大了. 这两种分布范围的变大,使气体分子运动的混乱程度增加,因而熵是增大的. 又如在等温膨胀过程中,在内能不变条件下,因气体体积的增大,分子可能占有的空间位置增多了,可能出现的微观状态的数目(即状态概率)也因而增加,混乱度增高,熵是变大的. 在等容降温过程中,由于温度的降低,麦克斯韦速率分布曲线变得高耸起来,气体中大部分分子速率分布的范围变窄,因此分子运动的混乱程度有所改善,熵将是减小的. 最有意义的是绝热过程,对绝热膨胀来说,因系统体积的增大,分子运动的混乱程度是增大的,但系统温度的降低,却使分子运动的混乱程度减少. 计算表明,在可逆的绝热过程中,这两个截然相反的作用恰好相互抵消. 因此,可逆的绝热过程是个等熵过程.

例题 6-7

试用式(6-27)计算理想气体在等温膨胀过程中的熵变.

解 在这个过程中,对于一指定分子,在体积为 V 的容器内找到它的概率 W_1 是与这个容器的体积成正比的,即

$$W_1 = cV$$

式中 c 是比例系数. 对于 N 个分子,它们同时在 V 中出现的概率 W 等于各单个分子出现概率的乘积,而这个乘积也就是在 V 中由 N 个分子所组成的宏观状态的概率,即

$$W = (W_1)^N = (cV)^N$$

由式(6-27)得系统的熵为

$$S = k\ln W = kN\ln(cV)$$

经等温膨胀,熵的增量为

$$\Delta S = kN\ln(cV_2) - kN\ln(cV_1) = kN\ln\frac{V_2}{V_1}$$

$$= \frac{R}{N_A}\frac{N_A m}{M}\ln\frac{V_2}{V_1} = \frac{m}{M}R\ln\frac{V_2}{V_1}$$

事实上,这个结果已在自由膨胀的论证中用式(6-24)计算出来了.

复习思考题

6-6-1 从原理上如何计算物体在初末状态之间进行不可逆过程所引起的熵变?

6-6-2 在日常生活中,经常遇到一些单方向的过程,如:(1) 桌上热菜变凉;(2) 无支持的物体自由下落;(3) 木头或其他燃料的燃烧. 它们是否都与热力学第二定律有关? 在这些过程中熵变是否存在? 如果存在,则是增大还是减小?

§ 6-7 熵增加原理 热力学第二定律的统计意义

一、熵增加原理

我们在上节已经指出,可逆的绝热过程是个等熵过程,系统的熵是不变的. 上节讨论的理想气体自由膨胀过程也是个绝热过程,但它是个不可逆的绝热过程,具有明显的单方向性. 这时,系统的熵不是不变而是增加了.

熵增加原理的提出

不可逆过程的另一典型例子是热传导,它也是一个具有明显单方向性的过程,在这个过程中,系统的熵又是怎样变化的呢? 设有温度不同的两物体 1 和 2,它们与外界没有能量交换. 当两者相互接触,如果 $T_1 > T_2$,那么,在一个很短时间内将有热量 δQ 从物体 1 传到物体 2. 显然,对每个物体来说,进行的都不是绝热过程,但它们组成的系统与外界没有能量交换. 我们把与外界没有能量交换和物质交换的系统叫做孤立系统(isolated system). 这样,物体 1 与物体 2 组成了一个

孤立系统.对一个孤立系统来说,不论系统内各物体间发生了什么过程(包括热传导),作为整个系统而言,过程是绝热的.现在,我们考察上述这个孤立系统中的熵变情况.当物体 1 向物体 2 传递微小热量 δQ 时,两者的温度都不会显著改变,我们可设想一可逆的等温过程来计算熵变.这样,物体 1 的熵变是 $-\frac{\delta Q}{T_1}$,物体 2 的熵变是 $\frac{\delta Q}{T_2}$.于是,系统总的熵变为

$$\frac{\delta Q}{T_2}-\frac{\delta Q}{T_1}$$

由于 $T_1>T_2$,上式将大于零.这说明在孤立系统中的热传导过程也引起了整个系统熵的增加.

综上所述,无论是自由膨胀还是热传导,对于这些发生在孤立系统中的典型的不可逆过程,系统的熵总是增加的.在实际过程中,无论是自由膨胀,还是摩擦或热传导,都是不可避免的.实际过程的不可逆性,都归结为它们或多或少地和这些典型的不可逆过程有关联.因此,我们的结论是,在孤立系统中发生的任何不可逆过程,都导致了整个系统的熵的增加,系统的总熵只有在可逆过程中才是不变的.这个普遍结论叫做熵增加原理(principle of entropy increase).熵增加原理只能用于孤立系统或绝热过程.倘若不是孤立系统或不是绝热过程,则借助系统与外界作用,使系统的熵减小是可能的.例如,在可逆的等温膨胀中熵增加,而在可逆的等温压缩中熵减少.但是,如把系统和外界作为整个孤立系统考虑,则系统的总熵是不可能减少的.在可逆过程的情况下,总熵保持不变,而在不可逆过程的情况下,总熵一定增加,因此,我们可以根据总熵的变化判断实际过程进行的方向和限度.也正是基于这个原因,我们把熵增加原理看作是热力学第二定律的另一表述形式.

二、热力学第二定律的统计意义

玻耳兹曼关于热力学第二定律的微观解释

麦克斯韦妖

在气体自由膨胀的讨论中,我们介绍了玻耳兹曼关系,从统计意义上了解了自由膨胀的不可逆性.现在,将对另外几个典型的不可逆过程作类似的讨论.

对于热传导,我们知道,高温物体分子的平均动能比低温物体分子的平均动能要大,两物体相接触时,能量从高温物体传到低温物体的概率显然比反向传递的概率大很多.对于热功转化,功转化为热是在外力作用下宏观物体的有规则定向运动转变为分子无规则运动的过程,这种转化的概率大.反之,热转化为功则是分子无规则运动转变为宏观物体的有规则定向运动的过程,这种转化的概率小.所以热力学第二定律在本质上是一条统计性的规律.

一般来说,一个不受外界影响的孤立系统,其内部发生的过程,总是由概率小的状态向概率大的状态进行,由包含微观状态数目少的宏观状态向包含微观状态数目多的宏观状态进行.这才是熵增加原理的实质,也是热力学第二定律的统计意义之所在.

例题 6-8

今有 1 kg 0 ℃的冰熔化成 0 ℃的水，求其熵变（设冰的熔化热为 3.34×10^5 J/kg）.

解 在这个过程中，温度保持不变，即 $T=273$ K. 计算时设冰从 0 ℃的恒温热源中吸热，过程是可逆的，则

$$S_{水}-S_{冰}=\int_1^2\frac{\mathrm{d}Q}{T}=\frac{Q}{T}=\frac{1\times3.34\times10^5}{273}\ \mathrm{J/K}=1.22\times10^3\ \mathrm{J/K}$$

在实际熔化过程中，冰须从高于 0 ℃的环境中吸热. 冰增加的熵超过环境损失的熵，所以，若将系统和环境作为一个整体来看，在此过程中熵也是增加的.

如让这个过程反向进行，使水结成冰，水将要向低于 0 ℃的环境放热. 对于这样的系统，同样导致熵的增加.

例题 6-9

有一热容为 C_1、温度为 T_1 的固体与热容为 C_2、温度为 T_2 的液体同时放置于一绝热容器内.（1）试求平衡建立后，系统最后的温度；（2）试确定系统总的熵变.

解 （1）因能量守恒，要求一物体丧失的热量等于另一物体获得的热量；设最后温度为 T'，则有

$$\Delta Q_1=-\Delta Q_2$$

$$C_1(T'-T_1)=-C_2(T'-T_2)$$

由此得

$$T'=\frac{C_1T_1+C_2T_2}{C_1+C_2}$$

（2）对于无限小的变化来说，$\delta Q=C\mathrm{d}T$. 设固体的升温过程是可逆的，则 $\Delta S_1=\int\frac{\delta Q_1}{T}$；设想液体的降温过程也是可逆的，则 $\Delta S_2=\int\frac{\delta Q_2}{T}$. 于是，我们求得总的熵变为

$$\Delta S=\int\frac{\delta Q_1}{T}+\int\frac{\delta Q_2}{T}=C_1\int_{T_1}^{T'}\frac{\mathrm{d}T}{T}+C_2\int_{T_2}^{T'}\frac{\mathrm{d}T}{T}=C_1\ln\frac{T'}{T_1}+C_2\ln\frac{T'}{T_2}$$

读者应当证明 $\Delta S>0$，并说明这是为什么.

*三、熵增与能量退降

熵与能量都是状态函数，两者关系密切，而意义完全不同. "能量"这一概念是从正面量度运动的转化能力的. 能量越大，运动转化的能力越大. 熵却是从反面，即运动不能转化的一面量度运动转化的能力，熵越大，系统的能量将有越来越多的部分不再可供利用. 所以熵表示系统内部能量的"退化"或"贬值"，或者说，熵是能量不可用程度的量度. 我们知道的能量不仅有形式上的不同，而且还有质的差别. 机械能和电磁能是可以被全部利用的有序能量，而内能则是不能全部转化的无序能量. 无序能量的可资利用的部分要视系统与环境的温差而定，其百分率

的上限是$\frac{T_1-T_2}{T_1}$.由此可见,无序能量总有一部分被转移到环境中去,而无法全部用来做功.当一个高温物体与一个低温物体相接触,其间发生热量的传递,这时系统的总能量没有变化,但熵增加了.这部分热量传给低温物体后,成为低温物体的内能.要利用低温物体的内能做功,必须使用热机和另一个温度比它更低的低温热源.但因低温物体和低温热源的温差要比高温物体和同一低温热源的温差为小,所以内能转化为功的可能性,两相比较,由于热量的传递而降低了.熵增加意味着系统能量中成为不可用能的程度在增大,这叫做**能量的退化**.

能源是人类生活和生产资料的来源,是人类社会和经济发展的物质基础.

能源问题的物理实质是物质或能量的转化问题,这些转化都为以下三条基本规律所支配.

(1) 物质守恒定律 物质可以从一种形式转化为另一种形式,但它既不能产生,也不能消灭.

热寂说的提出

(2) 能量守恒定律 普遍的能量守恒定律是大家所熟悉的,对一个孤立系统,其总能量是一个常量.力学中的机械能守恒定律、流体力学中的伯努利方程、热学中的热力学第一定律、电学中的基尔霍夫第一定律、量子物理中的爱因斯坦光电效应方程等,都是能量守恒定律在不同物理过程中的具体表现.

(3) 熵增加原理 熵增加原理是个统计性原理,它指出一切宏观自发过程都是沿着从低概率到高概率、从有序到无序的方向进行的.用这个原理考察涉及物质转化和能量转化的各种过程时,就可发现,一切宏观自发过程的结果,趋势是导致物质密度的均值化(均匀分布)和分子能量的均值化.煤炭是一种植物化石燃料,燃烧过程中释放出来的热量实际上是储存在古代植物体中又在地下保存了千百万年的太阳能.其中部分热能被排放入周围环境中,成为不可用能.集中在能源中的有用能不断减少,而均匀分布在环境中的不可用能不断增加,从而导致"能源危机".

*四、信息熵

今天,我们生活在信息的海洋中,信息已成为现代科学技术普遍使用的一个概念.作为日常用语,信息指音信、消息;作为科学技术用语,信息是指对消息接受者预先不知道的报道.一般地说,**信息是由信息源(如自然界、人类社会等)发出并为使用者接受和理解的各种信号**.如果我们对信息的多少没有一个定量的测度方法,那就没有今天信息科学的发展.信息论创始人香农(C. E. Shannon)为此从概率角度出发,引入不确定度的概念.在日常生活中,经常会出现一些随机事件,这些事件的结局是事先不能完全肯定的.如果一个事件(如收到一个信号)有 n 个可能性相等的结局,则结局未出现前的**不确定度** H 是和 n 有关的.因为 n 大,事件的不确定度也大.不确定度应该是 n 的单调上升函数.而当 $n=1$ 时,事件只有一个结果,其不确定度就是零.据此,香农认为不确定度 H 应和 n 的对数成正比,即

$$H=c\ln n \quad (c\text{ 为常量}) \tag{6-28}$$

不确定度 H 的这个定义式和玻耳兹曼关系十分相似.这样的表达式正是随机事件共性的体现.掷一枚硬币有两个等可能结局,按上式,其不确定程度为 $\ln 2$.掷一枚骰子会有六个等可能结局,故其不确定度为 $\ln 6$.

早在 1928 年,统计学家哈特利(R. V. L. Hartley)将式(6-28)称为**信息量**.如果考虑一个信息量是 n 个相互独立的选择的结果,其中每个选择都是在 0 或 1 之间作出,则可能的选择数 Ω 应为

$$\Omega=2^n$$

于是信息量

$$H=c\ln\Omega=nc\ln 2$$

令 $H=n$，式中常量 c 被确定为

$$c=\frac{1}{\ln 2}=\log_2 e$$

这样算出的信息量单位称为比特(bit)，它在通信中广为应用.

综上所述，可以看到，凡是有概率分布的问题中，都会有相应的熵存在，熵的概念并不必与物理问题联系在一起. 在迄今为止人们发现的科学概念中，只有熵是横跨抽象科学(例如数学、逻辑学)和物质科学(例如物理学、化学)这两大门类的. 由此可见熵概念的生命力何等强大!

复习思考题

6-7-1 一杯热水放在空气中，它总是冷却到与周围环境相同的温度，因为处于比周围温度高或低的概率都较小，而与周围同温度的平衡却是最概然状态，但是这杯水的熵却是减小的，这与熵增加原理有无矛盾？

6-7-2 一定量的气体，初始压强为 p_1，体积为 V_1，今把它压缩到 $V_1/2$，一种方法是等温压缩，另一种方法是绝热压缩. 问哪种方法最后的压强较大？这两种方法中气体的熵改变吗？

习 题

6-1 一系统由如习题 6-1 图所示的状态 a 沿 acb 到达状态 b 时，吸收了热量 350 J，同时对外做功 126 J.（1）如沿 adb 进行时，系统做功 42 J，问此过程吸收了多少热量？（2）当系统由状态 b 沿曲线 ba 返回状态 a 时，外界对系统做功 84 J，问此过程系统是吸热还是放热？大小是多少？

6-2 压强为 1.0×10^5 Pa，体积为 0.008 2 m^3 的氮气，从初始温度 300 K 加热到 400 K，如加热时（1）体积不变；（2）压强不变，问各做功多少？各需热量多少？哪一个过程所需热量大？为什么？

6-3 将 500 J 的热量传给标准状态下 2 mol 的氢气，（1）若体积不变，问此热量如何转化？氢气的温度及压强变为多少？（2）若温度不变，问此热量如何转化？氢气的压强及体积各变为多少？（3）若压强不变，问此热量如何转化？氢气的温度及体积各变为多少？

6-4 有一定量的理想气体，其压强按 $p=\frac{c}{V^2}$ 的规律变化，c 是常量. 求气体从体积 V_1 增加到 V_2 所做的功. 该理想气体的温度是升高还是降低？

6-5 1 mol 氢，在压强为 1.0×10^5 Pa，温度为 20 ℃时，其体积为 V_0. 今使它经以下两种过程达到同一状态：（1）先保持体积不变，加热使其温度升高到 80 ℃，然后令它作等温膨胀，体积变为原体积的 2 倍；（2）先使它作等温膨胀至原体积的 2 倍，然后保持体积不变，加热到 80 ℃. 试分别计算以上两种过程中吸收的热量，气体对外做的功和内能的增量，并作出 $p-V$ 图.

6-6 理想气体作绝热膨胀，由初状态 (p_0, V_0) 至末状态 (p, V).（1）试证明在此过程中气体所做功为

$$A=\frac{p_0V_0-pV}{\gamma-1}$$

（2）设 $p_0=1.0\times10^6$ Pa，$V_0=0.001\ m^3$，$p=2.0\times10^5$ Pa，$V=0.003\ 16\ m^3$，气体的 $\gamma=1.4$，试计算气体所做的功.

6-7 在标准状态下，14 g 氮气分别通过等温过程和绝热过程将体积压缩为原来的一半. 画出这两个过程的 $p-V$ 图，并计算这两个过程中，气体所做的功、吸收的热量以及其内能的改变.

6-8 如习题 6-8 图所示，一定量的气体，经历如下的变化过程：ab、dc 是绝热过程，cea 是等温过程. 已知系统在 cea 过程中放热 100 J，eab 的面积为 30 J，edc 的面积为 70 J. 试问在 bed 过程中系统吸热还是放热？热量是多少？

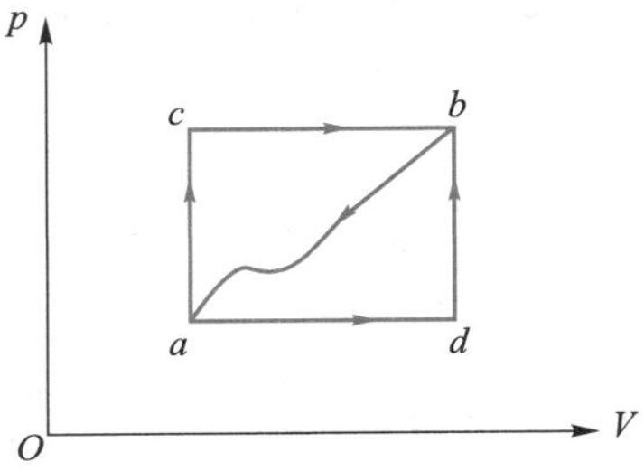

习题 6-1 图

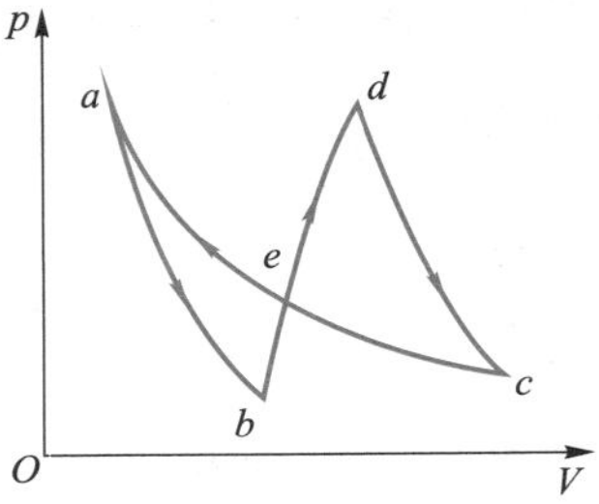

习题 6-8 图

6-9 0.1 mol 的单原子理想气体，经历一准静态直线过程 ab，如习题 6-9 图所示. (1) 求气体在此过程中所做的功、吸收的热量和内能的变化. *(2) 气体在此过程中的最高温度是多少？在 $p-V$ 图中的哪一点？*(3) 讨论气体在此过程中经历每一微小变化时，气体是否总是吸热？

6-10 一气缸除底部导热外，其余部分都是绝热的，被一隔板分成相等的两部分 A 和 B，如习题 6-10 图所示，其中各盛有 1 mol 的氮气. 初始温度都是 0 ℃，压强都是 1.0×10^5 Pa. 今将 335 J 的热量缓慢地供给 A 部分气体，气缸顶部活塞上的压强始终保持在 1.0×10^5 Pa. 求下列两种情形下 A、B 两部分温度的改变及吸收的热量，(1) 若隔板固定而导热；(2) 若隔板可自由滑动且绝热.

6-11 一绝热容器，中间由一无摩擦的绝热的可活动的活塞隔开，如习题 6-11 图所示. A、B 两部分各储有 0.05 m^3 的双原子分子理想气体，最初的压强都是 1.0×10^5 Pa，温度都是 0 ℃. 先在 A 中缓慢加热，直至 B 中的气体压缩到 2.5×10^5 Pa. 试问：(1) 两部分气体各自的温度是多少？(2) A 中气体在整个过程中吸收的热量是多少？

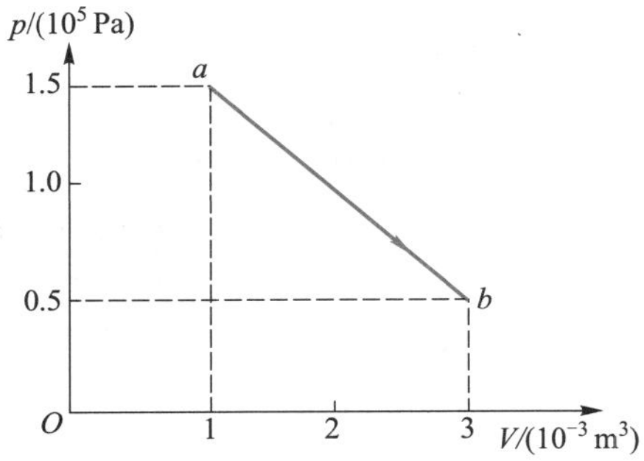

习题 6-9 图

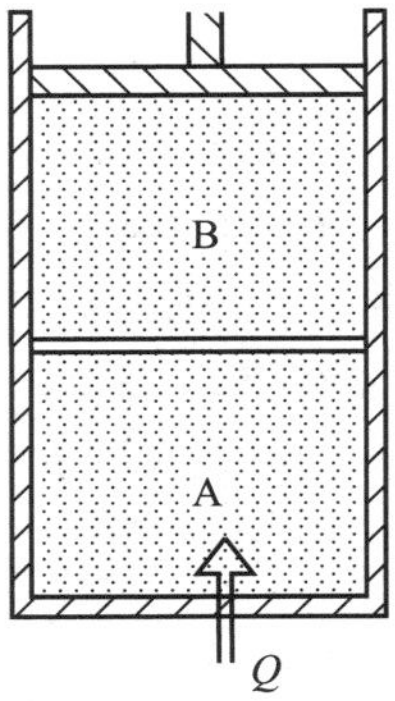

习题 6-10 图

6-12 一高压容器中含有未知气体，可能是 N_2 或 Ar. 在 298 K 时取出试样，从 5×10^{-3} m^3 绝热膨胀到 6×10^{-3} m^3，温度降到 277 K. 试判断容器中是什么气体？

6-13 (1) 有 10^{-6} m^3 的 373 K 的纯水,在 1.013×10^5 Pa 的压强下加热,变成 1.671×10^{-3} m^3 的同温度的水蒸气.水的汽化热是 2.26×10^6 J/kg.问(1) 水变气后,内能改变多少?(2) 在标准状态下 10^{-3} kg 的 273 K 的冰熔化为同温度的水,试问内能改变多少?已知标准状态下水与冰的比体积各为 10^{-3} m^3/kg 与 1.1×10^{-3} m^3/kg,冰的熔化热为 3.34×10^5 J/kg.

6-14 1 mol 理想单原子气体经历如习题 6-14 图所示的循环,设 $p=2p_0$, $V=2V_0$, $p_0=1.01\times10^5$ Pa, $V_0=0.0225$ m^3。计算:(1) 在一个循环过程中气体对外界做的功;(2)在 abc 过程中外界以热量形式加入的能量;(3) 该循环的效率;(4) 运行在此循环中的最高和最低温度之间的卡诺热机的效率.

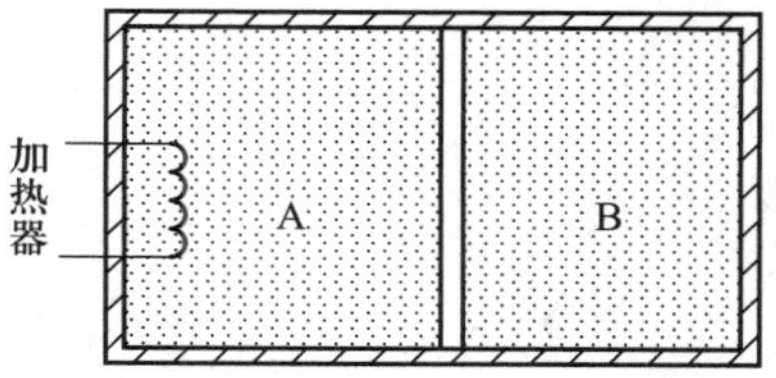

习题 6-11 图

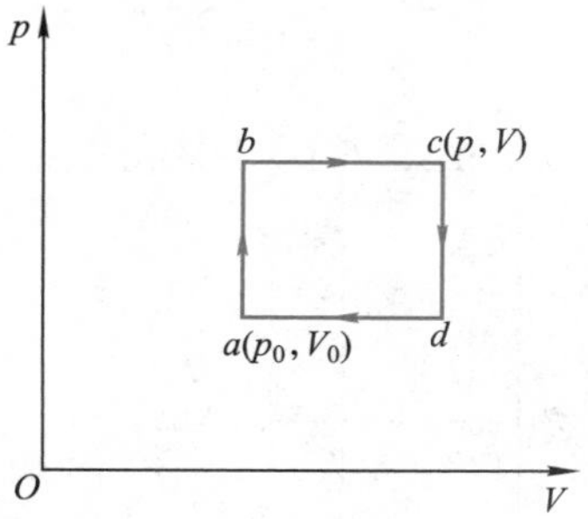

习题 6-14 图

6-15 设有一以理想气体为工质的热机循环,如习题 6-15 图所示,试证明其效率为

$$\eta=1-\gamma\frac{\left(\dfrac{V_1}{V_2}\right)-1}{\left(\dfrac{p_1}{p_2}\right)-1}$$

6-16 有 25 mol 的某种单原子理想气体,作习题 6-16 图所示的循环过程,其中 ca 为等温过程. $p_1=4.15\times10^5$ Pa, $V_1=2.0\times10^{-2}$ m^3, $V_2=3.0\times10^{-2}$ m^3.求:(1) 各过程中的热量、内能改变以及所做的功;(2) 循环的效率.

6-17 1 mol 的氮气在状态 a 时温度 $T_a=300$ K,体积 $V_a=20$ L,经过等温膨胀到达状态 b,体积增为 40 L,然后经等压压缩到达状态 c,再经绝热过程回到状态 a,如习题 6-17 图所示.(1) 求该循环过程的效率;(2) 如有一卡诺循环工作在 T_a 和 T_c 之间,其效率多大?

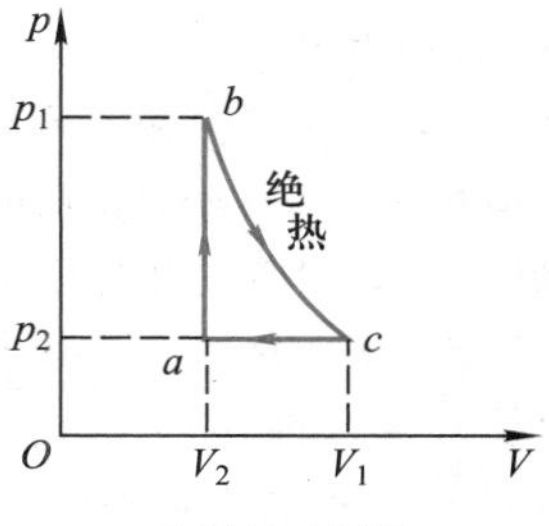

习题 6-15 图

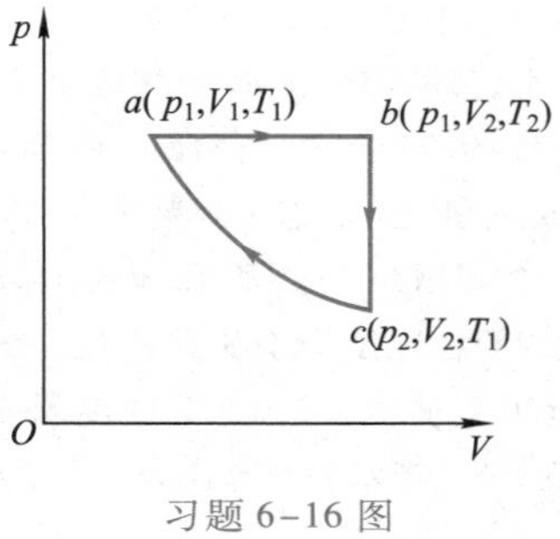

习题 6-16 图

6-18 一台利用地热发电的热机工作于温度为 227 ℃ 的地下热源和温度为 27 ℃ 的地表之间,假定该热机每小时能从地下热源获取 1.8×10^{11} J 的热量.试从理论上计算其最大功率是多少?

6-19 克劳修斯曾设计了一个如习题 6-19 图所示的循环过程,其中 ab、cd、ef 是等温过程,温度分别为 T_1、T_2 和 T_3,bc、de、fa 是绝热过程.他还设定系统在 cd 过程吸收的热量和在 ef 过程中放出的热量相等.设系统是一定量的理想气体.证明此循环的效率为

$$\eta=1-\frac{T_2T_3}{T_2T_3+(T_2-T_3)T_1}$$

6-20 一台电冰箱,每天通过冷凝器向外放出热量 3.0×10^5 J.为维持冰箱内的温度为 4 ℃,试问电流每天要做多少功?假设室温为 25 ℃.该冰箱的制冷系数只有同条件下卡诺制冷机制冷系数的 50%.

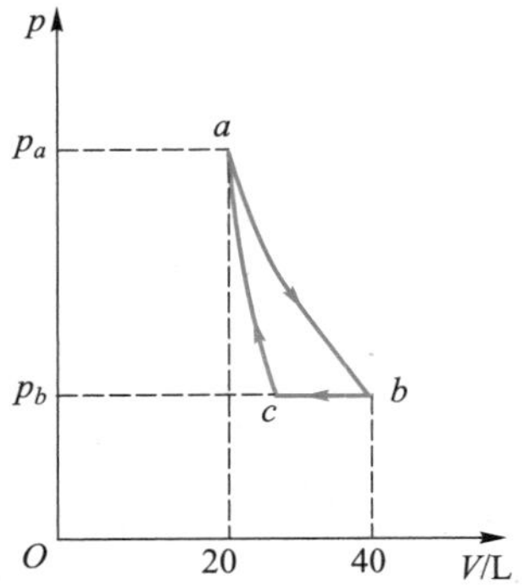

习题 6-17 图

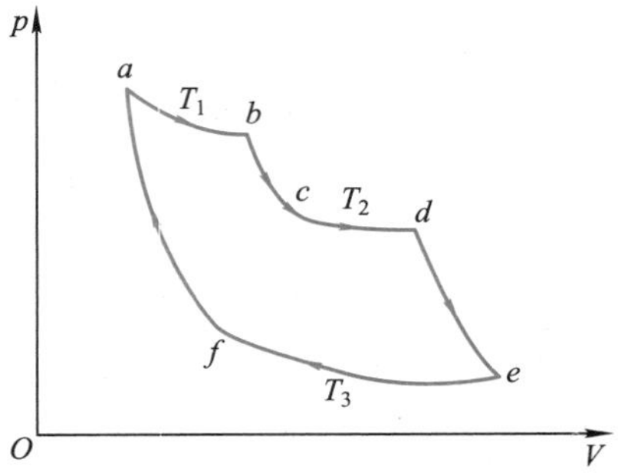

习题 6-19 图

6-21 一热机在 1 000 K 和 300 K 的两热源之间工作.如果有以下两种情况:(1) 高温热源提高到 1 100 K;(2) 低温热源降到 200 K.试问理论上的热机效率各增加多少?为了提高热机效率哪一种方案更好?

6-22 工作在两热源温度分别为 27 ℃ 和 127 ℃ 之间的卡诺热机,从高温热源处吸取热量 5 000 J,该热机向低温热源放出多少热量?对外做功多少?若这是一个卡诺制冷机,从低温热源吸取热量 5 000 J,则须向高温热源放出多少热量?外界做功多少?

6-23 一绝热密闭的容器,用隔板分成相等的两部分,其中左边部分盛有一定量的理想气体,压强为 p_0,右边部分为真空.今将隔板抽去,气体自由膨胀.当气体达到热平衡时,其压强为多少?

6-24 有人设计一台如习题 6-24 图所示的组合机,其工作原理如下:热机甲从高温热源吸热 Q_1,向低温热源放热 Q_2,对外做功 A.该组合机将功 A 分成两部分:一部分用来开动制冷机乙,即回输功 A_2,另一部分功 A_1 另作他用,制冷机在 A_2 的作用下,从低温热源吸取热量 Q_2,而将热量 $Q_3(=A_2+Q_2)$ 送到高温热源中去.问:这样的组合机是否能实现?为什么?

6-25 1 mol 的氢气在状态 1 时温度为 $T_1=300$ K,体积 $V_1=20$ L,经过不同的过程到达状态 2,体积 $V_2=40$ L,如习题 6-25 图所示.其中 1→2 为等温过程;1→4 为绝热过程;1→3 和 4→2 为等压过程;3→2 为等容过程.试分别计算由三条路程从状态 1 到状态 2 的熵变,讨论所得的结果.

6-26 1 kg 20 ℃ 的水,与 100 ℃ 的热源相接触,使水温达到 100 ℃.求:(1) 水的熵变;(2) 热源的熵变;(3) 把水和热源作为一个系统时,系统的熵变.已知水的比定压热容 $c=4.18\times10^3$ J/(kg·K).

6-27 质量 1.0 kg、温度为 -10 ℃ 的冰,在压强为 1.013×10^5 Pa 下熔化成 10 ℃ 的水.试计算:(1) 此过程中的熵变;(2) 0 ℃ 的冰熔化成 0 ℃ 的水时,水的微观状态数与冰的微观状态数之比.已知水的比定压热容为 4.18×10^3 J/(kg·K),冰的比定压热容为 2.09×10^3 J/(kg·K),冰的

熔化热为 3.34×10^5 J/kg.

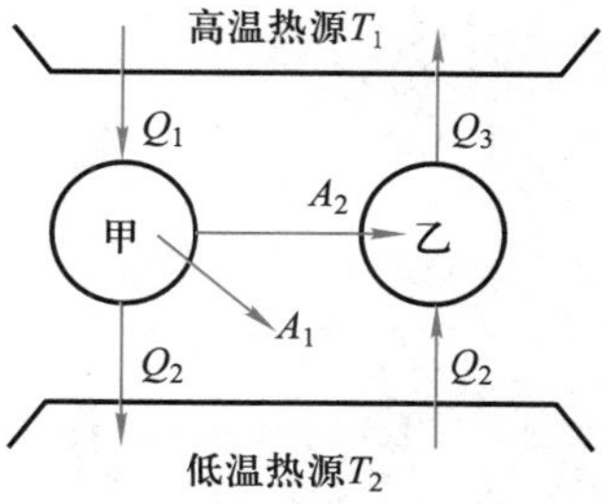

习题 6-24 图

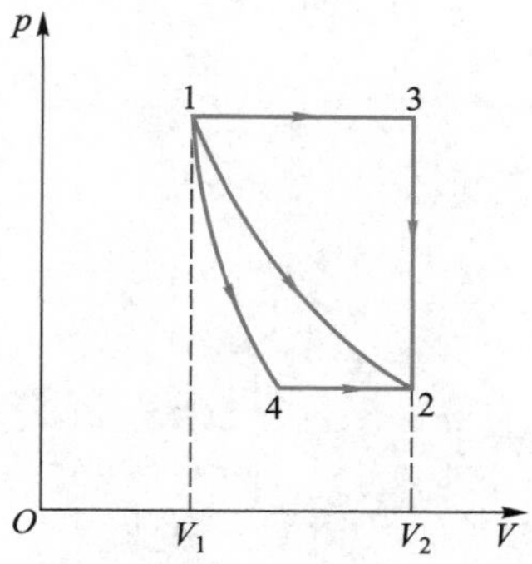

习题 6-25 图

第六章
习题参考答案

Physics

第七章 静止电荷的电场

给我最大快乐的，不是已获得的知识，而是不断地学习；不是已有的东西，而是不断地获取；不是已经达到的高度，而是继续不断地攀登.

——C. F. 高斯

相对于观察者，静止电荷所激发的电场，称为静电场. 本章我们首先研究真空中静电场的基本特性，从电场对电荷有力的作用、电荷在电场中移动时电场力对电荷做功这两个方面，引入描述电场的两个重要物理量——电场强度和电势，并讨论它们的叠加原理、两者之间积分形式和微分形式的关系；同时介绍反映静电场基本性质的高斯定理和静电场环路定理，然后论述导电性能不同的两类物体——导体和绝缘体（电介质）在电场中的静电特性以及静电场的能量.

§7-1 电荷 库仑定律

一、电荷

对于电的认识，最初来自摩擦起电和自然界的雷电现象. 早在公元 3 世纪，晋朝张华的《博物志》中就记载着：“今人梳头，脱着衣时，有随梳解结有光者，亦有咤声.”这是人类观察到摩擦起电现象的早期记录. 人们把物体经摩擦后能吸引羽毛、纸片等轻微物体的状态称为带电，并说物体带有电荷（electric charge），把表示物体所带电荷多寡的物理量称为电荷量（electric quantity）. 在国际单位制中，电荷量的单位是 C（库仑），1 C 等于导线中的恒定电流等于 1 A 时，在 1 s 内通过导线横截面的电荷量.

物体所带的电荷只有两种，分别称为正电荷和负电荷. 带同号电荷的物体互相排斥，带异号电荷的物体互相吸引，这种相互作用称为静电力（electrostatic force）.

摩擦后的玻璃棒吸引乒乓球

二、电荷守恒定律

在正常情况下，原子内的电子数和原子核内的质子数相等，整个原子呈电中性. 由于构成物体的原子是电中性的，因此，通常的宏观物体处于电中性状态，物体对外不显示电的作用. 当两种不同材料的物体相互紧密接触时，有一些电子会从一个物体迁移到另一个物体上，结果使两物体都处于带电状态. 所谓起电，实际上是通过某种作用，使该物体内电子不足或过多而呈带电状态. 例如，通过摩擦可使两物体接触面的温度升高，促使一定量的电子获得足够的动能从一个物体迁移到另一个物体，从而使获得更多电子的物体带负电，失去更多电子的物体带正电.

实验证明，在一个与外界没有电荷交换的系统内，无论经过怎样的物理过程，系统内正、负电荷的代数和总是保持不变，这就是由实验总结出来的电荷守恒定律（law of conservation of charge），是物理学的基本定律之一. 这个定律不仅在宏观带电体中的起电、中和、静电感应和电极化等现象中得到了证明，而且在微观物理过程中更是得到了精确验证.

还要指出的是，电荷是相对论不变量，即电荷量与运动无关.

三、电荷的量子化

到目前为止的所有实验表明，电子的电荷量是自然界自由粒子所带电荷量的最小值,任何带电体或其他微观粒子所带的电荷量都是电子电荷量的整数倍.这个事实说明,物体所带的电荷量不可能连续地取任意量值,而只能取某一基本单元的整数倍值.一个电子或一个质子所带电荷量的绝对值就是这个基本单元,称为元电荷,用 e 表示. e 的 2018 年国际推荐值为 $e=1.602\,176\,634\times10^{-19}$ C. **电荷量这种只能取分立的、不连续量值的性质,称为电荷量子化**(charge quantization).

20 世纪 50 年代以来,包括我国在内的各国理论物理工作者陆续提出了一些关于物质结构更深层次的模型.他们认为强子(质子、中子、介子等)是由更基本的粒子(称为层子或夸克)构成的.夸克理论认为,夸克带有分数电荷,它们所带的电荷量是元电荷的 $\pm1/3$、$\pm2/3$.中子是中性的,但并不是说中子内部没有电荷,按照夸克理论,中子内包含一个带有 $2e/3$ 电荷量的上夸克和两个带有 $-e/3$ 电荷量的下夸克,总电荷量为零.强子由夸克组成,在理论上已是无可置疑的,只是迄今为止,尚未在实验中找到自由状态的夸克.但无论今后能否证实自由夸克的存在,都不会改变电荷量子化的结论.

量子化是微观世界的一个基本概念,在微观世界中我们将看到,能量、角动量等也是量子化的.

四、库仑定律

物体带电后的主要特征是带电体之间存在相互作用力.为了定量地描述这个力,我们首先引入点电荷(point charge)的模型,即**当带电体的线度与所研究问题中涉及的距离相比可忽略时,这些带电体可看作是点电荷**.这是物理学中又一理想模型.

1785 年,库仑(C. A. de Coulomb)从扭秤实验结果总结出了点电荷之间相互作用的静电力所服从的基本规律,称为库仑定律(Coulomb's law).该定律可表述如下:**两个静止点电荷之间相互作用力(或称静电力)的大小与这两个点电荷的电荷量 q_1 和 q_2 的乘积成正比,而与这两个点电荷之间的距离 r_{12}(或 r_{21})的二次方成反比,作用力的方向沿着这两个点电荷的连线,同号电荷相斥,异号电荷相吸.**其数学形式可表示为

库仑定律的建立

$$\boldsymbol{F}_{12}=k\frac{q_1q_2}{r_{12}^2}\boldsymbol{e}_{r12} \qquad (7-1)$$

式中 k 是比例系数,$\boldsymbol{F}_{12}$ 表示 q_2 对 q_1 的作用力,$\boldsymbol{e}_{r12}$ 是由点电荷 q_2 指向点电荷 q_1 的单位矢量(图 7-1).

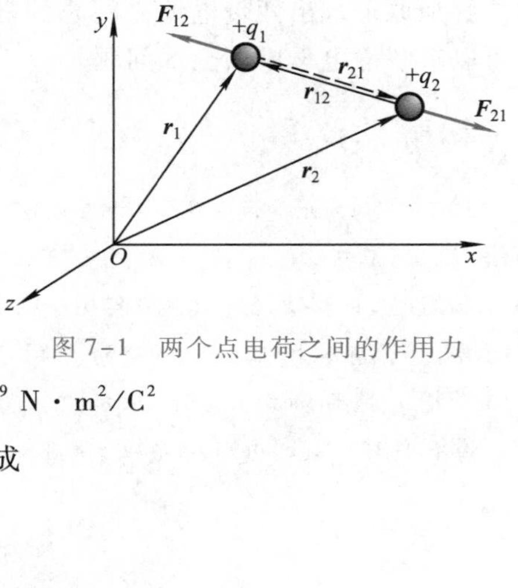

图 7-1　两个点电荷之间的作用力

式(7-1)中各物理量的单位均采用 SI 单位,根据实验测得在真空中的比例系数为

$$k=8.987\,6\times10^{9}\ \mathrm{N\cdot m^2/C^2}$$

通常引入新的常量 ε_0 来代替 k,并把 k 写成

$$k=\frac{1}{4\pi\varepsilon_0}$$

于是,真空中库仑定律就可写作

$$\boldsymbol{F}_{12}=-\boldsymbol{F}_{21}=\frac{1}{4\pi\varepsilon_0}\frac{q_1q_2}{r_{12}^2}\boldsymbol{e}_{r12} \tag{7-2}$$

式中的常量 ε_0 称为真空电容率(permittivity of vacuum)或真空介电常量(dielectric constant of vacuum),是电磁学中的一个基本常量,其 2018 年国际推荐值为

$$\varepsilon_0=\frac{1}{4\pi k}=8.854\,187\,812\,8(13)\times10^{-12}\ \mathrm{C^2/(N\cdot m^2)} \tag{7-3}$$

应该指出,在库仑定律表示式中引入了因子 4π,这种做法称为单位制的有理化.虽然看上去库仑定律的数学形式变得复杂了点,但在此后导出的一些常用公式中本可能出现 4π 的地方因此而消失了,这使得运算更为简洁.

库仑定律是直接由实验总结出来的规律,它是静电场理论的基础.库仑定律中平方反比规律的精确性以及定律的适用范围一直是物理学家关心的问题.现代精密的实验测得静电力与距离平方成反比中的幂二次的误差已不超过 10^{-16}.而且根据现代 α 粒子对原子核的散射实验,可证实在距离 r 为 $10^{-15}\sim10^{-12}$ m 的范围内库仑定律仍是正确的.

五、静电力的叠加原理

实验还证明,当空间有两个以上的点电荷时,作用在某一点电荷上的总静电力等于其他各点电荷单独存在时对该点电荷所施静电力的矢量和,这一结论叫做静电力的叠加原理(superposition principle of electrostatic force),即

$$\boldsymbol{F}=\sum_{i=1}^{n}\boldsymbol{F}_i=\frac{1}{4\pi\varepsilon_0}\sum_{i=1}^{n}\frac{qq_i}{r_i^2}\boldsymbol{e}_{r_i} \tag{7-4}$$

库仑定律只适用于点电荷,欲求带电体之间的相互作用力,可将带电体看作是由许多电荷元组成的,电荷元之间的静电力则可应用库仑定律求得,最后根据静电力的叠加原理求出两带电体之间总的静电力.库仑定律和叠加原理相配合,原则上可以求解静电学中的全部问题.

例题 7-1

图 7-2(a)所示的带电粒子 1 和 2 固定在 x 轴上,粒子 1 的电荷量为 $|q_1|=8.00e$(e 为元电荷).所带电荷量 $q_3=8.00e$ 的粒子 3 最初位于 x 轴上,并靠近粒子 2.然后,粒子 3 逐渐沿 x 轴的正方向移动,粒子 1 和 3 作用在粒子 2 上的静电力 $\boldsymbol{F}_2$ 的大小将逐渐变化.图 7-2(b)给出了该静电力与粒子 3 的位置 x 的关系.已知 $x\to\infty$ 时,$F_2=1.5\times10^{-25}$ N,试问粒子 2 的电荷量 q_2 是多少(以 e 的倍数表示)?

解 由图 7-2(b)可知,带电粒子 3 在 $x_0=0.4$ m 处时,带电粒子 2 所受静电力为零,即

$$F_{2,x_0}=0$$

已知 q_3 在无穷远时，q_2 只受 q_1 的斥力，所以，它们同号；另 q_3 对 q_2 的作用力是反方向的，故 q_3 也与 q_2 同号；由于 q_3 是正电荷，所以带电粒子 1、2 均为正电荷.

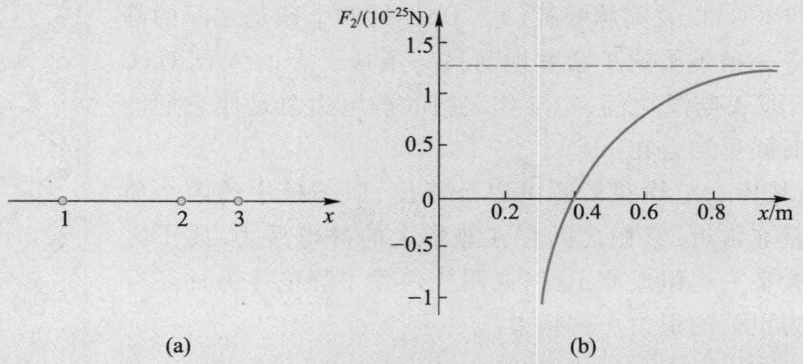

图 7-2

设带电粒子 1 离带电粒子 2 的距离为 x_1，规定其静电力向右为正，则有

$$F_{2,x_0}=k\frac{q_1q_2}{x_1^2}-k\frac{q_2q_3}{x_0^2}=0$$

据此可知 $x_1=-0.4$ m.

当带电粒子 3 位于 x 轴上任一位置 x 处时，带电粒子 2 所受静电力的合力为

$$F_2=k\frac{q_1q_2}{x_1^2}-k\frac{q_2q_3}{x^2}$$

由此可见，在 $x\leqslant x_0$ 区域，随着 x 减小，$k\frac{q_1q_2}{x_1^2}<k\left|\frac{q_2q_3}{x^2}\right|$，$F_2<0$；反之，在 $x\geqslant x_0$ 区域，随着 x 增大，$k\frac{q_1q_2}{x_1^2}>k\left|\frac{q_2q_3}{x^2}\right|$，$F_2>0$；符合图 7-2(b)所表达的变化规律.

由题意可知，$x\to\infty$ 时，$F_2=1.5\times10^{-25}$ N，即

$$F_{2,\infty}=k\frac{q_1q_2}{x_1^2}=1.5\times10^{-25}\ \text{N}$$

解得

$$\begin{aligned}q_2&=\frac{x_1^2F_{2,\infty}}{kq_1}\\&=\frac{1.5\times10^{-25}\times(-0.4)^2}{9\times10^9\times8.00\times1.6\times10^{-19}}\ \text{C}\\&=2.1\times10^{-18}\ \text{C}\\&\approx13.00e\end{aligned}$$

事实上，在原子结合成分子、原子或分子组成液体或固体时的结合力以及化学反应和生物过程中的结合力，在本质上也都属于静电力. 例如，在 DNA 结构中

两条螺旋链带就是靠正负电荷的静电力扭在一起的(图 7-3). DNA(deoxyribonucleic acid,脱氧核糖核酸的英文缩写)是一种生物聚合物,遗传信息被携带于 DNA 大分子中. 一个 DNA 分子由许多称作核苷酸基底的小分子长链组成. 它有四类碱基:腺嘌呤(A)、胞嘧啶(C)、鸟嘌呤(G)以及胸腺嘧啶(T). DNA 的四个碱基之间的静电力总是令一条带子的 T 紧紧地与另一条带子上的 A 配对,C 与 G 配对,即 A 与 T 之间,C 与 G 之间的静电力总是使它们能在最短的时间里结合在一起.

另外,按库仑定律我们还可以计算出,原子核中的两个质子由于相距非常近,它们之间存在非常大的静电斥力. 质子之所以能结合在一起组成原子核,说明核内除了静电斥力外还存在着比斥力更强的引力——核力.

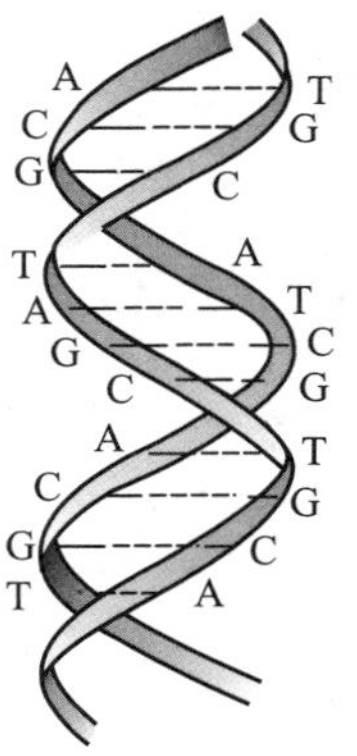

图 7-3　DNA 分子的静电力螺旋结构

复习思考题

7-1-1　一个金属球带上正电荷后,该球的质量是增大、减小还是不变?

7-1-2　点电荷是否一定是很小的带电体? 什么样的带电体可以看作是点电荷?

7-1-3　在干燥的冬季人们脱毛衣时,常听见噼里啪啦的放电声,试解释此现象.

7-1-4　带电棒吸引干燥软木屑,木屑接触到棒以后,往往又剧烈地跳离此棒,试解释此现象.

§7-2　静电场　电场强度

一、电场

我们知道力是物体之间的相互作用. 两个物体彼此不相接触时,其相互作用必须依赖其间的物质作为传递介质. 没有物质作传递介质的所谓“超距作用”是不存在的. 真空中两个相互隔开的点电荷也可以发生相互作用. 这就说明,电荷周围存在一种特殊的物质,称为电场(electric field). 因此,电荷之间的相互作用,是通过其中一个电荷所激发的电场对另一个电荷的作用来传递的,如图 7-4 所示.

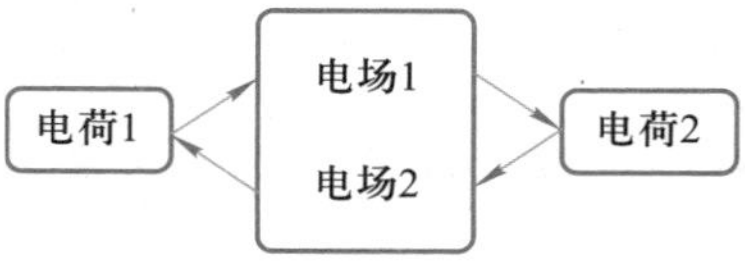

图 7-4　电荷间的相互作用

电场对处在其中的其他电荷的作用力叫做电场力,两个电荷之间的相互作用力本质上是一个电荷的电场作用在另一个电荷上的电场力.

现代科学的理论和实践已证实,电磁场是物质存在的一种形态,它分布在一定范围的空间里,和一切实物粒子一样,它具有能量、动量等属性,并通过交换场量子来实现相互作用的传递. 电磁场的媒介子是光子. 因此电荷之间相互作用的传递速度也是电磁场的传播速度,即光速.

本章主要讨论的是静电场(electrostatic field),即相对于观察者为静止的电荷在其周围所激发的电场. 静电场是电磁场的一种特殊情况.

二、电场强度

一个被研究对象的物理特性,总是能通过该对象与其他物体的相互作用显示出来. 电场对电荷有力的作用,电荷在电场中移动时电场力要对电荷做功. 利用前者,我们将引入电场强度这一物理量;对后者,我们将在下节引入电势的概念. 电场强度和电势是描述静电场性质和规律的两个基本物理量.

我们将一个检验电荷 q_0 放到某带电体产生的电场中的不同点处(图 7-5),观测 q_0 受到的电场力. 检验电荷应该满足下列条件:(1) 所带的电荷量必须充分地小,当把它引入电场时,不致影响原来的电场分布,否则测出来的将是原有电荷作重新分布后的电场;(2) 线度必须小到可以被看作点电荷,以便能用它来确定场中每一点的性质,不然,只能反映出所占空间的平均性质. 实验指出,检验电荷 q_0 在电场不同位置处,所受力的大小和方向一般并不相同(参看图 7-5,图中 q_0 为正电荷),它不仅与检验电荷所在点的电场性质有关,而且与检验电荷本身正负和电荷量的大小有关. 但是,比值 F/q_0 却与检验电荷本身无关,而仅仅与检验电荷所在点处的电场性质有关. 所以,我们可用检验电荷所受的力与检验电荷所带电荷量之比,作为描述静电场中给定点的客观性质的一个物理量,称为电场强度(electric field intensity). 电场强度是矢量,用符号 $\boldsymbol{E}$ 表示,即

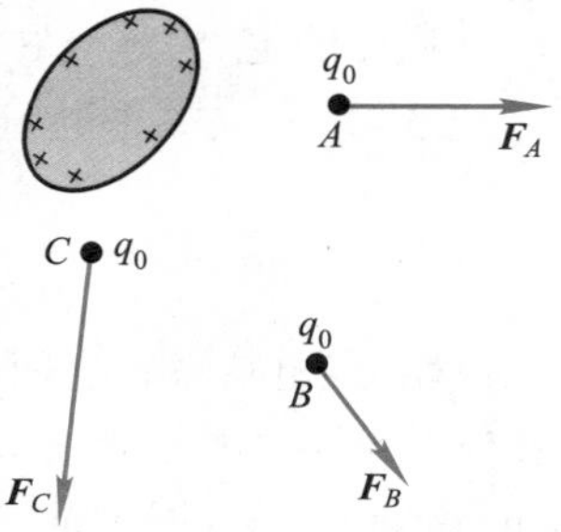

图 7-5 检验电荷 q_0 在电场中受力的情况

$$\boldsymbol{E}=\frac{\boldsymbol{F}}{q_0} \tag{7-5}$$

电场强度计

由上式可知,电场中某点的电场强度的大小等于单位电荷在该点所受的力的大小,其方向为正电荷在该点的受力方向. 在电场中给定的任一点 $P(x,y,z)$,有一确定的电场强度 $\boldsymbol{E}$,在电场中不同点的 $\boldsymbol{E}$ 一般不相同,因此,$\boldsymbol{E}$ 应是空间坐标 (x,y,z) 的函数,可记作 $\boldsymbol{E}(x,y,z)$,所有这些电场强度 $\boldsymbol{E}(x,y,z)$ 的总体形成一矢量场.

在国际单位制中,力的单位是 N,电荷量的单位是 C,根据式(7-5),电场强度的单位是 N/C. 电场是一种看不见、摸不着的物质,却又无处不在,其强度有着极大差别. 如地球表面附近的电场强度约为 100 N/C,闪电内的电场强度约为 10^6 N/C,中子星表面的电场强度高达 10^{14} N/C. 家用电路线路内存在约 10^{-2} N/C 的电场,日光灯内电场强度约为 10 N/C. 相比于地球表面,宇宙背景辐射内存在的约 10^{-6} N/C 的平均电场强度就显得很微弱了.

三、电场强度的叠加原理

如果电场是由 n 个点电荷 $q_1,q_2,\cdots,q_n$ 共同激发的. 根据电场力的叠加原理,

试探电荷 q_0 在电荷系的电场中某点 P 处所受的力等于各个点电荷单独存在时对 q_0 作用的力的矢量和，即

$$\boldsymbol{F}=\boldsymbol{F}_1+\boldsymbol{F}_2+\cdots+\boldsymbol{F}_n=\sum_{i=1}^{n}\boldsymbol{F}_i$$

两边除以 q_0 得

$$\frac{\boldsymbol{F}}{q_0}=\frac{\boldsymbol{F}_1}{q_0}+\frac{\boldsymbol{F}_2}{q_0}+\cdots+\frac{\boldsymbol{F}_n}{q_0}$$

按电场强度的定义，等号右边各项分别是各个点电荷在 P 点所激发电场的电场强度，而左边为 P 点的总电场强度，即

$$\boldsymbol{E}=\boldsymbol{E}_1+\boldsymbol{E}_2+\cdots+\boldsymbol{E}_n=\sum_{i=1}^{n}\boldsymbol{E}_i \tag{7-6}$$

上式说明，点电荷系在空间任一点所激发电场的总电场强度等于各个点电荷单独存在时在该点各自所激发电场的电场强度的矢量和. 这就是**电场强度叠加原理**(superposition principle of electric field intensity)，简称场强叠加原理. 利用这一原理，可以计算任意带电体所激发电场的电场强度，因为任何带电体都可以看作许多点电荷的集合.

四、电场强度的计算

如果电荷分布已知，那么从点电荷的电场强度公式出发，根据电场强度叠加原理，就可求出任意电荷分布所激发电场的场强. 下面说明计算电场强度的方法.

1. 点电荷的电场强度

设在真空中有一个静止的点电荷 q(称为场源电荷)，则距 q 为 r 的 P 点(一般称场点)的电场强度，可由式(7-2)和式(7-5)求得. 其步骤是先设想在 P 点放一检验电荷 q_0，由式(7-1)可知，作用在 q_0 上的电场力是

$$\boldsymbol{F}=\frac{1}{4\pi\varepsilon_0}\frac{qq_0}{r^2}\boldsymbol{e}_r$$

式中 $\boldsymbol{e}_r$ 是由点电荷 q 指向 P 点的单位矢量，再应用式(7-5)可求得 P 点的电场强度为

$$\boxed{\boldsymbol{E}=\frac{1}{4\pi\varepsilon_0}\frac{q}{r^2}\boldsymbol{e}_r} \tag{7-7}$$

由式(7-7)可知，点电荷 q 在空间任一点所激发电场的电场强度大小与点电荷的电荷量 q 成正比，与点电荷 q 到该点距离 r 的平方成反比. 如果 q 为正电荷，$\boldsymbol{E}$ 的方向与 $\boldsymbol{e}_r$ 的方向一致，即背离 q；如果 q 为负电荷，$\boldsymbol{E}$ 的方向与 $\boldsymbol{e}_r$ 的方向相反，即指向 q，如图 7-6 所示.

2. 点电荷系的电场强度

如果电场是由 n 个点电荷 q_1、q_2、…、q_n 共同激发的，而场点 P 与各点电荷的

距离分别为 r_1、r_2、…、r_n.

设各点电荷指向 P 点的单位矢量分别为 $\boldsymbol{e}_{r1}$、$\boldsymbol{e}_{r2}$、…、$\boldsymbol{e}_{rn}$，按式(7-7)，各点电荷在 P 点所激发电场的电场强度分别为

$$\boldsymbol{E}_1=\frac{1}{4\pi\varepsilon_0}\frac{q}{r_1^2}\boldsymbol{e}_{r1},\boldsymbol{E}_2=\frac{1}{4\pi\varepsilon_0}\frac{q}{r_2^2}\boldsymbol{e}_{r2},\cdots,\boldsymbol{E}_n=\frac{1}{4\pi\varepsilon_0}\frac{q}{r_n^2}\boldsymbol{e}_{rn}$$

如图 7-7 所示，根据场强叠加原理，这个点电荷系在 P 点所激发电场的总电场强度 $\boldsymbol{E}$ 为

$$\boldsymbol{E}=\boldsymbol{E}_1+\boldsymbol{E}_2+\cdots+\boldsymbol{E}_n=\sum_{i=1}^{n}\frac{q_i}{4\pi\varepsilon_0 r_i^2}\boldsymbol{e}_{ri} \tag{7-8}$$

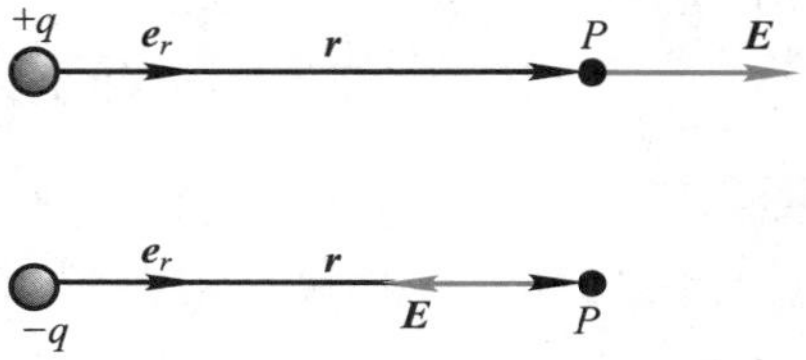

图 7-6　点电荷的电场强度

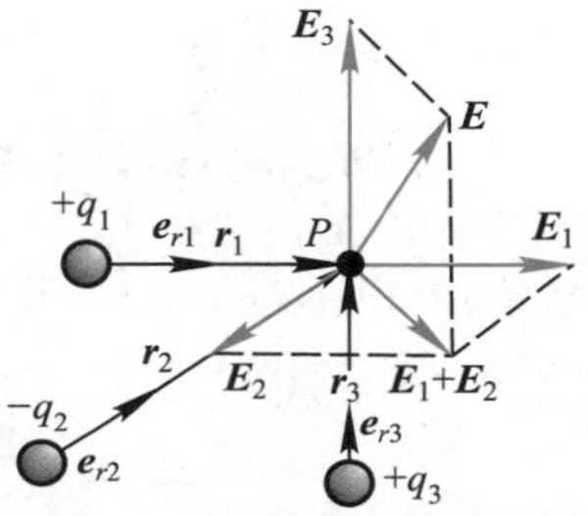

图 7-7　点电荷系的电场强度

例题 7-2　电偶极子的电场

两个大小相等符号相反的点电荷 $+q$ 和 $-q$，它们之间距离为 l，当这个距离 l 比所考虑的场点到它们的距离小得多时，这一电荷系统称为电偶极子(electric dipole). 连接两电荷的直线称为电偶极子的轴线，取从负电荷指向正电荷的矢量 $\boldsymbol{l}$ 的方向作为轴线的正方向. 电荷量 q 与矢量 $\boldsymbol{l}$ 的乘积定义为电偶极矩，简称电矩(electric moment). 电矩是矢量，用 $\boldsymbol{p}$ 表示，即

$$\boldsymbol{p}=q\boldsymbol{l}$$

试计算电偶极子轴线的延长线上和中垂线上任一点的电场强度.

解　我们首先计算电偶极子轴线的延长线上某点 A 处的电场强度 $\boldsymbol{E}_A$. 选取电偶极子轴线的中心 O 为坐标原点，A 点的坐标为 $(x,0)$，$x\gg l$，如图 7-8(a) 所示. $+q$ 和 $-q$ 在 A 点所激发电场的电场强度 $\boldsymbol{E}_+$ 和 $\boldsymbol{E}_-$ 分别为

$$\boldsymbol{E}_+=\frac{q}{4\pi\varepsilon_0\left(x-\frac{l}{2}\right)^2}\boldsymbol{i},\qquad \boldsymbol{E}_-=-\frac{q}{4\pi\varepsilon_0\left(x+\frac{l}{2}\right)^2}\boldsymbol{i}$$

在 A 点 $\boldsymbol{E}_+$ 与 $\boldsymbol{E}_-$ 方向相反，总电场强度 $\boldsymbol{E}_A$ 为

$$\boldsymbol{E}_A=\boldsymbol{E}_++\boldsymbol{E}_-=\frac{q}{4\pi\varepsilon_0}\left[\frac{1}{\left(x-\frac{l}{2}\right)^2}-\frac{1}{\left(x+\frac{l}{2}\right)^2}\right]\boldsymbol{i}=\frac{2qxl}{4\pi\varepsilon_0\left[x^2-\left(\frac{l}{2}\right)^2\right]^2}\boldsymbol{i}$$

因为 $x\gg l$，上式分母中 $l^2/4x^2\ll1$，所以

$$\boxed{E_A=\frac{1}{4\pi\varepsilon_0}\frac{2ql}{x^3}i=\frac{1}{4\pi\varepsilon_0}\frac{2p}{x^3}} \tag{7-9}$$

$\boldsymbol{E}_A$ 的指向与电偶极矩 $\boldsymbol{p}$ 的指向相同，如图 7-8(a)所示.

其次，计算电偶极子的中垂线上某点 $B(0,y)$ 的电场强度 $\boldsymbol{E}_B$，如图 7-9(b)所示，$+q$ 和$-q$ 分别在 B 点所激发电场的电场强度 $\boldsymbol{E}_+$和 $\boldsymbol{E}_-$的大小相等，其矢量式分别为

$$\boldsymbol{E}_+=-\frac{q}{4\pi\varepsilon_0\left(y^2+\dfrac{l^2}{4}\right)}\cos\alpha\,\boldsymbol{i}+\frac{q}{4\pi\varepsilon_0\left(y^2+\dfrac{l^2}{4}\right)}\sin\alpha\,\boldsymbol{j}$$

$$\boldsymbol{E}_-=-\frac{q}{4\pi\varepsilon_0\left(y^2+\dfrac{l^2}{4}\right)}\cos\alpha\,\boldsymbol{i}-\frac{q}{4\pi\varepsilon_0\left(y^2+\dfrac{l^2}{4}\right)}\sin\alpha\,\boldsymbol{j}$$

因而 B 点的总电场强度为

$$\boldsymbol{E}_B=\boldsymbol{E}_++\boldsymbol{E}_-=-2\frac{q}{4\pi\varepsilon_0\left(y^2+\dfrac{l^2}{4}\right)}\cos\alpha\,\boldsymbol{i}=-\frac{ql}{4\pi\varepsilon_0\left(y^2+\dfrac{l^2}{4}\right)^{3/2}}\boldsymbol{i}$$

利用 $y\gg l$ 的条件，则$\left(y^2+\dfrac{l^2}{4}\right)^{3/2}\approx y^3$，由此可得

$$\boxed{\boldsymbol{E}_B=-\frac{1}{4\pi\varepsilon_0}\frac{ql}{y^3}\boldsymbol{i}=-\frac{1}{4\pi\varepsilon_0}\frac{\boldsymbol{p}}{y^3}} \tag{7-10}$$

$\boldsymbol{E}_B$ 的指向与电偶极矩 $\boldsymbol{p}$ 的指向相反，如图 7-8(b)所示.

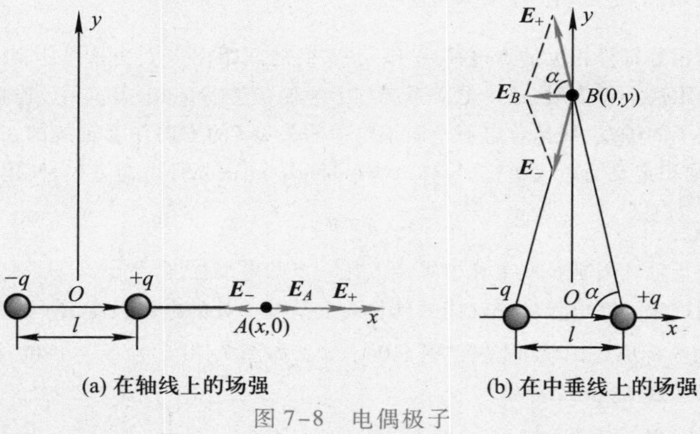

(a) 在轴线上的场强　　(b) 在中垂线上的场强

图 7-8　电偶极子

由上述结果可见，远离电偶极子处的场强与距离的三次方成反比，与电偶极子的电偶极矩的大小 ql 成正比. 若电荷量 q 增大一倍而同时 l 减小一半，则电偶极子在远处所激发电场的电场强度不变. 因此，能够表征电偶极子电性质的参量，既不单是电荷量 q，也不单是距离 l，而是它的电偶极矩 $\boldsymbol{p}=q\boldsymbol{l}$.

电偶极子是一个重要的物理模型，在研究电介质的极化、电磁波的发射和吸收以及中性分子之间的相互作用等问题时，都要用到电偶极子的模型.

3. 连续分布电荷的电场强度

从微观结构来看，任何带电体所带的电荷都由大量过剩的电子(或质子)所

组成,因而实际上带电体上的电荷分布是不连续的.但从宏观角度出发,可以把电荷看作连续分布在带电体上.引进连续分布电荷的概念,再应用电场强度叠加原理,就可以计算任意带电体所激发电场的电场强度.为此,我们把带电体看成是许多极小的连续分布的电荷元 $\mathrm{d}q$ 的集合,每一个电荷元 $\mathrm{d}q$ 都当作点电荷来处理,而电荷元 $\mathrm{d}q$ 在 P 点所激发电场的电场强度,按点电荷的电场强度公式可写为

$$\mathrm{d}\boldsymbol{E}=\frac{1}{4\pi\varepsilon_0}\frac{\mathrm{d}q}{r^2}\boldsymbol{e}_r$$

式中 $\boldsymbol{e}_r$ 是从 $\mathrm{d}q$ 所在点指向 P 点的单位矢量.带电体的全部电荷在 P 点所激发电场的电场强度,是所有的电荷元所激发电场的电场强度 $\mathrm{d}\boldsymbol{E}$ 的矢量和,因为电荷是连续分布的,我们把式(7-8)中的累加号换成积分号,求得 P 点的电场强度为

$$\boldsymbol{E}=\int\mathrm{d}\boldsymbol{E}=\frac{1}{4\pi\varepsilon_0}\int\frac{\mathrm{d}q}{r^2}\boldsymbol{e}_r \tag{7-11}$$

由上可见,在计算连续分布电荷的电场强度时大致有这样几个步骤:(1) 在带电体上按其几何形状和带电特征任取一电荷元 $\mathrm{d}q$;(2) 写出该电荷元 $\mathrm{d}q$ 在所求场点的电场表达式 $\mathrm{d}\boldsymbol{E}$,分析不同电荷元在所求场点的电场方向是否相同,如果不同则必须将矢量式 $\mathrm{d}\boldsymbol{E}$ 进行分解,写出 $\mathrm{d}\boldsymbol{E}$ 在具体坐标系各坐标轴方向上的分量式,并对这些分量进行积分;(3) 将各分量进行矢量合成,得到所求点的电场强度矢量 $\boldsymbol{E}$.下面,我们通过几个典型的例题,介绍计算连续分布电荷所激发电场的电场强度的方法.

例题 7-3 均匀带电直棒的电场

设有一均匀带电直棒,长度为 L,总电荷量为 q,棒外一点 P 离开直棒的垂直距离为 a,P 点和直棒两端的连线与直棒之间的夹角分别为 θ_1 和 θ_2(图 7-9).求 P 点的电场强度.

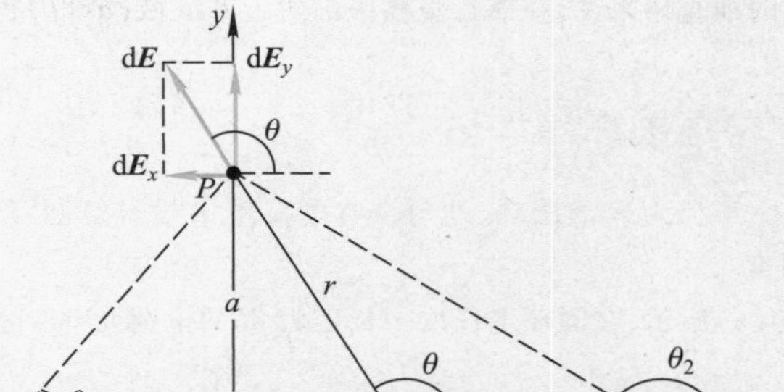

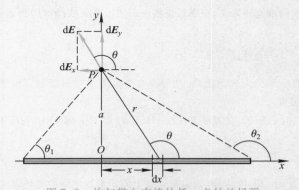

图 7-9 均匀带电直棒外任一点处的场强

解 如图取 P 点到直棒的垂足 O 为原点,坐标轴 Ox 沿带电直棒,Oy 通过 P 点.设直棒上每单位长度所带的电荷量为 λ(λ 就是电荷线密度),即 $\lambda=q/L$.按上面所讲的解题步骤,首先在棒上离原点为 x 处取一长度为 $\mathrm{d}x$ 的电荷元,其电荷量为 $\mathrm{d}q=\lambda\mathrm{d}x$,在 P 点所激发电场的电场强度 $\mathrm{d}\boldsymbol{E}$ 为

$$dE=\frac{1}{4\pi\varepsilon_0}\frac{\lambda dx}{r^2}e_r$$

式中 e_r 是从 dx 指向 P 点的单位矢量. 设 dE 与 x 轴之间的夹角为 θ,则 dE 沿 Ox 轴和 Oy 轴的两个分量分别为 $dE_x=dE\cos\theta, dE_y=dE\sin\theta$. 从图可知

$$x=a\tan\left(\theta-\frac{\pi}{2}\right)=-a\cot\theta,\qquad dx=a\csc^2\theta d\theta,\qquad r^2=x^2+a^2=a^2\csc^2\theta$$

所以

$$dE_x=\frac{\lambda}{4\pi\varepsilon_0 a}\cos\theta d\theta,\qquad dE_y=\frac{\lambda}{4\pi\varepsilon_0 a}\sin\theta d\theta$$

将上列两式积分,得

$$E_x=\int dE_x=\int_{\theta_1}^{\theta_2}\frac{\lambda}{4\pi\varepsilon_0 a}\cos\theta d\theta=\frac{\lambda}{4\pi\varepsilon_0 a}(\sin\theta_2-\sin\theta_1)$$

$$E_y=\int dE_y=\int_{\theta_1}^{\theta_2}\frac{\lambda}{4\pi\varepsilon_0 a}\sin\theta d\theta=\frac{\lambda}{4\pi\varepsilon_0 a}(\cos\theta_1-\cos\theta_2)$$

电场强度的大小为

$$E=\sqrt{E_x^2+E_y^2}=\frac{\lambda}{4\pi\varepsilon_0 a}\sqrt{2-2\cos(\theta_1-\theta_2)}$$

其方向可用 E 与 Ox 轴的夹角 α 表示

$$\alpha=\arctan\frac{E_y}{E_x}=\arctan\frac{\cos\theta_1-\cos\theta_2}{\sin\theta_2-\sin\theta_1}$$

如果这一均匀带电直棒是无限长的,亦即 $\theta_1=0,\theta_2=\pi$,那么

$$\boxed{E=\frac{\lambda}{2\pi\varepsilon_0 a}} \tag{7-12}$$

式(7-12)表明,无限长均匀带电直棒附近某点的电场强度 E 与该点离带电直棒的距离 a 成反比,E 的方向垂直于直棒. 若 λ 为正,E 沿 Oy 轴的正方向;若 λ 为负,E 沿 Oy 轴的负方向. 以上结果对有限长的细直棒来说,在靠近直棒中部附近的区域($a\ll L$)也近似成立.

例题 7-4 带电圆环的电场

在 Oyz 平面有一半径为 R 的圆环,均匀带有电荷量 q. 试计算圆环轴线(Ox 轴)上任意一点 P 处的电场强度.

解 如图 7-10(a)所示,在圆环上任取一长度为 dl 的电荷元 dq,它所带的电荷量为

$$dq=\frac{q}{2\pi R}dl$$

dl 对 O 点的张角为 $d\beta$,则 $dl=Rd\beta$. 该电荷元在 P 点所激发电场的电场强度 dE 可写为

$$dE=\frac{dq}{4\pi\varepsilon_0 r^2}e_r=\frac{1}{4\pi\varepsilon_0}\frac{q}{2\pi Rr^2}Rd\beta e_r$$

式中 e_r 是从 dl 指向 P 点的单位矢量,把 dE 分解为分量 dE_x、dE_y 和 dE_z,其表达式为

$$dE_x=dE\cos\theta$$

$$dE_y = -dE\sin\theta\cos\beta$$

$$dE_z = -dE\sin\theta\sin\beta$$

由图可以看出

$$\cos\theta = \frac{x}{r} = \frac{x}{\sqrt{x^2+R^2}}, \qquad \sin\theta = \frac{R}{r} = \frac{R}{\sqrt{x^2+R^2}}$$

将 dE 代入,由此可作积分运算,有

$$E_x = \int dE_x = \frac{1}{4\pi\varepsilon_0}\frac{q}{2\pi R}\frac{\cos\theta}{r^2}R\int_0^{2\pi}d\beta = \frac{qx}{4\pi\varepsilon_0\ (x^2+R^2)^{3/2}}$$

$$E_y = \int dE_y = -\frac{1}{4\pi\varepsilon_0}\frac{q}{2\pi R}\frac{\sin\theta}{r^2}R\int_0^{2\pi}\cos\beta\, d\beta = 0$$

$$E_z = \int dE_z = -\frac{1}{4\pi\varepsilon_0}\frac{q}{2\pi R}\frac{\sin\theta}{r^2}R\int_0^{2\pi}\sin\beta\, d\beta = 0$$

$$E = \sqrt{E_x^2+E_y^2+E_z^2} = \frac{qx}{4\pi\varepsilon_0(x^2+R^2)^{3/2}}$$

上述解法在数学运算上显得较为复杂.事实上,我们可以根据本例的轴对称性,将 d$\boldsymbol{E}$ 分解为平行于 Ox 轴线的分量 d$\boldsymbol{E}_{//}$ 和垂直于轴线的分量 d$\boldsymbol{E}_{\perp}$[图 7-10(b)].根据对称性,不难发现各电荷元的电场强度在垂直于 Ox 轴方向上的分量 d$\boldsymbol{E}_{\perp}$ 相互抵消.所以 P 点的合电场强度是平行于 Ox 轴的那些分量 d$\boldsymbol{E}_{//}$ 的总和,即

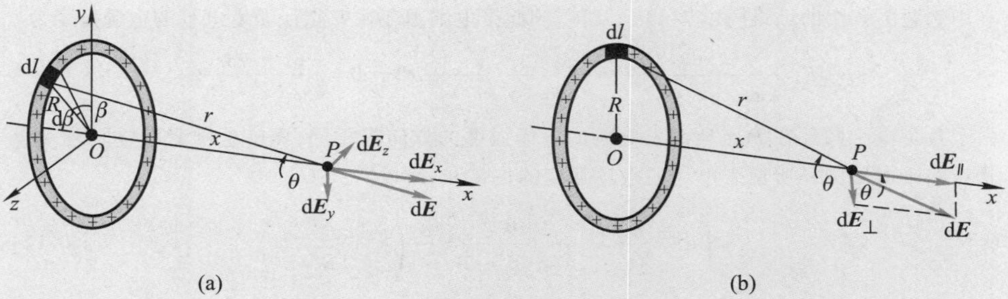

图 7-10 均匀带电圆环轴线上任一点处的电场强度

$$E = \int dE_{//} = \int dE\cos\theta = \frac{1}{4\pi\varepsilon_0}\frac{q}{2\pi R}\frac{\cos\theta}{r^2}\oint dl$$

积分得

$$\boxed{E = \frac{qx}{4\pi\varepsilon_0\ (x^2+R^2)^{3/2}}} \tag{7-13}$$

这样的分析计算比前一方法简单得多.若 q 为正电荷,则 $\boldsymbol{E}$ 的方向沿 Ox 轴正方向;若 q 为负电荷,则 $\boldsymbol{E}$ 的方向沿 Ox 轴负方向.当 $x=0$ 时,即在圆环中心,$E=0$;当 $x>>R$,即 P 点远离圆环时,$(x^2+R^2)^{3/2}\approx x^3$,则上式可近似地写作

$$\boxed{E = \frac{q}{4\pi\varepsilon_0 x^2}}$$

与环上电荷全部集中在环心处的一个点电荷所激发电场的电场强度相同.此时当 $x\to\infty$ 时,

E 也为零. 从 $x=0, E=0$ 到 $x\to\infty, E=0$, 说明在中间某个位置电场强度 E 有极大值, 读者可对式(7-13)进行微分, 令 $dE/dx=0$, 求出这个最大的场强 E_{max} 及其位置.

例题 7-5 带电圆盘的电场

试计算均匀带电圆盘轴线上与盘心 O 相距为 x 的任一给定点 P 处的电场强度. 设盘的半径为 R, 电荷面密度(即单位面积上的电荷量)为 σ.

解 根据本题的电荷分布具有轴对称的特点, 如图 7-11 所示, 可以把圆盘分成一系列同心的细圆环, 每个细圆环可看作电荷元, 圆盘轴上各点处的电场强度就是这些半径不同的细圆环产生的电场强度的叠加. 半径为 r, 宽度为 dr 的细圆环所带的电荷量为

$$dq=\sigma 2\pi r dr$$

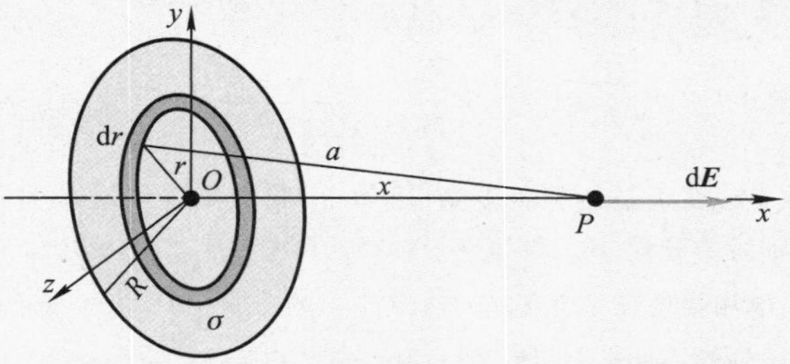

图 7-11 均匀带电圆盘轴线上任一点处的电场强度

利用例题 7-4 中的结果[式(7-13)], 可得到此带电细圆环在 P 点所激发电场的电场强度为

$$dE=\frac{x dq}{4\pi\varepsilon_0\ (x^2+r^2)^{3/2}}=\frac{1}{4\pi\varepsilon_0}\frac{x}{(x^2+r^2)^{3/2}}\sigma 2\pi r dr=\frac{\sigma x}{2\varepsilon_0}\frac{r dr}{(x^2+r^2)^{3/2}}$$

由于各带电细圆环在 P 点所激发电场的电场强度的方向都相同, 而带电圆盘的电场强度就是这些带电细圆环所激发电场的电场强度的矢量和, 所以

$$E=\int dE=\frac{\sigma x}{2\varepsilon_0}\int_0^R\frac{r dr}{(x^2+r^2)^{3/2}}=\frac{\sigma}{2\varepsilon_0}\left(1-\frac{x}{\sqrt{R^2+x^2}}\right) \tag{7-14}$$

电场强度 $\boldsymbol{E}$ 的方向与圆盘相垂直, 其指向则视 σ 的正负而定. $\sigma>0$, $\boldsymbol{E}$ 沿 Ox 轴正方向; $\sigma<0$, $\boldsymbol{E}$ 沿 Ox 轴负方向.

由上述结果, 我们讨论两个特殊情况.

(1) 若 $R\gg x$, 即在 P 点看来可认为均匀带电圆盘为无限大, 则 P 点的电场强度可由对上式取极限求得

$$E=\frac{\sigma}{2\varepsilon_0} \tag{7-15}$$

只要 P 点与任意带电平面间的距离远小于该点到带电平面边缘各点的距离, 即对均匀带电平面中部附近各点来说, 此平面都可看作是无限大, 其电场强度都可以由式(7-15)近似表示. 这表明无限大均匀带电平面所激发的电场与距离 x 无关, 在平面两侧各点有大小相等、方向都与平面相垂直的**均匀电场**(uniform electric field), 也称作匀强电场.

(2) 若 $x\gg R$, 利用二项式定理展开的近似式, 略去 R/x 的高次项后可以把式(7-14)括号中后一项处理为

$$\left(1+\frac{R^2}{x^2}\right)^{-1/2}=1-\frac{1}{2}\frac{R^2}{x^2}+\frac{3}{8}\left(\frac{R^2}{x^2}\right)^2-\cdots\approx 1-\frac{1}{2}\frac{R^2}{x^2}$$

于是 P 点的电场强度为

$$\boldsymbol{E}=\frac{\sigma R^2}{4\varepsilon_0 x^2}\boldsymbol{i}=\frac{q}{4\pi\varepsilon_0 x^2}\boldsymbol{i}$$

式中 $q=\sigma\pi R^2$ 是圆盘所带的电荷量. 由此可见,当 P 点离开圆盘的距离比圆盘本身的大小大得多时,P 点的电场强度与电荷量 q 集中在圆盘的中心的一个点电荷在该点所激发的电场强度相同. 从上面两个例子,也可以进一步理解点电荷概念的相对性.

五、电场对电荷的作用力

如果已知电场强度分布 $\boldsymbol{E}$,就不难求得任一点电荷 q 在电场中所受的电场力为

$$\boxed{\boldsymbol{F}=q\boldsymbol{E}} \tag{7-16}$$

q 为正时,所受力 $\boldsymbol{F}$ 的方向与电场强度 $\boldsymbol{E}$ 的方向相同;q 为负时,所受力 $\boldsymbol{F}$ 的方向与电场强度 $\boldsymbol{E}$ 的方向相反(图 7-12). 式(7-16)是一个体现电场力特点的结果. 库仑定律表述了点电荷之间的作用力,对一个受复杂带电体作用的点电荷的受力计算,直接应用库仑定律是困难的,但若知道任何复杂带电体的电场强度$\boldsymbol{E}(r)$,那么由式(7-16)却可很方便地计算点电荷 q 在其中所受到的作用力.

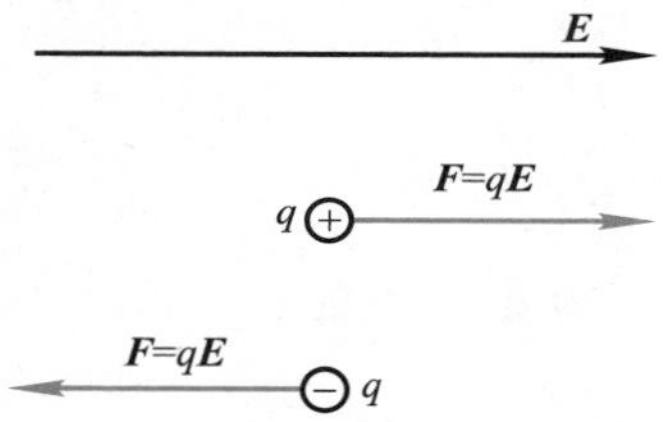

图 7-12 电场对正、负电荷作用力的方向

例题 7-6

试求电偶极子在均匀外电场中所受的作用力,并分析电偶极子在非均匀外电场中的运动.

解 如图 7-13(a)所示,设在均匀外电场中,电偶极子的电偶极矩 $\boldsymbol{p}$ 的方向与场强 $\boldsymbol{E}$ 方向间的夹角为 θ,根据式(7-16),作用在电偶极子正负电荷上的力 $\boldsymbol{F}_1$ 和 $\boldsymbol{F}_2$ 的大小均为

$$F=F_1=F_2=qE$$

由于 $\boldsymbol{F}_1$ 和 $\boldsymbol{F}_2$ 的大小相等,方向相反,合力为零,电偶极子没有平动运动;但由于作用力不在同一直线上,所以电偶极子要受到力矩的作用,这个力矩的大小为

$$M=Fl\sin\theta=qEl\sin\theta=pE\sin\theta$$

写成矢量式为

$$\boxed{\boldsymbol{M}=\boldsymbol{p}\times\boldsymbol{E}} \tag{7-17}$$

在这个力矩的作用下,电偶极子的电偶极矩 $\boldsymbol{p}$ 将转向外电场 $\boldsymbol{E}$ 的方向,直到 $\boldsymbol{p}$ 和 $\boldsymbol{E}$ 的方向一致时($\theta=0$),力矩才等于零而平衡. 显然,当 $\boldsymbol{p}$ 和 $\boldsymbol{E}$ 的方向相反时($\theta=\pi$),力矩也等于零,但这种情况是不稳定平衡,如果电偶极子稍受扰动,偏离这个位置,力矩的作用将使电偶极子

摩擦后的玻璃棒吸引小纸片

$\boldsymbol{p}$ 的方向转到和 $\boldsymbol{E}$ 的方向一致为止.

在不均匀电场中[图 7-13(b)],电偶极子一方面将受到力矩的作用,使电矩 $\boldsymbol{p}$ 转到与电场一致的方向,同时,电偶极子还受到一个合力的作用,如图 7-7(b)中 $F_1>F_2$,促使它向电场较强的方向移动.在摩擦起电的实验中,小纸片被吸引到玻璃棒上的运动就是这种情况.玻璃棒经摩擦起电后,在周围产生了一非均匀电场,在这个非均匀电场内的小纸片被极化而带有分开的正负电荷(关于极化的机制参看 §7-8),它们受到的吸引力大于排斥力,于是产生了电偶极子在非均匀电场中的运动.

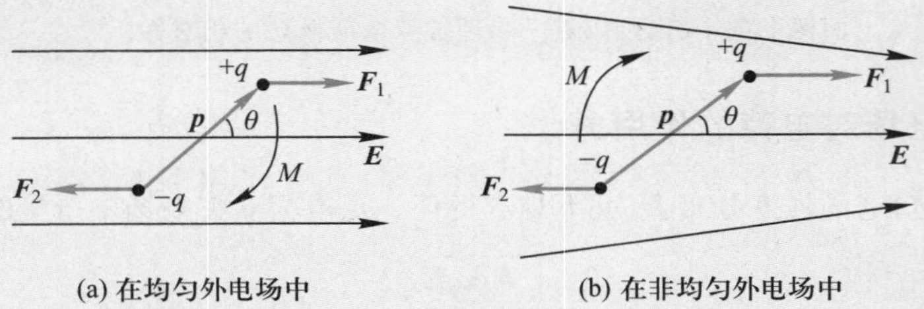

图 7-13 电偶极子在外电场中的受力

例题 7-7

喷墨打印机的结构如图 7-14 所示.墨滴(半径约 10^{-5} m)从墨盒射出(每秒钟可射出约 10^5 个墨滴,每个字母约需百余滴),经带电室带上负电荷,从计算机输入的信号控制电荷量,带电的墨滴进入偏转板,经电场使带不同电荷量的墨滴沿不同方向射出,打到纸上显出字体.

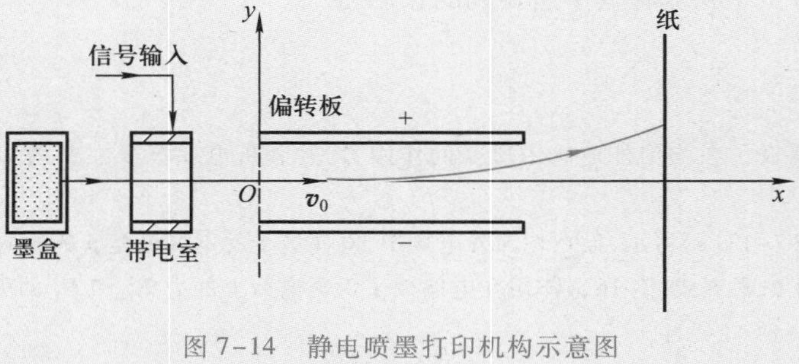

图 7-14 静电喷墨打印机构示意图

设一个墨滴的质量为 1.5×10^{-10} kg,经过带电室后带有 -1.4×10^{-13} C 的电荷量,随后以 20 m/s 的速度进入偏转板,偏转板的长度为 1.6 cm.如果板间的电场强度为 1.6×10^6 N/C,求此墨滴离开偏转板时在竖直方向偏转的距离.

解 以墨滴进入偏转板处为坐标原点 O,取如图 7-14 所示直角坐标系.墨滴在偏转板中受电场力 $F=qE$,由于墨滴带负电,电场强度方向沿 y 轴负向,则墨滴受力的方向沿 y 轴正向.由牛顿第二定律可知,墨滴的加速度为

$$a=\frac{F}{m}=\frac{qE}{m}$$

墨滴在离开偏转板时在竖直方向偏转的距离为

$$y=\frac{1}{2}at^2$$

将 $t=\frac{l}{v_0}$ 代入得

$$y=\frac{1}{2}\frac{qE}{m}\left(\frac{l}{v_0}\right)^2$$

把已知数据代入得

$$y=\frac{1}{2}\left(\frac{1.4\times10^{-13}\times1.6\times10^{6}}{1.5\times10^{-10}}\right)\left(\frac{1.6\times10^{-2}}{20}\right)^2 \text{ m}$$

$$\approx0.48\times10^{-3}\text{ m}=0.48\text{ mm}$$

六、电场线 电场强度通量

为了形象地描述电场强度在空间的分布情形，使电场有一个比较直观的图像，通常引入由法拉第首先提出的**电场线**的概念. 电场线是这样一些曲线，它上面每一点的切线方向都与该点处的电场强度 $\boldsymbol{E}$ 的方向一致（见图 7-15）. 为了表示电场强度的大小，我们规定，电场中任一点电场线的密度与该点的电场强度的大小成正比，即电场强度较大的地方电场线较密，电场强度较小的地方电场线较疏. 这样，电场线的疏密就形象地反映了电场中电场强度大小的分布. 图 7-16 中画出几种常见电荷静止分布时电场的电场线图.

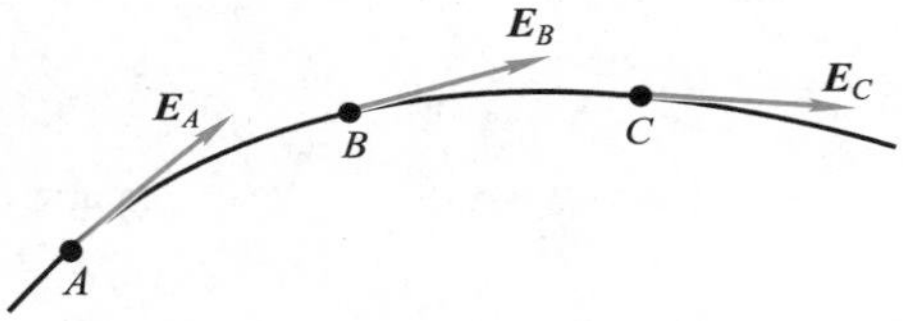

图 7-15 电场线

由图 7-16 可以看出，静电场的电场线有如下的性质：(1) 电场线起始于正电荷（或来自无限远处），终止于负电荷（或伸向无限远处），不会在没有电荷的地方中断（电场强度为零的奇异点除外）；(2) 电场线不能形成闭合曲线；(3) 任何两条电场线不会相交. 前两点是静电场电场强度 $\boldsymbol{E}$ 这一矢量场的性质的反映，我们将在后面介绍有关定理时再给予说明，而最后一点则是电场中每一点处的电场强度具有确定方向的必然结果. 必须注意到，虽然在电场中每一点正电荷所受的力和通过该点的电场线方向相同，但是在一般情况下，电场线并不是一个正电荷在电场中运动的轨迹.

借助于电场线的图像，我们可以引入电场强度通量这一描述电场的重要概念. 按照电场线的作图法，均匀电场的电场线是一系列均匀分布的平行直线［图 7-17(a)］. 在均匀电场中取一个想象的平面，其面积为 S 并与 $\boldsymbol{E}$ 的方向垂直. 在此情况下，如果取电场线的密度等于场强的大小，则通过这一平面的电场线总数等于

$$\Phi_e=ES \tag{7-18}$$

电场线条数 Φ_e 也称作通过该面积的**电场强度通量**，即 **E 通量**. 如果引入**面积矢量** $\boldsymbol{S}$，其大小等于平面的面积 S，其方向为平面正法线的方向，那么当平面正法线

两点电荷的电场线

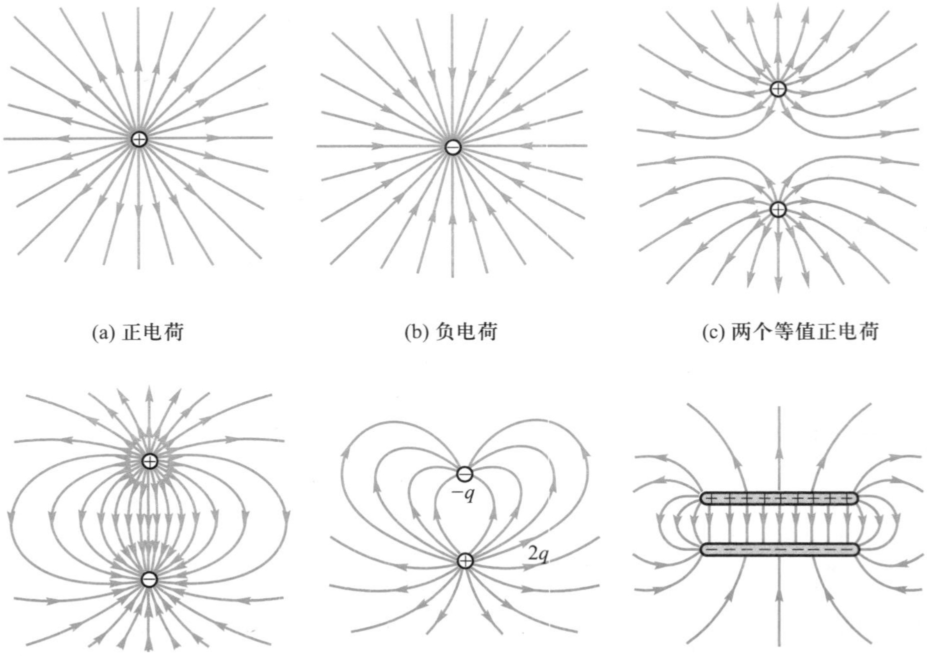

(a) 正电荷 (b) 负电荷 (c) 两个等值正电荷

(d) 两个等值异号电荷 (e) 电荷+2q与电荷$-q$ (f) 正负带电板

图 7-16 几种常见电场的电场线图

的单位矢量 $\boldsymbol{e}_n$ 与 $\boldsymbol{E}$ 成 θ 角时[图 7-17(b)],通过这一平面的 $\boldsymbol{E}$ 通量为

$$\Phi_e = E\cos\theta S = E_n S = \boldsymbol{E} \cdot \boldsymbol{S} \tag{7-19}$$

平面正法线的方向与电场强度 $\boldsymbol{E}$ 之间的夹角可以是锐角,也可以是钝角,当 θ 为锐角时,$\cos\theta>0$,Φ_e 为正值;θ 为钝角时,$\cos\theta<0$,Φ_e 为负值;如果 $\theta=\pi/2$,则 $\Phi_e=0$.

一般情况下,电场是不均匀的,而且所取的几何面 S 可以是一个任意的曲面,在曲面上电场强度的大小和方向是逐点变化的,要计算通过该曲面的 $\boldsymbol{E}$ 通量,先要把该曲面划分为无限多个面积元 d$\boldsymbol{S}$,在每一个无限小的面积元 d$\boldsymbol{S}$ 上电场强度 $\boldsymbol{E}$ 可以认为是均匀的. 设 d$\boldsymbol{S}$ 的法线单位矢量 $\boldsymbol{e}_n$ 与该处的电场强度 $\boldsymbol{E}$ 成 θ 角[图 7-17(c)],那么通过此面积元的 $\boldsymbol{E}$ 通量为

$$\mathrm{d}\Phi_e = E\cos\theta \mathrm{d}S = E_n \mathrm{d}S = \boldsymbol{E} \cdot \mathrm{d}\boldsymbol{S}$$

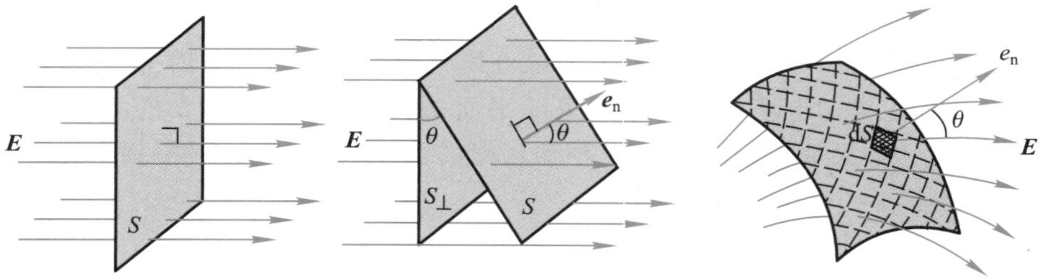

(a) (b) (c)

图 7-17 $\boldsymbol{E}$ 通量的计算

所以对整个曲面积分可求得通过面积为 S 的任意曲面的 $\boldsymbol{E}$ 通量

$$\Phi_e=\int_S E\cos\theta \mathrm{d}S=\int_S \boldsymbol{E}\cdot \mathrm{d}\boldsymbol{S} \tag{7-20}$$

当 S 是闭合曲面时，上式可写成

$$\Phi_e=\oint_S E\cos\theta \mathrm{d}S=\oint_S \boldsymbol{E}\cdot \mathrm{d}\boldsymbol{S} \tag{7-21}$$

必须指出，对非闭合曲面，面法线的正方向可以取曲面的任一侧，对闭合曲面来说，通常规定自内向外的方向为面积元法线的正方向. 所以，在电场线从曲面之内向外穿出时 $\boldsymbol{E}$ 通量为正；反之，在电场线从外部穿入曲面时，$\boldsymbol{E}$ 通量为负.

"通量"是描写矢量场的一个重要的物理量，通量的概念来自流体力学. 流速为 $\boldsymbol{v}$ 的流体在单位时间内通过面积元 ΔS 的流体体积是 $v\cos\theta\Delta S$，θ 是 $\boldsymbol{v}$ 与 ΔS 法线方向之间的夹角，写成矢量式为 $\boldsymbol{v}\cdot\Delta\boldsymbol{S}$. 类似地，在静电场中，通过面积元 ΔS 的电场强度 $\boldsymbol{E}$ 的通量为 $\boldsymbol{E}\cdot\Delta\boldsymbol{S}$.

复习思考题

7-2-1　判断下列说法是否正确，并说明理由.（1）电场中某点电场强度的方向就是将点电荷放在该点处所受电场力的方向；（2）电荷在电场中某点受到的电场力很大，该点的电场强度大小 E 一定很大；（3）在以点电荷为中心、r 为半径的球面上，电场强度大小 E 处处相等.

7-2-2　根据点电荷的电场强度公式(7-7) $\boldsymbol{E}=\dfrac{1}{4\pi\varepsilon_0}\dfrac{q}{r^2}\boldsymbol{e}_r$，当所考察的场点和点电荷的距离 $r\to0$ 时，电场强度大小 $E\to\infty$，这是没有物理意义的，对这个似是而非的问题应如何解释？

7-2-3　为什么在无电荷的空间里电场线不能相交？

7-2-4　在正四边形的四个顶点上，放置四个带相同电荷量的同号点电荷，试定性地画出其电场线图.

§7-3　静电场的高斯定理

一、静电场的高斯定理

高斯定理（Gauss theorem）是表征静电场性质的一个基本定理，它给出了通过闭合曲面的电场强度通量和作为场源的电荷之间的关系.

高斯定理可表述如下：在静电场中，通过任一闭合曲面的电场强度通量等于该曲面内电荷量的代数和除以 ε_0，其数学形式可表示为

$$\oint_S \boldsymbol{E}\cdot \mathrm{d}\boldsymbol{S}=\frac{1}{\varepsilon_0}\sum_i q_i \tag{7-22}$$

静电场的高斯定理可直接从库仑定律和场强叠加原理导出，下面以点电荷的电场为例得出静电场的高斯定理.

首先我们计算在点电荷 $q(q>0)$ 所激发的电场中，通过以点电荷为中心、半径为 r 的球面上的 $\boldsymbol{E}$ 通量. 根据点电荷的电场强度公式，在球面上任一点的电场强度为

$$\boldsymbol{E}=\frac{q}{4\pi\varepsilon_0 r^2}\boldsymbol{e}_r$$

电场强度的方向沿半径呈辐射状，处处和球面的法线单位矢量 $\boldsymbol{e}_{\mathrm{n}}$ 的方向一致（图 7-18），即 $\boldsymbol{e}_{\mathrm{n}}$ 和 $\boldsymbol{e}_r$ 之间的夹角 $\theta=0$. 所以，由式(7-21)可求得通过该闭合球面上的 $\boldsymbol{E}$ 通量为

$$\Phi_{\mathrm{e}}=\oint_S \boldsymbol{E}\cdot\mathrm{d}\boldsymbol{S}=\oint_S\frac{q}{4\pi\varepsilon_0 r^2}\mathrm{d}S=\frac{q}{4\pi\varepsilon_0 r^2}\oint_S\mathrm{d}S=\frac{q}{\varepsilon_0}\tag{7-23}$$

这一结果表明，通过闭合球面上的 $\boldsymbol{E}$ 通量和球面所包围的电荷量成正比，而和所取球面的半径无关. 也就是说，如果以点电荷 q 为球心作几个同心球面 S_1, S_2, S_3, …，通过各球面的 $\boldsymbol{E}$ 通量都等于 q/ε_0（图 7-19）.

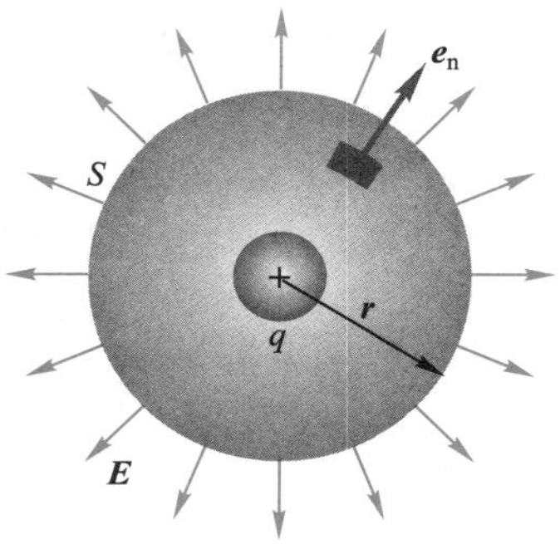

图 7-18 通过以点电荷为球心的球面上的 $\boldsymbol{E}$ 通量

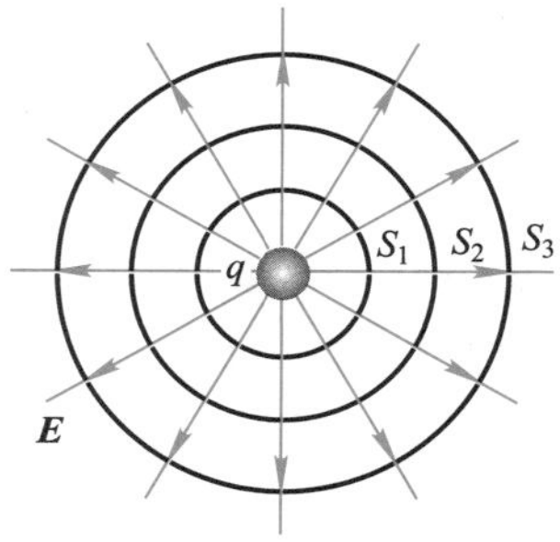

图 7-19 通过以点电荷为球心的同心球面上的 $\boldsymbol{E}$ 通量

从电场线的观点看，即使球面的形状发生了畸变或者点电荷不在球的中心（图 7-20），那么通过畸变了的球面的 $\boldsymbol{E}$ 通量以及点电荷不在中心的球面的 $\boldsymbol{E}$ 通量都没有发生变化，仍为 q_0/ε_0.

再进一步，在有 n 个电荷的情况下，根据电场强度叠加原理，空间任一点的电场强度是这 n 个电荷电场的矢量和

$$\boldsymbol{E}=\boldsymbol{E}_1+\boldsymbol{E}_2+\cdots+\boldsymbol{E}_n$$

如果这 n 个电荷都在一闭合曲面内（图 7-21），此时通过该闭合曲面的 $\boldsymbol{E}$ 通量是

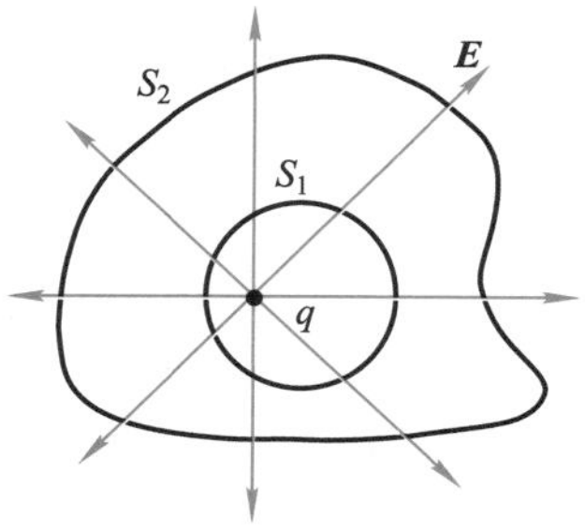

图 7-20 点电荷不在球面中心的 $\boldsymbol{E}$ 通量

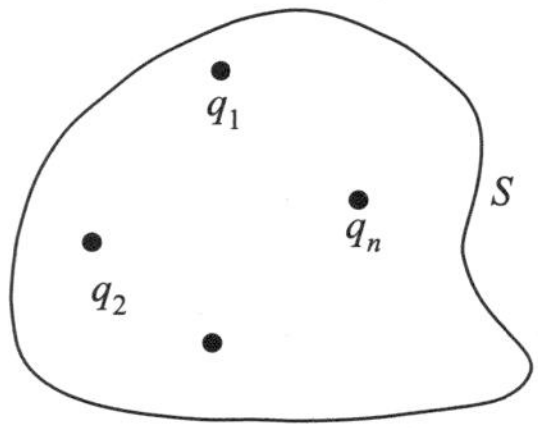

图 7-21 闭合曲面内有 n 个电荷的 $\boldsymbol{E}$ 通量

$$\Phi_e=\oint_S \boldsymbol{E}\cdot \mathrm{d}\boldsymbol{S}=\oint_S \boldsymbol{E}_1\cdot \mathrm{d}S+\oint_S \boldsymbol{E}_2\cdot \mathrm{d}\boldsymbol{S}+\cdots+\oint_S \boldsymbol{E}_n\cdot \mathrm{d}\boldsymbol{S} \tag{7-24}$$

上式右边第一项是电荷 q_1 所激发的电场通过闭合曲面 S 的 $\boldsymbol{E}$ 通量，按式(7-23)它等于 q_1/ε_0. 其余各项有相同的意义，因此，

$$\Phi_e=\oint_S \boldsymbol{E}\cdot \mathrm{d}\boldsymbol{S}=\frac{q_1}{\varepsilon_0}+\frac{q_2}{\varepsilon_0}+\cdots+\frac{q_n}{\varepsilon_0}=\sum_{i=1}^{n}\frac{q_i}{\varepsilon_0} \tag{7-25}$$

另一方面，如果闭合曲面内没有包围电荷，电荷在闭合曲面外，那么进入闭合曲面的电场线等于穿出该闭合曲面的电场线，所以总的 $\boldsymbol{E}$ 通量为零，即

$$\oint_S \boldsymbol{E}\cdot \mathrm{d}\boldsymbol{S}=0\quad (q\text{ 在闭合曲面的外面}) \tag{7-26}$$

下面对高斯定理作几点说明：

(1) 高斯定理给出了电场强度对闭合面的通量与场源电荷的关系，并不是电场强度与场源电荷的关系.

(2) 高斯定理是从库仑定律和场强叠加原理推导出来的. 反之，库仑定律也可以从高斯定理及对称性推导得到. 对静电场来说，两者是反映同一客观规律的两种不同形式. 两者可以相互印证. 但是，库仑定律只适用于静电场，而高斯定理不但适用于静电场，也适用于运动电荷和迅速变化的电场.

(3) 由高斯定理可知，如闭合曲面内含有正电荷，则 $\boldsymbol{E}$ 通量为正，有电场线穿出闭合面；如闭合曲面内含有负电荷，则 $\boldsymbol{E}$ 通量为负，有电场线穿入闭合面. 这说明电场线发自正电荷而终止于负电荷，亦即静电场是有源场.

(4) 在高斯定理的表达式中，右端 $\sum_i q_i$ 是闭合曲面内电荷量的代数和，说明通过闭合曲面的 $\boldsymbol{E}$ 通量只与闭合曲面内的电荷相关(图 7-22 中的 q_1、q_2 和 q_3)；而左端的电场强度 $\boldsymbol{E}$ 却是空间所有电荷(图 7-22 中的 q_1、q_2、q_3、q_4 和 q_5)在闭合曲面上任一点所激发电场的总电场强度，也就是说，闭合曲面外的电荷(图 7-22 中的 q_4 和 q_5)对闭合曲面上各点的电场强度也有贡献，但对整个闭合曲面上 $\boldsymbol{E}$ 通量的贡献却为零.

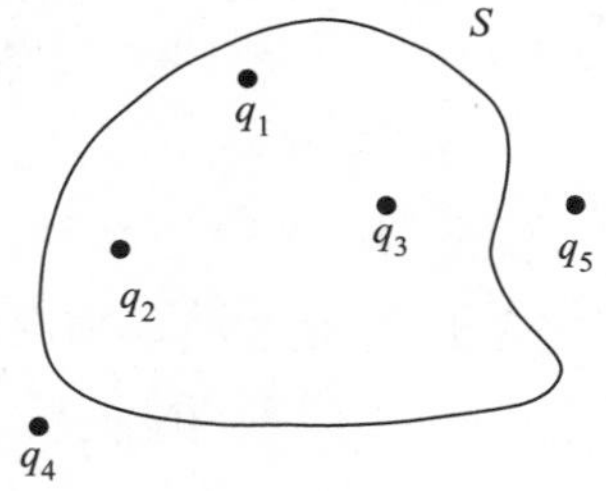

图 7-22 闭合曲面内外均有电荷

高斯定理是由库仑定律导出的，如果定律中 r 偏离二次方指数，例如 $2+\delta$，δ 为指数偏差，则高斯定理不再成立. 1773 年卡文迪什(H. Cavendish)实验证明 δ 不超过 0.02. 以后不断有人做实验，直到 1971 年，实验结果已缩小到 $(2.7\pm3.1)\times10^{-16}$.

二、应用高斯定理计算电场强度示例

一般情况下，当电荷分布给定时，从高斯定理可以求出通过某一闭合曲面的 $\boldsymbol{E}$ 通量，但不能把电场中各点的电场强度确定下来. 只有当电荷分布具有某些特殊的对称性，从而使相应的电场分布也具有一定的对称性时，才有可能应用高斯

定理来计算电场强度. 所以应用高斯定理求解电场强度时,必须考虑以下问题.

1. 分析电荷分布和电场分布是否具有对称性

常见的高对称性的电荷分布有:(1) 球对称性,如点电荷、均匀带电球面或球体等;(2) 轴对称性,如均匀带电直线、柱面或柱体等;(3) 平面对称性,如无限大均匀带电平板等.

2. 闭合面(习惯上称为高斯面)的选择

若把整个闭合面分作若干部分,所有面必须满足下列条件之一:(1) 电场强度垂直于整个闭合面,且大小处处相等;(2) 闭合面上某一部分的电场强度处处相等且方向与该面垂直,另一部分的电场强度与该面平行.

如果能找到适当的闭合面,那么我们就能在应用高斯定理时避免对电场强度 $\boldsymbol{E}$ 作复杂的积分,而只要计算所作高斯面内的电荷量——这往往是比较容易的. 用这样的方法能很方便地求出电场强度. 下面举几个简单例子来说明如何应用高斯定理求解电场强度.

例题 7-8 球对称的电场

求电荷均匀分布的球面和球体所激发的电场强度.

解 设球半径为 R,球所带的电荷量为 q. 根据球对称的特点,所激发的电场分布也具有球对称性. 不论场点 P 是在球面外还是在球面内,过 P 点作半径为 r 与带电球同心的闭合球面,作为应用高斯定理求解电场强度的高斯面,在这个高斯面上各点电场强度的大小都相等,方向沿径向.

按电荷 q 均匀分布在球体内和均匀分布在球面上两种情况来讨论.

(1) 假定电荷 q 均匀分布在整个球体内. 如果 P 点在球外,通过高斯面的 $\boldsymbol{E}$ 通量为

$$\Phi_e=\oint_S \boldsymbol{E}\cdot \mathrm{d}\boldsymbol{S}=E\oint_S \mathrm{d}S=4\pi r^2 E$$

此闭合球面所包围的电荷就是整个球体的电荷量 q,因此按照高斯定理有

$$4\pi r^2 E=\frac{q}{\varepsilon_0}$$

于是

$$E=\frac{q}{4\pi\varepsilon_0 r^2}$$

即

$$\boxed{\boldsymbol{E}=\frac{q}{4\pi\varepsilon_0 r^2}\boldsymbol{e}_r} \tag{7-27}$$

上式与点电荷的电场强度公式完全相同. 可见,电荷呈球对称分布时它在球外各点的电场强度与所带电荷全部集中在球心处的一个点电荷所激发电场的电场强度一样.

如果 P 点在球内,同样地,过 P 点作半径为 r 与带电球同心的高斯面,那么根据高斯定理,通过高斯面的 $\boldsymbol{E}$ 通量为

$$\oint_S \boldsymbol{E}\cdot \mathrm{d}\boldsymbol{S}=E\oint_S \mathrm{d}S=4\pi r^2 E$$

而高斯面所包围的电荷量是半径为 $r(r<R)$ 的球体内的电荷量，即

$$q'=\rho\frac{4}{3}\pi r^3$$

式中 ρ 是电荷体密度（即单位体积所带的电荷量），有

$$\rho=\frac{q}{\frac{4}{3}\pi R^3}$$

于是得到

$$4\pi r^2E=\frac{q'}{\varepsilon_0}=\frac{qr^3}{\varepsilon_0R^3}$$

即

$$E=\frac{q'}{4\pi\varepsilon_0r^2}=\frac{qr}{4\pi\varepsilon_0R^3}$$

或

$$\boxed{\boldsymbol{E}=\frac{qr}{4\pi\varepsilon_0R^3}\boldsymbol{e}_r}\qquad(7-28)$$

可见球体内部的电场强度随 r 线性地增加.

（2）若电荷量 q 均匀分布在半径为 R 的球面上，当 P 点在球外时，按照高斯定理不难推算出球面外的电场强度公式与电荷均匀分布在整个球体内的电场强度公式完全相同；当 P 点在球内时，过 P 点所作的高斯面内的电荷量为零，按高斯定理得

$$\oint_S\boldsymbol{E}\cdot\mathrm{d}\boldsymbol{S}=4\pi r^2E=0$$

所以

$$\boxed{\boldsymbol{E}=\boldsymbol{0}}$$

由此可见，均匀带电球面内任何点的电场强度为零.

由上述计算结果，可画出球内、球外各点的电场强度随距离 r 的变化，如图 7-23 所示.

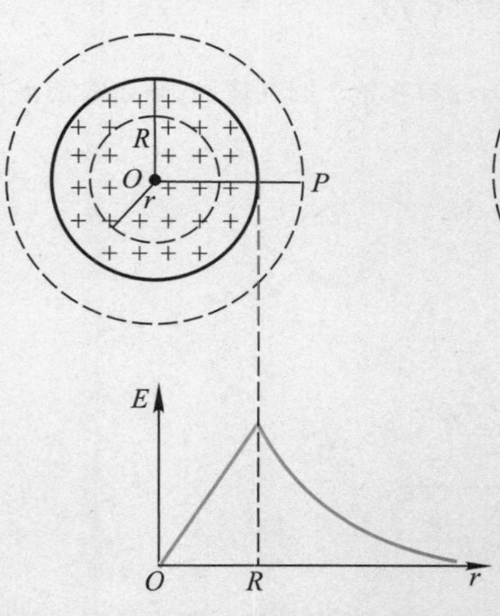

(a) 均匀带电球体的电场强度曲线

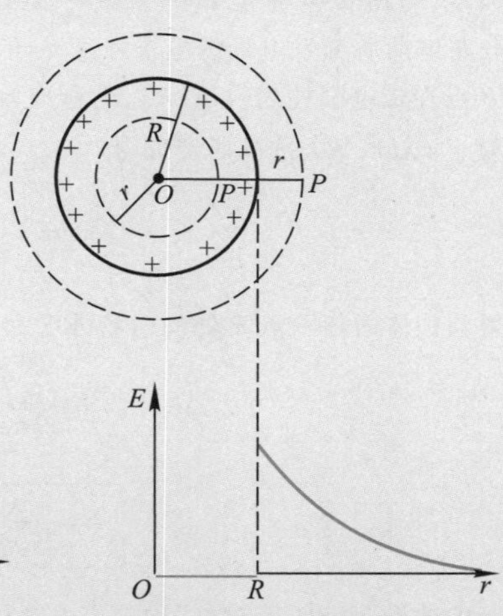

(b) 均匀带电球面的电场强度曲线

图 7-23

从图中可以看出，在球面带电情况下，电场强度 $\boldsymbol{E}$ 在球面（$r=R$）附近的值有突变. 在球体带电时，其内部的电场强度不仅随 r 线性地增加，在球面上达最大值，而且在球面内外两侧的电场强度是连续变化的.

例题 7-9 柱对称的电场

求均匀带电的“无限长”圆柱体所激发电场的电场强度.

解 设该圆柱的半径为 R，单位长度所带的电荷量为 λ. 由于电荷分布是轴对称的，而且圆柱是无限长的，其电场也具有轴对称性，即与圆柱轴线距离相等的各点，电场强度 $\boldsymbol{E}$ 的大小相等，方向垂直柱面呈辐射状，如图 7-24 所示. 为了求任一点 P 处的电场强度，过场点 P 作一个与带电圆柱共轴的圆柱形闭合高斯面 S，柱高为 h，底面半径为 r. 因为在圆柱体的侧面上各点电场强度 $\boldsymbol{E}$ 的大小相等、方向处处与曲面正交，所以通过该曲面的 $\boldsymbol{E}$ 通量为 $2\pi rhE$，通过圆柱两底面的 $\boldsymbol{E}$ 通量为零. 因此，通过整个闭合面 S 的 $\boldsymbol{E}$ 通量为

$$\Phi_e = 2\pi rhE$$

如果 P 点位于带电圆柱之外（$r>R$），则闭合面 S 内所包围的电荷量为 λh. 按高斯定理有

$$2\pi rhE = \frac{\lambda h}{\varepsilon_0}$$

可得 P 点的电场强度为

$$E = \frac{\lambda}{2\pi\varepsilon_0 r}$$

即

$$\boxed{\boldsymbol{E} = \frac{\lambda}{2\pi\varepsilon_0 r}\boldsymbol{e}_r} \qquad (7-29)$$

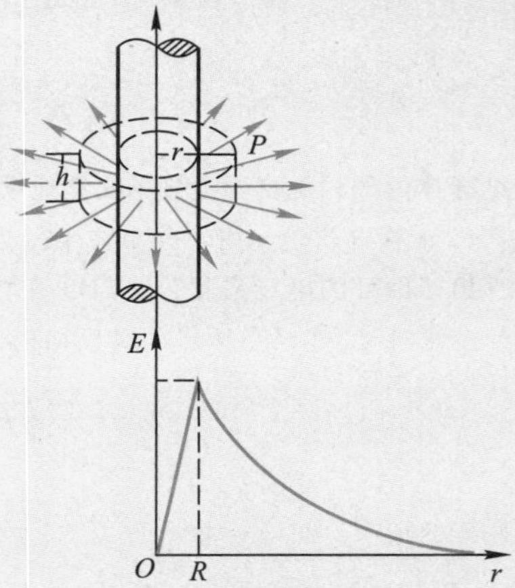

图 7-24 “无限长”均匀带电圆柱体的电场

由此可见，均匀带电的“无限长”圆柱体在柱外各点的电场强度，与所带电荷全部集中在其轴线上的均匀线分布电荷所激发电场的电场强度一样.

如果 P 点在带电圆柱之内（$r<R$），电荷均匀分布在整个圆柱体内，则闭合面 S 内所包围的电荷量为 $q'=\lambda hr^2/R^2$，按高斯定理得

$$2\pi rhE = \frac{\lambda h}{\varepsilon_0 R^2}r^2$$

于是可求得圆柱体内任一点 P 处的电场强度为

$$E = \frac{\lambda r}{2\pi\varepsilon_0 R^2}$$

即

$$\boxed{\boldsymbol{E} = \frac{\lambda r}{2\pi\varepsilon_0 R^2}\boldsymbol{e}_r} \qquad (7-30)$$

根据上述结果，画出“无限长”均匀带电圆柱体空间各点的电场强度随各点离带电圆柱体轴线的距离 r 变化的曲线图，如图 7-24 所示.

例题 7-10　平面对称的电场

电荷均匀分布在一个“无限大”平面上，求它所激发电场的电场强度.

解　设平面上的电荷面密度为 σ. 由于电荷在平面上的分布是均匀的. 因此在平面两侧的电场具有平面对称性，与平面等距离的各点，其电场强度的大小相等，方向与平面垂直. 过场点 P 和平面左侧对称的 P'点作一个圆柱形的高斯面，其轴线与平面垂直，两底面与平面平行，面积为 S，如图 7-25 所示. 由于在圆柱侧面上电场线与侧面平行，所以通过侧面的 $\boldsymbol{E}$ 通量为零；在圆柱两底面上的电场强度 $\boldsymbol{E}$ 大小相等、方向相反，电场线都垂直穿过左、右两个底面. 因而通过两底面的 $\boldsymbol{E}$ 通量，即通过圆柱形闭合面的 $\boldsymbol{E}$ 通量为

$$\Phi_e = ES+ES$$

已知圆柱形面所包围的电荷量为 σS，所以按高斯定理得

$$ES+ES=\frac{\sigma S}{\varepsilon_0}$$

于是可求得 P 点的电场强度为

$$E=\frac{\sigma}{2\varepsilon_0}$$

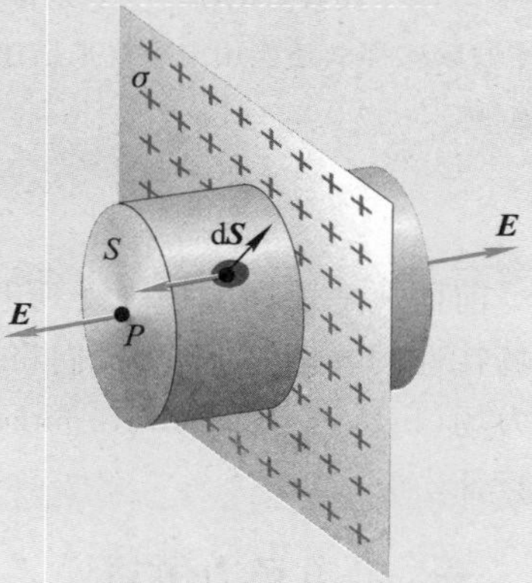

图 7-25　“无限大”均匀带电平面的电场

即

$$\boldsymbol{E}=\frac{\sigma}{2\varepsilon_0}\boldsymbol{e}_n \tag{7-31}$$

式中 $\boldsymbol{e}_n$ 是带电平面两侧的法线方向的单位矢量. 上式表明，“无限大”带电平面所激发的电场强度与离平面的距离无关，即在平面的两侧形成一均匀场，这与例题 7-5 通过积分计算所得结果一致，但计算简便得多.

应用本例题的结果和电场强度叠加原理，读者可以证明，一对电荷面密度等值异号的“无限大”均匀带电平行平面间电场强度的大小为

$$E=\frac{\sigma}{\varepsilon_0} \tag{7-32}$$

其方向从带正电平面指向带负电平面；而在两个平行平面外部空间各点的电场强度为零. 在实验室里，常利用一对均匀带电的平板电容器（忽略边缘效应）获得均匀电场.

从上面几个例子可以看出，应用高斯定理求解电场强度要比用式(7-11)计算电场强度简便得多. 但只有当电场具有高度对称性，找得出合适的高斯面时，才有可能应用高斯定理求解电场强度. 在一般情况下并不能直接用高斯定理来求解电场强度，只能应用电场强度叠加原理[式(7-11)]或者应用电场强度与电势的关系（见 §7-5）来求解.

复习思考题

7-3-1　如果在高斯面上的 $\boldsymbol{E}$ 处处为零，能否肯定此高斯面内一定没有净电荷？反过来，

如果高斯面内没有净电荷，能否肯定此高斯面上所有各点的 $\boldsymbol{E}$ 都等于零？

7-3-2 （1）一点电荷 q 位于一立方体的中心，立方体边长为 l. 试问通过立方体一面的 $\boldsymbol{E}$ 通量是多少？（2）如果把这个点电荷移放到立方体的一个角上，这时通过立方体每一面的 $\boldsymbol{E}$ 通量各是多少？

7-3-3 一根有限长的均匀带电直线，其电荷分布及所激发的电场有一定的对称性，能否利用高斯定理算出电场强度来？

7-3-4 如果点电荷的库仑定律中作用力与距离的关系是 $F\propto 1/r$ 或 $F\propto 1/r^{2+\delta}$（δ 是不等于零的数），那么还能用电场线来描述电场吗？为什么？

§7-4 静电场的环路定理 电势

前面从电荷在电场中受到电场力这一事实出发，引入了电场强度 $\boldsymbol{E}$ 作为描述电场特性的物理量. 本节我们将从电场力做功的特点入手，揭示静电场是一个保守力场（field of conservative force），从而引入电势能的概念，并用电势来描述电场的特征.

一、静电场力做功

设有一点电荷 q 固定在 O 点，在 q 产生的电场中，有一检验电荷 q_0 从 a 点（径矢为 $\boldsymbol{r}_a$）经过任意路径 aPb 移动到达 b 点（径矢为 $\boldsymbol{r}_b$）. 如图7-26 所示，当检验电荷 q_0 从 a 点移到 b 点时，电场力所做的功为

$$A_{ab}=\int_a^b \boldsymbol{F}\cdot \mathrm{d}\boldsymbol{l}=\int_a^b q_0 E\cos\theta \mathrm{d}l$$

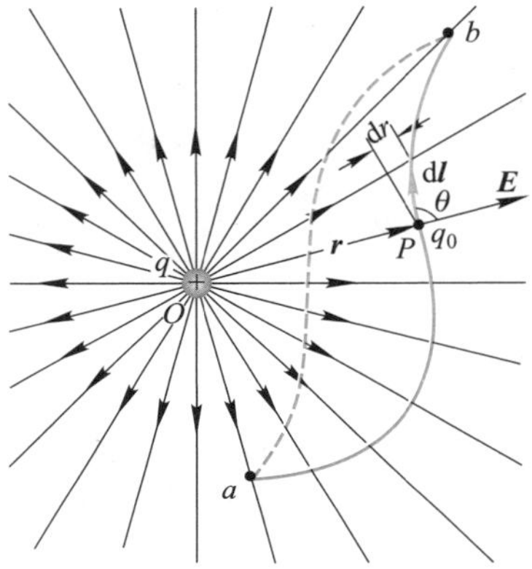

图 7-26 电场力所做的功与路径无关

从图 7-26 可知 $\mathrm{d}l\cos\theta=\mathrm{d}r$，将点电荷的电场强度大小 E 代入后有

$$A_{ab}=\frac{qq_0}{4\pi\varepsilon_0}\int_{r_a}^{r_b}\frac{1}{r^2}\mathrm{d}r=\frac{qq_0}{4\pi\varepsilon_0}\left(\frac{1}{r_a}-\frac{1}{r_b}\right) \tag{7-33}$$

式中 r_a 和 r_b 分别表示从点电荷 q 所在处到路径的起点和终点的距离. 式(7-33)表明，在静止点电荷 q 的电场中，电场力对检验电荷 q_0 所做的功与路径无关，而只与路径的起点和终点位置有关. 如果检验电荷 q_0 在点电荷系 $q_1,q_2,\cdots,q_n$ 的电场中移动，它所受到的电场力等于各个点电荷的电场力的矢量和，即

$$\boldsymbol{F}=\boldsymbol{F}_1+\boldsymbol{F}_2+\cdots+\boldsymbol{F}_n=\sum_{i=1}^{n}\boldsymbol{F}_i$$

由于合力所做的功等于各分力所做的功的代数和，因此检验电荷 q_0 在点电荷系电场中从 a 点经过任意路径 aPb 到达 b 点时，电场力 $\boldsymbol{F}$ 所做的功等于各个点电荷的电场力 $\boldsymbol{F}_1,\boldsymbol{F}_2,\cdots,\boldsymbol{F}_n$ 所做功的代数和. 上面已经证明了在点电荷的电场中，电场力的功与路径无关，故各分力所做的功之和也应与路径无关，即

$$A=A_1+A_2+\cdots+A_n=\sum_{i=1}^{n}\frac{q_iq_0}{4\pi\varepsilon_0}\left(\frac{1}{r_{ia}}-\frac{1}{r_{ib}}\right) \tag{7-34}$$

式中 r_{ia} 与 r_{ib} 分别为电荷 q_i 到 a 点和 b 点的距离. 由于任何静电场都可看作是点电荷系中各点电荷的电场的叠加,因而得出结论:检验电荷在任何静电场中移动时,电场力所做的功只与此检验电荷的电荷量大小以及路径的起点和终点的位置有关,而与路径无关.

二、静电场的环路定理

上述结论与力学中保守力做功的分析完全一样. 对保守力做功的特征还可用另一种形式来表达. 设检验电荷 q_0 在电场中从某点出发,经过闭合路径 L 又回到原来位置,由式(7-33)和式(7-34)可知电场力做功为零,亦即

$$q_0\oint_L E\cos\theta \mathrm{d}l=0$$

因为检验电荷 $q_0\neq0$,所以上式也可写作

$$\boxed{\oint_L \boldsymbol{E}\cdot \mathrm{d}\boldsymbol{l}=0} \tag{7-35}$$

上式的左边是电场强度 $\boldsymbol{E}$ 沿闭合路径的线积分,也称为电场强度 $\boldsymbol{E}$ 的环流,因此,静电力做功与路径无关这一性质,又可表达为电场强度 $\boldsymbol{E}$ 的环流等于零,它是反映静电场基本特性的又一个重要规律,称为静电场的环路定理(circuital theorem of electrostatic field). 任何力场,只要具备电场强度的环流为零的特性,就叫做保守力场或叫做势场. 综合静电场的高斯定理和环路定理,可知静电场是有源的保守力场,又由于电场线是不闭合的,即形不成旋涡,所以静电场属于无旋场.

三、电势

如上所述,静电场与重力场相似,都是保守力场,对此类力场都可以引进势能的概念. 因此,在讨论静电场的性质时,也可以认为电荷在电场中一定的位置处,具有一定的电势能(electric potential energy),并把电场力对检验电荷 q_0 所做的功 A_{ab} 作为 q_0 在 a、b 两点间电势能改变的量度. 设以 W_a 和 W_b 分别表示检验电荷 q_0 在起点 a 和终点 b 处的电势能,则

$$W_a-W_b=A_{ab}=q_0\int_a^b \boldsymbol{E}\cdot \mathrm{d}\boldsymbol{l} \tag{7-36}$$

静电势能也与重力势能相似,是一个相对的量. 为了确定电荷在电场中某一点势能的大小,必须选定一个点作为参考的电势能零点. 电势能零点的选取也与力学中势能零点位置的选取一样可以是任意的. 在通常的情况下,对于有限的带电体,我们常选定电荷 q_0 在无限远处为静电势能零点,亦即令 $W_\infty=0$,由此电荷 q_0 在电场中 a 点的静电势能为

$$W_a = A_{a\infty} = q_0 \int_a^{\infty} \boldsymbol{E} \cdot \mathrm{d}\boldsymbol{l} \tag{7-37}$$

即电荷 q_0 在电场中某一点 a 处的电势能 W_a 在数值上等于 q_0 从 a 点移到无限远处电场力所做的功 $A_{a\infty}$.

应该指出，与所有势能相似，电势能也是属于一定系统的. 式(7-37)反映了电势能是检验电荷 q_0 与场源电荷所激发的电场之间的相互作用能量，故电势能是属于检验电荷 q_0 和电场这个系统的. 电势能 W_a 与电场的性质有关，也与引入电场中的检验电荷 q_0 的电荷量有关，它并不能直接描述某一给定点 a 处电场的性质. 但比值 W_a/q_0 却与 q_0 无关，只取决于场中给定点 a 处电场的性质，所以我们用这一比值来作为表征静电场中给定点电场性质的物理量，称为电势(electric potential)，用 V_a 表示 a 点的电势，即

$$\boxed{V_a = \frac{W_a}{q_0} = \int_a^{\infty} \boldsymbol{E} \cdot \mathrm{d}\boldsymbol{l}} \tag{7-38}$$

在式(7-38)中，当取检验电荷为单位正电荷时，V_a 和 W_a 等值，这表示静电场中某点的电势在数值上等于单位正电荷放在该点处时的电势能，也等于单位正电荷从该点经过任意路径移动到无限远处时电场力所做的功. 电势是标量，但相对于电势的零标度来讲却有正或负的数值.

在国际单位制中，电势的单位是 J/C，称为 V(伏特). 如果有 1 C 的电荷量在电场中某点处所具有的电势能是 1 J，此点的电势就是 1 V. 在静电场中，任意两点 a 和 b 的电势差(electrical potential difference)，通常也叫做电压(voltage)，用公式表示为

$$\boxed{U_{ab} = V_a - V_b = \frac{W_a}{q_0} - \frac{W_b}{q_0} = \int_a^{b} \boldsymbol{E} \cdot \mathrm{d}\boldsymbol{l}} \tag{7-39}$$

它表明，静电场中 a、b 两点的电势差等于单位正电荷从 a 点经过任意路径到达 b 点时电场力所做的功. 因此，当任一电荷 q_0 在电场中从点 a 移到点 b 时，电场力所做的功可用电势差表示为

$$\boxed{A_{ab} = q_0 (V_a - V_b)} \tag{7-40}$$

在实际应用中，常常知道两点间的电势差，因此式(7-40)是计算电场力做功和计算电势能变化常用的公式. 一个电子通过加速电势差为 1 V 的区间，电场力对它做功为

$$A = eU = 1.60\times10^{-19}\ \mathrm{C}\times1\ \mathrm{V} = 1.60\times10^{-19}\ \mathrm{J}$$

电子从而获得 1.60×10^{-19} J 的能量. 在近代物理中，常把这个能量值作为一种能量单位，而称之为电子伏(electron volt)，符号为 eV，即

$$1\ \mathrm{eV} = 1.60\times10^{-19}\ \mathrm{J}$$

微观粒子的能量往往很高，常用 MeV(兆电子伏)、GeV(吉电子伏)等单位. 其中

$1\ \text{MeV}=10^6\ \text{eV}$，$1\ \text{GeV}=10^9\ \text{eV}$.

和电势能零点的选取一样，电势零点的选取也是任意的，可以由我们处理问题的需要而定.在理论上，计算一个有限大小的带电体所激发的电场中各点的电势时，往往选取无限远处一点的电势为零.但在许多实际问题中，常常选定地球为电势零点，其他带电体的电势都是相对地球而言的.这样的规定有很多方便之处：一方面可以在任何地方都能方便地和地球比较而确定各个带电体的电势；另一方面，地球是一个半径很大的导体，在这样一个导体上增减一些电荷对其电势的影响是很小的，因此地球的电势比较稳定.在工业上，消除静电的重要措施之一就是"接地"，这使带电体的电势和地球一致，带电体上的电荷就会传到地球上去而不会一直积累起来.为了安全用电，实验室中和工厂中很多电气设备和仪器（如马达、示波器等）的外壳在使用时也都接地，这样可防止当电气设备因绝缘不良而使外壳带电时引起的触电事故.

四、电势叠加原理

设电场由 n 个带电体组成，它们各自激发的电场的电场强度为 $\boldsymbol{E}_1,\boldsymbol{E}_2,\cdots,\boldsymbol{E}_n$，由电场强度叠加原理知总场强 $\boldsymbol{E}=\boldsymbol{E}_1+\boldsymbol{E}_2+\cdots+\boldsymbol{E}_n$.根据电势定义公式(7-38)，在电场中 P 点的电势为

$$\begin{aligned}V_P&=\int_P^\infty \boldsymbol{E}\cdot \mathrm{d}\boldsymbol{l}=\int_P^\infty \boldsymbol{E}_1\cdot \mathrm{d}\boldsymbol{l}+\int_P^\infty \boldsymbol{E}_2\cdot \mathrm{d}\boldsymbol{l}+\cdots+\int_P^\infty \boldsymbol{E}_n\cdot \mathrm{d}\boldsymbol{l}\\&=V_1+V_2+\cdots+V_n=\sum V_i \qquad (7-41)\end{aligned}$$

上式表示一个电荷系的电场中任一点的电势等于每一个带电体单独在该点所产生的电势的代数和，这称为电势叠加原理.

五、电势的计算

已知电荷分布，求电势的方法有两种：一种是若已经知道了电场强度 $\boldsymbol{E}$ 的分布函数，那么就可以直接应用电势的定义式(7-38)求电势（但电荷分布到无限远时，就不能取无限远为电势零点，见例题7-14）；另一种方法是根据电势叠加原理求出任意电荷分布的电势.下面就后一种方法作进一步的讨论.

1. 点电荷电场中的电势

设点电荷 q 静止于坐标系的原点，取无限远处为电势零点，则距 q 为 r 的 P 点的电势，由式(7-37)和式(7-38)可知是

$$V_P=\frac{W_P}{q_0}=\frac{A_{P\infty}}{q_0}$$

由式(7-33)可知

$$A_{P\infty}=\frac{qq_0}{4\pi\varepsilon_0 r}$$

将 $A_{P\infty}$ 代入 V_P 的定义，求得

$$\boxed{V_P=\frac{q}{4\pi\varepsilon_0 r}} \tag{7-42}$$

由此可见，点电荷周围空间任一点的电势与该点离点电荷 q 的距离 r 成反比. 如果 q 是正电荷，各点的电势是正的，离点电荷越远，电势越低，在无限远处电势最低（为零）；如果 q 是负电荷，各点的电势也是负的，离点电荷越远，电势越高，在无限远处电势最高（为零）.

2. 点电荷系电场中的电势

如果电场由 n 个点电荷 $q_1,q_2,\cdots,q_n$ 所激发，某点 P 的电势由电势叠加原理可知为

$$V_P=\sum_{i=1}^{n}V_{P_i}=\sum_{i=1}^{n}\frac{q_i}{4\pi\varepsilon_0 r_i} \tag{7-43}$$

式中 r_i 是 P 点离开点电荷 q_i 的相应的距离.

3. 连续分布电荷电场中的电势

如果静电场是由电荷连续分布的带电体所激发，求某点 P 的电势，可以根据电势叠加原理将带电体分成许多电荷元 $\mathrm{d}q$，每个电荷元在 P 点的电势按式（7-42）计算，那么整个带电体在 P 点的电势为

$$V_P=\int\frac{\mathrm{d}q}{4\pi\varepsilon_0 r} \tag{7-44}$$

根据电荷体分布、面分布或线分布等不同情况将积分遍及整个带电体. 因为电势是标量，这里的积分是标量积分，所以电势的计算比电场强度的计算较为简便.

例题 7-11 电偶极子的电势

试计算电偶极子电场中任一点的电势.

解 设电偶极子如图 7-27 放置，应用式（7-43）知，电偶极子的电场中任一点 P 的电势为

$$V_P=\frac{q}{4\pi\varepsilon_0 r_+}-\frac{q}{4\pi\varepsilon_0 r_-}$$

式中 r_+ 与 r_- 分别为 $+q$ 和 $-q$ 到 P 点的距离. 由图可知

$$r_+\approx r-\frac{l}{2}\cos\theta$$

$$r_-\approx r+\frac{l}{2}\cos\theta$$

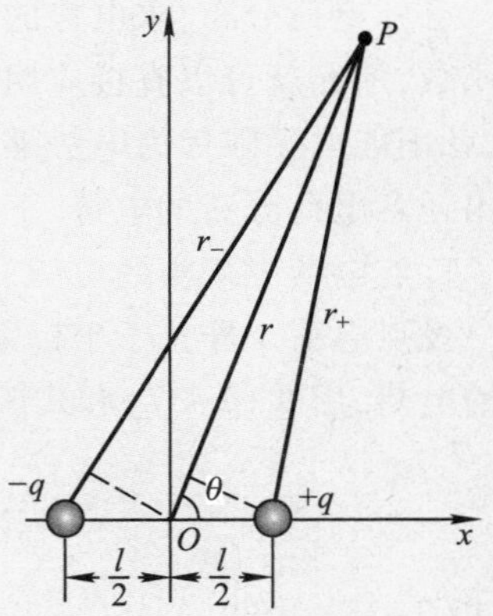

图 7-27 电偶极子的电势

因此

$$V_P=\frac{1}{4\pi\varepsilon_0}\left(\frac{q}{r-\frac{l}{2}\cos\theta}-\frac{q}{r+\frac{l}{2}\cos\theta}\right)=\frac{1}{4\pi\varepsilon_0}\frac{ql\cos\theta}{r^2-\left(\frac{l}{2}\cos\theta\right)^2}$$

由于 $r>>l$，所以 P 点的电势为

$$V_P=\frac{ql\cos\theta}{4\pi\varepsilon_0 r^2}=\frac{\boldsymbol{p}\cdot\boldsymbol{r}}{4\pi\varepsilon_0 r^3}$$

例题 7-12　带电圆环的电势

一半径为 R 的圆环，均匀带有电荷量 q. 试计算圆环轴线上任意一点 P 处的电势.

解　如图 7-28 所示，与例题 7-4 一样，在圆环上任取一长度为 $\mathrm{d}l$ 的电荷元 $\mathrm{d}q$，它所带的电荷量为 $\mathrm{d}q=\lambda\mathrm{d}l=\frac{q}{2\pi R}\mathrm{d}l$，$\lambda$ 是电荷线密度. 该电荷元在 P 点的电势为

$$\mathrm{d}V=\frac{\mathrm{d}q}{4\pi\varepsilon_0 r}=\frac{1}{4\pi\varepsilon_0}\frac{q\mathrm{d}l}{2\pi Rr}=\frac{q\mathrm{d}l}{8\pi^2\varepsilon_0 R\sqrt{R^2+x^2}}$$

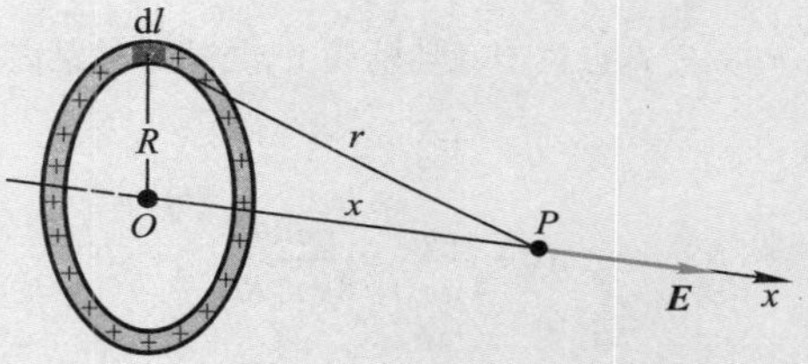

图 7-28　均匀带电圆环轴线上任一点处的电势

按式(7-44)，整个圆环在 P 点的电势为

$$V=\int\mathrm{d}V=\int_0^{2\pi R}\frac{q\mathrm{d}l}{8\pi^2\varepsilon_0 R\sqrt{R^2+x^2}}=\frac{q}{4\pi\varepsilon_0\sqrt{R^2+x^2}}$$

利用例题 7-4 的结果，已知圆环轴线上电场强度分布 $E=\frac{qx}{4\pi\varepsilon_0(x^2+R^2)^{3/2}}$，本例也可以按式(7-38)，求出 P 点的电势

$$V=\int_x^\infty\boldsymbol{E}\cdot\mathrm{d}\boldsymbol{l}=\int_x^\infty\frac{qx}{4\pi\varepsilon_0(x^2+R^2)^{3/2}}\mathrm{d}x=\frac{q}{4\pi\varepsilon_0\sqrt{x^2+R^2}}$$

两种方法所得结果完全一样.

例题 7-13　带电球面的电势

试计算均匀带电球面电场中的电势分布.

解　设带电球面的半径为 R，总电荷量为 q. 与上例类似，电场中任一点 P 处的电势，也可以用两种方法求得.

解法一：由例题 7-8 已知均匀带电球面在空间所激发电场的电场强度沿半径方向，其大小为

$$\begin{cases} \boldsymbol{E}=\dfrac{1}{4\pi\varepsilon_0}\dfrac{q}{r^2}\boldsymbol{e}_r & r>R \\ \boldsymbol{E}=0 & r<R \end{cases}$$

利用式(7-38),并沿半径方向积分,则 P 点的电势为

$$V_P=\int_r^{\infty}\boldsymbol{E}\cdot\mathrm{d}\boldsymbol{r}=\int_r^{\infty}E\mathrm{d}r$$

当 $r>R$ 时
$$V_P=\int_r^{\infty}\frac{q\mathrm{d}r}{4\pi\varepsilon_0 r^2}=\frac{q}{4\pi\varepsilon_0 r}$$

当 $r<R$ 时,由于球内外电场强度的函数关系不同,积分必须分段进行,即

$$V_P=\int_r^{R}E\cdot\mathrm{d}r+\int_R^{\infty}E\cdot\mathrm{d}r=\int_r^{R}0\cdot\mathrm{d}r+\frac{q}{4\pi\varepsilon_0}\int_R^{\infty}\frac{\mathrm{d}r}{r^2}=\frac{q}{4\pi\varepsilon_0 R}$$

解法二:将球面分成无数的圆环,取一介于 θ 与 $\theta+\mathrm{d}\theta$ 间的圆环,其半径为 a,所带的电荷量为 $\mathrm{d}q=\sigma\mathrm{d}S=\dfrac{q}{4\pi R^2}2\pi aR\mathrm{d}\theta$. 设 P 点位于圆环轴线上,与球心的距离为 r. 利用上例的结果,P 点的电势为

$$\mathrm{d}V=\frac{\mathrm{d}q}{4\pi\varepsilon_0 l}=\frac{qa\mathrm{d}\theta}{8\pi\varepsilon_0 Rl}$$

由图 7-29(a)可知

$$a=R\sin\theta$$

$$l^2=R^2+r^2-2Rr\cos\theta$$

对上面第二式作微分有

$$l\mathrm{d}l=Rr\sin\theta\mathrm{d}\theta$$

所以 P 点的电势可写为

$$\mathrm{d}V_P=\frac{qR\sin\theta\mathrm{d}\theta}{8\pi\varepsilon_0 Rl}=\frac{q}{8\pi\varepsilon_0}\frac{\mathrm{d}l}{Rr}$$

如果 P 点在球面外,则 P 点的电势为

$$V_P=\int_{r-R}^{r+R}\frac{q}{8\pi\varepsilon_0}\frac{\mathrm{d}l}{Rr}=\frac{q}{4\pi\varepsilon_0 r}$$

如果 P 点在球面内,则 P 点的电势为

$$V_P=\int_{R-r}^{r+R}\frac{q}{8\pi\varepsilon_0}\frac{\mathrm{d}l}{Rr}=\frac{q}{4\pi\varepsilon_0 R}$$

由此可见,以上两种方法求解的结果是完全一样的. 这就是说,一个均匀带电球面在球外任一点的电势和把全部电荷看作集中于球心的一个点电荷在该点的电势相同;在球面内任一点的电势都相同,等于球面上的电势. 故均匀带电球面及其内部是一个等电势的区域. 电势 V 随距离 r 的变化关系如图 7-29(b)所示.

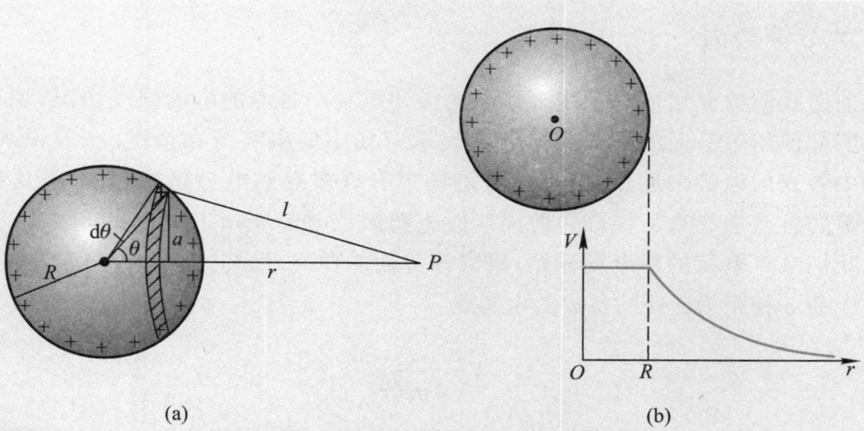

图 7-29　均匀带电球面的电势

应该注意，在式(7-42)、式(7-43)和式(7-44)的计算式中，电荷都是分布在有限区域内的，并且均选择无限远处为电势零点. 但当激发电场的电荷分布延伸到无限远时，不宜把电势零点选在无限远处，否则将导致场中任一点的电势值为无限大，这时只能根据具体问题，在场中选某点为电势零点，下例就是这种情况.

例题 7-14　无限长带电直线的电势

计算“无限长”均匀带电直线电场的电势分布.

解　令“无限长”直线如图 7-30 放置，其上电荷线密度为 λ. 计算在 Ox 轴上距直线为 r 的任一点 P 处的电势.

为了能求得 P 点的电势，可先应用电势差和电场强度的关系式，在 Ox 轴上任意选一点 P_1，P_1 点距直线距离为 r_1，先求出 P 点和 P_1 点间的电势差. 由例题 7-3 知无限长均匀带电直线在 Ox 轴上的电场强度为

$$E=\frac{\lambda}{2\pi\varepsilon_0 r}$$

方向沿 Ox 轴. 于是，过 P 点沿 Ox 轴积分可算得 P 点与参考点 P_1 的电势差为

$$V_P-V_{P_1}=\int_r^{r_1}\boldsymbol{E}\cdot\mathrm{d}\boldsymbol{r}=\frac{\lambda}{2\pi\varepsilon_0}\int_r^{r_1}\frac{\mathrm{d}r}{r}=\frac{\lambda}{2\pi\varepsilon_0}\ln\frac{r_1}{r}$$

如果选取 r_1 处作为零电势参考点，那么按上式便可求得 P 点相对该参考点的电势. 由于 $\ln 1=0$，所以本题中若选离直线为 $r_1=1\ \mathrm{m}$ 处作为零电势参考点，可得到最为简便的电势表达式. 在 $r>1\ \mathrm{m}$ 处，V 为负值；在 $r<1\ \mathrm{m}$ 处，V 为正值. 本例的结果再次表明，在静电场中只有两点间的电势差有绝对的意义，而各点的电势值却只有相对的意义.

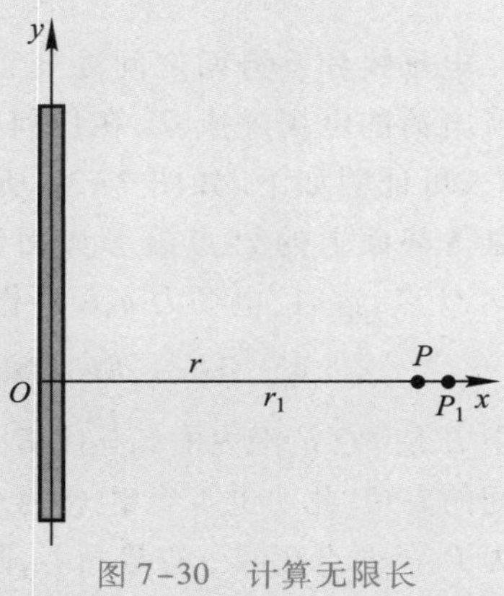

图 7-30　计算无限长均匀带电直线的电势

六、等势面

前面我们曾介绍用电场线来形象地描述电场中各点的电场强度情况，现在我们说明如何用等势面的图像来形象地表示电场中的电势分布情况. 一般说来，静电场中各点的电势是逐点变化的，但是场中有许多点的电势是相等的. 把这些电势相等的各点连起来所构成的曲面叫做等势面(equipotential surface).

我们从点电荷的静电场开始，研究等势面的性质. 已知在点电荷 q 的电场中，与点电荷 q 相距为 r 处的各点的电势是

$$V=\frac{q}{4\pi\varepsilon_0 r}$$

由此可见，r 相同的各点电势相等，所以在点电荷电场中，等势面是以点电荷为中心的一系列同心球面，如图 7-31(a) 中虚线所示. 我们知道，点电荷电场中的电场线是由正电荷发出(或向负电荷会聚)的一系列直线，显然，这些电场线(沿半径方向)与等势面(同心球面)处处正交，电场线的方向指向电势降落的方向.

两点电荷电场的等势面

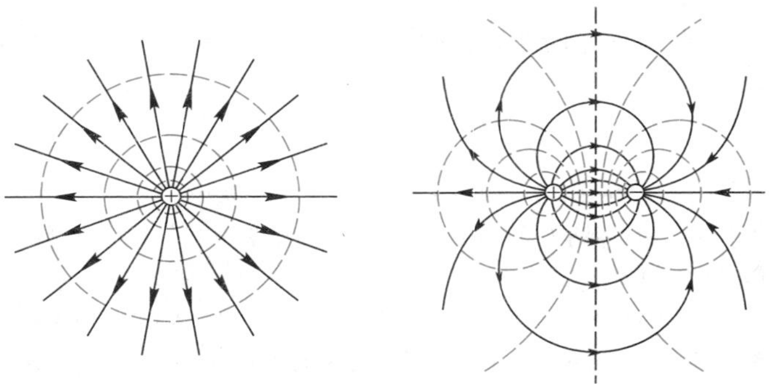

(a) 正点电荷　　(b) 电偶极子

图 7-31　两种电场的等势面和电场线(图中虚线表示等势面，实线表示电场线，每相邻的两个等势面之间的电势差都相等)

电场线和等势面之间处处正交这一结论，不仅在点电荷的电场中成立，在任何带电体的电场中都成立，可证明如下. 如图 7-32 所示，设检验电荷 q_0 在某等势面上的 P 点沿等势面作一微小的位移 $\mathrm{d}\boldsymbol{l}$ 到达 Q 点，这时，电场力 $q_0\boldsymbol{E}$ 所做的功为

$$\mathrm{d}A=q_0E\cos\theta\mathrm{d}l \tag{7-45}$$

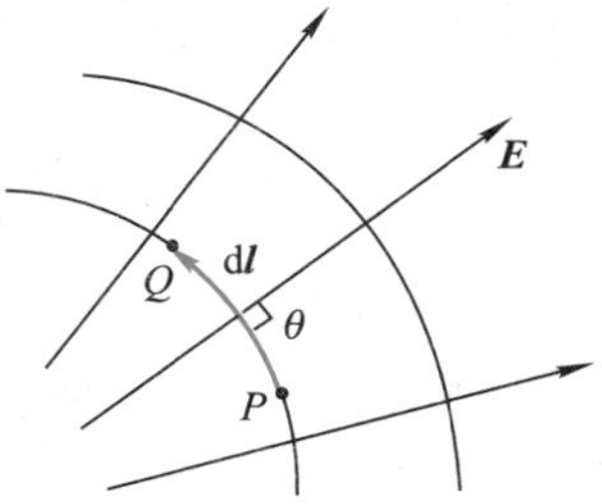

图 7-32　等势面与电场线正交的证明

式中 E 是 PQ 范围内电场强度 $\boldsymbol{E}$ 的大小，θ 是 $\boldsymbol{E}$ 和 $\mathrm{d}\boldsymbol{l}$ 之间的夹角. 此功也等于 P、Q 两点的电势差乘以 q_0. 因为 P、Q 两点在同一等势面上，即 $V_P=V_Q$，所以

$$\mathrm{d}A=q_0E\cos\theta\mathrm{d}l=q(V_Q-V_P)=0$$

式中 q_0、E、$\mathrm{d}l$ 都不等于零，必然是 $\cos\theta=0$，即 $\theta=90°$，这说明电场强度 $\boldsymbol{E}$ 垂直于 $\mathrm{d}\boldsymbol{l}$，由于 $\mathrm{d}\boldsymbol{l}$ 是等势面上的任意位移元，因此，电场强度与等势面必定处处正交. 总之，在静电场中，电场线和等势面是相互正交的线族和面族.

同电场线一样，我们也可以对所绘的等势面的疏密作一些规定，使它们也能表示出电场中各处电场的强弱. 这个规定是：画一系列等势面时，使任何两个相邻等势面间的电势差都相等. 按这一规定，在图 7-31 中绘出了点电荷和电偶极子电场的等势面和电场线图. 图中的虚线表示等势面，实线表示电场线. 从图中可以看到等势面越密处电场强度越大，等势面越疏处电场强度越小，由此就能将电场中电场强度与电势之间的关系直观地表示出来.

复习思考题

7-4-1　比较下列几种情况下 A、B 两点电势的高低：(1) 正电荷由 A 移到 B 时，外力克服电场力做正功；(2) 正电荷由 A 移到 B 时，电场力做正功；(3) 负电荷由 A 移到 B 时，外力克服电场力做正功；(4) 负电荷由 A 移到 B 时，电场力做正功；(5) 电荷顺着电场线方向由 A 移动到 B；(6) 电荷逆着电场线方向由 A 移动到 B.

7-4-2　(1) 如思考题 7-4-2 图(a)和(b)所示的两电场中，把电荷 $+q$ 从 P 点移到 Q 点，电场力是做正功还是做负功？P、Q 两点哪点的电势高？(2) 如果移动的是负电荷，再讨论上述两情况的结论.

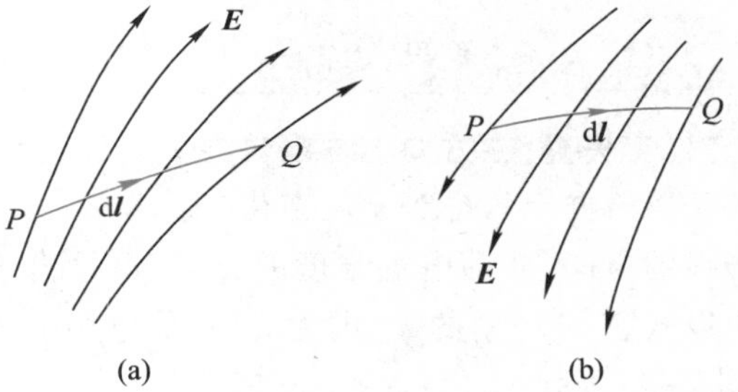

思考题 7-4-2 图

7-4-3　从图 7-31 所描绘的两种电场的等势面和电场线图上，能不能说等势面上各点的电场强度大小相等、方向与等势面垂直？

§7-5　电场强度与电势的微分关系

电场强度和电势都是用来描述同一静电场中各点性质的物理量，两者之间有密切的关系. 式(7-38)和式(7-39)指明两者之间的积分形式关系，即已知电场强度分布就可以通过空间积分来求得电势. 本节将着重研究它们之间的微分关系.

设在任意静电场中，取两个十分邻近的等势面 1 和 2(见图 7-33)，电势分别为 V 和 $V+\mathrm{d}V$，并设 $\mathrm{d}V>0$. 假定一个正的检验电荷 q_0 从等势面 1 上的 P_1 点经 $\mathrm{d}l$ 到达等势面 2 上 P_3 点，那么电场力所做的功是

$$\mathrm{d}A=q_0(V_1-V_2)=q_0[V-(V+\mathrm{d}V)]=-q_0\mathrm{d}V$$

按式(7-45),这个功又可以写作 $q_0\boldsymbol{E}\cdot \mathrm{d}\boldsymbol{l}=q_0E\cos\varphi\mathrm{d}l$,$\varphi$ 是 $\mathrm{d}\boldsymbol{l}$ 与等势面 1 法线方向 $\boldsymbol{e}_\mathrm{n}$ 之间的夹角,所以

$$-q_0\mathrm{d}V=q_0E\cos\varphi\mathrm{d}l$$

整理后有

$$E\cos\varphi=-\frac{\mathrm{d}V}{\mathrm{d}l}$$

上式左边正是电场强度 $\boldsymbol{E}$ 在 $\mathrm{d}\boldsymbol{l}$ 方向上的分量 $\boldsymbol{E}_l$ 的大小,则有

$$E_l=-\frac{\mathrm{d}V}{\mathrm{d}l} \tag{7-46}$$

它表明电场强度在任一方向上的分量等于该方向电势的变化率的负值.将上式应用于等势面 1 上 P_1 点的法线方向,即由 P_1 点(电势 V)经 $\mathrm{d}n$ 变化到 P_2 点(电势 $V+\mathrm{d}V$),有

$$E_\mathrm{n}=-\frac{\mathrm{d}V}{\mathrm{d}n} \tag{7-47}$$

由于 $\mathrm{d}n$ 总是小于 $\mathrm{d}l$ 的,所以 E_n 为 P_1 点最大的电势空间变化率.于是把沿法线 $\boldsymbol{e}_\mathrm{n}$ 方向的这个电势变化率定义为 P_1 点处的电势梯度矢量,通常记作 grad V("grad"是英语梯度一词"gradient"的缩写,grad V 读作"V 的梯度").

$$\mathrm{grad}\ V=\frac{\mathrm{d}V}{\mathrm{d}n}\boldsymbol{e}_\mathrm{n} \tag{7-48}$$

即电场中某点的电势梯度矢量,在方向上与电势在该点处空间变化率为最大的方向相同,在量值上等于该方向上的电势空间变化率.

如前所述,电场线的方向,亦即电场强度的方向,恒垂直于等势面,而且指向电势降落的方向.所以式(7-47)中的 E_n 即为 P_1 点的电场强度 $\boldsymbol{E}$ 值,它的方向与 $\boldsymbol{e}_\mathrm{n}$ 的方向相反(如图 7-33 所示),有

$$\boldsymbol{E}=-\frac{\mathrm{d}V}{\mathrm{d}n}\boldsymbol{e}_\mathrm{n}=-\mathrm{grad}\ V \tag{7-49}$$

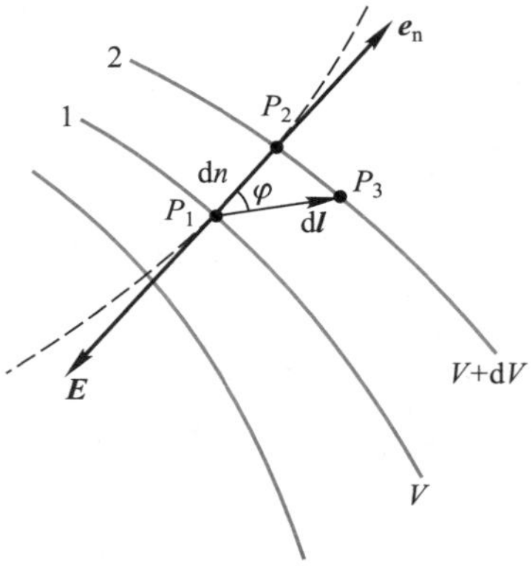

图 7-33 电势梯度矢量和电场强度的关系

上式说明静电场中各点的电场强度等于该点电势梯度的负值.

在直角坐标系中,电势是空间坐标的函数 $V(x,y,z)$,把式(7-46)应用于它的三个坐标方向,就可得到电场强度 $\boldsymbol{E}$ 沿这三个方向的分量分别为

$$E_x=-\frac{\partial V}{\partial x},\quad E_y=-\frac{\partial V}{\partial y},\quad E_z=-\frac{\partial V}{\partial z}$$

因此,在直角坐标系中电场强度 $\boldsymbol{E}$ 可写成

$$\boldsymbol{E}=E_x\boldsymbol{i}+E_y\boldsymbol{j}+E_z\boldsymbol{k}=-\left(\frac{\partial V}{\partial x}\boldsymbol{i}+\frac{\partial V}{\partial y}\boldsymbol{j}+\frac{\partial V}{\partial z}\boldsymbol{k}\right) \tag{7-50}$$

可见电势梯度 grad V 在直角坐标系中可写成

$$\text{grad } V=\frac{\partial V}{\partial x}\boldsymbol{i}+\frac{\partial V}{\partial y}\boldsymbol{j}+\frac{\partial V}{\partial z}\boldsymbol{k} \tag{7-51}$$

式中的$\frac{\partial V}{\partial x}$、$\frac{\partial V}{\partial y}$、$\frac{\partial V}{\partial z}$分别是电势梯度在 Ox 轴、Oy 轴、Oz 轴三个方向的分量.

电势梯度的单位是 V/m,所以电场强度的单位也可以写成 V/m,在电工计算中也常用这一单位.

电场强度和电势梯度之间的关系式,在实际应用中很重要.因为电势是标量,一般说来标量计算比较简便,在求得电势分布后,只需进行空间导数运算便可算出电场强度的各个分量,这样就可以避免较复杂的矢量运算.下面我们用几个例题来说明如何由电势分布来计算电场强度.

例题 7-15

试由电偶极子的电势分布求电偶极子的电场强度.

解 由例题 7-11 的结果已知电偶极子电场中任一点的电势为

$$V=\frac{p\cos\theta}{4\pi\varepsilon_0 r^2}$$

在直角坐标系中可知

$$r^2=x^2+y^2,\quad \cos\theta=\frac{x}{r}=\frac{x}{(x^2+y^2)^{1/2}}$$

所以

$$V=\frac{px}{4\pi\varepsilon_0(x^2+y^2)^{3/2}}$$

电势 V 是 x 与 y 的函数.按式(7-50)可求得

$$\begin{cases} E_x=-\dfrac{\partial V}{\partial x}=-\dfrac{p}{4\pi\varepsilon_0}\left[\dfrac{1}{(x^2+y^2)^{3/2}}-\dfrac{3x^2}{(x^2+y^2)^{5/2}}\right]=\dfrac{p(2x^2-y^2)}{4\pi\varepsilon_0(x^2+y^2)^{5/2}} \\ E_y=-\dfrac{\partial V}{\partial y}=\dfrac{3pxy}{4\pi\varepsilon_0(x^2+y^2)^{5/2}} \end{cases}$$

于是,P 点的电场强度大小为

$$E=\sqrt{E_x^2+E_y^2}=\sqrt{\left[\frac{p(2x^2-y^2)}{4\pi\varepsilon_0(x^2+y^2)^{5/2}}\right]^2+\left[\frac{3pxy}{4\pi\varepsilon_0(x^2+y^2)^{5/2}}\right]^2}=\frac{p}{4\pi\varepsilon_0(x^2+y^2)^2}\sqrt{4x^2+y^2}$$

当 P 点在 Ox 轴上($y=0$),得

$$E_x=\frac{2p}{4\pi\varepsilon_0 x^3},\quad E_y=0$$

当 P 点在 Oy 轴上($x=0$),得

$$E_x=-\frac{p}{4\pi\varepsilon_0 y^3},\quad E_y=0$$

所得结果仍与例题 7-2 中应用点电荷电场强度公式所求得的结果一样.

例题 7-16

将半径为 R_2 的圆盘,在盘心处挖一个半径为 R_1 的小孔,并使盘均匀带电. 试通过运用电势梯度求电场强度的方法,计算这个中空带电圆盘轴线上任一点 P 处的电场强度(图 7-34).

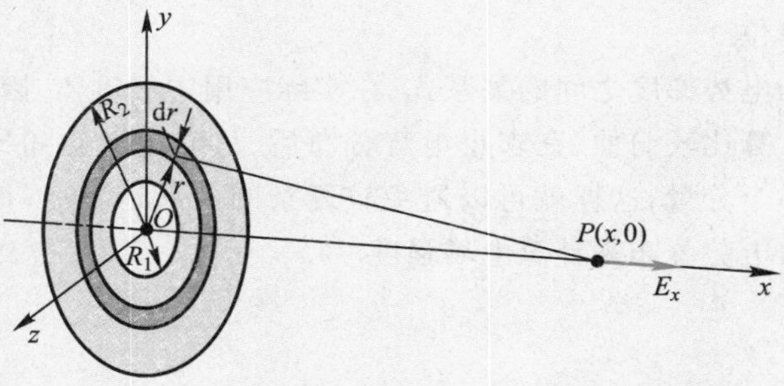

图 7-34 中空带电圆盘轴线上的电势和电场强度

解 先求出中空带电圆盘轴线上的电势. 设圆盘上的电荷面密度为 σ,轴线上任一点 P 离中空圆盘中心的距离为 x. 在圆盘上取半径为 r 宽为 $\mathrm{d}r$ 的圆环,环上所带电荷量为

$$\mathrm{d}q=2\pi\sigma r\mathrm{d}r$$

应用例题 7-12 的结果,该圆环在 P 点的电势为

$$\mathrm{d}V=\frac{\mathrm{d}q}{4\pi\varepsilon_0\ (r^2+x^2)^{1/2}}=\frac{\sigma r\mathrm{d}r}{2\varepsilon_0\ (r^2+x^2)^{1/2}}$$

整个中空带电圆盘在 P 点的电势等于许多半径不等的带电小圆环在 P 点的电势之和,所以

$$V=\int_{R_1}^{R_2}\mathrm{d}V=\int_{R_1}^{R_2}\frac{\sigma r\mathrm{d}r}{2\varepsilon_0(r^2+x^2)^{1/2}}=\frac{\sigma}{2\varepsilon_0}\left(\sqrt{R_2^2+x^2}-\sqrt{R_1^2+x^2}\right)$$

由于电荷相对 Ox 轴对称分布,电势仅为 x 的函数,所以 $E_y=E_z=0$,这样 Ox 轴上任一点的电场强度方向必沿 Ox 轴,其值为

$$E=E_x=-\frac{\partial V}{\partial x}=\frac{\sigma}{2\varepsilon_0}\left(\frac{x}{\sqrt{R_1^2+x^2}}-\frac{x}{\sqrt{R_2^2+x^2}}\right)$$

复习思考题

7-5-1 (1) 已知电场中某点的电势,能否计算出该点的场强?(2) 已知电场中某点附近的电势分布,能否算出该点的场强?

7-5-2 根据场强与电势梯度的关系分析下列问题:(1) 在电势不变的空间,电场强度是否为零?(2) 在电势为零处,场强是否一定为零?(3) 场强为零处,电势是否一定为零?(4) 在均匀电场中,各点的电势梯度是否相等?各点的电势是否相等?

7-5-3 试用式(7-50)说明改变电势零点的位置并不会影响各点电场强度的大小.

§7-6　静电场中的导体

一、导体的静电平衡

导体之所以能够导电，是因为导体内部存在着可以自由移动的电荷. 在金属导体中的自由电荷是自由电子.

将一个不带电的金属导体放入外电场 $\boldsymbol{E}_0$ 中，如图 7-35(a)所示，在电场力的作用下，导体内部的自由电子将逆着电场方向相对晶格作定向运动，结果引起导体中的正负电荷重新分布，使导体两端带上等量异号的电荷，这就是导体的静电感应(electrostatic induction)现象. 因静电感应而在导体表面出现的电荷称为感应电荷(induced charge). 这些电荷在导体内将激发附加电场 $\boldsymbol{E}'$，方向与外电场 $\boldsymbol{E}_0$ 的方向相反[图 7-35(b)]. 随着感应电荷的不断积累，附加电场将不断增加，当附加电场与外电场的数值相等时，导体内部任意一点的合场强 $\boldsymbol{E}=\boldsymbol{E}_0+\boldsymbol{E}'=\boldsymbol{0}$ [图 7-35(c)]，这时，自由电子的定向运动将完全静止.

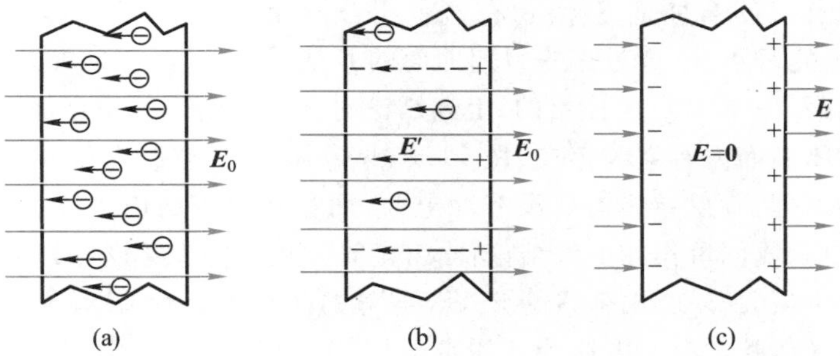

图 7-35　导体的静电感应过程

我们把导体中没有电荷作任何定向运动的状态称为静电平衡状态. 因此，导体静电平衡的必要条件就是导体内任一点的电场强度都等于零. 达到静电平衡状态所经历的时间是十分短暂的，数量级约为 10^{-6} s.

应该指出，由于导体上出现了感应电荷，它将对原来的外电场施加影响而改变其分布，图 7-36 表明了外电场[图 7-36(a)]和感应电荷所激发的电场[图 7-36(b)]叠加后的电场分布情况[图 7-36(c)].

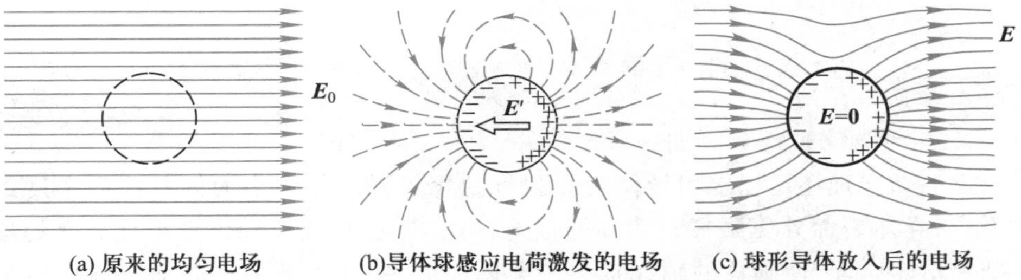

图 7-36　电场中的球形导体

根据导体静电平衡的条件，还可直接得出以下的推论.

（1）导体是等势体，其表面是等势面.

这是因为在导体内任一点的电场强度 $\boldsymbol{E}=\mathbf{0}$，根据 $\boldsymbol{E}=-\mathrm{grad}\ V=\mathbf{0}$，即导体内各点电势的空间变化率都等于零，这就说明导体内各点的电势都相等.

（2）导体表面的电场强度垂直于导体表面.

既然在静电平衡时导体表面是等势面，从上节电场线与等势面的关系出发，可知导体表面的电场强度必与它的表面垂直，如图 7-37 所示.

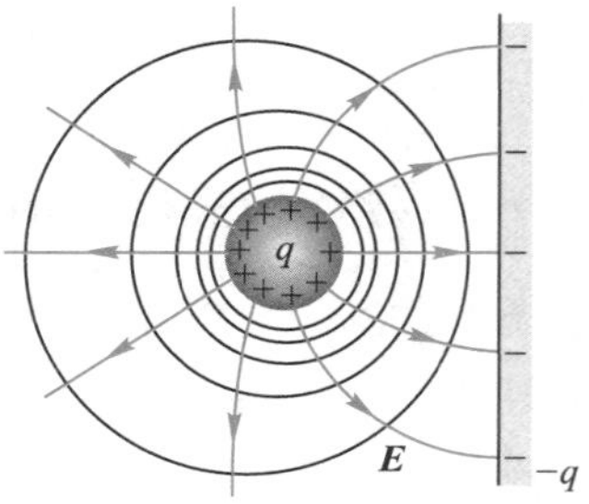

图 7-37 导体表面的电场强度垂直于导体表面

二、静电平衡时导体上的电荷分布

1. 电荷分布

当带电导体处于静电平衡状态时，导体上电荷分布的规律可以从高斯定理直接推出，考虑一个任意形状的实心导体，如图 7-38（a）所示. 在导体内任取一点 P，围绕它任作一闭合曲面 S，因为在这个闭合曲面上任一点的电场强度都等于零，根据高斯定理可知，通过这一封闭曲面的 $\boldsymbol{E}$ 通量等于零，因此在这一封闭曲面内没有净电荷. 由于 P 点是任意的，上述结论对于导体内部任一点都是正确的.

如果封闭曲面内有空腔存在［图 7-38（b）］，而且在空腔内没有其他带电体，那么同样的道理，不仅导体内部没有净电荷，而且在空腔的内表面各处也没有净电荷存在. 所以我们可作如下的结论：当带电导体处于静电平衡状态时，导体内部各处都没有净电荷存在，电荷只能分布于导体的外表面上.

摩擦后的玻璃棒吸引易拉罐

如果在导体腔中有一电荷为 q 的带电体，如图 7-38（c）所示，这时由于静电感应现象，在导体处于静电平衡状态时，可以证明导体腔的内表面上出现和带电体所带电荷等值异号的感应电荷 $-q$，而在腔体外表面上出现和带电体所带电荷等值同号的感应电荷 $+q$，此时导体内其他地方仍没有净电荷.

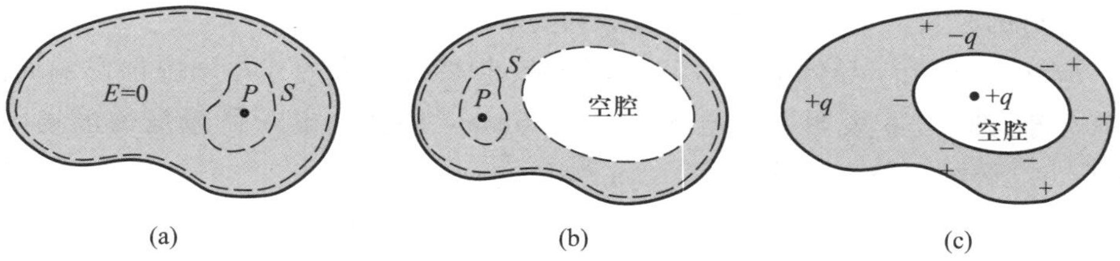

图 7-38 论证导体静电平衡时电荷只能分布在导体的表面上

一个点电荷在导体球腔内的电场线

2. 电荷面密度与场强的关系

由高斯定理还可以求出导体表面附近的电场强度与该表面处电荷面密度的关系. 在导体表面外无限靠近表面处任取一点 P，过 P 点作一个很小且极薄的扁平圆柱形闭合面，使圆柱的轴线垂直于导体表面，它的上下两个底面与导体表面平行，底面积为 ΔS，ΔS 充分小，以至于其上的电场可视为均匀电场. 下底面深入导体内（见图 7-39）. 由于导体表面是等势面，导体表面附近的电场强度与表面垂直，圆柱面的侧面与电场强度方向平行，所以通过下底面和侧面的 $\boldsymbol{E}$ 通量都为零，通过该闭合曲面的总 $\boldsymbol{E}$ 通量就等于通过圆柱面上底面的 $\boldsymbol{E}$ 通量，应用高斯定理得

$$\oint_S \boldsymbol{E} \cdot \mathrm{d}\boldsymbol{S} = E\Delta S = \frac{\sigma \Delta S}{\varepsilon_0}$$

则

$$E = \frac{\sigma}{\varepsilon_0}$$

将上式的结果写成矢量式为

$$\boldsymbol{E} = \frac{\sigma}{\varepsilon_0}\boldsymbol{e}_{\mathrm{n}} \tag{7-52}$$

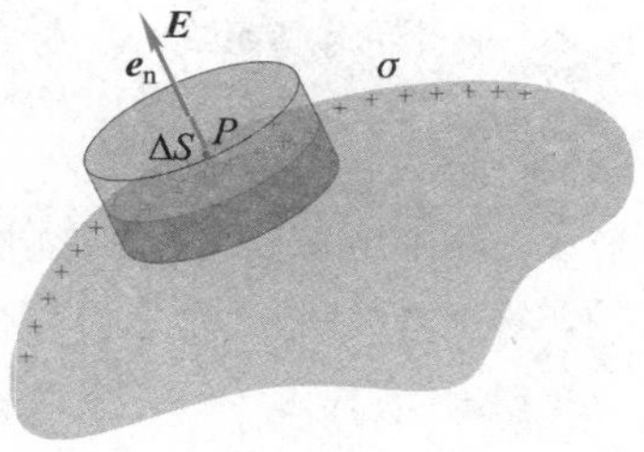

图 7-39 带电导体表面附近的电场强度和该表面处电荷面密度的关系

σ 是导体表面 P 点的电荷面密度，$\boldsymbol{e}_{\mathrm{n}}$ 是导体表面的法向单位矢量. 上式表明带电导体表面附近的电场强度与该表面的电荷面密度成正比，电场强度方向垂直于表面，这一结论对于孤立导体（孤立导体是指远离其他物体的导体，因而其他物体对它的影响可以忽略不计）或处在外电场中的任意导体都普遍适用. 但在理解式（7-52）时必须注意，导体表面附近的电场强度 $\boldsymbol{E}$ 不单是由该表面处的电荷所激发，它是导体面上所有电荷以及周围其他带电体上的电荷所激发的合电场的电场强度，外界的影响已在 σ 中体现出来. 例如，一个半径为 R 的孤立导体球，带有电荷量 q，则在紧靠球外侧某点处的电场强度的大小为 $E = q/4\pi\varepsilon_0 R^2 = \sigma/\varepsilon_0$，显然，$E$ 是整个球面上的电荷所激发的. 如果在此导体球邻近再放置一个电荷量为 q_1 的平板（如图 7-37 所示），这时该点的电场就由 q、q_1 以及 q_1 在球面上的感应电荷共同激发，在该点的电场强度（设为 E'）和靠近它的球面上的电荷面密度（设为 σ'）都有了变化，尽管如此，它们仍满足 $E' = \sigma'/\varepsilon_0$ 的关系.

3. 电荷面密度与导体表面曲率的关系

导体表面虽是一等势面，但其电荷面密度不一定处处相同. 一般来说，电荷在导体表面上的分布不但和导体自身的形状有关，还和附近其他带电体及其分布有关. 对于孤立的带电导体来说，电荷在其表面上的分布却由导体表面的曲率决定，即在导体表面凸出而尖锐的地方（曲率较大），电荷面密度较大；在表面平坦的地方（曲率较小），电荷面密度较小；在表面凹进去的地方（曲率为负），电荷面密度更小. 只有孤立球形导体，因其表面各部分的曲率相同，球面上的电荷分布才是均匀的.

例题 7-17

两个相距很远、半径分别为 R 和 r 的球形导体（$R>r$），用一根很长的细导线连接起来（图 7-40），使这个导体组带电，电势为 V，求两球表面电荷面密度与曲率的关系.

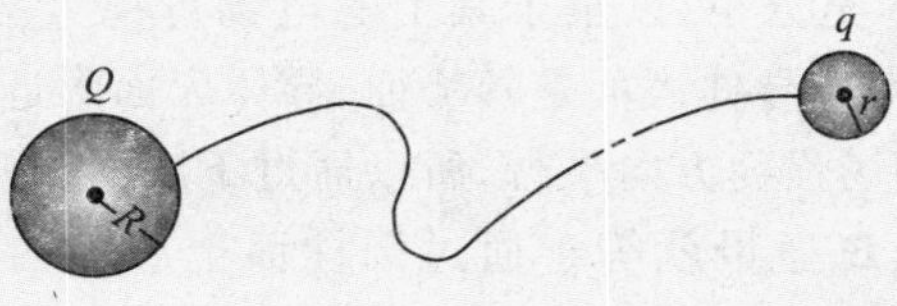

图 7-40 论证带电导体上的电荷面密度与曲率的关系

解 两个导体所组成的整体可看成是一个孤立导体系. 由于这两个球相距很远,使每个球面上的电荷分布在另一球处所激发的电场可以忽略不计. 细线的作用是使两球保持等电势,而细线上少量的电荷在两球处所激发的电场影响也可以忽略. 因此,每个球又可近似地看作孤立导体,两球表面上的电荷分布各自都是均匀的. 设大球所带电荷量为 Q,小球所带电荷量为 q,在静电平衡时它们有相等的电势值,即

$$V=\frac{Q}{4\pi\varepsilon_0 R}=\frac{q}{4\pi\varepsilon_0 r}$$

得

$$\frac{Q}{q}=\frac{R}{r}$$

可见大球所带电荷量 Q 比小球所带电荷量 q 多. 因为两球的电荷面密度分别为

$$\sigma_R=\frac{Q}{4\pi R^2},\qquad \sigma_r=\frac{q}{4\pi r^2}$$

所以

$$\frac{\sigma_R}{\sigma_r}=\frac{Qr^2}{qR^2}=\frac{r}{R}$$

可见电荷面密度和曲率半径成反比,即曲率半径越小(或曲率越大),电荷面密度越大. 当两球相距不远时,两球所带电荷的相互影响不能忽略,这时每个球都不能看作是孤立导体,两球表面上的电荷分布也不再均匀. 于是,同一球面上各处的曲率虽相等,但电荷面密度却不再相同. 因此,电荷面密度与曲率半径成反比仅对孤立导体成立.

避雷针

上例所得结论在生产技术上十分重要. 对于具有尖端的带电导体,由于尖端处电荷面密度极高,其周围的电场强度特别强,空气中的残留离子受到这个强电场的作用与空气中其他分子剧烈碰撞而产生大量的离子. 其中和导体所带电荷异号的离子,被吸引到尖端上,与导体上的电荷相中和,而和导体所带电荷同号的离子,则被排斥而离开尖端. 这种使得空气被"击穿"而产生的放电现象称为尖端放电. 避雷针就是根据尖端放电的原理设计的,当雷电发生时,利用尖端放电原理使强大的放电电流从和避雷针连接并接地良好的粗导线中流过,从而避免建筑物遭受雷击的破坏.

尖端放电现象在高压输电网的导线上及一些高压设备中也常出现(又称电晕),从而造成电能的损失. 在出现电晕现象的电场中,不仅有离子在运动,大气中的中性微尘由于有离子附着在它们上面而带电,也能在电场中作定向运动. "静电喷漆"就是利用电晕原理使漆雾微粒带电而喷射到工件上. 在工厂中也利用这个原理制成除尘器来除去大气中的有害粉尘.

例题 7-18

为了测试电子产品(如电子计算机等)对静电放电的承受力,工程师设计了一种“静电放电枪”以模拟办公室条件下的静电作用.在办公室内产生静电的主要原因之一是人们在地毯上行走时鞋底与地毯之间的摩擦起电(鞋底带负电,地毯带正电),由于鞋底是绝缘材料,电荷不易移走而聚集起来;另一方面人体可以看作是导体,在人的足底会感应出正电荷,而在人的上部表面,如手指上感应出负电荷.当手接近门上的金属手柄时,在手指与手柄间会产生很高的电势差而出现放电现象.(1) 如果人体感应出 1 μC 的电荷,试以一个最简单的模型估计人体的电势可达多少?(2) 在干燥的天气里,空气击穿的电场强度为 3.0 MV/m,当手指在接近门上的金属手柄时可能产生的电火花有多长?

解 (1) 作为估算,最简单的人体模型可把人体看作是半径为 1 m(设人体的高度为 2 m)的球,于是人体的电势为

$$V=\frac{q}{4\pi\varepsilon_0 R}=9\times10^3\ \mathrm{V}$$

(2) 由 $E=V/d$,可得放电火花长为

$$d=\frac{V}{E}=3\ \mathrm{mm}$$

可以证明,放电能量极小,对人体不会构成威胁,但由于电势极高,对微电子元件仍有极大的危险,所以现代微电子产品都要做好静电的防范.

例题 7-19

两平行放置的带电大金属板 A 和 B,面积均为 S,A 板所带电荷量为 Q_A,B 板所带电荷量为 Q_B.忽略边缘效应,求两块板四个面的电荷面密度.

解 设两块板四个面的电荷面密度分别为 σ_1、σ_2、σ_3、σ_4,在 A、B 板内各任选一点 P_1 和 P_2,由静电平衡条件知,在导体内任一点的电场强度为零,所以

$$E_{P_1}=0,\quad E_{P_2}=0$$

又根据电场强度叠加原理,P_1 点和 P_2 点的电场强度为零是两块金属板四个带电面在该处所产生的电场的叠加结果,以图 7-41 所示 x 轴的方向为正方向可列出方程

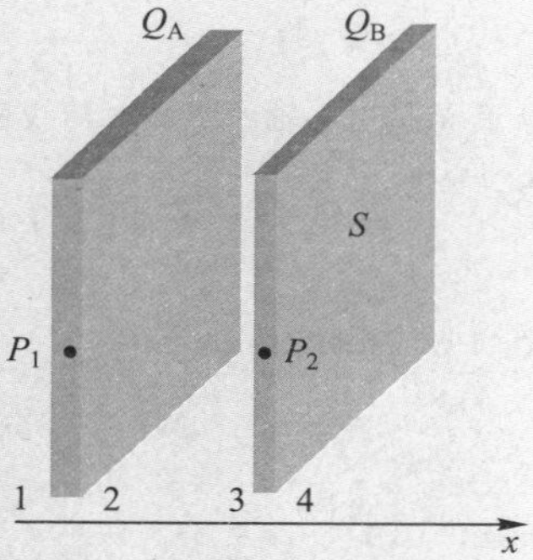

图 7-41 两平行放置的带电大金属板

对 P_1 $$\frac{\sigma_1}{2\varepsilon_0}-\frac{\sigma_2}{2\varepsilon_0}-\frac{\sigma_3}{2\varepsilon_0}-\frac{\sigma_4}{2\varepsilon_0}=0$$

对 P_2 $$\frac{\sigma_1}{2\varepsilon_0}+\frac{\sigma_2}{2\varepsilon_0}+\frac{\sigma_3}{2\varepsilon_0}-\frac{\sigma_4}{2\varepsilon_0}=0$$

解得

$$\sigma_1=\sigma_4,\quad \sigma_2=-\sigma_3$$

这个结果告诉我们,两平行放置的带电大金属板相向的两面上电荷面密度大小相等、符号相反;相背的两面上电荷面密度大小相等、符号相同.

由已知条件 Q_A、Q_B 和 S，有

$$(\sigma_1+\sigma_2)S=Q_A$$

$$(\sigma_3+\sigma_4)S=Q_B$$

与上述电荷面密度的关系式一起，不难解出

$$\sigma_1=\sigma_4=\frac{Q_A+Q_B}{2S}$$

$$\sigma_2=-\sigma_3=\frac{Q_A-Q_B}{2S}$$

*例题 7-20

静电除尘

静电除尘器由半径为 r_a 的金属圆筒(阳极)和半径为 r_b 的同轴圆细线(阴极)组成(图7-42)．当它们加上一高电压时，圆筒内就产生了一强大的电场，圆筒内的空气被电离，电子和负离子朝圆筒移动，正离子则向中心轴线移动．浑浊的空气通过这个圆筒时，灰尘粒子与离子碰撞而带电，于是在电场的作用下向电极移动，最终下落并沉积在圆筒底部而被扫出，达到了清洁空气的目的．已知空气在一般情况下的击穿电场强度为3.0 MV/m，试提出一个静电除尘器圆筒和中心线粗细的设计方案．

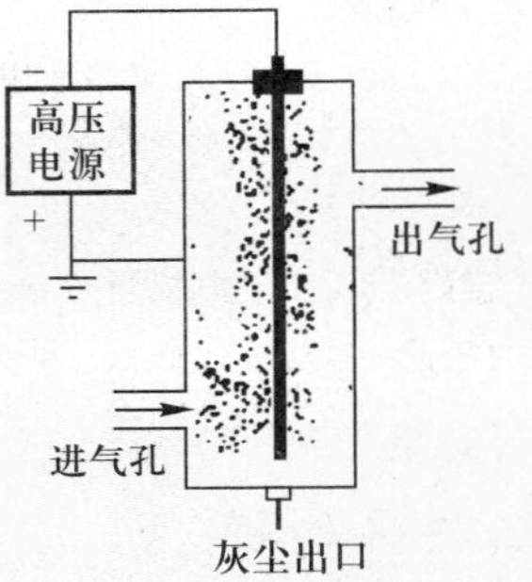

图 7-42　静电除尘器结构

解　例题 7-9 中已计算过，中心轴线带电后，在距中心轴线为 r 处的电场强度是

$$E=\frac{\lambda}{2\pi\varepsilon_0 r}$$

这里 λ 是中心轴线上的电荷线密度．中心轴线与金属圆筒的电势差为

$$U=\int_{r_b}^{r_a}E\mathrm{d}r=\int_{r_b}^{r_a}\frac{\lambda}{2\pi\varepsilon_0 r}\mathrm{d}r=\frac{\lambda}{2\pi\varepsilon_0}\ln\frac{r_a}{r_b}$$

上面两式相除，消去 λ，有

$$E=\frac{U}{r\ln\frac{r_a}{r_b}} \tag{1}$$

上式表明在金属圆筒与同轴圆细线之间加上 U 的电势差后，圆筒内的电场随 r 的增大而迅速减弱，在中心轴线处电场最强，在靠近外圆筒处电场强度最小．为了保证圆筒中心轴线处一定范围内的电场高于空气的击穿电场强度，中心轴线的电场必须取得更高，现令 $E_b=6.0$ MV/m．为此，必须在金属圆筒与同轴圆细线之间加上足够高的电压，一般在数万伏以上，现取 $U=50$ kV．若该除尘器的外金属圆筒的半径 $r_a=0.85$ m，那么中心同轴圆柱线的半径 r_b 应为多少呢？在式(7-42)中令 $r=r_b$，可获得在中心圆细线表面处的电场强度 E_b 与其半径 r_b 的关系

$$E_b = \frac{U}{r_b \ln \frac{r_a}{r_b}} \tag{2}$$

从原理上说，代入设定的 E_b、U 和 r_a 值，解上述方程可得出 r_b. 但这是一个超越方程，不易用一般代数方程的方法求解，而且超越方程的解可能有一个，也可能有几个，甚至无数个（还可能没有解），因此采用计算机编程的数值解法寻求 r_b 的合理值是最佳的一种方法. 另一方面，我们对方程(2)的解作一预分析可知，若 r_b 比较小，则 $\ln(r_a/r_b)$ 比较大；反过来，若 r_b 比较大，则 $\ln(r_a/r_b)$ 比较小，由此看来满足方程(2)的 r_b 至少有两个. 由计算程序（扫描侧边二维码查看源程序），我们得到了中心轴线表面处的电场强度 E_b 与其半径 r_b 的关系曲线图 7-43(a)［为了看清满足方程(2)的最小 r_b，利用软件的放大图形功能可得图 7-43(b)］. 从这条曲线以及计算结果可以得出，中心圆柱线的半径 $r_b = 0.0013\ \text{m}$ 与 $r_b = 0.841\ \text{m}$ 都能达到 $E_b = 6.0\ \text{MV/m}$ 的电场强度，但 $r_b = 0.841\ \text{m}$ 的解显然是不可取的，因为这么粗的中心圆柱线不仅浪费材料，而且它与外圆筒半径非常接近，除尘器内空气流通的空间实在太小了. 所以很细的 $r_b = 0.0013\ \text{m}$ 才是一个从工程上可以接受的合理解.

例题 7-20 计算程序

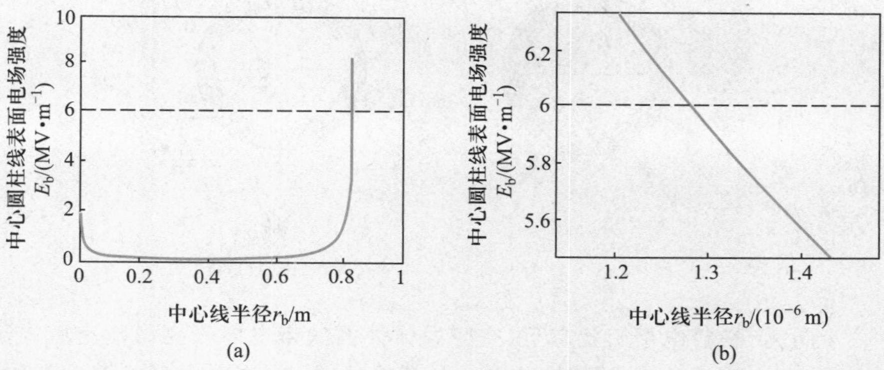

图 7-43　中心线半径 r_b 与表面电场强度 E_b 的关系

［图(b)是图(a)中曲线左边部分的放大图］

三、静电屏蔽

上面已经证明，在静电平衡状态下，如果导体空腔内没有电荷，导体空腔内各点的电场强度等于零，空腔的内表面各处都没有净电荷分布. 因此，当导体空腔处在外电场中时，空腔导体外的带电体只会影响空腔导体外表面上的电荷分布，并改变空腔导体外的电场，而且这些电荷重新分布的结果，最终还是使导体内部及空腔内的总电场强度等于零（图 7-44）. 这就使空腔内不受到外电场的影响.

若导体腔中放有带电体 A，如图 7-45(a)所示，腔内出现由带电体 A 及腔内表面上的电荷分布所决定的电场，这个电场与导体外其他带电体的分布无关. 这就是说，导体空腔外的电荷（包括空腔导体外表面上的电荷）对导体腔内的电场及电荷分布没有影响. 在这种情况中，空腔导体外无其他带电体时仍有电场存在，它是腔内的带电体 A 通过在腔外表面感应出等量同号电荷所激发的，电场全由空腔导体表面上的电荷分布所决定，与腔内情况无关，腔内带电体 A 放在腔内不同位置上，它只会改变空腔导体内表面上的电荷分布，绝对不会改变空腔导体外表面上的电荷分布及腔外的电场分布（这是由于电荷 A 及空腔内表面的感应电荷在导体内和空腔导体外所激发的合电场的电场强度恒为零）. 当把空腔导体接地时，如图 7-45(b) 所示，则导体外表面上的感应电荷因接地而被中和，空腔导体外相应的电场也随之消失. 这就实现了消除空腔内电荷对外界的影响的目的.

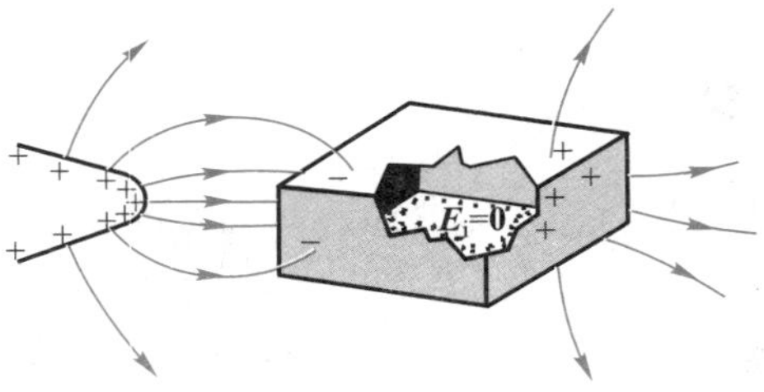

图 7-44 空腔内的总电场强度等于零

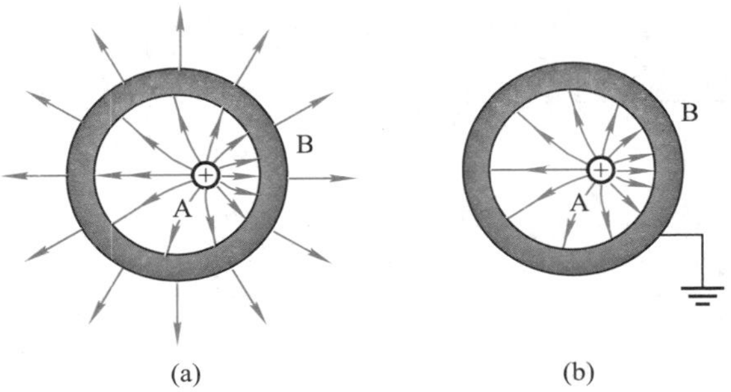

图 7-45 腔内有带电体时腔内外的电场分布

由上可见，在静电平衡状态下，空腔导体外面的带电体不会影响空腔内部的电场分布；一个接地的空腔导体，空腔内的带电体对腔外的物体不会产生影响. 这种使导体空腔内的电场不受外界的影响或利用接地的空腔导体将腔内带电体对外界的影响隔绝的现象，称为静电屏蔽(electrostatic shielding).

静电屏蔽

静电屏蔽在生产技术上有许多应用. 例如，为了避免外界电场对设备中某些精密电磁测量仪器的干扰，或者为了避免一些高压设备的电场对外界的影响，一般都在这些设备外边安装有接地的金属制外壳（网、罩）. 传送弱信号的连接导线，为了避免外界的干扰，往往在导线外包一层用金属丝编织的屏蔽线层. 在高压带电作业中，工人师傅穿上一身用金属丝编织的屏蔽衣服鞋帽就能安全地实施等电势高压操作.

例题 7-21

如图 7-46 所示，在内外半径分别为 R_1 和 R_2 的导体球壳内，有一个半径为 r 的导体小球，小球与球壳同心，让小球与球壳分别带上电荷量 q 和 Q. 试求：(1) 小球的电势以及球壳内、外表面的电势；(2) 小球与球壳的电势差；(3) 若球壳接地，再求小球与球壳的电势差.

解　(1) 由对称性可以肯定，小球表面上和球壳内外表面上的电荷分布是均匀的. 小球上的电荷 q 将在球壳的内外表面上感应出 $-q$ 和 $+q$ 的电荷，而 Q 只能分布在球壳的外表面上，故球壳外表面上的总电荷量为 $q+Q$.

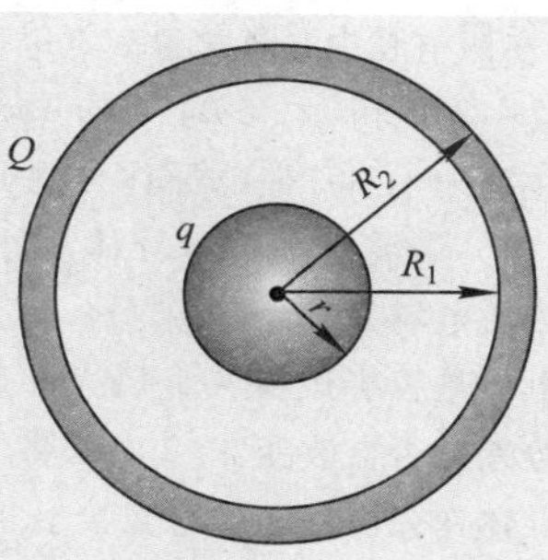

图 7-46　带电球壳包围带电小球

由例题 7-13 的结果以及电势叠加原理，可以得到小球和球壳内外表面的电势分别为

$$V_r=\frac{1}{4\pi\varepsilon_0}\left(\frac{q}{r}-\frac{q}{R_1}+\frac{q+Q}{R_2}\right)$$

$$V_{R_1}=\frac{1}{4\pi\varepsilon_0}\left(\frac{q}{R_1}-\frac{q}{R_1}+\frac{q+Q}{R_2}\right)=\frac{q+Q}{4\pi\varepsilon_0 R_2}$$

$$V_{R_2}=\frac{1}{4\pi\varepsilon_0}\left(\frac{q}{R_2}-\frac{q}{R_2}+\frac{q+Q}{R_2}\right)=\frac{q+Q}{4\pi\varepsilon_0 R_2}$$

球壳内外表面的电势相等.

(2) 两球的电势差为

$$V_r-V_R=\frac{q}{4\pi\varepsilon_0}\left(\frac{1}{r}-\frac{1}{R_1}\right)$$

(3) 若外球壳接地，则球壳外表面上的电荷消失. 两球的电势分别为

$$V_r=\frac{q}{4\pi\varepsilon_0}\left(\frac{1}{r}-\frac{1}{R_1}\right)$$

$$V_{R_1}=V_{R_2}=0$$

两球的电势差仍为

$$V_r-V_R=\frac{q}{4\pi\varepsilon_0}\left(\frac{1}{r}-\frac{1}{R_1}\right)$$

由以上计算结果可以看出，不管外球壳接地与否，两球的电势差保持不变. 而且，当 q 为正值时，小球的电势高于球壳的电势；当 q 为负值时，小球的电势低于球壳的电势. 后一结论与小球在壳内的位置无关，如果两球用导线相连或小球与球壳相接触，则不论 q 是正是负，也不管球壳是否带电，电荷 q 总是全部迁移到球壳的外表面上，直到 $V_r-V_R=0$ 为止.

复习思考题

7-6-1　将一电中性的导体放在静电场中，在导体上感应出来的正负电荷的电荷量是否一定相等？这时导体是否是等势体？如果在电场中把导体分开为两部分，一部分导体上带正电，另一部分导体上带负电，这时两部分导体的电势是否相等？

7-6-2　一个孤立导体球带有电荷量 Q，其表面附近的场强沿什么方向？当我们把另一带电体移近这个导体球时，球表面附近的场强将沿什么方向？其上电荷分布是否均匀？其表面是否等电势？电势有没有变化？球体内任一点的场强有无变化？

7-6-3　如何能使导体(1) 净电荷为零而电势不为零；(2) 有过剩的正或负电荷，而其电势为零；(3) 有过剩的负电荷而其电势为正；(4) 有过剩的正电荷而其电势为负.

7-6-4　如思考题 7-6-4 图所示，在金属球 A 内有两个球形空腔，此金属球体上原来不带电,在两空腔中心各放置一点电荷 q_1 和 q_2,求金属球 A 的电荷分布. 此外,在金属球外很远处放置一点电荷 $q(r>>R)$,问 q_1、q_2、q 受到的电场力各为多少?

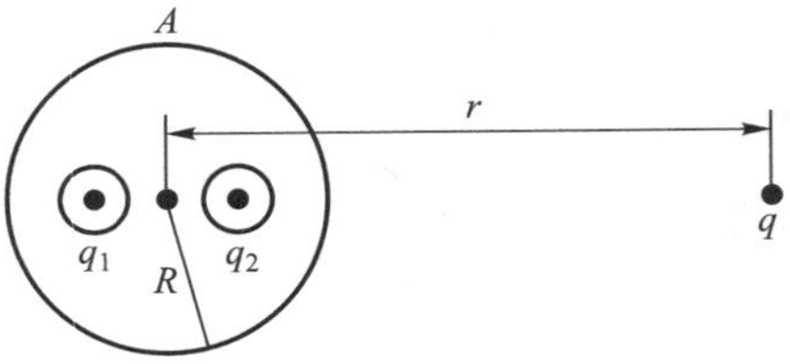

思考题 7-6-4 图

7-6-5 一带电导体放在封闭的金属壳内部. (1) 若将另一带电导体从外面移近金属壳,壳内的电场是否会改变? 金属壳及壳内带电体的电势是否会改变? 金属壳和壳内带电体间的电势差是否会改变? (2) 若将金属壳内部的带电导体在壳内移动或与壳接触时,壳外部的电场是否会改变? (3) 如果壳内有两个所带电荷量分别为 q 和 $-q$ 的带电体,壳外的电场分布如何?

§7-7 电容器的电容

一、孤立导体的电容

导体静电平衡的特性之一是导体面上有确定的电荷分布,并具有一定的电势值. 从理论及实验可知,一个孤立导体的电势 V 与它所带的电荷量 q 成线性关系. 因此,导体的电势 V 与它所带电荷量间的关系,可以写成

$$\boxed{\frac{q}{V}=C} \tag{7-53}$$

式中比例常量 C 称为孤立导体的电容(capacitance),它只与导体的大小、形状和周围介质有关,例如,在真空中一个半径为 R 的孤立球形导体,当它带电荷 q 时,其电势 $V=q/4\pi\varepsilon_0 R$,所以它的电容为

$$C=\frac{q}{V}=4\pi\varepsilon_0 R \tag{7-54}$$

电容是表征导体储电能力的物理量,其物理意义是:使导体升高单位电势所需的电荷量. 对一定的导体,其电容 C 是一定的. 在国际单位制中,电荷量的单位是 C,电势的单位是 V,电容的单位由式(7-53)规定,称为 F(法拉),1 F=1 C/V. F 是个很大的单位,例如把地球当作是一半径为 6 400 km 的巨大球形导体,其电容也只有 $C=4\pi\times 8.8\times 10^{-12}\times 6.4\times 10^{6}\ \text{F}=7\times 10^{-4}\ \text{F}$,所以在实际应用中往往用 μF(微法)、pF(皮法)作单位:

$$1\ \mu\text{F}=10^{-6}\ \text{F},\quad 1\ \text{pF}=10^{-12}\ \text{F}$$

二、电容器的电容

一个带电导体附近有其他物体存在时,该导体的电势不但与自身所带的电荷量有关,还取决于附近导体的形状和位置以及带电情况. 这时,一个导体的电势 V 与它自身所带电荷量 q 间的正比关系不再成立. 为了消除其他导体的影响,可采

用静电屏蔽的原理，用一个封闭的导体壳 B 将导体 A 包围起来，如图7-47所示，这样就可以使由导体 A 及导体壳 B 构成的一对导体系的电势差 V_A-V_B 不再受到壳外导体的影响而维持恒定. 我们把由导体壳 B 和壳内导体 A 构成的一对导体系称为电容器(capacitor). 一般情况，电容器中 A、B 两导体(称极板)的相对表面上均带有等量异号电荷±q，在两导体的电势差 $U_{AB}=V_A-V_B$ 时，将比值

$$C=\frac{q}{V_A-V_B} \tag{7-55}$$

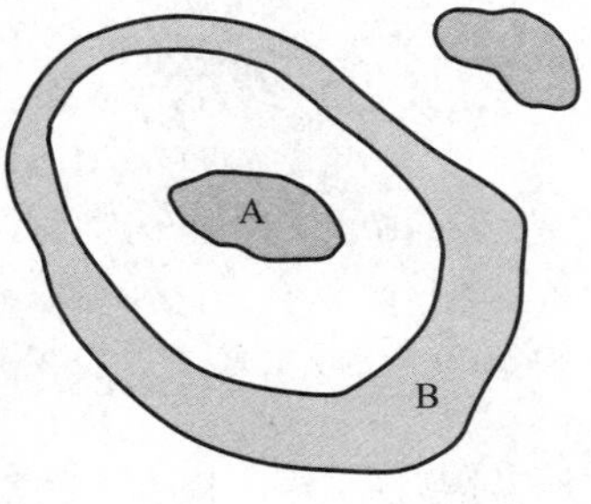

图 7-47　导体 A 与导体壳 B 组成一个电容器

定义为电容器的电容，其值只取决于两极板的大小、形状、相对位置及极板间电介质，在量值上等于两导体间的电势差为单位值时极板上所容纳的电荷量. 式(7-55)中的 q 为任一极板上电荷量的绝对值. 实际上，对其他导体的屏蔽并不要像图 7-47 那样严格，通常用两块非常靠近的、中间充满各向同性的均匀电介质(例如空气、蜡纸、云母片、涤纶薄膜、陶瓷等)的金属板(箔或膜)构成. 这样的装置使电场局限在两极板之间，不受外界的影响，从而使电容具有固定的量值. 而且实验证明，充有电介质的电容器电容 C 为两极板间为真空时的电容 C_0 的 ε_r 倍，即

$$\varepsilon_r=\frac{C}{C_0} \tag{7-56}$$

ε_r 叫做该介质的相对电容率(relative permittivity)或相对介电常量(relative dielectric constant)，它的量纲为 1，是表征电介质本身特性的物理量.

对任何电容器，电容都只和它们的几何结构以及两极板间的电介质有关，与它们是否带电无关. 但计算任意形状电容器的电容时，总是要先假定极板带电，然后求出两带电极板间的电场强度，再由电场强度与电势差的关系求两极板间的电势差，最后由电容的定义式(7-55)可求出电容. 下面计算几种常见的真空电容器的电容.

例题 7-22　平行板电容器

最简单的电容器是由靠得很近、相互平行、同样大小的两片金属板组成的(见图 7-48). 设每块极板的面积为 S，两极板内表面间的距离为 d. 求平行板电容器的电容.

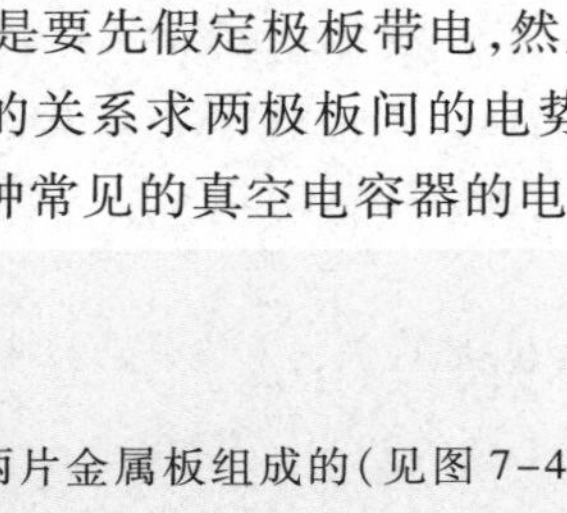

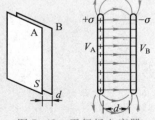

图 7-48　平行板电容器

解　若电容器充电后，A 板带正电，B 板带负电，电荷面密度分别为$+\sigma$ 和$-\sigma$，设板面的线度远大于两极板内表面间的距离，所以除了两板的边缘部分外，电荷均匀分布在两极板内表面上，在两极板间形成均匀电场，其电场强度的大小为

$$E=\frac{\sigma}{\varepsilon_0}$$

此时，两极板间的电势差为

$$U_{AB}=V_A-V_B=Ed=\frac{\sigma}{\varepsilon_0}d$$

于是，根据电容的定义，求得平行板电容器的电容为

$$C=\frac{q}{U_{AB}}=\frac{\sigma S}{\sigma d/\varepsilon_0}=\frac{\varepsilon_0 S}{d} \tag{7-57}$$

由上式可知，平行板电容器的电容 C 和极板的面积 S 成正比，和两极板间的距离 d 成反比. 实用上，可用改变极板相对面积的大小或改变极板间距离的方法来获得可变电容，它们被广泛地应用于电子设备(例如收音机的频率调谐电路)中. 事实上，电容器的用途已大大超出了存储电能的意义，在自动检测技术中，它们可以作为传感器测量距离的微小变化，或者介质的特征；在微电子时代，微型电容器还作为计算机的信息存储元件而获得了广泛的应用.

例题 7-23 圆柱形电容器

圆柱形电容器是由两个同轴金属圆柱筒(面)组成的. 设两圆柱面的长度为 l，半径分别为 R_A 和 R_B(见图 7-49)，当 $l>>(R_B-R_A)$ 时，求圆柱形电容器的电容.

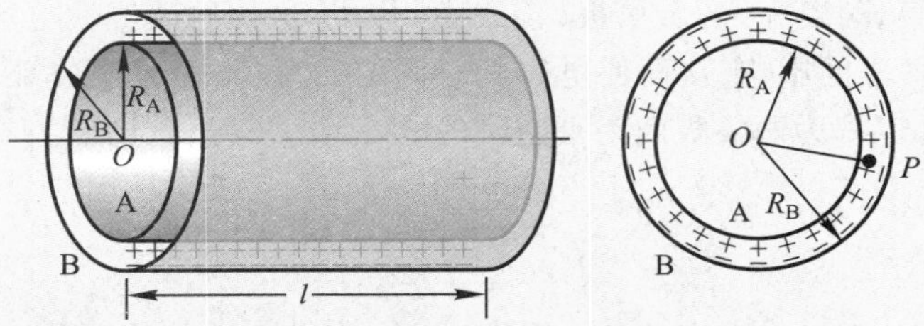

图 7-49 圆柱形电容器

解 设内圆柱面带电 $+q$，外圆柱面带电 $-q$，这时圆柱面单位长度上的电荷量 $\lambda=q/l$，在内圆柱面内和外圆柱面外的电场强度均为零，当 $l>>(R_B-R_A)$ 时，可将两端边缘处电场不均匀的影响忽略，在两圆柱面之间距轴线为 $r(R_A<r<R_B)$ 处 P 点的电场强度具有轴对称，应用高斯定理，可求出该点电场强度为

$$\boldsymbol{E}=\frac{\lambda}{2\pi\varepsilon_0 r}\boldsymbol{e}_r$$

设内、外圆柱面的电势分别为 V_A 和 V_B，则可求得两圆柱面间的电势差为

$$V_A-V_B=\int_{R_A}^{R_B}\boldsymbol{E}\cdot d\boldsymbol{r}=\int_{R_A}^{R_B}\frac{\lambda}{2\pi\varepsilon_0 r}dr=\frac{\lambda}{2\pi\varepsilon_0}\ln\frac{R_B}{R_A}$$

根据电容的定义，求得圆柱形电容器的电容为

$$C=\frac{q}{V_A-V_B}=\frac{\lambda l}{\dfrac{\lambda}{2\pi\varepsilon_0}\ln\dfrac{R_B}{R_A}}=\frac{2\pi\varepsilon_0 l}{\ln\dfrac{R_B}{R_A}} \tag{7-58}$$

单位长度的电容为

$$C_l=\frac{2\pi\varepsilon_0}{\ln\dfrac{R_B}{R_A}}$$

例题 7-24　球形电容器

球形电容器是由半径分别为 R_A 和 R_B 的两个同心的金属球壳所组成的（见图 7-50），求球形电容器的电容.

解　设内球带电 $+q$，外球带电 $-q$，则正、负电荷将分别均匀地分布在内球的外表面和外球的内表面上. 这时，在两球壳之间具有球对称性的电场，距球心 $r(R_A<r<R_B)$ 处的 P 点的电场强度为

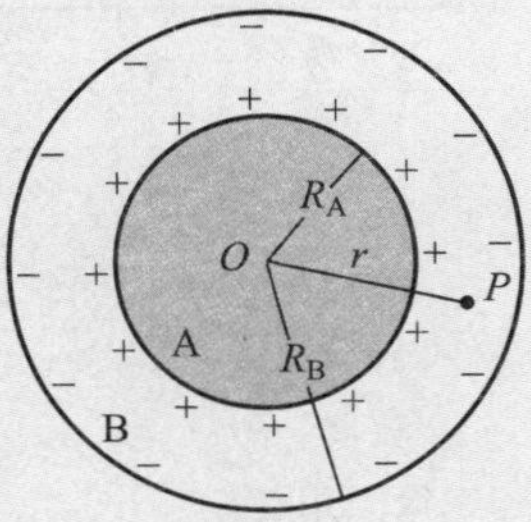

图 7-50　球形电容器

$$\boldsymbol{E}=\frac{q}{4\pi\varepsilon_0 r^2}\boldsymbol{e}_r$$

两球壳间的电势差为

$$V_A-V_B=\int_{R_A}^{R_B}\boldsymbol{E}\cdot d\boldsymbol{r}=\int_{R_A}^{R_B}E dr=\int_{R_A}^{R_B}\frac{q}{4\pi\varepsilon_0 r^2}dr=\frac{q}{4\pi\varepsilon_0}\left(\frac{1}{R_A}-\frac{1}{R_B}\right)$$

根据电容的定义，求得球形电容器的电容为

$$C=\frac{q}{V_A-V_B}=4\pi\varepsilon_0\frac{R_A R_B}{R_B-R_A} \tag{7-59}$$

请读者思考：设想组成球形电容器的外球壳在无限远处（$R_B\to\infty$），即 $R_B>>R_A$ 时，则式（7-59）是否可以简化为“孤立”导体球的电容公式.

还应该指出，除以上讨论的几种典型电容器的电容外，实际上任何导体间都存在着电容. 导线与导线，元件与元件，元件与金属外壳之间都存在着电容，这些电容在电工和电子技术中通常叫做分布电容（distributed capacitance）. 分布电容的量值通常比较小，只在高频电路中产生明显的作用.

如果在两极板之间充满相对电容率为 ε_r 的某种电介质，那么平板电容器、圆柱形电容器和球形电容器的电容分别是

$$C=\frac{\varepsilon_r\varepsilon_0 S}{d} \tag{7-60}$$

$$C=\frac{2\pi\varepsilon_r\varepsilon_0 l}{\ln\dfrac{R_B}{R_A}} \tag{7-61}$$

$$C=4\pi\varepsilon_r\varepsilon_0\frac{R_A R_B}{R_B-R_A} \tag{7-62}$$

均为两极板间为真空时情况的 ε_r 倍. 电容器中充满了电介质以后，其电容值之所以会增加的原因将在 § 7-9 中再作讨论.

每个电容器的成品，除了标明型号外，还标有两个重要的性能指标，例如电容器上标有 100 μF/25 V、470 pF/60 V 等，其中 100 μF、470 pF 表示电容器的电容，25 V、60 V 表示电容器的耐压. 耐压是指电容器工作时两极板上所能承受的最大电压，如果外加的电势差超过电容器上所规定的耐压值，电容器中的电场强度太大，两极板间的电介质有被击穿的危险. 即电介质失去绝缘性能而转化为导体，电

容器遭到损坏，这种情况称为电介质的击穿，使用时必须注意. 表 7-1 列出了一些常见电介质的 ε_r 及其击穿电场强度的大小.

表 7-1 电介质的相对电容率和击穿电场强度

电介质	相对电容率 ε_r	击穿电场强度/$(V\cdot m^{-1})$
真空	1	∞
空气	1.000 59	3×10^6
纯水	80	—
云母	3.7～7.5	$(80\sim200)\times10^6$
玻璃	5～10	$(5\sim13)\times10^6$
绝缘子用瓷	5.7～6.8	$(6\sim20)\times10^6$
电木	7.6	16×10^6
尼龙	3.4	14×10^6
钛酸钡	$10^3\sim10^4$	3×10^6
熔石英	3.78	8×10^6

当前，电容器的用途已大大超出了储存电能的意义，如电容器可以作为传感器把距离的微小变化或介质特性的改变转化为电容的变化，计算机键盘的按键、触摸屏等就是一些常见的例子.

三、电容器的串联和并联

在实际应用中，常会遇到已有电容器的电容或者耐压值不能满足电路的要求，这时常把若干个电容器适当地连接起来构成一电容器组. 电容器的基本连接方式有串联和并联两种，现在分别讨论如下.

1. 串联电容器

图 7-51 表示 n 个电容器的串联，设它们的电容值分别为 $C_1, C_2, \cdots, C_n$，组合的等效电容值为 C. 充电后，由于静电感应，每对电容器的两个极板上都带有等量异号的电荷 $+q$ 和 $-q$. 这时，每对电容器两极板间的电势差 U_1，$U_2, \cdots, U_n$ 分别为

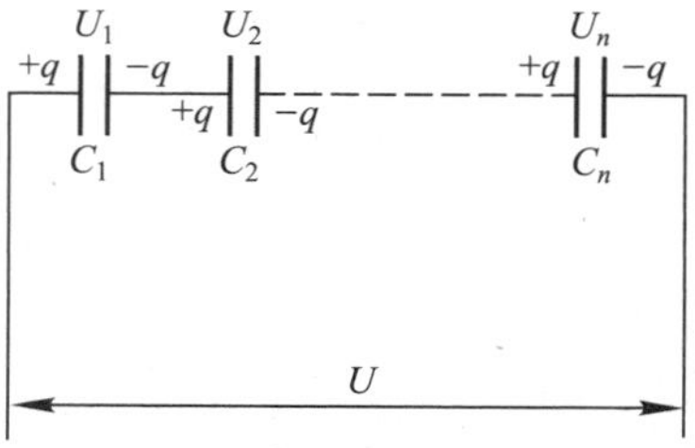

图 7-51 电容器的串联

$$U_1=\frac{q}{C_1},\quad U_2=\frac{q}{C_2},\quad \cdots,\quad U_n=\frac{q}{C_n}$$

组合电容器的总电势差为

$$U=U_1+U_2+\cdots+U_n=q\left(\frac{1}{C_1}+\frac{1}{C_2}+\cdots+\frac{1}{C_n}\right)$$

由 $U=q/C$ 得

$$\boxed{\frac{1}{C}=\frac{1}{C_1}+\frac{1}{C_2}+\cdots+\frac{1}{C_n}=\sum_{i=1}^{n}\frac{1}{C_i}} \tag{7-63}$$

即串联等效电容器电容的倒数等于每个电容器电容的倒数之和.

2. 并联电容器

图 7-52 表示 n 个电容器的并联. 充电后,每对电容器两极板间的电势差相等,都等于 U,但每对电容器极板上的电荷量则不相等. 设电容器 $C_1, C_2, \cdots, C_n$ 极板上的电荷量分别为 $q_1, q_2, \cdots, q_n$,则

$$q_1 = C_1 U,\quad q_2 = C_2 U,\quad \cdots,\quad q_n = C_n U$$

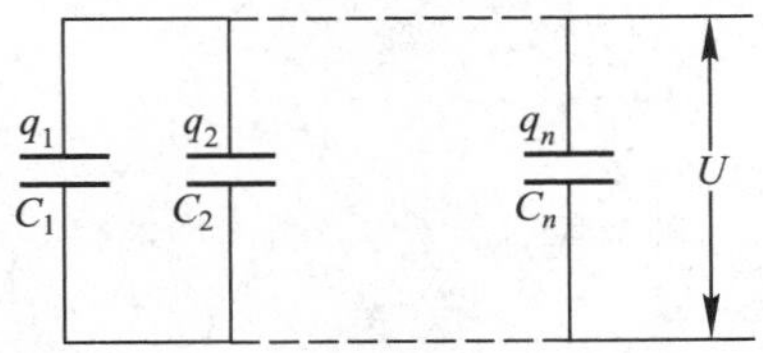

图 7-52 电容器的并联

组合电容器的总电荷量为

$$q = q_1 + q_2 + \cdots + q_n = (C_1 + C_2 + \cdots + C_n) U$$

由此可得组合电容器的等效电容为

$$\boxed{C = \frac{q}{U} = C_1 + C_2 + \cdots + C_n = \sum_{i=1}^{n} C_i} \tag{7-64}$$

即并联等效电容器电容等于每个电容器电容之和.

由以上计算结果表明,几个电容器并联可获得较大的电容值,但每个电容器极板间所承受的电势差和单独使用时一样;几个电容器串联时电容值减小,但每个电容器极板间所承受的电势差小于总电势差. 在实际应用中可根据电路的需要采取并联、串联或它们的组合.

例题 7-25

三个电容器按图 7-53 连接,其电容分别为 C_1、C_2 和 C_3. 当开关 S 打开时,将 C_1 充电到电势差 U_0,然后断开电源,并闭合开关 S. 求各电容器上的电势差.

解 已知在 S 闭合前,C_1 极板上所带电荷量为 $q_0 = C_1 U_0$,C_2 和 C_3 极板上的电荷量为零. S 闭合后,C_1 放电,并对 C_2、C_3 充电,整个电路可看作 C_2、C_3 串联再与 C_1 并联. 设稳定后,C_1 极板上的电荷量为 q_1,C_2 和 C_3 极板上的电荷量为 q_2,因而有

$$q_1 + q_2 = q_0$$

$$\frac{q_1}{C_1} = \frac{q_2}{C_2} + \frac{q_2}{C_3}$$

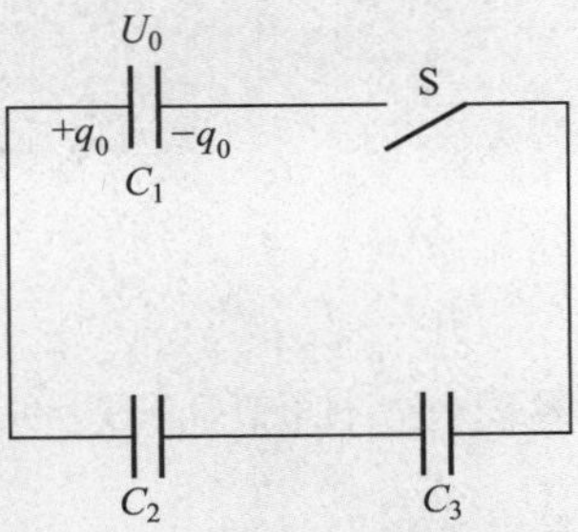

图 7-53 电容器的连接

解两式得

$$q_1 = \frac{C_1(C_2 + C_3)}{C_1 C_2 + C_2 C_3 + C_3 C_1} q_0 = \frac{C_1^2(C_2 + C_3)}{C_1 C_2 + C_2 C_3 + C_3 C_1} U_0$$

$$q_2 = q_0 - q_1 = \frac{C_1 C_2 C_3}{C_1 C_2 + C_2 C_3 + C_3 C_1} U_0$$

因此,得 C_1、C_2 和 C_3 上的电势差分别为

$$U_1 = \frac{q_1}{C_1} = \frac{C_1(C_2 + C_3)}{C_1 C_2 + C_2 C_3 + C_3 C_1} U_0$$

$$U_2=\frac{q_2}{C_2}=\frac{C_1C_3}{C_1C_2+C_2C_3+C_3C_1}U_0$$

$$U_3=\frac{q_2}{C_3}=\frac{C_1C_2}{C_1C_2+C_2C_3+C_3C_1}U_0$$

*例题 7-26

解析如图 7-54(a)所示的电容器充电过程和图 7-54(b)所示的放电过程中电荷量的变化关系.

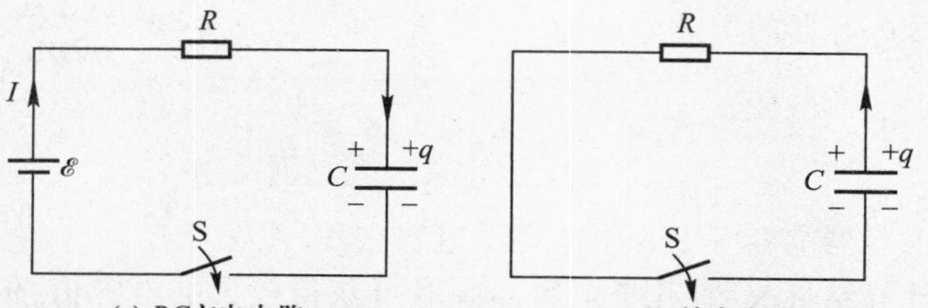

(a) RC充电电路　(b) RC 放电电路

图 7-54

解　电容器充放电过程是各种电子线路中常见的现象. 在图 7-54(a)所示的电路中，电容器 C、电阻 R 和电动势为 $\mathscr{E}$ 的直流电源构成一简单电路. 设电容器在充电前极板上的电荷量为零，两极板间的电势差也为零. 在闭合开关 S 接通后的一个短暂时间里，极板上的电荷量从零开始随着时间的增长，逐渐积累起来，两极板间的电势差 U_C 也逐渐增大. 设某瞬时电路中的电流为 I，极板上的电荷量为 q，由欧姆定律得

$$\mathscr{E}=U_R+U_C=IR+\frac{q}{C}$$

利用关系式 $I=\frac{\mathrm{d}q}{\mathrm{d}t}$，上式可以写成

$$\mathscr{E}=R\frac{\mathrm{d}q}{\mathrm{d}t}+\frac{q}{C}$$

分离变量后，利用初始条件 $t=0, q=0$ 解上述微分方程有

$$\int_0^q\frac{\mathrm{d}q}{C\mathscr{E}-q}=\frac{1}{RC}\int_0^t\mathrm{d}t$$

$$\boxed{q=C\mathscr{E}(1-\mathrm{e}^{-\frac{t}{RC}})=q_0(1-\mathrm{e}^{-\frac{t}{RC}})}\tag{7-65}$$

式中 $q_0=C\mathscr{E}$，是 $t\to\infty$ 时电容器极板最终充得的电荷量. 由式(7-65)可见，电容器在充电过程中，极板上电荷量随时间按指数函数变化，变化曲线如图 7-55(a)所示.

又如图 7-54(b)所示，当电容器放电时，因 $U_R=U_C$，可得放电电流 I 与电容器极板上的电荷量 q 的方程是

$$IR=\frac{q}{C}$$

因为极板上的电荷量在减少，所以 $I=-\frac{dq}{dt}$，代入上式得

$$\frac{dq}{dt}+\frac{q}{RC}=0$$

用同样的方法对上式先进行分离变量后积分，并将 $t=0$ 时，$q=q_0$ 代入得

$$\boxed{q=q_0 e^{-\frac{t}{RC}}} \tag{7-66}$$

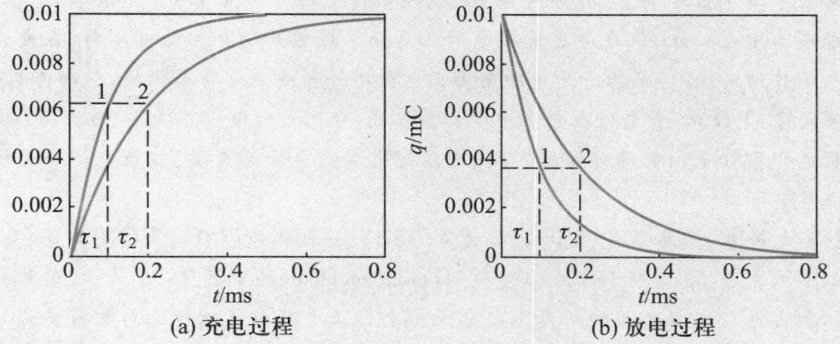

图 7-55 电容器在充放电过程中 q 随 t 变化的曲线($\tau_2>\tau_1$)

(此图 $\mathscr{E}=100$ V，$C=100\ \mu$F，曲线 1 的 $R_1=1\,000\ \Omega$，曲线 2 的 $R_2=2\,000\ \Omega$，因此 $\tau_1=0.1$ s，$\tau_2=0.2$ s)

从式(7-65)和式(7-66)知，电容器充放电过程的快慢取决于乘积 RC，它具有时间的量纲，叫做 RC 电路的时间常量或弛豫时间(relaxation time)，常用 τ 表示. 当 $t=\tau$ 时，充电电荷大约已达稳定值的 63%；当 $t=3\tau$ 时，充电电荷已达稳定值的 95%，当 $t=5\tau$ 时，充电电荷已达稳定值的 99%. 所以可以认为在经过 $3\tau\sim5\tau$ 后，充电电荷已达最大值，充电过程已基本结束. 同样，放电的快慢也由时间常量 $\tau=RC$ 决定，如图 7-55(b)所示，电容器在放电过程中极板上电荷量 q 从最大值按指数的规律衰减到零，在经过 $3\tau\sim5\tau$ 后，放电过程也已基本结束.

复习思考题

7-7-1 (1) 一导体球上不带电，其电容是否为零？(2) 当平行板电容器的两极板上分别带上等值同号电荷时，与平行板电容器的两极板上分别带上同号不等值的电荷时，其电容是否不同？

7-7-2 两个半径相同的金属球，其中一个是实心的，另一个是空心的，电容是否相同？

7-7-3 有一平板电容器，保持板上电荷量不变(充电后切断电源)，现在使两极板间的距离 d 增大. 试问：两极板间的电势差有何变化？极板间的电场强度有何变化？电容是增大还是减小？

7-7-4 平板电容器如保持电压不变(接上电源)，增大极板间距离，则极板上的电荷、极板间的电场强度、平板电容器的电容有何变化？

7-7-5 一对相同的电容器，分别串联、并联后连接到相同的电源上，问哪一种情况用手去触碰极板较为危险？说明其原因.

§ 7-8 静电场中的电介质

电介质(dielectric)是电阻率很大、导电能力很差的物质，其主要特征在于它

的原子或分子中的电子与原子核的结合力很强,电子处于束缚状态.当电介质处在电场中时,在电介质中,不论是原子中的电子还是分子中的离子或是晶体晶格上的带电粒子,在电场的作用下都会在原子大小的范围内移动,当达到静电平衡时,在电介质表面层或体内会出现极化电荷,这个现象称作电介质的**极化**(polarization).下面就研究电场与电介质间的相互作用,从而说明电介质的一些性质.

*一、电介质的电结构

电介质中每个分子都由正、负电荷组成,是一个复杂的带电系统.一般来说,正、负电荷在分子中都不集中在一点,但在考虑这些电荷在离分子较远处所产生的电场时,或是考虑一个分子受外电场作用时,可以认为分子中的全部正电荷用一等效正电荷来代替,全部负电荷用一等效负电荷来代替.等效正、负电荷在分子中所处的位置,分别称为该**分子的正、负电荷“中心”**.

按照电介质分子内部的电结构不同,可以把电介质分为两大类:极性分子和无极分子.

1. 极性分子

有一类电介质,如水蒸气(H_2O)、氯化氢(HCl)、一氧化碳(CO)、氨(NH_3)等,分子内正、负电荷中心不相重合,这类分子称为**极性分子**(polar molecule),如图 7-56 所示.设极性分子的正电荷中心和负电荷中心之间的距离为 l,分子中全部正电荷或负电荷的总电荷量为 q,则极性分子的等效电偶极矩 $\boldsymbol{p}=q\boldsymbol{l}$.整块电介质可以看成是无数个电偶极子的聚集体(见图 7-57),虽然每一个分子的等效电偶极矩不为零,但由于分子的无规则热运动,各个分子的电偶极矩的方向是杂乱无章的,所以不论从电介质的整体来看,还是从电介质中的某一小体积(其中包含有大量的分子)来看,其中各个分子电偶极矩的矢量和 $\sum\boldsymbol{p}$ 平均来说等于零,电介质呈电中性.

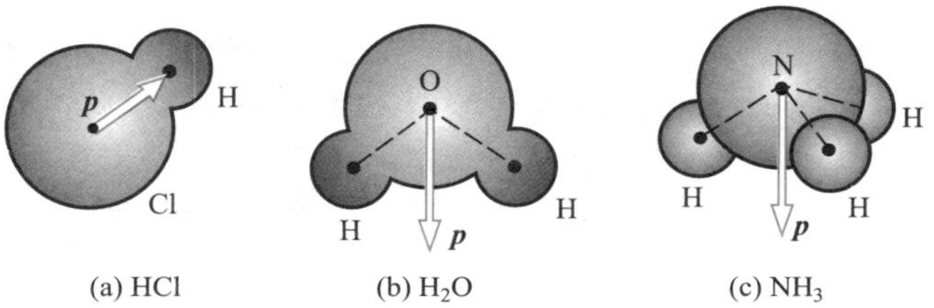

图 7-56 极性分子及其电偶极矩

2. 无极分子

另有一类电介质,如氢(H_2)、氦(He)、氮(N_2)、甲烷(CH_4)等,它们的正、负电荷的中心重合在一起,它的等效电偶极矩等于零,凡属于这种类型的分子叫做**无极分子**(nonpolar molecules)(见图 7-58).由于每个分子的等效电偶极矩 $\boldsymbol{p}=\boldsymbol{0}$,电介质整体也呈电中性.

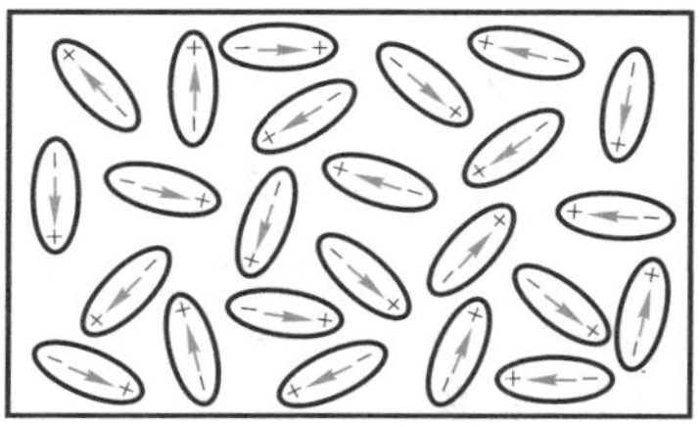

图 7-57 由极性分子组成的电介质,总的电偶极矩的矢量和等于零

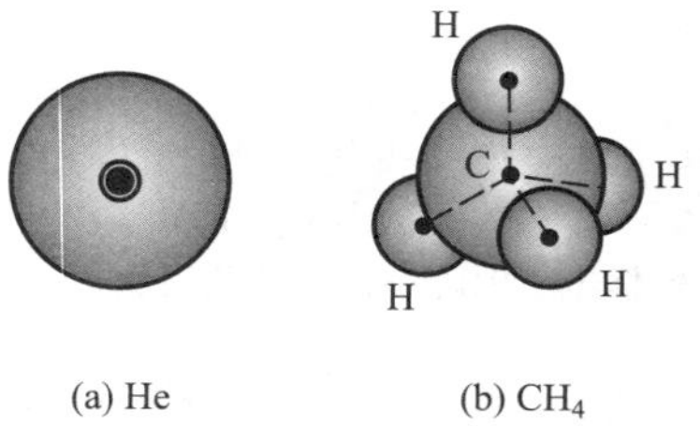

图 7-58 无极分子

基于极性分子和无极分子的电结构不同，它们在外电场中所受到的作用也不相同，下面将分别讨论.

*二、电介质的极化

1. 无极分子电介质的位移极化

当无极分子电介质处在外电场中时，在电场力作用下分子中的正、负电荷中心将发生相对位移，形成一个电偶极子，它们的等效电偶极矩 $\boldsymbol{p}$ 的方向都沿着电场的方向[图 7-59(b)]. 在电介质内部，这些电偶极子的排列如图 7-59(c)所示. 由于相邻电偶极子的正负电荷相互靠近，如果电介质是均匀的，则在它内部仍然保持电中性，但是在电介质的两个和外电场强度 $\boldsymbol{E}_0$ 相垂直的表面层里(厚度为分子等效电偶极矩的轴长 l)，将分别出现正电荷和负电荷[图 7-59(c)]. 这些电荷不能离开电介质，也不能在电介质中自由移动，我们称之为极化电荷(polarization charge)或束缚电荷(bound charge)[把在电场作用下能移动一宏观距离的电荷统称为自由电荷(free charge)]. 这种在外电场作用下，在电介质中出现极化电荷的现象叫做电介质的极化. 分子的电偶极矩 $\boldsymbol{p}$ 的大小与电场强度成正比，外电场越强，每个分子的正、负电荷中心之间的相对位移越大，分子的电偶极矩也越大，电介质两表面上出现的极化电荷也越多，被极化的程度越高. 当外电场撤去后，正、负电荷的中心又重合在一起[$\boldsymbol{p}=0$，图 7-59(a)]，电介质表面上的极化电荷也随之消失. 由于无极分子的极化来自正、负电荷中心的相对位移，所以常叫做位移极化(displacement polarization).

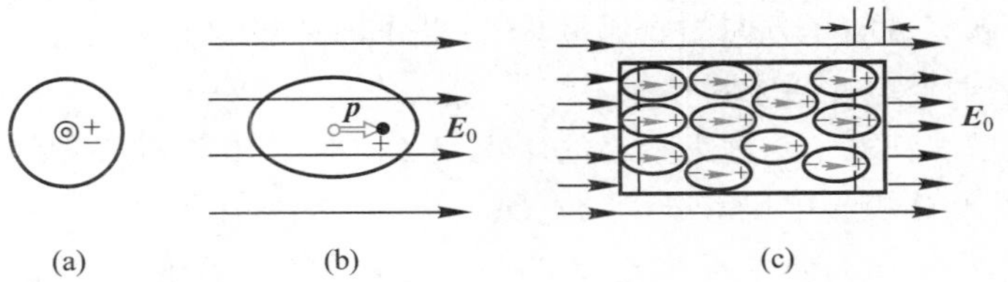

图 7-59　无极分子极化示意图

2. 极性分子电介质的取向极化

对于极性分子电介质来说，每个分子本来就等效为一个电偶极子，它在外电场的作用下，将受到力矩的作用，使分子的电偶极矩 $\boldsymbol{p}$ 转向电场的方向[图 7-60(b)]，这样，宏观上看，在电介质与外电场垂直的两表面上也会出现极化电荷[图 7-60(c)]. 当外电场撤去后，由于分子无规热运动和分子间的相互碰撞都会破坏分子电偶极矩沿电场方向的取向排列，使之回到沿各个方向的均匀分布[图 7-60(a)]，表面的极化电荷也随之消失. 可见，极性分子电介质的极化程度取决于外电场的强弱和电介质的温度，外电场越强且温度越低，分子电偶极矩沿电场取向排列的概率也越大. 极性分子的极化就是等效电偶极子转向外电场的方向，所以叫做取向极化(orientation polarization). 一般来说，分子在取向极化的同时还会产生位移极化，但是，对极性分

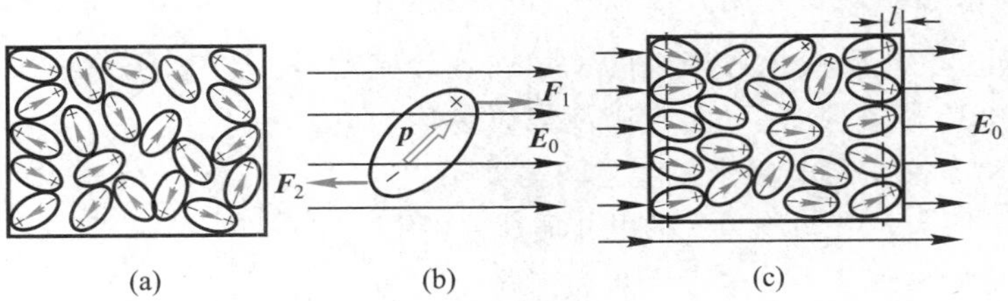

图 7-60　极性分子的极化示意图

子电介质来说，在静电场作用下，取向极化的效应比位移极化的效应强得多，因而其主要的极化机理是取向极化.

当前广为应用的家用微波炉(图 7-61)就是介质分子(水分子)在高频电场(2 450 MHz)中反复极化的一个实际应用. 水分子作为一个极性分子，其电偶极子在电场力矩的作用下，力求转向与外电场一致的方向. 如果电场方向交替变化，水分子的电偶极矩 $\boldsymbol{p}$ 也力求跟随电场方向反复转动. 在这个过程中水分子作高频振动而产生热量. 当微波频率为 2 450 MHz 时水分子能极大地吸收微波的电磁能量，达到加热、煮熟食物的目的. 微波在金属面上反射，却很容易穿透空气、玻璃、塑料等物质，且极大地被食物中的水、油、糖所吸收.

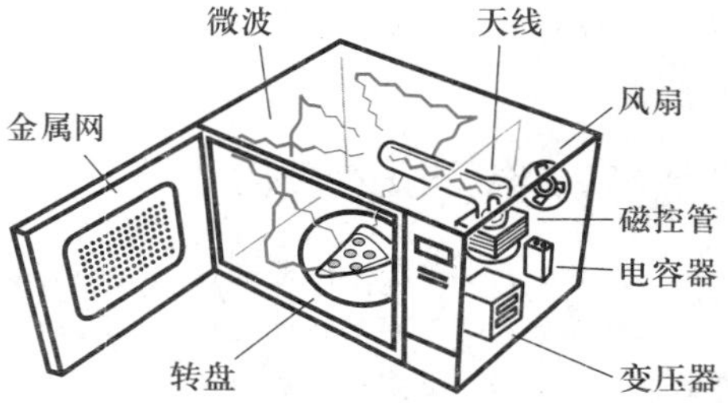

图 7-61 微波炉

微波对生物会造成很大的伤害，因此在微波炉观察窗口安装了金属网，由于金属网的间隙小于微波的波长，所以微波入射到金属网上时大部分被反射，起到了对微波的屏蔽作用.

三、电极化强度

上面从分子的电结构出发说明了两类电介质极化的微观过程虽然不同，但宏观的效果却是相同的，都是在电介质的两个相对表面上出现了异号的极化电荷，在电介质内部有沿电场方向的电偶极矩. 因此下面从宏观上描述电介质的极化现象时，就不分两类电介质来讨论了.

在电介质内任取一物理无限小的体积元 ΔV(但其中仍有大量的分子)，当没有外电场时，此体积元中所有分子的电偶极矩的矢量和 $\sum \boldsymbol{p}$ 等于零. 但是，在外电场的影响下，由于电介质的极化，$\sum \boldsymbol{p}$ 将不等于零. 外电场越强，被极化的程度越大，$\sum \boldsymbol{p}$ 的值也越大. 因此我们取单位体积内分子电偶极矩的矢量和，即

$$\boldsymbol{P}=\frac{\sum \boldsymbol{p}}{\Delta V} \tag{7-67}$$

作为量度电介质极化程度的基本物理量，称为该点(ΔV 所包围的一点)的**电极化强度**(electric polarization)或 $\boldsymbol{P}$ 矢量. 在国际单位制中，电极化强度的单位是 C/m^2.

四、电极化强度与极化电荷的关系

极化电荷是由于电介质极化产生的，因此电极化强度与极化电荷之间必定存在一定的关系. 对于均匀电介质，其极化电荷只集中在表面层里或在两种不同的界面层里. 电介质极化后产生的一切宏观效应就是通过这些电荷来体现的. 下面我们就来研究均匀电介质极化电荷面密度与电极化强度之间的关系.

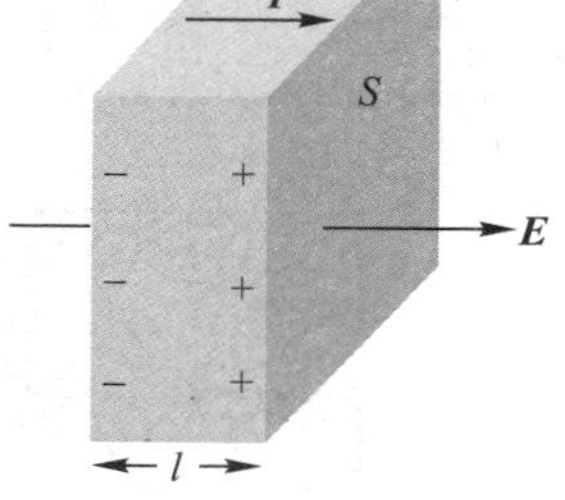

图 7-62 极化电荷面密度与电极化强度

设有一厚为 l、表面积为 S 的电介质薄片(图 7-62)放置在一均匀电场 $\boldsymbol{E}$ 中，在薄片两表面产生了极化电荷，薄片的电极化强度 $\boldsymbol{P}$ 平行于电场强度 $\boldsymbol{E}$. 薄片总

的电偶极矩 $\sum \boldsymbol{p}$ 是电极化强度的大小与薄片体积的乘积 PSl，这相当于薄片表面的极化电荷 q' 与薄片两表面正负电荷分开的距离 l 的乘积，即

$$\left|\sum \boldsymbol{p}\right| = PSl = q'l$$

因此，薄片表面的极化电荷面密度就等于电极化强度的大小，即

$$\sigma' = P$$

这个结果假定了薄片表面与 $\boldsymbol{P}$ 垂直. 在一般情况下，设 $\boldsymbol{e}_n$ 为薄片表面的单位法向矢量，那么

$$\boxed{\sigma' = \boldsymbol{P} \cdot \boldsymbol{e}_n = P_n} \tag{7-68}$$

即介质极化所产生的极化电荷面密度等于电极化强度沿介质表面外法线的分量. 在薄片侧面，由于 $\boldsymbol{P}$ 的方向与侧面法线垂直，所以侧面上的极化电荷面密度为零.

五、介质中的静电场

如前所述，如果把激发外电场的原有电荷系称为自由电荷，并用 $\boldsymbol{E}_0$ 表示它们所激发的电场的电场强度，而用 $\boldsymbol{E}'$ 表示极化过程完成之后极化电荷所激发电场的电场强度. 那么，空间任一点最终的合电场强度 $\boldsymbol{E}$ 应是上述两类电荷所激发电场的强度的矢量和，即

$$\boldsymbol{E} = \boldsymbol{E}_0 + \boldsymbol{E}' \tag{7-69}$$

由于在电介质中，自由电荷的电场与极化电荷的电场的方向总是相反，所以在电介质中的合电场强度 $\boldsymbol{E}$ 与外电场强度 $\boldsymbol{E}_0$ 相比削弱了.

对于各向同性线性电介质，电极化强度 $\boldsymbol{P}$ 和介质内部的合电场强度 $\boldsymbol{E}$ 的关系为

$$\boldsymbol{P} = \chi_e \varepsilon_0 \boldsymbol{E} \tag{7-70}$$

式中的比例系数 χ_e 和电介质的性质有关，叫做电介质的电极化率(electric susceptibility)，是量纲为 1 的量.

为了定量地了解电介质内部电场强度被削弱的情况，我们讨论如下特例. 图 7-63 表示在两块“无限大”极板间充有电极化率为 χ_e 的均匀电介质，设两极板上的自由电荷面密度为 $\pm\sigma_0$，电介质表面上的极化电荷面密度为 $\pm\sigma'$. 自由电荷的电场强度大小 $E_0 = \sigma_0/\varepsilon_0$，在图中用实线表示；极化电荷的电场强度大小 $E' = \sigma'/\varepsilon_0$，在图中用虚线表示. $\boldsymbol{E}'$ 的方向和 $\boldsymbol{E}_0$ 的方向相反，因此极板间电介质中的合电场强度 $\boldsymbol{E}$ 的大小为

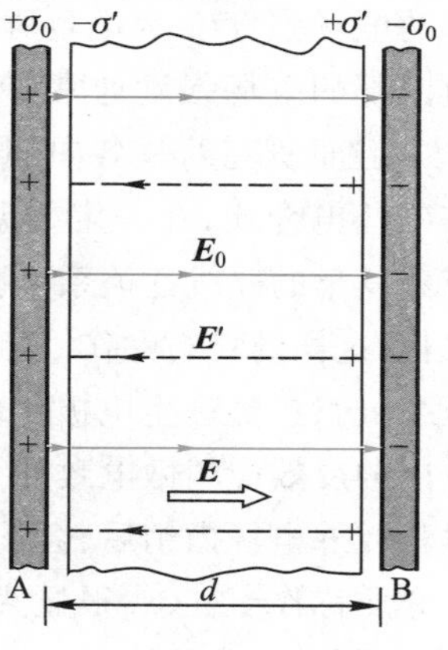

图 7-63 电介质中的电场强度

$$E = E_0 - E' = \frac{\sigma_0}{\varepsilon_0} - \frac{\sigma'}{\varepsilon_0} \tag{7-71}$$

考虑到极化电荷面密度 $\sigma' = P$ 以及式(7-70)，极板间电介质中的合电场强度 $\boldsymbol{E}$ 的大小又可写为

$$E = E_0 - \frac{P}{\varepsilon_0} = E_0 - \chi_e E$$

$$E=\frac{E_0}{1+\chi_e} \tag{7-72}$$

说明电介质内部的电场强度 E 被削弱为外电场强度 E_0 的 $1/(1+\chi_e)$. 下面我们将看到 $(1+\chi_e)$ 正是电介质的相对电容率 ε_r. 两极板间的电势差为

$$U=Ed=\frac{\sigma_0 d}{\varepsilon_0(1+\chi_e)}$$

设极板的面积为 S, 则极板上总的电荷量为 $q=\sigma_0 S$, 按电容器电容的定义, 极板间充满均匀电介质后的电容为

$$C=\frac{q}{U}=\frac{\varepsilon_0(1+\chi_e)S}{d}=(1+\chi_e)C_0 \tag{7-73}$$

与式(7-56)比较, 可得

$$\boxed{\varepsilon_r=1+\chi_e} \tag{7-74}$$

这就解释了电容器中充满电介质后其电容增大的实验事实. 又令

$$\varepsilon=\varepsilon_r\varepsilon_0=(1+\chi_e)\varepsilon_0 \tag{7-75}$$

称作电介质的**电容率**或**介电常量**, 与真空中的电容率 ε_0 有相同的单位. 电极化率 χ_e、相对电容率 ε_r 和电容率 ε 都是表征电介质性质的物理量, 三者中知道任何一个即可求得其他两个. 式(7-74)和式(7-75)虽然是从平行板电容器中均匀电介质的特例引出的, 但它们却是普遍适用的.

应该指出, 式(7-72)表明, 在均匀电介质充满整个电场的情况下, 电介质内部的电场强度 E 为电场强度 E_0 的 $1/\varepsilon_r$ 倍, 这一结论并不是普遍成立的, 但电介质内部的电场强度通常要减弱, 这个现象却是普遍成立的.

上面研究的是各向同性电介质, 电极化率和电容率都是常量, 但自然界也存在一些电介质, 在一定的温度范围内电容率随电场强度而变化, 它们的极化规律有着复杂的非线性关系. 例如钛酸钡($BaTiO_3$)等, 在外电场撤除后仍保留有剩余的极化, 这样的材料称作**铁电体**, 另一类电介质在外力的作用下发生机械变形(拉伸或压缩)时, 也能产生电极化现象, 称作**压电效应**, 如石英晶体等就具有压电效应. 压电效应的反效应叫做电致伸缩, 即晶体在电场中会产生伸长或收缩的效应. 还有一类材料在外电场撤销后, 会长期保留其极化状态, 就像永磁体保留有磁性一样. 这样的电介质称作**永驻体**. 很显然, 上述这些具有特殊性质的材料在技术上有着广泛的应用, 如制成各种换能器和传感器等, 对它们的研究是材料科学的理论基础之一.

例题 7-27

一个半径为 R 的电介质球被均匀极化后, 已知电极化强度为 $\boldsymbol{P}$(图 7-64), 求: (1) 电介质球表面上极化面电荷的分布; (2) 极化面电荷在电介质球球心处所激发电场的电场强度; (3) 若该电介质球是放在均匀的外电场 E_0 中, 如图 7-64(d)和(e)所示, 求电介质球内的电场强度.

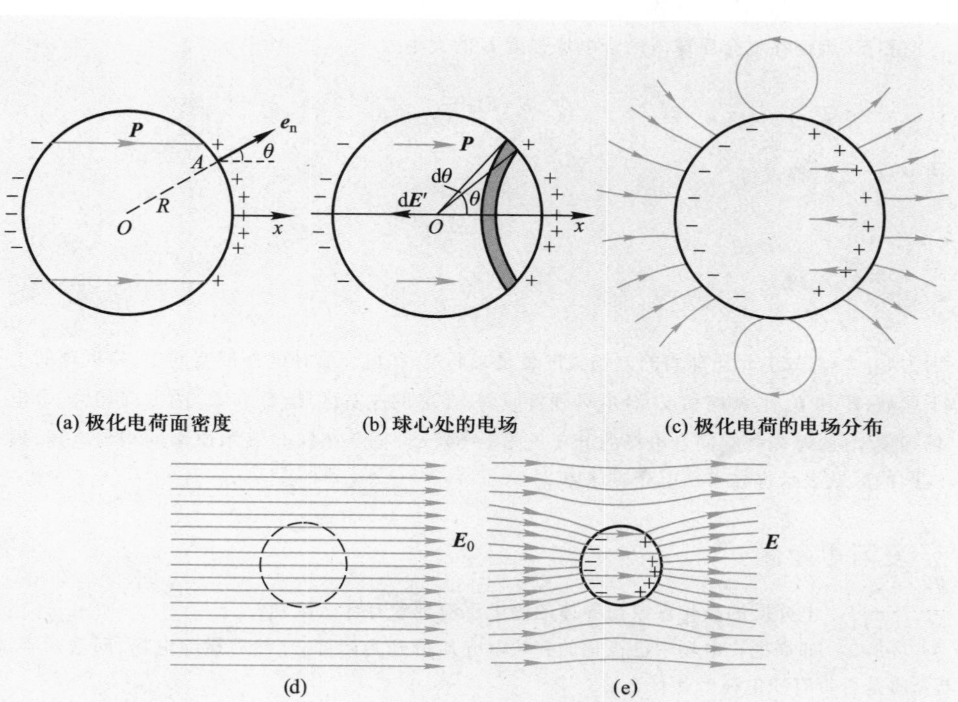

图 7-64 电介质球

解 (1) 取球心 O 为原点，取与 $\boldsymbol{P}$ 平行的直径为球的轴线，由于轴对称性，表面上任一点 A 的极化电荷面密度 σ' 只和 θ 角有关（θ 是 A 点处 $\boldsymbol{P}$ 矢量和外法线 $\boldsymbol{e}_n$ 间的夹角），利用式(7-68)可知

$$\sigma' = P\cos\theta$$

此式表明极化电荷面密度在电介质球面上的分布是不均匀的. 在右半球 $\theta<\pi/2$，σ' 为正；在左半球，$\theta>\pi/2$，σ' 为负；在两半球的分界处 $\theta=\pi/2$，$\sigma'=0$；在轴线两端处（$\theta=0$ 或 π），σ' 的绝对值最大.

(2) 取球坐标的轴线沿 Ox 轴，在球面上各点 $\boldsymbol{P}$ 与外法线 $\boldsymbol{e}_n$ 间的夹角 θ 就是球坐标中位矢与极轴间的夹角. 在球面上介于 $\theta\sim\theta+\mathrm{d}\theta$ 之间的环带上的极化电荷为

$$\mathrm{d}q' = \sigma' 2\pi R^2 \sin\theta \mathrm{d}\theta = P2\pi R^2 \sin\theta\cos\theta \mathrm{d}\theta$$

此电荷在球心 O 处所激发的电场强度大小，在例题 7-4 中已求得为

$$\mathrm{d}E' = \frac{\mathrm{d}q'}{4\pi\varepsilon_0 R^2}\cos\theta = \frac{P}{2\varepsilon_0}\sin\theta\cos^2\theta\mathrm{d}\theta$$

方向沿 x 轴的负方向. 整个球面上的极化电荷在球心处所激发电场的总电场强度的大小为

$$E' = \int \mathrm{d}E' = \int_0^{\pi} \frac{P}{2\varepsilon_0}\sin\theta\cos^2\theta\mathrm{d}\theta = \frac{P}{3\varepsilon_0}$$

不难看出，这也应是极化电荷在介质球内任一点激发电场的电场强度的大小. 球面上极化电荷所激发的电场强度 $\boldsymbol{E}'$ 的分布如图 7-64(c)所示.

(3) 电介质球被均匀极化后，电介质球内的合电场强度为 $\boldsymbol{E}=\boldsymbol{E}_0+\boldsymbol{E}'$，$\boldsymbol{E}'$ 的方向和 $\boldsymbol{E}_0$ 的

方向相反,因而在电介质球内的合电场强度 $\boldsymbol{E}$ 的大小为

$$E=E_0-\frac{P}{3\varepsilon_0}$$

因 $P=\chi_e\varepsilon_0 E$,代入得

$$E=E_0-\frac{\chi_e}{3}E$$

于是

$$E=\frac{3}{2+\varepsilon_r}E_0$$

因为 $\varepsilon_r+2>3$,故电介质球内的电场强度也是减弱的. 在电介质球的外部空间中,靠近球的上下区域,$\boldsymbol{E}'$和 $\boldsymbol{E}_0$ 的方向相反,合电场强度减弱;在球的左右区域,$\boldsymbol{E}'$和 $\boldsymbol{E}_0$ 的方向相同,合电场强度增强. 球内外空间合电场的分布见图 7-64(e). 图 7-64(d)表示原来的均匀电场,虚线圆的区域表示将放入一电介质球体.

复习思考题

7-8-1　电介质的极化现象与导体的静电感应现象有什么区别?

7-8-2　如果把在电场中已极化的一块电介质分开为两部分,然后撤除电场,问这两半块电介质是否带有净电荷? 为什么?

7-8-3　(1) 将平行板电容器的两极板接上电源以维持其间电压不变,用相对电容率为 ε_r 的均匀电介质填满极板间,极板上的电荷量为原来的几倍? 电场为原来的几倍? (2) 若充电后切断电源,然后再填满介质,情况又如何?

§7-9　有电介质时的高斯定理和环路定理　电位移

一、有电介质时的高斯定理　电位移

在有电介质的电场中,高斯定理依然成立,但高斯定理式中的 $\sum q$ 应理解为处于闭合曲面内所有电荷的代数和,包括自由电荷和极化电荷. 因此,在有电介质存在的情况下,高斯定理具体可写为

$$\oint_S \boldsymbol{E}\cdot \mathrm{d}\boldsymbol{S}=\frac{1}{\varepsilon_0}\left(\sum q_0+\sum q'\right) \tag{7-76}$$

式中的 $\sum q_0$ 和 $\sum q'$ 分别表示 S 面内自由电荷量的代数和与极化电荷量的代数和. 由于极化电荷的分布又取决于电场强度 $\boldsymbol{E}$,也就是说,如果要用式(7-76)来求解电场强度 $\boldsymbol{E}$,极化电荷本身也是待求的量,这种相互影响给求解问题带来困难. 为了解决这个问题,我们将设法把 $\sum q'$ 从式中隐去,并引进一个新的物理量,使等式右边只包含自由电荷,从而得到一个便于求解的公式. 为简单起见,仍以上节两"无限大"带电平板中充满均匀电介质这个特例来进行讨论.

设两极板所带自由电荷的面密度分别为 $\pm\sigma_0$,电介质极化后,在靠近电容器两极板的电介质两表面上分别产生极化电荷,其面密度为 $\pm\sigma'$. 如图 7-65 所示,作

一圆柱形闭合面(图中虚线是所作闭合面的截面),闭合面的上下底面与极板平行,上底面 S_1 在导体极板内,下底面 S_2 紧贴着电介质的上表面. 于是,对所作闭合面,式(7-76)可写为

$$\oint_S \boldsymbol{E}\cdot \mathrm{d}\boldsymbol{S}=\frac{1}{\varepsilon_0}(\sigma_0 S_1-\sigma' S_2) \tag{7-77}$$

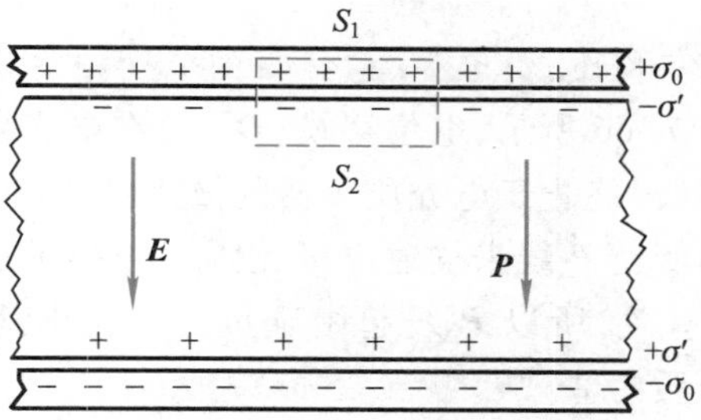

图 7-65　有电介质时的高斯定理

由式(7-68)知 $\sigma'=P$,又因电极化强度 $\boldsymbol{P}$ 对整个封闭面的积分 $\oint_S \boldsymbol{P}\cdot \mathrm{d}\boldsymbol{S}$ 等于对下底面 S_2 的积分 $\int_{S_2} \boldsymbol{P}\cdot \mathrm{d}\boldsymbol{S}$(上底面 S_1 在导体中,$\boldsymbol{P}$ 为零),考虑到在 S_2 面上 $\boldsymbol{P}$ 的大小相同,方向与 S_2 面垂直,于是有

$$\oint_S \boldsymbol{P}\cdot \mathrm{d}\boldsymbol{S}=\int_{S_2} \boldsymbol{P}\cdot \mathrm{d}\boldsymbol{S}=PS_2=\sigma' S_2$$

代入式(7-77)得

$$\oint_S \boldsymbol{E}\cdot \mathrm{d}\boldsymbol{S}=\frac{1}{\varepsilon_0}\sigma_0 S_1-\frac{1}{\varepsilon_0}\oint_S \boldsymbol{P}\cdot \mathrm{d}\boldsymbol{S}$$

用 $q_0=\sigma_0 S_1$ 表示封闭面内所包围的自由电荷,经移项后得

$$\oint_S\left(\boldsymbol{E}+\frac{\boldsymbol{P}}{\varepsilon_0}\right)\cdot \mathrm{d}\boldsymbol{S}=\frac{q_0}{\varepsilon_0}$$

或

$$\oint_S(\varepsilon_0\boldsymbol{E}+\boldsymbol{P})\cdot \mathrm{d}\boldsymbol{S}=q_0$$

把式中的 $\varepsilon_0\boldsymbol{E}+\boldsymbol{P}$ 定义为电位移(electric displacement),用字母 $\boldsymbol{D}$ 表示,即

$$\boldsymbol{D}=\varepsilon_0\boldsymbol{E}+\boldsymbol{P} \tag{7-78}$$

代入前一式,有

$$\oint_S \boldsymbol{D}\cdot \mathrm{d}\boldsymbol{S}=q_0 \tag{7-79}$$

不再显现极化电荷. 式(7-79)就是有电介质时的高斯定理. 方程(7-79)虽是从特殊情况下推出的,但它是普遍适用的,是静电场的基本定理之一. 作为电位移矢量的定义式(7-78),对各向同性电介质或各向异性电介质也都是普遍适用的.

为了对电位移 $\boldsymbol{D}$ 的描述形象化起见，我们仿照电场线方法，在有电介质的静电场中作电位移线，使线上每一点的切线方向和该点电位移 $\boldsymbol{D}$ 的方向相同，并规定在垂直于电位移线的单位面积上通过的电位移线数目等于该点的电位移 $\boldsymbol{D}$ 的量值，称作电位移通量. 这样有电介质时的高斯定理就告诉我们：通过电介质中任一闭合曲面的电位移通量等于该面所包围的自由电荷量的代数和. 从式(7-79)还可以看出，电位移线是从正的自由电荷出发，终止于负的自由电荷，这与电场线不一样，电场线起始于各种正、负电荷，包括自由电荷和极化电荷. 以有电介质的平行板电容为例，如图 7-66 所示，电位移线（$\boldsymbol{D}$ 线）在电容器内部是均匀分布的；由于有部分电场线（$\boldsymbol{E}$ 线）终止于电介质表面的极化电荷，在电介质内部电场线就变得稀疏些；如果也用所谓 $\boldsymbol{P}$ 线来描述电极化强度矢量场的话，那么由于电极化强度 $\boldsymbol{P}$ 只与极化电荷有关，所以 $\boldsymbol{P}$ 线起始于负的极化电荷、终止于正的极化电荷，它们只出现在电介质内部.

电位移 $\boldsymbol{D}$ 的单位是 $\mathrm{C/m^2}$.

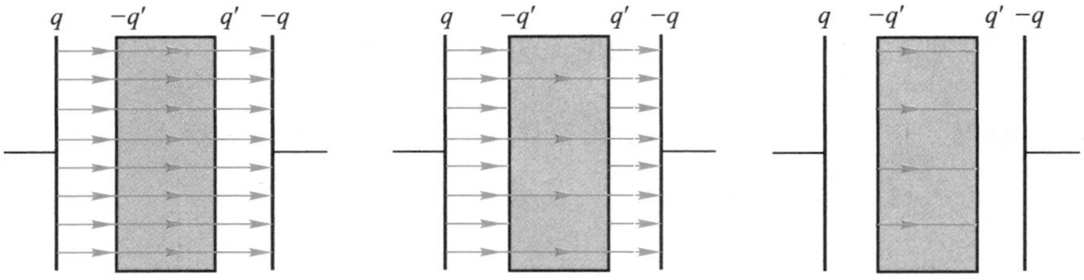

(a) $\boldsymbol{D}$线均匀分布　(b) 电介质内部$\boldsymbol{E}$线较稀疏　(c) $\boldsymbol{P}$线只在电介质内部

图 7-66　有电介质的平行板电容器内的 $\boldsymbol{D}$、$\boldsymbol{E}$、$\boldsymbol{P}$ 线（q 为自由电荷，q' 为极化电荷）

二、$\boldsymbol{D}$、$\boldsymbol{E}$、$\boldsymbol{P}$ 三矢量之间的关系

由式(7-78)定义的电位移矢量说明电位移 $\boldsymbol{D}$ 与电场强度 $\boldsymbol{E}$ 和电极化强度 $\boldsymbol{P}$ 有关，但它和电场强度 $\boldsymbol{E}$（单位正电荷所受的力）及电极化强度 $\boldsymbol{P}$（单位体积的电偶极矩）不一样，D 没有明显的物理意义，它是描述电场的一个辅助物理量. 引进 $\boldsymbol{D}$ 的优点在于计算通过任一闭合曲面的电位移通量时，可以不考虑极化电荷的分布，如果由此能算出 $\boldsymbol{D}$，再利用其他关系式，就有可能较为方便地算出电介质中的电场强度 $\boldsymbol{E}$. 但必须指出，通过闭合曲面的电位移通量只和曲面内的自由电荷有关，并不是说电位移 $\boldsymbol{D}$ 仅取决于自由电荷的分布，它和极化电荷的分布也是有关的，从式(7-78)可以看到这一点.

对于各向同性电介质，将关系式 $\boldsymbol{P}=\chi_e\varepsilon_0\boldsymbol{E}$ 代入式(7-78)并考虑到电极化率 χ_e、相对电容率 ε_r 和电容率 ε 的关系，得

$$\boldsymbol{D}=\varepsilon_0\boldsymbol{E}+\boldsymbol{P}=\varepsilon_0\boldsymbol{E}+\chi_e\varepsilon_0\boldsymbol{E}=\varepsilon_r\varepsilon_0\boldsymbol{E}$$

或

$$\boxed{\boldsymbol{D}=\varepsilon\boldsymbol{E}} \tag{7-80}$$

上式说明了电位移 $\boldsymbol{D}$ 与电场强度 $\boldsymbol{E}$ 的简单关系，它和有电介质时的高斯定理式

(7-79)一起显示出引入电位移的好处,在不知道极化电荷分布的情况下我们仍有可能计算出有电介质时的电场.

三、有电介质时的环路定理

无论是自由电荷还是极化电荷,从激发电场的角度看,它们所激发的静电场特性应是一样的. 所以有电介质存在时,电场强度的环路定理仍然成立,即

$$\oint_L \boldsymbol{E} \cdot \mathrm{d}\boldsymbol{l}=0 \tag{7-81}$$

式中的 E 是所有电荷(自由电荷和极化电荷)所激发的静电场中各点的合电场强度.

例题 7-28

一半径为 R 的金属球,带有电荷 q_0,浸埋在均匀"无限大"电介质中(电容率为 ε),求球外任一点 P 处的电场强度及极化电荷分布.

解 金属球是等势体,电介质又以球体球心为中心对称分布,由此可知电场分布仍具球对称性,所以用有电介质时的高斯定理来计算球外 P 点的电场强度更加方便. 如图7-67所示,过 P 点作一半径为 r 并与金属球同心的闭合球面 S,由有电介质时的高斯定理知

$$\oint_S \boldsymbol{D} \cdot \mathrm{d}\boldsymbol{S}=D4\pi r^2=q_0$$

所以

$$D=\frac{q_0}{4\pi r^2}$$

写成矢量式为

$$\boldsymbol{D}=\frac{q_0}{4\pi r^2}\boldsymbol{e}_r$$

因 $\boldsymbol{D}=\varepsilon\boldsymbol{E}$,所以,距球心 r 处 P 点的电场强度为

$$\boldsymbol{E}=\frac{\boldsymbol{D}}{\varepsilon}=\frac{q_0}{4\pi\varepsilon r^2}\boldsymbol{e}_r=\frac{q_0}{4\pi\varepsilon_r\varepsilon_0 r^2}\boldsymbol{e}_r=\frac{\boldsymbol{E}_0}{\varepsilon_r}$$

结果表明:带电金属球周围充满均匀无限大电介质后,其电场强度减弱到真空时的 $1/\varepsilon_r$.

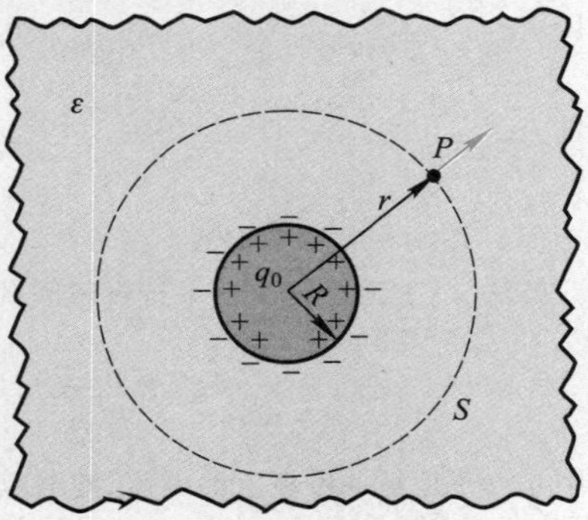

图 7-67 带电金属球浸埋在均匀无限大电介质中

例题 7-29

电容器两平行极板的面积为 S,如图 7-68 所示,其间充有两层电介质,电容率分别为 ε_1 和 ε_2,厚度分别为 d_1 和 d_2,两极板上的自由电荷面密度为$\pm\sigma$. 求:(1) 在各层电介质内的电位移和电场强度;(2) 两层电介质表面的极化电荷面密度;(3) 电容器的电容.

解 (1) 设这两层电介质中的电场强度分别为 $\boldsymbol{E}_1$ 和 $\boldsymbol{E}_2$,电位移分别为 $\boldsymbol{D}_1$ 和 $\boldsymbol{D}_2$,$\boldsymbol{E}_1$ 和 $\boldsymbol{E}_2$ 都与极板面垂直,而且都属均匀场. 先在两层电介质交界面处作一闭合高斯面 S_1,如图 7-68 中间的虚线所示,在此高斯面内的自由电荷为零,由有电介质时的高斯定理得

$$\oint_S \boldsymbol{D} \cdot \mathrm{d}\boldsymbol{S}=-D_1S+D_2S=0$$

所以 $$D_1 = D_2$$

即在两电介质内,电位移 $\boldsymbol{D}_1$ 和 $\boldsymbol{D}_2$ 的量值相等.为了求出电介质中电位移的大小,我们可另作一个高斯闭合面 S_2,如图 7-68 中左边的虚线所示,这一闭合面内的自由电荷等于正极板上的电荷 $S\sigma$,按有电介质时的高斯定理,得

$$\oint_S \boldsymbol{D} \cdot \mathrm{d}\boldsymbol{S} = D_1 S = \sigma S$$

这样 $$D_1 = D_2 = \sigma$$

再利用 $\boldsymbol{D}_1 = \varepsilon_1 \boldsymbol{E}_1$,$\boldsymbol{D}_2 = \varepsilon_2 \boldsymbol{E}_2$,可求得

$$E_1 = \frac{\sigma}{\varepsilon_1} = \frac{\sigma}{\varepsilon_{r1}\varepsilon_0}, \quad E_2 = \frac{\sigma}{\varepsilon_2} = \frac{\sigma}{\varepsilon_{r2}\varepsilon_0}$$

可见在本例中,两电介质的电位移大小相等而电场强度的大小是不等的.但它们的方向都是由左指向右.

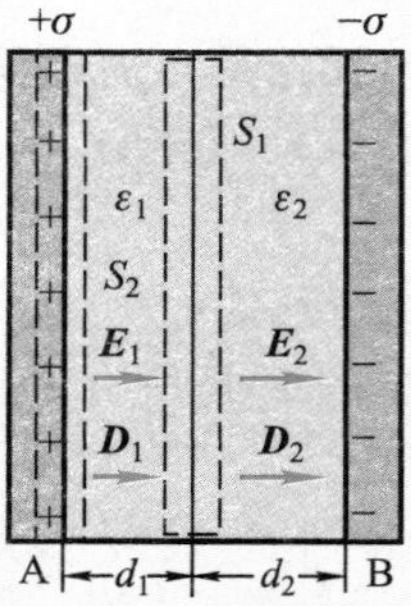

图 7-68 两平行板间充满两种电介质

(2) 由式(7-69)知

$$E_1 = E_0 - E_1'$$

$$\frac{\sigma}{\varepsilon_{r1}\varepsilon_0} = \frac{\sigma}{\varepsilon_0} - \frac{\sigma_1'}{\varepsilon_0}$$

所以 $$\sigma_1' = \left(1 - \frac{1}{\varepsilon_{r1}}\right)\sigma$$

同理 $$\sigma_2' = \left(1 - \frac{1}{\varepsilon_{r2}}\right)\sigma$$

(3) 用两种方法求电容

解法一:上面已解出两平行极板间两层电介质中的电场,那么两极板间的电势差为

$$V_A - V_B = E_1 d_1 + E_2 d_2 = \sigma\left(\frac{d_1}{\varepsilon_1} + \frac{d_2}{\varepsilon_2}\right) = \frac{q}{S}\left(\frac{d_1}{\varepsilon_1} + \frac{d_2}{\varepsilon_2}\right)$$

式中 $q = \sigma S$ 是每一极板上的电荷,按电容的定义,这个电容器的电容为

$$C = \frac{q}{V_A - V_B} = \frac{S}{\dfrac{d_1}{\varepsilon_1} + \dfrac{d_2}{\varepsilon_2}}$$

解法二:每一层电介质都可以看作是一个电容器,它们的电容分别为

$$C_1 = \frac{\varepsilon_1 S}{d}, \quad C_2 = \frac{\varepsilon_2 S}{d}$$

这两个电容器为串联状态,总电容为

$$\frac{1}{C} = \frac{1}{C_1} + \frac{1}{C_2}$$

将上述 C_1、C_2 代入,仍可求得

$$C = \frac{C_1 C_2}{C_1 + C_2} = \frac{S}{\dfrac{d_1}{\varepsilon_1} + \dfrac{d_2}{\varepsilon_2}}$$

上述结果可以推广到两极板间有任意多层电介质的情况，电容与电介质的放置次序无关，每一层的厚度可以不同，但其各层电介质的表面必须都和电容器两极板的表面平行.

最后必须指出，上面两个例题中电介质内部都有 $\boldsymbol{E}=\boldsymbol{E}_0/\varepsilon_r$，并因此有 $\boldsymbol{D}=\varepsilon_0\boldsymbol{E}_0$ 的关系式，但这只在一定的条件下才能成立. 例如均匀电介质充满整个电场（如例题 7-28）或电介质表面是等势面（如例题 7-29），这个时候 $\boldsymbol{E}=\boldsymbol{E}_0/\varepsilon_r$ 及 $\boldsymbol{D}=\varepsilon_0\boldsymbol{E}_0$ 的关系式才成立.

复习思考题

7-9-1　在一均匀电介质球外放一点电荷 q，分别作如图所示的两个闭合曲面 S_1 和 S_2，求通过两闭合曲面的 $\boldsymbol{E}$ 通量和 $\boldsymbol{D}$ 通量. 在这种情况下，能否找到一合适的闭合曲面，可应用高斯定理求出闭合曲面上各点的场强？

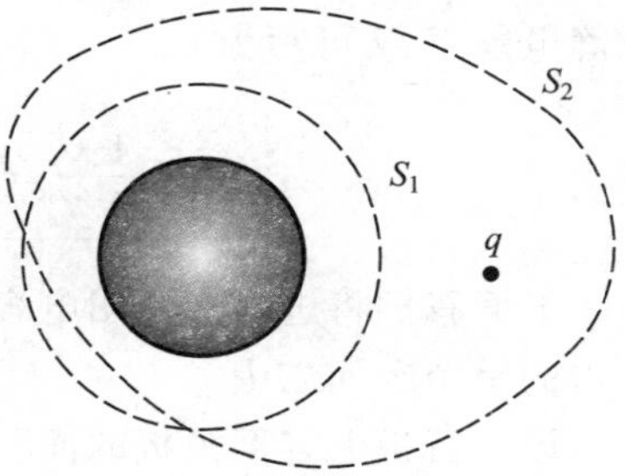

思考题 7-9-1 图

7-9-2　在球壳形的均匀电介质中心放置一点电荷 q，试画出电介质球壳内外的 $\boldsymbol{E}$ 线和 $\boldsymbol{D}$ 线的分布. 电介质球壳内外的场强和没有电介质球壳时是否相同？为什么？

7-9-3　（1）一个带电的金属球壳里充填了均匀电介质，球外是真空，此球壳的电势是否为 $\dfrac{Q}{4\pi\varepsilon_r\varepsilon_0 R}$？为什么？（2）若球壳内为真空，球壳外充满无限大均匀电介质，这时球壳的电势为多少？（Q 为球壳上的自由电荷，R 为球壳半径，ε_r 为介质的相对电容率.）

§ 7-10　静电场的能量

在电场中的电荷受到电场力的作用，移动电荷电场力要做功，这说明电场蕴藏着一定的能量——静电能. 电容器放电时，常伴有热、光、声等现象的产生，这就是电容器储存的电能转化为其他形式能量的结果.

另一方面，物体或电容器的带电过程就是建立电场的过程，在这个过程中必定有其他形式的能量转化为电能. 下面我们将通过平行板电容器这一具体例子，来说明静电场具有的能量特征.

可以设想，图 7-69 所示的电容器两极板 1 和 2 的带电过程就是不断地把微小电荷 $+\mathrm{d}q$ 从原来中性的极板 2 迁移到极板 1 上的过程，在极板的这一带电过程中，两极板上所带的电荷总是等值而异号的. 当电容器的两极板已带电荷 $\pm q$ 时，两极间的电势差为 $V_1'-V_2'$，这时再把电荷 $+\mathrm{d}q$ 从极板 2 移到极板 1 上，外力克服电场力所做的功为

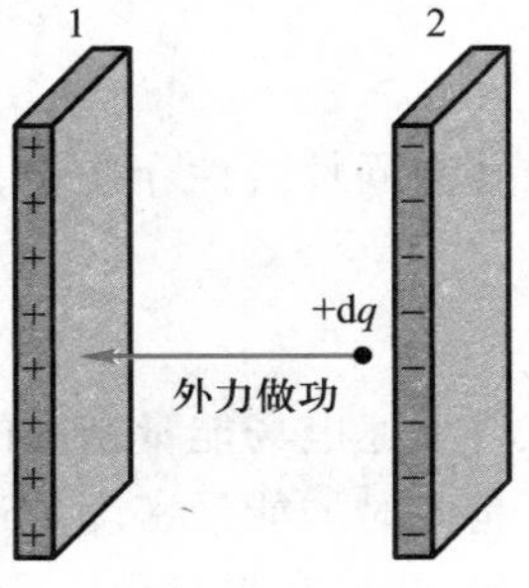

图 7-69　电容器的充电过程

$$\mathrm{d}A=(V_1'-V_2')\,\mathrm{d}q$$

设电容器的电容为 C,此时电容器的所带电荷量为 q,则 $V_1'-V_2'=\dfrac{q}{C}$,所以

$$\mathrm{d}A=\frac{q}{C}\mathrm{d}q$$

因此当电容器从 $q=0$ 开始充电到 $q=Q$ 时,外力所做的总功为

$$\mathrm{A}=\int \mathrm{d}A=\int_0^Q \frac{q}{C}\mathrm{d}q=\frac{1}{2}\frac{Q^2}{C}$$

这个功应等于充电后电容器的静电能. 利用关系式 $Q=C(V_1-V_2)$,充电后电容器的静电能 W 又可写为

$$\boxed{W_e=\frac{1}{2}\frac{Q^2}{C}=\frac{1}{2}C(V_1-V_2)^2=\frac{1}{2}Q(V_1-V_2)} \tag{7-82}$$

下面我们将进一步说明电容器的静电能也就是电场的能量,而且分布在电场所占的整个空间之中.

设平行板电容器极板的面积为 S,两极板间的距离为 d,当电容器极板上的电荷量为 Q 时,极板间的电势差 $U_{12}=Ed$,已知 $C=\varepsilon S/d$,将这些关系式代入式(7-82)中,得

$$W_e=\frac{1}{2}C(V_1-V_2)^2=\frac{1}{2}\varepsilon E^2 Sd=\frac{1}{2}\varepsilon E^2 V$$

由此可见,静电能可以用表征电场性质的电场强度 E 来表示,而且和电场所占的体积 $V=Sd$ 成正比. 这表明电能储存在电场中. 若忽略边缘效应,认为平板电容器中电场是均匀分布在两板之间的空间中,所储存的静电场能量也应该是均匀分布在电场所占的体积中,因此电场中每单位体积的能量,即**电场能量密度**(energy density of electric field)为

$$w_e=\frac{W_e}{V}=\frac{1}{2}\varepsilon E^2=\frac{1}{2}DE \tag{7-83}$$

能量密度的单位为 $\mathrm{J/m^3}$. 上述结果是从平行板电容器均匀电场的特例中导出的,在一般情况下,电场能量密度为

$$\boxed{w_e=\frac{1}{2}\boldsymbol{D}\cdot\boldsymbol{E}} \tag{7-84}$$

在各向同性线性介质中,$\boldsymbol{D}=\varepsilon\boldsymbol{E}$,电场能量密度为

$$w_e=\frac{1}{2}\varepsilon E^2 \tag{7-85}$$

上述电场能量密度的表达式在非均匀电场和变化的电磁场中仍然是正确的,只是此时的能量密度是逐点改变的. 要计算任一带电系统整个电场中所储存的总能量,只要将电场所占空间分成许多体积元 $\mathrm{d}V$,然后把这许多体积元中的能量累加起来,也就是求如下的积分

$$W_e = \int_V w_e \mathrm{d}V = \int_V \frac{1}{2}\boldsymbol{D}\cdot\boldsymbol{E}\mathrm{d}V \qquad (7-86)$$

式中积分区域遍及整个电场空间 V.

在式(7-82)中静电能是由电荷量来表示的,似乎电荷是能量的携带者,而式(7-83)—式(7-86)又表明,静电能也可用电场强度来表出,这又表明静电能是储存于电场中的,电场是电能的携带者.在静电场中,电荷和电场都不变化,而电场总是伴随着电荷而存在,因此我们无法用实验来检验电能究竟是以哪种方式储存的.但是在交变电磁场的实验中,已经证明了变化的场可以脱离电荷独立存在,而且场的能量是能够以电磁波的形式在空间传播的,这就直接证实了能量储存在场中的观点.能量是物质固有的属性之一,静电场具有能量的结论,证明静电场是一种特殊形态的物质.

例题 7-30

设一均匀带电球体的半径为 R,所带电荷量为 q,球外为真空,试求均匀带电球体的电场能量.

解　由例题 7-8 知,均匀带电球体内外的电场强度分布为

$$\boldsymbol{E} = \frac{qr}{4\pi\varepsilon_0 R^3}\boldsymbol{e}_r \qquad (r<R)$$

$$\boldsymbol{E} = \frac{q}{4\pi\varepsilon_0 r^2}\boldsymbol{e}_r \qquad (r>R)$$

相应地,球内外的电场能量密度为

$$w_e = \frac{1}{2}\varepsilon_0\left(\frac{qr}{4\pi\varepsilon_0 R^3}\right)^2 = \frac{q^2r^2}{32\pi^2\varepsilon_0 R^6} \qquad (r<R)$$

$$w_e = \frac{1}{2}\varepsilon_0\left(\frac{q}{4\pi\varepsilon_0 r^2}\right)^2 = \frac{q^2}{32\pi^2\varepsilon_0 r^4} \qquad (r>R)$$

如果我们取一个半径为 r、厚度为 $\mathrm{d}r$ 的球壳,其体积 $\mathrm{d}V=4\pi r^2\mathrm{d}r$,在此球壳内的能量密度可看作是均匀的,于是可以写出球壳内的电场能量 $\mathrm{d}W=w_e 4\pi r^2\mathrm{d}r$,再按式(7-86),带电球体的电场能量为

$$\begin{aligned} W_e &= \int_V w_e \mathrm{d}V = \int_0^R \frac{q^2r^2}{32\pi^2\varepsilon_0 R^6}4\pi r^2\mathrm{d}r + \int_R^\infty \frac{q^2}{32\pi^2\varepsilon_0 r^4}4\pi r^2\mathrm{d}r \\ &= \frac{q^2}{40\pi\varepsilon_0 R} + \frac{q^2}{8\pi\varepsilon_0 R} = \frac{3q^2}{20\pi\varepsilon_0 R} \end{aligned}$$

例题 7-31

一平行板空气电容器的极板面积为 S、间距为 d,用电源充电后两极板上分别带上了 $\pm Q$ 的电荷.断开电源后再把两极板的距离拉开到 $2d$.求:(1) 外力克服两极板相互吸引力所做

的功;(2) 两极板之间的相互吸引力(空气的电容率取为 ε_0).

解 (1) 两极板的间距为 d 和 $2d$ 时,平行板电容器的电容分别为

$$C_1=\frac{\varepsilon_0 S}{d},\quad C_2=\frac{\varepsilon_0 S}{2d}$$

当电容器充电后断开电源,极板上带电 $\pm Q$ 时,两电容器所储存的电能分别为

$$W_{e1}=\frac{Q^2}{2C_1}=\frac{Q^2 d}{2\varepsilon_0 S},\quad W_{e2}=\frac{Q^2}{2C_2}=\frac{Q^2\cdot 2d}{2\varepsilon_0 S}$$

故两极板的间距从 d 拉开到 $2d$ 后电容器中电场能量的增量为

$$\Delta W_e=W_{e2}-W_{e1}=\frac{Q^2 d}{2\varepsilon_0 S}$$

按功能原理,这一增量应等于外力所做的功 A,即

$$A=\Delta W_e=\frac{Q^2 d}{2\varepsilon_0 S}$$

(2) 设两极板间的相互吸引力为 F,拉开两极板时所加外力应等于 F,外力所做的功 $A=Fd$,所以

$$F=\frac{A}{d}=\frac{Q^2}{2\varepsilon_0 S}$$

* 例题 7-32

物理学家开尔文第一个把大气层作为一个电容器来处理,认为地球表面是这个电容器的一块极板,带有 5×10^5 C 的负电荷,大气等效为在 5 km 高的另一块极板,带正电荷,如图 7-70 所示.(1) 试求这个球形电容器的电容;(2) 求地球表面的能量密度以及球形电容器的电能;(3) 已知空气的电阻率是 $3\times10^{13}\ \Omega\cdot\mathrm{m}$,那么球形电容器间大气层的电阻是多少?(4) 大气电容器的电容和电阻构成了一个放电回路,这个放电回路的时间常量为多少?(5) 经研究,大气电容器上的电荷并没有因 RC 回路放电而消失是因为大气中不断有雷电补充的结果,如果平均一次雷电向地面补充 25 C 的电荷,那么每天要发生多少次雷电?

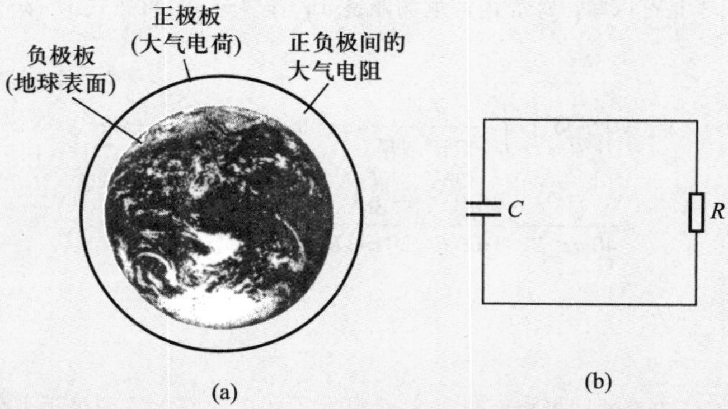

图 7-70

解 (1) 地球的半径 $r=6400\ \text{km}$，电离层的高度 $h=5\ \text{km}$，由球形电容器的电容公式(7-59)得

$$C=4\pi\varepsilon_0\frac{r(r+h)}{h}\approx 0.9\ \text{F}$$

(2) 地球表面的电场强度为 $E=\dfrac{Q}{4\pi\varepsilon_0 r^2}$，代入公式(7-85)得地球表面的能量密度

$$w_e=\frac{1}{2}\varepsilon_0E^2=\frac{Q^2}{32\pi^2\varepsilon_0 r^4}=5.4\times10^{-8}\ \text{J/m}^3$$

由公式(7-82)，得电能为

$$W_e=\frac{1}{2}\frac{Q^2}{C}=1.4\times10^{9}\ \text{J}$$

(3) 由于 $h \ll r$，大气层可简化为长为 h、截面积为 $4\pi r^2$ 的导体，其电阻是

$$R=\rho\frac{h}{4\pi r^2}\approx 3\times10^{2}\ \Omega$$

(4) 由例题 7-26 知，RC 放电回路的时间常量为

$$\tau=RC=270\ \text{s}$$

这个结果表明，不到 5 min 大气电容器的电荷就只剩下 37%，进一步的计算可知，30 min 后电荷就只剩下 0.3%.

(5) 要补充大气电容器的电荷，必须发生雷电的次数

$$N=\frac{5\times10^{5}\ \text{C}}{25\ \text{C}}=2\times10^{4}$$

即每半小时要产生雷电 2 万次，那么每天发生雷电次数为

$$n=2\times10^{4}\times2\times24\approx10^{6}$$

雷电是大自然的一种常见现象，它经常会给我们带来意想不到的灾难，因此，研究雷电，避免灾害，甚至如何利用雷电一直是科学家感兴趣的课题. 上述模型和计算虽然比较粗一点，但本例(还有例题 7-18)给我们提供的研究方法(如何对实际问题建立物理模型，进行定量和半定量的计算等)和结果的数量级却是非常有意义的.

复习思考题

7-10-1 电容分别为 C_1 和 C_2 的两个电容器，把它们并联充电到电压 U 和把它们串联充电到电压 $2U$ 的两种电容器组中，哪种形式储存的电荷量、能量大些？

7-10-2 一空气电容器充电后切断电源，然后灌入煤油，问电容器的能量有何变化？如果在灌油时电容器一直与电源相连，能量又如何变化？

习题

7-1 氢原子包含一个质子和一个电子. 根据经典模型，在正常状态下，电子绕核作圆周运动，轨道半径 $r=0.529\times10^{-10}$ m. 已知质子质量 $m_p=1.67\times10^{-27}$ kg. 电子质量 $m_e=9.11\times10^{-31}$ kg，电荷分别为 $\pm e=\pm1.60\times10^{-19}$ C. (1) 求电子所受质子对它的库仑力和万有引力(引力常量 $G=$

$6.67\times10^{-11}\ N\cdot m^2/kg^2$);(2) 库仑力是万有引力的多少倍?(3) 求电子的速度.

7-2 在边长为 2 cm 的等边三角形的顶点上,分别放置电荷量为 $q_1=1.0\times10^{-6}$ C、$q_2=3.0\times10^{-6}$ C 和 $q_3=-1.0\times10^{-6}$ C 的点电荷.(1) 哪一个点电荷所受的力最大?(2) 求作用在 q_2 上的静电力的大小和方向.

7-3 两个相同的导体球被分别固定在球心相距 50.0 cm 的位置时,相互间的静电力为 0.108 N.用细导线将它们连接起来,然后再撤除导线时,两球以 0.036 N 的静电力相斥.两球上的初始电荷各有多少?

7-4 为了验证库仑定律中点电荷之间的作用力与距离的关系 $F\propto1/r^n$ 中 $n=2$,有人构思了如下的实验:两相同的金属小球用两根相同长的悬线吊在 O 点上(见习题 7-4 图),如果它们均带电荷 q,则可测定它们之间的排斥距离为 x_1;如果它们均带电荷 $q/2$,则可测定它们之间的排斥距离为 x_2,图中 θ 角很小.请由此导出库仑定律中的幂指数 n 与 x_1、x_2 的关系式.

7-5 α 粒子快速通过氢分子中心,其轨迹垂直于两氢原子核的连线,两核的距离为 d,如习题7-5图所示.问 α 粒子在何处受到的力最大?假定 α 粒子穿过氢分子中心时两氢原子核移动可忽略,同时忽略分子中电子对 α 粒子的作用力.

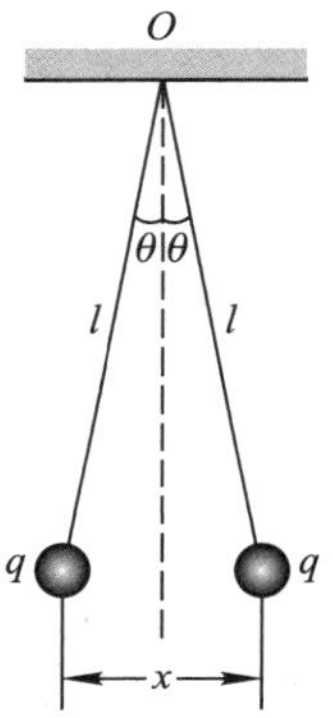

习题 7-4 图

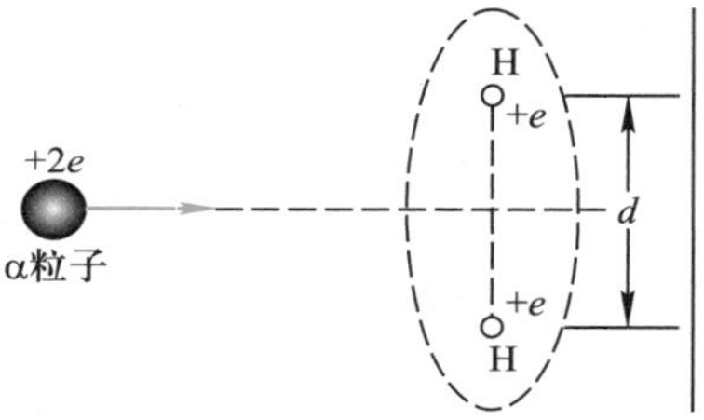

习题 7-5 图

7-6 在直角三角形 ABC 的 A 点,放置点电荷 $q_1=1.8\times10^{-9}$ C,在 B 点放置点电荷 $q_2=-4.8\times10^{-9}$ C.已知 $BC=0.04$ m,$AC=0.03$ m.试求直角顶点 C 处的电场强度.

7-7 如习题 7-7 图所示的电荷分布称为电四极子,它由两个相同的电偶极子组成.证明在电四极子轴线的延长线上离中心为 $r(r>>l)$ 的 P 点的电场强度为 $E=\dfrac{3Q}{4\pi\varepsilon_0 r^4}$,式中 $Q=2ql^2$ 称为这种电荷分布的电四极矩.

7-8 如习题 7-8 图所示,均匀带电的直线 AB,长为 l,电荷线密度为 λ.求:(1) 在 AB 延长线上与 B 端相距 d 的点 P 处的电场强度;(2) 在 AB 的垂直平分线上与直线中点相距 d 处的 Q 点的电场强度.

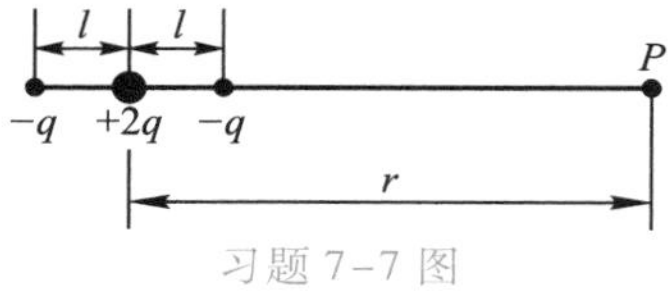

习题 7-7 图

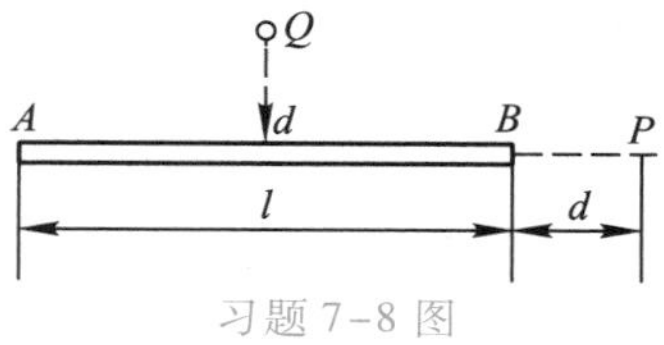

习题 7-8 图

7-9 用绝缘细线弯成的半圆形环,半径为 R,其上均匀地带正电荷 Q,求圆心 O 点处的电场强度.

7-10　一半径为 R 的半球面均匀带电，电荷面密度为 σ，求球心处的电场强度.

7-11　如习题 7-11 图所示，一半径为 R、长为 l 的薄壁圆筒，其上电荷均匀分布，电荷量为 q. 试求在其轴线上与端点距离为 d 处 P 点的电场强度. 试求当 $R\to0$ 时 P 点的电场强度，并将其结果与 7-8 题中(1)的结果作一比较.

7-12　一无限大均匀带电平板，其电荷面密度为 $+\sigma$，该平面上有一半径为 a 的圆孔，如习题 7-12 图所示. 通过圆孔中心且垂直于平面的轴线上一点 P，与平面的距离为 x，试求 P 点的电场强度.

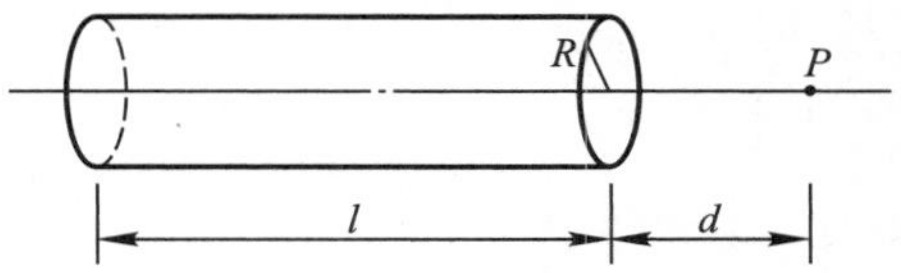

习题 7-11 图

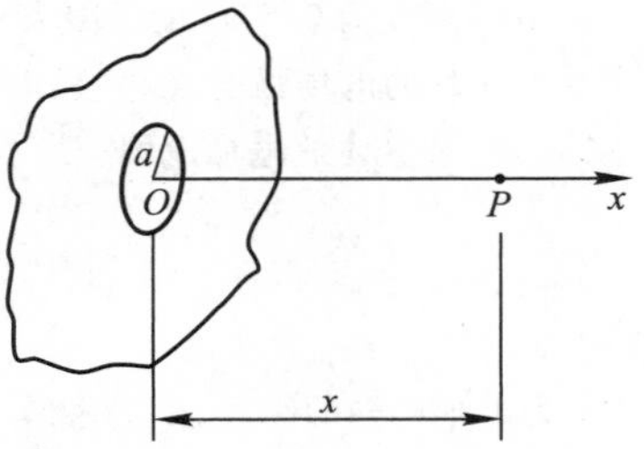

习题 7-12 图

7-13　在真空中有一半径为 R 的均匀带电球面，总电荷量为 $Q(Q>0)$. 今在球面上挖去非常小的一块面积 ΔS(连同电荷)，且假设挖去后不影响原来的电荷分布，求挖去 ΔS 后球心处电场强度的大小和方向.

7-14　在均匀电场 $\boldsymbol{E}$ 中，有一半径为 R 的闭合半球面，其底面与电场线垂直，如习题 7-14 图所示. 试求：(1) 分别通过闭合半球面底面和球面的电场强度通量；(2) 半球面内的总电荷量.

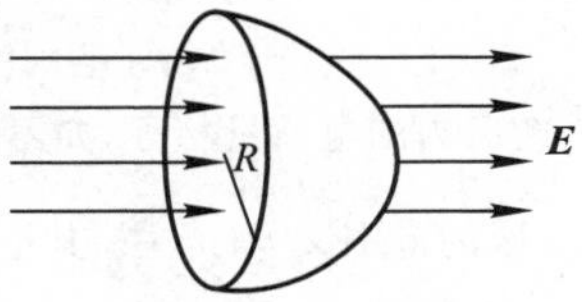

习题 7-14 图

7-15　如习题 7-15 图所示，在点电荷 q 的电场中，取半径为 R 的圆形平面. 设 q 在垂直于平面并通过圆心 O 的轴线上点 A 处，A 点与圆心 O 的距离为 d. 试计算通过此平面的 $\boldsymbol{E}$ 通量.

7-16　如习题 7-16 图所示，电场强度的分量为 $E_x=bx^{1/2}$，$E_y=E_z=0$，式中 $b=800\ \mathrm{N/(C\cdot m^{1/2})}$，设 $d=10\ \mathrm{cm}$. 试计算：(1) 通过立方体表面的总 $\boldsymbol{E}$ 通量；(2) 立方体内的总电荷量.

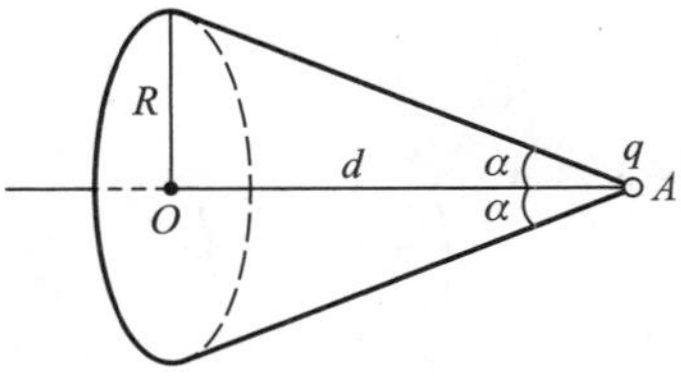

习题 7-15 图

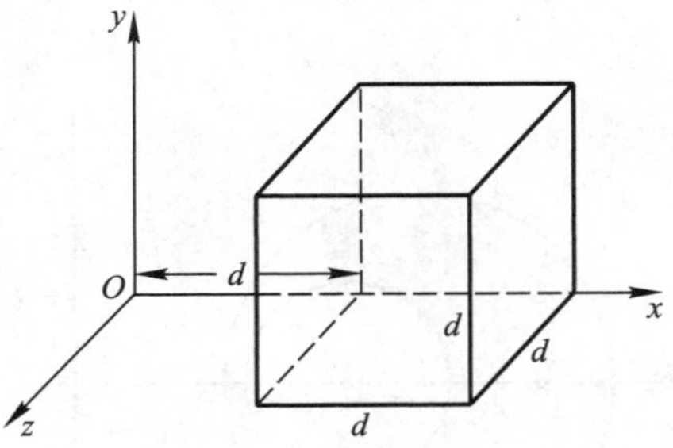

习题 7-16 图

7-17　在 1911 年的一篇论文中，卢瑟福(E. Rutherford)针对 α 粒子散射实验中有很小部分(八千分之一)入射粒子被大角度(>90 °)散射的奇怪结果，提出了原子结构的新模型：原子的所有正电荷 Ze 和大部分质量都集中在一个称作原子核的点上，在其周围半径为 R 的球内均

匀分布着 $-Ze$ 的负电荷. 此模型比较成功地解释并预言了相关的散射现象. 试证明,在原子内距核 r 处的电场强度大小为

$$E=\frac{Ze}{4\pi\varepsilon_0}\left(\frac{1}{r^2}-\frac{r}{R^3}\right)$$

7-18 在半径分别为 10 cm 和 20 cm 的两层假想同心球面中间,均匀分布着电荷体密度 $\rho=10^{-9}\ \mathrm{C/m^3}$ 的正电荷. 求离球心 5 cm、15 cm、50 cm 处的电场强度.

7-19 一个半径为 R 的球体内的电荷体密度 $\rho=kr$,式中 r 是径向距离,k 是常量. 求空间的电场强度分布,并画出 E 对 r 的关系曲线.

7-20 厚度为 0.5 cm 的无限大平板均匀带电,电荷体密度为 $1.0\times10^{-4}\ \mathrm{C/m^3}$. 求:(1) 板内中心平面处的电场强度;(2) 板内与表面相距 0.1 cm 处的电场强度;(3) 板外的电场强度.

7-21 某气体放电形成的等离子体的电荷呈轴对称分布,可用下式表示:

$$\rho(r)=\frac{\rho_0}{\left[1+\left(\frac{r}{a}\right)^2\right]^2}$$

式中 r 为离中心轴的距离,ρ_0 为轴线上的电荷体密度,a 为常量. 试求其电场分布.

7-22 (1) 地球的半径为 6.37×10^6 m,地球表面附近的电场强度近似为 100 V/m,方向指向地球中心,试计算地球带的总电荷量;(2) 在离地面 1 500 m 处,电场强度降为 24 V/m,方向仍指向地球中心;试计算这 1 500 m 厚的大气层里的平均电荷密度.

7-23 在半径为 a,电荷体密度为 ρ 的均匀带电球内,挖去一个半径为 b 的小球,$OO'=c$ 如习题 7-23 图所示. 试求:O、O'、P、P'各点的电场强度. O、O'、P、P'在一条直线上.

***7-24** 在半导体 pn 结内的空间电荷区分布有正、负离子,n 区内是正离子,p 区内是负离子,两区内的电荷量相等,如习题 7-24 图所示. 取 x 轴的原点在 pn 结的交界面上,p 区的范围和 n 区的范围 $x_p=x_n=\frac{x_m}{2}$,其电荷的体分布为 $\rho(x)=-eax$,式中 a 为常量. 试证明电场分布为

$$E(x)=\frac{ae}{8\varepsilon_0}(x_m^2-4x^2)$$

并画出 $\rho(x)$ 和 $E(x)$ 随 x 变化的曲线.(提示:把 pn 结看成是一对带正、负电荷的无限大平板).

7-25 如习题 7-25 图所示,已知 $r=6$ cm,$d=8$ cm,$q_1=3\times10^{-8}$ C,$q_2=-3\times10^{-8}$ C. 问:(1) 将电荷量为 2×10^{-9} C 的点电荷从 A 点移到 B 点的过程中,电场力做功多少?(2) 将此点电荷从 C 点移到 D 点,电场力做功多少?

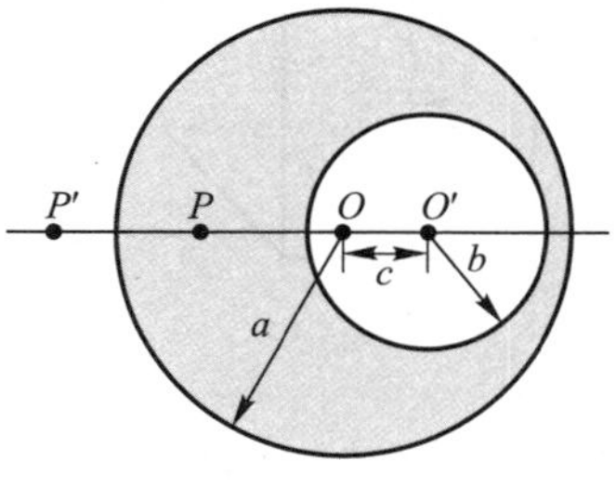

习题 7-23 图

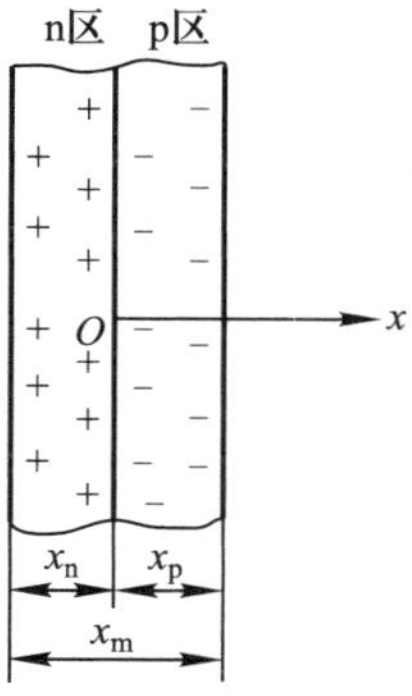

习题 7-24 图

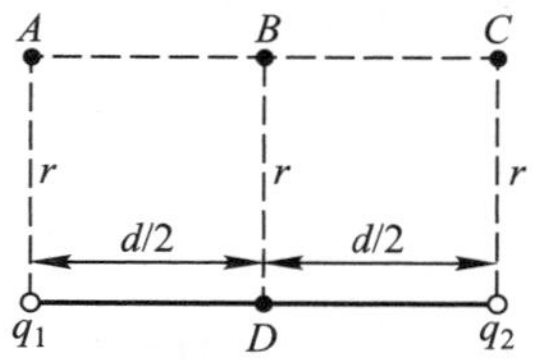

习题 7-25 图

7-26 试计算如习题 7-26 图所示线形电四极子在 P 点处($r\gg l$)的电势及电场强度.

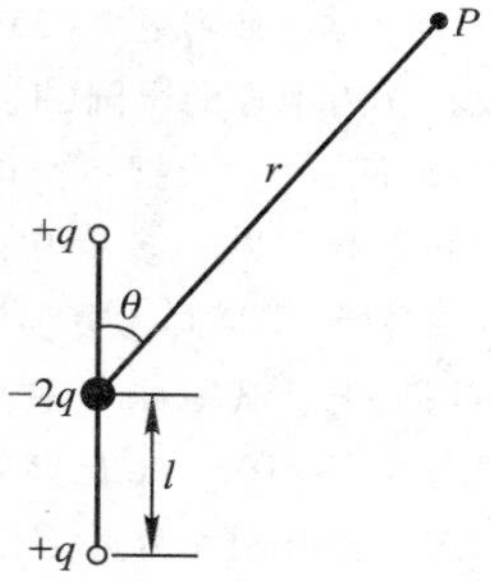

习题 7-26 图

7-27 半径为 2 mm 的球形水滴具有电势 300 V.(1) 求水滴上所带的电荷量;(2) 如果两个相同的上述水滴结合成一个较大的水滴,其电势值为多少(假定结合时电荷没有漏失)?

7-28 两个同心球面,半径分别为 10 cm 和 30 cm.小球面均匀带有 10^{-8} C 正电荷,大球面带有 1.5×10^{-8} C 正电荷.求离球心分别为 20 cm、50 cm 处的电势.

7-29 已知一电荷 $Q(Q>0)$ 均匀分布在半径为 R 的球体内.分别取无穷远处 $V=0$ 和球心处 $V=0$,计算:(1) 球内和球外的电势分布;(2) 球体表面一点与球心之间的电势差.

7-30 如习题 7-30 图所示,一长为 l 的细长直杆,水平放置,杆上均匀带电,电荷量为 q.试求:(1) 在杆的延长线上任意一点的电势和电场强度;(2) 在杆的垂直平分线上任意一点的电势和电场强度.(提示:通过电势求电场强度)

7-31 一均匀带电细线的中部被弯成半圆环状,如习题 7-31 图所示,电荷线密度为 λ,ab 和 cd 段的长度均为 R.求圆心 O 的电势.

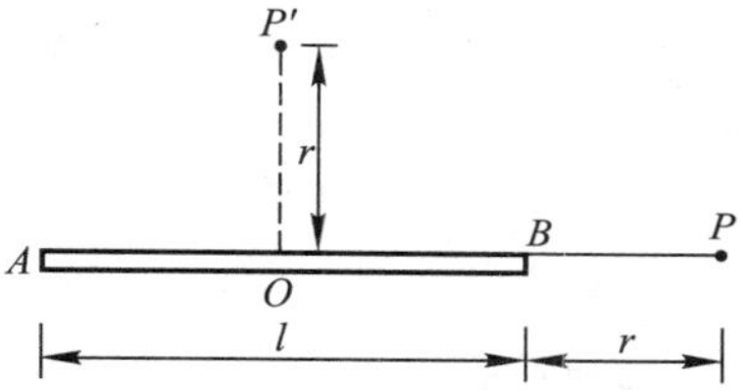

习题 7-30 图

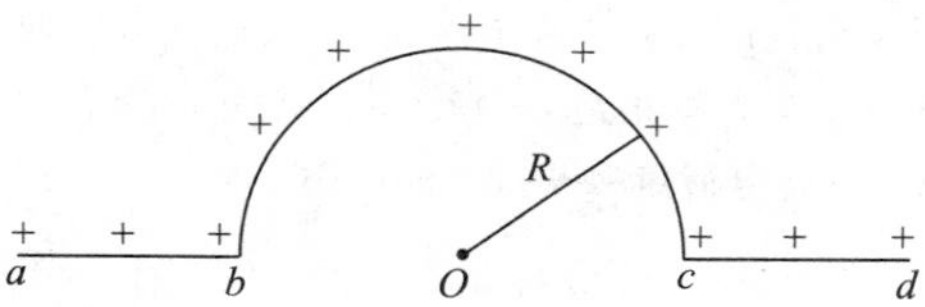

习题 7-31 图

7-32 如习题 7-32 图所示,两个平行放置的均匀带电圆环,它们的半径均为 R,电荷量分别为 $+q$ 和 $-q$,其间距离为 l,且 $l\ll R$,以两环的对称中心为坐标原点.(1) 试求垂直于环面的 Ox 轴上的电势分布;(2) 证明:当 $x\gg R$ 时,$V=\dfrac{ql}{4\pi\varepsilon_0 x^2}$;(3) 求 Ox 轴上远处(即 $x\gg R$)的电场强度分布.

7-33 一半径 $R=8$ cm 的圆盘,其上均匀带有电荷面密度为 $\sigma=2\times10^{-5}\ \mathrm{C/m^2}$ 的电荷,(1) 求轴线上任一点的电势(用该点与盘心的距离 x 来表示);(2) 根据电场强度和电势的关系求该点的电场强度;(3) 计算 $x=6$ cm 处的电势和电场强度.

7-34 设电势沿 Ox 轴的变化曲线如习题 7-34 图所示.试由所示各区间的电势分布(忽略区间端点的情况)确定电场强度的 x 分量,并作出 E_x 对 x 的关系图线.

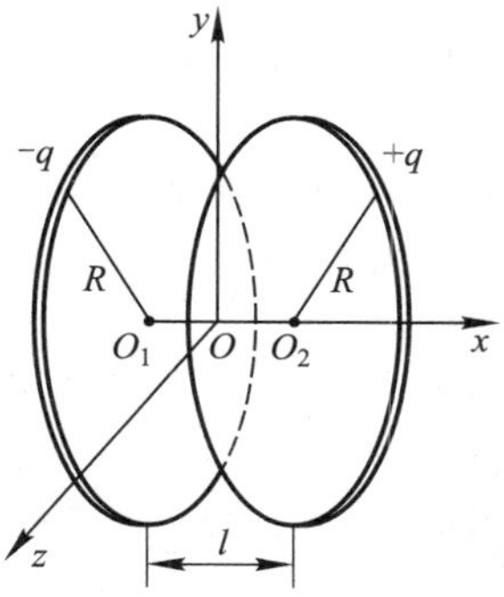

习题 7-32 图

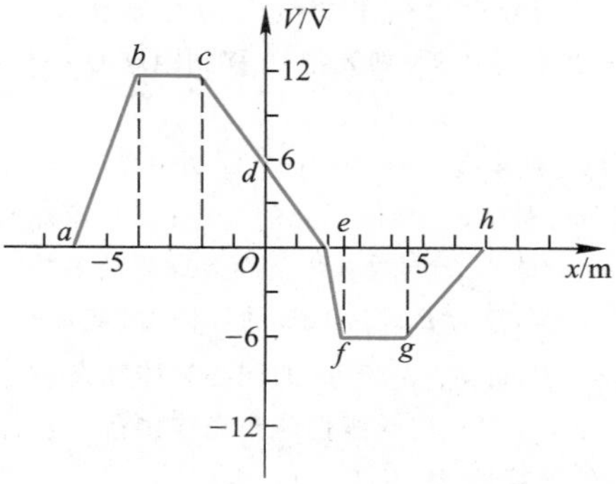

习题 7-34 图

7-35 如习题 7-35 图所示,$AB=2l$,OCD 是以 B 为中心、l 为半径的半圆,A 点处有正电荷 $+q$,B 点处有负电荷 $-q$,问:(1) 求把单位正电荷从 O 点沿 OCD 移到 D 点,电场力对它做了多少功?(2) 把单位正电荷从 D 点沿 AB 的延长线移到无穷远处,电场力对它做了多少功?

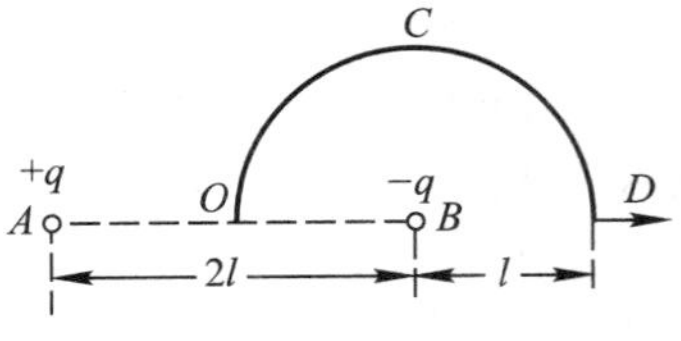

习题 7-35 图

7-36 在氢原子中,正常状态下电子与原子核的距离为 5.29×10^{-11} m. 已知氢原子核和电子所带电荷量为 1.6×10^{-19} C. 如把原子中的电子从正常状态下拉开到无穷远处,所需的能量是多少电子伏. 此能量就是氢原子的电离能.

7-37 一电子以 3.2×10^{5} m/s 的初速度朝着一固定在适当位置的质子射出,如果电子最初与质子相距很远,则在与质子多大距离处它的瞬时速率为其初始值的两倍?

7-38 试证明:在静电平衡条件下,导体表面单位面积所受的力 $\boldsymbol{F}=\dfrac{\sigma^2}{2\varepsilon_0}\boldsymbol{e}_r$,其中 σ 为电荷面密度,$\boldsymbol{e}_r$ 为表面的外法线方向的单位矢量. 此力的方向与所带的电荷的正、负无关,总指向导体外部.

7-39 如习题 7-39 图所示,电子由示波管阴极发射出来后,在阴极和阳极之间的电场作用下得到加速,经水平偏转板和垂直偏转板射到荧光屏上. 设阴极和阳极之间的电压为 800 V,今在垂直偏转板上加上电压 80 V,已知垂直偏转板之间相距 $a=2.0$ cm,板长 $l=4.0$ cm,偏转板末端和荧光屏相距 $L=18.0$ cm,求荧光屏上亮点偏离中心 O 的距离 s.(电子的质量 $m=9.1\times10^{-31}$ kg,电荷量 $-e=-1.6\times10^{-19}$ C).

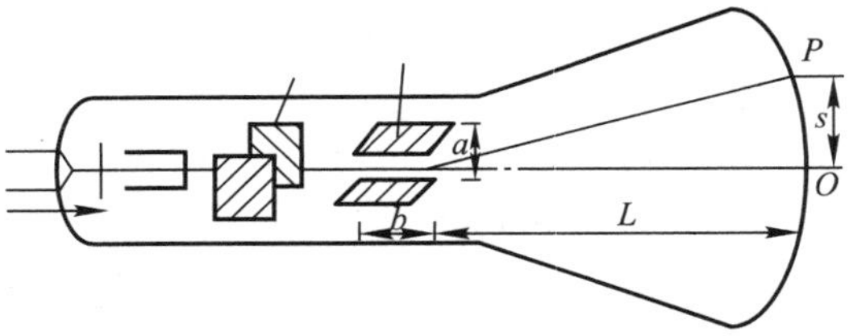

习题 7-39 图

7-40 如习题 7-40 图所示,长为 l 的两根相同的细棒,均匀带电,电荷线密度为 λ,沿同一直线放置,两棒的近端相距也是 l,求两棒间相互作用的静电力.

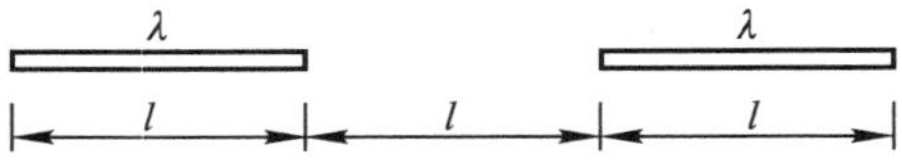

习题 7-40 图

7-41 一半径为 R 的均匀带电球体,电荷量为 $+Q$. 今将点电荷 $+q$ 和负电荷 $-q$ 分别从无穷远处移到该球附近. 如先把 $+q$ 移到距球心 r 处,再把 $-q$ 移到 $r+l$ 处,且 $l\ll r$,试求电场力所做的功.

7-42 点电荷 $q=4.0\times10^{-10}$ C,处在导体球壳的中心,壳的内外半径分别为 $R_1=2.0$ cm 和 $R_2=3.0$ cm,求:(1) 导体球壳的电势;(2) 离球心 $r=1.0$ cm 处的电势;(3) 把点电荷移开球心 1.0 cm 后球心 O 点的电势及导体球壳的电势.

7-43 半径为 $R_1=1.0$ cm 的导体球,带有电荷 $q_1=1.0\times10^{-10}$ C,球外有一个内、外半径分别为 $R_2=3.0$ cm、$R_3=4.0$ cm 的同心导体球壳,壳上带有电荷 $Q=11\times10^{-10}$ C.(1) 试求两球的电势 V_1 和 V_2;(2) 用导线把球和壳连接在一起后 V_1 和 V_2 分别是多少?(3) 若不连接球和球壳,而将外球接地,V_1 和 V_2 为多少?

7-44 半径为 r_1、r_2($r_1<r_2$)的两个同心导体球壳互相绝缘,现把 $+q$ 的电荷量给予内球,

求：(1) 外球的电荷量及电势；(2) 把外球接地后再重新绝缘，外球的电荷量及电势；(3) 然后把内球接地，内球的电荷量及外球的电势.

7-45　一半径为 R 的金属球，原来不带电，将它放在点电荷 $+q$ 的电场中，球心与点电荷间距离为 $r(r>R)$. 求金属球上感应电荷在球心处的电场强度和金属球的电势. 若将金属球接地，求其上的电荷量.

7-46　如习题 7-46 图所示，三平行金属板 A、B、C 面积均为 200 cm^2，A、B 间相距 4.0 mm，A、C 间相距 2.0 mm，B 和 C 两板都接地. 如果使 A 板带正电 3.0×10^{-7} C，求：(1) B、C 板上的感应电荷；(2) A 板的电势.

7-47　在盖革计数器中有一直径为 2 cm 的金属圆筒，在圆筒轴线上有一条直径为 0.31 mm 的导线，如果在导线与圆筒之间加上 850 V 的电压，试分别求：(1) 导线外表面附近处的电场强度大小；(2) 圆筒内表面附近处的电场强度大小.

7-48　如习题 7-48 图所示，$C_1=10\ \mu F$，$C_2=5.0\ \mu F$，$C_3=5.0\ \mu F$. (1) 求 A、B 间的电容；(2) 在 A、B 间加上 100 V 的电压，求 C_2 上的电荷量和电压；(3) 如果 C_1 被击穿，问 C_3 上的电荷量和电压各是多少？

7-49　平板电容器的极板面积为 S，极板间的距离为 d，保持极板上的电荷不变，把相对电容率为 ε_r、厚度为 $\delta(\delta<d)$ 的玻璃板插入极板间，试求：(1) 插入玻璃板后的电容，并以 $\delta=0$，$\varepsilon_r=1$ 的特殊情况来核实结果是否正确；(2) 插入玻璃板前后极板间的电势差之比 U_0/U.

7-50　半径为 a 的两根平行直导线，相距为 $d(d\gg a)$，如习题 7-50 图所示. 试求单位长度的电容.

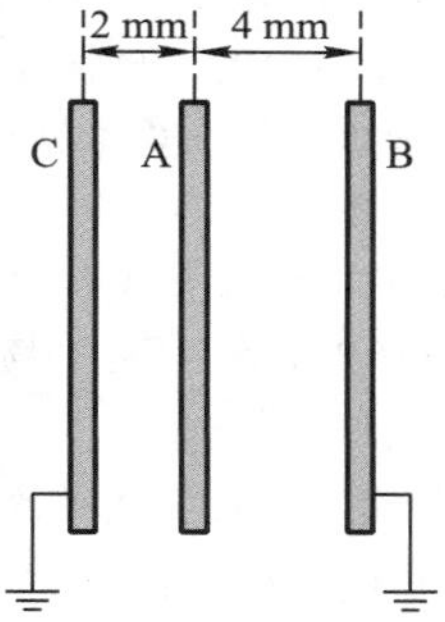

习题 7-46 图

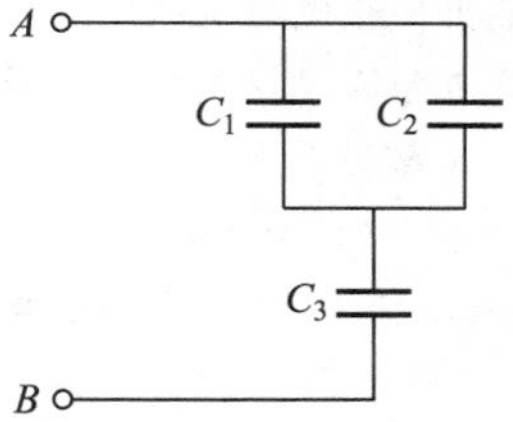

习题 7-48 图

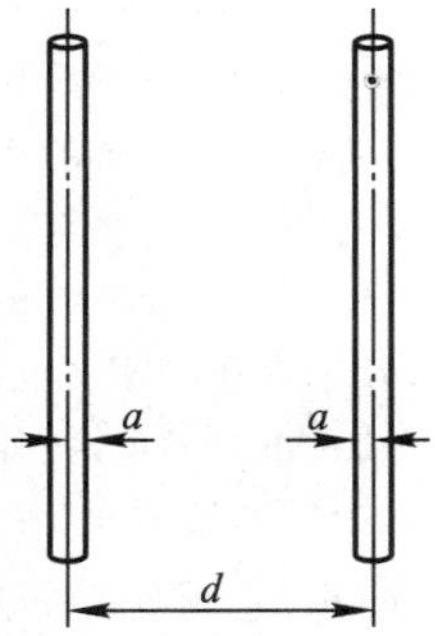

习题 7-50 图

7-51　一平板电容器，两极板都是边长为 a 的正方形金属平板，两板不严格平行，其间有一夹角 θ，如习题 7-51 图所示. 证明：当 $\theta\ll\frac{d}{a}$ 时，略去边缘效应，它的电容为

$$C=\varepsilon_0\frac{a^2}{d}\left(1-\frac{a\theta}{2d}\right)$$

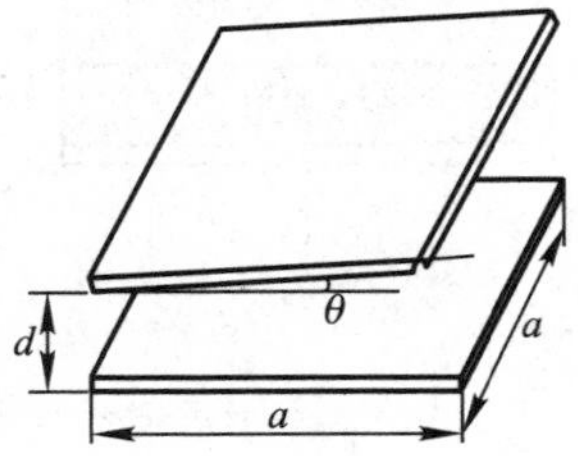

习题 7-51 图

7-52　为了实时检测纺织品、纸张等材料的厚度(待测材料可视作相对电容率为 ε_r 的电介质)，通常在生产流水线上设置如习题 7-52 图所示的传感装置，其中 A、B 为平板电容器的导体极板，d_0 为两极板间的距离，试说明其检测原理，并推出所测得的电容 C 与厚度 d 之间的函数关系，如果要检测钢板等金属材料的厚度，结果又将如何？

7-53　一单芯同轴电缆，中心是半径 $R_1=0.5$ cm 的金属导线，它外围包有一层 $\varepsilon_r=5$ 的固体介质，最外层是金属包皮，半径 $R_2=1.25\ \text{cm}$，若介质的击穿场强 $E_m=40\ \text{kV/cm}$，问此电缆能承受多大的电压？

7–54　两块相互平行的大金属板，板面积均为 S，间距为 d，用电源使两板分别维持在电势 V 和零电势. 现将第三块相同面积而厚度可略的金属板插在两板的正中间，已知该板上原带有电荷量 q，求该板的电势.

7–55　一平板电容器（极板面积为 S，间距为 d）中充满两种电介质（如习题 7–55 图所示），设两种电介质在极板间的面积比 $S_1/S_2=3$，试计算其电容. 如电容器带电荷 Q，求板上的电荷面密度及介质表面极化电荷的面密度.

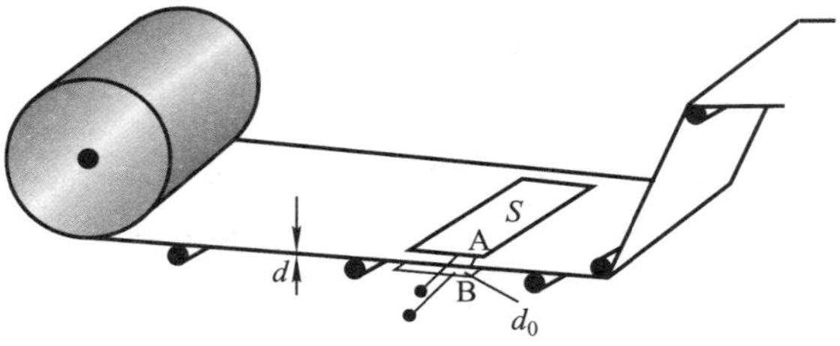

习题 7–52 图

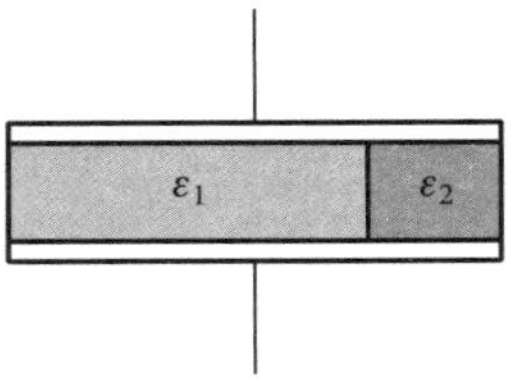

习题 7–55 图

7–56　如习题 7–56 图所示，平板电容器（极板面积为 S，间距为 d）中间有两层厚度各为 d_1 和 $d_2(d=d_1+d_2)$、电容率各为 ε_1 和 ε_2 的电介质，试计算其电容. 当电容器加上电压 U 时，试求出现在两介质交界面上极化电荷面密度.

7–57　在一平行板电容器的两板上带有等值异号的电荷，两板间的距离为 5.0 mm，充以 $\varepsilon_r=3$ 的电介质，电介质中的电场强度为 $1.0\times10^6\ \text{V/m}$，求：(1) 电介质中的电位移矢量；(2) 平板上的自由电荷面密度；(3) 电介质中的极化强度；(4) 电介质面上的极化电荷面密度；(5) 平行板上自由电荷及电介质面上极化电荷所产生的那一部分电场强度.

7–58　在半径为 R 的金属球之外包有一层均匀电介质层（如习题 7–58 图所示），外半径为 R'. 设电介质的相对电容率为 ε_r，金属球的电荷量为 Q，求：(1) 电介质层内、外的电场强度分布；(2) 电介质层内、外的电势分布；(3) 金属球的电势.

7–59　半径为 R_0 的导体球带有电荷 Q，球外有一层均匀电介质同心球壳，其内外半径分别为 R_1 和 R_2，相对电容率为 ε_r（如习题 7–59 图所示），求：(1) 电介质内外的电场强度 $\boldsymbol{E}$ 和电位移 $\boldsymbol{D}$；(2) 电介质内的极化强度 $\boldsymbol{P}$ 和表面上的极化电荷面密度 σ'.

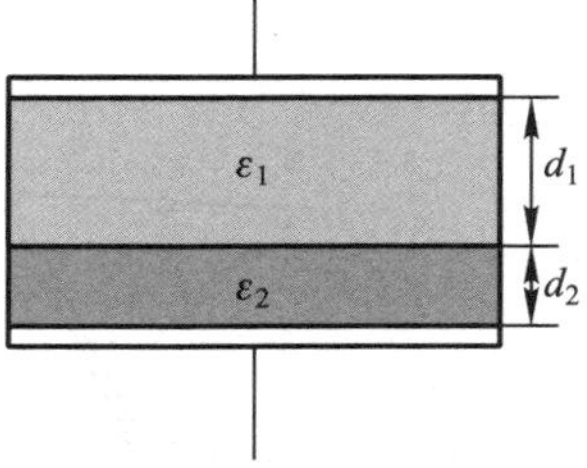

习题 7–56 图

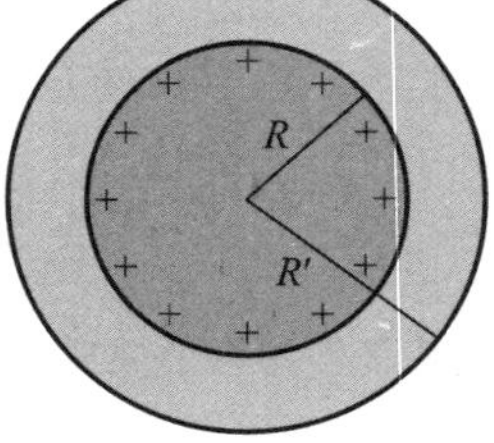

习题 7–58 图

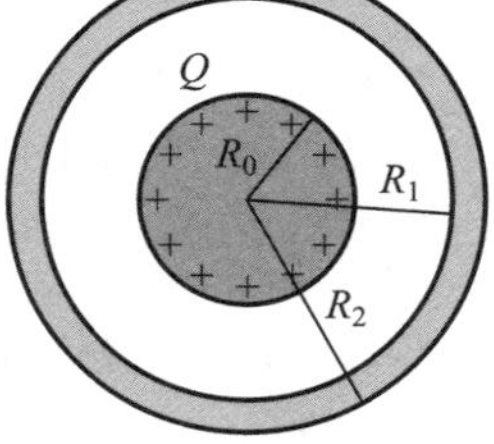

习题 7–59 图

7–60　圆柱形电容器是由半径为 R_1 的导线和与它同轴的导体圆筒构成，圆筒内半径为 R_2，长为 l，其间充满了相对电容率为 ε_r 的电介质. 设导线沿轴线单位长度上的电荷为 λ_0，圆筒上单位长度的电荷为 $-\lambda_0$，忽略边缘效应. 求：(1) 电介质中的电场强度 $\boldsymbol{E}$、电位移 $\boldsymbol{D}$ 和极化强度 $\boldsymbol{P}$；(2) 电介质表面的极化电荷面密度 σ'.

7-61 半径为 2.0 cm 的导体球，外套同心的导体球壳，壳的内外半径分别为 4.0 cm 和 5.0 cm，球与壳之间是空气，壳外也是空气，当内球的电荷量为 3.0×10^{-8} C 时，(1) 这个系统储藏了多少电能？(2) 如果用导线把壳与球连在一起，结果如何？

7-62 一平行板空气电容器，每块极板的面积 $S=3\times10^{-2}\ \mathrm{m}^2$，极板间的距离 $d_1=3\times10^{-3}$ m，在平行板之间有一个厚度为 $d_2=1\times10^{-3}$ m，与地绝缘的平行铜板，当电容器充电到电势差为 300 V 后与电源断开，再把铜板从电容器中抽出. 问：(1) 电容器内电场强度是否变化？(2) 抽出铜板外界需做多少功？

7-63 两个相同的空气电容器，其电容都是 0.90×10^{-9} F，都充电到电压为 900 V 后断开电源，把其中之一浸入煤油（$\varepsilon_r=2$）中，然后把两个电容器并联，求：(1) 浸入煤油过程中损失的静电场能；(2) 并联过程中损失的静电场能.

7-64 一平行板电容器有两层电介质，$\varepsilon_{r1}=4$，$\varepsilon_{r2}=2$，厚度为 $d_1=2.0$ mm，$d_2=3.0$ mm，极板面积为 $S=40\ \mathrm{cm}^2$，两极板间电压为 200 V. 计算：(1) 每层电介质中的电场能量密度；(2) 每层电介质中的总电能；(3) 电容器的总能量.

7-65 电容 $C_1=4\ \mu$F 的电容器在 800 V 的电势差下充电，然后切断电源，并将此电容器的两个极板分别和原来不带电、电容为 $C_2=6\ \mu$F 的电容器两极板相连，求：(1) 每个电容器极板所带电荷量；(2) 连接前后的静电场能.

7-66 两个同轴的圆柱，长度都是 l，半径分别为 R_1 及 R_2，这两个圆柱带有等值异号电荷 Q，两圆柱之间充满电容率为 ε 的电介质. (1) 在半径为 $r(R_1<r<R_2)$ 厚度为 dr 的圆柱壳中任一点的电场能量密度是多少？(2) 此柱壳中的总电场能是多少？(3) 电介质中的总电场能是多少？(4) 由电介质中的总电场能求圆柱形电容器的电容.

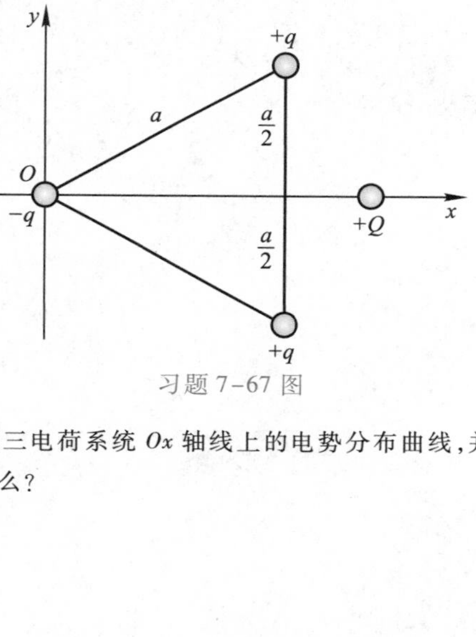

习题 7-67 图

7-67 三个电荷量均为 q 的正负电荷，固定在一边长 $a=1$ m 的等边三角形的顶角上（习题7-67 图），另一个电荷量为 $+Q$ 的电荷在这三个电荷的静电力作用下可沿其对称轴（Ox 轴）自由移动，(1) 求电荷 Q 的平衡位置和所受到的最大排斥力的位置；(2) 试编写一计算程序，画出此三电荷系统 Ox 轴线上的电势分布曲线，并指出电势最大的位置对应于该曲线的哪一点，为什么？

第七章习题
参考答案

Physics

第八章　恒定电流的磁场

一旦科学插上了幻想的翅膀，它就能赢得胜利.

——M. 法拉第

§8-1　恒定电流
§8-2　磁感应强度
§8-3　毕奥-萨伐尔定律
§8-4　恒定磁场的高斯定理与安培环路定理
§8-5　带电粒子在电场和磁场中的运动
§8-6　磁场对载流导线的作用
§8-7　磁场中的磁介质
§8-8　有磁介质时的安培环路定理和高斯定理　磁场强度
*§8-9　铁磁质

在静止电荷的周围存在着电场. 如果电荷在运动,那么在它的周围就不仅有电场,还有磁场. 这就说明电荷在导体中作恒定流动(恒定电流)时在它周围将激发恒定磁场. 磁场也是物质的一种形态,它只对运动电荷或电流施加作用,可用磁感应强度和磁场强度来描写. 如果磁场中有实物物质存在,在磁场作用下,其内部状态将发生变化,并反过来影响磁场的分布,这就是物质的磁化过程. 本章首先介绍恒定电流的描述及产生条件,之后将着重讨论电流激发磁场的基本公式毕奥-萨伐尔定律、描述磁场基本性质的磁场高斯定理和安培环路定理以及电流和运动电荷在电磁场中的受力和运动的规律. 根据实物物质的电结构,本章还将简单说明各类磁介质磁化的微观机制,并介绍有磁介质时磁场所遵循的普遍规律.

§8-1 恒定电流

一、电流 电流密度

通常,电流是电荷作定向运动形成的. 电荷的携带者叫载流子(carrier),金属导体中的载流子是大量可以作自由运动的电子;半导体中的载流子是电子和带正电的"空穴"(hole);电解液中的载流子是其中的正负离子,这些载流子形成的电流叫做传导电流(conduction current).

电流的强弱用电流(electric current)这一物理量来描述,用符号 I 表示. 电流定义为在单位时间内通过导体截面的电荷量

$$I=\frac{\mathrm{d}q}{\mathrm{d}t} \tag{8-1}$$

如果电流的大小和方向不随时间而变化,则称为恒定电流(俗称直流). 由于历史的原因,人们规定正电荷定向运动的方向为电流的方向. 电流是标量,所谓电流的方向是指电流沿导体行进的方向. 在国际单位制中规定电流为基本量,单位是A(安培),关于安培的定义,参看本章§8-6.

电流 I 虽能描写电流的强弱,但它只能反映通过导体截面的整体电流特征,并不能说明电流通过截面上各点的情况. 在实际问题中,常会遇到电流在粗细不均或材料不均匀、甚至大块金属中通过的情况,这时,如果在单位时间内通过某一根粗细不均的导线各截面的电流 I 相同,那么在导线内部不同点的电流情况将不相同. 因此,电流 I 这个物理量不能细致反映出电流在导体中的分布. 图 8-1 分别画出了在导线和大块导体中的电流分布情况. 为了细致地描述导体内各点电流分布的情况,必须引入一个新的物理量——电流密度(current density),电流密度是矢量,用符号 $\boldsymbol{j}$ 表示. 电流密度矢量的方向与该点正电荷运动的方向一致,大小等于通过垂直于电流方向的单位面积的电流,记作

$$j=\frac{\mathrm{d}I}{\mathrm{d}S_{\perp}} \tag{8-2}$$

电流密度是空间位置的矢量函数,它能精确地描述导体中电流分布的情况.

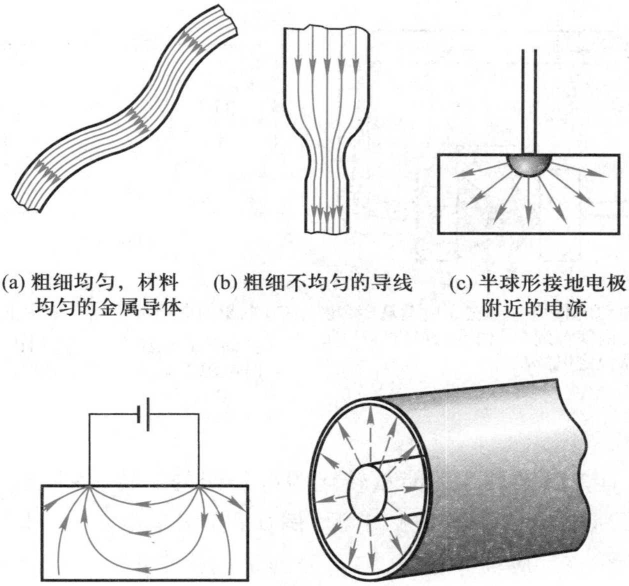

(a) 粗细均匀，材料均匀的金属导体 (b) 粗细不均匀的导线 (c) 半球形接地电极附近的电流

(d) 电阻法勘探矿藏时大地中的电流 (e) 同轴电缆中的漏电流

图 8-1 在导线和大块导体中的电流分布情况

在一般情况下,截面元 dS 法线的单位矢量 $\boldsymbol{e}_n$ 与该点电流密度 $\boldsymbol{j}$ 之间有一夹角 θ,如图 8-2 所示.此时通过任一截面的电流为

$$I=\int_S \boldsymbol{j}\cdot\boldsymbol{e}_n\mathrm{d}S=\int_S \boldsymbol{j}\cdot\mathrm{d}\boldsymbol{S} \qquad (8-3)$$

在国际单位制中,电流密度的单位为 A/m^2.

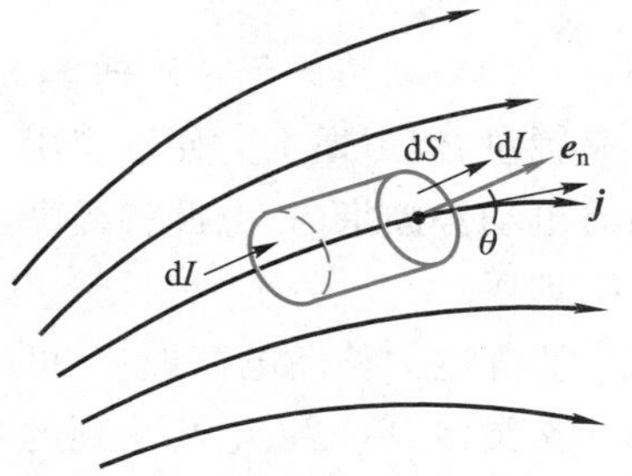

图 8-2 电流 I 与电流密度 j 关系的推导

二、电源的电动势

将一个电势较高、带正电的导体 A 同一个电势较低、带负电的导体 B 用导线连接起来,在连接的瞬间,正电荷将沿着存在电场的导线从电势高的导体 A 流向电势低的导体 B,形成短暂的电流(实际上在导线中作宏观定向运动的是自由电子).随着电荷的不断迁移,两导体 A 和 B 间的电势差逐渐减小,导线中的电流也随着减小,直至 A 和 B 的电势相等,金属导线内的电场强度为零,电流也随之停止.这时,整个导体组达到静电平衡.所以,仅仅依靠短暂的静电场,不可能使金属导体内的自由电子保持恒定的宏观定向运动.为了在导线中维持恒定的电流,必须把到达 B 的正电荷不断地输送到导体 A 上,保持导体 A 和导体 B 间的电势差不变,使导线内的电荷得以循环流动.这就需要一个能提供性质与静电力很不相同的“非静电力”,把正电荷从电势低的 B 移向

电势高的 A 的装置，这个装置称为电源(图 8-3).

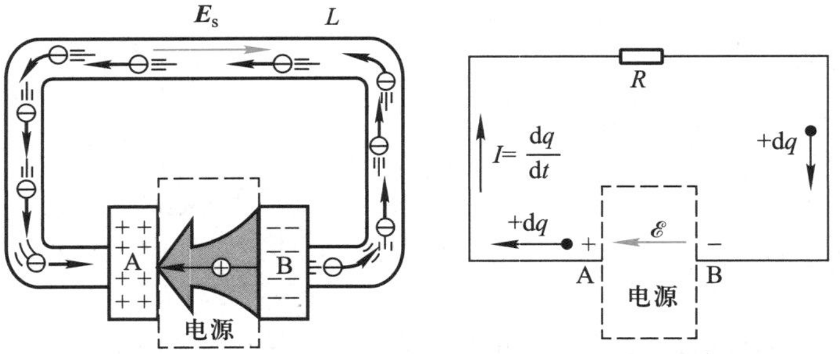

(a) 电源的作用——把正电荷从B经电源内部移到A，使导线内(回路L)保持恒定电场E_s

(b) 电源的电动势$\mathscr{E}=\frac{dA}{dq}$，dA是正电荷dq从负极经电源内部到正极时电源克服静电力所做的功

图 8-3

因此，电源是把其他形式的能量转化为电势能的装置. 各种形式的能量都可转化为电势能，所以有各种各样的电源. 例如，有化学电池、发电机、热电偶、硅(硒)太阳能电池、核反应堆等电源，它们分别是把化学能、机械能、热能、太阳能、核能转化为电势能的装置. 为了描述电源内能移动电荷的“非静电力”做功的本领，引入电动势(electromotive force，emf)这个物理量，并定义为

$$\mathscr{E}=\frac{dA}{dq} \tag{8-4}$$

即电源的电动势等于电源把单位正电荷从负极经电源内移到正极所做的功. 电动势是标量，但习惯上为便于应用，常规定电动势的指向为自负极经电源内到正极. 沿着电动势的指向，电源将提高正电荷的电势能. 电动势的单位和电势相同，也是 J/C，即 V.

非静电力移动电荷做功，可以设想在电源内存在一“非静电性场”，与静电场的定义类似，单位正电荷受到的非静电力定义为“非静电力场的场强”，记作 $\boldsymbol{E}_k$. 因此非静电性场把单位正电荷从负极经电源内移到正极所做的功就可以表达为

$$\mathscr{E}=\int_B^A \boldsymbol{E}_k \cdot d\boldsymbol{l} \tag{8-5}$$

由于在如图 8-3 所示的闭合电路中，电源外 $\boldsymbol{E}_k=\boldsymbol{0}$；或者，在某个闭合电路中处处存在 $\boldsymbol{E}_k$ 而无所谓“电源内部”和“电源外部”，那么可以把上式扩展到整个闭合电路，即电动势可表示为“非静电性场的场强 $\boldsymbol{E}_k$”沿整个闭合电路的环流

$$\mathscr{E}=\oint_L \boldsymbol{E}_k \cdot d\boldsymbol{l} \tag{8-6}$$

这就是说，“非静电性场的场强”沿整个闭合电路的环流不等于零，而等于电源的电动势. 这是非静电性场的场强与静电场的区别，后者的电场强度环流为零.

*三、欧姆定律

(1) 一段含源电路和闭合电路的欧姆定律

在中学物理中我们已经学习过欧姆定律(Ohm's law),这个定律告诉我们,通过一段导体的电流与导体两端的电势差 V_2-V_1 成正比,可以表达为

欧姆定律的建立

$$I=\frac{V_2-V_1}{R} \tag{8-7}$$

式中的比例系数 R 是该段导体的电阻,它与导体材料有关.实验指出,对于给定材料的导体,其电阻正比于长度 l,反比于截面积 S,写作

$$R=\rho\frac{l}{S} \tag{8-8}$$

式中的比例系数 ρ 称为电阻率(resistivity),它的倒数 $\gamma(\gamma=1/\rho)$ 叫做电导率(conductivity),它们均与导体材料及温度有关.在国际单位制中,电阻率的单位为 Ω · m,电导率的单位为S/m(电导是电阻的倒数,它的单位是西门子,符号为 S).

在实际电路中,我们遇到的大多数电路都是由电阻和电源连接而成的闭合电路,如图 8-4 所示是一个电动势为$\mathscr{E}$的电源和一个电阻 R 组成的最简单闭合电路,R_i 是电源的内阻,导线的电阻可忽略不计.在电源外电路,电流从电源的正极(高电势)经电阻元件(称为负载)流向电源的负极(低电势),即在电阻上产生了电势降;在电源内部,由于非静电力做功,电流从电源负极回到正极,产生了电势升.绕行一周后,各部分的电势变化总和为零,即电势降等于电势升

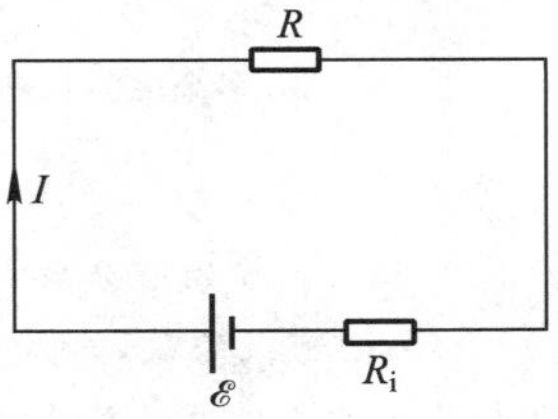

图 8-4　简单的闭合电路

$$\mathscr{E}=U_R+U_i \tag{8-9}$$

由欧姆定律,在负载电阻 R 上的电势降(电压)和电源内的电阻 R_i 上的电势降分别是 $U_R=IR$,$U_i=IR_i$,代入上式,得

$$I=\frac{\mathscr{E}}{R+R_i} \tag{8-10a}$$

上式称作闭合电路的欧姆定律.上式可推广到由若干个电源和电阻组成的电路,则回路的电流为

$$I=\frac{\sum\mathscr{E}_j}{\sum R_j+\sum R_{ij}} \tag{8-10b}$$

这就是闭合电路欧姆定律的一般形式,式中的 $\sum R_j$ 和 $\sum R_{ij}$ 分别是电路总负载电阻和电源内阻之和.在有多个电源的情况下,式中电动势的正负取向可作如下规定:先任意设定电路中的电流方向,如果电动势的指向和电流方向相同,该电动势为正,相反则是负.依照这样的约定,图 8-5(a)所示的电路的电流为

$$I=\frac{\mathscr{E}_1-\mathscr{E}_2}{R_1+R_2+R_{i1}+R_{i2}}$$

计算结果为负时,表明电流流向和设定绕行方向相反.

在电路计算中,我们还经常遇到在整个电路中抽出一段包含几个电源而且各部分电流不相等

的电路的端电势差计算问题. 如图 8-5(b)中的电路,应用前述电势变化的计算方法,可得 A、B 两点之间的电势差为

$$V_A-V_B=I_1R_1+\mathscr{E}_1+I_1R_{i1}-\mathscr{E}_2-I_2R_{i2}-I_2R_2+\mathscr{E}_3-I_2R_{i3}$$

可写成一般形式

$$V_A-V_B=\sum IR+\sum IR_i-\sum \mathscr{E} \tag{8-11}$$

上式称为一段含源电路的欧姆定律. 应用这一公式时,右边各项选取正负号的规则如下:先任意设定电路顺序方向,如果电阻中的电流流向与设定电路顺序方向相同,则该电阻上的电势降取"+"号,反之则取"-"号;如果电动势的指向和设定的顺序方向相同,该电动势 $\mathscr{E}$ 取"+"号,反之则取"-"号.

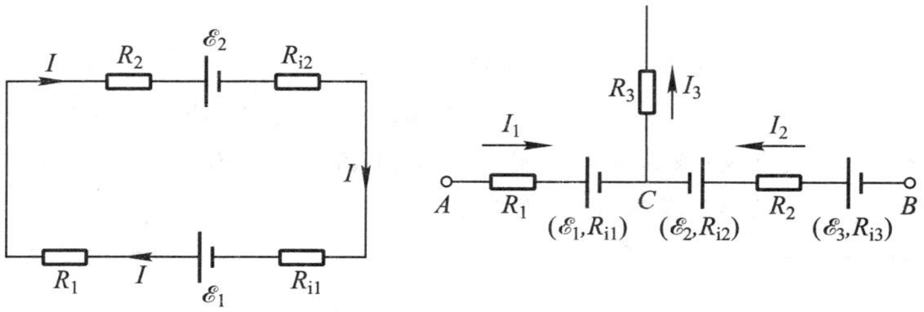

(a) 多个电源和电阻的电路　　(b) 一段复杂的含源电路

图 8-5

(2) 欧姆定律的微分形式

式(8-7)形式的欧姆定律反映了一段有限大小导体的导电规律. 但从图 8-1 可以看到,在一段导体内各点的电流并非总是均匀的,为了更精细地描绘出导体的导电情况,我们将从场的观点导出欧姆定律的微分形式,它将反映出导体中逐点的导电规律.

在宏观上看,导体中的电流是由于导体两端有一定的电势差产生的. 现在导体中沿电流方向取一极小的直圆柱体(图 8-6),其截面积大小为 $\mathrm{d}S$,柱体长度为 $\mathrm{d}l$,两端的电势分别为 V 和 $(V+\mathrm{d}V)$,假定这段圆柱体的电阻为 R,根据欧姆定律,通过该小圆柱体的电流是

$$\mathrm{d}I=\frac{V-(V+\mathrm{d}V)}{R}=-\frac{\mathrm{d}V}{R} \tag{8-12}$$

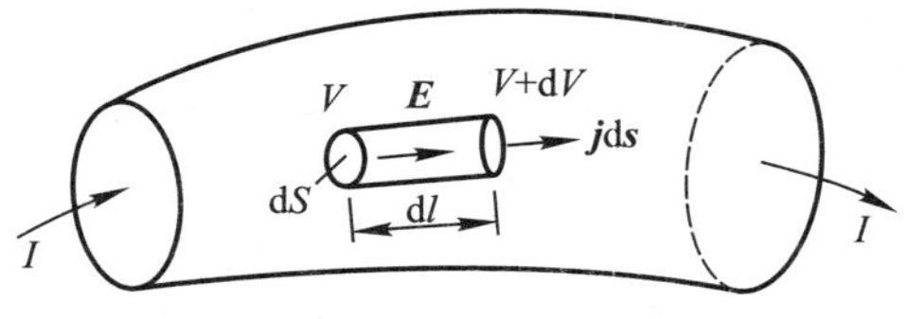

图 8-6 欧姆定律的微分形式的推导

将电阻计算的式(8-8)应用于所讨论的小圆柱体,则小圆柱体的电阻为

$$R=\rho\frac{\mathrm{d}l}{\mathrm{d}S}=\frac{\mathrm{d}l}{\gamma\,\mathrm{d}S}$$

将上式代入式(8-12),则通过该小圆柱体的电流可改写为

$$\mathrm{d}I=-\gamma\frac{\mathrm{d}V}{\mathrm{d}l}\mathrm{d}S$$

或

$$\frac{\mathrm{d}I}{\mathrm{d}S}=-\gamma\frac{\mathrm{d}V}{\mathrm{d}l} \tag{8-13}$$

上式左边是电流密度 $\boldsymbol{j}$，右边电势梯度的负值正是电场强度 $\boldsymbol{E}$，考虑到在导体中 $\boldsymbol{j}$ 与 $\boldsymbol{E}$ 方向相同，所以可以将式(8-13)写成矢量式

$$\boldsymbol{j}=\gamma\boldsymbol{E} \tag{8-14}$$

式(8-14)称为欧姆定律的微分形式，它表明了导体中任一点处电流密度与电场强度之间的关系. 式中的 γ 表征了导体中该点处的导电性质，在均匀的导电材料中，当电场强度 $\boldsymbol{E}$ 发生改变时，相应的 $\boldsymbol{j}$ 也发生相应的改变. 当材料不均匀或温度不均匀时，导体中各点处的 γ 值并不一样，因此即使各点 $\boldsymbol{E}$ 的大小和方向都不改变，各点因 γ 值不同 $\boldsymbol{j}$ 仍可能发生变化. 在可变电场中，式(8-14)也是成立的. 总之，欧姆定律的微分形式是用场的观点表述了大块导体中的电场(以电场强度 $\boldsymbol{E}$ 描述)和导体中的电流分布(以电流密度 $\boldsymbol{j}$ 描述)之间逐点的细节的关系，它是电磁理论中反映介质电磁性质的基本方程之一.

复习思考题

8-1-1 一金属板(如思考题 8-1-1 图所示)上 A、B 两点如与直流电源连接，电流是否仅在 AB 直线上存在？为什么？试说明金属板上电流分布的大致情况.

8-1-2 两截面不同的铜杆串接在一起(如思考题 8-1-2 图所示)，两端加有电压 U，问通过两杆的电流是否相同？两杆的电流密度是否相同？两杆内的电场强度是否相同？如两杆的长度相等，两杆上的电压是否相同？

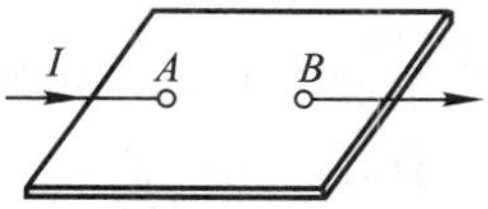

思考题 8-1-1 图

思考题 8-1-2 图

8-1-3 电源中存在的电场和静电场有何不同？

§ 8-2 磁感应强度

一、基本磁现象

天然磁石(化学成分是 Fe_3O_4)吸引铁的现象，我国早在战国时期(公元前 300 年)已有记载，《管子 · 地数篇》中有“上有慈石者，下有铜金”. 11 世纪，我国科学家沈括创制了航海用的指南针，并发现了地磁偏角. 现在所用的磁铁多半是人工制成的，例如用铁、钴、镍等合金制成的永磁铁. 地球也是一个大磁体，无论是天然磁石或是人造磁体，都有 N 极(北极)和 S 极(南极)两个磁极. 同号磁极之间相互排斥，异号磁极之间相互吸引. 与正负电荷可以独立存在不一样，在自然界中不存在独立的 N 极和 S 极，任一磁铁，不管把它分割得多小，每一小块磁铁仍然具有 N 和 S 两极. 近代理论认为可能有单独磁极存在，这种具有 N 极或 S 极的粒子，叫做磁单极子(magnetic monopole)，但至今尚未观察到这种粒子.

条形磁铁的磁场

电流磁效应的发现

磁现象和电现象虽然早已被人们发现，但在很长时期内，磁学和静电学各自独立地发展着. 直到 1819 年，丹麦科学家奥斯特(H. Oersted)发现放在载流导线周围的磁针会受到磁力作用而偏转；此后安培(A. Ampère)、毕奥(J. B. Biot)、萨伐尔(F. Savart)和拉普拉斯(P. S. Laplace)等人先后提出了电流之间磁相互作用以及电流产生磁场的定量理论. 直到 19 世纪末，才建立起磁场与运动电荷之间的关系，指出一切磁现象起源于电荷的运动，电荷(不论静止或运动)在其周围空间激发电场，而运动电荷在周围空间还会激发磁场；在电磁场中，静止的电荷只受到电场力的作用，而运动电荷除受到电场力作用外，还受到磁力的作用. 电流或运动电荷之间的磁相互作用是通过磁场发生的，故磁力也称为磁场力. 运动电荷或电流之间通过磁场作用的关系如图 8-7 所示.

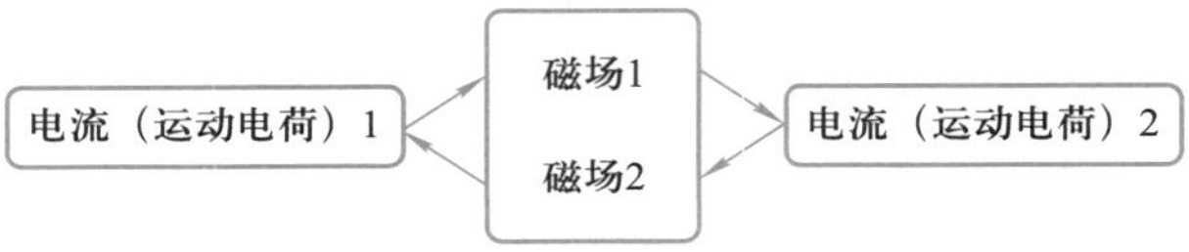

图 8-7 电流(运动电荷)间的相互作用

最后必须指明，这里所说的运动和静止都是相对观察者说的，同一客观存在的场，它在某一参考系中表现为电场，而在另一参考系中却可能同时表现为电场和磁场.

二、磁感应强度

电流(运动电荷)的周围存在磁场，它对外的表现是：对引入场中的运动电荷、载流导体或永磁体有磁场力的作用. 因此可用磁场对运动电荷的作用来描述磁场，并由此引进磁感应强度(magnetic induction)作为定量描述磁场中各点特性的基本物理量，用字母 $\boldsymbol{B}$ 表示，其地位与电场中的电场强度 $\boldsymbol{E}$ 相当.($\boldsymbol{B}$ 矢量本应叫“磁场强度”，但由于历史上的原因，这个名称已用于 $\boldsymbol{H}$ 矢量. 参考 §8-8.)

实验发现：(1) 当运动电荷以同一速率 v 沿不同方向通过磁场中某点 P 时，电荷所受磁场力的大小是不同的，但磁场力的方向却总是与电荷运动方向($\boldsymbol{v}$)垂直；(2) 在磁场中 P 点存在着一个特定的方向，当电荷沿此特定方向(或其反方向)运动时，磁场力为零. 显然，这个特定方向与运动电荷无关，它反映出磁场本身的一个性质. 于是我们定义：P 点磁场的方向是沿着运动电荷通过该点时不受磁场力的方向(至于磁场的指向是沿两个彼此相反的哪一方，将在下面另行规定). 实验还发现，如果电荷在 P 点沿着与磁场方向垂直的方向运动时，所受到的磁场力最大(参看图 8-8，为简便起见，这里只考虑正电荷). 这个最大磁场力 F_{m} 正比于运动电荷的电荷量 q，也正比于电荷运动的速率 v，但比值 F_{m}/qv 却在该点具有确定的量值而与运动电荷的 qv 值的大小无关. 由此可见，比值 F_{m}/qv 反映该点磁场强弱的性质，可以定义为该点磁感应强度的大小

$$B=\frac{F_{\mathrm{m}}}{qv} \tag{8-15}$$

实验同时发现,磁场力 $\boldsymbol{F}$ 总是垂直于 $\boldsymbol{B}$ 和 $\boldsymbol{v}$ 所组成的平面,这样就可以根据最大磁场力 $\boldsymbol{F}_{\mathrm{m}}$ 和 $\boldsymbol{v}$ 的方向确定 $\boldsymbol{B}$ 的方向,如图 8-8 所示.

磁感应强度($\boldsymbol{B}$ 矢量)是描述磁场性质的基本物理量.在国际单位制中,磁感应强度 $\boldsymbol{B}$ 的单位为 T(特斯拉).历史上磁感应强度还曾用高斯作单位,用符号 Gs 表示,$1\ \mathrm{Gs}=10^{-4}\ \mathrm{T}$,现已不推荐使用.

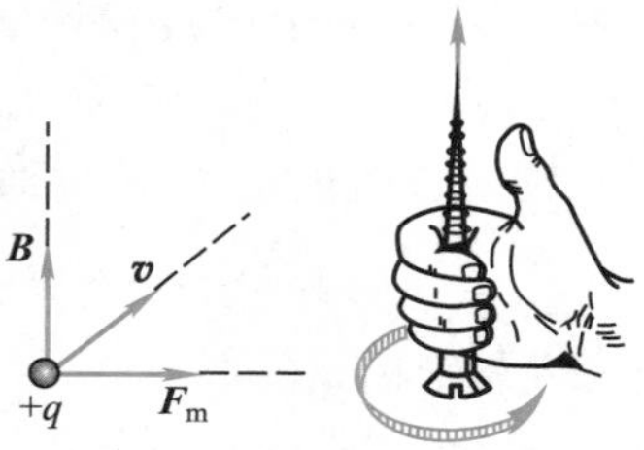

图 8-8 $\boldsymbol{B}$、$\boldsymbol{F}_{\mathrm{m}}$、$\boldsymbol{v}$ 的方向关系(对正电荷而言)

地球磁场大约是 5×10^{-5} T,大型的电磁铁能激发大于 2 T 的恒定磁场,超导磁体能激发高达 25 T 的磁场,某些原子核附近的磁场可达 10^{4} T,而脉冲星表面的磁场更是高达 10^{8} T.人体内的生物电流也可激发出微弱的磁场,例如心电激发的磁场约为 3×10^{-10} T,测量身体内的磁场分布已成为医学诊断中的高级技术.

三、磁感应线和磁通量

我们曾用电场线来形象地描绘静电场的分布,同样,也可用磁感应线来描绘磁场的分布.我们规定通过磁场中某点处垂直于 $\boldsymbol{B}$ 矢量的单位面积的磁感应线条数就等于该点 $\boldsymbol{B}$ 矢量的量值.因此,磁场较强的地方,磁感应线较密;反之,磁感应线就较疏.同时,磁感应线上任一点的切线方向与该点处的磁场方向一致.这样,磁感应线的分布就能反映磁感应强度的大小和方向.图 8-9所示是几种不同形状的电流所激发的磁场的磁感应线图.

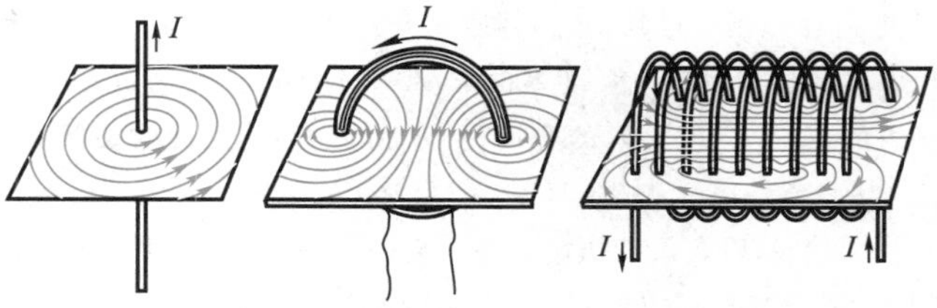

(a) 直电流 (b) 圆电流 (c) 螺线管电流

图 8-9 几种不同形状电流磁场的磁感应线

从磁感应线的图示中,可以得到一个重要的结论:在任何磁场中,每一条磁感应线都是和闭合电流相互套链的无头无尾的闭合线,而且磁感应线的环绕方向和电流流向形成右手螺旋关系,如图 8-10 所示.

圆电流的磁场线

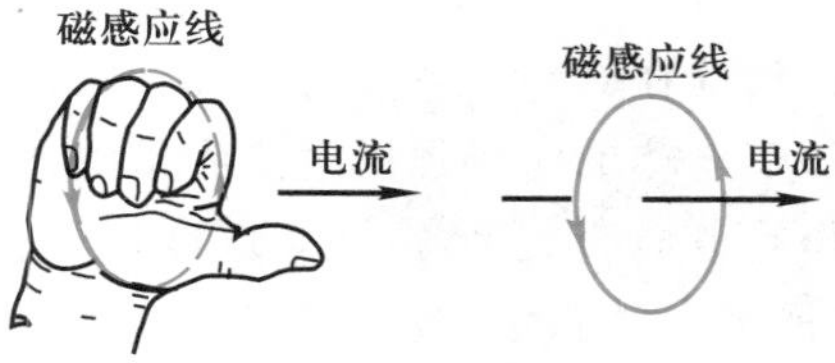

图 8-10 磁感应线环行方向与电流方向的关系

在磁场中,通过一给定曲面的总磁感应线条数,称为通过该曲面的磁通量(magnetic flux),用 Φ 表示.在曲面上取面积元 $\mathrm{d}S$(图 8-11),$\mathrm{d}S$ 的法线方向与该点处磁感应强度方向之间的夹角为 θ,则通过面积元 $\mathrm{d}S$ 的磁通量为

$$\mathrm{d}\Phi=B\cos\theta\mathrm{d}S$$

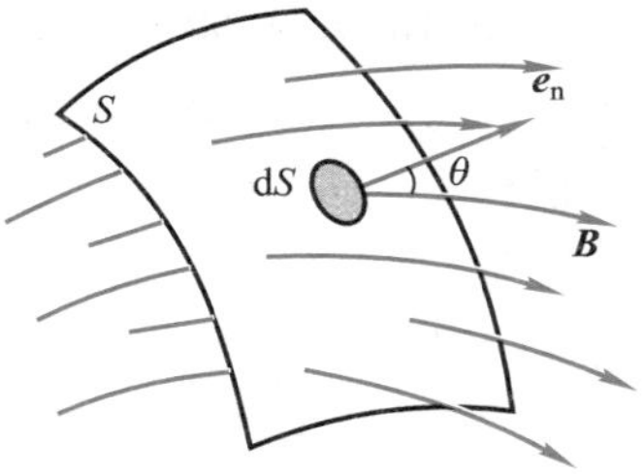

图 8-11 磁通量

或写成矢量标积的形式

$$\mathrm{d}\Phi=\boldsymbol{B}\cdot\mathrm{d}\boldsymbol{S} \tag{8-16}$$

所以,通过有限曲面 S 的磁通量为

$$\Phi=\int_S\boldsymbol{B}\cdot\mathrm{d}\boldsymbol{S} \tag{8-17}$$

由上可见,如果在磁场中某处取一垂直于磁感应强度 $\boldsymbol{B}$ 的面积元 $\mathrm{d}S_{\perp}$,通过该面积元的磁通量为 $\mathrm{d}\Phi$,那么磁感应强度 $\boldsymbol{B}$ 的大小可表达为

$$B=\frac{\mathrm{d}\Phi}{\mathrm{d}S_{\perp}} \tag{8-18}$$

即磁场中某处磁感应强度 $\boldsymbol{B}$ 的大小就是该处的磁通量密度,所以磁感应强度也称作磁通密度(magnetic flux density).

磁通量的单位为 Wb(韦伯).由此,1 T 的磁感应强度也可用 1 $\mathrm{Wb/m^2}$ 来表示.

复习思考题

8-2-1 一正电荷在磁场中运动,已知其速度 $\boldsymbol{v}$ 沿 Ox 轴方向,若它在磁场中所受力有下列几种情况,试指出各种情况下磁感应强度 $\boldsymbol{B}$ 的方向.(1) 电荷不受力;(2) $\boldsymbol{F}$ 的方向沿 Oz 轴正方向,且此时磁场力的值最大;(3) $\boldsymbol{F}$ 的方向沿 Oz 轴负方向,且此时磁场力的值是最大值的一半.

8-2-2 (1) 一带电的质点以已知速度通过某磁场的空间,只用一次测量能否确定磁场?(2) 如果同样的质点通过某电场的空间,只用一次测量能否确定电场?

8-2-3 为什么当磁铁靠近电视机的屏幕时会使图像变形?

§8-3 毕奥-萨伐尔定律

一、毕奥-萨伐尔定律

在这一节中,我们将讨论在真空中电流与它在空间任一点所激发的磁场之间的定量关系.正如在求解带电体的电场强度时常将带电体分割成许多小的电荷元 $\mathrm{d}q$,把带电体的电场看作是各电荷元所激发电场的电场强度的矢量和一样.为了求出任意形状的线电流所激发的磁场,我们可以把电流看作是无穷多小段电流的集合.各小段电流称为电流元,并用矢量 $I\mathrm{d}\boldsymbol{l}$ 来表示,其中 $\mathrm{d}\boldsymbol{l}$ 表示在载流导线上

(沿电流方向)所取的线元,I 为导线中的电流,电流元的方向规定为电流沿线元的流向.任意形状的线电流所激发的磁场等于各段电流元所激发磁场的矢量和.毕奥和萨伐尔做了一些载流导线对磁极作用的实验,拉普拉斯分析了他们的实验资料,找出了电流元 $I\mathrm{d}\boldsymbol{l}$ 在空间任一点 P 处所激发磁场的磁感应强度 $\mathrm{d}\boldsymbol{B}$ 的大小为

$$\mathrm{d}B=k\frac{I\mathrm{d}l\sin\alpha}{r^2} \tag{8-19}$$

式中的 r 是从电流元所在处到场点 P 的位矢 $\boldsymbol{r}$ 的大小,α 为 $I\mathrm{d}\boldsymbol{l}$ 与 $\boldsymbol{r}$ 之间小于 180° 的夹角. $\mathrm{d}\boldsymbol{B}$ 的方向垂直于 $I\mathrm{d}\boldsymbol{l}$ 与 $\boldsymbol{r}$ 组成的平面,指向为由 $I\mathrm{d}\boldsymbol{l}$ 经 α 角转向 $\boldsymbol{r}$ 时右螺旋前进的方向,如图 8-12 所示.在国际单位制中,$k=\mu_0/4\pi=10^{-7}\ \mathrm{T\cdot m/A}$;$\mu_0=4\pi\times10^{-7}\ \mathrm{T\cdot m/A}$,称为真空磁导率(permeability of vacuum).把式(8-19)写成矢量式为

$$\mathrm{d}\boldsymbol{B}=\frac{\mu_0}{4\pi}\frac{I\mathrm{d}\boldsymbol{l}\times\boldsymbol{e}_r}{r^2} \tag{8-20}$$

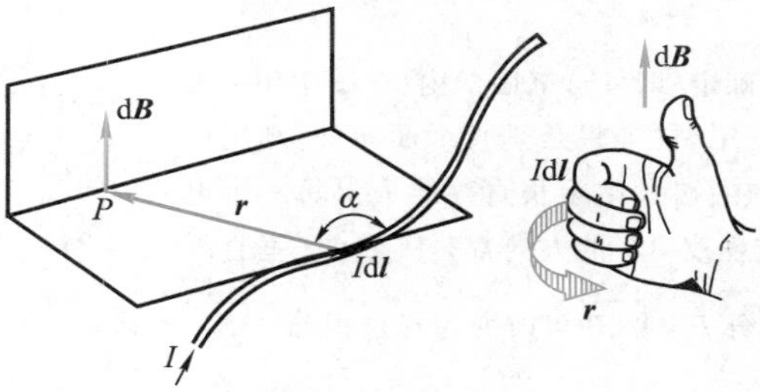

图 8-12 电流元所激发的磁感应强度

$\boldsymbol{e}_r$ 是电流元指向场点的单位矢量.式(8-20)称为毕奥-萨伐尔定律(Biot-Savart law),是计算电流磁场的基本公式.任意线电流所激发的总磁感应强度为

$$\boldsymbol{B}=\int_L\mathrm{d}\boldsymbol{B}=\frac{\mu_0}{4\pi}\int_L\frac{I\mathrm{d}\boldsymbol{l}\times\boldsymbol{e}_r}{r^2} \tag{8-21}$$

上式也是磁感应强度 $\boldsymbol{B}$ 叠加原理的体现.

二、应用毕奥-萨伐尔定律计算磁感应强度示例

在应用毕奥-萨伐尔定律计算载流导体的磁感应强度 $\boldsymbol{B}$ 时,首先必须将载流导体分割成无限多个电流元 $I\mathrm{d}\boldsymbol{l}$,按式(8-20)写出电流元 $I\mathrm{d}\boldsymbol{l}$ 在所求点的磁感应强度 $\mathrm{d}\boldsymbol{B}$,然后按照式(8-21)的磁感应强度 $\boldsymbol{B}$ 的叠加原理求出所有电流元在该点的磁感应强度的矢量和.由于式(8-21)是一矢量积分,各电流元在所求点的磁感应强度 $\mathrm{d}\boldsymbol{B}$ 的方向可能不同,所以我们还必须按所选取的坐标将 $\mathrm{d}\boldsymbol{B}$ 进行分解,例如在直角坐标系中可将 $\mathrm{d}\boldsymbol{B}$ 分解为

$$\mathrm{d}\boldsymbol{B}=\mathrm{d}B_x\boldsymbol{i}+\mathrm{d}B_y\boldsymbol{j}+\mathrm{d}B_z\boldsymbol{k} \tag{8-22}$$

然后对各分量进行积分

$$B_x=\int \mathrm{d}B_x,\quad B_y=\int \mathrm{d}B_y,\quad B_z=\int \mathrm{d}B_z$$

最后得到所求点的磁感应强度

$$\boldsymbol{B}=B_x\boldsymbol{i}+B_y\boldsymbol{j}+B_z\boldsymbol{k}$$

下面应用毕奥-萨伐尔定律来计算一些常用的载流导体的磁感应强度.

例题 8-1 载流直导线的磁场

设有长为 L 的载流直导线，其中电流为 I. 计算距离直导线为 a 的 P 点的磁感应强度.

解 在直导线上任取一电流元 $I\mathrm{d}l$，如图 8-13 所示. 按毕奥-萨伐尔定律，此电流元在给定点 P 处的磁感应强度 $\mathrm{d}\boldsymbol{B}$ 的大小为

$$\mathrm{d}B=\frac{\mu_0}{4\pi}\frac{I\mathrm{d}l\sin\alpha}{r^2}$$

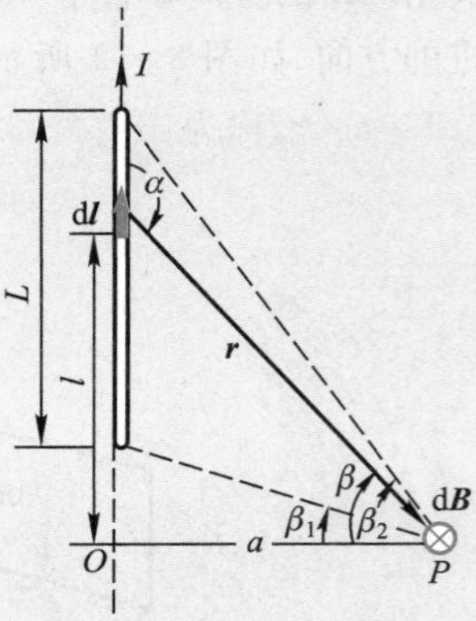

图 8-13 载流直导线附近磁场的计算

$\mathrm{d}\boldsymbol{B}$ 的方向由 $I\mathrm{d}\boldsymbol{l}\times\boldsymbol{r}$ 来确定，即垂直纸面向内，在图中用⊗表示，这相当于看到箭的尾端（如果是垂直纸面向外，则用⊙表示，相当于看到箭的尖端）. 由于长直导线 L 上每一个电流元在 P 点的磁感应强度 $\mathrm{d}\boldsymbol{B}$ 的方向都是一致的（垂直纸面向内），所以矢量积分 $\boldsymbol{B}=\int_L \mathrm{d}\boldsymbol{B}$ 可改变为标量积分

$$B=\int_L \mathrm{d}B=\frac{\mu_0}{4\pi}\int_L\frac{I\mathrm{d}l\sin\alpha}{r^2}$$

式中的 l、r、α 都是变量，但它们是有联系的，必须统一到同一变量才能积分. 由图 8-13 可见

$$\sin\alpha=\cos\beta,\quad r=a\sec\beta,\quad l=a\tan\beta,\quad \mathrm{d}l=a\sec^2\beta\mathrm{d}\beta$$

从而

$$B=\int_L \mathrm{d}B=\frac{\mu_0}{4\pi}\int_L\frac{I\mathrm{d}l\sin\alpha}{r^2}=\frac{\mu_0}{4\pi}\int_{\beta_1}^{\beta_2}\frac{I}{a}\cos\beta\mathrm{d}\beta$$

积分后得

$$B=\frac{\mu_0 I}{4\pi a}(\sin\beta_2-\sin\beta_1) \tag{8-23}$$

式中 β_1 和 β_2 分别为直导线的两个端点到 P 点的矢量与 P 点到直导线垂线之间的夹角. 角 β 从垂线向上转的取正值，从垂线向下转的取负值.

对于“无限长”载流直导线，则取 $\beta_1=-\pi/2$，$\beta_2=\pi/2$，因此由上式得

$$B=\frac{\mu_0 I}{4\pi a}\left[\sin\frac{\pi}{2}-\sin\left(-\frac{\pi}{2}\right)\right]=\frac{\mu_0 I}{2\pi a} \tag{8-24}$$

与实验结果完全符合.

载流直导线的磁场

例题 8-2 载流圆线圈轴线上的磁场

如图 8-14 所示，半径为 R 的圆形线圈，通以电流 I，计算垂直线圈平面轴线上的 P 点的磁感应强度.

解 圆上任一电流元 $I\mathrm{d}\boldsymbol{l}$ 与电流元到轴线上 P 点的矢量 $\boldsymbol{r}$ 之间的夹角均为 90°，按毕奥-萨伐尔定律，该电流元在 P 点的磁感应强度 $\mathrm{d}\boldsymbol{B}$ 的大小为

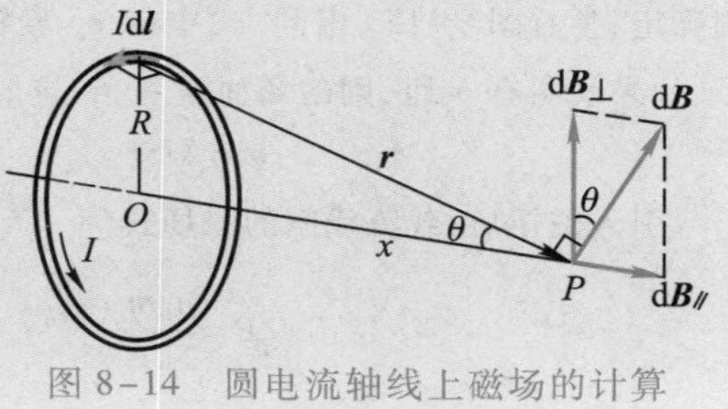

图 8-14 圆电流轴线上磁场的计算

$$\mathrm{d}B=\frac{\mu_0}{4\pi}\frac{I\mathrm{d}l}{r^2}$$

各电流元在 P 点的磁感应强度大小相等，方向各不相同，但各 $\mathrm{d}\boldsymbol{B}$ 与轴线成一相等的夹角(图 8-14). 我们把 $\mathrm{d}\boldsymbol{B}$ 分解为平行于轴线的分矢量 $\mathrm{d}\boldsymbol{B}_{//}$ 与垂直于轴线的分矢量 $\mathrm{d}\boldsymbol{B}_{\perp}$. 由于对称关系，任一直径两端的电流元在 P 点的磁感应强度的垂直于轴线的分量 $\mathrm{d}\boldsymbol{B}_{\perp}$ 大小相等，方向相反，因此，载流圆线圈上电流在 P 点的 $\mathrm{d}\boldsymbol{B}_{\perp}$ 互相抵消，而 $\mathrm{d}\boldsymbol{B}_{//}$ 互相加强. 所以 P 点磁感应强度为圆形线圈上所有电流元的 $\mathrm{d}\boldsymbol{B}_{//}$ 的代数和，即

$$B=\int_L \mathrm{d}B_{//}=\int_L \mathrm{d}B\sin\theta$$

式中 θ 为 $\boldsymbol{r}$ 与轴线的夹角. 将 $\mathrm{d}B$ 代入上式，完成积分，

$$B=\frac{\mu_0}{4\pi}\int_L\frac{I\mathrm{d}l\sin\theta}{r^2}=\frac{\mu_0 I\sin\theta}{4\pi r^2}\int_0^{2\pi R}\mathrm{d}l=\frac{\mu_0 I\sin\theta}{4\pi r^2}2\pi R$$

因为

$$r^2=R^2+x^2,\quad \sin\theta=\frac{R}{r}=\frac{R}{(R^2+x^2)^{1/2}}$$

所以

$$\boxed{B=\frac{\mu_0 IR^2}{2(R^2+x^2)^{3/2}}=\frac{\mu_0}{2\pi}\frac{IS}{(R^2+x^2)^{3/2}}}\tag{8-25}$$

式中 $S=\pi R^2$ 为圆线圈的面积. 圆线圈轴线上各点的磁感应强度都沿轴线方向，与电流方向呈右手螺旋关系，距离圆心越远，磁场越弱. 轴线以外的磁场计算比较复杂，这里不作讨论，但读者从图 8-9(b)中所绘出的磁感应线的分布图中可以对它所激发的磁场分布有一个定性的了解.

下面讨论两个特殊点处的情况.

(1) 在圆心点 O 处，$x=0$，由上式得

$$\boxed{B_0=\frac{\mu_0 I}{2R}}\tag{8-26}$$

(2) 在远离线圈处，即 $x>>R$，则轴线上各点的 B 值近似为

$$B=\frac{\mu_0 IS}{2\pi x^3}\tag{8-27}$$

引入

$$\boxed{\boldsymbol{m}=IS\boldsymbol{e}_{\mathrm{n}}} \tag{8-28}$$

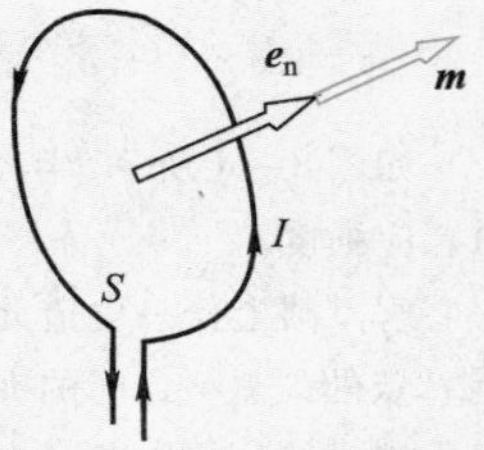

图 8-15 载流平面线圈的法线方向和磁矩 $\boldsymbol{m}$ 方向的规定

$\boldsymbol{m}$ 称为载流线圈的磁矩(magnetic moment),它的大小等于 IS,它的方向与线圈平面的法线方向(由线圈中电流流向按右手螺旋定则确定,参看图 8-15)相同,式中的 $\boldsymbol{e}_{\mathrm{n}}$ 表示法线方向的单位矢量.如果线圈有 N 匝,则磁场加强 N 倍,这时线圈磁矩要定义为

$$\boldsymbol{m}=NIS\boldsymbol{e}_{\mathrm{n}}$$

引入磁矩后,载流线圈的磁场式(8-27)可表示为

$$\boldsymbol{B}=\frac{\mu_0\boldsymbol{m}}{2\pi x^3} \tag{8-29}$$

例题 8-3 载流直螺线管内部的磁场

直螺线管是指均匀地密绕在直圆柱面上的螺旋形线圈[图 8-16(a)].设螺线管的半径为 R,电流为 I,每单位长度有线圈 n 匝,如图8-16(b)所示.计算螺线管内轴线上 P 点的磁感应强度.

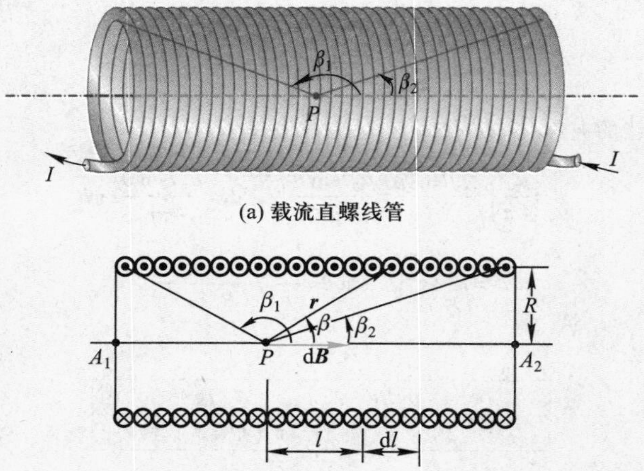

图 8-16 载流直螺线管内部的磁场计算

解 在螺线管上任取一小段 $\mathrm{d}l$,这小段上有线圈 $n\mathrm{d}l$ 匝.管上线圈绕得很紧密,可忽略其轴向电流分量,那么这一小段上的线圈相当于电流为 $In\mathrm{d}l$ 的一个圆形电流.应用式(8-25),可知这一小段上的线圈在轴线上某点 P 所激发磁场的磁感应强度为

$$\mathrm{d}B=\frac{\mu_0}{2}\frac{R^2In\mathrm{d}l}{(R^2+l^2)^{3/2}}$$

式中 l 是 P 点到螺线管上 $\mathrm{d}l$ 处这一小段线圈的距离,磁感应强度的方向沿轴线向右.因为螺线管的各小段在 P 点所产生的磁感应强度的方向都相同,因此整个螺线管所产生的总磁感应强度为

$$B=\int_L\mathrm{d}B=\int_L\frac{\mu_0}{2}\frac{R^2In\mathrm{d}l}{(R^2+l^2)^{3/2}}$$

为了便于积分，我们引入参变量 β 角，也就是螺线管的轴线与从 P 点到 $\mathrm{d}l$ 处小段线圈上任一点的矢量 $\boldsymbol{r}$ 之间的夹角. 于是从图 8-16(b)中可以看出

$$l=R\cot\beta$$

微分上式得

$$\mathrm{d}l=-R\csc^2\beta\mathrm{d}\beta$$

又

$$R^2+l^2=R^2\csc^2\beta$$

将以上关系式及积分变量 β 的上下限 β_2 和 β_1 代入上式后得

$$B=\frac{\mu_0}{2}nI\int_{\beta_1}^{\beta_2}(-\sin\beta)\,\mathrm{d}\beta=\frac{\mu_0}{2}nI(\cos\beta_2-\cos\beta_1) \tag{8-30}$$

如果螺线管为“无限长”，亦即螺线管的长度较其直径大得多时，$\beta_1\to\pi$，$\beta_2\to 0$，所以

$$\boxed{B=\mu_0 nI} \tag{8-31}$$

这一结果说明：任何绕得很紧密的长螺线管内部轴线上的磁感应强度和 P 点的位置无关. 还可以证明，对于不在轴线上的内部各点 B 的值也等于 $\mu_0 nI$，因此“无限长”螺线管内部的磁场是均匀磁场.

对长螺线管的端点来说，例如在 A_1 点，$\beta_1\to\pi/2$，$\beta_2\to 0$，所以在 A_1 点的磁感应强度为

$$B=\frac{1}{2}\mu_0 nI$$

恰好是内部磁感应强度的一半. 长直螺线管所激发的磁感应强度的方向沿着螺线管轴线，其指向可按右手螺旋定则确定，右手四指表示电流的流向，拇指就是磁场的指向. 轴线上各处 B 的量值变化情况大致如图 8-17 所示.

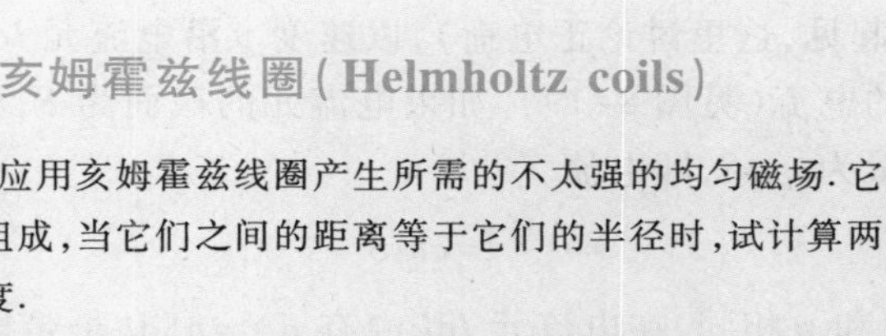

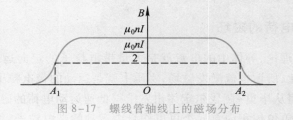

图 8-17 螺线管轴线上的磁场分布

圆电流组的磁场

例题 8-4 亥姆霍兹线圈(Helmholtz coils)

在实验室中，常应用亥姆霍兹线圈产生所需的不太强的均匀磁场. 它是由一对半径相同的同轴载流圆线圈组成，当它们之间的距离等于它们的半径时，试计算两线圈中心处和轴线上中点的磁感应强度.

解 设两个线圈的半径为 R，各有 N 匝，每匝中的电流均为 I，且流向相同[图 8-18(a)]. 两线圈在轴线上各点的磁场方向均沿轴线向右，在圆心 O_1、O_2 处，磁感应强度相等，大小都是

$$B_0=\frac{\mu_0}{2}\frac{NI}{R}+\frac{\mu_0}{2}\frac{NIR^2}{(R^2+R^2)^{3/2}}=0.677\frac{\mu_0 NI}{R}$$

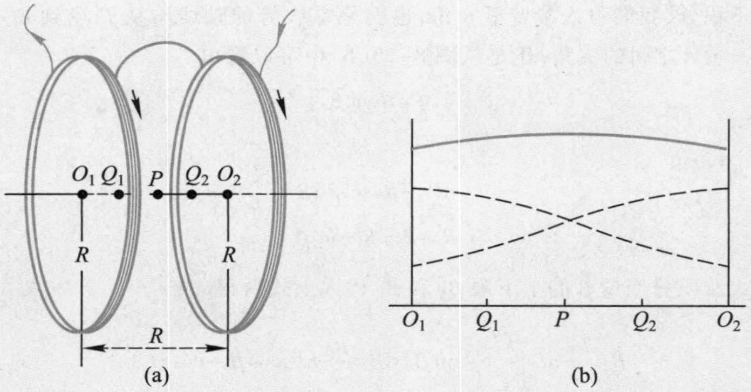

图 8-18

在两线圈间轴线上中点 P 处，磁感应强度的大小是

$$B_P = 2\frac{\mu_0 NIR^2}{2\left[R^2+\left(\frac{R}{2}\right)^2\right]^{3/2}} = 0.716\frac{\mu_0 NI}{R}$$

此外，在 P 点两侧各 $R/4$ 处的 Q_1、Q_2 两点的磁感应强度都等于

$$B_Q = \frac{\mu_0 NIR^2}{2\left[R^2+\left(\frac{R}{4}\right)^2\right]^{3/2}} + \frac{\mu_0 NIR^2}{2\left[R^2+\left(\frac{3R}{4}\right)^2\right]^{3/2}} = 0.712\frac{\mu_0 NI}{R}$$

在线圈轴线上其他各点，磁感应强度的量值都介乎 B_0 与 B_P 之间. 比较 B_Q 与 B_0、B_P 的变化可知，在 P 点附近轴线上的磁场基本上是均匀的，其分布情况约如图 8-18(b)所示. 图中虚线是按式(8-25)绘出的每个圆形载流线圈在轴线上所激发的磁场分布，实线是代表两线圈所激发磁场的叠加曲线.

三、运动电荷的磁场

按经典电磁理论，导体中的电流就是大量带电粒子的定向运动，且运动速度 $v \ll c$(光速). 由此，所谓电流激发磁场，实质上就是运动的带电粒子在其周围空间激发磁场，下面将从毕奥-萨伐尔定律出发求得低速运动电荷的磁场表达式.

设在导体的单位体积内有 n 个可以作自由运动的带电粒子，每个粒子带有电荷量 q(为了简单起见，这里讨论正电荷)，以速度 $\boldsymbol{v}$ 沿电流元 $I\mathrm{d}\boldsymbol{l}$ 的方向作匀速运动而形成导体中的电流(见图 8-19). 如果电流元的截面为 S，那么单位时间内通过截面 S 的电荷量为 $qnvS$，即电流

$$I = qnvS$$

注意到 $I\mathrm{d}\boldsymbol{l}$ 的方向和 $\boldsymbol{v}$ 相同，在电流元 $I\mathrm{d}\boldsymbol{l}$ 内有 $\mathrm{d}N = nS\mathrm{d}l$ 个带电粒子以速度 $\boldsymbol{v}$ 运动着，$\mathrm{d}\boldsymbol{B}$ 就是这些运动电荷所激发的磁场，将 I 代入毕奥-萨伐尔定律并除以 $\mathrm{d}N$，我们就可以得到每一个以速度 $\boldsymbol{v}$ 运动的电荷所激发磁场的磁感应强度 $\boldsymbol{B}_q$ 为

$$\boldsymbol{B}_q = \frac{\mathrm{d}\boldsymbol{B}}{\mathrm{d}N} = \frac{\mu_0}{4\pi}\frac{q\boldsymbol{v}\times\boldsymbol{e}_r}{r^2} \tag{8-32}$$

式中 e_r 是运动电荷所在点指向场点的单位矢量，$\boldsymbol{B}_q$ 的方向垂直于 $\boldsymbol{v}$ 和 e_r 所组成的平面. 如果运动电荷是正电荷，那么 $\boldsymbol{B}_q$ 的指向满足右手螺旋定则；如果运动电荷带负电荷，那么 $\boldsymbol{B}_q$ 的指向与之相反(见图 8-20). 从式(8-32)可看出这样一个事实，两个等量异号的电荷作相反方向运动时，其磁场相同. 因此，金属导体中假定正电荷运动的方向作为电流的流向所激发的磁场，与金属中实际上是电子作反向运动所激发的磁场是相同的.

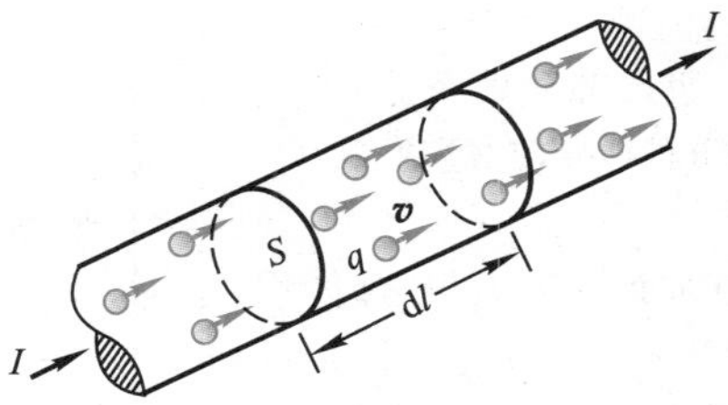

图 8-19　电流元中的运动电荷

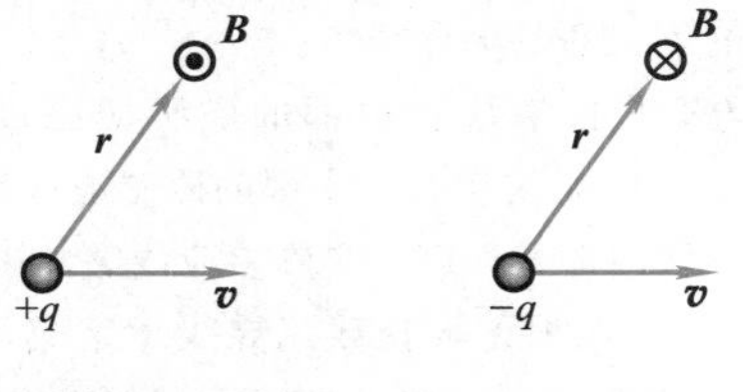

(a) $\boldsymbol{B}$垂直于纸面向外　(b) $\boldsymbol{B}$垂直于纸面向内

图 8-20　运动电荷的磁场方向

例题 8-5

在玻尔的氢原子模型中，电子绕核作匀速圆周运动，圆的半径为 r，设转速为 n. 求：(1) 轨道中心的磁感应强度 B 的大小；(2) 电子绕原子核运动的轨道磁矩 μ 与轨道角动量 L 之间的关系.

解　(1) 电子的运动相当于一个圆电流，电流的量值为 $I=ne$，利用例题 8-2 的结果[式(8-26)]，轨道中心的磁感应强度 B_0 的大小为

$$B_0=\frac{\mu_0 ne}{2r}$$

利用运动电荷的磁场公式(8-32)同样可以算得轨道中心的磁感应强度 B_0 的大小. 因为电子绕核作匀速圆周运动的速度 $v=2\pi nr$，速度 $\boldsymbol{v}$ 的方向与矢量 $\boldsymbol{r}$ 之间的夹角为 90°，所以

$$B_0=\frac{\mu_0}{4\pi}\frac{qv}{r^2}=\frac{\mu_0}{4\pi}\frac{e2\pi nr}{r^2}=\frac{\mu_0 ne}{2r}$$

两种方法结果相同.

(2) 圆电流的面积为 $S=\pi r^2$，所以相应的电子磁矩为

$$\mu=IS=ne\pi r^2$$

电子的角动量为

$$L=m_e vr=m_e\cdot 2\pi nrr=2m_e n\pi r^2$$

式中 m_e 为电子的质量. 比较以上两式可知 L 和 μ 量值上的关系为

$$\mu=\frac{e}{2m_e}L$$

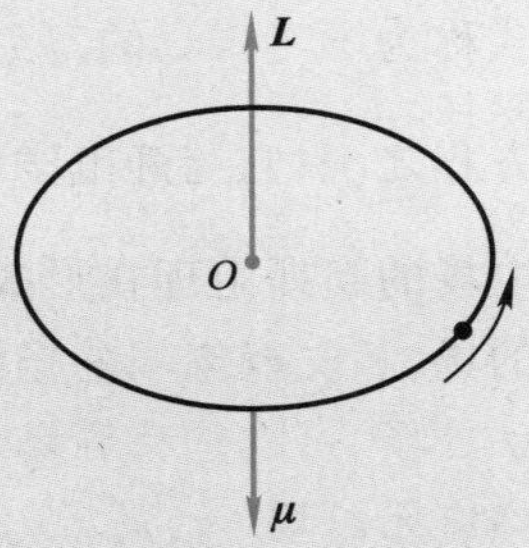

图 8-21　电子轨道磁矩和角动量方向的关系

角动量和磁矩的方向可分别按右手螺旋定则确定. 因为电子运动方向与电流方向相反，所以 $\boldsymbol{L}$ 和 $\boldsymbol{\mu}$ 的方向恰好相反，如图 8-21 所示. 上面关系写成矢量式为

$$\boldsymbol{\mu}=-\frac{e}{2m_e}\boldsymbol{L}$$

这一经典结论与量子理论导出的结果相符.

复习思考题

8-3-1 在载有电流 I 的圆形回路中,回路平面内各点磁感应强度的方向是否相同?回路内各点的 B 是否均匀?

8-3-2 长螺线管中部的磁感应强度是 $\mu_0 nI$,边缘部分轴线上是 $\mu_0 nI/2$,这是不是说螺线管中部的磁感应线比边缘部分的磁感应线多?或说在螺线管内部某处有 1/2 磁感应线突然中断了?

8-3-3 两根无限长载流导线十字交叉,流有相同的电流 I,但它们并不接触,如图所示的哪些区域中存在磁感应强度为零的点?

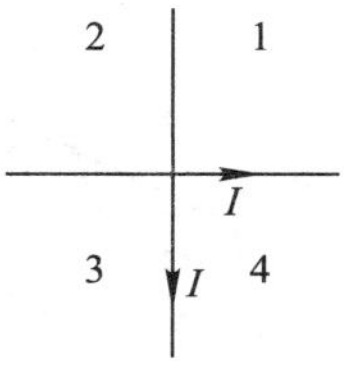

思考题 8-3-3 图

8-3-4 一个半径为 R 的假想球面中心有一运动电荷. 问:(1) 在球面上哪些点的磁场最强?(2) 在球面上哪些点的磁场为零?(3) 穿过球面的磁通量是多少?

§8-4 恒定磁场的高斯定理与安培环路定理

静电场的基本规律为高斯定理和电场强度的环路定理;同样地,恒定电流产生的磁场也有磁高斯定理和安培环路定理两个基本规律.

一、恒定磁场的高斯定理

在§8-2 节我们讨论了用磁感应线和磁通量描绘磁场的方法,通过有限曲面 S 的磁通量可表达为 $\Phi=\int_S \boldsymbol{B}\cdot \mathrm{d}\boldsymbol{S}$. 对于一个闭合的曲面,一般规定取向外的方向为法线的正方向,这样,磁感应线从闭合面穿出处的磁通量为正,穿入处的为负. 由于磁感应线是闭合线,因此穿入闭合曲面的磁感应线条数必然等于穿出闭合曲面的磁感应线条数,所以通过任一闭合曲面的磁通量总等于零,亦即

$$\oint_S \boldsymbol{B}\cdot \mathrm{d}\boldsymbol{S}=0 \tag{8-33}$$

上式称为恒定磁场的高斯定理(Gauss theorem for magnetism),是电磁场理论的基本方程之一,它与静电学中的高斯定理 $\oint_S \boldsymbol{E}\cdot \mathrm{d}\boldsymbol{S}=\frac{\sum q_i}{\varepsilon_0}$ 相对应. 但磁场的高斯定理与电场的高斯定理在形式上明显地不对称,这反映出磁场和静电场是两类不同特性的场,激发静电场的场源(电荷)是电场线的源头或尾闾,所以静电场是属于发散状的场,可称作有源场;而磁场的磁感应线无头无尾,永远是闭合的,所以磁场可称作无源场.

磁场的高斯定理与静电场的高斯定理不对称的根本原因是自然界不存在单个磁极(即磁单极子). 1913 年英国物理学家狄拉克(P. A. M. Dirac)曾从理论上

预言可能存在磁单极子，并指出磁单极子的磁荷（以 g 表示）也是量子化的，而且最小磁荷与电子电荷的乘积等于 $hc/4\pi$（h 是普朗克常量，c 是光速）. 因磁单极子是否存在与粒子的构造、相互作用的"统一理论"以及宇宙演化的问题都有密切关系，所以近几十年来物理学家一直希望找到磁单极子. 然而，从高能加速器到宇宙射线，从深海沉积物到月球岩石，人们都没有寻觅到它的踪迹.

二、安培环路定理

在静电场中，电场强度 $\boldsymbol{E}$ 沿任一闭合路径的线积分（E 的环流）恒等于零，即 $\oint_L \boldsymbol{E}\cdot \mathrm{d}\boldsymbol{l}=0$，它反映了静电场是保守场这一重要特性. 那么，在恒定磁场中，磁感应强度 $\boldsymbol{B}$ 沿任一闭合路径的线积分 $\oint_L \boldsymbol{B}\cdot \mathrm{d}\boldsymbol{l}$[这个积分称作 $\boldsymbol{B}$ 矢量的环流（circulation of magnetic field）]将反映恒定磁场的什么性质呢？

现以通过长直载流导线周围磁场的特例来具体计算 $\boldsymbol{B}$ 沿任一闭合路径的线积分，并讨论这个积分的结果. 已知长直载流导线周围的磁感应线是一组以导线为中心的同心圆[图 8-22（a）]. 在垂直于导线的平面内任意作一包围电流的闭合曲线 L[图 8-22（b）]，线上任一点 P 的磁感应强度为

$$B=\frac{\mu_0 I}{2\pi r}$$

由图可知，$\mathrm{d}l\cos\theta=r\mathrm{d}\varphi$，所以按图中所示的绕行方向沿这条闭合曲线 $\boldsymbol{B}$ 矢量的线积分将为

$$\oint_L \boldsymbol{B}\cdot \mathrm{d}\boldsymbol{l}=\oint_L B\cos\theta \mathrm{d}l=\oint_L Br\mathrm{d}\varphi=\int_0^{2\pi}\frac{\mu_0 I}{2\pi r}r\mathrm{d}\varphi=\frac{\mu_0 I}{2\pi}\int_0^{2\pi}\mathrm{d}\varphi=\mu_0 I$$

如果闭合曲线 L 不在垂直于直导线的平面内，则可将 L 上每一段线元 $\mathrm{d}\boldsymbol{l}$ 分解为在垂直于直导线平面内的分矢量 $\mathrm{d}\boldsymbol{l}_{/\!/}$ 与垂直于此平面的分矢量 $\mathrm{d}\boldsymbol{l}_{\perp}$，所以

$$\begin{aligned}\oint_L \boldsymbol{B}\cdot \mathrm{d}\boldsymbol{l}&=\oint_L \boldsymbol{B}\cdot(\mathrm{d}\boldsymbol{l}_{\perp}+\mathrm{d}\boldsymbol{l}_{/\!/})=\oint_L B\cos 90^\circ \mathrm{d}l_{\perp}+\oint_L B\cos\theta \mathrm{d}l_{/\!/}\\&=0+\oint_L Br\mathrm{d}\varphi=\int_0^{2\pi}\frac{\mu_0 I}{2\pi r}r\mathrm{d}\varphi=\mu_0 I\end{aligned}$$

积分结果与上面相同.

如果沿同一曲线但改变绕行方向积分[见图 8-22（c）]，则得

$$\oint_L \boldsymbol{B}\cdot \mathrm{d}\boldsymbol{l}=\oint_L B\cos(\pi-\theta)\mathrm{d}l=\oint_L -B\cos\theta \mathrm{d}l=-\int_0^{2\pi}\frac{\mu_0 I}{2\pi r}r\mathrm{d}\varphi=-\mu_0 I$$

积分结果将为负值. 如果把式中的负号和电流流向联系在一起，即令 $-\mu_0 I=\mu_0(-I)$，就可认为对闭合曲线的绕行方向来讲，此时电流取负值.

以上计算结果表明，$\boldsymbol{B}$ 矢量的环流与闭合曲线的形状无关，它只和闭合曲线内所包围的电流有关.

如果所选闭合曲线中没有包围电流，如图 8-22（d）所示，此时我们从 O 点作

闭合曲线的两条切线 OP 与 OQ，切点 P 和 Q 把闭合曲线分割为 L_1 和 L_2 两部分. 按上面同样的分析，可以得出

$$\oint_L \boldsymbol{B}\cdot \mathrm{d}\boldsymbol{l}=\int_{L_1}\boldsymbol{B}\cdot \mathrm{d}\boldsymbol{l}+\int_{L_2}\boldsymbol{B}\cdot \mathrm{d}\boldsymbol{l}=\frac{\mu_0 I}{2\pi}\left(\int_{L_1}\mathrm{d}\varphi-\int_{L_2}\mathrm{d}\varphi\right)=0$$

即闭合曲线不包围电流时，$\boldsymbol{B}$ 矢量的环流为零.

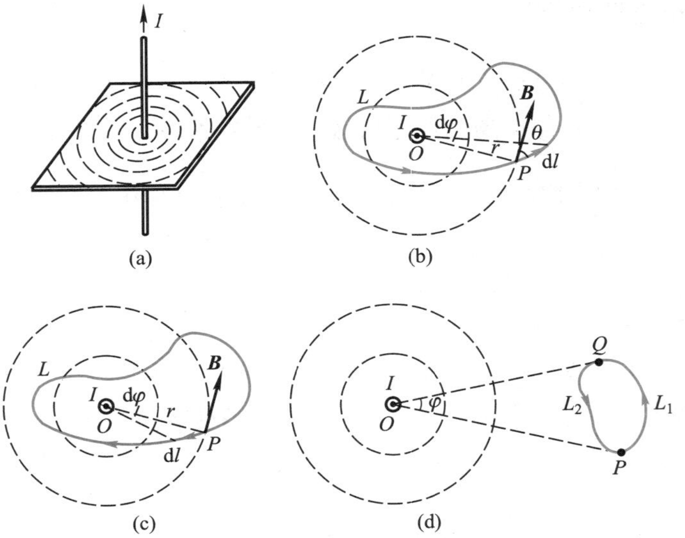

图 8-22 安培环路定理

以上结果虽然是从长直载流导线磁场的特例导出的，但其结论具有普遍性，对任意几何形状通电导线的磁场都是适用的，而且当闭合曲线包围多根载流导线时也同样适用，故一般可写成

$$\oint_L \boldsymbol{B}\cdot \mathrm{d}\boldsymbol{l}=\mu_0\sum I \tag{8-34}$$

式(8-34)表达了电流与它所激发磁场之间的普遍规律，称为安培环路定理(Ampère's circuital theorem)，可表述如下：在磁场中，沿任何闭合曲线 $\boldsymbol{B}$ 矢量的线积分($\boldsymbol{B}$ 矢量的环流)，等于真空的磁导率 μ_0 乘以穿过以该闭合曲线为边界的任意曲面的各恒定电流的代数和.

式(8-34)中电流的正、负与积分时在闭合曲线上所取的绕行方向有关，如果所取积分的绕行方向与电流流向满足右手螺旋定则，则电流为正，相反则电流为负. 例如，如图 8-23 所示的三种情况，$\boldsymbol{B}$ 沿各闭合曲线的线积分分别为

$$\oint_{L_1}\boldsymbol{B}\cdot \mathrm{d}\boldsymbol{l}=\mu_0(I_1-I_2)$$

$$\oint_{L_2}\boldsymbol{B}\cdot \mathrm{d}\boldsymbol{l}=0$$

$$\oint_{L_3}\boldsymbol{B}\cdot \mathrm{d}\boldsymbol{l}=\mu_0(I-I)=0$$

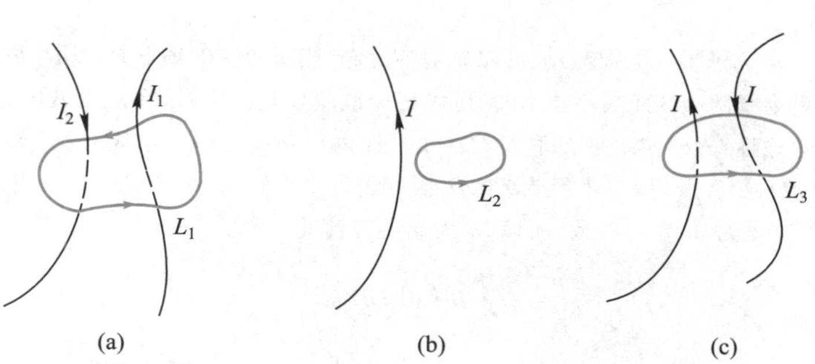

图 8-23 解释安培环路定理的符号规则

正如在静电场的高斯定理一节中我们曾强调过的，通过闭合曲面的 $\boldsymbol{E}$ 通量与闭合曲面内的电荷量有关而与闭合曲面外的电荷无关，但闭合曲面上各点的场强 $\boldsymbol{E}$ 却是空间所有电荷的贡献. 在这里也应当注意，安培环路定理中的 I 只是穿过环路的电流，它说明 $\boldsymbol{B}$ 的环流 $\oint_L \boldsymbol{B} \cdot \mathrm{d}\boldsymbol{l}$ 只和穿过环路的电流有关，而与未穿过环路的电流无关，但是环路上任一点的磁感应强度 $\boldsymbol{B}$ 却是所有电流（无论是否穿过环路）所激发的场在该点叠加后的总磁感应强度.

在研究静电场时，我们曾从电场强度 $\boldsymbol{E}$ 的环流 $\oint_L \boldsymbol{E} \cdot \mathrm{d}\boldsymbol{l}=0$ 这个特性知道静电场是一个保守场，并由此引入电势这个物理量来描述静电场. 但磁感应强度 $\boldsymbol{B}$ 矢量的环流 $\oint_L \boldsymbol{B} \cdot \mathrm{d}\boldsymbol{l}$ 不一定等于零，也不具有功的意义，一般不能引进标量势的概念来描述磁场. 这个不对称性再次说明磁场和静电场是本质上不同的场. 同样地，由于 $\boldsymbol{B}$ 矢量的环流并不恒等于零，通常把磁场叫做有旋场（curl field），而 $\boldsymbol{E}$ 矢量的环流恒等于零，所以把静电场叫做无旋场.

三、应用安培环路定理计算磁感应强度示例

安培环路定理以积分形式表达了恒定电流和它所激发磁场间的普遍关系，而毕奥-萨伐尔定律是部分电流和部分磁场相联系的微分表达式. 原则上两者都可以用来求解已知电流分布的磁场问题，但当电流分布具有某种对称性时，利用安培环路定理能很简单地求出磁感应强度. 在应用安培环路定理求解磁感应强度时，与应用高斯定理求解电场强度时要对电荷和电场分布作预分析一样，应对电流和磁场的分布有一个定性的分析，看通过所求场点能否找到一条合适的积分回路. 回路的选择应使该回路上各点的磁感应强度都相等，或者在该回路某些线段上均匀相等，而在其余部分的磁感应强度为零或磁感应强度方向与回路方向垂直，使 $\boldsymbol{B} \cdot \mathrm{d}\boldsymbol{l}=0$，如果这些条件都满足，才能对构造的积分回路应用安培环路定理，通过计算该回路所包围的电流求出磁感应强度. 下面举几个例子来说明.

例题 8-6 长直圆柱形载流导线内外的磁场

设圆柱截面的半径为 R，通有恒定电流 I，求导线内外的磁感应强度.

解 由于电流沿轴线方向流动，并呈轴对称分布，当所考察的场点 P（或 Q）离导线的距离比 P（或 Q）离导线两端的距离小得多时，可以把导线看作是无限长. 在此区域内，磁场对圆柱形轴线具有对称性，磁感应线是在垂直于轴线平面内以轴线为中心的同心圆［如图 8-24(a) 所示］. 过 P 点（或 Q 点）取一半径为 r 的磁感应线为积分回路，由于线上任一点的 $\boldsymbol{B}$ 的大小相等，方向与该点的 $\mathrm{d}\boldsymbol{l}$ 方向一致，所以，$\boldsymbol{B}$ 矢量的环流为

$$\oint_L \boldsymbol{B}\cdot \mathrm{d}\boldsymbol{l}=B2\pi r$$

如果 $r>R$（图中 P 点），全部电流 I 穿过积分回路，由安培环路定理得

$$B2\pi r=\mu_0 I$$

即

$$B=\frac{\mu_0 I}{2\pi r} \tag{8-35}$$

由此可见长圆柱形载流导线外的磁场与长直载流导线激发的磁场相同.

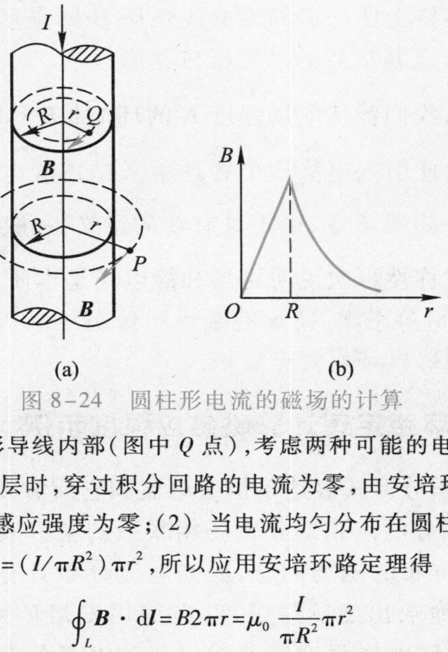

图 8-24 圆柱形电流的磁场的计算

如果 $r<R$，即在圆柱形导线内部（图中 Q 点），考虑两种可能的电流分布：(1) 当电流均匀分布在圆柱形导线表面层时，穿过积分回路的电流为零，由安培环路定理给出 $B2\pi r=0$，即 $B=0$，柱内任一点的磁感应强度为零；(2) 当电流均匀分布在圆柱形导线截面上时，则穿过积分回路的电流应是 $I'=(I/\pi R^2)\pi r^2$，所以应用安培环路定理得

$$\oint_L \boldsymbol{B}\cdot \mathrm{d}\boldsymbol{l}=B2\pi r=\mu_0\frac{I}{\pi R^2}\pi r^2$$

由此算出导线内 Q 点的磁感应强度为

$$B=\frac{\mu_0 Ir}{2\pi R^2} \tag{8-36}$$

可见在圆柱形导线内部，磁感应强度和离开轴线的距离 r 成正比，图 8-24(b) 中绘出了磁感应强度与离轴线的距离 r 的关系曲线.

例题 8-7 载流长直螺线管内的磁场

设一根绕得很均匀紧密的长直螺线管，通有电流 I. 求管内的磁感应强度.

解 由于螺线管相当长，所以管内中间部分的磁场可以看成是无限长螺线管内的磁场，这时，再根据电流分布的对称性，可确定管内的磁感应线是一系列与轴线平行的直线，而且在同一磁感应线上各点的 B 相同. 在管的外侧，磁场很弱，可以忽略不计.

为了计算管内中间部分的 P 点的磁感应强度，可以通过 P 点作一矩形的闭合回路 $abcd$，如图 8-25 所示. 在线段 cd 上，以及在线段 bc 和 da 位于管外的部分，因为在螺线管外，$B=0$；在 bc 和 da 位于管内的部分，虽然 $B\neq0$，但 $\mathrm{d}\boldsymbol{l}$ 与 $\boldsymbol{B}$ 垂直，即 $\boldsymbol{B}\cdot\mathrm{d}\boldsymbol{l}=0$；线段 ab 上各点磁感应强度大小相等，方向都与积分路径 $\mathrm{d}\boldsymbol{l}$ 一致，即从 a 到 b. 所以 $\boldsymbol{B}$ 矢量沿闭合回路 $abcd$ 的线积分为

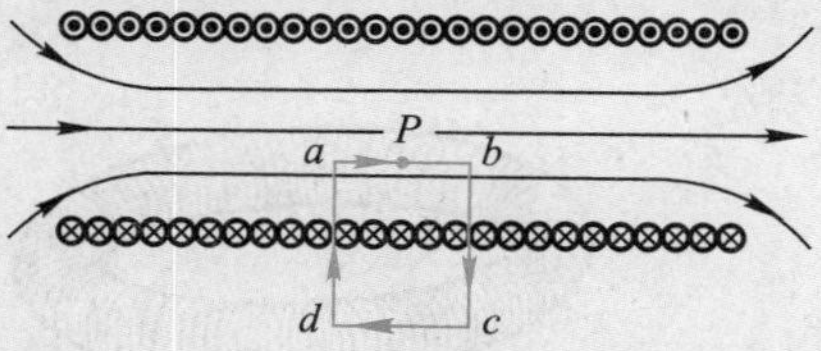

图 8-25 长螺线管内磁场的计算

$$\oint_L \boldsymbol{B}\cdot\mathrm{d}\boldsymbol{l}=\int_{ab}\boldsymbol{B}\cdot\mathrm{d}\boldsymbol{l}+\int_{bc}\boldsymbol{B}\cdot\mathrm{d}\boldsymbol{l}+\int_{cd}\boldsymbol{B}\cdot\mathrm{d}\boldsymbol{l}+\int_{da}\boldsymbol{B}\cdot\mathrm{d}\boldsymbol{l}=\int_{ab}\boldsymbol{B}\cdot\mathrm{d}\boldsymbol{l}=B\cdot|ab|$$

设螺线管的长度为 l，共有 N 匝线圈，则单位长度上有 $N/l=n$ 匝线圈，通过每匝线圈的电流为 I，所以回路 $abcd$ 所包围的电流总和为 $|ab|nI$，根据右手螺旋定则可知，电流应取正值. 于是，由安培环路定理，得

$$\oint_L \boldsymbol{B}\cdot\mathrm{d}\boldsymbol{l}=B\cdot|ab|=\mu_0|ab|nI$$

所以

$$\boxed{B=\mu_0 nI}\quad 或 \quad \boxed{B=\frac{\mu_0 NI}{l}} \tag{8-37}$$

由于矩形回路是任取的，不论 ab 段在管内任何位置，式(8-37)都成立. 因此，无限长螺线管内任一点的 $\boldsymbol{B}$ 值均相同，方向平行于轴线，即无限长螺线管内中间部分的磁场是一个均匀磁场. 上式与根据毕奥-萨伐尔定律算出的结果相同，但应用安培环路定理的计算方法简便得多.

例题 8-8 载流螺绕环内的磁场

如图 8-26 所示，设环上线圈的总匝数为 N，电流为 I，求螺绕环内的磁场.

解 绕在环形管上的一组圆形电流形成螺绕环，如果环上的线圈绕得很紧密，则磁场几乎全部集中在螺绕环内，环外磁场接近于零. 由于对称性的缘故，环内磁场的磁感应线都是一些同心圆，圆心在通过环心且垂直于环面的直线上. 在同一条磁感应线上各点磁感应强度的量值相等，方向处处沿圆的切线方向，并和环面平行.

为了计算管内某一点 P 的磁感应强度，可选择通过 P 点的磁感应线 L 作为积分回路，由于线上任一点的磁感应强度 $\boldsymbol{B}$ 的量值相等，方向都与 $\mathrm{d}\boldsymbol{l}$ 同向，故得 $\boldsymbol{B}$ 矢量的环流

$$\oint_L \boldsymbol{B}\cdot\mathrm{d}\boldsymbol{l}=B\oint_L \mathrm{d}l=B2\pi r$$

式中 r 为回路半径. 由安培环路定理得

$$B2\pi r=\mu_0 NI$$

那么 P 点的磁感应强度为

$$B=\frac{\mu_0 NI}{2\pi r}$$

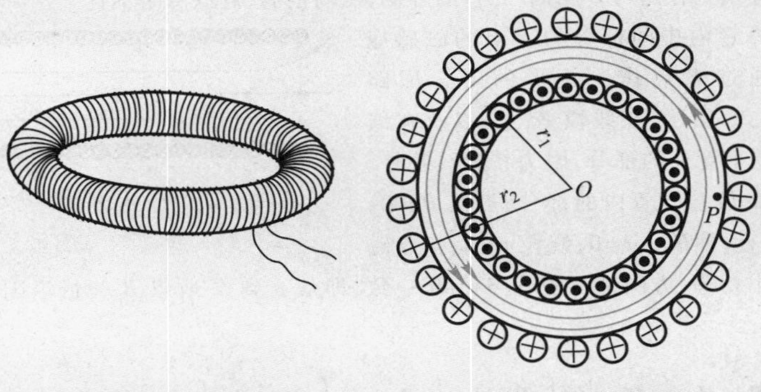

(a) 螺绕环　　(b) 螺绕环内磁场的计算

图 8-26 载流螺绕环内磁场的计算

当环形螺线管的截面积很小,管的孔径 r_2-r_1 比环的平均半径 r 小得多时[如图 8-26(b)所示],管内各点磁场强弱实际上相同,因而可以取圆环平均长度为 $l=2\pi r$,则环内各点的磁感应强度的量值为

$$B=\frac{\mu_0 NI}{l}=\mu_0 nI \tag{8-38}$$

式中 n 为螺绕环单位长度上的匝数,$\boldsymbol{B}$ 的方向与电流流向成右手螺旋关系,与例题 8-7 的结果一致.

复习思考题

8-4-1 用安培环路定理能否求出一段有限长载流直导线周围的磁场?

8-4-2 为什么两根通有大小相等方向相反的电流的导线扭在一起能减小杂散磁场?

8-4-3 设思考题 8-4-3 图中两导线中的电流 I_1、I_2 均为 8 A,试分别求如图所示的三条闭合线路 L_1、L_2、L_3 的环路积分 $\oint_L \boldsymbol{B}\cdot\mathrm{d}\boldsymbol{l}$ 值.并讨论:(1) 在每条闭合线路上各点的磁感应强度 $\boldsymbol{B}$ 是否相等?(2) 在闭合线路 L_2 上各点的 $\boldsymbol{B}$ 是否为零?为什么?

8-4-4 证明穿过以闭合曲线 C 为边界的任意曲面 S_1 和 S_2 的磁通量相等.

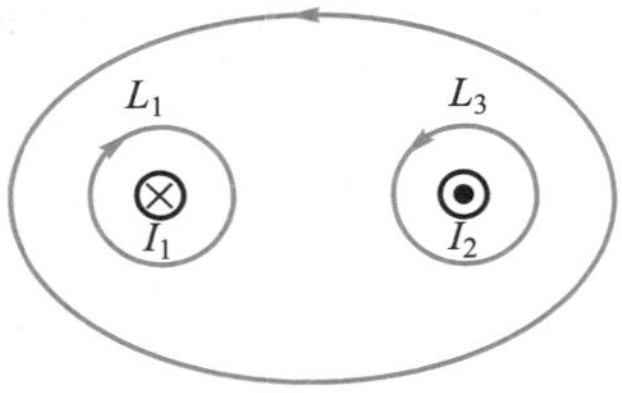

思考题 8-4-3 图

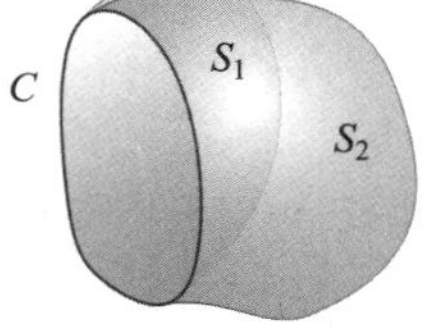

思考题 8-4-4 图

§8-5　带电粒子在电场和磁场中的运动

一、洛伦兹力

一个电荷量为 q 的粒子，以速度 $\boldsymbol{v}$ 在磁场中运动时，磁场对运动电荷作用的磁场力叫做洛伦兹力（Lorentz force）. 如果速度 $\boldsymbol{v}$ 与磁场 $\boldsymbol{B}$ 方向的夹角为 θ，则洛伦兹力的大小为

$$F=qvB\sin\theta$$

其方向垂直于 $\boldsymbol{v}$ 和 $\boldsymbol{B}$ 所决定的平面，指向由 $\boldsymbol{v}$ 经小于 180°的角转向 $\boldsymbol{B}$ 组成的右手螺旋关系决定. 用矢量式可表示为

$$\boldsymbol{F}=q\boldsymbol{v}\times\boldsymbol{B} \tag{8-39}$$

对于正电荷，$\boldsymbol{F}$ 的方向如图 8-27 所示，对于负电荷，则所受的力的方向正好相反.

洛伦兹力的方向总是和带电粒子运动速度方向相垂直这一事实，说明磁场力只能使带电粒子的运动方向发生偏转，而不会改变其速度的大小，因此磁场力对运动带电粒子所做的功恒等于零，这是洛伦兹力的一个重要特征. 下面就带电粒子在均匀磁场和非均匀磁场中的运动情况分别作一讨论.

1. 带电粒子在均匀磁场中的运动

设有一均匀磁场，磁感应强度为 $\boldsymbol{B}$，一电荷量为 q、质量为 m 的粒子，以初速 $\boldsymbol{v}_0$ 进入磁场中. 很显然，如果 $\boldsymbol{v}_0$ 与 $\boldsymbol{B}$ 相互平行，作用于带电粒子的洛伦兹力等于零，带电粒子进入磁场后仍作匀速直线运动.

如果 $\boldsymbol{v}_0$ 与 $\boldsymbol{B}$ 垂直（见图 8-28），这时粒子将受到与运动方向垂直的洛伦兹力 $\boldsymbol{F}$，其大小 $F=qv_0B$，方向垂直于 $\boldsymbol{v}_0$ 及 $\boldsymbol{B}$. 所以粒子速度的大小不变，只改变方向. 带电粒子将作匀速圆周运动，而洛伦兹力则起着向心力的作用，因此

$$qv_0B=m\frac{v_0^2}{R}$$

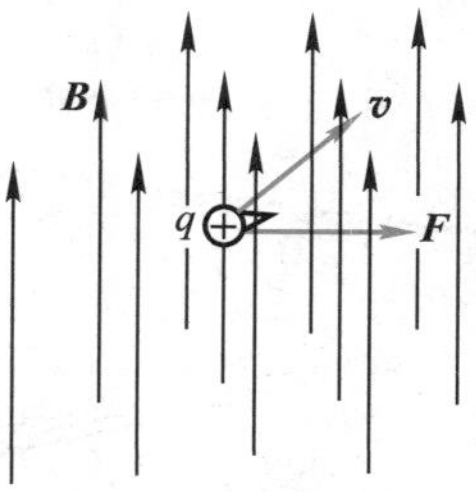

图 8-27　运动电荷在磁场中所受磁场力的方向

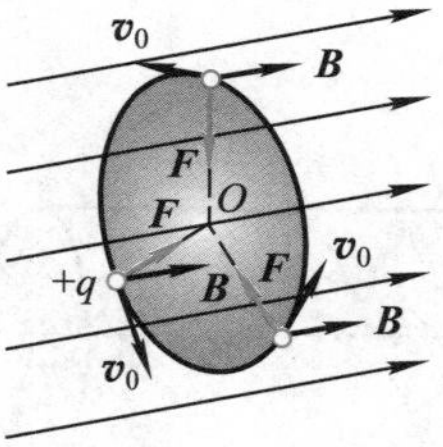

图 8-28　带电粒子在匀强磁场中运动（初速 $\boldsymbol{v}_0$ 与 $\boldsymbol{B}$ 正交）

带电粒子作圆周运动的轨道半径为

$$R=\frac{mv_0}{qB} \tag{8-40}$$

带电粒子绕圆形轨道一周所需的时间(周期)是

$$T=\frac{2\pi R}{v_0}=2\pi\frac{m}{qB} \tag{8-41}$$

这一周期与带电粒子的运动速度无关(这一特点是后面将介绍的磁聚焦和回旋加速器的理论基础).由此可算得带电粒子作匀速圆周运动的角频率是

$$\omega=\frac{2\pi}{T}=\frac{q}{m}B \tag{8-42}$$

角频率的大小也与带电粒子的运动速度无关.

洛伦兹力

如果 $\boldsymbol{v}_0$ 与 $\boldsymbol{B}$ 斜交成 θ 角(见图 8-29),我们可把 $\boldsymbol{v}_0$ 分解成两个分矢量:平行于 $\boldsymbol{B}$ 的分矢量 $v_{//}=v_0\cos\theta$ 和垂直于 $\boldsymbol{B}$ 的分矢量 $v_{\perp}=v_0\sin\theta$. $v_{\perp}$ 使带电粒子以 $v_{\perp}$ 在垂直于磁场的平面内作匀速圆周运动. $v_{//}$ 使带电粒子沿磁场方向作匀速直线运动,其合运动的轨迹是一螺旋线,螺旋线的半径是

$$R=\frac{mv_{\perp}}{qB}=\frac{mv_0\sin\theta}{qB}$$

螺距是

$$h=v_{//}T=v_{//}\frac{2\pi R}{v_{\perp}}=\frac{2\pi mv_0\cos\theta}{qB} \tag{8-43}$$

式中 T 为旋转一周的时间. 式(8-43)表明,螺距 h 只和平行于磁场的速度分量 $v_{//}$ 有关,而和垂直于磁场的速度分量 $v_{\perp}$ 无关.

若有一束速度大小近似相同且与磁感应强度 $\boldsymbol{B}$ 的夹角很小的带电粒子流从同一点出发,在 θ 角很小的情况下,不同 θ 角的正弦值差别比余弦值要小得多,所以尽管各粒子垂直于磁场的速度分量不相等而沿不同半径的螺旋线前进,但它们速度的平行分量近似相等,因而螺距近似相等[见式(8-43)]. 这样,各带电粒子绕行一周之后将汇集于同一点. 这和一束近轴光线经过透镜后聚焦的现象类似,所以叫做**磁聚焦**(magnetic focusing). 磁聚焦广泛应用于电真空器件中对电子束的聚焦. 图 8-30 是显像管中电子束磁聚焦装置的示意图.

带电粒子在均匀磁场中的运动

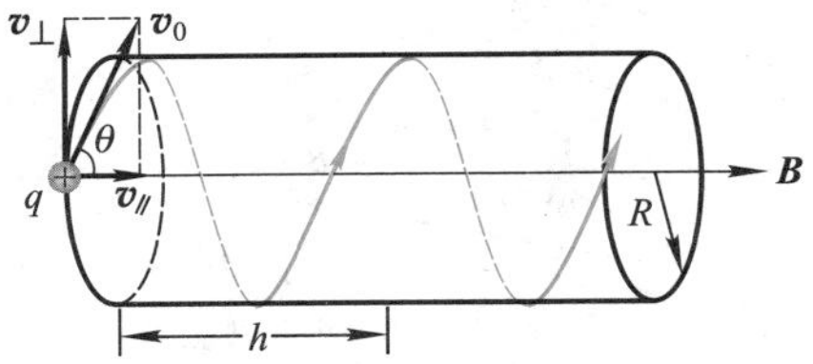

图 8-29 带电粒子在匀强磁场中的运动(初速 $\boldsymbol{v}_0$ 与 $\boldsymbol{B}$ 斜交)

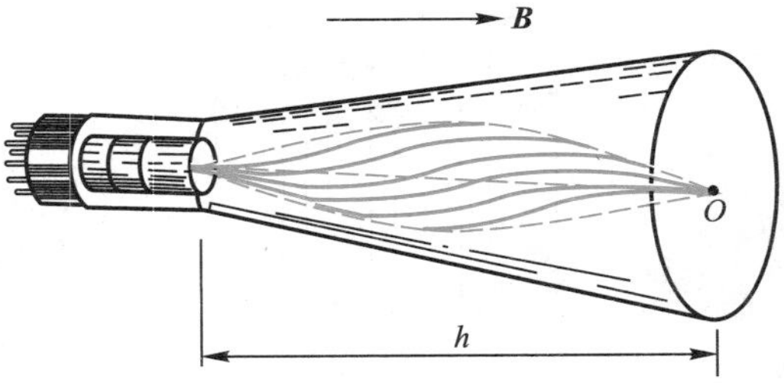

图 8-30 磁聚焦

*2. 带电粒子在非均匀磁场中的运动

由上述分析可知，带电粒子速度与 $\boldsymbol{B}$ 成锐角或钝角时，进入均匀磁场后将绕磁感应线作螺旋运动，螺旋线的半径 R 与磁感应强度 $\boldsymbol{B}$ 成反比，所以当带电粒子在非均匀磁场中向磁场较强的方向运动时，螺旋线的半径将随着磁感应强度的增加而不断地减小，如图 8-31 所示. 同时，此带电粒子在非均匀磁场中受到的洛伦兹力总有一指向磁场较弱的方向的分力，此分力阻止带电粒子向磁场较强的方向运动. 这样有可能使粒子沿磁场方向的速度逐渐减小到零，从而迫使粒子掉头反向运动. 如果在一长直圆柱形真空室中形成一个两端很强、中间较弱的磁场(图 8-32)，那么两端较强的磁场对带电粒子的运动起着阻塞的作用，它能迫使带电粒子局限在一定的范围内往返运动. 由于带电粒子在两端处的这种运动好像光线遇到镜面发生反射一样，所以这种装置称为磁镜(magnetic mirror).

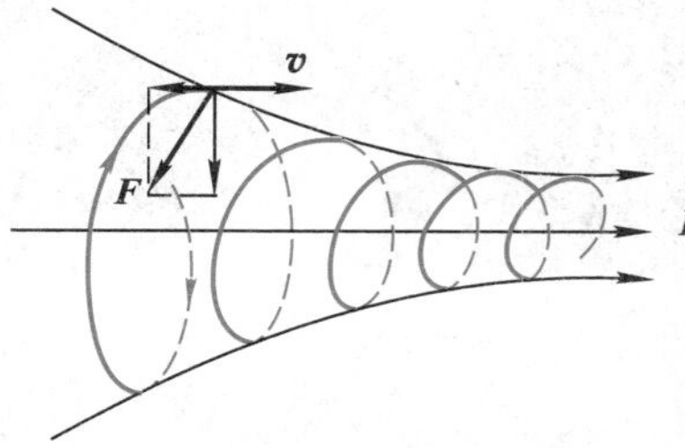

图 8-31　会聚磁场中作螺旋运动的带正电的粒子掉头反向

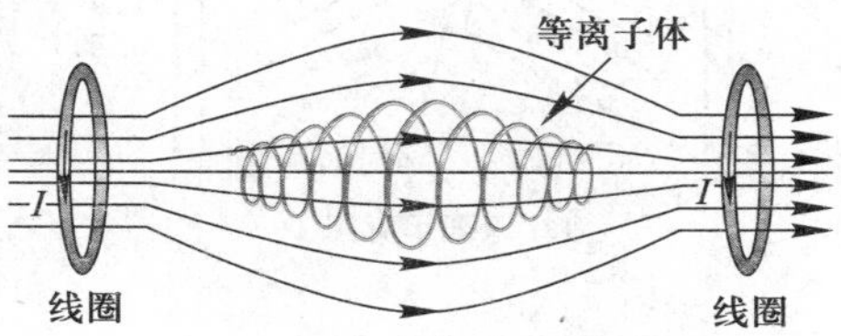

图 8-32　磁约束装置

上述磁约束的现象也存在于宇宙空间. 因为地球是一个大磁体，磁场在两极强而中间弱. 当来自外层空间的大量带电粒子(宇宙射线)进入磁场影响范围后，粒子将绕地磁感应线作螺旋运动，因为在近两极处地磁场较强，作螺旋运动的粒子将被折回，结果粒子在沿磁感应线的区域内来回振荡，形成范艾仑(Van Allen)辐射带(见图 8-33)，此带相对地球轴对称分布，在图中只绘出其中一部分. 有时，太阳黑子活动使宇宙中高能粒子剧增，这些高能粒子在地磁感应线的引导下在地球北极附近进入大气层时将使大气激发，然后辐射发光，从而出现美妙的北极光.

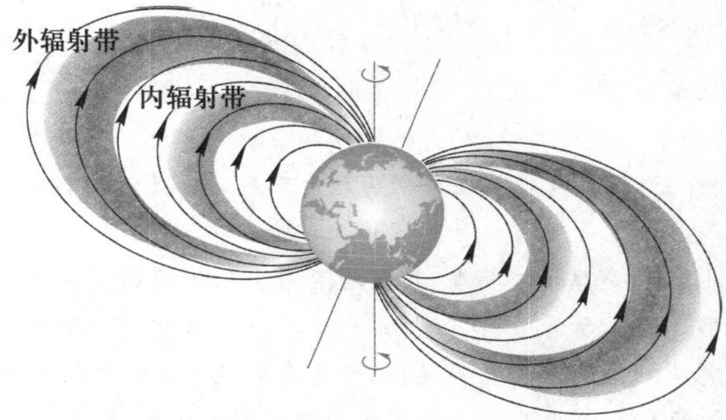

图 8-33　带电粒子被地磁场捕获，绕磁感应线作螺旋运动，形成范艾仑辐射带

在受控热核反应装置中，必须使聚变物质处于等离子状态，这需要几千万甚至几亿摄氏度的高温，在这么高的温度下怎么样才能把它们约束在一个“容器”里？苏联科学家提出托卡马克(tokamak)的概念，意为“磁线圈中的环形容器”. 根据上述磁约束原理，依靠等离子体电流和环形线圈产生的巨大螺旋形强磁场，带电粒子会沿磁感应线作螺旋式运动，等离子体就被约束

在这种环形的磁场中,以此来实现核聚变反应,并最终解决人类所需的能源问题.图 8-34 是托卡马克装置的原理示意图.我国研制的中国环流器二号 M 装置,已于 2020 年 12 月 4 日正式建成并实现首次放电,该装置就是应用托卡马克约束等离子体的.

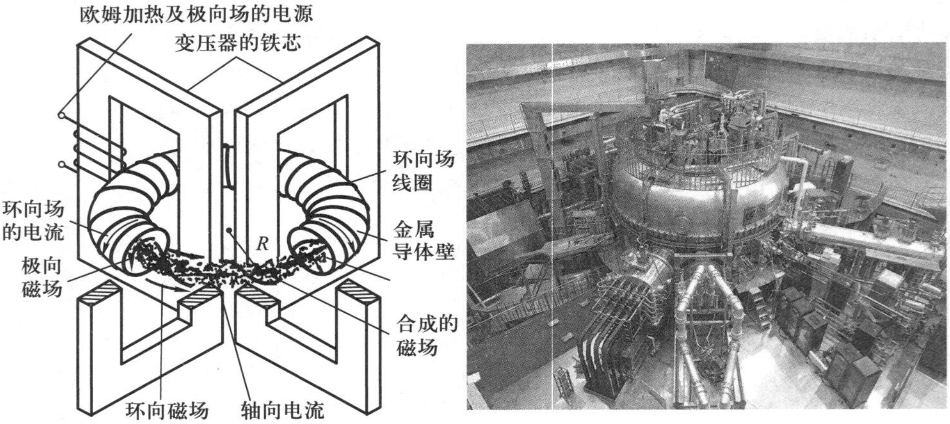

(a) 原理示意图 (b) 实物图

图 8-34 托卡马克

*二、带电粒子在电场和磁场中的运动和应用

如果在空间内同时存在电场和磁场,那么以速度 $\boldsymbol{v}$ 运动的带电粒子 q 将要受到电场力和磁场力的共同作用,

$$\boxed{\boldsymbol{F}=q\boldsymbol{E}+q\boldsymbol{v}\times\boldsymbol{B}} \tag{8-44}$$

式(8-44)叫做洛伦兹关系式.当粒子的速度 v 远小于光速 c 时,根据牛顿第二定律,带电粒子的运动方程(设重力可略去不计)为

$$q\boldsymbol{E}+q\boldsymbol{v}\times\boldsymbol{B}=m\frac{\mathrm{d}\boldsymbol{v}}{\mathrm{d}t}$$

式中 m 为粒子的质量.在一般的情况下,求解这一方程是比较复杂的.事实上,我们经常遇到利用电磁力来控制带电粒子运动的例子,所用的电场和磁场分布都具有某种对称性,这就使求解方程简便得多.下面我们讨论带电粒子在电磁力控制下运动的几种简单而重要的实例.

1. 回旋加速器

回旋加速器(cyclotron)是原子核物理、高能物理等实验中获得高能粒子的一种基本设备.图 8-35 是回旋加速器的结构示意图,D_1 和 D_2 是封在高度真空室中的两个半圆形铜盒,常称为 D 形电极.两个 D 形电极与高频振荡器连接,于是在电极之间的缝隙处就会产生按一定频率变化着的交变电场.把两个 D 形电极放在电磁铁的两个磁极之间,便有一恒定的均匀强磁场垂直于电极板平面.如果在两盒间缝隙中央 P 处由离子源发射出带电粒子,这些粒子在电场作用下被加速而进入盒 D_1.当粒子在盒内运动时,因为盒内空间没有电场,粒子的速率将保持不变,但由于受到垂直方向的恒定磁场作用而作半径为 R 的圆周运动,由式(8-41)可知,粒子在这一半盒内运动所需的时间

$$t=\frac{m\pi}{qB} \tag{8-45}$$

是一恒量,它与粒子的速度和粒子的回旋半径无关.如果振荡器的频率 $\nu=\frac{1}{2t}$,那么当粒子从 D_1 盒到达缝隙出来时,缝隙中的电场方向恰已反向,因而粒子将再次被加速,以较大的速度进入 D_2 盒,并在 D_2 盒内以相应的较大半径作圆弧运动[轨道半径 R 与粒子速度成正比,见式(8-40)],再经过相同的时间 t 后,又回到缝隙而再次被加速进入 D_1 盒.所以,只要加在 D 形电极上的高频振荡器的频率和粒子在 D 形盒中的旋转频率保持相等,便能保证带电粒子经过缝隙时受到电场力的加速.这样,随着加速次数的增加,轨道半径也将逐渐增大,形成图中所示螺旋形线的运动轨迹.最后粒子以很高的速度从致偏电极引出,从而获得高能粒子束进行实验工作.

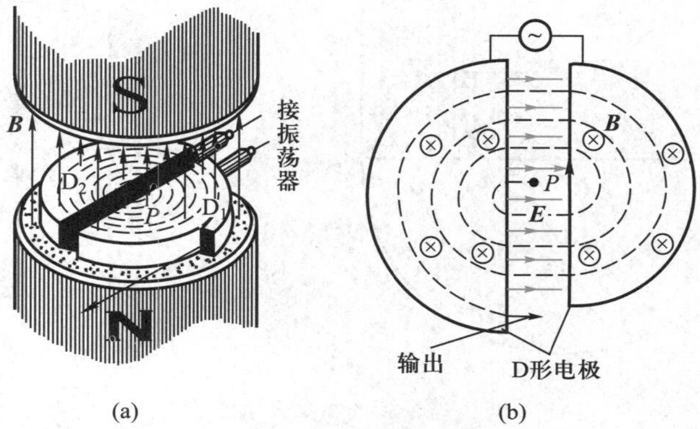

图 8-35　回旋加速器外形

当粒子的速度被加速到接近光速时,必须考虑相对论效应,粒子的质量将随速度的增大而增加,粒子在半盒内运动所需的时间 t 也增大.因此,为了使粒子每次穿过缝隙时仍能不断得到加速,必须使交变电场的角频率 ω 随着粒子的加速过程而同步降低,使之按式(8-42)变化,即满足 $\omega m=qB$(式中 q 和 B 是不变的).根据这个原理设计的回旋加速器,粒子具有固定的轨道,用控制磁场的方法实现电场对粒子同步加速,这种加速器叫做同步回旋加速器(synchrocyclotron).加速器的种类很多,回旋加速器一般适用于加速质量较大的粒子,我国北京的正负电子对撞机即是一种能加速电子这样小质量粒子的高能量的加速器.

2. 质谱仪

质谱仪(mass spectrometer)是用磁场和电场的各种组合来达到把电荷量相等但质量不同的粒子分离开来的一种仪器,是研究同位素的重要工具,也是测定离子荷质比(specific charge)的仪器.

倍恩勃立奇(Bainbridge)等设计的质谱仪结构如图 8-36 所示.从离子源所产生的离子经过狭缝 S_1 与 S_2 之间的加速电场后,进入 P_1 与 P_2 两板之间的狭缝.在 P_1 和 P_2 两板之间有一均匀电场 E,同时还有垂直纸面向外的均匀磁场 B'.当离子(假设 $q>0$)进入两板之间,它们将受到电场力 $\boldsymbol{F}_{\mathrm{e}}=q\boldsymbol{E}$ 和磁场力 $\boldsymbol{F}_{\mathrm{m}}=q\boldsymbol{v}\times\boldsymbol{B}'$ 的作用,两力的方向正好相反.显然,只有速度 $v=\frac{E}{B'}$ 的离子,才能满足 $qvB'=qE$ 的条件,无偏转地通过两板间的狭缝沿直线从 S_0 射出,对那些速度 $v\neq\frac{E}{B'}$ 的离子,都将发生偏转而落到 P_1 或 P_2 板上.这种装置叫做速度选择器(图 8-37).在狭缝 S_0 以外的空间没有电场,仅有磁感应强度为 B 方向垂直于纸面向外的均匀磁场.离子进入磁场后,受到磁场力的作用而作匀速圆周运动,设其半径为 R,按式(8-40)可得

$$R=\frac{mE}{qB'B}$$

上式中 q、E、B'和 B 均为定值，因而 R 与离子质量 m 成正比，即从狭缝 S_0 射出来的同位素离子，在磁场 B 中依质量 m 不同作半径 R 不同的圆周运动. 因此，根据离子落到照相底片 AA′上的位置不同可算出这些离子的相应质量. 所以这种仪器叫做质谱仪. 它可以精确测定同位素的相对原子质量.

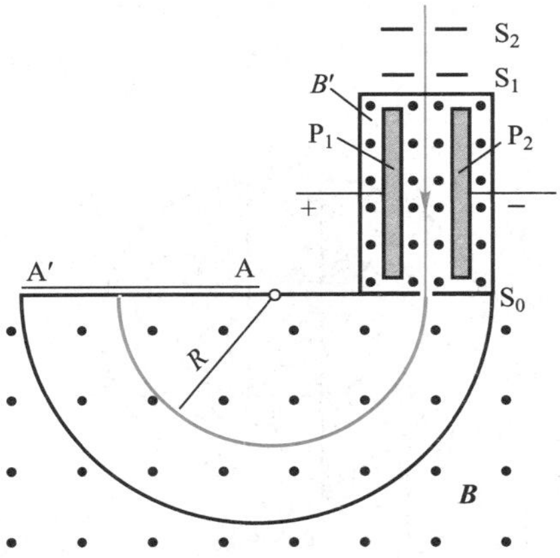

图 8-36 倍恩勃立奇设计的质谱仪结构示意图

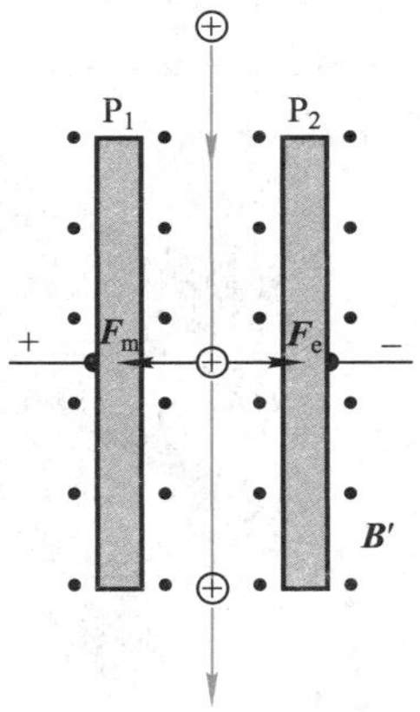

图 8-37 速度选择器

带电粒子的电荷量与其质量之比称为带电粒子的荷质比，它是反映粒子特征的一个重要物理量. 质谱仪可以测定不同速度下的荷质比

$$\frac{q}{m}=\frac{E}{RB'B} \tag{8-46}$$

实验发现，在高速情况下同一带电粒子荷质比有所变化，这个变化正是带电粒子的质量按相对论质速关系 $m=\gamma m_0$ 变化引起的，而与电荷无关，这就验证了在不同的参考系下粒子的电荷是不变的，或者说带电粒子的运动不会改变其电荷量.

质谱仪的应用已拓展到其他领域，例如，借助质谱仪检查果蔬上的农药、公安人员检查毒品等.

三、霍尔效应

1879 年霍尔（E. C. Hall）首先观察到，把一载流导体薄片放在磁场中时，如果磁场方向垂直于薄片平面，则在薄片的上、下两侧面会出现微弱的电势差（图 8-38），这一现象称为霍尔效应（Hall effect），该电势差称为霍尔电势差. 实验测得，霍尔电势差的大小与电流 I 及磁感应强度 B 成正比，而与薄片沿 $\boldsymbol{B}$ 方向的厚度 d 成反比，它们的关系可写成

$$U=V_1-V_2=R_{\mathrm{H}}\frac{IB}{d} \tag{8-47}$$

式中 R_{H} 是一常量，称为霍尔系数（Hall coefficient），它仅与材料的性质有关.

霍尔效应的出现是由于导体中的载流子在磁场中受洛伦兹力的作用发生横向漂移导致的. 以金属导体为例，导体中的电流是自由电子在电场作用下作定向

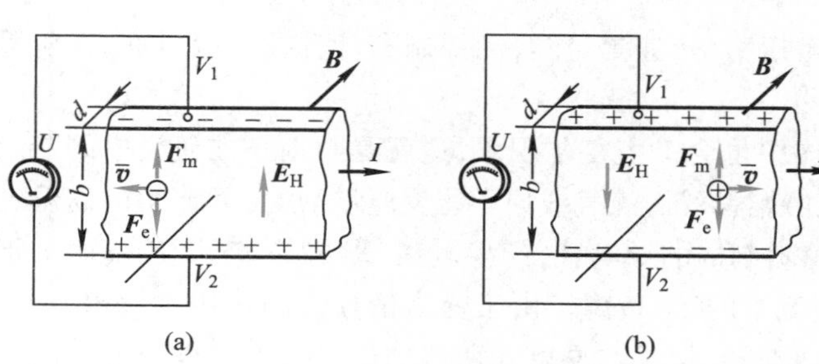

图 8-38 霍尔效应

运动形成的,其运动方向与电流的流向正好相反,如果在垂直于电流方向有一均匀磁场 $\boldsymbol{B}$,这些自由电子受洛伦兹力作用,其大小为

$$F_{\mathrm{m}}=e\bar{v}B$$

式中 $\bar{v}$ 是电子定向运动的平均速度,e 是电子电荷量的绝对值,力的方向向上[图 8-38(a)],使电子还将向上漂移,这使得在金属薄片的上侧有多余的负电荷积累,而下侧缺少自由电子,有多余的正电荷积累,结果在导体内部形成方向向上的附加电场 E_{H},称为霍尔电场.此电场给自由电子的作用力

$$F_{\mathrm{e}}=eE_{\mathrm{H}}$$

方向向下.当它与洛伦兹力达到平衡时,即 $F_{\mathrm{m}}=F_{\mathrm{e}}$,电子不再有横向漂移运动,最终在金属薄片上下两侧间形成一恒定的电势差,导体内的霍尔电场为

$$E_{\mathrm{H}}=\bar{v}B$$

这样霍尔电势差

$$V_1-V_2=-E_{\mathrm{H}}b=-\bar{v}Bb$$

设单位体积内的自由电子数为 n,则电流 $I=ne\bar{v}db$,代入上式得

$$U=V_1-V_2=-\frac{IB}{ned} \tag{8-48a}$$

如果导体中的载流子带正电荷 q,洛伦兹力仍然向上,使带正电的载流子向上漂移[图 8-38(b)],这时霍尔电势差为

$$U=V_1-V_2=\frac{IB}{nqd} \tag{8-48b}$$

比较式(8-47)和式(8-48a)以及式(8-48b)可以得到霍尔系数

$$R_{\mathrm{H}}=-\frac{1}{ne}\text{或 }R_{\mathrm{H}}=\frac{1}{nq} \tag{8-49}$$

霍尔系数的正负取决于载流子所带电荷量的正负.用这个方法可以判断半导体材料是空穴导电(p 型半导体)还是电子导电(n 型半导体),还可以测定载流子的浓度 n.由于在半导体中载流子浓度 n 远小于金属中自由电子的浓度,可得到较大的霍尔电势差,所以常用半导体材料制成各种霍尔效应传感器,用来测量磁感应

强度、电流,甚至压力、转速等. 在自动控制和计算技术等方面,霍尔效应都获得了广泛的应用.

在导电流体中也会产生霍尔现象,这就是目前正在研究中的"磁流体发电机"的基本原理. 把由燃料(油、煤气或原子能反应堆)加热而产生的高温气体,以高速 $\boldsymbol{v}$ 通过用耐高温材料制成的导电管,产生电离,形成等离子. 若在垂直于 $\boldsymbol{v}$ 的方向加上磁场 $\boldsymbol{B}$,则气流中的正、负离子由于受洛伦兹力的作用,将分别向垂直于 $\boldsymbol{v}$ 和 $\boldsymbol{B}$ 的两个相反方向偏转,结果在导电管两侧的电极上产生电势差(见图 8-39). 这种发电方式没有转动的机械部分,直接把热能转化为电能,因而损耗少,可极大地提高发电效率,是非常诱人的新技术. 我国科学家以氩气作为发电工质,研制成功了首台磁流体发电机,输出功率达 10.3 kW.

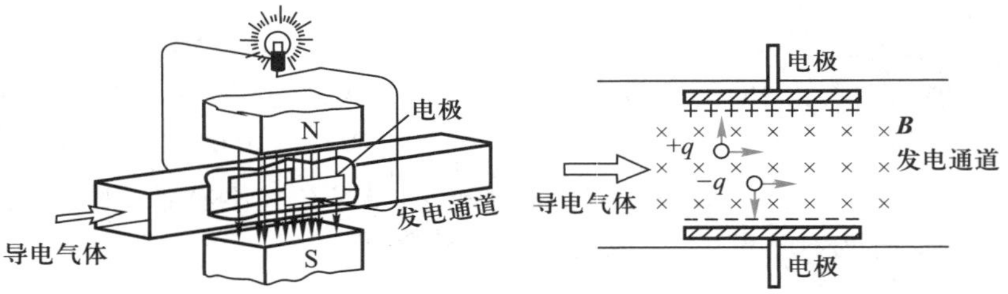

图 8-39 磁流体发电机原理示意图

*四、量子霍尔效应

应该指出,霍尔效应的上述理论有一定的局限性,近代量子理论对霍尔效应有了完善的解释. 如果把霍尔电势差写作

$$U=IR_{\mathrm{H}}^{*}$$

R_{H}^{*} 叫做霍尔电阻,与式(8-48a)比较知,霍尔电阻为

$$R_{\mathrm{H}}^{*}=\frac{B}{nqd}$$

即霍尔电阻与外磁场成线性变化,1980 年德国年轻的物理学家克利青(K. von Klitzing)在研究金属氧化物场效应管(MOSFET)时发现在强磁场(18 T)、极低温(1.5 K)下,MOSFET 的霍尔电压和栅压之间的关系曲线出现了一些平台,进一步的研究表明,霍尔电阻呈现出与外磁场的梯形函数关系(图8-40),而不是与磁场的线性函数关系. 而且这些梯形关系的阻值与样品无关,非常准确地以 h/e^2(e 是电子的电荷量的绝对值,h 是普朗克常量)除以一个整数作量子化的变化

$$R_{\mathrm{H}}^{*}=\frac{h}{ie^{2}},\quad i=1,2,3,\cdots$$

这种现象称为量子霍尔效应(quantum Hall effect),对应的电阻称为量子霍尔电阻. 由于量子霍尔电阻只精确地取决于基本物理

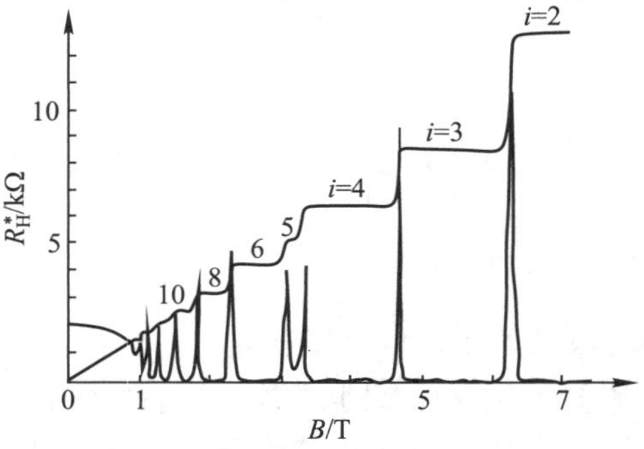

图 8-40 量子霍尔效应

常量 e 和 h，它的自然单位 $h/e^2=25\,812.807\ \Omega$ 可精确到 10^{-10}，国际计量委员会决定从 1990 年起，用量子霍尔效应的 h/e^2 来定义电阻.

1982 年，美籍华裔科学家崔琦和另两位美国科学家施特默（H. L. Stormer）、劳克林（R. B. Laughlin）又发现在更强的磁场和更低的温度下，量子霍尔效应平台变得很窄，这些狭窄的平台之间出现了 i 等于 1/3、2/3 等分数填充因子. 这就是分数量子霍尔效应（fractional quantun Hall effect）. 因量子霍尔效应和分数量子霍尔效应的发现，克里青和崔琦等分别荣获 1985 年和 1998 年诺贝尔物理学奖. 这两个效应都涉及半导体的能级理论，已超出本书讨论的范围.

复习思考题

8-5-1　一电荷 q 在均匀磁场中运动，判断下列说法是否正确，并说明理由：(1) 只要电荷速度的大小不变，它朝任何方向运动时所受的洛伦兹力都相等；(2) 在速度不变的前提下，电荷量 q 改变为 $-q$，它所受的力将反向，而力的大小不变；(3) 电荷量 q 改变为 $-q$，同时其速度反向，则它所受的力也反向，而大小则不变；(4) $\boldsymbol{v}$、$\boldsymbol{B}$、$\boldsymbol{F}$ 三个矢量，已知任意两个矢量的大小和方向，就能确定第三个矢量的大小和方向；(5) 质量为 m 的运动带电粒子，在磁场中受洛伦兹力作用后动能和动量不变.

8-5-2　一束质子发生了侧向偏转，造成这个偏转的原因可否是 (1) 电场？(2) 磁场？(3) 若是电场或者是磁场在起作用，如何判断是哪一种场？

8-5-3　如图所示，一对正、负电子同时在同一点射入一均匀磁场中，已知它们的速率分别为 $2v$ 和 v，都和磁场垂直，请指出它们的偏转方向. 经磁场偏转后，哪个电子先回到出发点？

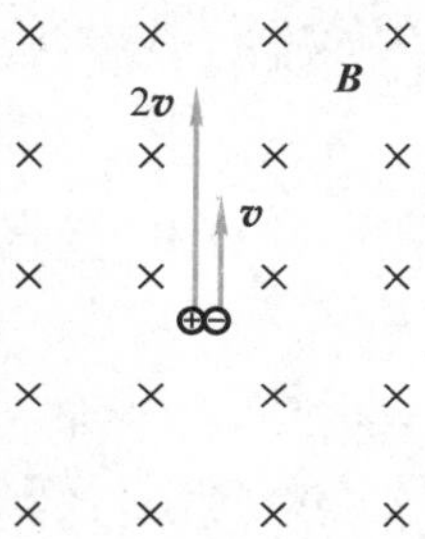

思考题 8-5-3 图

§8-6　磁场对载流导线的作用

一、安培定律

1820 年，安培在研究电流与电流之间的相互作用时，仿照电荷之间相互作用的库仑定律，把载流导线分割成电流元，得到了两电流元之间的相互作用规律，并总结出了电流元受力的安培定律. 安培发现，电流元 $I\mathrm{d}\boldsymbol{l}$ 在磁场中某点所受到的磁场力 $\mathrm{d}\boldsymbol{F}$ 的大小，与该点磁感应强度 $\boldsymbol{B}$ 的大小、电流元 $I\mathrm{d}\boldsymbol{l}$ 的大小以及电流元 $I\mathrm{d}\boldsymbol{l}$ 与磁感应强度 $\boldsymbol{B}$ 的夹角 θ 的正弦成正比，可表示为

安培定律的提出

$$\mathrm{d}F=I\mathrm{d}lB\sin\theta$$

$\mathrm{d}\boldsymbol{F}$ 的方向垂直于 $I\mathrm{d}\boldsymbol{l}$ 与 $\boldsymbol{B}$ 所决定的平面，指向由右手螺旋定则确定. 将上式写成矢量式为

$$\mathrm{d}\boldsymbol{F}=I\mathrm{d}\boldsymbol{l}\times\boldsymbol{B} \tag{8-50a}$$

因此，一段任意形状的载流导线所受的磁场力等于作用在它各段电流元上的磁场力的矢量和，即

$$\boldsymbol{F}=\int_L \mathrm{d}\boldsymbol{F}=\int_L I\mathrm{d}\boldsymbol{l}\times\boldsymbol{B} \tag{8-50b}$$

这个力又叫安培力(Ampere force).式(8-50a)称为安培定律(Ampere law).

例题 8-9

图 8-41 表示一段半圆形导线,通有电流 I,圆的半径为 R,放在均匀磁场 $\boldsymbol{B}$ 中,磁场与导线平面垂直,求磁场作用在半圆形导线上的力.

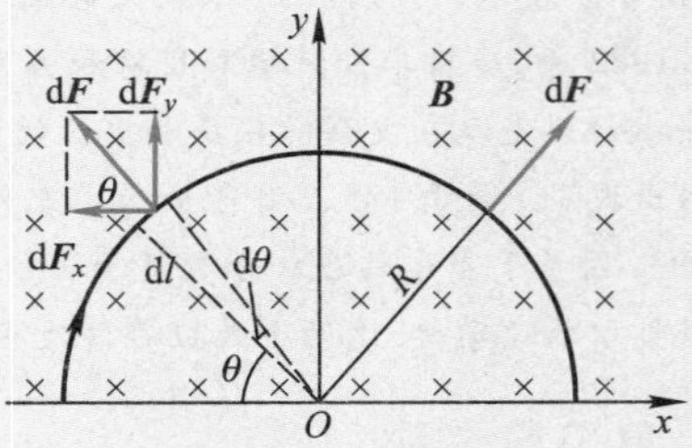

图 8-41 均匀磁场中的一段半圆形导线

解 取如图所示坐标系 Oxy,这时各段电流元受到的安培力数值上都等于

$$\mathrm{d}F=BI\mathrm{d}l$$

但方向沿各自的半径离开圆心向外.因此,我们应将各个电流元所受的力 $\mathrm{d}\boldsymbol{F}$ 分解为 x 方向与 y 方向的分力 $\mathrm{d}F_x$ 和 $\mathrm{d}F_y$.由于电流分布的对称性,半圆形导线上各段电流元在 x 方向分力的总和为零,只有 y 方向分力对合力有贡献.因为

$$\mathrm{d}F_y=\mathrm{d}F\sin\theta=BI\mathrm{d}l\sin\theta$$

所以合力 $\boldsymbol{F}$ 在 y 方向,大小为

$$F=\int_L \mathrm{d}F_y=\int_L BI\mathrm{d}l\sin\theta$$

由于 $\mathrm{d}l=R\mathrm{d}\theta$,所以

$$F=\int_L BI\mathrm{d}l\sin\theta=\int_0^{\pi} BI\sin\theta R\mathrm{d}\theta=IBR\int_0^{\pi}\sin\theta\mathrm{d}\theta=2BIR$$

显然,合力 $\boldsymbol{F}$ 作用在半圆弧中点,方向向上,其大小相当于连接圆弧始末两点直线电流所受到的作用力.从本例题所得结果还可以推断,一个任意弯曲的载流导线放在均匀磁场中所受到的磁场力,等效于弯曲导线起点到终端的一段通有等量电流的长直载流导线在磁场中所受的力.

安培力有着十分广泛的应用.磁悬浮列车就是电磁力应用的高科技成果之一.2003 年上海建成了世界上第一条商业运营的磁悬浮列车[图 8-42(a)].车厢下部装有电磁铁,当电磁铁通电被钢轨吸引时就把列车悬浮起来了.列车上还安装了一系列极性不变的磁体,钢轨内侧装有两排推进线圈,线圈通有交变电流,总使前方线圈的磁性对列车磁体产生一拉力(吸引力),后方线圈对列车磁体产生一推力(排斥力),这一拉一推的合力便驱使列车高速前进[图 8-42(b)].强大的电磁力可使列车悬浮 1 ~ 10 cm,与轨道脱离接触,消除了列车运行时与轨道的摩擦阻力,使磁悬浮列车的速度达 400 km/h 以上.

近年来,安培力在军事上也得到广泛的应用,例如电磁炮[图 8-43(a)]、航母的电磁弹射飞机升空等.电磁炮的工作原理如图 8-43(b)所示.在两块平行扁平长直导轨道间,有一滑块(即炮弹),强大的电流从一条导轨流入,经过滑块从另一条导轨流出,电流产生的磁场使通有电流的滑块在安培力的作用下被加速,以很大的速度射出.电磁炮的炮弹可小到几克大到几吨,其威力很大.我国曾进行了电磁炮的试验,该电磁炮以 2 580 m/s 的初速度(约 7 倍音速)射出,击中了 200 km

外的目标. 近代航空母舰上也使用电磁弹射飞机.

(a) 上海磁悬浮列车全景

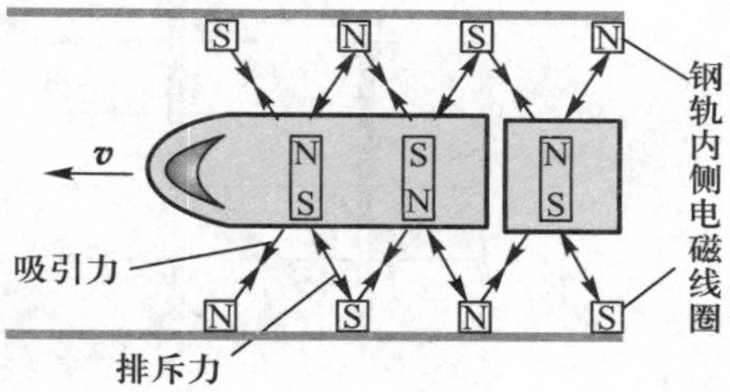

(b) 电磁驱动原理图

图 8-42　磁悬浮列车及其原理图

(a)

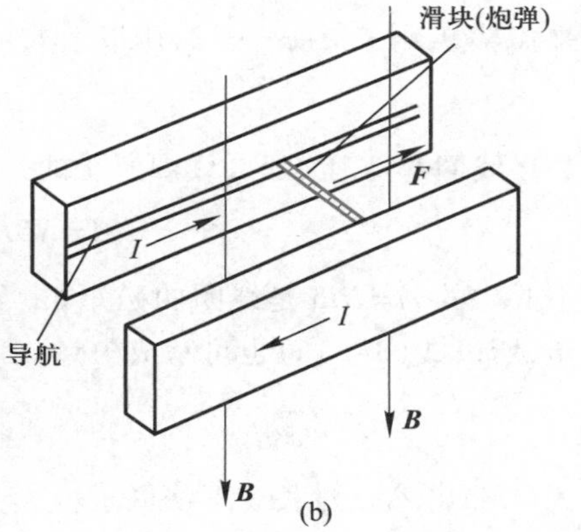

(b)

图 8-43　电磁炮

二、磁场对载流线圈的作用

如图 8-44 所示，在磁感应强度为 $\boldsymbol{B}$ 的匀强磁场中，有一刚性的长方形平面载流线圈，边长分别为 l_1 和 l_2，电流为 I，设线圈的平面与磁场的方向成任意角 θ，对边 AB、CD 与磁场垂直. 根据安培定律，导线 BC 和 AD 所受的磁场力分别为

$$F_1 = BIl_1 \sin\theta$$

$$F_1' = BIl_1 \sin(\pi-\theta) = BIl_1 \sin\theta$$

这两个力在同一直线上，大小相等而方向相反，相互抵消.

导线 AB 和 CD 所受的磁场力分别为 F_2 和 F_2'，且

$$F_2 = F_2' = BIl_2$$

这两个力大小相等，方向相反，但作用线不在同一直线上，它们作用在线圈上的力矩为

$$M = F_2 l_1 \cos\theta = BIl_1 l_2 \cos\theta = BIS\cos\theta$$

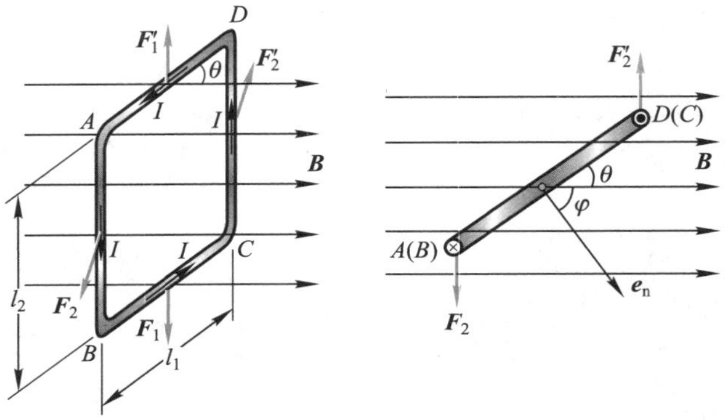

(a) 立体图 (b) 俯视图

图 8-44 平面载流线圈在均匀磁场中所受的力矩(线圈的法线与磁场成 φ 角)

式中 $S=l_1l_2$ 为线圈的面积. 如果用线圈平面的法线正方向和磁场方向的夹角 φ 来代替 θ,由于 $\theta+\varphi=\pi/2$,所以上式可写为

$$M=BIS\sin\varphi$$

如果线圈有 N 匝,那么线圈所受的力矩为

$$M=NBIS\sin\varphi=mB\sin\varphi \tag{8-51a}$$

上式中的 $m=NIS$ 是线圈的磁矩,由于 φ 也是磁矩矢量 $\boldsymbol{m}$ 与磁感应强度 $\boldsymbol{B}$ 的夹角,所以式(8-51a)也可写成矢量式

$$\boldsymbol{M}=\boldsymbol{m}\times\boldsymbol{B} \tag{8-51b}$$

式(8-51)不仅对长方形线圈成立,对于均匀磁场中任意形状的平面线圈也同样成立. 甚至对带电粒子沿闭合回路的运动以及带电粒子的自旋,也都可用上述公式计算在磁场中所受的磁力矩.

由式(8-51)可知,当 $\varphi=\pi/2$,亦即线圈平面与磁场方向相互平行时,线圈所受到的磁力矩为最大. 这一磁力矩有使 φ 减小的趋势. 当 $\varphi=0$,亦即线圈平面与磁场方向垂直时,线圈磁矩 $\boldsymbol{m}$ 的方向与磁场方向相同,线圈所受到的磁力矩为零,这是线圈稳定平衡的位置. 当线圈受到扰动,它就会在磁力矩的作用下转回到 $\varphi=0$ 处的稳定位置上. 利用载流线圈在磁场中转动的这一特性可以用载流试探小线圈来检测磁场,由线圈在稳定平衡位置时磁矩 $\boldsymbol{m}$ 的指向确定外磁场 $\boldsymbol{B}$ 的方向,并由线圈所受的最大磁力矩 $M_{\max}$ 确定外磁场的 $\boldsymbol{B}$ 值,即 $B=M_{\max}/m$(即单位磁矩所受的最大磁力矩).

平面载流线圈在均匀磁场中任意位置上所受的合力均为零,仅受力矩的作用. 因此在均匀磁场中的平面载流线圈只发生转动,不会发生整体的平动. 如果平面载流线圈处在非均匀磁场中,各个电流元所受到的作用力的大小和方向一般也都不可能相同. 因此,合力和合力矩一般也不会等于零,所以线圈除转动外还有平动.

磁场对载流线圈作用力矩的规律是制成各种电动机、动圈式电表和电流计等机电设备和仪表的基本原理.

*三、电流单位“安培”的定义

设有两条平行的载流直导线 AB 和 CD，两者的垂直距离为 a，电流分别为 I_1 和 I_2，方向相同(图 8-45)，距离 a 与导线的长度相比很小，因此两导线可视为“无限长”导线. 在 CD 上任取一电流元 $I_2\mathrm{d}\boldsymbol{l}_2$，按安培定律，该电流元所受的力 $\mathrm{d}\boldsymbol{F}_{21}$ 的大小为

$$\mathrm{d}F_{21}=B_{21}I_2\mathrm{d}l_2\sin\theta$$

式中 θ 为 $I_2\mathrm{d}\boldsymbol{l}_2$ 与 $\boldsymbol{B}_{21}$ 间的夹角，而 $\boldsymbol{B}_{21}$ 为载流导线 AB 在 $I_2\mathrm{d}\boldsymbol{l}_2$ 处所激发磁场的磁感应强度(注意 CD 上任何其他的电流元在 $I_2\mathrm{d}\boldsymbol{l}_2$ 处所激发磁场的磁感应强度为零). 根据“无限长”直导线产生的磁感应强度的公式[式(8-24)]，得

$$B_{21}=\frac{\mu_0 I_1}{2\pi a}$$

B_{21} 的方向如图所示，垂直于电流元 $I_2\mathrm{d}\boldsymbol{l}_2$，所以 $\sin\theta=1$，因而

$$\mathrm{d}F_{21}=B_{21}I_2\mathrm{d}l_2=\frac{\mu_0 I_1 I_2}{2\pi a}\mathrm{d}l_2$$

$\mathrm{d}\boldsymbol{F}_{21}$ 的方向在两平行载流直导线所决定的平面内，指向导线 AB. 显然，载流导线 CD 上各个电流元所受的力的方向都与上述方向相同，所以导线 CD 单位长度所受的力为

$$\frac{\mathrm{d}F_{21}}{\mathrm{d}l_2}=\frac{\mu_0 I_1 I_2}{2\pi a} \tag{8-52}$$

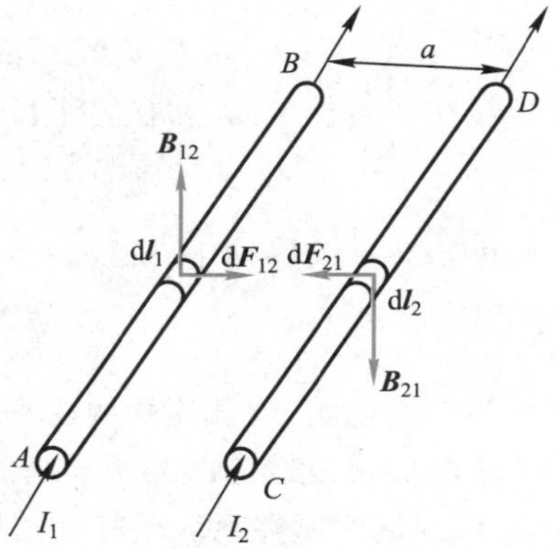

图 8-45　平行载流直导线之间的相互作用力

同理可以证明载流导线 AB 单位长度所受的力的大小也等于 $\dfrac{\mu_0 I_1 I_2}{2\pi a}$，方向指向导线 CD. 这就是说，两个同方向的平行载流直导线，通过磁场的作用，将互相吸引. 不难看出，两个反向的平行载流直导线，通过磁场的作用，将互相排斥，而每一导线单位长度所受的斥力的大小与这两电流同方向时的引力相等.

由于电流比电荷量更容易测定，在国际单位制中把安培定为基本单位，定义如下：**真空中相距 1 m 的两无限长而圆截面极小的平行直导线中载有相等的电流，若在每米长度导线上的相互作用力正好等于 2×10^{-7} N，则导线中的电流定义为 1 A.**

在国际单位制中，真空磁导率 μ_0 是导出量. 根据安培的定义，在式(8-52)中 $a=1$ m，$I_1=I_2=1$ A，$\mathrm{d}F_{21}/\mathrm{d}l=2\times10^{-7}$ N/m，从而可得

$$\mu_0=4\pi\times10^{-7}\ \mathrm{N/A^2}=4\pi\times10^{-7}\ \Omega\cdot\mathrm{s/m}=4\pi\times10^{-7}\ \mathrm{H/m}$$

其中 $\Omega\cdot$s 是自感 L 的单位，用 H(亨利)表示(参看 §9-4).

四、磁场力的功

载流导线或载流线圈在磁场内受到磁场力(安培力)或磁力矩的作用，因此，当导线或线圈的位置与方位改变时，磁场力就做了功. 下面从一些特殊情况出发，建立磁场力做功的一般公式.

1. 载流导线在磁场中运动时磁场力所做的功

设有一均匀磁场，磁感应强度 $\boldsymbol{B}$ 的方向垂直于纸面向外，如图 8-46 所示. 磁场中有一载流的闭合电路 $abcd$(设在纸面上)，电路中的导线 ab 长度为 L，可以沿着 da 和 cb 滑动. 假定当 ab 滑动时，电路中电流 I 保持不变，根据安培定律，载流导线 ab 在磁场中所受的安培力 $\boldsymbol{F}$ 的方向如图所示. $\boldsymbol{F}$ 的大小为

$$F=BIL$$

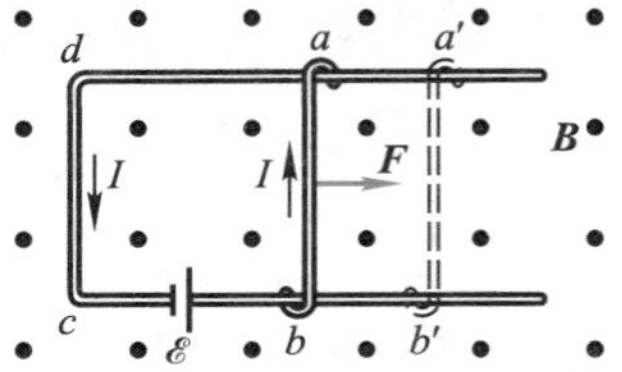

图 8-46 磁场力所做的功

在力 $\boldsymbol{F}$ 的作用下，ab 将从初始位置沿着力 $\boldsymbol{F}$ 的方向移动，当移动到位置 $a'b'$ 时磁场力 $\boldsymbol{F}$ 所做的功

$$A=F\,|aa'|=BIL\,|aa'|$$

当导线在初始位置 ab 和在终了位置 $a'b'$ 时，通过回路磁通量的增量为

$$\Delta\Phi=BL\,|aa'|$$

由此可知在导线移动中，磁场力所做的功为

$$A=I\Delta\Phi \tag{8-53}$$

这一关系式说明，当载流导线在磁场中运动时，如果电流保持不变，磁场力所做的功等于电流乘以通过回路所环绕的面积内磁通量的增量.

2. 载流线圈在磁场内转动时磁场力所做的功

设有一载流线圈在磁场内转动，设法使线圈中的电流维持不变，现在来计算线圈转动时磁场力所做的功.

参看图 8-47，设线圈转过极小的角度 $\mathrm{d}\varphi$，使 $\boldsymbol{e}_n$ 与 $\boldsymbol{B}$ 之间的夹角从 φ 增为 $\varphi+\mathrm{d}\varphi$. 按公式(8-51)，磁力矩 $M=BIS\sin\varphi$，所以磁力矩所做的功

$$\mathrm{d}A=-M\mathrm{d}\varphi=-BIS\sin\varphi\mathrm{d}\varphi=BIS\mathrm{d}(\cos\varphi)=I\mathrm{d}(BS\cos\varphi)$$

式中的负号表示磁力矩做正功时将使 φ 减小. 因为 $BS\cos\varphi$ 表示通过线圈的磁通量，故 $\mathrm{d}(BS\cos\varphi)$ 就表示线圈转过 $\mathrm{d}\varphi$ 后磁通量的增量 $\mathrm{d}\Phi$. 所以上式也可写成

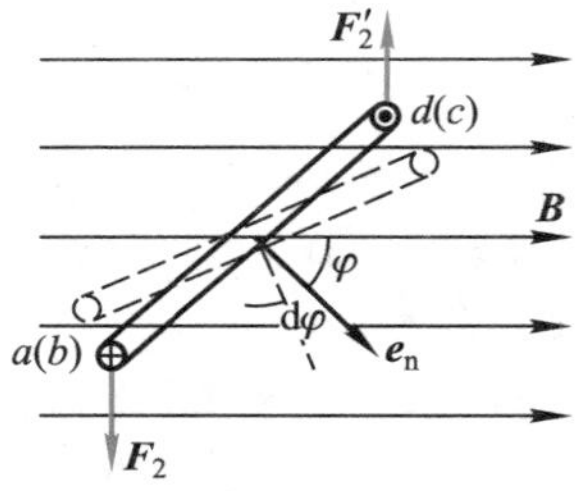

图 8-47 磁力矩所做的功

$$\mathrm{d}A=I\mathrm{d}\Phi \tag{8-54}$$

当上述载流线圈从 φ_1 转到 φ_2 时，按上式积分后得磁力矩所做的总功

$$A=\int_{\Phi_1}^{\Phi_2}I\mathrm{d}\Phi=I(\Phi_2-\Phi_1)=I\Delta\Phi \tag{8-55}$$

式中的 Φ_1 和 Φ_2 分别表示线圈在 φ_1 和 φ_2 时通过线圈的磁通量.

可以证明，一个任意的闭合电流回路在磁场中改变位置或形状时，如果保持回路中电流不变，则磁场力或磁力矩所做的功都可按 $A=I\Delta\Phi$ 计算，亦即磁场力或磁力矩所做的功等于电流乘以通过载流线圈的磁通量的增量，这是磁场力做功

的一般表示.

最后必须指出,因为恒定磁场不是保守力场,磁场力的功不等于磁场能量的减少. 但是归根到底,洛伦兹力是不做功的,磁场力所做的功是消耗电源的能量来完成的,这个问题将在 § 9-2 中讨论.

例题 8-10

如图 8-48 所示,长方形线圈 $OPQR$ 可绕 y 轴转动,边长 $l_1=6$ cm,$l_2=8$ cm. 线圈中的电流为 10 A,方向沿 $OPQRO$,线圈所在处的磁场是均匀的,磁感应强度为 0.02 T,方向平行于 Ox 轴. (1) 如果使线圈的平面与磁感应强度成 $\theta=30°$ 角,求此时线圈每边所受的安培力以及线圈所受的磁力矩;(2) 当线圈由(1)中的位置转至平衡位置时,求磁场力的功.

解 (1) 根据式(8-50)有

OP 所受的磁场力(沿 Oz 轴负方向):$F_1=BIl_2\sin 90°=1.6\times10^{-2}$ N

QR 所受的磁场力(沿 Oz 轴正方向):$F_2=BIl_2\sin 90°=1.6\times10^{-2}$ N

PQ 所受的磁场力(沿 Oy 轴正方向):$F_3=BIl_1\sin\theta=0.6\times10^{-2}$ N

RO 所受的磁场力(沿 Oy 轴负方向):$F_4=BIl_1\sin(\theta+90°)=0.6\times10^{-2}$ N

磁力矩 $M=F_1l_1\cos 30°=8.3\times10^{-4}$ N · m 或 $M=BIS\sin\varphi=8.3\times10^{-4}$ N · m

磁力矩使线圈顺时针转动(面对 Oy 轴方向看去).

(2) 线圈在 $\theta=30°$时,通过线圈平面的磁通量

$$\Phi_1=BS\cos\varphi=4.8\times10^{-5}\ \text{Wb}$$

线圈转至平衡位置时 $\varphi=0$,通过线圈平面的磁通量

$$\Phi_2=0.02\times0.06\times0.08\times\cos 0°\ \text{Wb}=9.6\times10^{-5}\ \text{Wb}$$

所以在这个运动过程中磁场力做功

$$A=I(\Phi_2-\Phi_1)=4.8\times10^{-4}\ \text{J}$$

磁场力做正功.

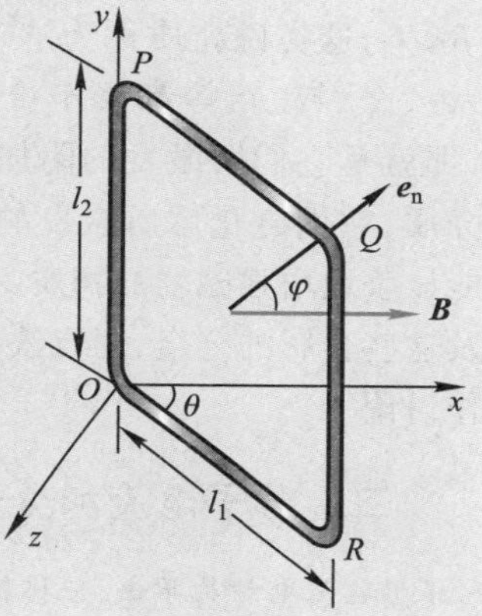

图 8-48

复习思考题

8-6-1 一个弯曲的载流导线在均匀磁场中应如何放置才不受磁场力的作用?

8-6-2 在一均匀磁场中,有两个面积相等、通有相同电流的线圈,一个是三角形,一个是圆形. 这两个线圈所受的磁力矩是否相等? 所受的最大磁力矩是否相等? 所受磁场力的合力是否相等? 两线圈的磁矩是否相等? 当它们在磁场中处于稳定位置时,由线圈中电流所激发的磁场的方向与外磁场的方向是相同、相反还是相互垂直?

8-6-3 两根彼此绝缘的长直载流导线交叉放置,电流方向如图所示,可绕垂直于它们所在平面的轴转动. 问它们将如何转动?

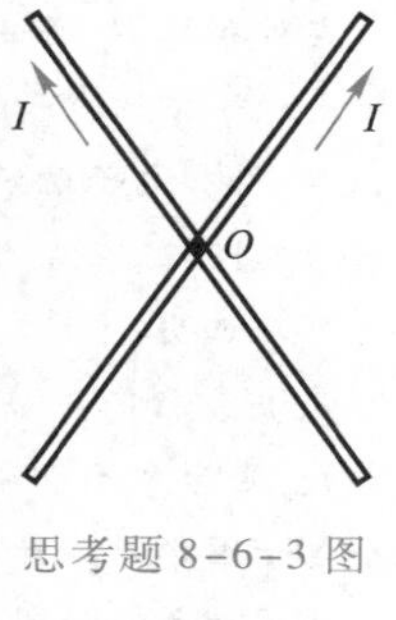

思考题 8-6-3 图

§8-7 磁场中的磁介质

一、磁介质

处于磁场中的实物物质，都会呈现出不同程度的磁性，我们把物质具有磁性的过程称为磁化（magnetization）．一切能够被磁化的实物统称为磁介质（magnetic material）．设某一电流分布在真空中所激发磁场的磁感应强度为 $\boldsymbol{B}_0$，磁场中放进了某种磁介质后，磁化了的磁介质所激发附加磁场的磁感应强度 $\boldsymbol{B}'$，这时磁场中任一点的磁感应强度 $\boldsymbol{B}$ 等于 $\boldsymbol{B}_0$ 和 $\boldsymbol{B}'$ 的矢量和，即

$$\boldsymbol{B}=\boldsymbol{B}_0+\boldsymbol{B}' \tag{8-56}$$

由于磁介质的磁化特性不同，有一些磁介质磁化后使磁介质中的磁感应强度 B 稍大于 B_0，即 $B>B_0$，这类磁介质称为顺磁质（paramagnetic material），例如锰、铬、铂、氮等都属于顺磁质；另一些磁介质磁化后使磁介质中的磁感应强度 B 稍小于 B_0，即 $B<B_0$，这类磁介质称为抗磁质（diamagnetic material），例如水银、铜、铋、硫、氯、氢、银、金、锌、铅等都属于抗磁质．一切抗磁质以及大多数顺磁质都有一个共同点，那就是它们所激发的附加磁场极其微弱，B 和 B_0 相差很小．此外还有另一类磁介质，它们磁化后所激发的附加磁场的磁感应强度 B' 远大于 B_0，使得 $B\gg B_0$，这类能显著地增强磁场的物质，称为铁磁质（ferromagnetic material），例如铁、镍、钴、钆以及这些金属的合金，还有铁氧体等物质都是铁磁质．铁磁质的特性将在§8-9 中再作讨论．

*二、分子电流和分子磁矩

根据物质电结构学说，任何物质（实物）都是由分子、原子组成的，而分子或原子中任何一个电子都同时参与两种运动：一种是环绕原子核的轨道运动，另一种是电子本身的自旋运动．这两种运动都等效于一个电流分布，因而能产生磁效应．把分子或原子看作一个整体，分子或原子中各个电子对外界所产生磁效应的总和，可用一个等效的圆电流表示，统称为分子电流．这种分子电流具有一定的磁矩，称为分子磁矩（molecular magnetic moment），用符号 $\boldsymbol{m}_{分子}$ 表示．

在外磁场 $\boldsymbol{B}_0$ 作用下，分子或原子中和每个电子相联系的磁矩都受到磁力矩的作用，由于分子或原子中的电子以一定的角动量作高速转动，这时，每个电子除了保持上述两种运动以外，还要附加电子磁矩以外磁场方向为轴线的转动，称为电子的进动．这与力学中所讲的高速旋转着的陀螺，在重力矩的作用下，以重力方向为轴线所作的进动十分相似（见图 8-49）．

可以证明：不论电子原来的磁矩与磁场方向之间的夹角是何值，在外磁场 B_0 中，电子角动量 L 进动的转向总是和 B_0 的方向构成右手螺旋关系（见图8-49）．电子的进动也相当于一个圆电流，因为电子带负电，这种等效圆电流的磁矩的方向永远与 B_0 的方向相反．原子或分子中各个电子因进动而产生的磁效应的总和也可用一个等效的分子电流的磁矩来表示，因进动而产生的等效电流的磁矩称为附加磁矩，用 $\Delta\boldsymbol{m}_{分子}$ 表示．

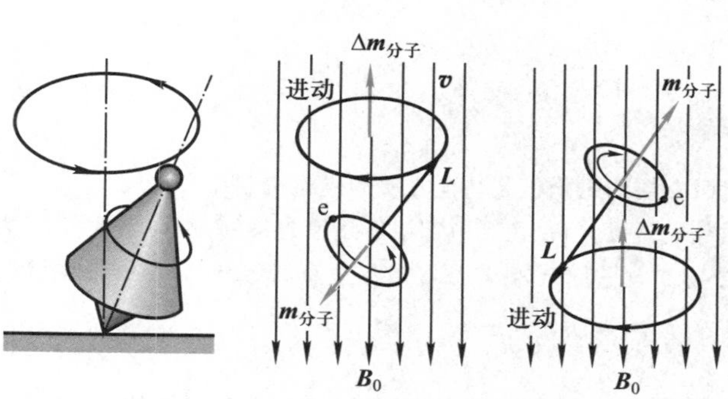

图 8-49 在外磁场中电子的进动和附加磁矩

*三、抗磁质的磁化

在抗磁质中，每个原子或分子中所有电子的轨道磁矩(orbital magnetic moment)和自旋磁矩(spin magnetic moment)的矢量和等于零，在外磁场 $\boldsymbol{B}_0$ 中电子轨道运动的平面在磁场中会发生进动，而且其轨道角动量进动的方向在任何情况下都是沿着磁场的方向，和电子轨道运动的速度方向无关，并在同一外磁场 $\boldsymbol{B}_0$ 中以相同的角速度进动. 因此，这时抗磁质中每个分子或原子中所有的电子形成一个整体绕外磁场的进动，从而产生一个附加磁矩 $\Delta\boldsymbol{m}_{分子}$，$\Delta\boldsymbol{m}_{分子}$ 的方向与 $\boldsymbol{B}_0$ 的方向相反，大小与 $\boldsymbol{B}_0$ 的大小成正比. 这样，抗磁材料在外磁场的作用下，磁体内任一体积元中大量分子或原子的附加磁矩的矢量和 $\sum\Delta\boldsymbol{m}_{分子}$ 有一定的量值，结果在磁体内激发一个和外磁场方向相反的附加磁场，这就是抗磁性的起源.

抗磁性起源于外磁场对电子轨道运动作用，应该在任何原子或分子的结构中都会产生，因此它是一切磁介质所共有的性质.

*四、顺磁质的磁化

对顺磁质而言，虽然每个原子或分子有一定的磁矩，但由于分子的无规则热运动，各个分子磁矩排列的方向是十分纷乱的，对顺磁质内任何一个体积元来说，其中各分子的分子磁矩的矢量和 $\sum\boldsymbol{m}_{分子}=0$，因而对外界不显示磁效应. 在外磁场 $\boldsymbol{B}_0$ 的作用下，分子磁矩 $\boldsymbol{m}_{分子}$ 的大小不改变，但是外磁场 $\boldsymbol{B}_0$ 要促使 $\boldsymbol{m}_{分子}$ 绕磁场方向进动，并具有一定的能量①. 同时，介质中存在着大量原子或分子，由于这些原子或分子之间的相互作用和碰撞，促使分子磁矩 $\boldsymbol{m}_{分子}$ 改变方向，从而改变 $\boldsymbol{m}_{分子}$ 在外磁场中的能量状态. 一方面，从能量的角度来看，分子磁矩尽可能要处于低的能量状态，即 $\boldsymbol{m}_{分子}$ 与外磁场方向一致的状态；另一方面，分子热运动又破坏了分子磁矩沿磁场方向的有序排列. 当达到热平衡时，原子或分子的能量遵守玻耳兹曼分布，处在较低能量状态的原子数或分子数比高能量状态的要多，亦即其分子磁矩 $\boldsymbol{m}_{分子}$ 靠近外磁场方向的分子数较多. 显然，磁场越强，温度越低，分子磁矩 $\boldsymbol{m}_{分子}$ 排列也越整齐，这时，在顺磁质内部任取一体积元 ΔV，其中各分子磁矩的矢量和 $\sum\boldsymbol{m}_{分子}$ 将有一定的量值，因而在宏观上呈现出一个与外磁场同方向的附加磁场，这便是顺磁性的来源.

应当指出，顺磁质受到外磁场的作用后，其中的原子或分子也会产生抗磁性，但在通常情况下，多数顺磁质分子的附加磁矩 $\sum\Delta\boldsymbol{m}_{分子}$ 比 $\sum\boldsymbol{m}_{分子}$ 小很多，所以这些磁介质主要显示出

① 固有磁矩 $\boldsymbol{m}_{分子}$ 在外磁场中的能量为 $W_m=-\boldsymbol{m}_{分子}\cdot\boldsymbol{B}$，当 $\boldsymbol{m}_{分子}$ 与 $\boldsymbol{B}$ 方向相同时能量最低.

顺磁性.

复习思考题

8-7-1 试对磁介质的磁化机制与电介质的极化机制作一比较.

8-7-2 将磁介质做成针状,在其中部用细线吊起来,放在均匀磁场中,发现不同的磁介质针静止时或者与磁场方向平行,或者与磁场方向垂直,试判断处于哪个位置的是顺磁质?哪个位置的是抗磁质?

§8-8 有磁介质时的安培环路定理和高斯定理 磁场强度

一、磁化强度

为了表征磁介质磁化的程度,与讨论电介质时定义极化强度一样引进一个物理量,叫做磁化强度(magnetization). 在被磁化后的磁介质内,任取一体积元 ΔV,在此体积元中所有分子固有磁矩的矢量和 $\sum \boldsymbol{m}_{分子}$ 加上附加磁矩的矢量和 $\sum \Delta\boldsymbol{m}_{分子}$ 与该体积元的比值,即单位体积内分子磁矩的矢量和,称为磁化强度,用 $\boldsymbol{M}$ 表示.

$$\boldsymbol{M}=\frac{\sum \boldsymbol{m}_{分子}+\sum \Delta\boldsymbol{m}_{分子}}{\Delta V} \tag{8-57}$$

对于顺磁质,$\sum \Delta\boldsymbol{m}_{分子}$ 可以忽略;对于抗磁质,$\sum \boldsymbol{m}_{分子}=\boldsymbol{0}$;对于真空,$\boldsymbol{M}=\boldsymbol{0}$. 如果在介质中各点的 $\boldsymbol{M}$ 相同,就称磁介质被均匀磁化. 在国际单位制中,$\boldsymbol{M}$ 的单位是 A/m.

顺磁质经磁化后,$\boldsymbol{M}$ 的方向与该处的磁场 $\boldsymbol{B}$ 的方向一致,它在磁介质内所激发的附加磁场 $\boldsymbol{B}'$ 的方向也与 $\boldsymbol{B}_0$ 的方向相同. 抗磁质经磁化后,$\boldsymbol{M}$ 的方向与该处磁场 $\boldsymbol{B}$ 的方向相反,它在磁介质内所激发的附加磁场 $\boldsymbol{B}'$ 的方向也与 $\boldsymbol{B}_0$ 的方向相反. 磁介质的磁化情况,可以用磁化强度 $\boldsymbol{M}$ 来描述,也可以用磁化电流来反映. 磁化电流实质上是分子电流的宏观表现,它与磁化强度 $\boldsymbol{M}$ 之间必然存在一定的联系. 下面,我们将用直观的方法找出宏观的磁化强度与磁化电流之间的关系.

为简单计,我们选一特例来讨论. 设有一"无限长"的载流直螺线管,管内充满均匀磁介质,电流在螺线管内激发均匀磁场. 在此磁场中磁介质被均匀磁化,这时磁介质中各个分子磁矩方向与磁场方向平行,图 8-50 表示磁介质内任一截面上分子电流排列的情况. 从图 8-50(c)和(d)中可以看出,在磁介质内部任意一点处,总是有两个方向相反的分子电流通过,结果相互抵消;只有在截面边缘处,分子电流未被抵消,形成与截面边缘重合的圆电流. 对磁介质的整体来说,未被抵消的分子电流是沿着柱面流动的,称为安培表面电流(或叫磁化面电流). 对顺磁质,安培表面电流和螺线管上导线中的电流 I 方向相同;对抗磁质,则两者方向相反. 图 8-50 所示的是顺磁质的情况.

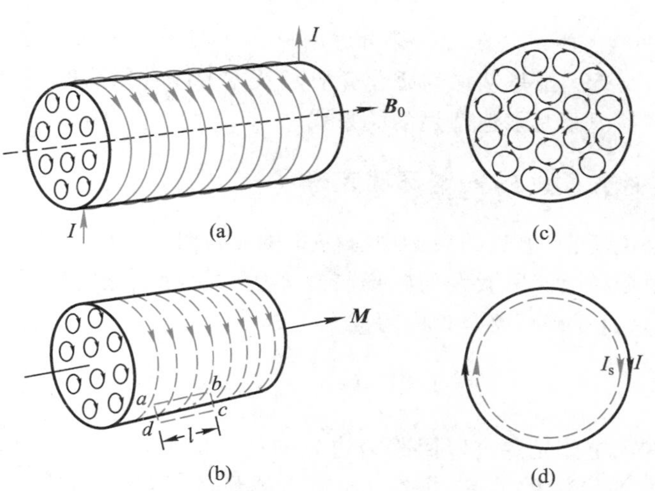

图 8-50 均匀磁化的磁介质中的分子电流

设 α_s 为圆柱形磁介质表面上单位长度的磁化面电流，即磁化面电流的线密度，S 为磁介质的截面积，l 为所选取的一段磁介质的长度. 在 l 长度上，表面电流的总量值为 $I_s=\alpha_s l$，因此在这段磁介质总体积 Sl 中的总磁矩为

$$\sum \boldsymbol{m}_{\text{分子}}=I_s\boldsymbol{S}=\alpha_s l\boldsymbol{S}$$

按定义，M 为单位体积内的磁矩，所以

$$M=\frac{\left|\sum \boldsymbol{m}_{\text{分子}}\right|}{V}=\frac{\alpha_s Sl}{Sl}=\alpha_s \tag{8-58}$$

即磁介质表面某处的磁化面电流线密度的大小等于该处磁化强度的量值，上述结果是从均匀磁介质被均匀磁化的特例导出的，在一般情况中，应该是磁介质表面上磁化面电流线密度应等于该处磁化强度的切线分量. 而且在非均匀磁介质的内部，由于排列着的分子电流未能相互抵消，此时磁体内各点都有磁化电流.

为了求得磁化电流与磁化强度的联系，我们来计算磁化强度对闭合回路的线积分 $\oint \boldsymbol{M}\cdot \mathrm{d}\boldsymbol{l}$ 与磁化电流的关系. 仍用前述特例，在图 8-50(b) 所示的圆柱形磁介质的边界附近，取一长方形闭合回路 $abcd$，ab 边在磁介质内部，它平行于柱体轴线，长度为 l，而 bc、ad 两边则垂直于柱面. 在磁介质内部各点处，$\boldsymbol{M}$ 都沿 ab 方向且大小相等，在柱外各点处 $\boldsymbol{M}=\boldsymbol{0}$. 所以 $\boldsymbol{M}$ 沿 bc、cd、da 三边的积分为零，因而 $\boldsymbol{M}$ 对闭合回路 $abcd$ 的积分等于 $\boldsymbol{M}$ 沿 ab 边的积分，即

$$\oint \boldsymbol{M}\cdot \mathrm{d}\boldsymbol{l}=\int_a^b \boldsymbol{M}\cdot \mathrm{d}\boldsymbol{l}=M\,|ab|=Ml$$

将 $M=\alpha_s$[式(8-58)]代入后得

$$\oint \boldsymbol{M}\cdot \mathrm{d}\boldsymbol{l}=\alpha_s l=I_s \tag{8-59}$$

这里，$\alpha_s l=I_s$ 就是通过以闭合回路 $abcd$ 为边界的任意曲面的总磁化电流，所以

式(8-59)表明磁化强度对闭合回路的线积分等于通过回路所包围的面积内的总磁化电流. 式(8-59)虽是从均匀磁化介质及长方形闭合回路的简单特例导出的,但却是在任何情况下都普遍适用的关系式.

二、有磁介质时的安培环路定理

前面已经说明,当电流的磁场中有磁介质存在时,空间任一点的磁感应强度 $\boldsymbol{B}$ 等于导线中传导电流所激发的磁场与磁介质磁化后磁化电流所激发的附加磁场的矢量和,这时安培环路定理应写成

$$\oint \boldsymbol{B} \cdot \mathrm{d}\boldsymbol{l}=\mu_0\left(\sum I+I_{\mathrm{s}}\right) \tag{8-60}$$

等式右边的两项电流是穿过以回路为边界的任一曲面的总电流,即传导电流 $\sum I$ 和磁化电流 I_{s} 的代数和. 一般说来,I 是可以测量的,可认为它是已知的;而 I_{s} 不能事先给定,也无法直接测量,它依赖于介质磁化的情况,而介质的磁化情况又依赖于磁介质中的磁感应强度 $\boldsymbol{B}$,因此直接求解方程(8-60)很困难. 为了解决这一困难,我们利用关系式(8-59)将式(8-60)改写成

$$\oint \boldsymbol{B} \cdot \mathrm{d}\boldsymbol{l}=\mu_0\left(\sum I+\oint \boldsymbol{M} \cdot \mathrm{d}\boldsymbol{l}\right)$$

或

$$\oint\left(\frac{\boldsymbol{B}}{\mu_0}-\boldsymbol{M}\right) \cdot \mathrm{d}\boldsymbol{l}=\sum I$$

然后引进一个新的物理量,称为磁场强度(magnetic field strength),用符号 $\boldsymbol{H}$ 表示(通常称为 $\boldsymbol{H}$ 矢量),定义为

$$\boldsymbol{H}=\frac{\boldsymbol{B}}{\mu_0}-\boldsymbol{M} \tag{8-61}$$

这样,便有下列简单的形式:

$$\oint \boldsymbol{H} \cdot \mathrm{d}\boldsymbol{l}=\sum I \tag{8-62}$$

式(8-62)称为有磁介质时的安培环路定理,它表明 $\boldsymbol{H}$ 矢量的环流只和传导电流 I 有关,而在形式上与磁介质的磁性无关. 因此引入磁场强度 $\boldsymbol{H}$ 这个物理量以后,在磁场分布具有高度对称性时,能够使我们比较方便地处理有磁介质时的磁场问题. 安培环路定理和恒定磁场的另一普遍规律——磁场中的高斯定理一起,是处理恒定磁场问题的基本定理.

在国际单位制中,$\boldsymbol{H}$ 的单位是 A/m.

式(8-61)表示了磁介质中任一点处磁感应强度 $\boldsymbol{B}$、磁场强度 $\boldsymbol{H}$ 和磁化强度 $\boldsymbol{M}$ 之间的普遍关系,对于非均匀磁介质,甚至铁磁质都能适用. 但是,磁化强度 $\boldsymbol{M}$ 不仅和磁介质的性质有关,也和磁介质所在处的磁场有关. 我们定义

$$\chi_{\mathrm{m}}=\frac{M}{H} \tag{8-63}$$

为磁介质的磁化率（magnetic susceptibility），是一与磁介质的性质有关的物理量. 因为 $\boldsymbol{M}$ 和 $\boldsymbol{H}$ 所用的量纲相同，所以磁化率 χ_m 是量纲为 1 的量. 如果磁介质是均匀的，则 χ_m 是常量；如果磁介质是不均匀的，则 χ_m 是空间位置的函数. 对于顺磁质，$\chi_m>0$，磁化强度 $\boldsymbol{M}$ 和磁场强度 $\boldsymbol{H}$ 的方向相同；对于抗磁质，$\chi_m<0$，磁化强度 $\boldsymbol{M}$ 和磁场强度 $\boldsymbol{H}$ 的方向相反. 式(8-63)又可写为

$$\boldsymbol{M}=\chi_m \boldsymbol{H} \tag{8-64}$$

将其代入式(8-61)中可解得

$$\boldsymbol{B}=\mu_0\boldsymbol{H}+\mu_0\boldsymbol{M}=\mu_0(1+\chi_m)\boldsymbol{H} \tag{8-65}$$

通常令

$$\boxed{\mu_r=1+\chi_m} \tag{8-66}$$

μ_r 称为该磁介质的相对磁导率（relative permeability）. 于是式(8-65)可写成

$$\boldsymbol{B}=\mu_0\mu_r\boldsymbol{H}=\mu\boldsymbol{H} \tag{8-67}$$

式中 $\mu=\mu_0\mu_r$ 称为磁介质的磁导率（permeability）. 对于真空中的磁场来说，由于 $\boldsymbol{M}=\boldsymbol{0}$，所以“真空”的 $\mu_r=1$，$\chi_m=0$. 真空中各点处的磁场强度 H 等于该点磁感应强度 B 的 $1/\mu_0$ 倍，即 $\boldsymbol{H}=\boldsymbol{B}/\mu_0$.

磁介质的磁化率 χ_m、相对磁导率 μ_r、磁导率 μ 都是描述磁介质磁化特性的物理量，只要知道三个量中的任一个量，该介质的磁性就完全清楚了.

所有顺磁质、抗磁质的磁化率都很小，其相对磁导率几乎等于 1，这说明外加磁场对它们只产生微弱的影响. 表 8-1 中列出了一部分顺磁质和抗磁质的磁化率.

对于铁磁质来说，铁磁质中任一点处的 $\boldsymbol{B}$、$\boldsymbol{M}$、$\boldsymbol{H}$ 三矢量之间的普遍关系仍采用定义式(8-61)，但是，实验发现铁磁质中 $\boldsymbol{B}$ 与 $\boldsymbol{H}$ 以及 $\boldsymbol{M}$ 与 $\boldsymbol{H}$ 之间并没有线性的正比关系，甚至不存在单值关系，虽然在形式上仍引用式(8-64)和式(8-67)，但式中铁磁质的磁导率 μ、相对磁导率 μ_r 和磁化率 χ_m 都不是常量. 在 § 8-9 中，将从实验出发讨论铁磁质的磁化特性，并介绍形成这种特性的内在机制.

表 8-1　顺磁质、抗磁质的磁化率

顺磁质	T/K	$\chi_m/10^{-5}$	抗磁质	T/K	$\chi_m/10^{-5}$
明矾（含铁）	4	4 830	水	293	-0.91
明矾（含铁）	293	66	水银	293	-2.9
氧（液态）	90	152	银	293	-2.6
氧气	293	0.19	碳（含钼）	293	-2.1
钠	293	0.72	铅	293	-1.8
铂	293	26	岩盐	293	-1.4
铝	293	2.2	铜	293	-1.0

最后，为了能形象地表示出磁场中 $\boldsymbol{H}$ 矢量的分布，类似于用磁感应线描述磁场的方法，我们也可以引入 $\boldsymbol{H}$ 线来描述磁场，$\boldsymbol{H}$ 线与 $\boldsymbol{H}$ 矢量的关系规定如下：$\boldsymbol{H}$ 线上任一点的切线方向和该点 $\boldsymbol{H}$ 矢量的方向相同，$\boldsymbol{H}$ 线的密度（即在与 $\boldsymbol{H}$ 矢量垂直的单位面积上通过的 $\boldsymbol{H}$ 线数目）和该点 $\boldsymbol{H}$ 矢量的大小相等．从式（8-67）可见，在各向同性的均匀磁介质中，通过任何截面的磁感应线的数目是通过同一截面 $\boldsymbol{H}$ 线的 μ 倍．

例题 8-11

在均匀密绕的螺绕环内充满均匀的顺磁质，已知螺绕环中的传导电流为 I，单位长度内匝数为 n，环的横截面半径比环的平均半径小得多，磁介质的相对磁导率为 μ_r．求环内的磁场强度和磁感应强度．

解　如图 8-51 所示，在环内任取一点，过该点作一和环同心、半径为 r 的圆形回路，磁场强度 $\boldsymbol{H}$ 沿此回路的线积分为

$$\oint \boldsymbol{H}\cdot \mathrm{d}\boldsymbol{l}=NI$$

式中 N 是螺绕环上线圈的总匝数．由对称性可知，在所取圆形回路上各点的磁场强度的大小相等，方向都沿切线．于是

$$H2\pi r=NI$$

或

$$H=\frac{NI}{2\pi r}=nI$$

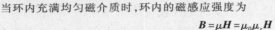

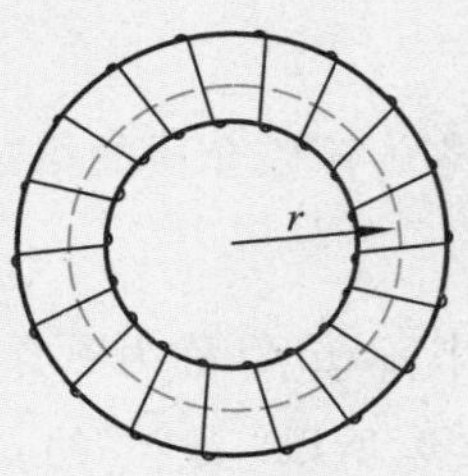

图 8-51　螺绕环内的磁场

当环内充满均匀磁介质时，环内的磁感应强度为

$$\boldsymbol{B}=\mu \boldsymbol{H}=\mu_0\mu_r \boldsymbol{H}$$

如果环内是真空，因真空的 $\mu_r=1$，所以环内的磁感应强度 $\boldsymbol{B}_0=\mu_0\boldsymbol{H}$．$\boldsymbol{B}$ 和 $\boldsymbol{B}_0$ 大小的比值为 $B/B_0=\mu_r$．由此可知，当环内充满均匀磁介质后，环内的磁感应强度改变到环内是真空时的 μ_r 倍，即

$$\frac{B}{B_0}=\mu_r$$

上式也可作为磁介质相对磁导率的定义，并在实验中利用这个定义式来测定 μ_r 值．在这里要特别指出，只有在均匀磁介质充满整个磁场时，才有 $B/B_0=\mu_r$ 的关系．

例题 8-12

若例 8-11 中磁介质的磁导率 $\mu=5.0\times10^{-4}$ Wb/(A·m)，单位长度内的匝数 $n=1\,000$ 匝/m，绕组中通有电流 $I=2.0$ A．再计算环内的（1）磁场强度 $\boldsymbol{H}$；（2）磁感应强度 $\boldsymbol{B}$；（3）磁介质的磁化强度 $\boldsymbol{M}$．

解　（1）利用例 8-11 计算结果，可得

$$H=nI=2.0\times10^{3}\ \mathrm{A/m}$$

（2）根据 H 和 B 的关系式，有

$$B=\mu H=\mu nI=1\ \mathrm{Wb/m^2}$$

$\boldsymbol{H}$ 与 $\boldsymbol{B}$ 的方向与电流流向构成右手螺旋关系．

(3) 由 $\boldsymbol{M}$、$\boldsymbol{H}$ 和 $\boldsymbol{B}$ 的普遍关系式可知

$$M=\frac{B-\mu_0 H}{\mu_0}=7.9\times10^5\ \text{A/m}$$

例题 8-13

如图 8-52 所示，一半径为 R_1 的无限长圆柱体（导体，$\mu\approx\mu_0$）中均匀地通有电流 I，在它外面有半径为 R_2 的无限长同轴圆柱面，两者之间充满着磁导率为 μ 的均匀磁介质，在圆柱面上通有相反方向的电流 I. 试求：(1) 圆柱体外圆柱面内一点的磁感应强度；(2) 圆柱体内一点的磁感应强度；(3) 圆柱面外一点的磁感应强度.

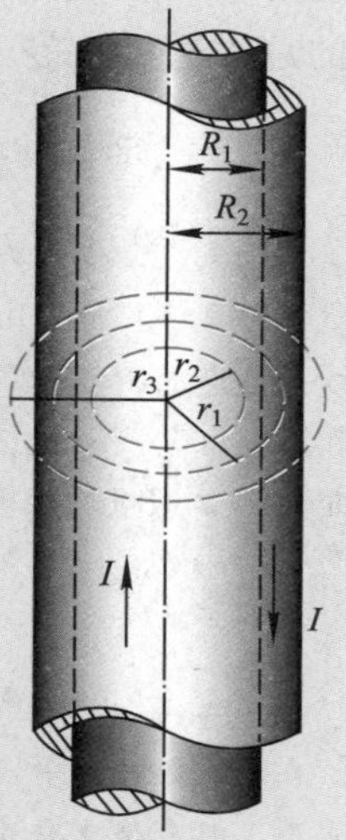

图 8-52　载流同轴圆柱体和圆柱面的磁场

解　(1) 当两个无限长的同轴圆柱体和圆柱面中有电流通过时，它们所激发的磁场是轴对称分布的，而磁介质亦呈相同的轴对称分布，因而不会改变场的这种对称分布. 设圆柱体外圆柱面内一点到轴的垂直距离是 r_1，以 r_1 为半径作一圆，取此圆为积分回路，根据安培环路定理有

$$\oint \boldsymbol{H}\cdot \mathrm{d}\boldsymbol{l}=H\int_0^{2\pi r_1}\mathrm{d}l=H2\pi r_1=I$$

$$H=\frac{I}{2\pi r_1}$$

由式(8-67)得

$$B=\mu H=\frac{\mu I}{2\pi r_1}$$

(2) 设在圆柱体内一点到轴的垂直距离为 r_2，则以 r_2 为半径作一圆，应用安培环路定理得

$$\oint \boldsymbol{H}\cdot \mathrm{d}\boldsymbol{l}=H\int_0^{2\pi r_2}\mathrm{d}l=H2\pi r_2=I\frac{\pi r_2^2}{\pi R_1^2}=I\frac{r_2^2}{R_1^2}$$

式中 $I\dfrac{\pi r_2^2}{\pi R_1^2}$ 是该环路所包围的电流部分，由此得

$$H=\frac{Ir_2}{2\pi R_1^2}$$

仍由 $B=\mu H$，得

$$B=\frac{\mu_0 Ir_2}{2\pi R_1^2}$$

(3) 在圆柱面外取一点，它到轴的垂直距离是 r_3，以 r_3 为半径作一个圆，应用安培环路定理，考虑到该环路中所包围的电流的代数和为零，所以得

$$\oint \boldsymbol{H}\cdot \mathrm{d}\boldsymbol{l}=H\int_0^{2\pi r_3}\mathrm{d}l=0$$

即　$$H=0$$

或　$$B=0$$

三、有磁介质时的高斯定理

当电流的磁场中有介质存在时，空间任一点的磁感应强度 $\boldsymbol{B}$ 为传导电流所激发的磁场 $\boldsymbol{B}_0$ 和磁化电流所激发的附加磁场 $\boldsymbol{B}'$ 的矢量和. 与传导电流一样，磁化电流所产生的磁场也遵循毕奥－萨伐尔定律和叠加原理，因此它也是有旋的无源场，即 $\oint_S \boldsymbol{B}' \cdot \mathrm{d}\boldsymbol{S}=0$. 由此可知

$$\oint_S \boldsymbol{B} \cdot \mathrm{d}\boldsymbol{S}=\oint_S (\boldsymbol{B}_0+\boldsymbol{B}') \cdot \mathrm{d}\boldsymbol{S}=0 \qquad (8-68)$$

这就是有磁介质时的高斯定理. 它表明，有磁介质存在的磁场中，通过任一闭合曲面的总磁通量总等于零.

复习思考题

8-8-1 试说明 $\boldsymbol{B}$ 与 $\boldsymbol{H}$ 的联系和区别，并与静电场中 $\boldsymbol{E}$ 和 $\boldsymbol{D}$ 的关系进行比较.

8-8-2 下面的几种说法是否正确，试说明理由：(1) 若闭合曲线内不包围传导电流，则曲线上各点的 $\boldsymbol{H}$ 必为零；(2) 若闭合曲线上各点的 $\boldsymbol{H}$ 为零，则该曲线所包围的传导电流的代数和为零；(3) 不论抗磁质与顺磁质，$\boldsymbol{B}$ 总是和 $\boldsymbol{H}$ 同方向；(4) 通过以闭合回路 L 为边界的任意曲面的 $\boldsymbol{B}$ 通量均相等；(5) 通过以闭合回路 L 为边界的任意曲面的 $\boldsymbol{H}$ 通量均相等.

*§8-9 铁 磁 质

在各类磁介质中，应用最广泛的是铁磁质. 因此，对铁磁质磁化性能的研究，无论在理论上或实用上都有很重要的意义. 概括起来说，铁磁质有下列一些特殊的性质：

(1) 能产生特别强的附加磁场 $\boldsymbol{B}'$，使铁磁质中的 B 远大于 B_0，其 $\mu_r=B/B_0$ 可达几百、甚至几千；

(2) 它们的磁化强度 $\boldsymbol{M}$ 和磁感应强度 $\boldsymbol{B}$ 不再是常矢量，没有简单的正比关系，其磁导率 μ（以及磁化率 χ_m）与磁场强度 $\boldsymbol{H}$ 的函数关系比较复杂；

(3) 磁化强度随外磁场而变，它的变化落后于外磁场的变化，而且在外磁场停止作用后，铁磁质仍能保留部分磁性；

(4) 一些铁磁质存在一特定的临界温度，称为居里点（Curie point），在温度达到居里点后，它们的磁性发生突变，转化为顺磁质，磁导率（或磁化率）和磁场强度 H 无关. 例如，铁的居里点是 1 040 K，镍的是 631 K，钴的是 1 388 K.

下面先从实验出发，介绍铁磁质的磁化特性，然后简单介绍形成其特殊磁性的内在原因和铁磁材料的一些应用.

一、磁化曲线和磁滞回线

磁感应强度 B 与磁场强度 H 的关系曲线，称为磁化曲线（magnetization curve），如图 8-53 中的实线所示. 从图中可知，B 与 H 成非线性关系，即开始时磁感应强度 B 随 H 的增加而显著地增大，当磁场强度 H 达到某个值后 B 的增大变得很缓慢. 如果仍用式 $B/H=\mu$ 来定义铁磁质的磁导率，则对应于起始磁化曲线上每一个 H 便有一个相应的 μ，此时铁磁质的 μ 不再是常量.

在图 8-53 中的虚线是某铁磁质的 μ 与 H 的关系曲线，由图可知，μ 值先随 H 的增加迅速增大，达到极大值后又逐渐减小，当 $H\to\infty$ 时趋近于 1. 由 $B-H$ 曲线可知，铁磁质的 μ 值可远大于 μ_0，在实际应用中，我们可应用各种方法，如提纯、热处理或改变成分来尽量增大 μ，这样就可用较小电流的磁场 H 获得较高的磁感应强度 B.

如果铁磁质经磁化达到饱和状态（B 不随 H 的增加而显著地增大）之后使 H 减小，这时 B 的值也要减小，但不沿原来的曲线下降，而是沿着另一条曲线 ab 段下降，对应的 B 值比上升时的值要大，说明铁磁质磁化过程是不可逆的过程. 当 $H=0$ 时，磁感应强度并不等于零，而是保留一定的大小 B_r，如图 8-54 的 b 点，这就是铁磁质的剩磁现象，B_r 称作剩余磁感应强度（remanent magnetic induction）. 为了消除剩磁，必须加上反方向磁场（在线圈中通入反向电流）. 当反向磁场 H 等于某一定值 H_c 时，如图 8-54 所示的 c 点，B 才等于零. 这个 H_c 值称为材料的矫顽力（coercive force）. 矫顽力 H_c 的大小反映了铁磁质保存剩磁状态的能力. 如再增强反方向的磁场，材料又可被反向磁化达到反方向的饱和状态，以后再逐渐减小反方向的磁场至零值时，B 和 H 的关系将沿 de 线段变化. 这时改变线圈中的电流方向，又引入正向磁场，则形成图 8-54 所示的闭合回线. 从图中可以看出，磁感应强度 B 值的变化总是落后于磁场强度 H 的变化，这种现象称为磁滞（magnetic hysteresis），是铁磁质的重要特性之一，$B-H$ 这个闭合曲线称为磁滞回线（magnetic hysteresis loop）. 磁滞回线的形状特征反映了铁磁质的磁性质，也决定了它们在工程上的用途.

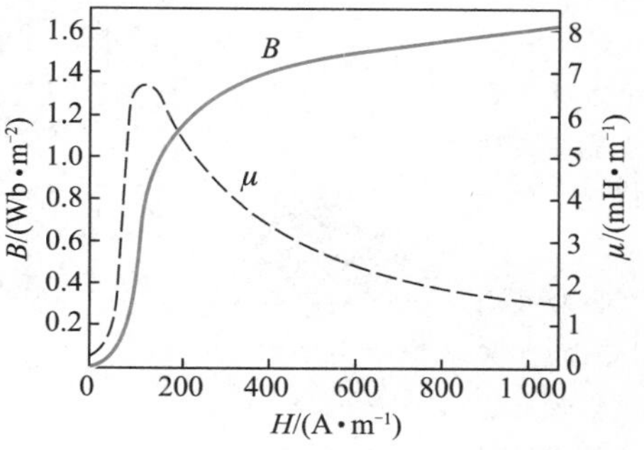

图 8-53 $B-H$ 曲线和 $\mu-H$ 曲线

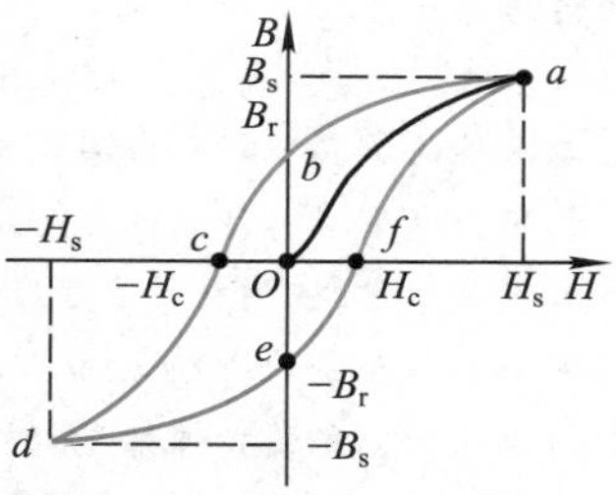

图 8-54 磁滞回线

二、磁畴

铁磁质的磁性不能用一般顺磁质的磁化理论来解释. 按铁磁质特殊磁性的现代理论，在铁磁质中，相邻铁原子中的电子间存在着非常强的交换耦合作用，这个相互作用促使相邻原子中电子的自旋磁矩平行排列起来，形成一个达到自发磁化饱和状态的微小区域，这些自发磁化的微小区域称为磁畴（magnetic domain）. 在没有外磁场作用时，在每个磁畴中原子的磁矩均取向同一方位，但对不同的磁畴其磁矩的取向各不相同，图 8-55 分别是单晶、多晶铁磁质磁畴结构示意图. 磁畴的这种排列方式使磁体能处于能量最小的稳定状态，因此对整个磁体来说，体内磁矩排列杂乱，任意无限小体积内的平均磁矩为零，在宏观上物体不显示磁性. 在外磁场作用下，磁矩与外磁场同方向排列时的磁能将低于磁矩与外磁场反向排列时的磁能，结果是自发磁化磁矩和外磁场成小角度的磁畴处于有利地位，这些磁畴体积逐渐扩大，而自发磁化磁矩与外磁场成较大角度的磁畴体积逐渐缩小. 随着外磁场的不断增强，取向与外磁场成较大角度的磁畴全部消失，留存的磁畴将向外磁场的方向旋转，以后再继续增加磁场，所有磁畴都沿外磁场方向整齐排列，这时磁化达到饱和. 当外磁场逐渐减弱到零值时，已被磁化的铁磁体内的各个磁畴由于受到阻碍它们转向的摩擦阻力，使它们不能逆原来的磁化规律恢复到磁化前的状态，从而使磁体内留有部分磁性，表现为剩磁现象. 图 8-56 是某单晶结构磁体磁化过程的示意图.

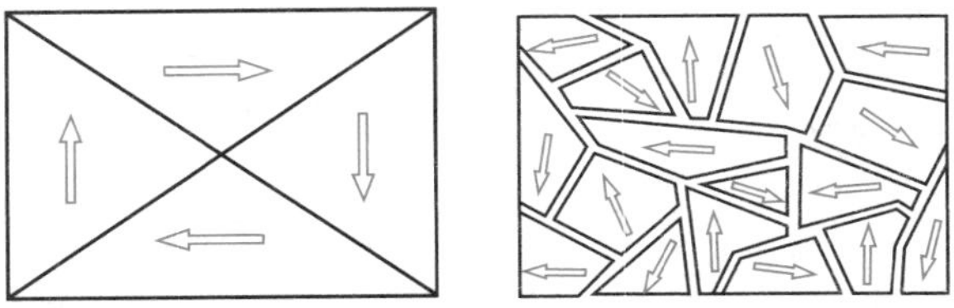

(a) 单晶磁畴结构示意图　　(b) 多晶磁畴结构示意图

图 8-55　磁畴

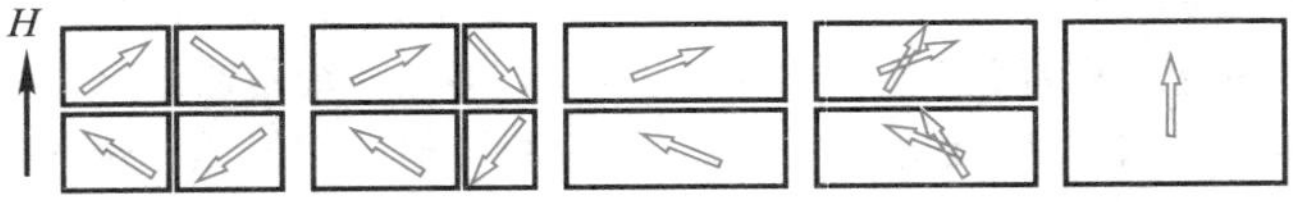

图 8-56　单晶结构铁磁质磁化过程示意图

根据铁磁质的磁畴观点，可解释高温和振动的去磁作用. 磁畴的形成是原子中电子自旋磁矩的自发有序排列，而在高温情况下，铁磁质中分子的热运动将会破坏磁畴内磁矩有规则的排列，当温度达到临界温度时，磁畴全部被破坏，铁磁质也就转为普通的顺磁质.

磁畴的存在已在实验中观察到. 在抛光的铁磁质表面上撒一层极细的铁粉，用金相显微镜可以直接观察到粉末沿着磁畴的边界积聚形成某种图形. 如图 8-57 所示的是金相显微镜下磁畴结构的照片.

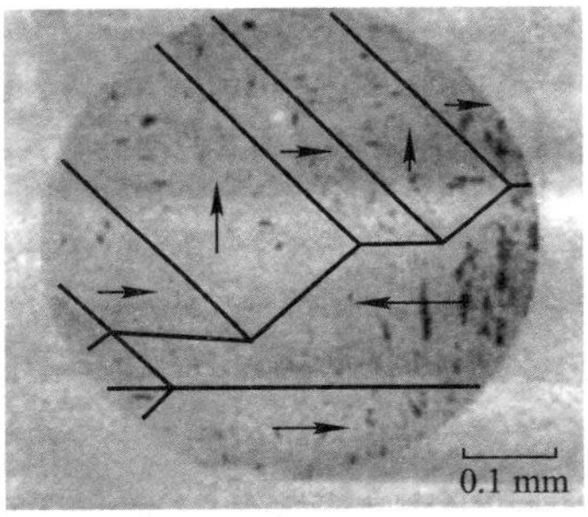

图 8-57　磁畴结构照片
箭头表示磁化方向

在工程应用中，铁磁质常置于交变磁场中. 实验发现变化的磁场方向也会使磁畴的晶格距离发生变化，这样铁磁质的长度和体积随之伸缩，去掉外磁场后，它又能恢复原来的长度. 这个现象叫做磁致伸缩. 虽然铁磁质的磁致伸缩线度很小，一般只有 10^{-6} 的数量级，但它在检测微小位移、产生振动或声波、实现电磁能（或电磁信息）与机械能（或机械位移与信息）的转化等方面有广泛的应用前景.

三、铁磁材料的分类

根据磁滞回线的不同，可以将铁磁材料区分为软磁材料（soft magnetic material）和硬磁材料（hard magnetic material）.

1. 软磁材料

软磁材料的特点是，磁滞回线成细长条形状（图 8-58），其矫顽力小（$H_c<10^2$ A/m），磁滞特性不显著，容易磁化，也容易退磁，适用于交变磁场，可用来制造变压器、继电器、电磁铁、电机的铁芯.

当铁磁材料在交变磁场的作用下反复磁化时，由于磁体内分子的状态不断改变，分子振动加剧导致磁体发热，温度升高，损耗了磁化电流的能量. 这种在反复磁化过程中能量的损失叫做磁滞损耗（hysteresis loss）. 理论和实践证明，磁滞回线所包围的面积越大，磁滞损耗也越大，这是十分有害的. 软磁材料由于其磁滞回线很细长，面积很小，因而磁滞损耗也比较小，适合于制造各种高频电磁元件的铁芯.

2. 硬磁材料

硬磁材料的特点是,矫顽力大($H_c>10^2$ A/m),剩磁 B_r 也大.这种材料的磁滞回线所包围的面积较宽(见图 8-59),磁滞特性显著,其磁滞回线所包围面积较大,磁滞损耗也就比较大,不适合在交变磁场中应用.但硬磁材料经磁化后保留有很强的剩磁,并且这种剩磁不易消除,所以它适合于制成永磁铁,例如磁电式电表、永磁扬声器、耳机、小型直流电机以及雷达中的磁控管等用的永磁铁都是由硬磁材料做成的.

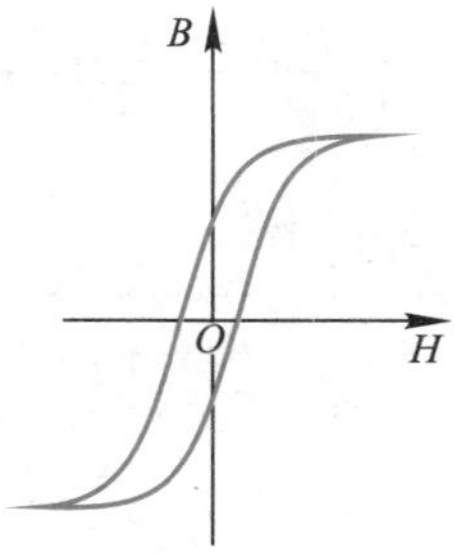

图 8-58 软磁材料磁滞回线

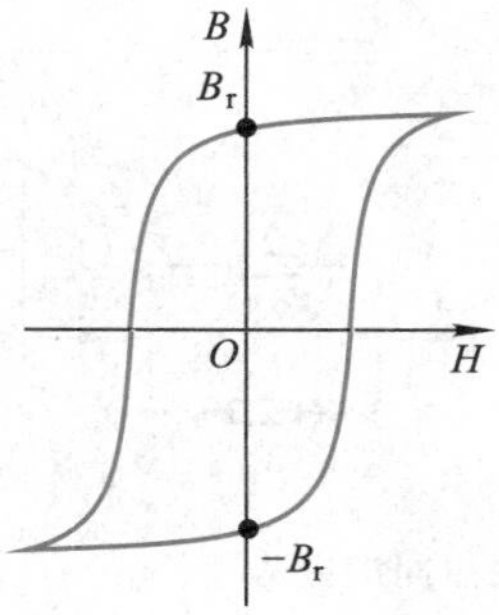

图 8-59 硬磁材料磁滞回线

在许多情况中,需要把磁场屏蔽掉.如同在导体中的空腔可以免受外部电场的影响一样,用铁磁材料做成的罩壳可以达到磁屏蔽的目的.这是因为铁磁材料的 μ 比空气的 μ(近似为 μ_0)大很多,按 $\boldsymbol{B}=\mu\boldsymbol{H}$ 知,在铁磁材料内的磁通密度(即 $\boldsymbol{B}$ 值)比周围空气要高得多,因此磁感应线很容易集中在铁磁材料内.所以把铁磁材料做成的罩壳放在磁场中,绝大部分磁感应线从铁磁材料内通过,而空腔内几乎没有磁感应线,从而起到了磁屏蔽的作用(见图 8-60).我国在明末清初刘献廷的《广阳杂记》中就已有了磁屏蔽的记载,说明先人很早就发现了铁的磁屏蔽作用.

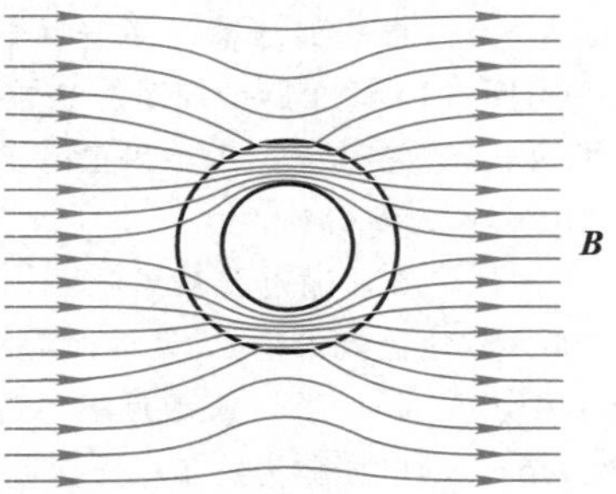

图 8-60 磁屏蔽

复习思考题

8-9-1 有两根铁棒,其外形完全相同,其中一根为磁铁,而另一根不是,你怎样辨别它们?不准将任一根棒作为磁针悬挂起来,亦不准使用其他的仪器.

8-9-2 试说出软磁材料和硬磁材料的主要区别及用途.

习 题

8-1 一铜棒的横截面积为 $20\times80\ \text{mm}^2$,长为 2.0 m,两端的电势差为 50 mV.已知铜的电导率 $\gamma=5.7\times10^7$ S/m.求:(1) 它的电阻;(2) 钢棒中的电流;(3) 钢棒中的电流密度;(4) 铜棒内的电场强度.

8-2 一导体球的半径为 10 cm,与其连接的一根细导线流入恒定电流 1.000 002 0 A,与其连接的另一根细导线则流出恒定电流 1.000 000 0 A.问:这个球的电势升到 1 000 V 需要多长时间?

8-3 一电路如习题 8-3 图所示，其中 B 点接地，$R_1=10.0\ \Omega$，$R_2=2.5\ \Omega$，$R_3=3.0\ \Omega$，$R_4=1.0\ \Omega$，$\mathscr{E}_1=6.0\ \text{V}$，$R_{i1}=0.40\ \Omega$，$\mathscr{E}_2=8.0\ \text{V}$，$R_{i2}=0.6\ \Omega$. 求：(1) 通过每个电阻的电流；(2) 每个电池的端电压；(3) A、D 两点间的电势差；(4) B、C 两点间的电势差；(5) A、B、C、D 各点的电势.

8-4 一电路如习题 8-4 图所示，$R_1=R_2=R_3=R_4=2\ \Omega$，$R_5=3\ \Omega$，$\mathscr{E}_1=12\ \text{V}$，$R_{i1}=1\ \Omega$，$\mathscr{E}_2=8\ \text{V}$，$R_{i2}=1\ \Omega$，$\mathscr{E}_3=9\ \text{V}$，$R_{i3}=1\ \Omega$. 求：

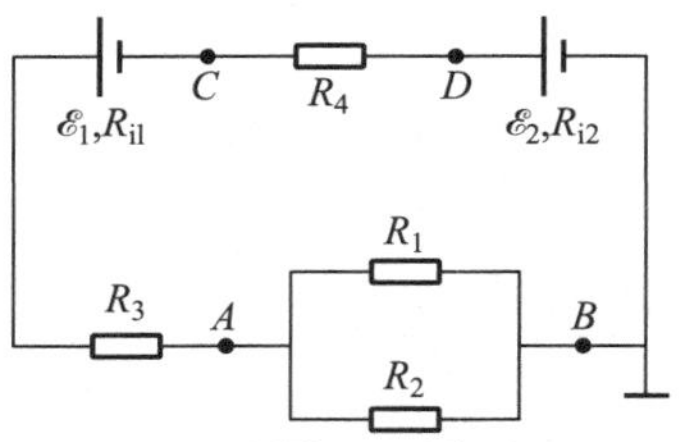

习题 8-3 图

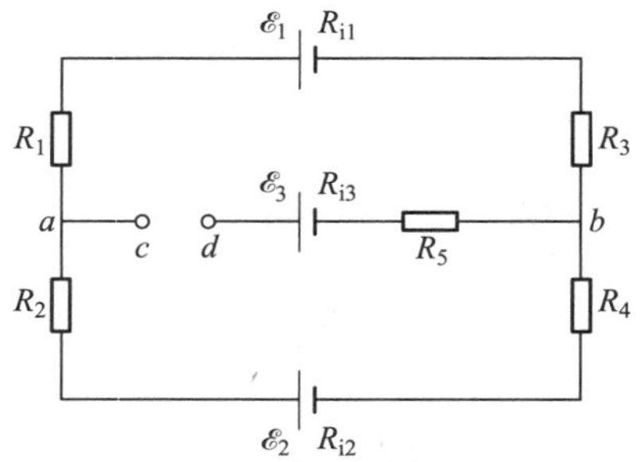

习题 8-4 图

(1) a、b 两点间的电势差；

(2) c、d 两点间的电势差；

(3) c、d 两点连接时，a、b 两点间电势差.

8-5 一直线加速器产生一脉冲电子束，脉冲电流为 0.50 A，而每个脉冲的持续时间为 0.1 μs，问：(1) 每个脉冲加速的电子数是多少？(2) 对于每秒产生 500 个脉冲的加速器而言，其平均电流为多大？(3) 如果把电子加速到 500 MeV 的能量，则该加速器输出的平均功率和峰值功率各为多少？

8-6 一高压输电线被风吹断，一端触及地面，从而使 200 A 的电流流入地内. 设地面为水平，土地的电导率 $\gamma=1.0\times10^{-2}\ \text{s/m}$. 当一人走近输电线的触地端，两脚间（约 0.6 m）的电压称为跨步电压（即习题 8-6 图中 U_{ab}）. 求距离触地端 1 m 和 10 m 处的跨步电压.

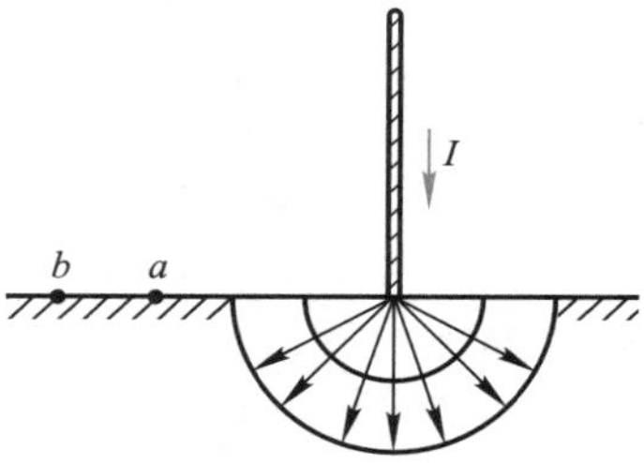

习题 8-6 图

8-7 一边长为 $l=0.15\ \text{m}$ 的立方体如习题 8-7 图所示放置，有一均匀磁场 $\boldsymbol{B}=(6\boldsymbol{i}+3\boldsymbol{j}+1.5\boldsymbol{k})\ \text{T}$ 通过立方体所在区域，计算：(1) 通过立方体上阴影面积的磁通量；(2) 通过立方体六面的总磁通量.

8-8 如习题 8-8 图所示，在磁感应强度为 $\boldsymbol{B}$ 的均匀磁场中，有一半径为 R 的半球面，$\boldsymbol{B}$ 与半球面轴线的夹角为 α. 求通过该半球面的磁通量.

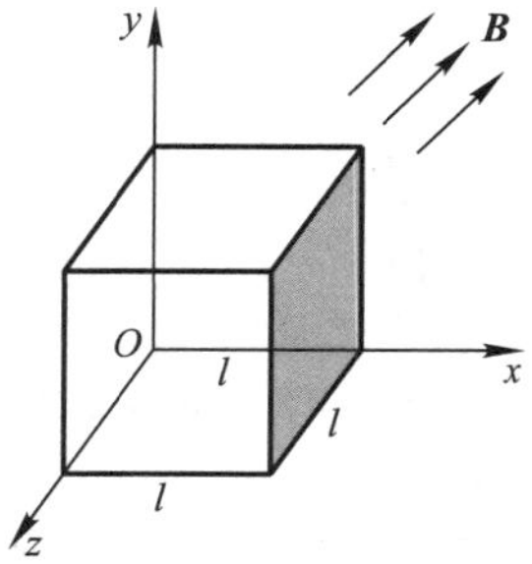

习题 8-7 图

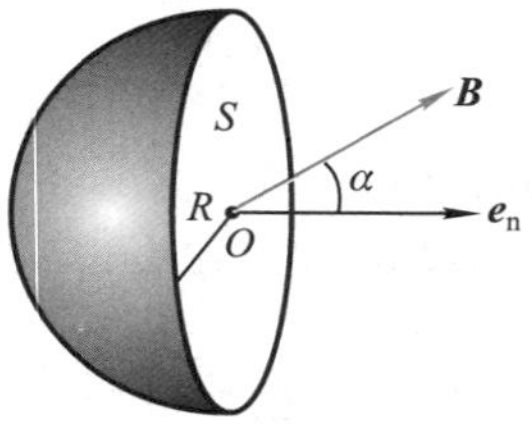

习题 8-8 图

8-9 两根长直导线互相平行地放置在真空中，如习题 8-9 图所示，其中通以同向的电流 $I_1=I_2=10\ \text{A}$. 试求 P 点的磁感应强度. 已知 P 点到两导线的垂直距离均为 0.5 m.

8-10 如习题 8-10 图所示的被折成钝角的长导线中通有 20 A 的电流. 求 A 点的磁感应强度. 设 $d=2\ \text{cm}$, $\alpha=120°$.

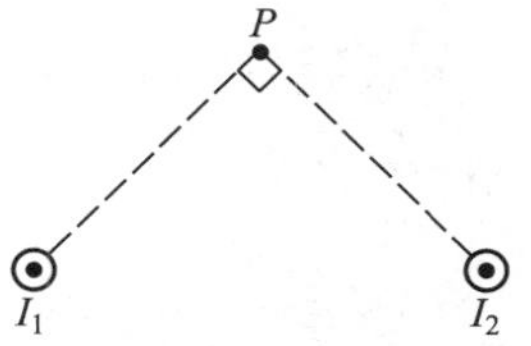

习题 8-9 图

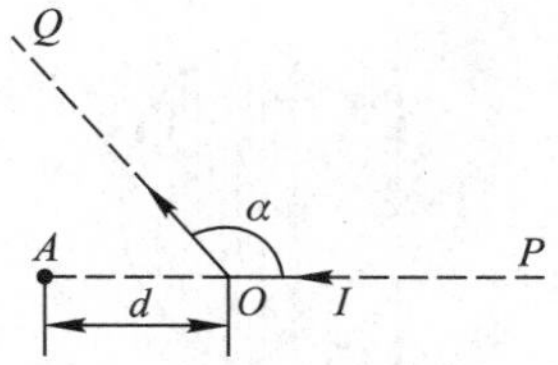

习题 8-10 图

8-11 高为 h 的等边三角形的回路载有电流 I，试求该三角形中心处的磁感应强度.

8-12 如习题 8-12 图所示，一根无限长直导线，通有电流 I，中部一段弯成圆弧形，求圆心处的磁感应强度的大小.

8-13 两根长直导线沿半径方向引到铁环上 A、B 两点，并与很远的电源相连，如习题 8-13 图所示. 求环中心的磁感应强度.

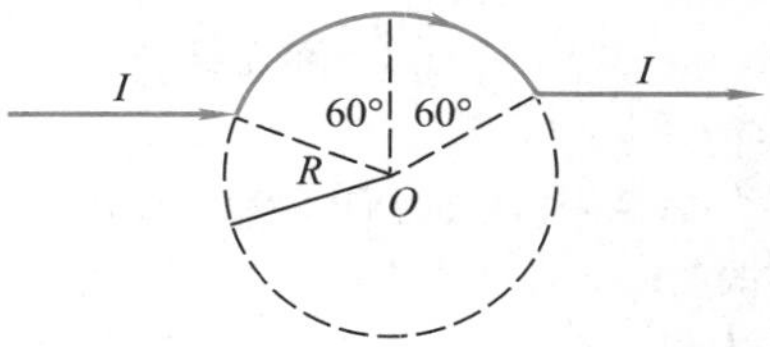

习题 8-12 图

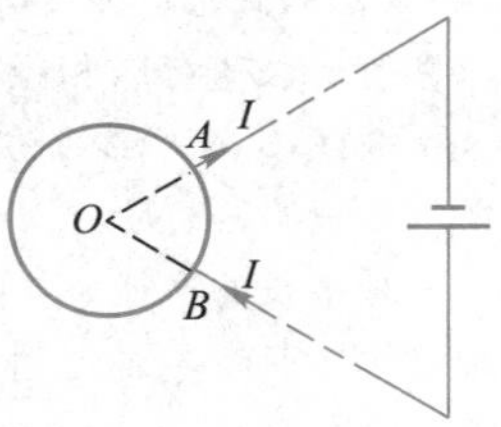

习题 8-13 图

8-14 A 和 B 为两个正交放置的圆形线圈，其圆心相重合. A 线圈半径 $R_A=0.2\ \text{m}$, $N_A=10$ 匝，通有电流 $I_A=10\ \text{A}$. B 线圈半径为 $R_B=0.1\ \text{m}$, $N_B=20$ 匝，通有电流 $I_B=5\ \text{A}$. 求两线圈公共中心处的磁感应强度.

8-15 电流均匀地流过宽为 b 的无限长平面导体薄板，电流为 I，沿板长方向流动. 求：(1) 在薄板平面内，距板的一边为 b 的 P 点的磁感应强度[见习题 8-15 图(a)]；(2) 通过板的中线并与板面垂直的直线上一点 Q 处的磁感应强度，Q 点到板面的距离为 x[见习题 8-15 图(b)].

8-16 在半径 $R=1\ \text{cm}$ 的"无限长"半圆柱形金属薄片中，有电流 $I=5\ \text{A}$ 自下而上通过，如习题 8-16 图所示，试求圆柱轴线上一点 P 处的磁感应强度.

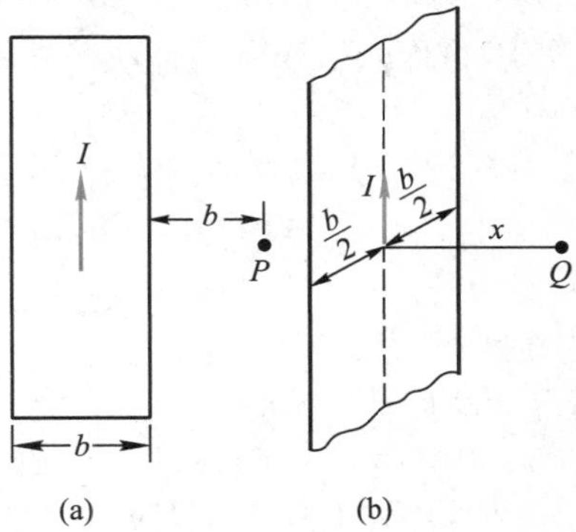

习题 8-15 图

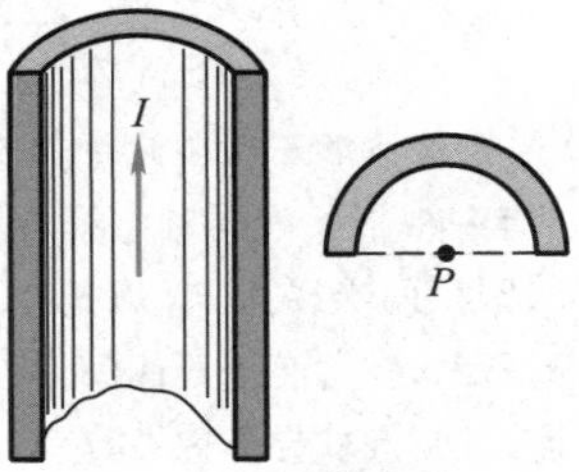

习题 8-16 图

8-17 半径为 R 的木球上绕有细导线，所绕线圈很紧密，相邻的线圈彼此平行地靠着，以单层盖住半个球面，共有 N 匝，如习题 8-17 图所示. 设导线中通有电流 I，求球心 O 处的磁感应强度.

8-18 一均匀密绕的平面螺旋线圈，总匝数为 N，线圈的内半径为 R_1，外半径为 R_2，如习题8-18 图所示. 当导线中通有电流 I 时，求螺旋线圈中心点 O 处的磁感应强度.

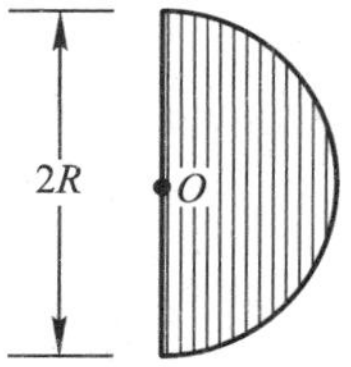

习题 8-17 图

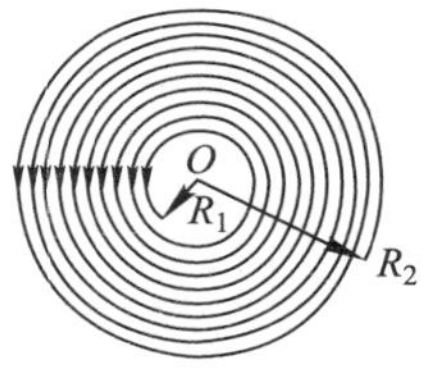

习题 8-18 图

8-19 一个塑料圆盘，半径为 R，电荷 q 均匀分布于表面，圆盘绕通过圆心垂直于盘面的轴转动，角速度为 ω. 求圆盘中心处的磁感应强度.

8-20 如习题 8-20 图所示，有一闭合回路由半径为 a 和 b 的两个同心共面半圆连接而成，其上均匀分布线密度为 λ 的电荷，当回路以匀角速度 ω 绕过点 O 垂直于回路平面的轴转动时，求圆心 O 点的磁感应强度的大小.

8-21 两平行长直导线相距 $d=40\ \text{cm}$，每根导线载有电流 $I_1=I_2=20\ \text{A}$，电流流向如习题 8-21 图所示. 求：(1) 两导线所在平面内与该两导线等距的一点 A 处的磁感应强度；(2) 通过图中斜线所示面积的磁通量($r_1=r_3=10\ \text{cm}, l=25\ \text{cm}$).

8-22 一根很长的半径为 R 的实心圆柱形导线，载有沿轴向流动的稳定电流. 在导线内部通过中心轴线作一平面 S，如习题 8-22 图所示. 试就以下两种电流分布分别计算通过导线 1 m 长的 S 平面内的磁通量. (1) 10 A 电流均匀分布在导线圆截面上；(2) 电流密度按照 $\boldsymbol{j}=\boldsymbol{j}_0 r/R$ 随离轴线的径向距离 r 线性地变化.

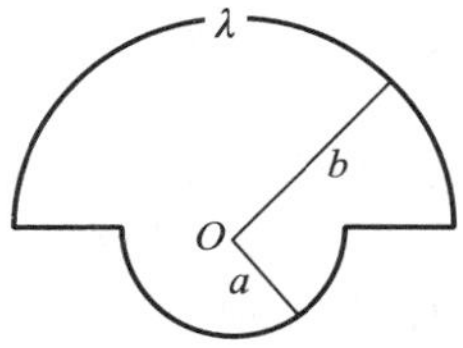

习题 8-20 图

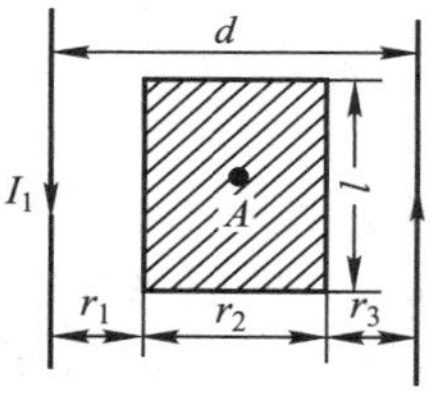

习题 8-21 图

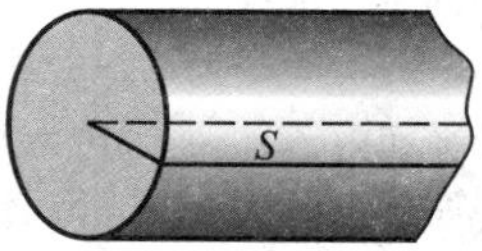

习题 8-22 图

8-23 如习题 8-23 图所示的无限长空心柱形导体横截面的半径分别为 R_1 和 R_2，导体内载有电流 I，设电流 I 均匀分布在导体的横截面上. 求证导体内部各点($R_1<r<R_2$)的磁感应强度 B 由下式给出：

$$B=\frac{\mu_0 I}{2\pi(R_2^2-R_1^2)}\frac{r^2-R_1^2}{r}$$

试以 $R_1=0$ 的极限情形来检验这个公式. $r=R_2$ 时又怎样？

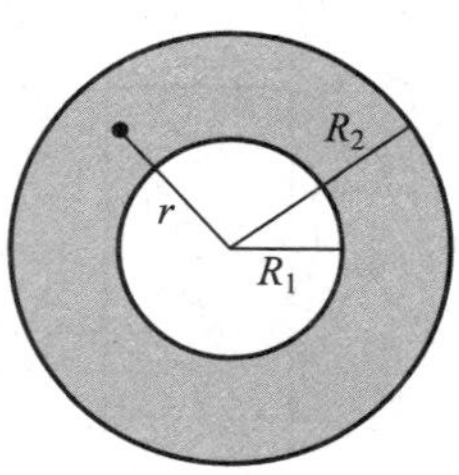

习题 8-23 图

8-24 有一根很长的同轴电缆，由一圆柱形导体和一同轴圆筒状导体组成，圆柱的半径为 R_1，圆筒的内外半径分别为 R_2 和 R_3，如习题 8-24 图所示. 在这两个导体中，载有大小相等而方向相反的电流 I，电流均匀分布在各导体的截面上. 求：(1) 圆柱导体内各点($r<R_1$)的磁感应强度；(2) 两导体之间($R_1<r<R_2$)的磁感应强度；(3) 外圆筒导体内($R_2<r<R_3$)的磁感应强度；(4) 电缆外($r>R_3$)各点的磁感应强度.

8-25 在半径为 R 的无限长金属圆柱体内部挖去一半径为 r 的无限长圆柱体，两柱体的轴线平行，相距为 d，如习题 8-25 图所示. 今有电流沿空心柱体的轴线方向流动，电流 I 均匀分布在空心柱体的截面上.（1）分别求圆柱轴线上和空心部分轴线上的磁感应强度的大小；（2）当 $R=1.0\ \mathrm{cm}$，$r=0.5\ \mathrm{mm}$，$d=5.0\ \mathrm{mm}$ 和 $I=31\ \mathrm{A}$ 时，计算上述两处磁感应强度的值.

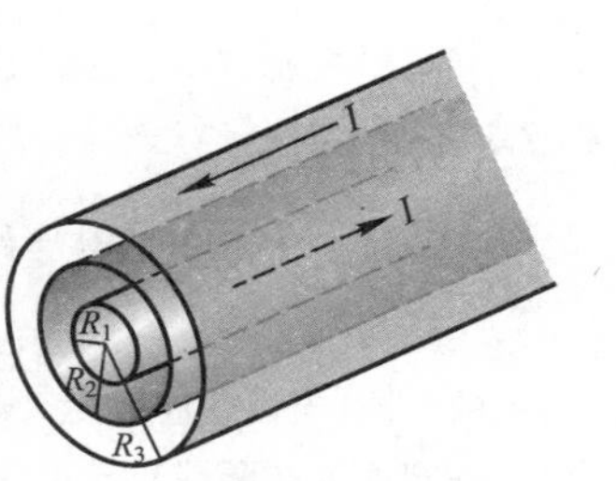

习题 8-24 图

8-26 如习题 8-26 图所示，一柱形导体由两无限长平行放置的、表面绝缘的圆柱形导体组成，其中部分交叠在一起. 设两个圆柱体横截面（即图中斜线所示）的面积皆为 S，两圆柱轴线间距为 d. 如在两横截面中通有等值反向的电流 I，且在横截面内均匀分布. 求两导体交叠部分中的磁感应强度.

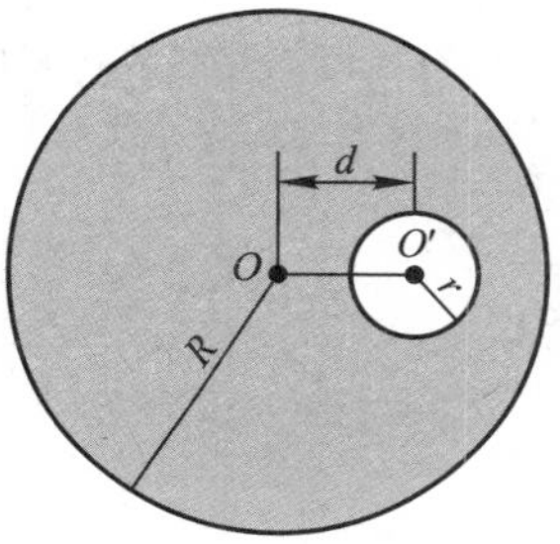

习题 8-25 图

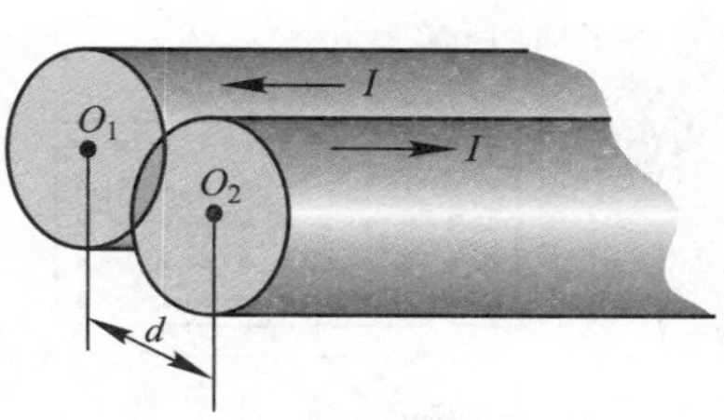

习题 8-26 图

8-27 一多层密绕的螺线管，长为 l，内半径为 R_1，外半径为 R_2，如习题 8-27 图所示. 设总匝数为 N，导线中通过的电流为 I. 试求螺线管轴线上中心 O 点处的磁感应强度.

8-28 如习题 8-28 图所示，一带有电荷量为 $4.0\times10^{-9}\ \mathrm{C}$ 的粒子，在 Oyz 平面内沿着和 Oy 轴成 45°角的方向以速度 $v_1=3\times10^6\ \mathrm{m/s}$ 运动，它受到均匀磁场的作用力 F_1 逆 Ox 轴方向；当这个粒子沿 Ox 轴方向以速度 $v_2=2\times10^6\ \mathrm{m/s}$ 运动时，它受到沿 Oy 轴方向的作用力 $F_2=4\times10^2\ \mathrm{N}$. 求磁感应强度的大小和方向.

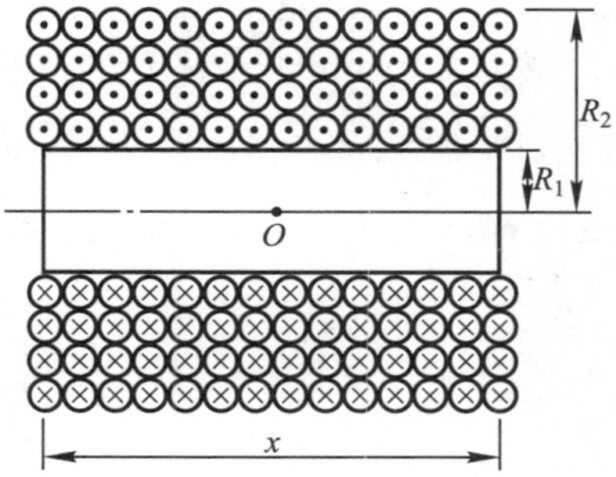

习题 8-27 图

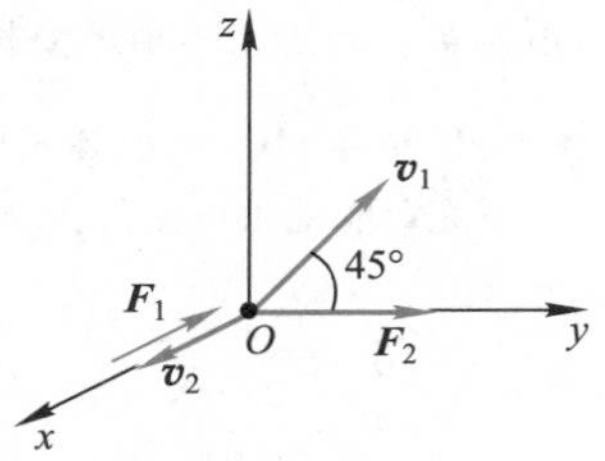

习题 8-28 图

8-29 一质子通过均匀磁场和电场，磁感应强度为 $\boldsymbol{B}=-2.5\boldsymbol{i}\ \mathrm{mT}$，电场强度为 $\boldsymbol{E}=4.0\boldsymbol{i}\ \mathrm{V/m}$. 某时刻质子的速度为 $\boldsymbol{v}=2\,000\boldsymbol{j}\ \mathrm{m/s}$，该时刻作用在质子的合力的大小是多少？

8-30 一质子以 $1.0\times10^7\ \mathrm{m/s}$ 的速度射入磁感应强度 $B=1.5\ \mathrm{T}$ 的均匀磁场中，其速度方向与磁场方向成 30°角. 计算：（1）质子作螺旋运动的半径；（2）螺距；（3）旋转频率.

8-31 如习题 8-31 图所示为测定离子质量所用的装置. 离子源 S 产生一质量为 m、电荷量为+q 的离子，离子从源出来时的速度很小，可以看作是静止的. 离子经电势差 U 加速后进入磁感应强度为 $\boldsymbol{B}$ 的均匀磁场，在这个磁场中，离子沿一半圆周运动后射到离入口缝隙 x 处的感光底片上，并予以记录. 试证明离子的质量 $m=\dfrac{B^2q}{8U}x^2$.

8-32 在霍尔效应实验中，宽 1.0 cm、长 4.0 cm、厚 1.0×10^{-3} cm 的导体沿长度方向载有 3.0 A 的电流，当磁感应强度 $B=1.5$ T 的磁场垂直地通过该薄导体时，产生 1.0×10^{-5} V 的霍尔电压(在宽度方向两端). 试由这些数据(1) 求载流子的漂移速度；(2) 求每立方厘米的载流子数；(3) 假设载流子是电子，试就这一给定的电流和磁场方向在图上画出霍尔电压的极性.

8-33 在一气泡室中，磁场为 20 T，一高能质子垂直于磁场飞过，留下一半径为 3.5 m 的圆弧径迹. 求此质子的动量和动能.

8-34 彼此相距 10 cm 的三根平行的长直导线中各通有 10 A 同方向的电流，试求各导线上每 1 cm 上作用力的大小和方向.

8-35 任意形状的一段导线 AB 如习题 8-35 图所示，其中通有电流 I，导线放在和均匀磁场 $\boldsymbol{B}$ 垂直的平面内. 试证明导线 AB 所受的力等于 A 到 B 间载有同样电流的直导线所受的力.

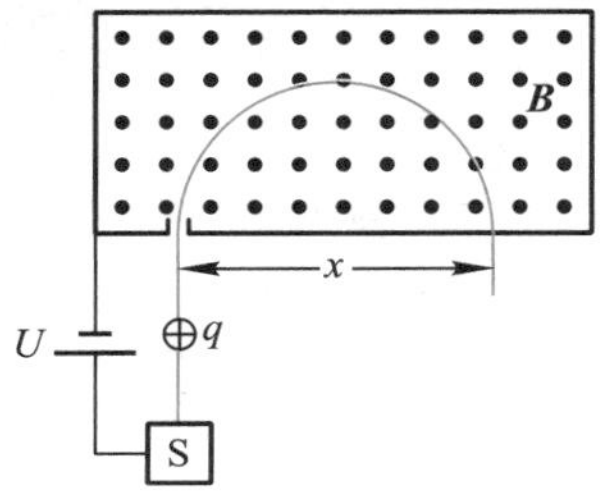

习题 8-31 图

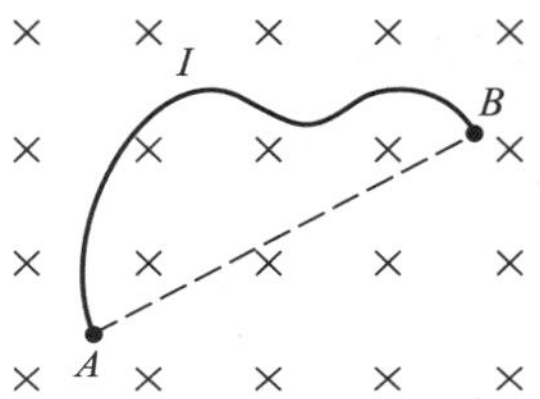

习题 8-35 图

8-36 截面积为 S、密度为 ρ 的铜导线被弯成正方形的三边，可以绕水平轴转动，如习题 8-36 图所示. 导线放在方向为竖直向上的均匀磁场中，当导线中的电流为 I 时，导线离开原来的竖直位置偏转一角度 θ 而平衡. 如 $S=2\ \text{mm}^2$，$\rho=8.9\ \text{g/cm}^3$，$\theta=15°$，$I=10$ A，求 AB 两端的磁感应强度.

8-37 如习题 8-37 图所示是一种"电磁导轨炮"的原理图. 通以电流 I 后，在两条平行导轨间可自由滑动的导电物体(如子弹)会被磁力加速而发射出去. 设两条半径为 r 的圆柱形导轨的间距为 d，并可近似为半无限长. (1) 试证明作用在导电物上的磁场力为 $F=\dfrac{\mu_0 I^2}{2\pi}\ln\dfrac{d+r}{r}$；(2) 设 $r=2.5$ cm，$d=10$ cm，轨道长度 $L=20$ m，弹丸被加速后可在炮口获得 33 MJ 的发射动能. 试计算电源为此需提供电流的大小.

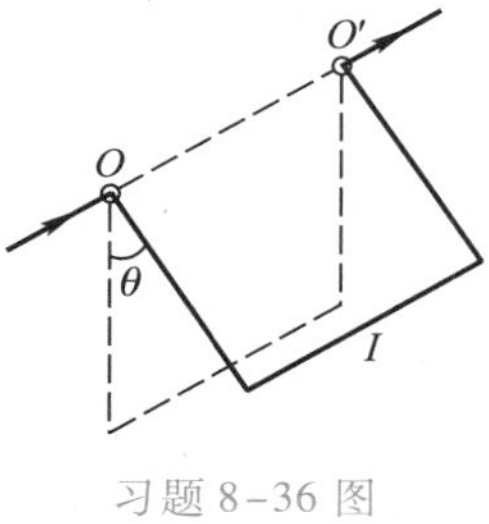

习题 8-36 图

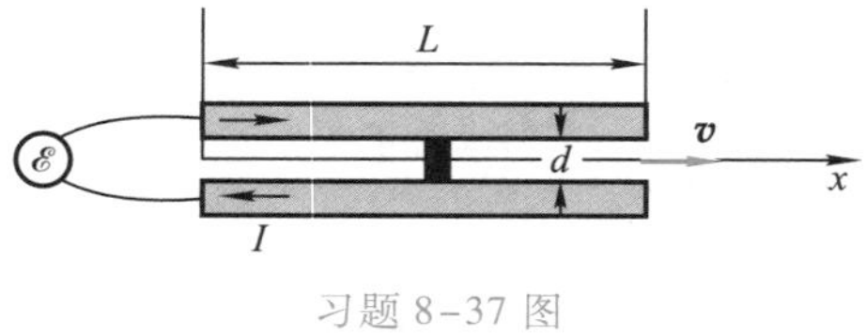

习题 8-37 图

8-38 如习题 8-38 图所示，在长直导线旁有一矩形线圈，导线中通有电流 $I_1=20$ A，线圈

中通有电流 $I_2=10$ A. 已知 $d=1$ cm, $b=9$ cm, $l=20$ cm, 求矩形线圈上受到的合力.

8-39　半径为 R 的平面圆形线圈中载有电流 I_2, 另一无限长直导线 AB 中载有电流 I_1. (1) 设 AB 通过圆心, 并和圆形线圈在同一平面内(如习题 8-39 图所示), 求圆形线圈所受的磁场力; (2) 若 AB 与圆心相距 $d(d>R)$, 仍在同一平面内, 求圆形线圈所受的磁场力.

8-40　假定 §8-6 的图 8-40(b) 中磁悬浮列车的速度达 400 km/h, 列车上两相邻推进磁体的距离为 10.0 m, 问钢轨内侧推进线圈的交变电流频率为多少才能对列车产生驱动力, 使之高速前进?

8-41　一半径为 $R=0.1$ m 的半圆形闭合线圈, 载有电流 $I=10$ A, 放在均匀磁场中, 磁场方向与线圈面平行, 如习题 8-41 图所示. 已知 $B=0.5$ T, 求: (1) 线圈所受力矩的大小和方向(以直径为转轴); (2) 若线圈受力矩的作用转到线圈平面与磁场垂直的位置, 并保持电流不变, 则力矩做功多少?

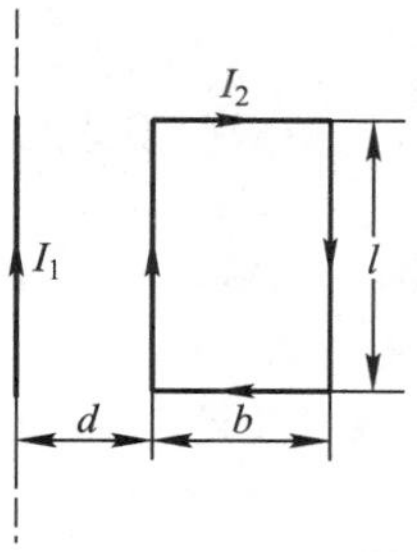

习题 8-38 图

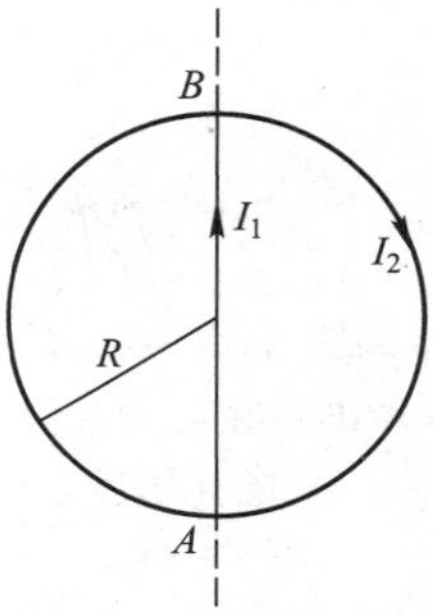

习题 8-39 图

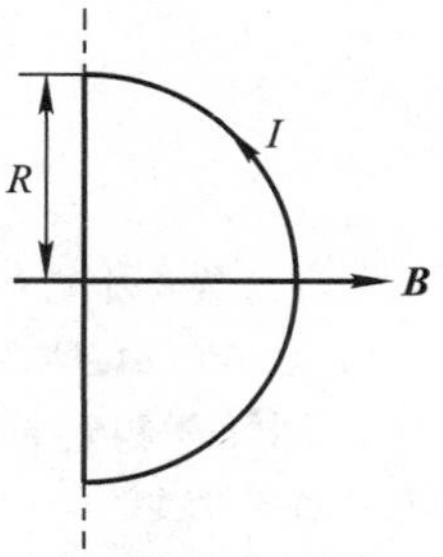

习题 8-41 图

8-42　如习题 8-42 图所示, 一矩形线圈可绕 Oy 轴转动, 线圈中载有电流 0.10 A, 放在磁感应强度 $B=0.50$ T 的均匀磁场中, B 的方向平行于 Ox 轴, 求维持线圈在图示位置时的力矩.

8-43　一螺线管长为 30 cm, 直径为 15 mm, 由绝缘的细导线密绕而成, 每厘米绕有 100 匝, 当导线中通以 2.0 A 的电流后, 把此螺线管放到 $B=4.0$ T 的均匀磁场中, 求: (1) 螺线管的磁矩; (2) 螺线管所受力矩的最大值.

8-44　有一半径为 R 的圆线圈, 通有电流 I_1, 另有一通有电流 I_2 的无限长直导线, 垂直于圆线圈平面放置, 如习题 8-44 图所示. 设圆线圈可绕 y 轴转动. (1) 试求圆线圈在图示的位置时所受到的磁力矩; (2) 若长直导线放在圆线圈的中心位置, 此时圆线圈所受的磁力矩多大?

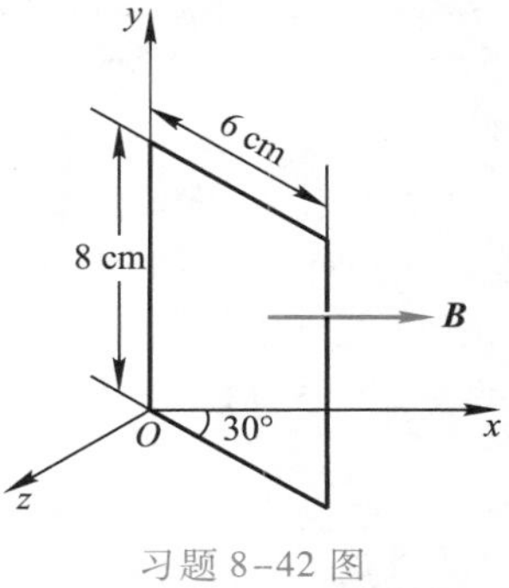

习题 8-42 图

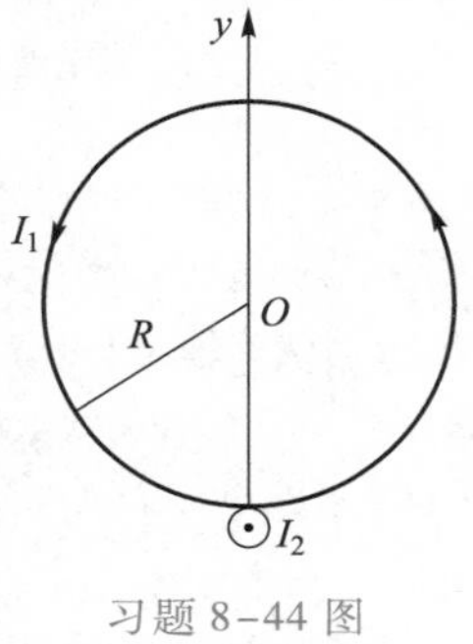

习题 8-44 图

8-45　在载有电流 I_1 的长直导线的磁场中, 放置一等腰直角三角形线圈, 直角边长为 a, 通有电流 I_2. 开始时线圈和长直导线在同一平面内, 如习题 8-45 图所示. 保持电流不变而将线圈绕不同轴线转过 180°,试求以下 3 种情况下转动过程中磁场力所做的功:(1) 绕 AB 边转动;(2) 绕 BC 边转动;(3) 绕 AC 边转动.

8-46 在垂直于载有电流 I_1 的长直导线的平面内,放置一扇形线圈 $abcd$,线圈中通有电流 I_2,线圈的半径分别为 R_1 和 R_2,张角为 θ,如习题 8-46 图所示. 试求线圈各边所受的磁力以及线圈所受的磁力矩.

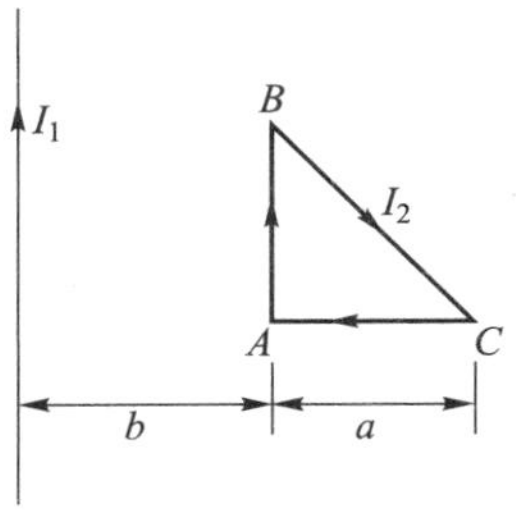

习题 8-45 图

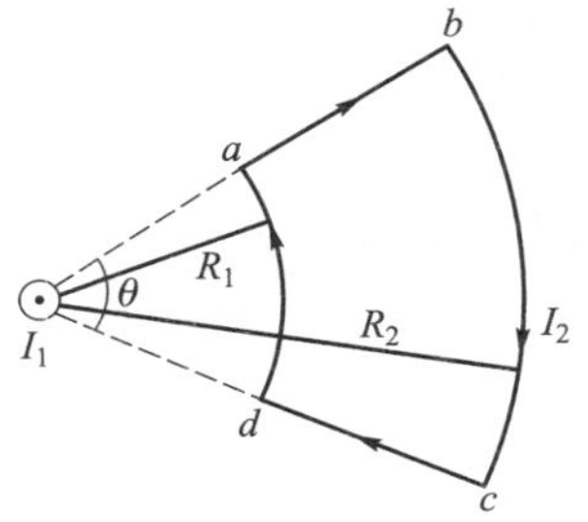

习题 8-46 图

8-47 一均匀磁化棒的体积为 1 000 cm^3,其磁矩为 800 A · m^2,棒内的磁感应强度为 0.1 Wb/m^2,求棒内磁场强度的值.

8-48 细螺绕环中心周长 $l = 10$ cm,环上均匀密绕线圈 $N = 200$ 匝,线圈中通有电流 $I = 100$ mA. (1) 求管内的磁感应强度 $\boldsymbol{B}_0$ 和磁场强度 $\boldsymbol{H}_0$;(2) 若管内充满相对磁导率 $\mu_r = 4\,200$ 的磁性物质,则管内的 $\boldsymbol{B}$ 和 $\boldsymbol{H}$ 是多少?(3) 磁性物质内由导线中电流产生的 $\boldsymbol{B}_0$ 和由磁化电流产生的 $\boldsymbol{B}'$ 各是多少?

8-49 在细螺绕环上的密绕线圈共 400 匝,环的平均周长是 40 cm,当导线内通有电流 20 A 时,利用冲击电流计测得环内磁感应强度是 1.0 T,计算:(1) 磁场强度;(2) 磁化强度;(3) 磁化率;(4) 磁化面电流和相对磁导率.

8-50 一磁导率为 μ_1 的无限长圆柱形直导线,半径为 R_1,其中均匀地通有电流 I. 在导线外包一层磁导率为 μ_2 的圆柱形不导电的磁介质,其外半径为 R_2,如习题 8-50 图所示. 试求:(1) 磁场强度和磁感应强度的分布;(2) 半径为 R_1 和 R_2 处表面上磁化面电流线密度.

8-51 截面积为矩形的铁环,内、外半径分别为 10 cm 和 16 cm,高为 3 cm. 在环上均匀地密绕线圈 500 匝. (1) 当线圈中电流为 0.6 A,铁的相对磁导率 $\mu_r = 800$ 时,铁芯中的磁通量是多少?(2) 当铁环中的磁通量等于 6.8×10^{-4} Wb,$\mu_r = 1\,200$ 时,线圈中通有多大的电流?

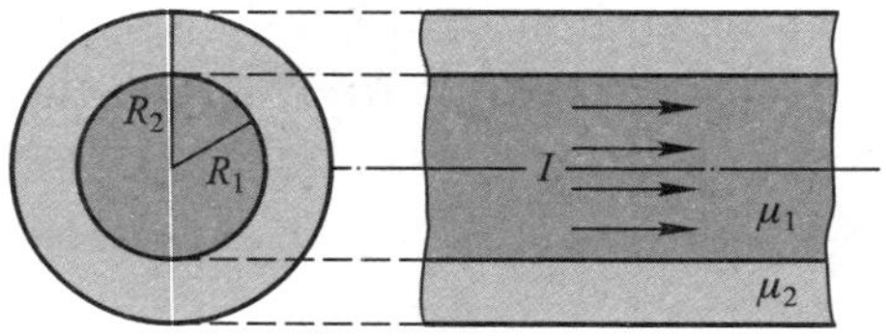

习题 8-50 图

***8-52** 例题 8-4 说明了在实验室中用亥姆霍兹线圈能产生均匀磁场的原理. (1) 写出线圈轴线上各点磁感应强度 B 的变化率函数;(2) 试编写一计算程序,画出两线圈的距离分别是 $r = R$、$0.9R$ 和 $1.1R$ 时线圈轴线上中心至 $0.1R$ 范围内磁场变化率的曲线,并比较所得的三条曲线,说明为什么仅当 $r = R$ 时在轴线上中点附近的磁场基本上是均匀的. (设线圈半径 $R = 0.2$ m,线圈匝数 $N = 1\,000$ 以及电流 $I = 1$ A.)

第八章习题
参考答案

Physics

第九章　电磁感应　电磁场理论

对无知充分的清醒，才是知识真正发展的前奏曲.

——J. 麦克斯韦

激发电场和磁场的源——电荷和电流是相互关联的，这就启发我们：电场和磁场之间也必然存在着相互联系、互相制约的关系. 电磁感应定律的发现以及位移电流概念的提出，阐明了变化磁场能够激发电场，变化电场能够激发磁场，充分揭示了电场和磁场的内在联系及依存关系. 在此基础上，麦克斯韦(J. C. Maxwell)以麦克斯韦方程组的形式总结出普遍而完整的电磁场理论. 电磁理论不仅成功地预言了电磁波的存在，揭示了光的电磁本质，还极大地推动了现代电工技术和无线电技术的发展，为人类广泛利用电能开辟了道路.

在这一章中，我们首先讨论电磁感应现象及其基本规律，包括动生电动势、感生电动势、自感和互感现象，进而讨论磁场的能量，最后论述了麦克斯韦方程组所揭示的电磁场理论，并对电磁场的物质性、统一性和相对性作简单的介绍.

§9-1 电磁感应定律

一、电磁感应现象

电磁感应定律是建立在广泛的实验基础上的. 如图 9-1 所示(实验 1)，当用一条形磁铁的 N 极(或 S 极)插入线圈时，可以观察到电流计指针发生偏转，表明线圈中有电流通过，这种电流称为感应电流(induction current). 如果把磁铁从线圈中抽出时，电流计指针将发生反向偏转. 这表明线圈中的感应电流与磁铁插入线圈时的流向相反. 实验表明，只有当磁铁与线圈间有相对运动时，线圈中才会出现感应电流，相对运动的速度越大，感应电流也越大.

又如图 9-2 所示(实验 2)，两个彼此靠得很近但相对静止的线圈，当线圈 2 中的电路接通、断开的瞬间或改变电阻器阻值时，可以观察到电流计指针发生偏转，即在线圈 1 中出现感应电流. 实验表明：只有在线圈 2 中的电流发生变化时，才能在线圈 1 中出现感应电流. 如果在线圈中加一铁芯，重复上述实验过程，将会发现线圈中的感应电流大大增加，说明上述现象还受到介质的影响.

电磁感应现象

电磁感应现象的发现

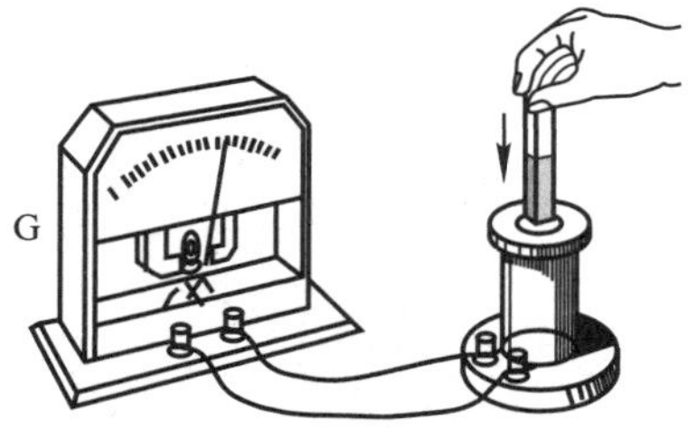

图 9-1 条形磁铁与线圈有相对运动时的电磁感应现象

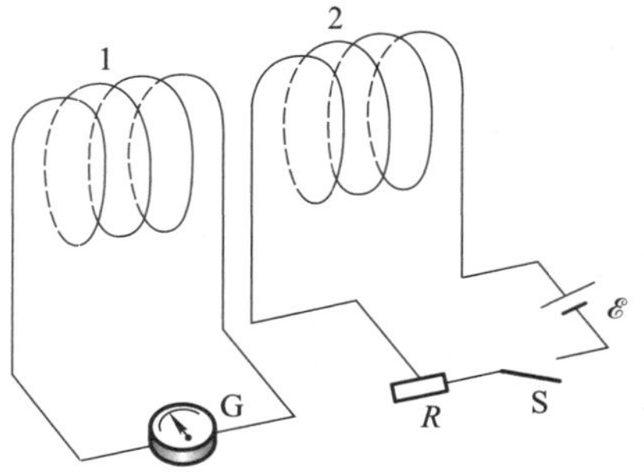

图 9-2 线圈 2 的电流改变时在线圈 1 中出现感应电流

再如图 9-3 所示(实验 3)，将一根与电流计连成闭合回路的金属棒 AB 放置在磁铁的两极之间，当 AB 棒在磁极之间垂直于磁场和棒长的方向运动时，电流计的指针就会发生偏转，说明在回路中出现了感应电流. AB 棒运动得越快，回路中的感应电流也越大.

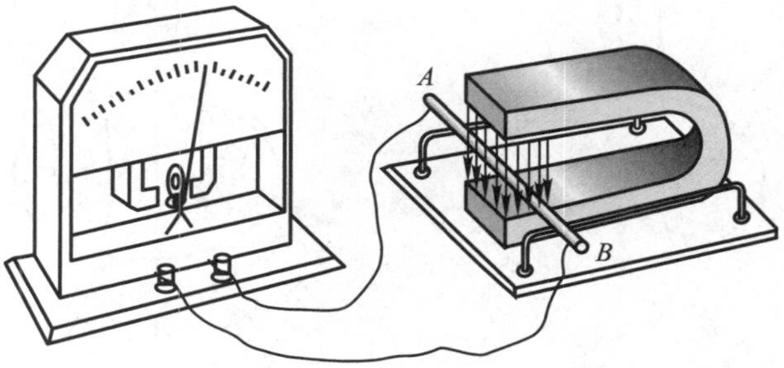

图 9-3 金属棒在磁场中运动时的电磁感应现象

在实验 1 和 2 中，不管是条形磁铁与线圈作相对运动，还是相对静止的两个线圈中一个的电流发生了变化，它们的共同点是：产生感应电流的线圈所在处的磁场发生了变化. 但是，在实验 3 中，磁场是静止的，且在棒运动的范围内均匀不变，AB 棒的运动只是使它和电流计连成的回路所包围的面积有了变化，结果在回路中同样能产生感应电流. 总结以上实验发现，在实验 1 和 2 中由于磁场变化导致回路中磁通量发生了变化；在实验 3 中则由于回路面积变化也导致回路磁通量发生了变化，因此，它们本质上的共同因素是：穿过回路所围面积内的磁通量发生了变化. 于是有如下结论：当穿过一个闭合导体回路所包围的面积内的磁通量发生变化时，不管这种变化是由什么原因引起的，在导体回路中就会产生感应电流. 这种现象称为电磁感应(electromagnetic induction)现象.

二、楞次定律

1833 年，楞次(Lenz)在进一步概括了大量实验结果的基础上，得出了确定感应电流方向的法则，称为楞次定律(Lenz's law). 这就是：闭合回路中感应电流的方向，总是使得它所激发的磁场来抵消引起感应电流的磁通量的变化(增加或减少).

如图 9-4 所示，当条形磁铁以 N 极插向线圈时，通过线圈的磁通量增加，按楞次定律，线圈中感应电流所激发的磁场方向要使通过线圈面积的磁通量反抗这个磁通量的增加，所以线圈中感应电流所产生的磁感应线的方向与条形磁铁的磁感应线的方向相反[图 9-4(a)中的虚线]. 再根据右手螺旋定则，可确定线圈中感应电流的方向如图中的箭头所示. 当条形磁铁拉离线圈或线圈背离 N 极运动时，通过线圈面积的磁通量减少，感应电流的磁场则要使通过线圈面积的磁通量去补偿线圈内磁通量的减少，因而，它所产生的磁感应线的方向与条形磁铁的磁感应线的方向相同[图 9-4(b)中的虚线]，感应电流的方向与上面相反，如图中箭头所示. 值得注意的是，楞次定律强调了“补偿”或“反抗”磁通量的“变化”，而不是说感应电流所激发的磁场要反抗原来的磁场.

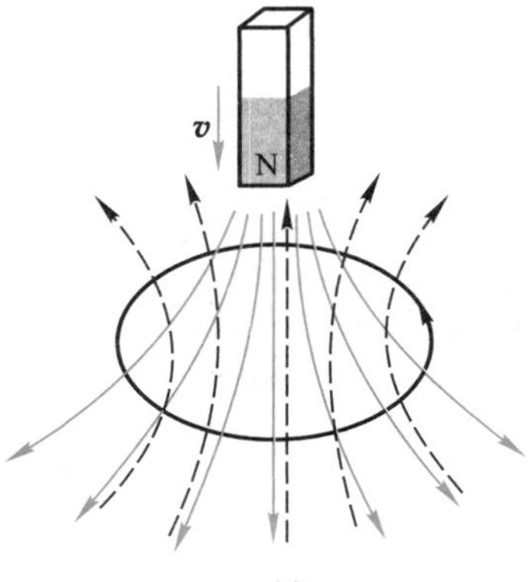

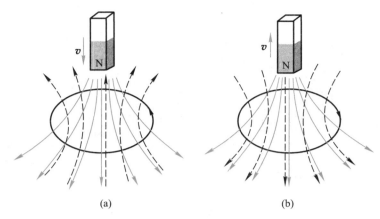

图 9-4 感应电流的方向

楞次定律实质上是能量守恒定律的一种体现. 在上述实验中可以看到,当磁铁的 N 极向线圈运动时,线圈中感应电流所激发的磁场分布相当于在线圈朝向磁铁一面出现 N 极(图 9-5 中所画的线圈是它的剖面图),它阻碍磁铁作相对运动. 因此,在磁铁向下运动过程中,外力必须克服斥力而做功;当磁铁背离线圈运动时,则外力必须克服引力而做功. 这时,给出的能量转化为线圈中感应电流的电能,并转化为电路中的焦耳热. 反之,如果设想感应电流的方向不是这样,它的出现不是阻止磁铁的运动而是使它加速运动,那么只要我们把磁铁稍稍推动一下,线圈中出现的感应电流将使它运动得更快,于是又会产生更大的感应电流,这又会使磁铁运动得更快,如此不断地相互反复加强,那么只要在最初使磁铁作微小移动中做出微量的功,就能获得极大的机械能和电能,这显然是违背能量守恒定律的. 所以,感应电流的方向遵从楞次定律的事实表明楞次定律本质上就是能量守恒定律在电磁感应现象中的具体表现.

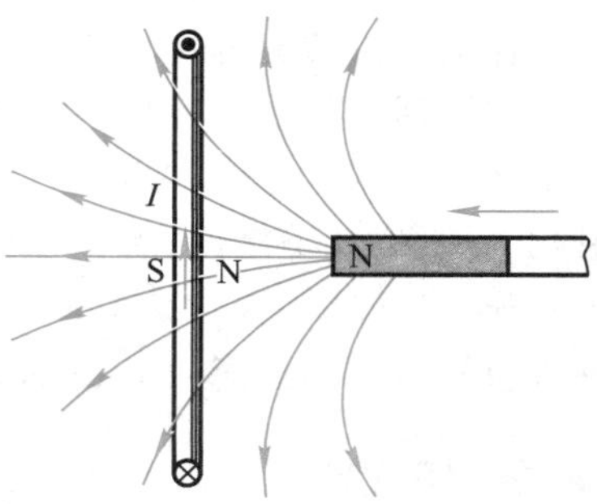

图 9-5 感应电流激发反抗磁铁棒运动的磁场

让我们再次以磁悬浮列车为例说明楞次定律的应用. 在 §8-6 节我们只讨论了磁悬浮列车的提升力和驱动力,列车需要停下来的制动力从哪儿来呢? 列车需减速时,钢轨内侧的线圈由原先的电动机作用(输出动力)变成了发电机的作用(产生电流),即当列车上磁铁极性以一定的速度交替地通过这些线圈时,在线圈内产生了感应电流,由楞次定律,这些感应电流的磁通量反抗通过其中的磁铁磁通量的变化,于是产生了完全相反的电磁阻力 $\boldsymbol{F}$,这个过程等效的作用力如图 9-6 所示.

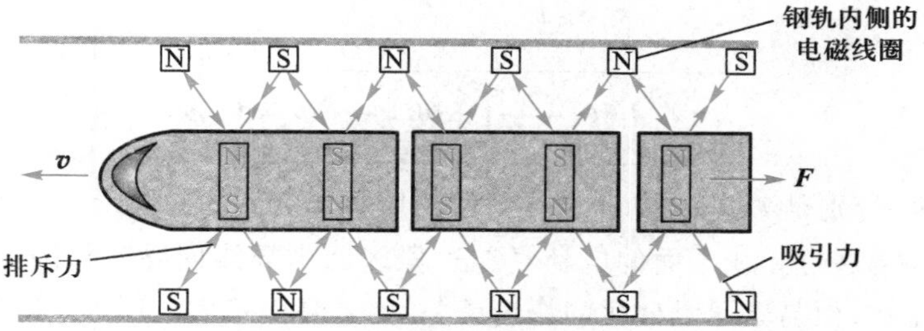

图 9-6 楞次定律在磁悬浮列车上产生电磁阻力

三、法拉第电磁感应定律

法拉第(M. Faraday)发现了电磁感应现象并且作了深入的研究，他总结了产生感应电流的几种情况，提出了感应电动势(induced emf)的概念，为电磁感应基本定律的形成作出了卓越的开创性贡献. 电磁感应的基本定律可表述为：通过回路所包围面积的磁通量发生变化时回路中产生的感应电动势与磁通量对时间的变化率成正比. 如果采用国际单位制，则此电磁感应定律可表示为

$$\mathscr{E}_{\mathrm{i}}=-\frac{\mathrm{d}\Phi}{\mathrm{d}t} \tag{9-1}$$

式中的负号反映了感应电动势的方向，它是楞次定律的数学表示.

如果回路是由 N 匝导线串联而成，那么在磁通量变化时，每匝中都将产生感应电动势. 如果每匝中通过的磁通量都是相同的，则 N 匝线圈中的总电动势应为各匝中电动势的总和，即

$$\mathscr{E}_{\mathrm{i}}=-N\frac{\mathrm{d}\Phi}{\mathrm{d}t}=-\frac{\mathrm{d}N\Phi}{\mathrm{d}t} \tag{9-2}$$

习惯上，把 $N\Phi$ 称为线圈的磁通量匝数或磁链(magnetic flux linkage). 如果每匝中的磁通量不同，就应该用各圈中磁通量的总和 $\sum_i \Phi_i$ 来代替 $N\Phi$.

应用法拉第电磁感应定律确定方向时，有如下的约定：

(1) 首先要标定回路的绕行方向，并规定电动势方向与绕行方向一致时为正.

(2) 根据回路的绕行方向，按右手螺旋定则确定回路所包围面积的法线的正方向.

(3) 根据已确定法线的正方向求出通过回路的磁通量.

(4) 按式(9-2)求出感应电动势 $\mathscr{E}$，根据计算结果的正、负确定感应电动势的方向.

在实际计算问题时，用楞次定律确定感应电动势的方法比较简便.

如果闭合回路的电阻为 R，则在回路中的感应电流为

$$I_{\mathrm{i}}=\frac{\mathscr{E}_{\mathrm{i}}}{R}=-\frac{1}{R}\frac{\mathrm{d}\Phi}{\mathrm{d}t} \tag{9-3}$$

利用式 $I=\mathrm{d}q/\mathrm{d}t$，可算出在 t_1 到 t_2 这段时间内通过导线的任一截面的感生电荷的

电荷量为

$$q=\int_{t_1}^{t_2} I_i \mathrm{d}t=-\frac{1}{R}\int_{\Phi_1}^{\Phi_2}\mathrm{d}\Phi=\frac{1}{R}(\Phi_1-\Phi_2) \tag{9-4}$$

式中 Φ_1、Φ_2 分别是 t_1、t_2 时刻通过导线回路所包围面积的磁通量. 式(9-4)表明,在一段时间内通过导线截面的电荷量与这段时间内导线回路所包围的磁通量的变化值成正比,而与磁通量变化的快慢无关. 如果测出感生电荷的电荷量,而回路的电阻又为已知时,就可以计算磁通量的变化量. 常用的磁通计(fluxmeter)就是根据这个原理设计的.

最后,根据电动势的概念可知,当通过闭合回路的磁通量变化时,在回路中出现某种非静电力,感应电动势就等于单位正电荷沿闭合回路移动一周时,这种非静电力所做的功. 如果用 E_k 表示非静电力的等效场强,则感应电动势 $\mathscr{E}_i$ 可表示为

$$\mathscr{E}_i=\oint_L \boldsymbol{E}_k\cdot \mathrm{d}\boldsymbol{l}$$

又因通过闭合回路所围面积的磁通量为 $\Phi=\int_S \boldsymbol{B}\cdot \mathrm{d}\boldsymbol{S}$,于是法拉第电磁感应定律又可表示为积分形式

$$\oint_L \boldsymbol{E}_k\cdot \mathrm{d}\boldsymbol{l}=-\frac{\mathrm{d}}{\mathrm{d}t}\int_S \boldsymbol{B}\cdot \mathrm{d}\boldsymbol{S} \tag{9-5}$$

式中积分面 S 是以闭合回路为边界的任意曲面.

例题 9-1

一长直导线中通有交变电流 $I=I_0\sin \omega t$,式中 I 表示瞬时电流,I_0 是电流振幅,ω 是角频率,I_0 和 ω 都是常量. 在长直导线旁平行放置一矩形线圈,线圈平面与直导线在同一平面内. 已知线圈长为 l,宽为 b,线圈近长直导线的一边离直导线的距离为 a(见图 9-7). 求任一瞬时线圈中的感应电动势.

解 在某一瞬时,距直导线为 x 处的磁感应强度为

$$B=\frac{\mu_0}{2\pi}\frac{I}{x}$$

选顺时针的转向作为矩形线圈的绕行正方向,则通过图中阴影面积 $\mathrm{d}S=l\mathrm{d}x$ 的磁通量为

$$\mathrm{d}\Phi=B\cos 0^\circ \mathrm{d}S=\frac{\mu_0}{2\pi}\frac{I}{x}l\mathrm{d}x$$

在 t 时刻,通过整个线圈所围面积的磁通量为

$$\Phi=\int \mathrm{d}\Phi=\int_a^{a+b}\frac{\mu_0}{2\pi}\frac{I}{x}l\mathrm{d}x=\frac{\mu_0 l I_0\sin \omega t}{2\pi}\ln\left(\frac{a+b}{a}\right)$$

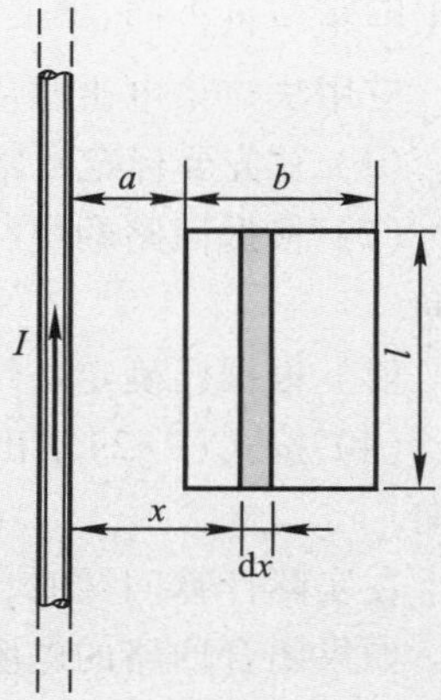

图 9-7 电磁感应举例

由于电流随时间变化,通过线圈面积的磁通量也随时间变化,故线圈内的感应电动势为

$$\mathscr{E}_i = -\frac{\mathrm{d}\Phi}{\mathrm{d}t} = -\frac{\mu_0 l I_0}{2\pi}\ln\left(\frac{a+b}{a}\right)\frac{\mathrm{d}}{\mathrm{d}t}\sin\omega t = -\frac{\mu_0 l I_0 \omega}{2\pi}\ln\left(\frac{a+b}{a}\right)\cos\omega t$$

从上式可知,线圈内的感应电动势随时间按余弦规律变化,其方向也随余弦值的正负作逆时针、顺时针转向的变化.

复习思考题

9-1-1　在下列各情况下,线圈中是否会产生感应电动势?为什么?若产生感应电动势,其方向如何确定?(1)线圈在载流长直导线激发的磁场中平动,如思考题 9-1-1 图(a)、(b)所示;(2)线圈在均匀磁场中旋转,如图(c)、(d)、(e)所示;(3)在均匀磁场中线圈从圆形变成椭圆形,如图(f)所示;(4)在磁铁产生的磁场中线圈向右移动,如图(g)所示;(5)如图(h)所示,两个相邻近的螺线管 1 与 2,试分别讨论在 1 中电流增加与减少的情况下,2 中的感应电动势.

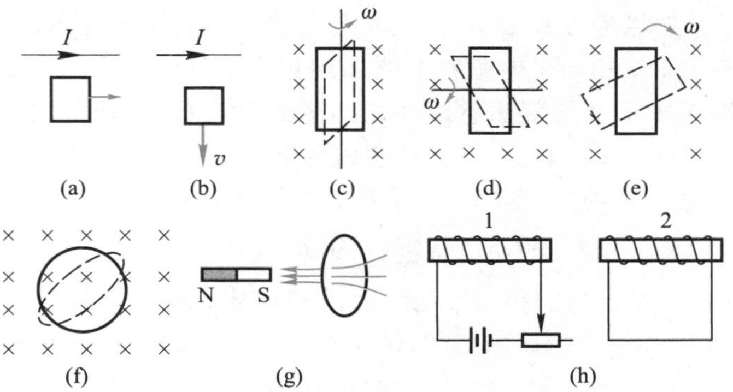

思考题 9-1-1 图

9-1-2　将一磁铁插入一个由导线组成的闭合电路线圈中,一次迅速插入,另一次缓慢地插入.问:(1)两次插入时在线圈中产生的感应电动势是否相同?感生电荷的电荷量是否相同?(2)两次手推磁铁的力所做的功是否相同?(3)若将磁铁插入一不闭合的金属环中,在环中将发生什么变化?

9-1-3　让一块很小的磁铁在一根很长的竖直铜管内下落,若不计空气阻力,试定性说明磁铁进入铜管上部、中部和下部的运动情况,并说明理由.

§ 9-2　动生电动势

使磁通量发生变化的方法是多种多样的,但从本质上讲,可归纳为两类:一类是磁场保持不变,导体回路或导体在磁场中运动,由此产生的电动势称为**动生电动势**(motional emf);另一类是导体回路不动,磁场发生变化,由此产生的电动势称为**感生电动势**(induced emf).从本节起,我们将分别讨论上述两类感应电动势的本质以及电磁感应定律在各种特殊情形中的应用.

一、在磁场中运动的导线内的感应电动势

如图 9-8 所示,导线 ab 长度为 l,在磁感应强度为 $\boldsymbol{B}$ 的均匀磁场中以速度 $\boldsymbol{v}$

向右作匀速直线运动，为简化问题，假定 ab、$\boldsymbol{v}$ 和 $\boldsymbol{B}$ 三者互相垂直. 若在 t 时间内，导线 ab 从 x_0 的位置平移到 $x=vt$ 的位置，那么在这段时间内导线 ab 扫出了一个假想的回路（图 9-8 虚线所示），这个回路的磁通量为

$$\Phi=Bl(vt-x_0)$$

于是随着导线的运动所扫出的这个假想回路磁通量的变化率是

$$\frac{\mathrm{d}\Phi}{\mathrm{d}t}=Blv$$

根据法拉第电磁感应定律，在运动导线 ab 段上产生的动生电动势即为

$$\boxed{\mathscr{E}_i=-\frac{\mathrm{d}\Phi}{\mathrm{d}t}=-Blv} \tag{9-6}$$

导线在磁场中以速度 $\boldsymbol{v}$ 扫过，在图 9-8 上看，等价于导线在切割磁感应线，因此，式(9-6)也说明导体在磁场中运动所产生的动生电动势在量值上等于在单位时间内导线所切割的磁感应线数. 式中的负号是由楞次定律确定的. 动生电动势的方向从 b 指向 a，a 端相当于电源的正极，b 端相当于负极.

导体在磁场中运动切割磁感应线而产生的电动势，可用金属电子理论来解释. 当导线 ab 以速度 $\boldsymbol{v}$ 向右运动时，导线内每个自由电子也就获得向右的定向速度 $\boldsymbol{v}$，由于导线处在磁场中，自由电子受到的洛伦兹力 $\boldsymbol{F}_m$ 为

$$\boldsymbol{F}_m=-e\boldsymbol{v}\times\boldsymbol{B}$$

式中 e 为电子电荷量的绝对值. $\boldsymbol{F}_m$ 的方向沿导线从 a 指向 b，电子在这个力作用下，将沿导线从 a 端向 b 端运动. 使导线两端积累正、负电荷，如图 9-9 所示. 所形成的静电场将使电子受力 $\boldsymbol{F}_e$. 当 $\boldsymbol{F}_e$ 与洛伦兹力达到平衡时，导线两端就具有一定的电势差，这就是动生电动势. 从电源内部来看，电子在导线内的这个运动是电子受到一个非静电性的场强 $\boldsymbol{E}_k$ 所驱动，这个非静电性力就是洛伦兹力 $\boldsymbol{F}_m$，因此

$$-e\boldsymbol{E}_k=-e\boldsymbol{v}\times\boldsymbol{B}$$

或

$$\boxed{\boldsymbol{E}_k=\boldsymbol{v}\times\boldsymbol{B}} \tag{9-7}$$

按照电动势的定义，导线 ab 上的感应电动势 $\mathscr{E}_i$ 是这段导线内非静电性力做功的结果，所以

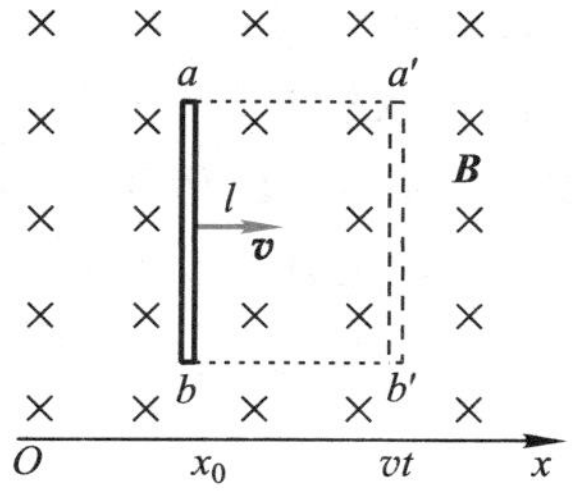

图 9-8 动生电动势

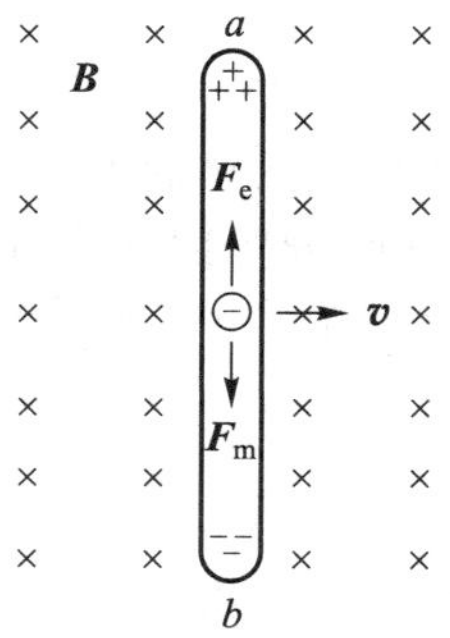

图 9-9 动生电动势的电子理论解释

$$\mathscr{E}_i = \int_a^b \boldsymbol{E}_k \cdot \mathrm{d}\boldsymbol{l} = \int_a^b \boldsymbol{v}\times\boldsymbol{B} \cdot \mathrm{d}\boldsymbol{l} = lvB$$

其大小与式(9-6)完全一致. 这表明形成动生电动势的实质是运动电荷受洛伦兹力的结果.

在一般情况下,磁场可以不均匀,导线在磁场中运动时各部分的速度也可以不同,$\boldsymbol{v}$、$\boldsymbol{B}$ 和 $\mathrm{d}\boldsymbol{l}$ 也可以不相互垂直,这就是说,$\boldsymbol{v}$ 和 $\boldsymbol{B}$ 之间可以有任意的夹角 θ,此时在 $\mathrm{d}\boldsymbol{l}$ 段的非静电性场强 $\boldsymbol{E}_k$ 的大小为 $|\boldsymbol{E}_k| = |\boldsymbol{v}\times\boldsymbol{B}| = vB\sin\theta$,其方向垂直于 $\boldsymbol{v}$ 和 $\boldsymbol{B}$ 决定的平面,它也可能与 $\mathrm{d}\boldsymbol{l}$ 不在同一方向上,所以在 $\mathrm{d}\boldsymbol{l}$ 段产生的动生电动势应为

$$\mathrm{d}\mathscr{E}_i = \boldsymbol{E}_k \cdot \mathrm{d}\boldsymbol{l} = \boldsymbol{v}\times\boldsymbol{B} \cdot \mathrm{d}\boldsymbol{l}$$

那么运动导线内总的动生电动势就要用下式来计算:

$$\boxed{\mathscr{E}_i = \int_L \boldsymbol{v}\times\boldsymbol{B} \cdot \mathrm{d}\boldsymbol{l}} \tag{9-8}$$

导线在磁场中运动时的能量转化关系可通过图 9-10 的场景讨论. 外磁场垂直穿过一段开口的矩形导体框,其上有一根和导线框接触良好的、可左右滑动的导线 ab,如果导线 ab 向右匀速运动,回路 $abcd$ 中将产生感应电流,从而使导线 ab 受到向左的安培力 $\boldsymbol{F}$ 作用. 要维持导线 ab 向右的匀速运动,就必须在其上施加一个大小相同、方向向右的外力 $\boldsymbol{F}'$. 可见在维持导线 ab 向右作匀速运动过程中,外力 $\boldsymbol{F}'$必须克服安培力 $\boldsymbol{F}$ 做功,回路中的电能是由外界的机械能所提供,而安培力做功起到了将机械能转化为电能的作用.

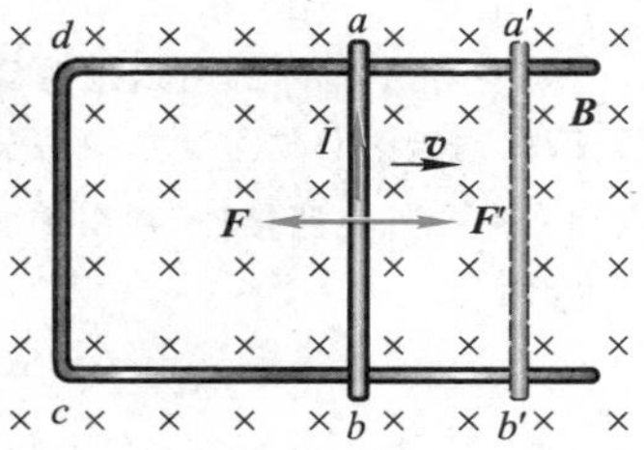

图 9-10 导线在磁场中运动的功能关系

例题 9-2

如图 9-11 所示,铜棒 OA 长 $L=50$ cm,处在方向垂直纸面向内的均匀磁场($B=0.01$ T)中,沿逆时针方向绕 O 轴转动,角速度 $\omega=100\pi$ rad/s,求铜棒中动生电动势的大小和指向. 如果是半径为 50 cm 的铜盘以上述角速度转动,求盘中心和边缘之间的电势差.

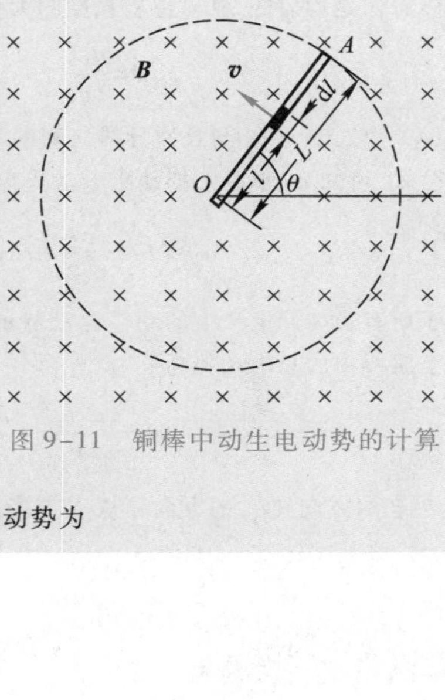

图 9-11 铜棒中动生电动势的计算

解 当铜棒作匀速转动时,铜棒上各点的速度不相同,因此必须划分小段来考虑. 在铜棒上距点 O 为 l 处取长度元 $\mathrm{d}l$,其速度 $v=\omega l$. 根据直导线中动生电动势的公式(9-8)可知 $\mathrm{d}l$ 上的动生电动势为

$$\mathrm{d}\mathscr{E}_i = Bv\mathrm{d}l = B\omega l\mathrm{d}l$$

各小段上的 $\mathrm{d}\mathscr{E}_i$ 的指向相同,所以铜棒中总的动生电动势为

$$\mathscr{E}_i = \int_0^L B\omega l \mathrm{d}l = \frac{B\omega L^2}{2}$$

$$= \frac{0.01\times100\pi\times0.5^2}{2}\mathrm{V} = 0.39\ \mathrm{V}$$

由图可知，$\boldsymbol{v}\times\boldsymbol{B}$ 的方向由 A 点指向 O 点，故$\mathscr{E}_i$ 的方向从 A 点指向 O 点. O 点与 A 点之间的电势差为

$$V_O - V_A = 0.39\ \mathrm{V}$$

此题还有另一解法：设铜棒在 Δt 时间内所转过的角度为 $\Delta\theta$，则在这段时间内铜棒所切割的磁感应线数等于它所扫过的扇形面积内的磁通量，即

$$\Delta\Phi = B\frac{1}{2}LL\Delta\theta = \frac{1}{2}BL^2\Delta\theta$$

所以铜棒中的动生电动势的大小为

$$\mathscr{E}_i = \frac{\Delta\Phi}{\Delta t} = \frac{1}{2}BL^2\frac{\Delta\theta}{\Delta t} = \frac{1}{2}BL^2\omega$$

结果与上一解法完全相同.

如果是铜盘转动，可以把铜盘想象成由无数根并联的铜棒组合而成，因这些铜棒是并联的，所以铜盘中心与边缘之间的电势差仍等于每根铜棒的电势差 $V_O - V_A = 0.39\ \mathrm{V}$. 如果把 O 点和 A 点与外电路接通，则在磁场中转动的铜棒就能对外供应电流，这就是一种简易发电机的模型.

例题 9-3

如图 9-12 所示，一长直导线中通有电流 $I = 10\ \mathrm{A}$，在其附近有一长 $l = 0.2\ \mathrm{m}$ 的金属棒 MN，以 $v = 2\ \mathrm{m/s}$ 的速度平行于长直导线作匀速运动，如果棒靠近导线的一端 M 距离导线为 $a = 0.1\ \mathrm{m}$，求金属棒中的动生电动势.

解 由于金属棒处在通电导线的非均匀磁场中，因此必须将金属棒分成很多长度元 $\mathrm{d}x$，这样在每一个 $\mathrm{d}x$ 处的磁场可以看作是均匀的，其磁感应强度的大小为

$$B = \frac{\mu_0 I}{2\pi x}$$

式中 x 为长度元 $\mathrm{d}x$ 与长直导线之间的距离. 根据动生电动势的公式，可知 $\mathrm{d}x$ 小段上的动生电动势为

$$\mathrm{d}\mathscr{E}_i = Bv\mathrm{d}x = \frac{\mu_0 I}{2\pi x}v\mathrm{d}x$$

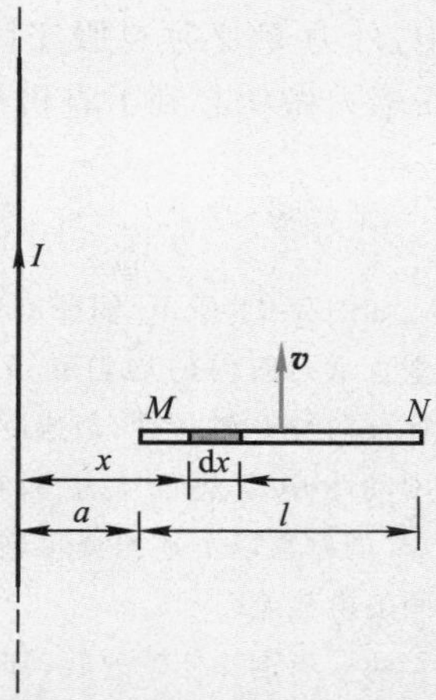

图 9-12 在长直导线产生的磁场中运动的金属棒

由于所有长度元上产生的动生电动势的方向都是相同的，所以金属棒中的总电动势为

$$\mathscr{E}_i = \int \mathrm{d}\mathscr{E}_i = \int_a^{a+l}\frac{\mu_0 I}{2\pi x}v\mathrm{d}x = \frac{\mu_0 I}{2\pi}v\ln\left(\frac{a+l}{a}\right) = 4.4\times10^{-6}\ \mathrm{V}$$

由 $\boldsymbol{v}\times\boldsymbol{B}$ 的方向知$\mathscr{E}_i$ 的方向是从 N 点指向 M 点的，也就是 M 点的电势比 N 点高.

二、在磁场中转动的线圈内的感应电动势

作为动生电动势的另一个例子，我们讨论一个在均匀磁场中作匀速转动的矩形线圈. 设矩形线圈 $abcd$ 的匝数为 N，面积为 S，使此线圈在均匀磁场中绕固定的轴线 OO'转动，磁感应强度与 OO'轴垂直(见图 9-13). 当 $t=0$ 时，线圈平面的法线单位矢量 $\boldsymbol{e}_n$ 与磁感应强度 $\boldsymbol{B}$ 之间的夹角为零，经过时间 t，线圈平面的法线单位矢量 $\boldsymbol{e}_n$ 与 $\boldsymbol{B}$ 之间的夹角为 θ，这时通过每匝线圈平面的磁通量为

$$\Phi = BS\cos\theta$$

当线圈以 OO'为轴转动时，夹角 θ 随时间改变，所以 Φ 也随时间改变. 根据法拉第电磁感应定律，N 匝线圈中所产生的动生电动势为

$$\mathscr{E}_i = -N\frac{\mathrm{d}\Phi}{\mathrm{d}t} = NBS\sin\theta\frac{\mathrm{d}\theta}{\mathrm{d}t}$$

式中 $\mathrm{d}\theta/\mathrm{d}t$ 是线圈转动时的角速度为 ω. 如果 ω 是常量，那么在 t 时刻，$\theta=\omega t$，代入上式即得

$$\mathscr{E}_i = NBS\omega\sin\omega t$$

令 $NBS\omega=\mathscr{E}_0$，表示当线圈平面平行于磁场方向的瞬时的动生电动势，也就是线圈中最大动生电动势的量值，这样

$$\mathscr{E}_i = \mathscr{E}_0\sin\omega t \tag{9-9}$$

由上式可见，在均匀磁场内转动的线圈中所产生的电动势是随时间作周期性变化的，周期为 $2\pi/\omega$. 在两个相邻的半周期中，电动势的方向相反(见图 9-14)，这种电动势叫做交变电动势(alternating emf).

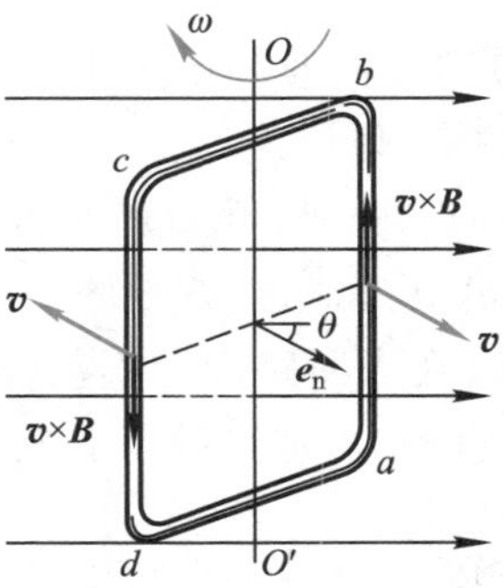

图 9-13　磁场中转动线圈的感应现象

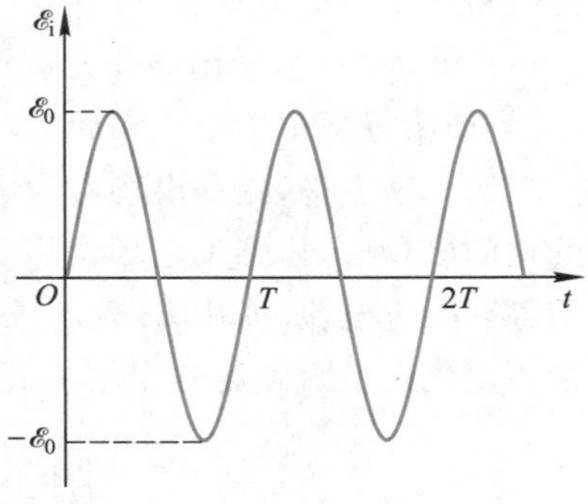

图 9-14　交变电动势

复习思考题

9-2-1　如思考题 9-2-1 图所示，与载流长直导线共面的矩形线圈 $abcd$ 作如下的运动：(1) 沿 x 方向平动；(2) 沿 y 方向平动；(3) 沿 Oxy 平面上某一方向 $\boldsymbol{e}_l$ 平动；(4) 绕垂直于 xy 平面的轴转动；(5) 绕 x 轴转动；(6) 绕 y 轴转动. 问在哪些情况下矩形线圈 $abcd$ 中产生的感

应电动势不为零?

9-2-2 如思考题 9-2-2 图所示,一个金属线框以速度 v 从左向右匀速通过一均匀磁场区,试定性地画出线框内感应电动势与线框位置的关系曲线.

9-2-3 如思考题 9-2-3 图所示,当导体棒在均匀磁场中运动时,棒中出现稳定的电场 $E=vB$,这是否和导体中 $E=0$ 的静电平衡的条件相矛盾?为什么?是否需要外力来维持棒在磁场中作匀速运动?

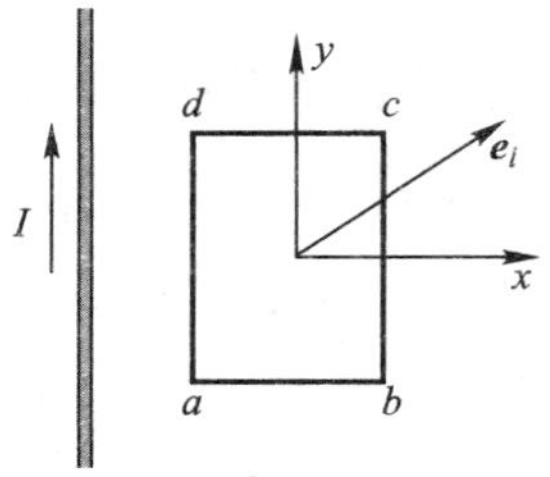

思考题 9-2-1 图

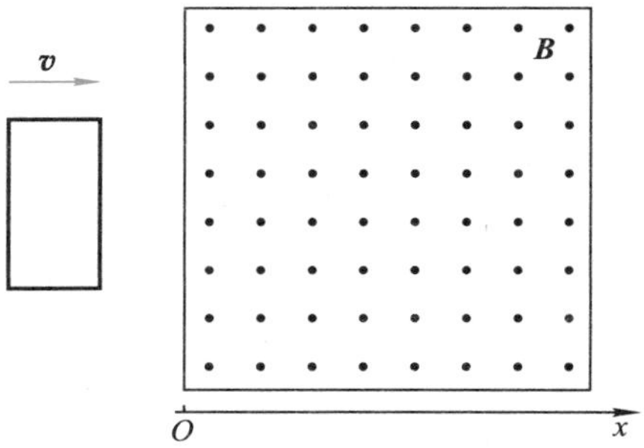

思考题 9-2-2 图

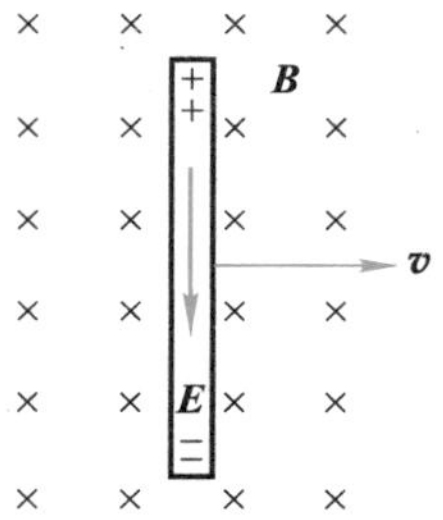

思考题 9-2-3 图

§9-3 感生电动势 感生电场

一、感生电场

当导线回路固定不动,而磁通量的变化完全由磁场的变化所引起时,导线回路内也将产生感应电动势.这种由于磁场变化引起的感应电动势,称为感生电动势(induced emf).由于回路并无运动,产生感生电动势的非静电力不再是洛伦兹力.麦克斯韦分析了这个事实后提出了一个新的观点,他认为,变化的磁场在其周围激发了一种电场,这种电场称为感生电场(induced electric field).当闭合导线处在变化的磁场中时,感生电场作用于导体中的自由电荷,从而在导线中引起感生电动势和感应电流.如用 $\boldsymbol{E}_{\mathrm{i}}$ 表示感生电场的场强,则当回路固定不动,回路中磁通量的变化全是由磁场的变化所引起时,法拉第电磁感应定律可表示为

$$\oint_L \boldsymbol{E}_{\mathrm{i}} \cdot \mathrm{d}\boldsymbol{l} = -\int_S \frac{\partial \boldsymbol{B}}{\partial t} \cdot \mathrm{d}\boldsymbol{S} \tag{9-10}$$

上式明确反映出变化的磁场能激发电场.从场的观点来看,无论空间是否有导体回路存在,变化的磁场总是在空间激发电场.麦克斯韦的这个“感生电场”的假说和另一个关于位移电流(即变化的电场激发感生磁场)的假说(参看 §9-6),都是奠定电磁场理论、预言电磁波存在的重要基础.

这样,在自然界中存在着两种以不同方式激发的电场,所激发电场的性质也截然不同. 在§7-4 和§8-4 中我们曾讲过,由静止电荷所激发的电场是保守场(无旋场),在该场中电场强度沿任一闭合回路的线积分恒等于零,即

$$\oint_L \boldsymbol{E} \cdot \mathrm{d}\boldsymbol{l}=0$$

但变化磁场所激发的感生电场沿任一闭合回路的线积分一般不等于零,而是满足式(9-10),说明感生电场不是保守力场,其电场线既无起点也无终点,永远是闭合的,像旋涡一样. 因此,感生电场又称为涡旋电场(vortex electric field). 因为式(9-10)中规定面元 d$\boldsymbol{S}$ 的法向与回路绕行方向成右手螺旋关系,所以式中的负号给出 $\boldsymbol{E}_{\mathrm{i}}$ 的绕行方向和所围的$\dfrac{\partial \boldsymbol{B}}{\partial t}$的方向成左手螺旋关系,如图 9-15 所示.

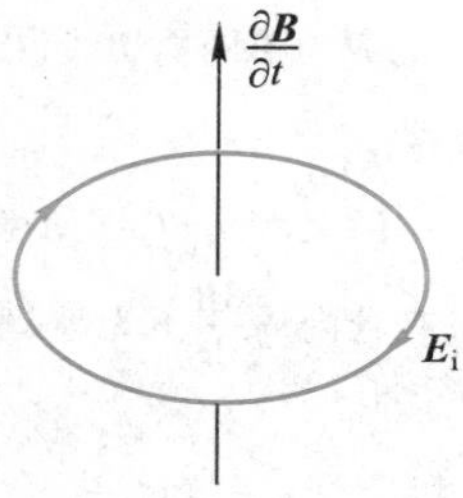

图 9-15 $\boldsymbol{E}_{\mathrm{i}}$ 和$\dfrac{\partial \boldsymbol{B}}{\partial t}$成左手螺旋关系

例题 9-4

在半径为 R 的无限长螺线管内部的磁场 $\boldsymbol{B}$ 随时间作线性变化$\left(\dfrac{\mathrm{d}B}{\mathrm{d}t}=\text{常量}>0\right)$时,求管内外的感生电场.

解 由于场的对称性,变化磁场所激发的感生电场的电场线在管内外都是与螺线管同轴的同心圆,$\boldsymbol{E}_{\mathrm{i}}$ 处处与圆线相切[见图 9-16(a)],且在同一条电场线上 $\boldsymbol{E}_{\mathrm{i}}$ 的大小处处相等. 任取一电场线作为闭合回路,则由式(9-10)可求出离轴线为 r 处的感生电场 $\boldsymbol{E}_{\mathrm{i}}$ 的大小为

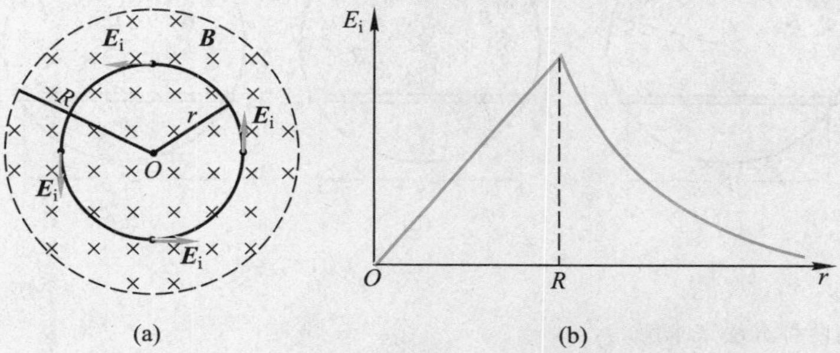

(a) (b)

图 9-16 螺线管内外的感生电场

$$\oint_L \boldsymbol{E}_{\mathrm{i}} \cdot \mathrm{d}\boldsymbol{l}=\oint_L E_{\mathrm{i}}\mathrm{d}l=2\pi r E_{\mathrm{i}}=-\int_S \frac{\partial \boldsymbol{B}}{\partial t} \cdot \mathrm{d}\boldsymbol{S}$$

或

$$E_{\mathrm{i}}=-\frac{1}{2\pi r}\int_S \frac{\partial \boldsymbol{B}}{\partial t} \cdot \mathrm{d}\boldsymbol{S}$$

式中的 S 是以所取回路为边线的任一曲面.

(1) 当 $r<R$,即所考察的场点在螺线管内时,我们选回路所围的圆面积作为积分面,在这个面上各点的$\dfrac{\mathrm{d}\boldsymbol{B}}{\mathrm{d}t}$相等且和面法线的方向平行,故上式右边的面积分为

$$\int_S \frac{\partial \boldsymbol{B}}{\partial t} \cdot \mathrm{d}\boldsymbol{S}=\int_S \frac{\partial B}{\partial t}\mathrm{d}S=\pi r^2 \frac{\mathrm{d}B}{\mathrm{d}t}$$

由此可得 $r<R$ 处的感生电场为

$$E_i = -\frac{r}{2}\frac{dB}{dt}$$

$\boldsymbol{E}_i$ 的方向沿圆周切线，指向与圆周内的$\frac{d\boldsymbol{B}}{dt}$成左旋关系. 图 9-16(a)所示 $\boldsymbol{E}_i$ 的方向相应于$\frac{dB}{dt}>0$的情况.

(2) 当 $r>R$，即所考察的场点在螺旋管外时，右边的面积分包容螺线管的整个截面，因只有管内的$\frac{d\boldsymbol{B}}{dt}$不为零，显然

$$\int_S \frac{\partial \boldsymbol{B}}{\partial t}\cdot d\boldsymbol{S} = \pi R^2 \frac{dB}{dt}$$

于是可得管外各点的感生电场为

$$E_i = -\frac{R^2}{2r}\frac{dB}{dt}$$

图 9-16(b)画出了螺线管内外感生电场 $\boldsymbol{E}_i$ 随离轴线距离 r 的变化曲线.

例题 9-5

在半径为 R 的圆柱形体积内充满磁感应强度为 $\boldsymbol{B}(t)$ 的均匀磁场，有一长为 l 的金属棒 ab 放在磁场中，如图 9-17(a)所示. 设 dB/dt 为已知常量，求棒两端的感生电动势.

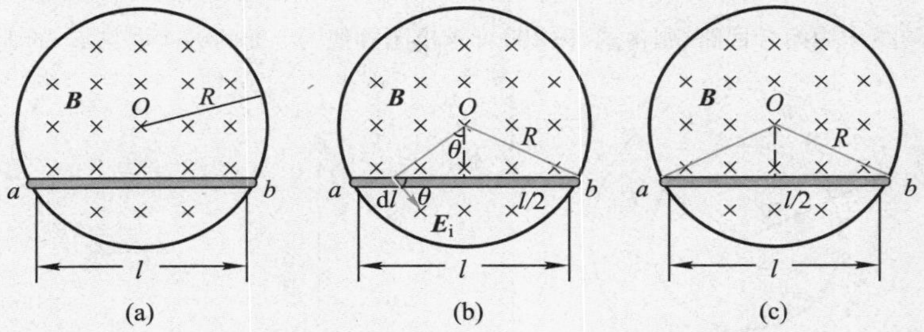

图 9-17

解 用两种方法来求解.

解法一：利用例题 9-4 的结果知，在金属棒上各点的感生电场是

$$E_i = -\frac{r}{2}\frac{dB}{dt}$$

于是按电动势的定义，金属棒两端的感生电动势为

$$\mathscr{E}_i = \int_a^b \boldsymbol{E}_i \cdot d\boldsymbol{l} = \int_a^b \frac{r}{2}\frac{dB}{dt}\cos\theta dl$$

上式中 θ 是感生电场 $\boldsymbol{E}_i$ 与金属棒的夹角，由图 9-17(b)可知，

$$\cos\theta = \frac{\sqrt{R^2-\left(\frac{l}{2}\right)^2}}{r}$$

代入前一式，求得金属棒两端的感生电动势为

$$\mathscr{E}_i=\frac{1}{2}\frac{dB}{dt}\int_a^b r\frac{\sqrt{R^2-\left(\frac{l}{2}\right)^2}}{r}dl=\frac{l}{2}\sqrt{R^2-\left(\frac{l}{2}\right)^2}\frac{dB}{dt}$$

解法二：在圆柱形体内构建一个闭合回路 $abOa$[见图 9-17(c)]，对这个回路应用法拉第电磁感应定律，求得这个回路的感应电动势为

$$\mathscr{E}_i=-\frac{d\Phi}{dt}=-\frac{d}{dt}\left[-B\frac{l}{2}\sqrt{R^2-\left(\frac{l}{2}\right)^2}\right]=\frac{l}{2}\sqrt{R^2-\left(\frac{l}{2}\right)^2}\frac{dB}{dt}$$

由于在 Oa 段和 bO 段上感生电场的方向与线段垂直，因此 $\mathscr{E}_{Oa}=\mathscr{E}_{bO}=0$，所以对回路求得的感应电动势即为 ab 段的感生电动势.

*二、电子感应加速器

电子感应加速器(betatron)的基本原理是利用变化的磁场所激发的电场来加速电子，它的出现无疑为感生电场的客观存在提供了一个令人信服的证据. 图 9-18 是加速器的结构原理图. 在电磁铁的两极间有一环形真空室，电磁铁线圈中通有交变电流，在两极间产生一个由中心向外逐渐减弱、并具有对称分布的交变磁场，这个交变磁场又在真空室内激发感生电场，其电场线是一系列绕磁感应线的同心圆[图 9-18(b)中的虚线]. 这时，若用电子枪把电子沿切线方向射入环形真空室，电子将受到环形真空室中的感生电场 $E_i=\frac{1}{2\pi R}\frac{d\Phi}{dt}$ 的作用而被加速，同时，电子还受到真空室所在处磁场的洛伦兹力 $Bev=mv^2/R$ 的作用，使电子在半径为 R 的圆形轨道上运动.

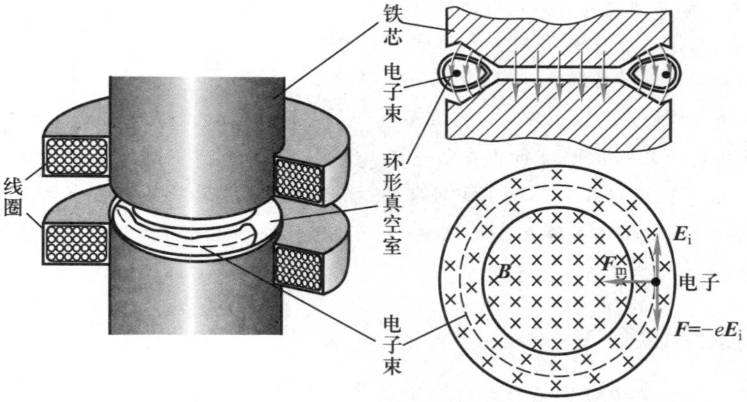

(a) 结构示意图　　(b) 磁极及真空室中电子的轨道

图 9-18 电子感应加速器结构原理图

为了使电子在环形真空室中按一定的轨道运动，电磁铁在真空室处的磁场 B 的大小必须满足

$$R=\frac{mv}{eB}=\text{常量}$$

由上式可以看出，要使电子沿一定半径的轨道运动，就要求在真空室处的磁感应强度 B 也要随着电子动量 mv 的增加而成正比地增加，也就是说，对磁场的设计有一定的要求. 将上式写为 $B=\frac{1}{eR}mv$，两边对 t 进行求导，得

$$\frac{\mathrm{d}B}{\mathrm{d}t}=\frac{1}{eR}\frac{\mathrm{d}}{\mathrm{d}t}(mv)$$

因为电子动量大小随时间的变化率$\frac{\mathrm{d}}{\mathrm{d}t}(mv)$等于作用在电子上的电场力 eE_i，所以上式又可写成

$$\frac{\mathrm{d}B}{\mathrm{d}t}=\frac{E_i}{R}$$

将 $E_i=\frac{1}{2\pi R}\frac{\mathrm{d}\Phi}{\mathrm{d}t}$代入得

$$\frac{\mathrm{d}B}{\mathrm{d}t}=\frac{1}{2\pi R^2}\frac{\mathrm{d}\Phi}{\mathrm{d}t}$$

通过电子圆形轨道所围面积的磁通量为 $\Phi=\pi R^2\bar{B}$，此处 $\bar{B}$ 是整个圆面区域内的平均磁感应强度. 代入前式得

$$\frac{\mathrm{d}B}{\mathrm{d}t}=\frac{1}{2}\frac{\mathrm{d}\bar{B}}{\mathrm{d}t}$$

上式说明 $\bar{B}$ 和 B 都在改变，但应一直保持 $B=\frac{1}{2}\bar{B}$ 的关系，这是使电子维持在恒定的圆形轨道上加速时磁场所必须满足的条件. 在电子感应加速器的设计中，两极间的空隙从中心向外逐渐增大，就是为了使磁场的分布能满足这一要求.

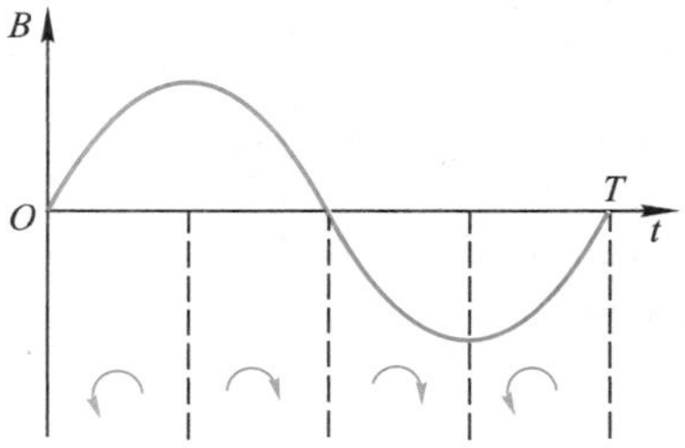

图 9-19 一个周期内感生电场的方向

电子感应加速器是在磁场随时间作正弦变化的条件下进行工作的，由交变磁场所激发的感生电场的方向也随时间而变，图 9-19 标出了加速器在一个周期内感生电场方向的变化情况. 仔细分析很容易看出，只有在第一和第四这两个1/4 周期内电子才可能被加速. 但是，在第四个 1/4 周期内作为向心力的洛伦兹力由于 $\boldsymbol{B}$ 的变向而背离圆心，这样就不能维持电子在恒定轨道上作圆周运动. 因此，只有在第一个 1/4 周期内，才能实现对电子的加速. 由于从电子枪入射的电子速率很大，实际上在第一个 1/4 周期的短时间内电子已绕行了几十万圈而获得相当高的能量，所以在第一个 1/4 周期末，就可利用特殊的装置使电子脱离轨道射向靶子，以作为科研、工业探伤或医疗之用. 目前，利用电子感应加速器可以把电子的能量加速到几十兆电子伏，最高可达几百兆电子伏.

*三、涡电流

在一些电气设备中常常遇到大块的金属配件在磁场中运动，或者处在变化着的磁场中，此时在金属体内部也会产生感应电流，这种电流在金属配件内部自成闭合回路，称为涡电流(eddy current).

如图 9-20(a)所示，当绕在一圆柱形铁芯上的线圈中通有交变电流时，铁芯内变化的磁感应强度 $\boldsymbol{B}$ 在铁芯内激发感生电场，结果在垂直于磁场的平面内产生绕轴流动的环形感应电流，即涡电流. 由于大块铁芯的电阻很小，涡电流可以很大，在铁芯内将放出大量的焦耳热，这就是感应加热的原理. 因为感生电动势与磁通量的变化率成正比，而磁通量的变化率与外加交变电流的频率成正比，所以涡电流 I' 应与外加交变电流的频率成正比，涡电流 I' 所产生的焦耳热是与 I'^2 成正比的，因此涡电流产生的焦耳热将与外加交变电流的频率的平方成正比. 当我们使用频率高达几百赫甚至几千赫的交变电流时，铁芯内由于涡电流将放出巨大的热量，可以利用

它来冶炼金属. 现代厨房电器之一的电磁炉[图 9-20(b)]就是利用交变磁场在铁锅底部产生涡电流而发热的. 一些需要在高度真空下工作的电子器件,如电子管、示波管、显像管等在用一般的方法抽空后,被置于高频磁场内,其中的金属部分隔着玻璃管也能加热,温度升高后,吸附在金属表面上的少许残存气体被释放出来,由抽气机抽出,可使之达到更高的真空度.

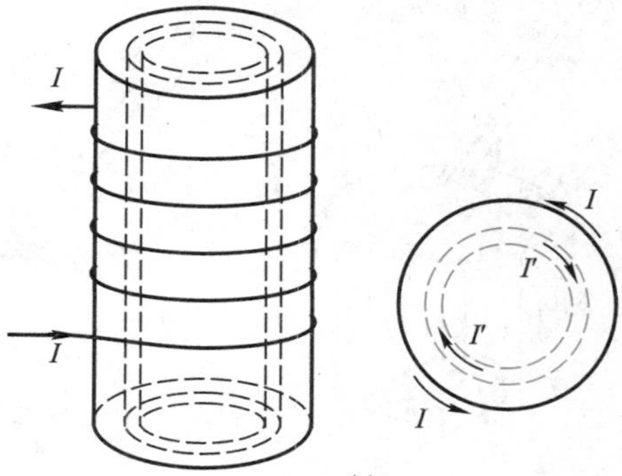

(a)

(b)

图 9-20

利用涡电流还可产生阻尼作用. 如图 9-21 所示,设有一金属片做成的摆,可在电磁铁的两极之间摆动. 如果电磁铁的线圈中不通电,则两极间无磁场,金属摆可持续较长时间地摆动才会停下来. 当电磁铁的线圈中通有电流时,两极间便有强大的磁场,金属摆在磁场中摆动时产生了涡电流,根据楞次定律,磁场对涡电流的作用要阻碍摆和磁场的相对运动,因此金属摆受到一个阻尼力的作用,就像在黏性介质中摆动一样,会很快地停下来. 这种阻尼起源于电磁感应,称为电磁阻尼(electromagnetic damping),在各式仪表中电磁阻尼已被广泛应用. 例如,在很多电表中常常把线圈绕在一闭合的铝框上,或者附加一个短路线圈,当电流线圈在磁场中摆动时,在铝框(或短路线圈)中就产生了涡电流,电流线圈在由此产生的电磁阻尼作用下就能很快地稳定在平衡位置上.

涡电流产生的热效应虽然有着广泛的应用,但是在有些情况下也有很大的弊害. 例如,变压器或其他电机的铁芯常常因涡电流产生无用的热量,不仅消耗了部分电能,降低了电机的效率,而且还会因铁芯严重发热导致不能正常工作. 为了减小涡流损耗,一般变压器、电机及其他交流仪器的铁芯不采用整块材料,而是用互相绝缘的薄片(如硅钢片)或细条叠合而成,使涡流受绝缘的限制,只能在薄片范围内流动,于是增大了电阻,减小了涡电流,使损耗降低(图 9-22).

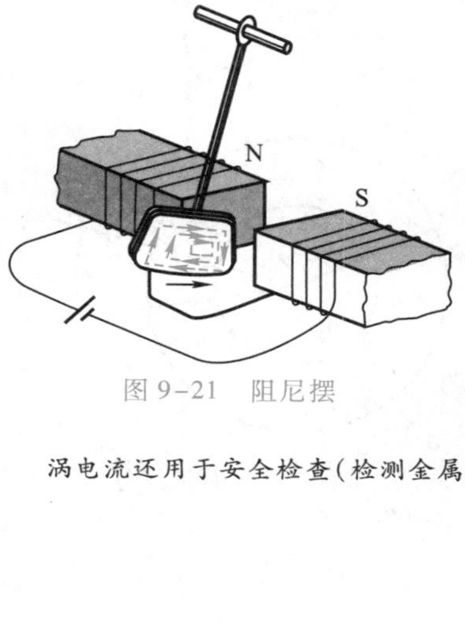

图 9-21 阻尼摆

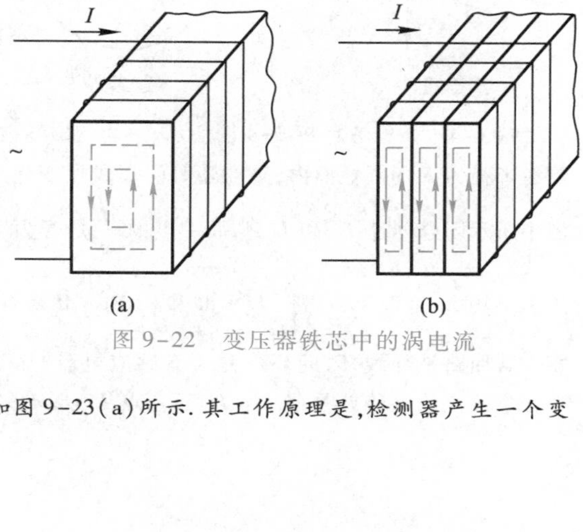

(a) (b)

图 9-22 变压器铁芯中的涡电流

涡电流还用于安全检查(检测金属),如图 9-23(a)所示. 其工作原理是,检测器产生一个变化的磁场,在被探测的金属物品内感应出涡电流,这个涡电流反过来又产生变化的磁场,使检测器的接收线圈中感应出电流. 军事上常用便携式金属探测器探测地雷[图 9-23(b)]也应用了相同的原理.

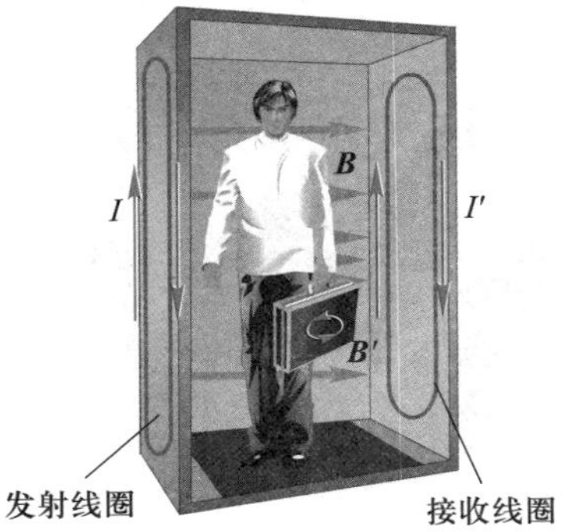

(a) 安全检查

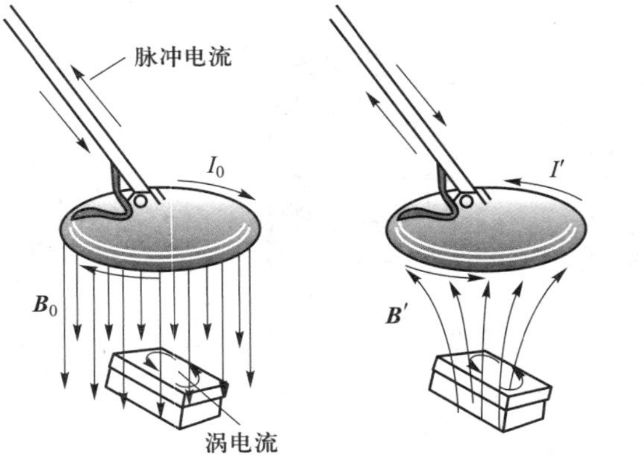

(b) 金属探测器探测地雷

图 9-23 安检(探测金属)

复习思考题

9-3-1 如思考题 9-3-1 图所示,一质子通过磁铁附近发生偏转,如果磁铁静止,质子的动能将保持不变,为什么? 如果磁铁运动,质子的动能将增加还是减小? 试说明理由.

9-3-2 铜片放在磁场中,如思考题 9-3-2 图所示. 若将铜片从磁场中拉出或推进,则受到一阻力的作用,试解释这个阻力的来源.

9-3-3 有一导体薄片位于与磁场 $\boldsymbol{B}$ 垂直的平面内,如思考题 9-3-3 图所示. 如果 $\boldsymbol{B}$ 突然变化,但在 P 点附近 $\boldsymbol{B}$ 的变化不能立即检查出来,试解释之.

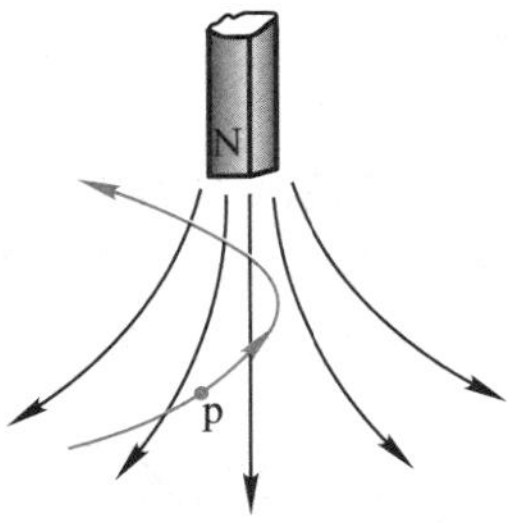

思考题 9-3-1 图

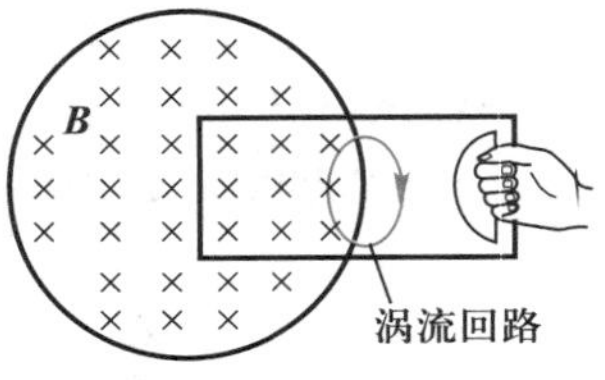

思考题 9-3-2 图

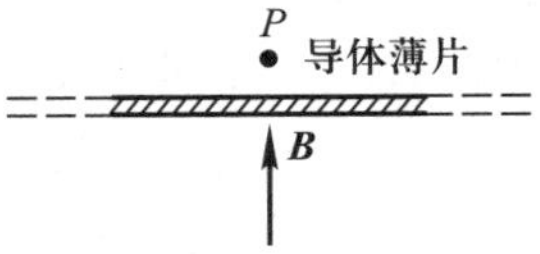

思考题 9-3-3 图

9-3-4 如思考题 9-3-4 图所示,一均匀磁场被限制在半径为 R 的圆柱面内,磁场随时间作线性变化. 问图中所示闭合回路 L_1 和 L_2 上每一点的 $\dfrac{\partial \boldsymbol{B}}{\partial t}$ 是否为零? 感生电场 $\boldsymbol{E}_i$ 是否为零? $\oint_{L_1} \boldsymbol{E}_i \cdot d\boldsymbol{l}$ 和 $\oint_{L_2} \boldsymbol{E}_i \cdot d\boldsymbol{l}$ 是否为零? 若回路是导线环,问环中是否有感应电流? L_1 环上任意两点的电势差是多大? L_2 环上点 P、Q、M 和 N

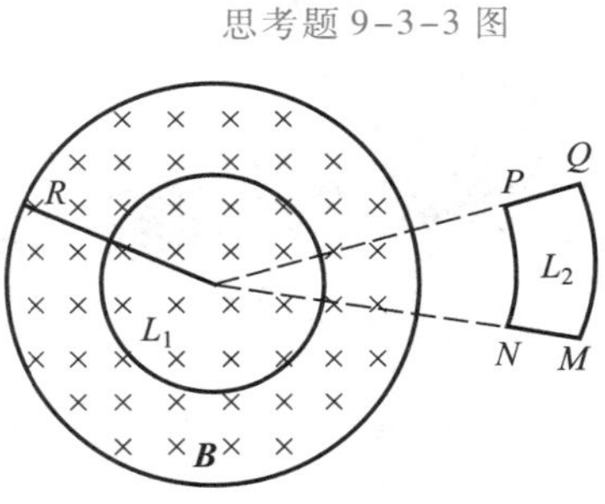

思考题 9-3-4 图

的电势是否相等?

§ 9-4 自感应和互感应

下面将讨论两个在电工和无线电技术中有着广泛应用的电磁感应现象——自感应和互感应.

一、自感应

当回路中通有电流时,这一电流所产生的磁感应线将通过此回路本身,如果回路中的电流、回路的形状或回路周围的磁介质发生变化时,通过自己回路面积的磁通量也将发生变化,相应地,在自己回路中也将激起感应电动势,这种由于回路本身电流产生的磁通量发生变化,而在自己回路中激起感应电动势的现象,称为自感应(self-induction),相应的电动势称为自感电动势(self-induction emf).设有一无铁芯的长直螺线管,长为 l,截面半径为 R,管上绕组的总匝数为 N,通有电流 I.此时线圈内各点的磁感应强度是

$$B=\frac{\mu_0 NI}{l}$$

用 S 表示螺线管的截面积,则穿过每匝线圈的磁通量

$$\Phi=BS=\frac{\mu_0 NI}{l}\pi R^2$$

穿过 N 匝线圈的磁链为

$$\Phi_N=N\Phi=\frac{\mu_0 N^2 I}{l}\pi R^2$$

当线圈中的电流 I 变化时,在 N 匝线圈中产生的感应电动势为

$$\mathscr{E}_L=-\frac{\mathrm{d}\Phi_N}{\mathrm{d}t}=-\frac{\mu_0\pi R^2 N^2}{l}\frac{\mathrm{d}I}{\mathrm{d}t}$$

将上式改写成下列形式

$$\mathscr{E}_L=-L\frac{\mathrm{d}I}{\mathrm{d}t} \tag{9-11}$$

式中 $L=\mu_0\frac{N^2}{l}\pi R^2$,它体现了回路产生自感电动势反抗电流改变的能力,称为该回路的自感系数(self-inductance),简称自感. L 的大小与回路的几何形状、匝数等因素有关,所以如同电阻和电容一样,自感也是一个由回路自身特征决定的电路参量.式(9-11)反映了自感电动势与电流变化率之间的关系,其中的负号表明,当线圈回路中 $\mathrm{d}I/\mathrm{d}t>0$ 时,$\mathscr{E}_L<0$,即自感电动势与电流方向相反;反之,当 $\mathrm{d}I/\mathrm{d}t<0$ 时,$\mathscr{E}_L>0$,即自感电动势与电流方向相同.

现在再考虑一般的情况.对于一个任意形状的回路,回路中由于电流变化引

起通过回路本身磁链变化而出现的感应电动势为

$$\mathscr{E}_L=-\frac{\mathrm{d}\Phi_N}{\mathrm{d}t}=-\frac{\mathrm{d}\Phi_N}{\mathrm{d}I}\frac{\mathrm{d}I}{\mathrm{d}t}=-L\frac{\mathrm{d}I}{\mathrm{d}t}$$

式中

$$L=\frac{\mathrm{d}\Phi_N}{\mathrm{d}I} \tag{9-12}$$

定义为回路的自感. 它等于回路中的电流变化为单位值时，在回路本身所围面积内引起磁链的改变值. 如果回路的几何形状保持不变，而且在它的周围空间没有铁磁质，那么根据毕奥-萨伐尔定律，空间任一点的磁场 B 与回路中的电流 I 成正比，通过回路所围面积的磁链 Φ_N 也与 I 成正比，这时式(9-12)可写成

$$\boxed{L=\frac{\Phi_N}{I}} \tag{9-13}$$

式(9-13)可作为不存在铁磁质时回路自感的定义，即回路自感的大小等于回路中的电流为单位值时通过此回路所围面积的磁链，它仅与回路本身的几何结构及周围介质分布等因素有关，而和回路中的电流无关. 如果回路周围有铁磁质存在，则通过回路所围面积的磁链和回路中的电流 I 不成线性关系，在这种情况下，从自感的一般定义式(9-12)可知，回路的自感 L 与电流 I 有关，也不是常量.

在国际单位制中，自感的单位为 H(亨[利]). 由式(9-13)可知，1 H = 1 Wb/A. 由于 H 的单位比较大，实用上常用 mH(毫亨)与 μH(微亨)作为自感的单位.

在许多有自感 L 的电路断开电源时，由于电路中的电流骤然下降为零，$\mathrm{d}I/\mathrm{d}t$ 的量值很大，在电路中将产生很大的自感电动势，常使电源开关两端之间发生火花，甚至发生电弧，这种现象在通有很大电流的电路中或在含有铁磁质的电路中尤为显著. 这时，虽然电路中电源的电动势中只有几伏，却可能产生几千伏的感应电动势，必须采取一定的措施来避免由此造成的事故.

例题 9-6

同轴电缆是由半径为 R_1 的圆柱状芯线和半径为 R_2 的圆筒状导体组成，其间充满磁导率为 μ 的磁介质，如图 9-24 所示. 电缆中沿芯线和外圆筒流过的电流 I 大小相等而方向相反. 求电缆单位长度的自感.

解 同轴电缆常常用于传输高频电流，由于高频电流的趋肤效应，电流实际上是在芯线表面流过，所以圆柱状的芯线可以看作半径为 R_1 的圆筒处理. 这样一来，应用安培环路定理可知，在内圆筒之内以及外圆筒之外的空间中磁感应强度都为零. 在内外两圆筒之间，离开轴线距离为 r 处的磁感应强度为

$$B=\frac{\mu I}{2\pi r}$$

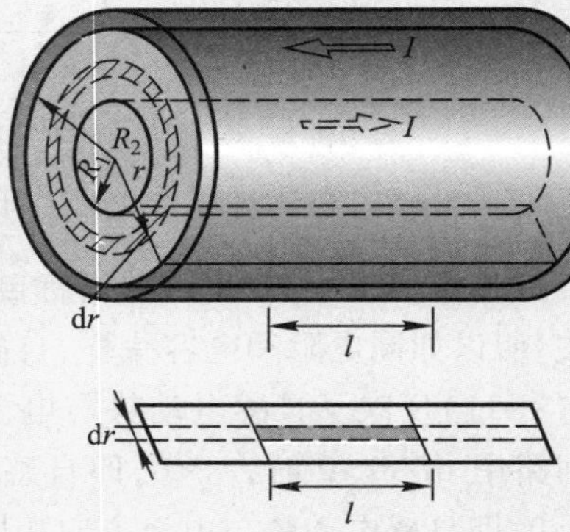

图 9-24 电缆的自感

例题 9-6

在内外圆筒之间，取如图中所示的截面，通过长为 l 的面积元 $l\mathrm{d}r$ 的磁通量为

$$\mathrm{d}\Phi = Bl\mathrm{d}r = \frac{\mu Il}{2\pi}\frac{\mathrm{d}r}{r}$$

通过两圆筒之间 l 长的截面的总磁通量为

$$\Phi = \int \mathrm{d}\Phi = \int_{R_1}^{R_2}\frac{\mu Il}{2\pi}\frac{\mathrm{d}r}{r} = \frac{\mu Il}{2\pi}\ln\frac{R_2}{R_1}$$

由 $\Phi = LI$，可知单位长度电缆的自感为

$$L = \frac{\Phi}{Il} = \frac{\mu}{2\pi}\ln\frac{R_2}{R_1}$$

例题 9-7

试分析有自感的电路中电流的变化规律.

解　由于线圈自感的存在，当电路中的电流改变时，在电路中会产生自感电动势. 根据楞次定律，自感电动势的出现总是要反抗电路中电流的变化. 这就是说，自感现象具有使电路中保持原有电流不变的特性，它使电路在接通及断开时，电路中的电流不能突变，要经历一个短暂的过程才能达到稳定值. 下面研究 RL 电路与直流电源接通及断开后短暂的过程中，电路中电流增长和衰减的情况.

如图 9-25 所示是一个含有自感 L 和电阻 R 的简单电路. 如开关 S_1 接通而 S_2 断开时，RL 电路接上电源后，由于自感应的作用，在电流增长过程中电路中出现自感电动势 $\mathscr{E}_L$，它与电源的电动势 $\mathscr{E}$ 共同决定电路中电流的大小. 设某瞬时电路中的电流为 I，则由回路的欧姆定律得

$$\mathscr{E} - L\frac{\mathrm{d}I}{\mathrm{d}t} = IR$$

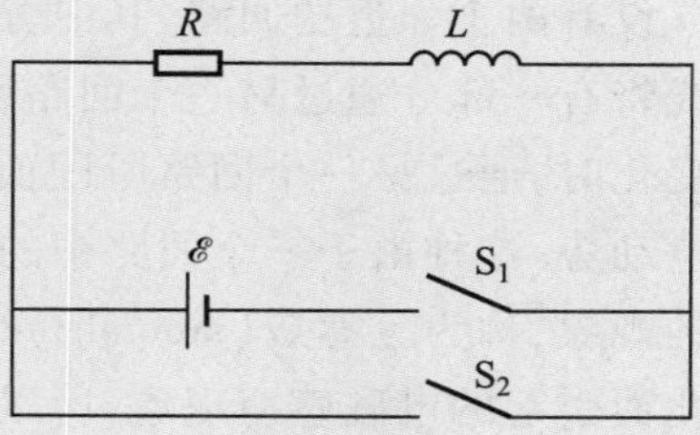

图 9-25　RL 电路

上式可写作

$$L\frac{\mathrm{d}I}{\mathrm{d}t} + IR = \mathscr{E}$$

这是含有变量 I 及其一阶导数 $\mathrm{d}I/\mathrm{d}t$ 的微分方程，可以通过分离变量积分求解. 即把上式改写为

$$\frac{\mathrm{d}I}{\dfrac{\mathscr{E}}{R} - I} = \frac{R}{L}\mathrm{d}t$$

对上式两边进行积分，并注意到起始条件：$t=0$ 时，$I=0$，于是有

$$\int_0^I \frac{\mathrm{d}I}{\dfrac{\mathscr{E}}{R} - I} = \int_0^t \frac{R}{L}\mathrm{d}t$$

积分并整理后可得

$$\boxed{I = \frac{\mathscr{E}}{R}\left(1 - \mathrm{e}^{-\frac{R}{L}t}\right)} \tag{9-14}$$

式(9-14)就是 RL 电路接通电源后电路中电流 I 的增长规律,它说明了在接通电源后,由于自感的存在,电路中的电流不是立刻达到稳定值 $I_0=I_{max}=\mathscr{E}/R$,而是由零逐渐增大到这一最大值 I_{max} 的,与无自感时的情况比较,这里有一个时间的延迟. 从式(9-14)看到,当 $t=\tau=L/R$ 时

$$I=\frac{\mathscr{E}}{R}\left(1-\frac{1}{\mathrm{e}}\right)=0.63\frac{\mathscr{E}}{R}=0.63I_0$$

即电路中的电流达到稳定值的 63%,通常就用这一时间 $\tau=L/R$ 来衡量自感电路中电流增长的快慢程度,称为 RL 回路的**时间常量**或**弛豫时间**.

当上述电路中的电流达到稳定值 $I_0=\mathscr{E}/R$ 后,迅速将开关 S_2 接通的同时断开开关 S_1,这时电路中虽然没有外电源,但由于线圈中自感电动势的出现,电路中的电流不会立即降到零. 设开关 S_2 接通后某一瞬时电路中的电流为 I,线圈中的自感电动势为 $-L(\mathrm{d}I/\mathrm{d}t)$,根据回路的欧姆定律得

$$-L\frac{\mathrm{d}I}{\mathrm{d}t}=IR$$

仍用分离变量法,并注意到 $t=0$ 时,$I=I_0=\mathscr{E}/R$,积分并整理后可解得

$$\boxed{I=\frac{\mathscr{E}}{R}\mathrm{e}^{-\frac{R}{L}t}=I_0\mathrm{e}^{-\frac{R}{L}t}} \tag{9-15}$$

式(9-15)是 RL 电路切断电源后电路中电流的衰变规律,它说明了撤去电源后,由于自感的存在,电流是逐渐减小的,经过一段弛豫时间($\tau=L/R$),电流降低为原稳定值的 37%.

二、互感应

互感概念演示

设有两个邻近的回路,其中分别通有电流,则任一回路中电流所产生的磁感应线将有一部分通过另一个回路所包围的面积. 当其中任意一个回路中的电流发生变化时,通过另一个回路所围面积的磁通量也随之变化,因而在回路中产生感应电动势. 这种由于一个回路中的电流变化而在邻近另一个回路中产生感应电动势的现象,称为**互感应**(mutual induction). 互感现象与自感现象一样,都是由电流变化而引起的电磁感应现象,所以可用讨论自感现象类似的方法来进行研究.

图 9-26 所示是绕有 C_1 和 C_2 两层线圈的长直螺线管,长度均为 l,截面的半径都是 r. C_1 线圈共有 N_1 匝,当其中通有电流 I_1 时,由 I_1 所激发的磁场通过 C_2 每匝线圈的磁通量为 $\mu_0\dfrac{N_1}{l}I_1\pi r^2$,所以通过 C_2 线圈 N_2 匝的磁链为

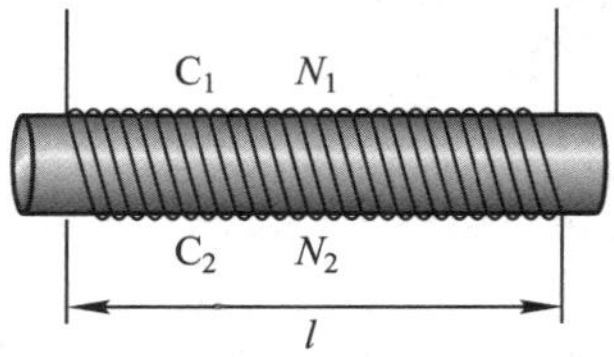

图 9-26 两个共轴螺线管的互感

$$\Phi_{21}=\mu_0\frac{N_1N_2}{l}I_1\pi r^2$$

当 C_1 中的电流 I_1 变化时,在 C_2 线圈回路中将产生**互感电动势**(mutual induction emf)

$$\mathscr{E}_{21}=-\frac{\mathrm{d}\Phi_{21}}{\mathrm{d}t}=-\mu_0\frac{N_1N_2}{l}\pi r^2\frac{\mathrm{d}I_1}{\mathrm{d}t}$$

将上式改写成下列形式

$$\mathscr{E}_{21}=-\frac{\mathrm{d}\Phi_{21}}{\mathrm{d}t}=-M_{21}\frac{\mathrm{d}I_1}{\mathrm{d}t} \tag{9-16a}$$

式中 $M_{21}=\mu_0\dfrac{N_1N_2}{l}\pi r^2$.

同样,当 C_2 线圈中所通有的电流 I_2 变化时,在 C_1 线圈回路中也将产生互感电动势

$$\mathscr{E}_{12}=-\mu_0\frac{N_1N_2}{l}\pi r^2\frac{\mathrm{d}I_2}{\mathrm{d}t}=-M_{12}\frac{\mathrm{d}I_2}{\mathrm{d}t} \tag{9-16b}$$

式中 $M_{12}=M_{21}$. 式(9-16a)和式(9-16b)是互感电动势与电流变化率之间的关系,可以证明,对于任意形状的两个回路,关系式 $M_{12}=M_{21}$ 总是成立,因此统一用符号 M 来表示,它反映了两个相邻回路各在另一回路中产生互感电动势的能力,称为两个回路的**互感系数**(mutual inductance),简称**互感**. 如果两个回路的相对位置固定不变,而且在其周围没有铁磁质,则两个回路的互感等于其中一个回路中单位电流激发的磁场通过另一回路所围面积的磁链,即

$$M=\frac{\Phi_{21}}{I_1}=\frac{\Phi_{12}}{I_2} \tag{9-17}$$

在这种情况下,互感和自感一样只和两个回路的形状、相对位置及周围介质的磁导率有关,而与电流无关. 在确定了两回路的互感后,任一回路通有变化的电流 I 在另一回路产生的互感电动势就可写为

$$\mathscr{E}_{21}=-M\frac{\mathrm{d}I_1}{\mathrm{d}t},\quad \mathscr{E}_{12}=-M\frac{\mathrm{d}I_2}{\mathrm{d}t} \tag{9-18}$$

如果回路周围有铁磁质存在,那么通过其中任一回路的磁链(Φ_{21} 或 Φ_{12})和另一个回路中的电流(I_1 或 I_2)没有简单的线性关系,这时互感电动势为

$$\mathscr{E}_{12}=-\frac{\mathrm{d}\Phi_{12}}{\mathrm{d}t}=-\frac{\mathrm{d}\Phi_{12}}{\mathrm{d}I_2}\frac{\mathrm{d}I_2}{\mathrm{d}t}=-M\frac{\mathrm{d}I_2}{\mathrm{d}t} \tag{9-19a}$$

或

$$\mathscr{E}_{21}=-\frac{\mathrm{d}\Phi_{21}}{\mathrm{d}t}=-\frac{\mathrm{d}\Phi_{21}}{\mathrm{d}I_1}\frac{\mathrm{d}I_1}{\mathrm{d}t}=-M\frac{\mathrm{d}I_1}{\mathrm{d}t} \tag{9-19b}$$

式中 $\boldsymbol{M=\dfrac{\mathrm{d}\Phi_{12}}{\mathrm{d}I_2}=\dfrac{\mathrm{d}\Phi_{21}}{\mathrm{d}I_1}}$就作为互感的定义. 这时,互感的值除和两个回路的形状、相对位置有关外,还和电流有关,也不再是常量.

互感的单位和自感相同,都是 H(亨[利]).

下面仍以图 9-26 中的两层螺线管为例,说明两个回路各自的自感和互感的关系. 由前面的讨论可知两线圈的自感分别为

$$L_1=\mu_0\frac{N_1^2}{l}\pi r^2,\quad L_2=\mu_0\frac{N_2^2}{l}\pi r^2$$

那么

$$M^2=\left(\mu_0\frac{N_1N_2}{l}\pi r^2\right)^2=\left(\mu_0\frac{N_1^2}{l}\pi r^2\right)\left(\mu_0\frac{N_2^2}{l}\pi r^2\right)=L_1L_2$$

即

$$M=\sqrt{L_1L_2}$$

必须指出,只有这样耦合的线圈(即一个回路中电流所产生的磁感应线全部穿过另一回路)才有 $M=\sqrt{L_1L_2}$ 的关系,一般情形有

$$\boxed{M=k\sqrt{L_1L_2}} \tag{9-20}$$

其中 $0\leqslant k\leqslant 1$,k 称为耦合因数. k 值视两个回路之间磁耦合的情况而定. 很显然,如果两个线圈相距甚远,毫无磁耦合,此时 $k=0$.

互感现象是在一些电器及电子线路中时常遇到的现象,有些电器利用互感现象把电能从一个回路输送到另一个回路中去,例如变压器及感应圈等. 有时互感现象也会带来不利的一面,例如电子仪器各回路之间、电话线与电力输送线之间会因互感现象产生有害的干扰. 了解了互感现象的物理本质,就可以设法改变仪器间的布置,以尽量减小回路间相互磁耦合的影响.

形状不规则的回路或回路系,自感和互感一般不易计算,通常用实验方法来测定,对于一些形状规则的回路,才能计算求得.

例题 9-8

一密绕的螺绕环,单位长度的匝数为 $n=2\,000\ \text{m}^{-1}$,环的横截面积为 $S=10\ \text{cm}^2$,另一个 $N=10$ 匝的小线圈套绕在环上,如图 9-27 所示. (1) 求两个线圈间的互感;(2) 当螺绕环中的电流变化率为 $\text{d}I/\text{d}t=10\ \text{A/s}$ 时,求在小线圈中产生的互感电动势的大小.

解 (1) 为计算互感,可以先设想小线圈中通有电流,再计算小线圈中的电流在螺绕环中产生的磁链;或者相反,先假定螺绕环中通有电流,然后算出该电流在小线圈中产生的磁链. 在本例中,由于小线圈通电流后所激发的磁场难以计算,通过螺绕环中各匝线圈的磁通量也无法算出,所以只能采用第二种设想来计算. 设螺绕环中通有电流 I,由 §8-4 知螺绕环中磁感应强度的大小为 $B=\mu_0 nI$,通过螺绕环上各匝线圈的磁通量等于通过小线圈各匝的磁通量,所以通过 N 匝小线圈的磁链为

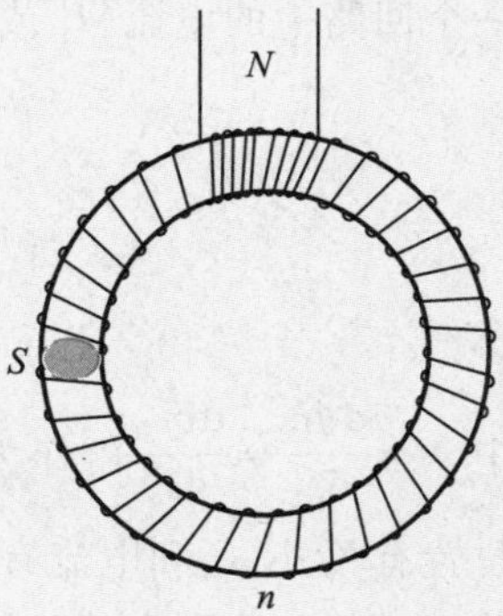

图 9-27 螺绕环与小线圈间的互感

$$\Phi_N=N\Phi=N\mu_0 nIS$$

根据互感的定义可得螺绕环与小线圈间的互感为

$$M=\frac{\Phi_N}{I}=\mu_0 nNS\approx 2.5\times10^{-5}\ \text{H}=25\ \mu\text{H}$$

(2) 由式(9-18)知在小线圈中产生的互感电动势的大小为

$$\mathscr{E}_{21}=\left|-M\frac{\mathrm{d}I_1}{\mathrm{d}t}\right|=250\ \mu\mathrm{V}$$

例题 9-9

如图 9-28 所示，两只水平放置的同心圆线圈 1 和 2，半径分别为 r 和 R，且$R\gg r$，已知小线圈 1 内通有电流 $I_1=I_0\cos\omega t$，求在大线圈 2 上产生的感应电动势.

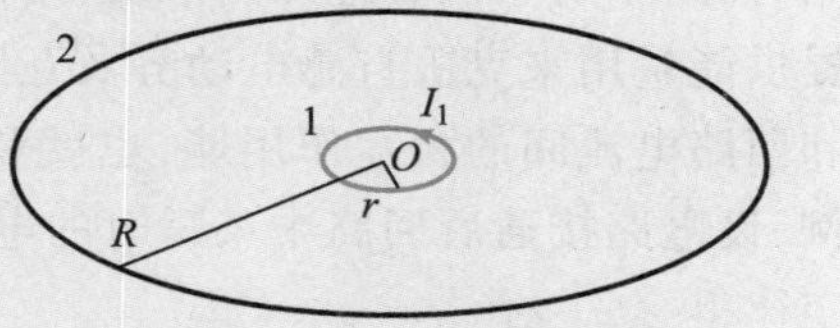

图 9-28　同心圆线圈的互感

解　由于小线圈通有电流后在大线圈平面内产生的磁场是非均匀的磁场，我们很难求得穿过大线圈平面内的磁通量，因此不能直接应用法拉第电磁感应定律$\mathscr{E}_i=-\dfrac{\mathrm{d}\Phi}{\mathrm{d}t}$来求得大线圈上的感应电动势. 如果能求出两线圈的互感 M，则可以应用式(9-16)求得大线圈上的感应电动势. 但同样的原因，以小线圈通有电流来计算两线圈的互感也是困难的. 由于 $M=M_{12}=M_{21}$，我们可以假设在大线圈中通有电流 I_2，很容易求其产生的磁场在小线圈穿过的磁通量 Φ_{12}，然后按式(9-17)解出 M. 电流 I_2 在线圈中心的磁场是

$$B=\frac{\mu_0 I_2}{2R}$$

由于 $R\gg r$，在小线圈面积内的磁场可以看作是均匀的，大小即为线圈中心的 B 值. 这样，穿过小线圈平面内的磁通量即为

$$\Phi_{12}=BS=\frac{\mu_0 I_2}{2R}\pi r^2$$

于是互感为

$$M=\frac{\Phi_{12}}{I_2}=\frac{\mu_0\pi r^2}{2R}$$

最后可求得通有电流 I_1 的小线圈在大线圈产生的感应电动势是

$$\mathscr{E}_{21}=-M\frac{\mathrm{d}I_1}{\mathrm{d}t}=\frac{\mu_0\pi r^2}{2R}I_0\omega\sin\omega t$$

复习思考题

9-4-1　用电阻丝绕成的标准电阻要求没有自感，问怎样绕制方能使线圈的自感为零？试说明其理由.

9-4-2　在一个线圈（自感为 L，电阻为 R）与电动势为$\mathscr{E}$的电源串联的电路中，当开关接通的瞬时，线圈中还没有电流，而此时自感电动势为什么会最大？

9-4-3　自感电动势能不能大于电源的电动势？瞬时电流可否大于稳定时的电流值？

9-4-4　有两个半径相接近的线圈，问如何放置方可使其互感最小？如何放置可使其互感最大？

9-4-5　两个螺线管串联相接，两管中一直通有相同的恒定电流，试问两螺线管之间有没有互感存在？解释之.

§9-5 磁场的能量

在静电场一章中我们讨论过，在形成带电系统的过程中，外力必须克服静电力而做功，根据功能原理，外界做功所消耗的能量最后转化为电荷系统或电场的能量. 同样，在回路系统中通以电流时，由于各回路的自感和回路之间互感的作用，回路中的电流要经历一个从零到稳定值的变化过程，在这个过程中，电源必须提供能量用来克服自感电动势及互感电动势做功，使电能转化为载流回路的能量和回路电流间的相互作用能，也就是磁场的能量. 以图 9-25 所示的简单回路为例，设电路接通后回路中某瞬时的电流为 I，自感电动势为 $-L\mathrm{d}I/\mathrm{d}t$，由回路的欧姆定律得

$$\mathscr{E}-L\frac{\mathrm{d}I}{\mathrm{d}t}=IR$$

如果从 $t=0$ 开始，经过足够长的时间 t，可以认为回路中的电流已从零增长到稳定值 I_0，则在这段时间内电源电动势所做的功为

$$\int_0^t \mathscr{E}I\mathrm{d}t=\int_0^{I_0}LI\mathrm{d}I+\int_0^t RI^2\mathrm{d}t$$

在自感 L 与电流无关的情况下，上式化为

$$\int_0^t \mathscr{E}I\mathrm{d}t=\frac{1}{2}LI_0^2+\int_0^t RI^2\mathrm{d}t$$

说明电源电动势所做的功转化为两部分能量，其中 $\int_0^t RI^2\mathrm{d}t$ 是 t 时间内消耗在电阻 R 上的焦耳热；$\frac{1}{2}LI_0^2$ 是回路中建立电流的变化过程中电源电动势克服自感电动势所做的功，这部分电能转化为载流回路的能量. 由于在回路中形成电流的同时，在回路周围空间也建立了磁场，显然，这部分能量也就是储存在磁场中的能量. 因此，一个自感为 L 的回路，当其中通有电流 I_0 时，其周围空间磁场的能量为

$$W_\mathrm{m}=\frac{1}{2}LI_0^2 \qquad (9-21)$$

式(9-21)是用线圈的自感及其中电流表示的磁能，经过变换，磁能也可用描述磁场本身的量 B、H 来表示. 为了简单起见，考虑一个很长的直螺线管，管内充满磁导率为 μ 的均匀磁介质. 当螺线管通有电流 I 时，管中磁场近似看作匀强磁场，而且把磁场看作全部集中在管内. 由于螺线管内的磁感应强度 $B=\mu nI$，它的自感 $L=\mu n^2V$，式中 n 为螺线管单位长度的匝数，V 为螺线管内磁场空间的体积. 把 L 及 $I_0=B/\mu n$ 代入式(9-21)，得到磁能的另一表示式

$$W_\mathrm{m}=\frac{1}{2}\mu n^2V\left(\frac{B}{\mu n}\right)^2=\frac{1}{2}\frac{B^2}{\mu}V=\frac{1}{2}BHV$$

因而磁场能量密度（magnetic energy density）是

$$w_m=\frac{W_m}{V}=\frac{1}{2}\frac{B^2}{\mu}=\frac{1}{2}\mu H^2=\frac{1}{2}BH \tag{9-22}$$

上述磁场能量密度的公式是从螺线管中均匀磁场的特例导出的，但在一般情况下，磁场能量密度可以表达为

$$w_m=\frac{1}{2}\boldsymbol{B}\cdot\boldsymbol{H} \tag{9-23}$$

磁场能量密度的公式说明，在任何磁场中，某一点的磁场能量密度只与该点的磁感应强度 B 及介质的性质有关，这也说明了磁能是定域在磁场中的这个客观事实.

如果知道磁场能量密度及均匀磁场所占的空间，可用上式计算出磁场的总磁能. 倘若磁场是不均匀的，那么可以把磁场划分为无数体积元 dV，在每个小体积元内，磁场可以看成是均匀的，因此式（9-23）就能表示这些体积元内的磁场能量密度，于是体积为 dV 的磁场能量为

$$dW_m=w_m dV=\frac{1}{2}\boldsymbol{B}\cdot\boldsymbol{H}dV \tag{9-24}$$

对整个磁场不为零的空间积分，即得磁场的总能量为

$$W_m=\int_V w_m dV=\frac{1}{2}\int_V \boldsymbol{B}\cdot\boldsymbol{H}dV \tag{9-25}$$

因为式（9-21）和式（9-25）都是电流磁场的能量，所以两式相等，即

$$\frac{1}{2}LI_0^2=\frac{1}{2}\int_V BH dV$$

如果能按上式右面的积分先求出电流回路的磁场能量，则根据上式也可求出回路的自感 L，这是计算自感很重要的一种方法（参看例题 9-11）.

例题 9-10

一根很长的同轴电缆（图 9-29）由半径为 R_1 的圆柱体与内半径为 R_2 的同心圆柱壳组成，电缆中央的导体上载有恒定电流 I，再经外层导体返回形成闭合回路. 试计算：(1) 长为 l 的一段电缆内的磁场中所储存的能量；(2) 该段电缆的自感.

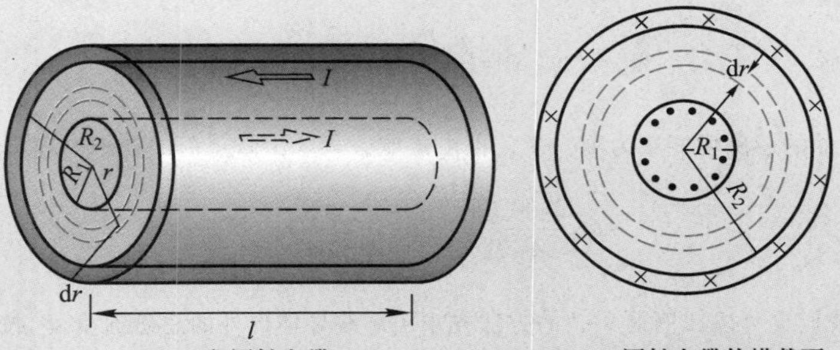

(a) 一段同轴电缆　(b) 同轴电缆的横截面

图 9-29

解 (1) 由安培环路定理可知,在内外导体间的区域内距轴线为 r 处的磁感应强度为

$$B=\frac{\mu I}{2\pi r}$$

在电缆外面,$B=0$,所以磁能储存在两个导体之间的空间内.在此空间中离轴线距离为 r 处的磁能密度为

$$w_{\mathrm{m}}=\frac{1}{2}\frac{B^2}{\mu_0}=\frac{\mu_0 I^2}{8\pi^2 r^2}$$

在半径为 r 与 $r+\mathrm{d}r$,长 l 的圆柱壳空间之内的磁能为

$$\mathrm{d}W_{\mathrm{m}}=w_{\mathrm{m}}\mathrm{d}V=\frac{\mu_0 I^2}{8\pi^2 r^2}2\pi r\mathrm{d}rl=\frac{\mu_0 I^2 l}{4\pi}\frac{\mathrm{d}r}{r}$$

对上式积分可得储存在内外导体之间空间内的总磁能为

$$W_{\mathrm{m}}=\int_V w_{\mathrm{m}}\mathrm{d}V=\frac{\mu_0 I^2 l}{4\pi}\int_{R_1}^{R_2}\frac{\mathrm{d}r}{r}=\frac{\mu_0 I^2 l}{4\pi}\ln\frac{R_2}{R_1}$$

(2) 由磁能公式 $W_{\mathrm{m}}=\frac{1}{2}LI^2$ 可求出长为 l 的同轴电缆的自感为

$$L=\frac{2W_{\mathrm{m}}}{I^2}=\frac{\mu_0 l}{2\pi}\ln\frac{R_2}{R_1}$$

所得的结果与例题 9-6 完全相同.但上述结果是假定高频电流在芯线表面流过,圆柱状的芯线当作半径为 R_1 的圆筒处理,半径小于 R_1 的筒内磁场为零.如果该电缆线传输的是恒定电流,那么电流分布在整个芯线导体截面内,导体截面内的磁场不为零,此时我们可以计及芯线导体内的磁场能量来求得电缆的自感,方法如下(同轴电缆的外层导体非常薄,为简单起见,这里忽略了外层导体内的电流磁场):

按例题 8-6 的结果,在圆柱形芯线导体内的磁场为

$$B=\frac{\mu_0 Ir}{2\pi R_1^2}$$

于是在芯线导体内的磁能密度为

$$w'_{\mathrm{m}}=\frac{1}{2}\frac{B^2}{\mu_0}=\frac{\mu_0 I^2 r^2}{8\pi^2 R_1^4}$$

芯线导体内的磁场能量为

$$W'_{\mathrm{m}}=\int_V w'_{\mathrm{m}}\mathrm{d}V=\frac{\mu_0 I^2 l}{8\pi^2 R_1^4}\int_0^{R_1}r^2 2\pi r\mathrm{d}r=\frac{\mu_0 I^2 l}{16\pi}$$

芯线导体内外的总磁场能量为 $W_{\mathrm{m}}+W'_{\mathrm{m}}$,再由磁能公式求出修正后的同轴电缆自感为

$$L=\frac{2(W_{\mathrm{m}}+W'_{\mathrm{m}})}{I^2}=\frac{\mu_0 l}{8\pi}+\frac{\mu_0 l}{2\pi}\ln\frac{R_2}{R_1}$$

当然,我们也可以按例题 9-7 的方法先求出芯线导体内外的总磁通量 Φ,按定义 $L=\frac{\Phi}{I}$ 来求得自感,但那样做要麻烦一些(读者可尝试一下).

例题 9-11

用通过在两个线圈中建立电流的过程计算储存在线圈周围空间磁场能量的方法，证明两个线圈的互感相等，即 $M_{12}=M_{21}$.

解 设两线圈在开始时都是断路的(见图 9-30)，先接通线圈 1，使其中的电流由零增加到 I_{10}，因此线圈 1 中的磁能为 $\frac{1}{2}L_1I_{10}^2$，L_1 为线圈 1 的自感. 在线圈 1 接通后，再接通线圈 2，使线圈 2 中的电流也从零增加到 I_{20}，因此线圈 2 中的磁能为 $\frac{1}{2}L_2I_{20}^2$，L_2 是线圈 2 的自感. 由于在线圈 2 接通并增强电流的同时在线圈 1 中有互感电动势产生，为了保持线圈 1 中的电流 I_{10} 不变，在线圈 1 电路中的电源必须克服互感电动势做功，因而出现附加磁能. 因为互感电动势的量值为 $\mathscr{E}_{12}=M_{12}\frac{\mathrm{d}I_2}{\mathrm{d}t}$，$M_{12}$ 是线圈 2 对线圈 1 的互感，所以附加的磁能为

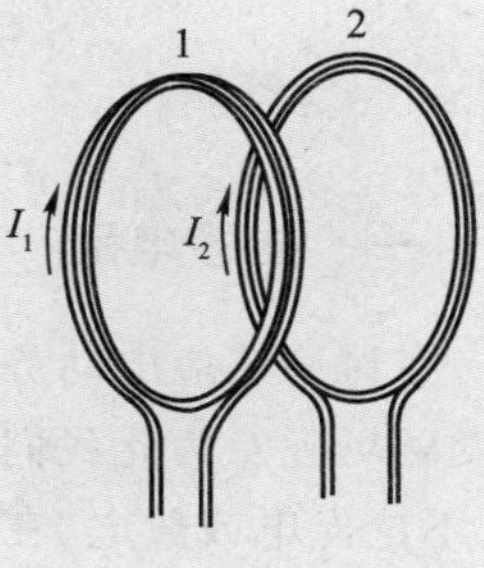

图 9-30 两线圈互感相等的理论证明

$$\int_0^t \mathscr{E}_{12}I_{10}\,\mathrm{d}t=\int_0^t M_{12}\frac{\mathrm{d}I_2}{\mathrm{d}t}I_{10}\,\mathrm{d}t=M_{12}I_{10}\int_0^{I_{20}}\mathrm{d}I_2=M_{12}I_{10}I_{20}$$

因此在两线圈组成的系统中，当线圈 1 中的电流为 I_{10}，线圈 2 中的电流为 I_{20}时，此系统所具有的磁能应为

$$W_{\mathrm{m}}=\frac{1}{2}L_1I_{10}^2+\frac{1}{2}L_2I_{20}^2+M_{12}I_{10}I_{20}$$

同理，我们也可以先在线圈 2 中建立电流 I_{20}，然后在线圈 1 中建立电流 I_{10}，重复上述的讨论，可以得到相应的关系式

$$W'_{\mathrm{m}}=\frac{1}{2}L_1I_{10}^2+\frac{1}{2}L_2I_{20}^2+M_{21}I_{10}I_{20}$$

M_{21}是线圈 1 对线圈 2 的互感系数，因为系统的能量不应该与电流建立的先后次序有关，所以 $W_{\mathrm{m}}=W'_{\mathrm{m}}$. 由此得出

$$M_{12}=M_{21}$$

令 $M=M_{12}=M_{21}$，则两个载流线圈总磁能的公式可表示为

$$W_{\mathrm{m}}=\frac{1}{2}L_1I_{10}^2+\frac{1}{2}L_2I_{20}^2+MI_{10}I_{20}$$

因为附加磁能可能为负值，故两个载流线圈总磁能的一般公式应写成

$$W_{\mathrm{m}}=\frac{1}{2}L_1I_{10}^2+\frac{1}{2}L_2I_{20}^2\pm MI_{10}I_{20}$$

复习思考题

9-5-1 在螺绕环中，磁能密度较大的地方是在内半径附近，还是在外半径附近？

9-5-2 磁能的两种表达式 $W_m=\frac{1}{2}LI^2$ 和 $W_m=\frac{1}{2}\frac{B^2}{\mu}V$ 的物理意义有何不同？（式中 V 是均匀磁场所占体积.）

§9-6 位移电流 电磁场理论

一、位移电流

在讨论感应电动势时，我们知道变化磁场能激发电场，那么，变化的电场能否激发磁场呢？为此我们研究一个平板电容器充电和放电时的电路. 如图 9-31 所示，不论充电或放电，在同一时刻通过电路中导体上任何截面的电流都相等. 但是这种在金属导体中的传导电流不能在电容器的两极板之间的真空或电介质中流动，因而对整个电路来说，传导电流是不连续的. 在传导电流不连续的情况中，将安培环路定理应用在同一个闭合回路 L 为边线的不同曲面时，有可能得到不同的结果. 例如，对 S_1 面得到

$$\oint_L \boldsymbol{H}\cdot\mathrm{d}\boldsymbol{l}=I=\int_{S_1}\boldsymbol{j}\cdot\mathrm{d}\boldsymbol{S} \tag{9-26a}$$

如果取 S_2 面则得到

$$\oint_L \boldsymbol{H}\cdot\mathrm{d}\boldsymbol{l}=0 \tag{9-26b}$$

显然，这两个式子是相互矛盾的，即在恒定情况下的安培环路定理在非恒定情况下就出问题了，其原因在于非恒定时，传导电流不再连续.

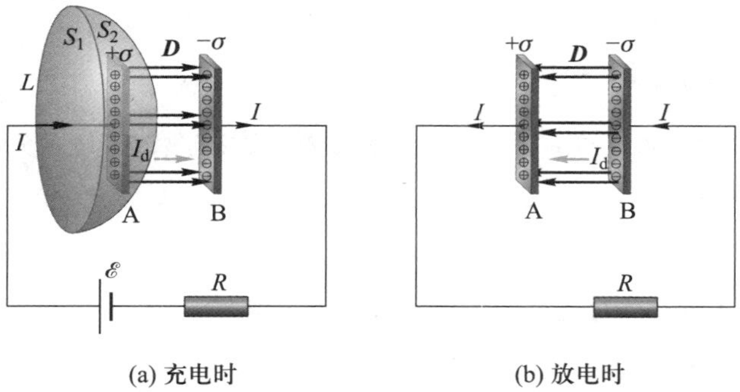

图 9-31 位移电流

当电容器充电或放电时，导线中的电流 I 在电容器极板处被截断了. 但是，电容器两极板上的电荷量 q 和电荷面密度 σ 都随时间而变化（充电时增加，放电时减少），其间均匀分布的电位移 $\boldsymbol{D}$ 和通过整个截面的电位移通量 $\Psi=SD$ 也都随时间而变化.

设平行板电容器极板的面积为 S，极板上的电荷面密度为 σ. 在充电或放电过程中的任一瞬间，按照电荷守恒定律，导线中的电流应等于极板上电荷量的变化

率,即

$$I=S\frac{\mathrm{d}\sigma}{\mathrm{d}t}$$

同时,两极板间的电场 $\boldsymbol{E}$(或 $\boldsymbol{D}$)也随时间发生变化.设极板上该时刻的电荷面密度为 σ,则 $D=\sigma$,代入上式得

$$I=S\frac{\mathrm{d}\sigma}{\mathrm{d}t}=S\frac{\mathrm{d}D}{\mathrm{d}t} \tag{9-27}$$

上式表明:导线中的电流 I 等于极板上的 $S\frac{\mathrm{d}\sigma}{\mathrm{d}t}$,又等于极板间的 $S\frac{\mathrm{d}D}{\mathrm{d}t}$.在方向上,当充电时,电场增强,$\frac{\mathrm{d}\boldsymbol{D}}{\mathrm{d}t}$的方向与场的方向一致,也与导线中电流方向一致[参看图9-31(a)];当放电时,电场减弱,$\frac{\mathrm{d}\boldsymbol{D}}{\mathrm{d}t}$的方向与电场的方向相反,但仍与导线中电流方向一致[参看图9-31(b)].麦克斯韦认为,可以把电位移通量对时间的变化率看作是一种电流,称为位移电流(displacement current),记作

$$I_{\mathrm{d}}=S\frac{\mathrm{d}D}{\mathrm{d}t}=\frac{\mathrm{d}\Psi}{\mathrm{d}t} \tag{9-28}$$

位移电流存在于面积为 S 的两电容器极板之间,因此相应的有位移电流密度

$$j_{\mathrm{d}}=\frac{1}{S}\frac{\mathrm{d}\Psi}{\mathrm{d}t}=\frac{\mathrm{d}D}{\mathrm{d}t} \tag{9-29}$$

上述定义说明,**电场中某点的位移电流密度 j_{d} 等于该点电位移的时间变化率,通过电场中某截面的位移电流 I_{d} 等于通过该截面电位移通量的时间变化率.**

引进了位移电流的概念后,在图 9-31 所示电路的充放电过程中,传导电流 $\boldsymbol{I}$ 虽不连续,但若令传导电流和位移电流 I_{d} 相加的合电流 $I_{\mathrm{t}}=I+I_{\mathrm{d}}$ 为全电流,那么**全电流总是连续的.**

位移电流 I_{d} 的引入不仅使全电流成为连续的,麦克斯韦还把安培环路定理推广到非恒定的情况,把安培环路定理修改为:**在磁场中 $\boldsymbol{H}$ 沿任一闭合回路的线积分,在数值上等于穿过以该闭合回路为边线的任意曲面的全电流**,即

$$\oint_L \boldsymbol{H}\cdot\mathrm{d}\boldsymbol{l}=\sum(I+I_{\mathrm{d}})=\int_S \boldsymbol{j}\cdot\mathrm{d}\boldsymbol{S}+\int_S\frac{\partial \boldsymbol{D}}{\partial t}\cdot\mathrm{d}\boldsymbol{S} \tag{9-30}$$

当我们把上式用到图 9-31(a)取 S_2 面的情况中得到

$$\oint_L \boldsymbol{H}\cdot\mathrm{d}\boldsymbol{l}=I_{\mathrm{d}}=\frac{\mathrm{d}\Psi}{\mathrm{d}t}$$

如前所述,$\mathrm{d}\Psi/\mathrm{d}t=\mathrm{d}q/\mathrm{d}t=I$,因而这个结果和取 S_1 面情况的结果

$$\oint_L \boldsymbol{H}\cdot\mathrm{d}\boldsymbol{l}=I$$

一致，这就解决了式(9-26a)与式(9-26b)的矛盾.

由此可见，位移电流的引入揭示了电场和磁场的内在联系和依存关系，反映了自然现象的对称性. 法拉第电磁感应定律说明变化的磁场能激发涡旋电场，位移电流的论点说明变化的电场能激发涡旋磁场，两种变化的场永远互相联系着，形成了统一的电磁场. 麦克斯韦提出的位移电流的概念，已为无线电波的发现和它在实际中广泛的应用所证实，它和变化磁场激发电场的概念都是麦克斯韦电磁场理论中很重要的基本概念. 根据位移电流的定义，在电场中每一点只要有电位移的变化，就有相应的位移电流密度存在，但在通常情况下，导体中的电流主要是传导电流，位移电流可以忽略不计；而电介质中的电流主要是位移电流，传导电流可以忽略不计.

应该指出，传导电流和位移电流毕竟是两个截然不同的概念，它们只有在激发磁场方面是等效的，因此都称为电流，但在其他方面存在根本的区别.

例题 9-12

半径 $R=0.1\ \mathrm{m}$ 的两块圆板构成平板电容器，由圆板中心处引入两根长直导线给电容器匀速充电，使电容器两板间电场的变化率 $\mathrm{d}E/\mathrm{d}t=10^{13}\ \mathrm{V/(m\cdot s)}$（见图 9-32）. 求电容器两板间的位移电流，并计算电容器内离两板中心连线 $r(r<R)$ 处的磁感应强度 B_r 和 R 处的 B_R.

解　电容器两板间的位移电流为

$$I_{\mathrm{d}}=\frac{\mathrm{d}\Psi}{\mathrm{d}t}=S\frac{\mathrm{d}D}{\mathrm{d}t}=\pi R^2\varepsilon_0\frac{\mathrm{d}E}{\mathrm{d}t}=2.8\ \mathrm{A}$$

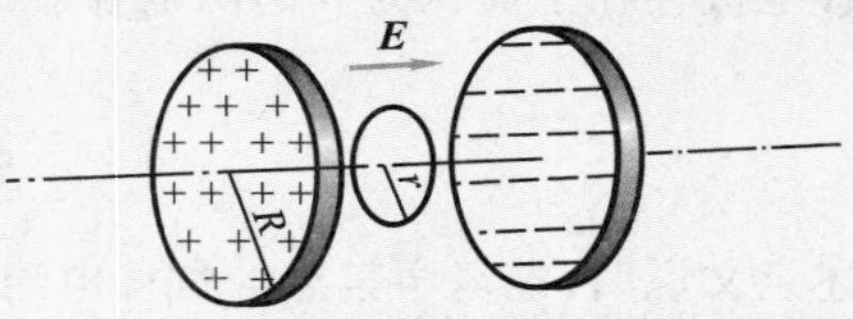

图 9-32　电容器两板间的磁场

对这个正在充电的电容器来说，两板之外有传导电流，两板之间有位移电流，所产生的磁场对于两板中心连线具有对称性，可认为电容器内离两板中心连线为 $r(r<R)$ 处的各点在同一磁感应线上，磁感应强度的大小都为 B_r. 在这些点上取某磁感应线为积分回路，磁感应线回转方向和电流方向之间的关系满足右手螺旋定则，应用修改后的安培环路定理[式(9-30)]得

$$\oint \boldsymbol{H}\cdot\mathrm{d}\boldsymbol{l}=\frac{1}{\mu_0}B_r 2\pi r=\int\frac{\partial \boldsymbol{D}}{\partial t}\cdot\mathrm{d}\boldsymbol{S}=\varepsilon_0\frac{\mathrm{d}}{\mathrm{d}t}\int\boldsymbol{E}\cdot\mathrm{d}\boldsymbol{S}=\varepsilon_0\frac{\mathrm{d}E}{\mathrm{d}t}\pi r^2$$

所以

$$B_r=\frac{\mu_0\varepsilon_0}{2}r\frac{\mathrm{d}E}{\mathrm{d}t}$$

当 $r=R$ 时，有

$$B_r=\frac{\mu_0\varepsilon_0}{2}R\frac{\mathrm{d}E}{\mathrm{d}t}=5.6\times10^{-6}\ \mathrm{T}$$

应该指出，虽然在上述计算中只用到了极板间的位移电流，然而它是导线中传导电流的延续. 板外导线中的传导电流和极板之间的位移电流所构成的连续的全电流，相当于一个长直电流激发的轴对称分布的磁场，故所得的 $\boldsymbol{B}$ 实际上就是这样的全电流激发的总磁场，并不是单由极板之间的位移电流所激发的.

例题 9-13

假设在图 9-31 的电路中电源是一交变电动势，那么在导线内部作用着一个交变电场 $\boldsymbol{E}=\boldsymbol{E}_m\cos\omega t$（式中 ω 是角频率）. 试估算导线中传导电流与位移电流之比.

解 按欧姆定律的微分形式［见式(8-14)］，导线中的电流密度为

$$\boldsymbol{j}=\gamma\boldsymbol{E}=\gamma\boldsymbol{E}_m\cos\omega t$$

γ 是导线的电导率，而导线中的电位移 $\boldsymbol{D}$ 为

$$\boldsymbol{D}=\varepsilon_0\boldsymbol{E}_m\cos\omega t$$

于是位移电流密度为

$$j_d=\frac{dD}{dt}=-\omega\varepsilon_0 E_m\sin\omega t$$

传导电流密度与位移电流密度都是时间 t 的函数，如果我们仅估算导线中传导电流与位移电流之比，实际上就是同一导线内传导电流密度与位移电流密度的最大值之比，即

$$\frac{j}{j_d}=\frac{\gamma}{\omega\varepsilon_0}$$

对于铜导线，其电导率 $\gamma=10^7/(\Omega\cdot m)$，因此 $j/j_d\approx 10^{19}/\omega$，在实际电路中，即使频率达 10^9 Hz 的超高频电流，这个比值仍是一个高达 10^{10} 的数，说明在导线中虽然存在位移电流，但是微不足道，占绝对优势的是传导电流.

二、麦克斯韦方程组

在 19 世纪中期确立了电荷、电流、电场、磁场之间的普遍关系后，麦克斯韦建立了统一的电磁场理论. 他指出，除静止电荷激发无旋电场外，变化的磁场还将激发涡旋电场；同时，变化的电场和传导电流一样激发涡旋磁场. 这就是说，变化的电场和变化的磁场不是彼此孤立的，它们相互联系、相互激发组成一个统一的电磁场. 下面我们根据麦克斯韦的这些基本概念，首先介绍由他总结出来的麦克斯韦电磁场方程组（Maxwell's equations）的积分形式.

1. 电场

自由电荷激发的电场和变化磁场激发的电场性质并不相同，但高斯定理普遍适用，也就是说，它不仅适用于静电场也适用于运动电荷的电场. 由于变化磁场激发的电场是涡旋场，它的电位移线是闭合的，所以对封闭曲面的通量无贡献.

在一般情况下，对于由自由电荷和变化磁场激发的电场，如用 $\boldsymbol{D}$ 表示总电位移，根据以上的论述，不难得出介质中电场的高斯定理为

$$\oint_S \boldsymbol{D}\cdot d\boldsymbol{S}=\sum q=\int_V \rho dV \tag{9-31}$$

上式告诉我们，在任何电场中，通过任何封闭曲面的电位移通量等于此封闭面内自由电荷的代数和，式中 ρ 是电荷的体密度.

2. 磁场

磁场可以有不同的激发方式，如传导电流、磁化电流、变化电场等激发方式，但它们所激发的磁场都是涡旋场，磁感应线都是闭合线. 因此，在任何磁场中，通过任何封闭曲面的磁通量总是等于零. 故磁场的高斯定理是

$$\oint_S \boldsymbol{B} \cdot \mathrm{d}\boldsymbol{S}=0 \tag{9-32}$$

3. 变化电场和磁场的联系

经麦克斯韦修正后的安培环路定理

$$\oint_L \boldsymbol{H} \cdot \mathrm{d}\boldsymbol{l}=I+I_{\mathrm{d}}=\int_S \boldsymbol{j} \cdot \mathrm{d}\boldsymbol{S}+\int_S \frac{\partial \boldsymbol{D}}{\partial t} \cdot \mathrm{d}\boldsymbol{S} \tag{9-33}$$

揭示了传导电流的磁场和变化电场激发磁场的规律. 它表明在任何磁场中，磁场强度沿任意闭合曲线的线积分等于通过以此闭合曲线为边线的任意曲面的全电流.

4. 变化磁场和电场的联系

法拉第电磁感应定律

$$\oint_L \boldsymbol{E} \cdot \mathrm{d}\boldsymbol{l}=-\frac{\mathrm{d}\Phi}{\mathrm{d}t}=-\int_S \frac{\partial \boldsymbol{B}}{\partial t} \cdot \mathrm{d}\boldsymbol{S} \tag{9-34}$$

反映了变化磁场和电场的联系，它不但揭示了变化磁场激发电场的规律，而且在$\frac{\partial \boldsymbol{B}}{\partial t}=0$时，式(9-34)仍能将自由电荷的静电场包括在内. 所以在一般情况下式(9-34)中的 $\boldsymbol{E}$ 可以是电荷的静电场与变化磁场所激发电场的合场强. 这就是说，在任何电场中，电场强度沿任意闭合曲线的线积分等于通过此曲线所包围面积的磁通量的时间变化率的负值.

式(9-31)、式(9-32)、式(9-33)和式(9-34)就是麦克斯韦将特殊条件下适用的规律，经过推广、综合，从而给出的能系统完整描述电磁场普遍规律的方程组，称为**麦克斯韦方程组的积分形式**.

麦克斯韦电磁场理论的提出

上述麦克斯韦方程组描述的是在某有限区域内(例如一个闭合曲线或一个封闭曲面所围区域)以积分形式联系各点的电磁场参量($\boldsymbol{E}$、$\boldsymbol{D}$、$\boldsymbol{B}$、$\boldsymbol{H}$)和电荷、电流之间的依存关系，而不能直接表示某一点上各电磁场参量和该点处电荷密度、电流密度之间的相互联系. 通过数学变换，我们可以得到麦克斯韦方程组的微分形式，它给出了电磁场中逐点的电荷、电流、电场、磁场之间的相互依存关系.

在应用麦克斯韦方程去解决实际问题时，常常要涉及电磁场和物质的相互作用，为此要考虑介质对电磁场的影响，这种影响使电磁场参量和表征介质电磁特性的量 ε、μ、γ 发生联系，即

$$\boldsymbol{D}=\varepsilon\boldsymbol{E}, \quad \boldsymbol{B}=\mu\boldsymbol{H}, \quad \boldsymbol{j}=\gamma\boldsymbol{E}$$

在非均匀介质中，还要考虑电磁场参量在界面上的边值关系，以及具体问题中 $\boldsymbol{E}$ 和 $\boldsymbol{B}$ 的初始条件，这样，通过解方程组，可以求得任一时刻的 $\boldsymbol{E}(x,y,z)$ 和

$\boldsymbol{B}(x,y,z)$，也就确定了任一时刻的电磁场.

由宏观电磁现象总结出来的麦克斯韦方程组是宏观电磁场理论的基础，它非常完善地解决了带电体的所有电磁现象，在许多工程技术中发挥着指导作用，成为现代电工学、无线电通信技术不可缺少的理论基础. 麦克斯韦电磁场理论最卓越的成就就是预言了电磁波的存在. 理论表明，光波也是电磁波，从而把电磁现象和光现象联系起来，使波动光学成为电磁场理论的一个分支.

*三、电磁场的物质性

在前面讨论静电场和恒定电流的磁场时，总是把电磁场和场源(电荷和电流)合在一起研究，因为在这些情况中电磁场和场源是有机地联系着的，没有场源时电磁场也就不存在. 但在场源随时间变化的情况中，电磁场一经产生，即使场源消失，它还可以继续存在. 这时变化的电场和变化的磁场相互转化，并以一定的速度按照一定的规律在空间传播，说明电磁场是可以独立存在的，反映了电磁场是物质存在的一种形态. 现代的实验也证实了电磁场具有一切物质所具有的基本特性，如能量、质量和动量等.

我们在讨论电场和磁场时已分别研究了电场的能量密度为$\frac{1}{2}\boldsymbol{D}\cdot\boldsymbol{E}$和磁场的能量密度为$\frac{1}{2}\boldsymbol{B}\cdot\boldsymbol{H}$，对于一般情况下的电磁场来说，既有电场能量，又有磁场能量，其电磁能量密度应为

$$w=\frac{1}{2}(\boldsymbol{D}\cdot\boldsymbol{E}+\boldsymbol{B}\cdot\boldsymbol{H}) \tag{9-35}$$

根据相对论的质能关系式，在电磁场不为零的空间，单位体积内场的质量是

$$m=\frac{w}{c^2}=\frac{1}{2c^2}(\boldsymbol{D}\cdot\boldsymbol{E}+\boldsymbol{B}\cdot\boldsymbol{H}) \tag{9-36}$$

1920 年列别捷夫(П. Н. Лебедев)用实验证实了变化的电磁场会对实物施加压力，这个实验说明了电磁场和实物之间有动量传递，它们满足动量守恒定律. 对于平面电磁波，单位体积的电磁场的动量 p 和能量密度 w 间的关系是

$$p=\frac{w}{c} \tag{9-37}$$

场不同于通常由电子、质子、中子等粒子所构成的实物. 电磁场以波的形式在空间传播，而以粒子的形式和实物相互作用，这个“粒子”就是光子. 光子没有静止质量，而电子、质子、中子等粒子却具有静止质量. 实物可以任意的速度(但不大于光速)在空间运动，其速度相对于不同的参考系也不同. 但电磁场在真空中运动的速度永远是 3×10^8 m/s，并且其传播速度在任何参考系中都相同. 一个实物的微粒所占据的空间不能同时为另一个微粒所占据，但几个电磁场可以互相叠加，可以同时占据同一空间. 实物和场虽有以上的区别，但在某些情况下它们之间可以发生相互转化. 例如一个带负电的电子和一个带正电的正电子可以转化为光子，即电磁场，而光子也可以转化为一对电子和正电子. 按照现代的观点，粒子(实物)和场都是物质存在的形式，它们分别从不同方面反映了客观真实.

复习思考题

9-6-1 什么叫做位移电流？什么叫做全电流？位移电流和传导电流有什么不同？

9-6-2 电容器极板间的位移电流与连接极板的导线中的电流大小相等，然而在极板间的磁场越靠近轴线中心越弱，而传导电流的磁场越靠近导线越强，为什么？

9-6-3 静电场中的高斯定理 $\varepsilon_0\oint_S \boldsymbol{E}\cdot \mathrm{d}\boldsymbol{S}=\sum q=\int_V \rho \mathrm{d}V$ 和适用于真空中电磁场的高斯定理 $\oint_S \varepsilon_0\boldsymbol{E}\cdot \mathrm{d}\boldsymbol{S}=\sum q=\int_V \rho \mathrm{d}V$ 在形式上是相同的，但理解上述两式时有何区别？

9-6-4 对于真空中恒定电流的磁场，$\oint_S \boldsymbol{B}\cdot \mathrm{d}\boldsymbol{S}=0$，对于一般的电磁场又碰到 $\oint_S \boldsymbol{B}\cdot \mathrm{d}\boldsymbol{S}=0$ 这个式子，在这两种情况下，对 $\boldsymbol{B}$ 矢量的理解上有哪些区别？

* §9-7 电磁场的统一性和电磁场参量的相对性

我们在前面多次提到电场和磁场是一个统一的整体，静止电荷的静电场和恒定电流的磁场只不过是电磁场的两种特例. 我们最初认识了电场，接着又认识了磁场，最后才从两者的相互联系进一步认识到统一的电磁场的存在. 为了更清楚地说明电磁场的统一性，我们可以从运动的相对性进行考察. 如果在某参考系中有一静止电荷，那么相对于这个参考系静止的观察者通过实验考察，将发现在电荷周围只存在静电场. 但是在相对于上述参考系作匀速直线运动的观察者看来，此电荷相对于他正在作匀速运动，从而形成了电流，因此这个观察者将发现在电荷周围既有电场又有磁场. 也许大家要奇怪地问：在电荷周围究竟存在着什么？回答是肯定的，即存在着电磁场. 至于有些人只观测到电场，而另一些人则观测到电场和磁场都存在，那是由于电荷相对人们的运动情况不同，因此认识的侧面也就不同，但正是这些不同的侧面反映了电磁场的统一性和相对性.

上述事实告诉我们，电场和磁场本身具有相对的意义，为了描述电磁运动，首先要选定参考系. 事实上，前面各章所讨论的电磁运动，都应理解为是在某确定的参考系内观察和研究的. 在本书第四章中我们曾讲过，根据相对性原理，在任何惯性系内，一切物理规律是相同的，电磁场理论的基本方程——麦克斯韦方程组也遵守这一原理，即从一个惯性系 K 变换到另一个惯性系 K′时，在洛伦兹变换下保持不变.

设惯性系 K′(x',y',z')以匀速 $\boldsymbol{v}$ 沿 x 方向相对于惯性系 K(x,y,z)运动，如图 9-33 所示，如果在 K′系中有一静止的电荷 q，那么它相对 K 系是以速度 $\boldsymbol{v}$ 运动的，于是在 K′系中观察者认为电荷 q 产生了电场 $\boldsymbol{E}'$，而在 K 系的观察者认为此电荷不仅激发起了电场 $\boldsymbol{E}$，而且由于它以速度 $\boldsymbol{v}$ 运动，同时又激发起了磁场 $\boldsymbol{B}$. 更为一般的情况，电荷 q 在 K′系中也是运动的，那么在 K′系中的观察者也可以测量到它所激发起的电场 $\boldsymbol{E}'$ 和磁场 $\boldsymbol{B}'$，当然在 K 系中的观察者依然可测量到电荷 q 所激发起的电场和磁场，分别为 $\boldsymbol{E}$ 和 $\boldsymbol{B}$. 电荷 q 在不同参考系中是不变的，按洛伦兹变换可以证明，在不同惯性系中电磁场各场量的关系是

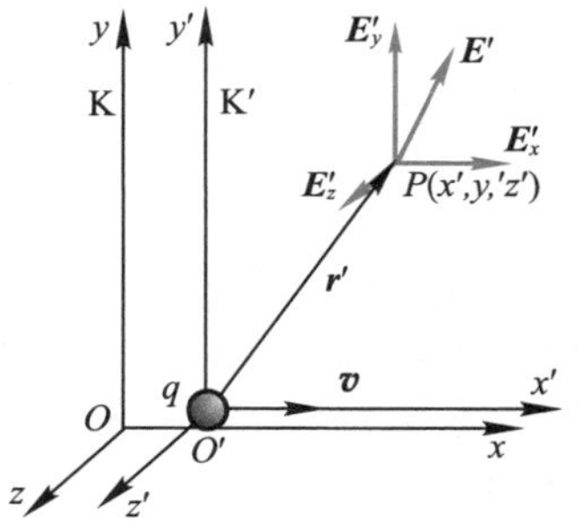

图 9-33 电荷在不同惯性系中的场

$$E_x=E'_x,\quad E_y=\gamma(E'_y+vB'_z),\quad E_z=\gamma(E'_z-vB'_y) \tag{9-38a}$$

$$B_x=B'_x,\quad B_y=\gamma\left(B'_y-\frac{vE'_z}{c^2}\right),\quad B_z=\gamma\left(B'_z+\frac{vE'_y}{c^2}\right) \tag{9-38b}$$

式中

$$\gamma=\frac{1}{\sqrt{1-\frac{v^2}{c^2}}}$$

只要把上式中的 v 换成 $(-v)$ 就可以得到其逆变换.

在不同的惯性系中采用各自所在系统的时间、空间及场参量来描述电磁现象,即描述电磁现象的场参量在不同惯性系内可以有不同的量值,说明电磁场参量是相对的;但是每一个惯性系中电磁场参量之间的关系都有相同的麦克斯韦方程组形式,说明电磁规律是绝对的.

仍以图 9-33 所示的情况为例来讨论上述场参量变换关系的具体应用.假如电荷 q 静止于惯性系 K′的原点处,那么在 K′系中仅观察到电场 $\boldsymbol{E}'$,并在 t' 时刻测得 $P(x',y',z')$ 处的电磁场为

$$\left.\begin{aligned}E'_x&=\frac{qx'}{4\pi\varepsilon_0 r'^3}, & B'_x&=0\\ E'_y&=\frac{qy'}{4\pi\varepsilon_0 r'^3}, & B'_y&=0\\ E'_z&=\frac{qz'}{4\pi\varepsilon_0 r'^3}, & B'_z&=0\end{aligned}\right\}\tag{9-39}$$

其电场线以点电荷为中心,在各个方向均匀分布,图 9-34(a)表示在 K′系中电场线在 $O'x'y'$ 平面内的分布情况,而磁场则为零.而 K′系相对于惯性系 K 以速度 $\boldsymbol{v}$ 沿 Ox 轴方向运动,所以在 K 系内观察,点电荷 q 是以速度 $\boldsymbol{v}$ 沿 Ox 轴方向运动的,除电场外还观察到磁场(见图 9-35).由上述场参量的变换关系,可得 t 时刻在点 $P(x,y,z)$ 处的电磁场为

$$E_x=E'_x,\quad E_y=\gamma E'_y,\quad E_z=\gamma E'_z\tag{9-40a}$$

$$B_x=0,\quad B_y=-\gamma\frac{vE'_z}{c^2},\quad B_z=\gamma\frac{vE'_y}{c^2}\tag{9-40b}$$

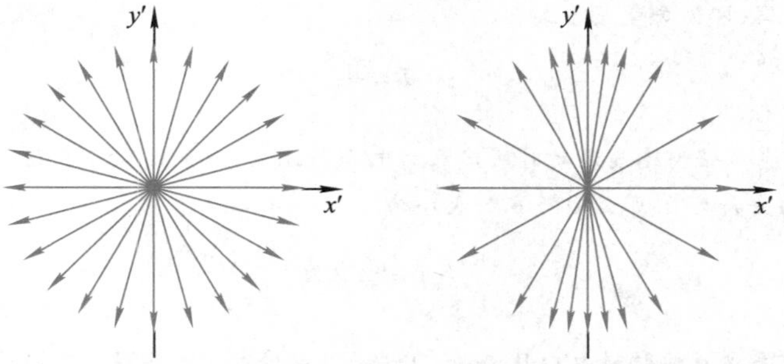

(a) 点电荷在静止或作低速运动时的电场线分布　　(b) 点电荷作高速运动时的电场线分布

图 9-34　点电荷在不同状态下测得的电场线分布

现在再利用空间坐标的洛伦兹变换,将式(9-39)中的 x'、y'、z' 及 r' 用 K 系中的相应坐标来表示,即

$$x'=\gamma(x-vt),\quad y'=y,\quad z'=z$$

$$r'=\sqrt{x'^2+y'^2+z'^2}=\sqrt{\gamma^2(x-vt)^2+y^2+z^2}$$

一并与式(9-39)代入式(9-40)便得

$$
\left.\begin{aligned}
E_x&=\frac{\gamma q(x-vt)}{4\pi\varepsilon_0[\gamma^2(x-vt)^2+y^2+z^2]^{3/2}}, & B_x&=0\\
E_y&=\frac{\gamma qy}{4\pi\varepsilon_0[\gamma^2(x-vt)^2+y^2+z^2]^{3/2}}, & B_y&=-\frac{v}{c^2}E_z\\
E_z&=\frac{\gamma qz}{4\pi\varepsilon_0[\gamma^2(x-vt)^2+y^2+z^2]^{3/2}}, & B_z&=\frac{v}{c^2}E_y
\end{aligned}\right\}\tag{9-41}
$$

从上述结果可知，在K系内电场分布已经不具有球形对称性，平行于电荷运动方向的场强分量小于电荷静止时的场强，而垂直于运动方向的平面内的场强分量则大于电荷静止时的场强，并且随着电荷运动速度的增加，电场趋向于集中分布在垂直于运动方向的平面内[见图9-34(b)]. 至于磁场在空间的分布情况，其磁感应线分布在垂直于运动方向的平面内，是以电荷运动方向为中心线的同心圆，磁感应线的方向和运动正电荷的运动的方向仍服从右手螺旋定则(见图9-35).

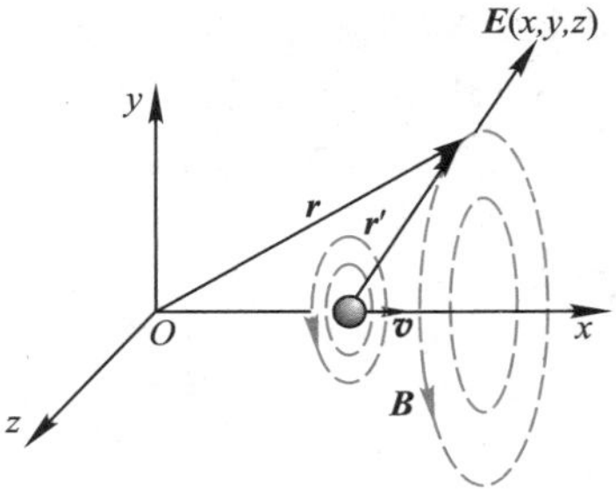

图9-35 电荷在K系内的场强

总之，电磁场量的洛伦兹变换以及上面这个实例不仅说明了在不同惯性系中电场和磁场的相对性(在不同惯性系中根据电荷的运动有不同的测量值)，而且更说明了电场与磁场的不可分割性，电场的变换中包含了磁场分量；磁场的变换中包含有电场分量. 电磁场是一统一的实体.

事实上，由式(9-40)我们还可以很直接地看到电场与磁场的关联性. 将式(9-40a)代入式(9-40b)，可以得到

$$B_x=0,\quad B_y=-\frac{vE_z}{c^2},\quad B_z=\frac{vE_y}{c^2}$$

将它们合起来写，即为矢量关系式

$$\boldsymbol{B}=\frac{\boldsymbol{v}\times\boldsymbol{E}}{c^2}\tag{9-42}$$

此式反映了电荷以任何速度运动时所建立的电场与磁场的关系，设电荷运动的速度 $\boldsymbol{v}$ 与电场强度 $\boldsymbol{E}$ 方向的夹角为 θ，那么磁场 $\boldsymbol{B}$ 的大小为

$$B=\frac{vE\sin\theta}{c^2}\tag{9-43}$$

设电荷经过K系原点的时刻为 $t=0$，按式(9-41)可以确定空间各点的电场强度的大小为

$$E=\sqrt{E_x^2+E_y^2+E_z^2}=\frac{1}{4\pi\varepsilon_0}\frac{q}{r^2}\frac{1-\left(\frac{v}{c}\right)^2}{\left[1-\left(\frac{v}{c}\right)^2\sin^2\theta\right]^{3/2}}$$

以此代入式(9-43)，并考虑到 $c^2=1/\mu_0\varepsilon_0$，得

$$B=\frac{\mu_0}{4\pi}\frac{qv}{r^2}\frac{\left[1-\left(\frac{v}{c}\right)^2\right]\sin\theta}{\left[1-\left(\frac{v}{c}\right)^2\sin^2\theta\right]^{3/2}}\tag{9-44}$$

当电荷运动的速度较低时，即 $v\ll c$，上式可简化为

$$B=\frac{\mu_0}{4\pi}\frac{qv\sin\theta}{r^2}$$

写成矢量式

$$\boldsymbol{B}=\frac{\mu_0}{4\pi}\frac{q\boldsymbol{v}\times\boldsymbol{e}_r}{r^2}$$

与式(8-32)一致,正是运动电荷产生的磁场.

习　题

9-1　如习题 9-1 图所示的回路,设 $t=0$ 时穿过回路的磁通量为 $\Phi(0)$,t 时刻的磁通量为 $\Phi(t)$.

(1) 试证明:在 t 时间内通过电阻 R 的电荷 $q(t)$ 为

$$q(t)=\frac{1}{R}[\Phi(0)-\Phi(t)]$$

且与磁感应强度 $\boldsymbol{B}$ 的变化方式无关.

(2) 如果 $\Phi(t)=\Phi(0)$,由(1)可得 $q(t)=0$,则在整个 $0\sim t$ 的时间间隔内,通过电阻 R 的感应电流是否都为零?

(3) 如果通过回路的磁通量按以下方式变化

$$\Phi=6t^2+7t+1$$

式中 Φ 的单位为 mWb,t 的单位为 s. $t=2$ s 时,回路中的感生电动势的大小和通过电阻 R 的电流方向如何?

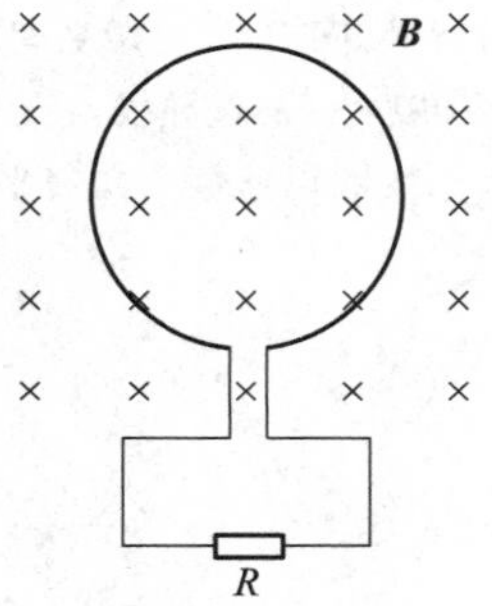

习题 9-1 图

9-2　在两条平行长直载流输电导线所在平面内,有一矩形线圈,如习题 9-2 图所示. 如两导线中电流同为 $I=I_0\sin\omega t$,但方向相反. 试计算线圈中的感生电动势.

9-3　一无限长直导线与一矩形线框处在同一平面内,彼此绝缘,如习题 9-3 图所示. 若直导线中通有电流 $I=At$,A 为正值常量,试求此线框中的感应电动势的大小和方向.

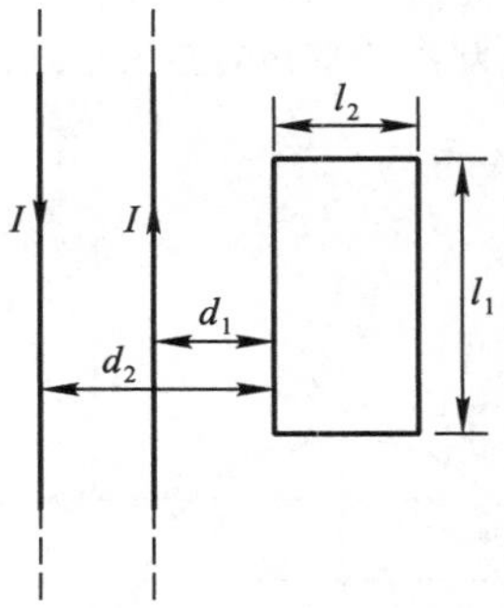

习题 9-2 图

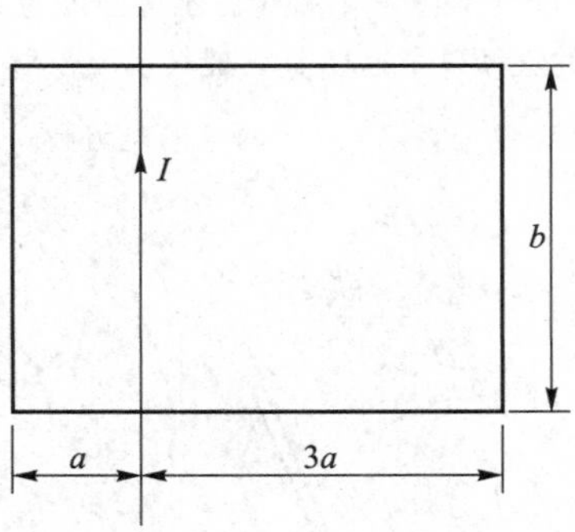

习题 9-3 图

9-4　两个线圈的半径分别为 a 和 $b(b\gg a)$,共轴放置,如习题 9-4 图所示. 今在大线圈中通有电流 I,并使小线圈以速度 $\boldsymbol{v}$ 沿轴线方向匀速平移,移动时保持线圈平面平行共轴. 求两线圈中心相距 $x(x\gg R)$ 的瞬时,小线圈中的感应电动势的大小和方向.

9-5　在长直导线旁有一导体线框,两者在同一平面内,线框中 cd 段可以自由滑动. 如习题9-5 图所示. 设导线中的电流 $I=I_0 e^{-\lambda t}(\lambda>1)$. 开始时,导线 cd 在线框的最左端,以速度 $\boldsymbol{v}$ 向右匀速滑动. 试求线框中的感应电动势. (忽略线框中的感应电流对原磁场的影响.)

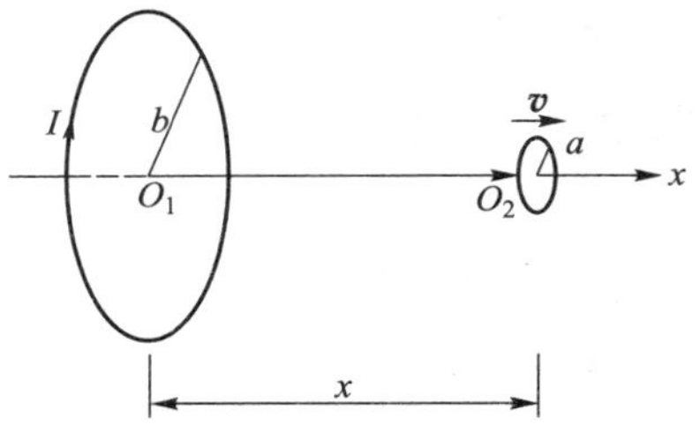

习题 9-4 图

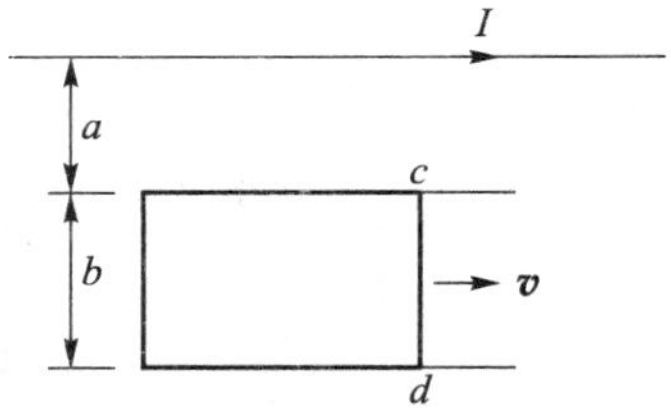

习题 9-5 图

9-6 PM 和 MN 两段导线,其长均为 10 cm,在 M 处相接成 30°角,若使导线在均匀磁场中以速度 $v=15$ m/s 向右运动,磁场方向垂直纸面向内,磁感应强度为 $B=25\times10^{-2}$ T,如习题 9-6 图所示,问 P、N 两端之间的电势差为多少? 哪一端电势高?

9-7 长直导线与直角三角形线圈共面放置,如习题 9-7 图所示. 若直导线中通有恒定电流 I,线圈以速度 $\boldsymbol{v}$ 向右平动. 求线圈在图示的位置时各边的感应电动势以及总电动势.

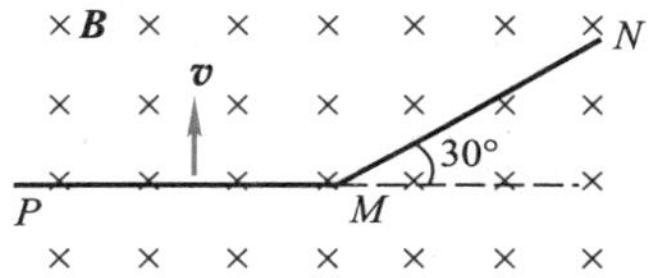

习题 9-6 图

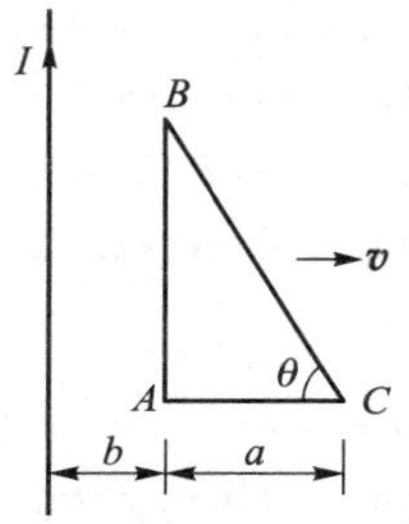

习题 9-7 图

9-8 在磁感应强度为 $\boldsymbol{B}$ 的均匀磁场中,有一长为 L 的导体棒 OP,以角速度 ω 绕 OO'轴转动. OO'轴与磁场方向平行. 导体棒与磁场方向间的夹角为 θ,如习题 9-8 图所示. 求导体棒中的感应电动势,并指出哪一端电势高?

9-9 一圆环半径为 a,处于磁感应强度为 $\boldsymbol{B}$ 的均匀磁场中,如习题 9-9 图所示. 圆环可绕垂直于磁场的直径以角速度 ω 匀速转动. 设圆环的电阻为 R,当圆环转至图示位置时,问环上 b、c 两点的电势哪一点高? d、c 两点的电势哪一点高? (d 为 $\widehat{bc}$ 的中点.)

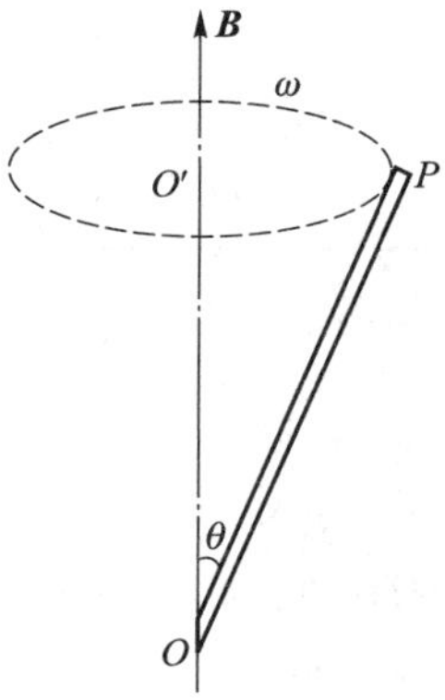

习题 9-8 图

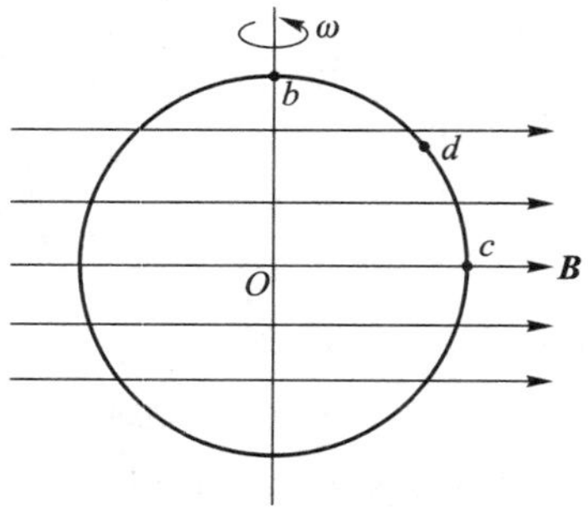

习题 9-9 图

9-10 如习题 9-10 图所示，导线 MN 在导线架上以速度 $\boldsymbol{v}$ 向右滑动. 已知导线 MN 的长为 50 cm，$v=4.0$ m/s，$R=0.20\ \Omega$，磁感应强度 $B=0.50$ T，方向垂直于回路平面. 试求：(1) MN 运动时所产生的动生电动势；(2) 电阻 R 上所消耗的功率；(3) 磁场作用在 MN 上的力.

9-11 如习题 9-11 图所示，PQ 和 MN 为两根金属棒，各长 1 m，电阻都是 $R=4\ \Omega$，放置在匀强磁场中，已知 $B=2$ T，方向垂直纸面向里. 当两根金属棒在导轨上分别以 $v_1=4$ m/s 和 $v_2=2$ m/s 的速度向左运动时，忽略导轨的电阻，试求：(1) 两棒中动生电动势的大小和方向，并在图上标出；(2) 金属棒两端的电势差 U_{PQ} 和 U_{MN}.

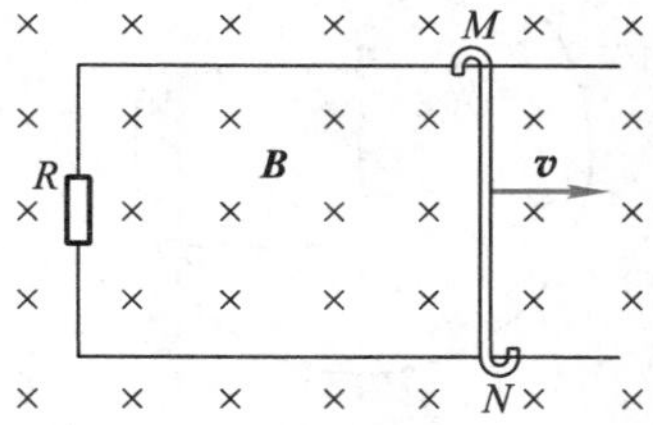

习题 9-10 图

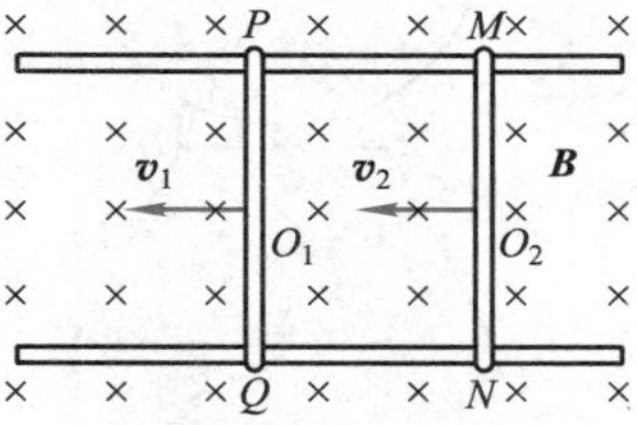

习题 9-11 图

9-12 一导线 PQ 弯成如习题 9-12 图所示的形状(其中 MN 是一半圆，半径 $r=0.10$ m，PM 和 NQ 段的长度均为 $l=0.10$ m)，在均匀磁场($B=0.50$ T)中绕轴线 PQ 转动，转速 $n=3\,600$ r/min. 设电路的总电阻(包括电表 G 的内阻)为 1 000 Ω，求导线中的动生电动势和感应电流的频率以及它们的最大值.

9-13 一电磁"涡流"制动器由一电导率为 γ 和厚度为 d 的圆盘组成，此盘绕通过其中心的轴旋转，且有一覆盖面积为 l^2 的磁场 $\boldsymbol{B}$ 垂直于圆盘. 如习题 9-13 图所示，若在离轴 r 处面积 l^2 很小，当圆盘角速度为 ω 时，试证明阻碍圆盘转动的磁力矩的近似表达式为 $M=\gamma dl^2B^2r^2$.

9-14 有一螺线管，每米有 800 匝. 在管内中心放置一绕有 30 圈的半径为 1 cm 的圆形线圈，在 0.01 s 时间内，螺线管中产生 5 A 的电流. 问绕圈中产生的感生电动势为多少？

9-15 电子感应加速器中的磁场在直径为 0.50 m 的圆柱形区域内是均匀的，若磁场的变化率为 1.0×10^{-2} T/s. 试计算离中心距离为 0.10 m、0.50 m、1.0 m 处各点的感生场强.

9-16 如习题 9-16 图所示，一个限定在半径为 R 的圆柱体内的均匀磁场 $\boldsymbol{B}$，以 1×10^{-2} T/s 的恒定变化率减少，电子在磁场中 A、O、C 各点处时，求它所获得的瞬时加速度(大小和方向). 设 $r=5.0$ cm.

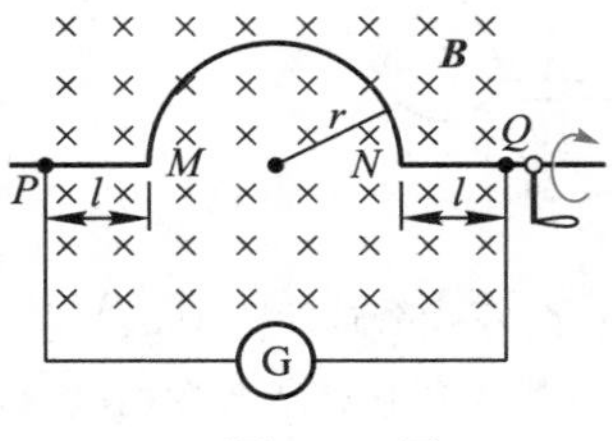

习题 9-12 图

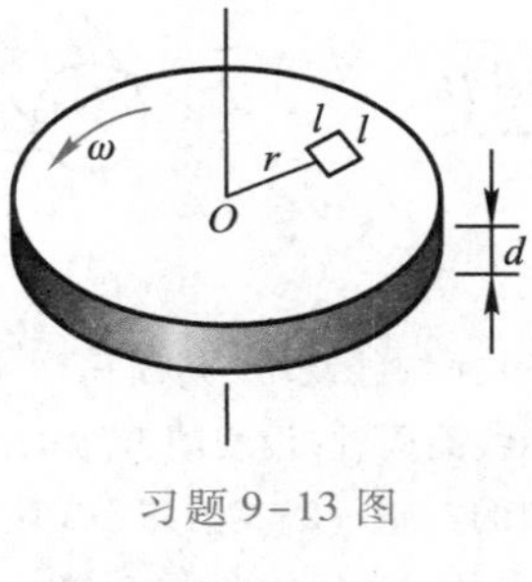

习题 9-13 图

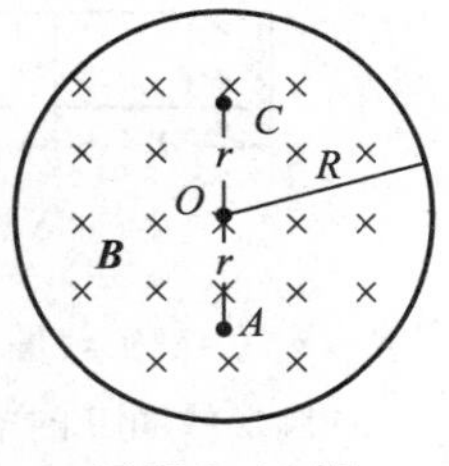

习题 9-16 图

9-17 在半径为 a 的无限长圆柱空间内，均匀磁场随时间增大，即 $\dfrac{dB}{dt}>0$. 一等腰梯形线框 $ABCD$，上底长为 a，下底长为 $2a$，放置如习题 9-17 图所示. 试求线框各边上的感应电动势以及整个线框中的感应电动势.

9-18 在半径为 R 的圆柱体内,有磁感应强度为 $\boldsymbol{B}$ 的匀强磁场. 一边长为 l 的正方形线圈放在磁场中,其 ad 边的中点通过圆柱轴线 O 点,如习题 9-18 图所示. 设磁场以 $\frac{dB}{dt}$ 的恒定速率增加,试求线圈各边的感应电动势以及整个线圈的感应电动势.

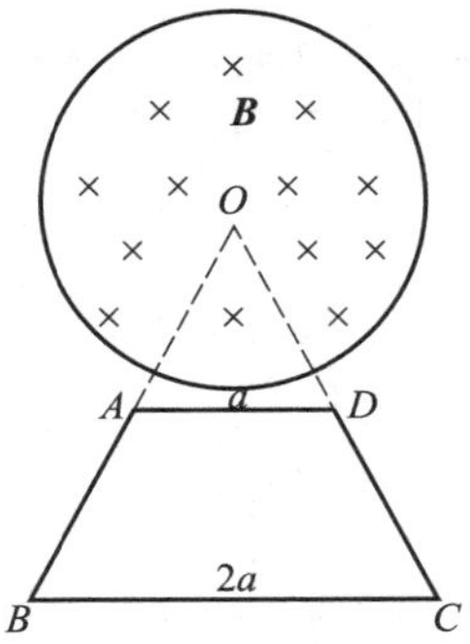

习题 9-17 图

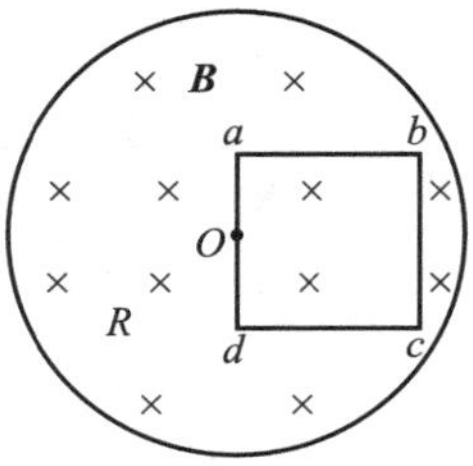

习题 9-18 图

9-19 在长为 60 cm、直径为 5.0 cm 的空心纸筒上绕多少匝才能得到自感为 6.0×10^{-3} H 的线圈?

9-20 已知一个空心密绕的螺绕环,其平均半径为 0.10 m,横截面积为 6 cm^2,环上共有线圈 250 匝,求螺绕环的自感. 又若线圈中通有 3 A 的电流时,求线圈中的磁通量及磁链.

9-21 一截面为长方形的螺绕管,其尺寸如习题 9-21 图所示,共有 N 匝,求此螺绕管的自感.

9-22 两根平行长直导线,截面积的半径都是 a,中心相距为 d,载有大小相等方向相反的电流. 设 $d>>a$,且两导线内部的磁通量都可略去不计. 求这一对导线长为 l 的一段的自感.

9-23 将金属薄片弯成如习题 9-23 图所示形状的器件,两侧是半径为 a 的圆柱,中间是边长为 l、间隔为 d 的两正方形的平面,且 $l>>a$, $a>>d$. 试求该器件的自感.

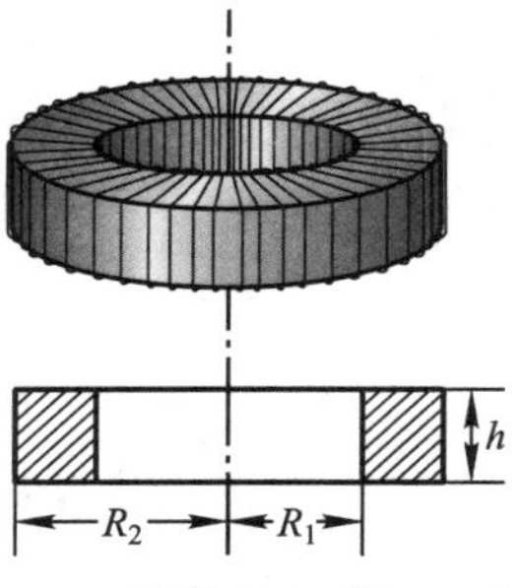

习题 9-21 图

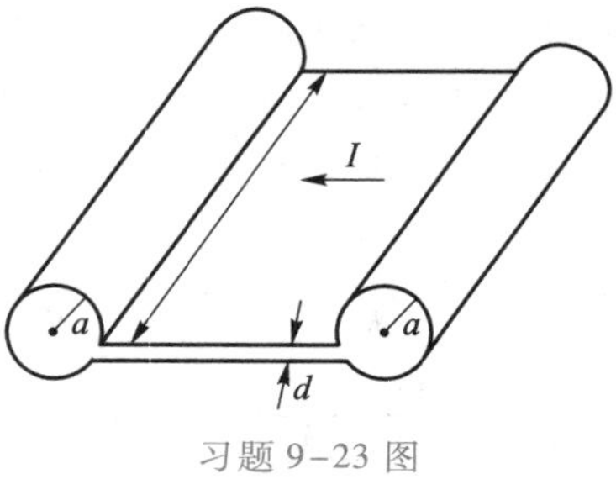

习题 9-23 图

9-24 一圆形线圈 A 由 50 匝细线绕成,其面积为 4 cm^2,放在另一个匝数为 100、半径为 20 cm 的圆形线圈 B 的中心,两线圈同轴. 设线圈 B 中的电流在线圈 A 所在处所激发的磁场可看作是均匀的. 求:(1) 两线圈的互感;(2) 当线圈 B 中的电流以 50 A/s 的变化率减小时,线圈 A 内磁通量的变化率;(3) 线圈 A 中的感生电动势.

9-25 一矩形线圈长 $l=20$ cm,宽 $b=10$ cm,由 100 匝表面绝缘的导线绕成,放置在一根长直导线的旁边,并和直导线在同一平面内,该直导线是一个闭合回路的一部分,其余部分离线圈很远,其影响可略去不计.求习题 9-25 图(a)、(b)两种情况下,线圈与长直导线间的互感.

9-26 题 9-21 中,如在螺绕环的轴线上有一无限长的直导线,求它们的互感.

9-27 两个圆线圈 A 和 B,半径分别为 a 和 b,且 $b \gg a$,共轴放置,两线圈中心相距为 $l(l \gg b)$如习题 9-27 图所示.今在小线圈 A 中通有电流 $I=I_0 e^{\lambda t}(\lambda>0)$.求大线圈 B 中的感应电动势.(提示:先求出两线圈的互感系数.)

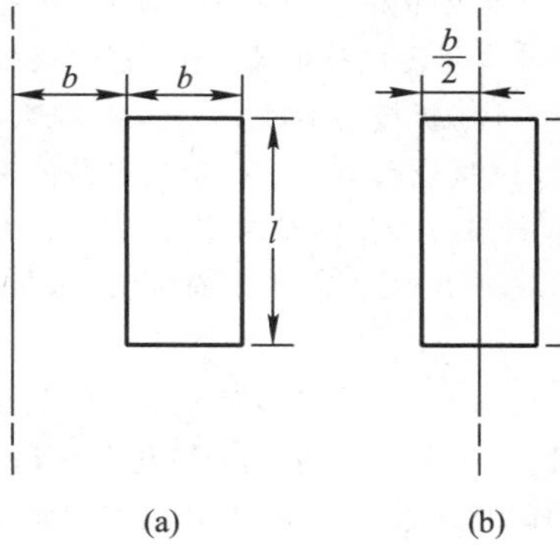

习题 9-25 图

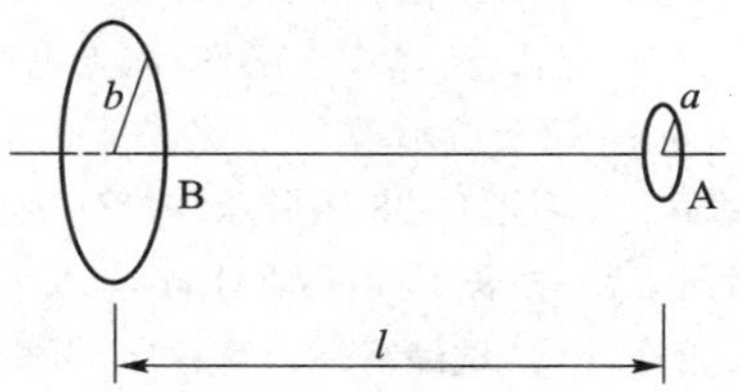

习题 9-27 图

9-28 一线圈与 10.0 kΩ 的电阻串联,50.0 V 的电池加到这两个器件的两端,电流在 5.00 ms 后达到 2.00 mA.求:(1) 线圈的电感;(2) 在同一时刻,线圈中存储的能量.

9-29 一根长直导线,载有电流 I,已知电流均匀分布在导线的圆形横截面上.试证:单位长度导线内所储存的磁能为$\dfrac{\mu_0 I^2}{16\pi}$.

9-30 假定从地面到海拔 6×10^6 m 的范围内,地磁场为 5×10^{-5} T,试粗略计算在此区域内地磁场的总磁能.

9-31 一同轴电缆,由半径为 a 的导体圆柱芯线及内、外半径分别为 b 和 c 的同轴导体圆筒组成,如习题 9-31 图所示.筒与柱间有相对磁导率为 μ_r 的磁介质,导体圆柱和圆筒的磁导率近似为 μ_0.电缆工作时,电流由圆柱流入,沿圆筒流回,而且在导体横截面上电流是均匀分布的.试求一段长为 l 的电缆所储存的磁场能量,并由此计算电缆单位长度的自感.

9-32 真空中有一截面为矩形的螺绕环,环的内、外半径分别为 R_1 和 R_2,高为 h,如习题 9-32 图所示.环内充满相对磁导率为 μ_r 的磁介质,环上共绕有 N 匝线圈,通有电流 I,试求螺绕环内的磁场能.

习题 9-31 图

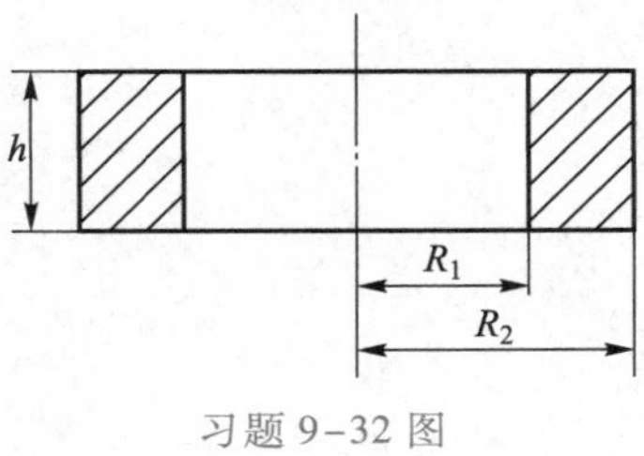

习题 9-32 图

9-33 试证明平行板电容器中的位移电流可写为 $I_d=C(dU/dt)$,式中 C 是电容器的电容,U 是两极板间的电势差.如果不是平行板电容器,上式可以应用吗?如果是圆柱形电容器,其中的位移电流密度和平板电容器中的有何不同?

9-34 在一对巨大的圆形极板(电容 $C=1.0\times10^{-12}$ F)上,加上频率为 50 Hz、峰值为

174 000 V 的交变电压，计算极板间位移电流的最大值.

9-35 有一平板电容器，极板是半径为 R 的圆形板，现将两极板由中心处用长直引线连接到一远处的交变电源上，使两极板上的电荷量按规律 $q=q_0\sin\omega t$ 变化. 略去极板边缘效应，试求两极板间任一点的磁场强度.

9-36 一圆形极板电容器，极板的面积为 S，两极板的间距为 d. 一根长为 d 的极细的导线在极板间沿轴线与两板相连，已知细导线的电阻为 R，两极板外由导线沿中心轴在远处接交变电压 $U=U_0\sin\omega t$，求：(1) 细导线中的电流；(2) 通过电容器的位移电流；(3) 通过极板外接线中的电流；(4) 极板间离轴线为 r 处的磁场强度. 设 r 小于极板的半径.

*__9-37__ 点电荷 $+q$ 以速度 $\boldsymbol{v}(v\ll c)$ 作匀速直线运动，试从位移电流推导运动电荷的磁场强度的关系式.（提示：当电荷低速运动时，可以认为电荷周围的电场仍保持球对称分布. 电荷在运动，电场在变化，所以产生磁场. 以点电荷为球心，过场点 P 作球面. 求出通过截面圆的 $\boldsymbol{D}$ 通量，如习题9-37 图所示.）

*__9-38__ 如习题 9-38 图所示，磁感应强度 $B=0.2\ \text{T}$ 的均匀磁场垂直于倾角 $\alpha=30°$ 的金属轨道平面向下，一根长 $l=1\ \text{m}$、质量 $m=0.1\ \text{kg}$ 的金属杆沿轨道由静止下滑，若轨道与自感 $L=0.5\ \text{H}$ 的线圈相连，(1) 试编写一计算程序，考察该金属杆的运动速度及线圈内电流随时间的变化情况；(2) 如果改变自感 L 的大小，金属杆的运动速度及线圈内电流将如何变化？

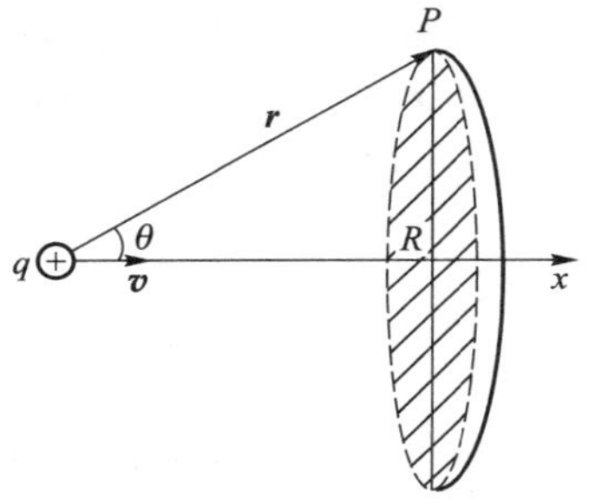

习题 9-37 图

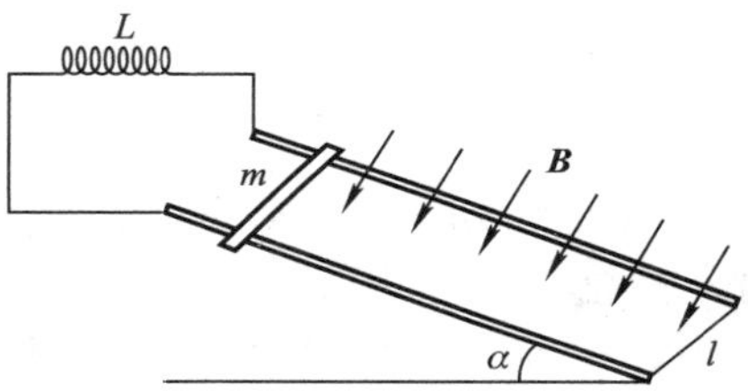

习题 9-38 图

第九章习题
参考答案

郑重声明

读者意见反馈

为收集对教材的意见建议，进一步完善教材编写并做好服务工作，读者可将对本教材的意见建议通过如下渠道反馈至我社。

咨询电话　400-810-0598

反馈邮箱　hepsci@pub.hep.cn

通信地址　北京市朝阳区惠新东街4号富盛大厦1座

高等教育出版社理科事业部

邮政编码　100029

防伪查询说明

用户购书后刮开封底防伪涂层，使用手机微信等软件扫描二维码，会跳转至防伪查询网页，获得所购图书详细信息。

防伪客服电话　(010)58582300